正点原子教你学嵌入式系统丛书

原子教你玩 FPGA

——基于 Intel Cyclone Ⅳ

刘军　阿东　张洋　编著

北京航空航天大学出版社

内容简介

本书将由浅入深地带领大家开启 FPGA 的学习之旅，全书共分为 4 篇：硬件篇、软件篇、语法篇和实战篇。

硬件篇：主要介绍硬件实验平台并对硬件资源进行详解；软件篇：主要介绍 FPGA 常用开发软件的安装与使用方法；语法篇：主要介绍 FPGA 的硬件描述语言 Verilog 的语法知识；实战篇：主要通过 24 个实例带领大家一步步深入了解 FPGA。

本书为正点原子开拓者 FPGA 开发板的配套教程，在开发板配套的资料中，有开发板的原理图以及所有实例的完整代码，这些代码都有详细的注释，所有源码都经过严格测试，不会有编译错误。另外，源代码有生成好的. sof 文件(用于下载程序的文件)，大家只需要通过下载器下载到开发板即可看到实验现象，亲自体验实验过程。

本书不仅适合广大学生和电子爱好者学习 FPGA 使用，而且书中有大量的实验以及详细的说明，可为公司产品开发提供参考。

图书在版编目(CIP)数据

原子教你玩 FPGA ：基于 Intel Cyclone Ⅳ / 刘军，阿东，张洋编著. -- 北京 ：北京航空航天大学出版社，2019.9

ISBN 978-7-5124-3112-6

Ⅰ. ①原… Ⅱ. ①刘… ②阿… ③张… Ⅲ. ①可编程序逻辑器件—系统设计 Ⅳ. ①TP332.1

中国版本图书馆 CIP 数据核字(2019)第 197887 号

原子教你玩 FPGA——基于 Intel Cyclone Ⅳ

刘军 阿东 张洋 编著

责任编辑 杨 昕

*

北京航空航天大学出版社出版发行

北京市海淀区学院路 37 号(邮编 100191) http://www.buaapress.com.cn

发行部电话：(010)82317024 传真：(010)82328026

读者信箱：emsbook@buaacm.com.cn 邮购电话：(010)82316936

涿州市新华印刷有限公司印装 各地书店经销

*

开本：710×1 000 1/16 印张：28.5 字数：641 千字

2019 年 10 月第 1 版 2020 年 10 月第 2 次印刷 印数：3 001～5 000 册

ISBN 978-7-5124-3112-6 定价：89.00 元

前言

FPGA 自诞生以来，经历了从配角到主角的过程，由于 FPGA 的飞速发展，凭借其灵活性高、开发周期短、并行计算效率高等优势，使其在众多领域中得到越来越广泛的应用，如通信、消费电子、工业控制以及嵌入式等领域。

Cyclone 系列 FPGA 是 Altera 公司（现已被 Intel 收购）推出的低成本、低功耗的系列产品。Cyclone 系列 FPGA 先后推出了 Cyclone Ⅱ/Ⅲ/Ⅳ/Ⅴ 等系列产品，而 Cyclone Ⅴ 则是具有基于 ARM 硬核处理系统的 SoC FPGA 型号，对于使用 FPGA 的通用逻辑设计开发来说，Cyclone Ⅳ 系列 FPGA 是更好的选择。Cyclone Ⅳ 系列 FPGA 采用经过优化的低功耗工艺，和前一代相比，拓展了前一代 Cyclone Ⅲ FPGA 低功耗的优势，并且简化了电源分配网络，具有非常高的性价比。

Cyclone Ⅳ 系列 FPGA 具有丰富的型号，如 EP4CE6/EP4CE10/EP4CE15 等。开拓者 FPGA 开发板所选用的型号为 EP4CE10，其内部的逻辑单元达到 10 320 个，对于学习使用以及项目开发来说，已经足够了。

为了降低 FPGA 的学习门槛，正点原子 FPGA 部门结合多年经验倾情打造了开拓者和新起点两款 FPGA 开发板，并编写了配套教程——《原子教你玩 FPGA——基于 Intel Cyclone Ⅳ》。本书在编撰过程中充分考虑到了不同专业、不同层次的读者，确保即使是非电子专业，甚至是零基础的读者也能够轻松入门。

本书共分为 4 篇：硬件篇、软件篇、语法篇和实战篇。第 1 章和第 2 章属于硬件篇，介绍了什么是 FPGA，以及正点原子开拓者 FPGA 开发平台的硬件资源。第 3 章和第 4 章属于软件篇，分别介绍了 Intel 公司 FPGA 开发工具 Quartus Ⅱ 的使用，以及行业内常用的仿真工具 ModelSim 的使用方法。为了方便没有接触过 FPGA 的读者能够顺利地学习和开发，我们在第 5 章语法篇里详细介绍了 Verilog 硬件描述语言。同时我们还在语法篇里给出了 Verilog 编程规范，以便 FPGA 初学者能够编写出整洁美观的代码。本着理论与实践结合的思想，本书在实战篇安排了大量的实战例程，包括 IP 核使用、常用外设驱动、以太网通信和数字信号处理等方方面面。实战篇包含第 6 章至第 29 章，由浅入深、循序渐进地带大家在“开拓者”开发板上完成各种项目的开发。每章都包含相关知识简介、实验任务、硬件设计、程序设计和下载验证 5 个部分，同时每个实验均配有对应的视频教程（http://www.yuanzige.com），真正地手把手教学。

不管你是一个 FPGA 的初学者，还是一个有经验的 FPGA 工程师，本书都非常适合。尤其对于初学者，本书将手把手地教你如何使用 FPGA 的开发软件 Quartus Ⅱ，包括新建工程、编译、下载调试等一系列步骤，让你轻松上手。

本书的实验平台是正点原子开拓者 FPGA 开发板，有这款开发板的朋友可以直接拿本书配套资料上的例程在开发板上运行、验证。而没有这款开发板而又想要的朋友，可以在淘宝购买。当然如果有了一款自己的开发板，而又不想再买，也是可以的，只要你的板子上有与正点原子开拓者 FPGA 开发板上相同的资源（实验需要用到的），代码一般都是可以通用的，你需要做的就只是把引脚 I/O 的约束稍做修改，使之适合你的开发板即可。

本书在编写过程中难免会有出错的地方，如果大家发现书中有错误或不妥之处，可以发邮件（邮箱：3222632799@qq.com），也可以到 www.openedv.com 论坛留言。在此先向各位朋友表示真心的感谢。

作　者

2019 年 8 月

目 录

第一篇 硬件篇

第二篇 软件篇

第三篇 语法篇

第四篇 实战篇

第一篇 硬件篇

实践出真知，要想学好 FPGA，实验平台必不可少！本篇我们将详细介绍用来学习 FPGA 的硬件平台——正点原子开拓者FPGA 开发板，通过本篇的介绍，读者将了解学习平台正点原子开拓者 FPGA 开发板的功能及特点。

为了让读者能更好地使用正点原子开拓者 FPGA 开发板，本篇还介绍了开发板的一些使用注意事项，请读者在使用开发板时一定要注意。

本篇将分为 2 章：

- 第 1 章　FPGA 简介；
- 第 2 章　实验平台简介。

第 1 章

FPGA 简介

FPGA 是 Field Programmable Gate Array 的简称，也就是现场可编程门阵列。它是一种半导体数字集成电路，其内部的大部分电路功能都可以根据需要进行更改。自 Xilinx 在 1984 年创造出 FPGA 以来，这种可编程逻辑器件凭借性能、上市时间、成本、稳定性和长期维护方面的优势，在通信、医疗、工控和安防等领域占有一席之地。现在，由于云计算、高性能计算和人工智能的繁荣，拥有先天优势的 FPGA 得到的关注度更是达到了前所未有的高度。本章，我们将向大家介绍 FPGA 的基本知识，让大家对 FPGA 有一个初步的了解。

1.1 FPGA 的由来与特点

1. FPGA 的由来

自 20 世纪 60 年代以来，数字集成电路经历了从 SSI（Small Scale Integrated circuit，小规模集成电路），MSI（Medium Scale Integrated circuit，中规模集成电路），LSI（Large Scale Integrated circuit，大规模集成电路）到 VLSI（Very Large Scale Integrated circuit，超大规模集成电路）的发展过程。数字集成电路按照芯片设计方法的不同大致可以分为 3 类：

第一类是通用型中、小规模集成电路；

第二类是用软件组态的大规模、超大规模集成电路，如微处理器、单片机等；

第三类是专用集成电路 ASIC（Application - Speciftic Integrated Circuit）。

ASIC 是一种专门为某一应用领域或用户需要而设计制造的 LSI 或 VLSI 电路，它可以将某些专用电路或电子系统设计在一个芯片上，构成单片集成系统。ASIC 分为全定制和半定制两类。全定制 ASIC 的硅片没有经过预加工，其各层掩模都是按特定电路功能专门制造的。半定制 ASIC 是按一定规格预先加工好的半成品芯片，然后再按照具体要求进行加工和制造，它包括门阵列、标准单元和可编程逻辑器件三种。门阵列是一种预先制造好的硅阵列，内部包括基本逻辑门、触发器等，芯片中留有一定连线区，用户根据所需要的功能设计电路，确定连线方式，然后交给厂家进行最后的布线。标准单元是厂家将预先配置好、经过测试、具有一定功能的逻辑块作为标准单元存在数据库中，设计者根据需要在库中选择单元构成电路，并完成电路到版图的最终设计。这两种定制ASIC都要由用户向生产厂家提出要求进行定做，设计和制造周期较长，开发费用高，因此只适用于对研发周期要求不高、批量较大的产品。

可编程逻辑器件是ASIC的一个重要分支，它是厂家作为一种通用型器件生产的半定制电路，用户可以利用软、硬件开发工具对器件进行设计和编程，使之实现所需要的逻辑功能。由于它是用户可配置的逻辑器件，使用灵活，设计周期短，价格低，而且可靠性高，承担风险小，因而很快得到普遍应用，发展非常迅速。

可编程逻辑器件PLD(Programmable Logic Device)能够完成各种数字逻辑功能。典型的PLD由输入电路、与阵列、或阵列和输出电路组成，如图1.1.1所示，而任意一个组合逻辑都可以用“与”“或”表达式来描述，所以，PLD能以乘积和的形式完成大量的组合逻辑功能，并且这些门电路的连接关系可以不断地用软件来修改。

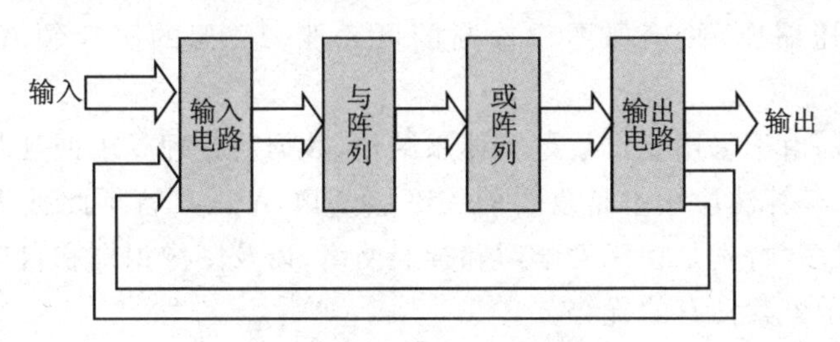

图1.1.1 典型的PLD结构

早期的PLD产品主要有编程阵列逻辑PAL(Programmable Array Logic)和通用阵列逻辑GAL(Generic Array Logic)。PAL由一个可编程的“与”平面和一个固定的“或”平面构成，或门的输出可以通过触发器有选择地置为寄存状态。PAL器件是现场可编程的，它的实现工艺有反熔丝技术、EPROM技术和EEPROM技术。在PAL的基础上，又发展了一种通用阵列逻辑GAL，它采用了EEPROM工艺，实现了电可擦除、电可改写，其输出结构是可编程的逻辑宏单元，因而它的设计具有很强的灵活性，至今仍有许多人使用。这些早期的PLD器件的一个共同特点是可以实现速度特性较好的逻辑功能，但由于其结构过于简单，所以它们只能实现规模较小的电路。

为了弥补这一缺陷，20世纪80年代中期，Altera公司(现已被Intel收购，为Intel可编程事业部——PSG)和Xilinx公司在PAL、GAL等逻辑器件的基础上，分别推出了复杂可编程逻辑器件CPLD(Complex Programmable Logic Device)和现场可编程门阵列FPGA。同以往的PAL、GAL等相比较，CPLD/FPGA具有体系结构和逻辑单元灵活、集成度高以及适用范围宽等特点。它们可以替代几十甚至几千块通用IC芯片。这样的CPLD/FPGA实际上就是一个子系统部件。这种芯片受到世界范围内电子工程设计人员的广泛关注和普遍欢迎。经过了十几年的发展，许多公司都开发出了多种可编程逻辑器件。比较典型的就是Xilinx和Altera公司的CPLD/FPGA系列器件，它们开发较早，占有了较大的PLD市场。

2. FPGA的用途

FPGA能做什么呢？可以毫不夸张地讲，FPGA能完成任何数字器件的功能，上至高性能 CPU,下至简单的 74 系列电路,都可以用 FPGA 来实现。FPGA 如同一张白纸或是一堆积木,工程师可以通过传统的原理图输入或硬件描述语言(如 Verilog HDL、VHDL)自由地设计一个数字系统。通过软件仿真,可以事先验证设计的正确性。在 PCB(印制电路板)完成以后,还可以利用 FPGA 的在线修改能力,随时修改设计而不必改动硬件电路。使用 FPGA 来开发数字电路,可以大大缩短设计时间,减少 PCB 面积,提高系统的可靠性。

FPGA 的特性决定了它在某些特定行业应用上具有得天独厚的优势,例如在医疗领域,医学影像比普通图像纹理更多,分辨率更高,相关性更大,存储空间要求更大,必须严格确保临床应用的可靠性,其压缩、分割等图像预处理、图像分析及图像理解等要求更高。这些特点恰恰可以充分发挥 FPGA 的优势,通过 FPGA 加速图像压缩进程,删除冗余,提高压缩比,并确保图像诊断的可靠性。类似的医疗领域应用还有基因分析。

在金融领域,由于采用流水线逻辑体系结构,数据流处理要求低延时、高可靠,这在金融交易风险建模算法应用中是重要的关键点,FPGA 正具备了此种优势。类似的行业和领域还有很多,特别是在深度学习和神经网络,以及图像识别和自然语言处理等领域,FPGA 正显示出其独有的优势。

3. FPGA 与 CPLD 的比较

FPGA 是一种高密度的可编程逻辑器件,自从 Xilinx 公司 1985 年推出第一片 FPGA 以来,FPGA 的集成密度和性能提高很快,其集成密度高达千万门/片以上。由于 FPGA 器件集成度高、方便易用、开发和上市周期短,在数字设计和电子生产中得到迅速普及和应用,并一度在高密度的可编程逻辑器件领域中独占鳌头。

CPLD 是由 GAL 发展起来的,其主体结构仍是与或阵列,自 20 世纪 90 年代初 Lattice 公司开发出具有在系统可编程功能(ISP)的 CPLD 以来,CPLD 发展迅速。具有 ISP 功能的 CPLD 器件由于具有同 FPGA 器件相似的集成度和易用性,在速度上还有一定的优势,使其在可编程逻辑器件技术的竞争中与 FPGA 并驾齐驱,成为两支领导可编程器件技术发展的力量之一。

4. FPGA 和单片机的比较

FPGA 和单片机,首先,它们在硬件架构上不同,单片机无论是 MCU 还是 MPU 都是基于控制器和算术逻辑单元进行工作的,而 FPGA 则是基于查找表的硬件电路进行工作的,这一点正如同单片机用的是软件设计语言而 FPGA 用的是硬件描述语言一样;其次,FPGA 在芯片容量、组合逻辑、工作速度、设计灵活上远优于单片机;最后,在代码的设计思想上也不一样,单片机使用的是串行的设计思想,而 FPGA 则使用的是并行的设计思想。

1.2 FPGA的基本结构

简化的FPGA基本结构由6部分组成,分别为可编程输入/输出单元、基本可编程逻辑单元、嵌入式块RAM、丰富的布线资源、底层嵌入功能单元和内嵌专用硬核等,如图1.2.1所示。

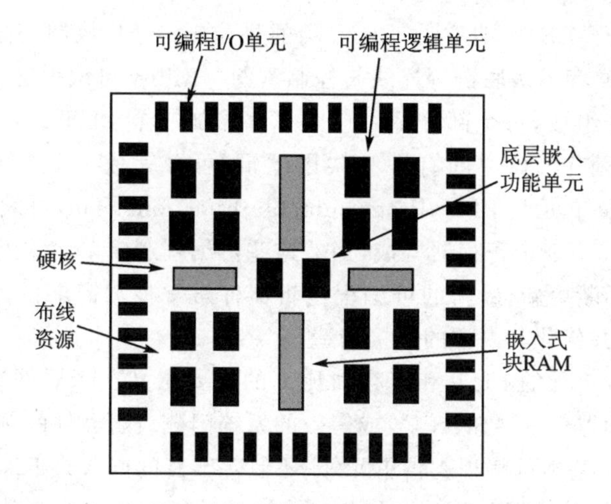

图1.2.1 FPGA的基本结构

每个单元的基本概念介绍如下。

1. 可编程输入/输出单元

输入/输出(Input/Ouput)单元简称I/O单元,它们是芯片与外界电路的接口部分,完成不同电气特性下对输入/输出信号的驱动与匹配需求。为了使FPGA具有更灵活的应用,目前大多数FPGA的I/O单元被设计为可编程模式,即通过软件的灵活配置,可以适配不同的电气标准与I/O物理特性;可以调整匹配阻抗特性、上下拉电阻,以及调整驱动电流的大小等。

可编程I/O单元支持的电气标准因工艺而异,不同芯片商、不同器件的FPGA支持的I/O标准不同,一般来说,常见的电气标准有LVTTL、LVCMOS、SSTL、HSTL、LVDS、LVPECL和PCI等。值得一提的是,随着ASIC工艺的飞速发展,目前可编程I/O支持的最高频率越来越高,一些高端FPGA通过DDR寄存器技术,甚至可以支持高达2 Gbit/s的数据传输速率。

2. 基本可编程逻辑单元

基本可编程逻辑单元是可编程逻辑的主体,可以根据设计灵活地改变其内部连接与配置,完成不同的逻辑功能。FPGA一般是基于SRAM工艺的,其基本可编程逻辑单元几乎都是由查找表(LUT,Look Up Table)和寄存器(Register)组成的。FPGA内部查找表一般为4输入,查找表一般完成纯组合逻辑功能。FPGA内部寄存器结构相当灵活，可以配置为带同步/异步复位或置位、时钟使能的触发器，也可以配置成锁存器，FPGA 依赖寄存器完成同步时序逻辑设计。一般来说，比较经典的基本可编程逻辑单元的配置是一个寄存器加一个查找表，但是不同厂商的寄存器与查找表也有一定的差异，而且寄存器与查找表的组合模式也不同。例如，Altera 可编程逻辑单元通常称为 LE(Logic Element)，由一个寄存器加一个 LUT 构成。Altera 大多数 FPGA 将 10 个 LE 有机地组合在一起，构成更大的功能单元——逻辑阵列模块(LAB，Logic Array Block)，LAB 中除了 LE 外，还包含 LE 之间的进位链、LAB 控制信号、局部互联线资源、LUT 级联链、寄存器级联链等连线与控制资源。Xilinx 可编程逻辑单元叫 Slice，它是由上下两个部分组成，每个部分都由一个寄存器加一个 LUT 组成，称为 LC(Logic Cell，逻辑单元)，两个 LC 之间有一些共用逻辑，可以完成 LC 之间的配合与级联。Lattice 的底层逻辑单元叫 PFU(Programmable Function Unin，可编程功能单元)，它是由 8 个 LUT 和 8～9 个寄存器构成，当然这些可编程逻辑单元的配置结构随着器件的不断发展也在不断更新，最新的可编程逻辑器件常常根据需求设计新的 LUT 和寄存器的配置比率，并优化其内部的连接构造。

学习底层配置单元的 LUT 和寄存器比率的重要意义在于器件选型和规模估算。很多器件手册上用器件的 ASIC 门数或等效的系统门数表示器件的规模。但是由于目前 FPGA 内部除了基本可编程逻辑单元外，还包含丰富的嵌入式 RAM、PLL 或 DLL、专用 Hard IP Core(如 PCIE、Serdes 硬核)等，这些功能模块也会等效出一定规模的系统门，所以用系统门权衡基本可编程逻辑单元的数量是不准确的，常常混淆设计者。比较简单科学的方法是用器件的寄存器或 LUT 的数量衡量。例如，Xilinx 的 Spartan 系列的 XC3S1000 有 15 360 个 LUT，而 Lattice 的 EC 系列 LFEC15E 也有 15 360 个 LUT，所以这两款 FPGA 的可编程逻辑单元数量基本相当，属于同一规模的产品。同样道理，Altera 的 Cyclone Ⅳ器件族的 EP4CE10 的 LUT 数量是 10 320 个，就比前面提到的两款 FPGA 规模略小。需要说明的是，器件选型是一个综合性的问题，需要将设计的需求、成本、规模、速度等级、时钟资源、I/O 特性、封装、专用功能模块等诸多因素综合考虑进来。

3. 嵌入式块 RAM

目前大多数 FPGA 都有内嵌的块 RAM(Block RAM)，FPGA 内部嵌入可编程 RAM 模块，大大地拓展了 FPGA 的应用范围和使用灵活性。FPGA 内嵌的块 RAM 一般可配置为单口 RAM、双口 RAM、伪双口 RAM、CAM、FIFO 等常用存储结构。RAM 的概念和功能读者应该非常熟悉，在此不再赘述。FPGA 中其实并没有专用的 ROM 硬件资源，实现 ROM 的思路是对 RAM 赋予初值。所谓 CAM，即内容地址存储器，CAM 这种存储器在其每个存储单元都包含了一个内嵌的比较逻辑，写入 CAM 的数据会和其内部存储的每一个数据进行比较，并返回与端口数据相同的所有内部数据的地址。概括地讲，RAM 是一种根据地址读、写数据的存储单元；而 CAM 和 RAM 恰恰相反，它返回的是端口数据相同的所有内部地址。CAM 的应用也十分广泛，比如在

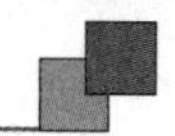

路由器中的交换表等。FIFO是先进先出队列的存储结构。FPGA内部实现RAM、ROM、CAM、FIFO等存储结构都可以基于嵌入式块RAM单元，并根据需求自动生成相应的粘合逻辑以完成地址和片选等控制逻辑。

不同器件商或不同器件族的内嵌块RAM的结构不同，Xilinx常见的块RAM大小是4 Kbit和18 Kbit两种结构，Lattice常用的块RAM大小是9 Kbit，Altera的块RAM最灵活，一些高端器件内部可同时含有3种块RAM结构，分别是M512 RAM、M4K RAM、M9K RAM。

需要补充的一点是，除了块RAM，还可以灵活地将LUT配置成RAM、ROM、FIFO等存储结构，这种技术被称为分布式RAM。根据设计需求，块RAM的数量和配置方式也是器件选型的一个重要标准。

4. 丰富的布线资源

布线资源连通FPGA内部的所有单元，而连线的长度和工艺决定着信号在连线上的驱动能力和传输速度。FPGA芯片内部有着丰富的布线资源，这些布线资源根据工艺、长度、宽度和分布位置的不同而划分为4类不同的类别：

第一类是全局布线资源，用于芯片内部全局时钟和全局复位/置位的布线；

第二类是长线资源，用于完成芯片Bank间的高速信号和第二全局时钟信号的布线；

第三类是短线资源，用于完成基本逻辑单元之间的逻辑互连和布线；

第四类是分布式的布线资源，用于专有时钟、复位等控制信号线。

在实际中设计者不需要直接选择布线资源，布局布线器可自动地根据输入逻辑网表的拓扑结构和约束条件选择布线资源来连通各个模块单元。从本质上讲，布线资源的使用方法和设计的结果有直接的关系。

5. 底层嵌入功能单元

底层嵌入功能单元的概念比较笼统，我们这里指的是那些通用程度较高的嵌入式功能模块，比如PLL(Phase Locked Loop)、DLL(Delay Locked Loop)、DSP、CPU等。随着FPGA的发展，这些模块被越来越多地嵌入到FPGA的内部，以满足不同场合的需求。

目前大多数FPGA厂商都在FPGA内部集成了DLL或者PLL硬件电路，用以完成时钟的高精度、低抖动的倍频、分频、占空比调整、相移等功能。目前，高端FPGA产品集成的DLL和PLL资源越来越丰富，功能越来越复杂，精度越来越高。Altera芯片集成的是PLL，Xilinx芯片集成的是DLL，Lattice的新型FPGA同时集成了PLL与DLL以适应不同的需求。Altera芯片的PLL模块分为增强型PLL和快速PLL等。Xilinx芯片DLL的模块名称为CLKDLL，在高端FPGA中，CLKDLL的增强型模块为DCM。这些时钟模块的生成和配置方法一般分为两种：一种是在HDL代码和原理图中直接例化；另一种是在IP核生成器中配置相关参数，自动生成IP。另外，可以通过在综合、实现步骤的约束文件中编写约束文件来完成时钟模块的约束。

越来越多的高端 FPGA 产品将包含 DSP 或 CPU 等软处理核，从而 FPGA 将由传统的硬件设计手段逐步过渡到系统级设计平台。例如 Altera 的 Stratix Ⅳ、Stratix Ⅴ等器件族内部集成了 DSP Core，配合同样逻辑资源，还可实现 ARM、MIPS、NIOS Ⅱ等嵌入式处理系统；Xilinx 的 Virtes Ⅱ 和 Virtex Ⅱ Pro 系列 FPGA 内部集成了 Power PC450 的 CPU Core 和 MicroBlaze RISC 处理器 Core；Lattice 的 ECP 系列 FPGA 内部集成了系统 DSP Core 模块，这些 CPU 或 DSP 处理模块的硬件主要由一些加、乘、快速进位链、Pipelining 和 Mux 等结构组成，加上用逻辑资源和块 RAM 实现的软核部分，就组成了功能强大的软运算中心。这种 CPU 或 DSP 比较适合实现 FIR 滤波器、编码解码、FFT 等运算密集型运用。FPGA 内部嵌入 CPU 或 DSP 等处理器，使 FPGA 在一定程度上具备了实现软硬件联合系统的能力，FPGA 正逐步成为 SOPC 的高效设计平台。Altera 的系统级开发工具是 SOPC Buider 和 DSP Builder，专用硬件结构与软硬件协同处理模块等；Xilinx 的系统设计工具是 EDK 和 Platform Studio；Lattice 的嵌入式 DSP 开发工具是 Matlab 的 Simulink。

6. 内嵌专用硬核

这里的内嵌专用硬核与前面的底层嵌入单元是有区分的，这里讲的内嵌专用硬核主要指那些通用性相对较弱的，不是所有 FPGA 器件都包含硬核。我们称 FPGA 和 CPLD 为通用逻辑器件，是针对区分专用集成电路(ASIC)而言的。其实 FPGA 内部也有两个阵营：一方面是通用性较强、目标市场范围很广、价格适中的 FPGA；另一方面是针对性较强、目标市场明确、价格较高的 FPGA。前者主要是指低成本的 FPGA，后者主要是指某些高端通信市场的可编程逻辑器件。

1.3 FPGA 的设计流程

一般来说，FPGA 的设计流程包括设计输入、RTL 仿真、设计综合、布局和布线、时序仿真、时序分析和上系统验证等主要步骤，如图 1.3.1 所示。

1. 设计输入

设计输入是指通过某些规范的描述方式，将工程师电路构思输入给 EDA 工具。常用的设计输入方法有硬件描述语言(HDL)和原理图设计输入方法等。原理图设计输入法在早期应用得比较广泛，虽有直观、便于理解、元器件库资源丰富的优点，但是在大型设计中，这种方法的可维护性较差，不利于模块构造与重用。原理图设计输入法更主要的缺点是当所选用芯片升级换代后，所有的原理图都要做相应的改动。目前进行大型工程设计时，最常用的设计方法是 HDL 设计输入法，其中影响最为广泛的 HDL 语言是 Verilog HDL 和 VHDL。它们的共同特点是利于自顶向下设计，利于模块的划分与复用，可移植性好，通用性高，设计不因芯片的工艺与结构的不同而变化，更利于向 ASIC 的移植。

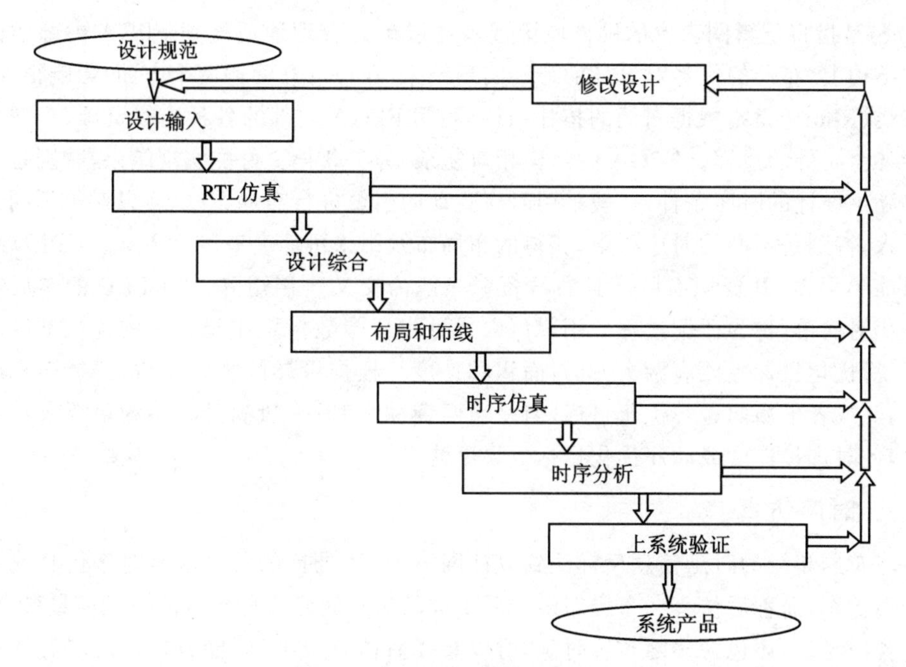

图 1.3.1 FPGA 的设计流程

2. RTL 仿真

电路设计完成后,要用专用的仿真工具对设计进行 RTL 仿真即功能仿真,验证电路功能是否符合设计要求。功能仿真有时也被称为前仿真。常用的仿真工具有 Model-Tech 公司的 ModelSim,Synopsys 公司的 VCS,Cadence 公司的 NC - Verilog 和 NC - VHDL 等。通过仿真能及时发现设计中的错误,加快设计进度,提高设计的可靠性。

3. 设计综合

设计综合(Synthesize)是指将 HDL 语言、原理图等设计输入翻译成由与、或、非门,RAM,触发器等基本逻辑单元组成的逻辑连接(网表),并根据目标与要求(约束条件)优化所生成的逻辑连接,输出 edf 和 edn 等标准格式的网表文件,供 FPGA/CPLD 厂家的布局布线器进行实现。常用的专业综合优化工具有 Synplicity 公司的 Synplify/SynplifyPro 和 Mentor Graphics 公司的 Precision RTL 等。另外,FPGA/CPLD 厂商的集成开发环境也自带了综合工具。

4. 布局和布线

综合结果的本质是一些由与、或、非门,触发器,RAM 等基本逻辑单元组成的逻辑网表,它与芯片实际的配置情况还有较大差距。此时应该使用 FPGA/CPLD 厂商提供的软件工具,根据所选芯片的型号,将综合输出的逻辑网表适配到具体的 FPGA/CPLD 器件上,这个过程就叫布局和布线(Place and Route)。因为只有器件开发商最了解器件的内部结构,所以布局和布线必须选用器件开发商提供的工具。所谓布局

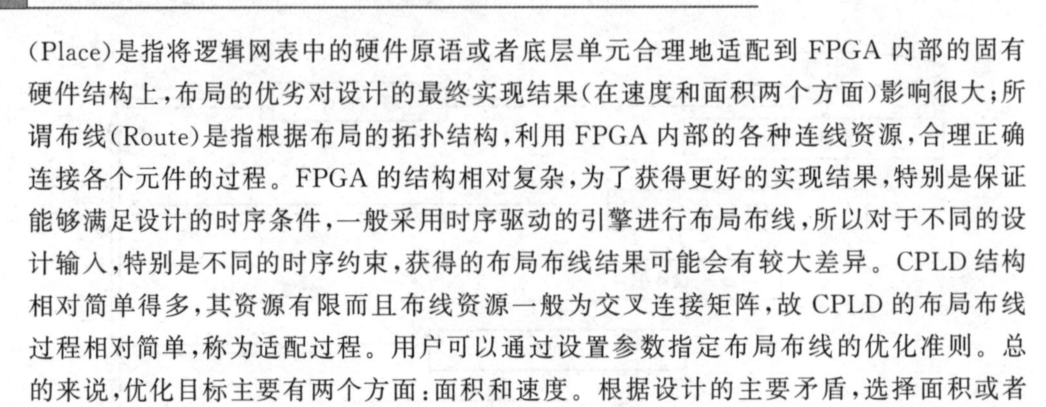

(Place)是指将逻辑网表中的硬件原语或者底层单元合理地适配到 FPGA 内部的固有硬件结构上，布局的优劣对设计的最终实现结果(在速度和面积两个方面)影响很大；所谓布线(Route)是指根据布局的拓扑结构，利用 FPGA 内部的各种连线资源，合理正确连接各个元件的过程。FPGA 的结构相对复杂，为了获得更好的实现结果，特别是保证能够满足设计的时序条件，一般采用时序驱动的引擎进行布局布线，所以对于不同的设计输入，特别是不同的时序约束，获得的布局布线结果可能会有较大差异。CPLD 结构相对简单得多，其资源有限而且布线资源一般为交叉连接矩阵，故 CPLD 的布局布线过程相对简单，称为适配过程。用户可以通过设置参数指定布局布线的优化准则。总的来说，优化目标主要有两个方面：面积和速度。根据设计的主要矛盾，选择面积或者速度，又或者平衡两者等优化目标，但是当两者冲突时，一般满足时序约束要求更重要一些，此时选择速度或时序优化目标效果更佳。

5. 时序仿真

将布局布线的时延信息反标注到设计网表中，所进行的仿真就是时序仿真或布局布线后仿真，简称后仿真。布局布线之后生成的仿真时延文件包含的时延信息最全，不仅包含门时延，还包含实际布线时延，所以布线后仿真最准确，能较好地反映芯片的实际工作情况。布局布线后仿真的主要目的在于发现时序违规(Timing Violation)，即不满足时序约束条件或者器件固有时序规则(建立时间、保持时间等)的情况，在功能仿真中介绍的仿真工具一般都支持布局布线后仿真功能。

6. 时序分析

有时为了保证设计的可靠性，在时序仿真后还要做一些验证。验证的手段比较丰富，可以用 Quartus 内嵌时序分析工具完成静态时序分析(STA，Static Timing Analyzer)，或者使用 Quartus 内嵌的 Chip Editor 分析芯片内部的连接与配置情况，当然也可以使用第三方工具(如 Synopsys 的 Formality 验证工具、PrimeTifhe 静态时序分析工具等)进行验证。

7. 上系统验证

设计开发的最后步骤就是在线调试或者将生成的配置文件写入芯片进行测试。示波器和逻辑分析仪(LA，Logic Analyzer)是逻辑设计的主要调试工具，传统的逻辑功能板级验证手段是用逻辑分析仪分析信号，设计时要求 FPGA 和 PCB 设计人员保留一定数量的 FPGA 引脚作为测试脚，编写 FPGA 代码时将需要观察的信号作为模块的输出信号，在综合实现时再把这些输出信号锁定到测试脚上，然后连接逻辑分析仪的探头到这些测试脚，设定触发条件，进行观测。逻辑分析仪的特点是专业、高速、触发逻辑可以相对复杂，缺点是价格昂贵、灵活性差。PCB 布线后测试脚的数量就固定了，不能灵活增加，当测试脚不够用时会影响测试，但如果测试脚太多则又会影响 PCB 布局布线。

对于相对简单一些的设计，使用 Quartus Ⅱ 内嵌的 SignalTap Ⅱ 对设计进行在线逻辑分析可以较好地解决上述矛盾。SignalTap Ⅱ 是一种 FPGA 在线片内信号分析工

具，它的主要功能是通过 JTAG 口，在线、实时地读取 FPGA 的内部信号。其基本原理是利用 FPGA 中未使用的 Block RAM，根据用户设定的触发条件将信号实时地保存到这些 Block RAM 中，然后通过 JTAG 口传送到计算机，最后在计算机屏幕上显示出时序波形。

任何仿真或验证步骤出现问题，都需要根据错误的定位返回到相应的步骤更改或者重新设计。

第 2 章

实验平台简介

本章内容主要向大家简要介绍我们的实验平台——正点原子开拓者 EP4CE10 开发板。通过本章的学习，读者将对后面使用的实验平台有个大致的了解，为后面的学习做铺垫。

2.1 正点原子开拓者 EP4CE10 开发板资源初探

首先，我们来看开拓者 FPGA 开发板的资源图，如图 2.1.1 所示。

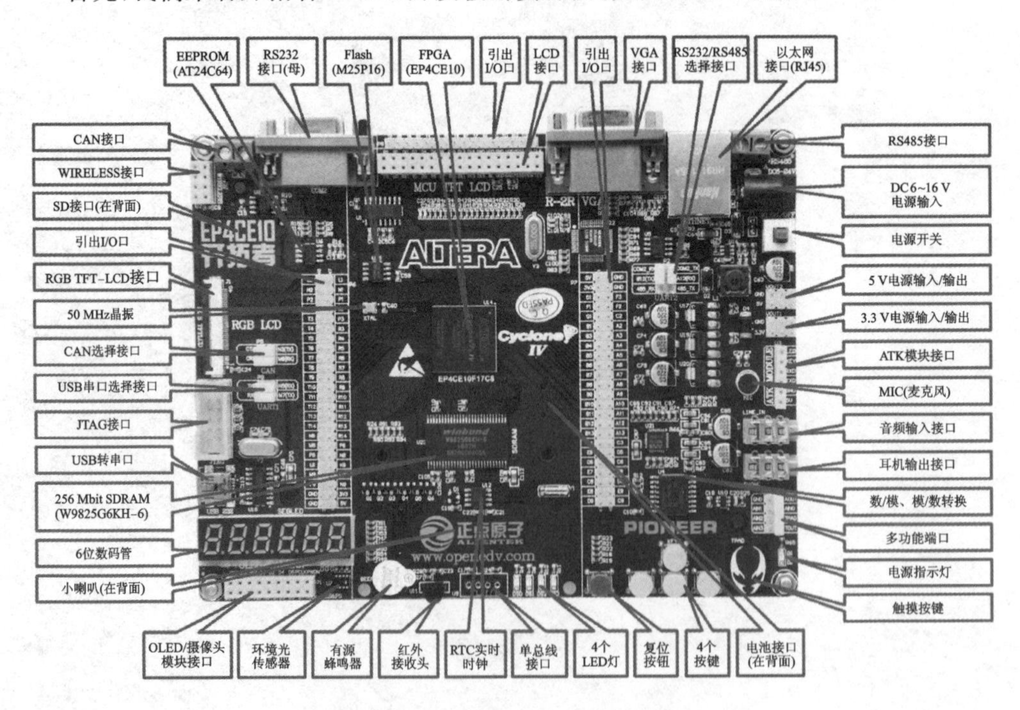

图 2.1.1 开拓者 FPGA 开发板资源图

从图 2.1.1 中可以看出，开拓者 FPGA 开发板的资源十分丰富，把 FPGA EP4CE10 的内部资源发挥到了极致，同时扩充了丰富的接口和功能模块，整个开发板显得十分大气。

开发板的外形尺寸为 121 mm×160 mm，板子的设计充分考虑了人性化设计，并结合正点原子多年的开发板设计经验，经过多次改进，最终确定了下面的设计。

正点原子开拓者 FPGA 开发板板载资源如下：

- 主控芯片：EP4CE10F17C8，封装：BGA256；
- 晶振：50 MHz；
- Flash：M25P16，容量：16 Mbit(2 MB)；
- SDRAM：W9825G6KH－6，容量：256 Mbit(32 MB)；
- EEPROM：AT24C64，容量：64 Kbit(8 KB)；
- 1 个电源指示灯(蓝色)；
- 4 个状态指示灯(DS0～DS3：红色)；
- 1 个红外接收头，并配备一款小巧的红外遥控器；
- 1 个高性能音频编解码芯片，WM8978；
- 1 个无线模块接口，支持 NRF24L01 无线模块；
- 1 路 CAN 接口，采用 TJA1050 芯片；
- 1 路 485 接口，采用 SP3485 芯片；
- 1 路 RS232 串口(母)接口，采用 SP3232 芯片；
- 1 路单总线接口，支持 DS18B20/DHT11 等单总线传感器；
- 1 个 ATK 模块接口，支持正点原子蓝牙/GPS/MPU6050/RGB 灯模块；
- 1 个环境光传感器，采用 AP3216C 芯片；
- 1 个标准的 2.4/2.8/3.5/4.3/7 in(1 in＝2.54 cm)MCU TFT－LCD 接口，支持电阻/电容触摸屏；
- 1 个标准的 RGB TFT－LCD 接口；
- 1 个 OLED/摄像头模块接口；
- 1 个 USB 串口；
- 1 个有源蜂鸣器；
- 1 个 RS232/RS485 选择接口；
- 1 个 USB 串口选择接口；
- 1 个 CAN 选择接口；
- 1 个 SD 卡接口(在板子背面)；
- 1 个百兆以太网接口(RJ45)；
- 1 个 VGA 接口，数据格式为 RGB565；
- 1 个标准的 JTAG 调试下载口；
- 1 个录音头(MIC/麦克风)；
- 1 路音频输入接口；
- 1 路音频输出接口；
- 1 个小扬声器(在板子背面)；
- 1 组多功能端口(DAC/ADC/TPAD)；

➢ 1 组 5 V 电源供应/接入口；
➢ 1 组 3.3 V 电源供应/接入口；
➢ 1 个直流电源输入接口(输入电压范围:DC 6～16 V)；
➢ 1 个 RTC 后备电池座,并带电池(在板子背面)；
➢ 1 个 RTC 实时时钟,采用 PCF8563 芯片；
➢ 1 个模/数、数/模转换,采用 PCF8591 芯片；
➢ 1 个复位按钮,可作为 FPGA 程序执行的复位信号；
➢ 4 个功能按钮；
➢ 1 个电容触摸按键；
➢ 1 个电源开关,控制整个开发板的电源；
➢ 2 个 24×2 扩展口,共 88 个扩展 I/O 口。

正点原子开拓者 FPGA 开发板的特点如下：

① 接口丰富。板子提供了丰富的标准外设接口,可以方便地进行各种外设的实验和开发。

② 设计灵活。板上很多资源都可以灵活配置,以满足不同条件下的使用。其中芯片两侧引出两排 24×2 扩展口,共 88 个扩展 I/O 口。

③ 资源充足。主控芯片采用自带 414 Kbit 嵌入式 RAM 块的 EP4CE10F17C8,并外扩 256 Mbit(32 MB)和 64 Kbit(8 KB)的 EEPROM,满足大内存需求和大数据存储。板载高性能音频编解码芯片、百兆网卡、环境光传感器以及其他各种接口芯片,满足各种不同应用的需求。

④ 人性化设计。各个接口都有丝印标注,且用方框框出,使用起来一目了然;部分常用外设大丝印标出,方便查找;接口位置设计合理,方便顺手。资源搭配合理,物尽其用。

2.2 正点原子开拓者 FPGA 开发板资源说明

开拓者 FPGA 开发板资源说明分为两个部分:硬件资源说明和软件资源说明。

2.2.1 硬件资源说明

这里首先详细介绍开拓者 FPGA 开发板的各个部分(见图 2.1.1 中的标注部分)的硬件资源,我们将按逆时针的顺序依次介绍。

1. CAN 接口

这是开发板上用于 CAN 总线通信的接口,CAN 接口通过 2 个端口和外部 CAN 总线连接,即 CANH 和 CANL。这里提醒大家:CAN 通信的时候,必须是 CANH 接 CANH,CANL 接 CANL,否则可能出现通信不正常!

2. WIRELESS 模块接口

这是开发板上的一个无线模块扩展接口(U2),只要在该接口上插入 NRF24L01 模块,便可以实现无线通信,从而使板子具备了无线通信的功能。这里需要注意的是,2 个开发板和 2 个无线模块同时工作才可以实现无线通信的功能;只有 1 个开发板或 1 个无线模块,是无法实现无线通信功能的。

3. SD 卡接口

这是开发板板载的一个标准 SD 卡接口(SD_CARD),该接口在开发板的背面,采用大 SD 卡接口(即相机卡,TF 卡是不能直接插的,TF 卡需要加卡套才行),可以使用 SPI/SDIO 驱动方式,有了这个 SD 卡接口,就可以满足海量数据存储的需求。

4. 扩展 I/O 口(总共有 3 处)

这是开发板 I/O 引出端口,总共有 3 组主 I/O 引出口:P6、P7 和 P8。其中,P6 和 P7 分别采用 2×24 排针引出,总共引出 88 个 I/O 口,P8 采用 1×16 排针,按顺序引出 D0～D15 共 16 个 I/O 口。

5. RGB TFT－LCD 接口

这是开发板板载的 RGB LCD 接口(LCD),可以连接各种正点原子的 RGB LCD 屏模块,并且支持触摸屏(电阻/电容屏都可以)。为了节省 I/O 口,采用的是 RGB565 格式,虽然降低了颜色深度,但是节省了 I/O,且 RGB565 的数据格式在程序上更通用一些。

6. 50 MHz 晶振

这是开发板上用于为 FPGA 芯片提供时钟的晶振(XTAL),该晶振输出的时钟是 FPGA 最原始的时钟,其他需要的各种频率的时钟都是在这个时钟的基础上利用 PLL(锁相环)或者其他分频方法得到的。

7. CAN 选择接口

这是一个 CAN 通信的选择接口(P5),在做 CAN 通信实验时,需要使用跳帽将引脚连接在一起,CTX 接 N3(TX),CRX 接 M6(RX);在未使用跳帽连接时,N3 引脚和 M6 引脚还可以当成扩展口来用。

8. USB 串口选择接口

这是一个 USB 串口的选择接口(P9),在做 USB UART 通信的实验时,需要使用跳帽将引脚连接在一起,CTX 接 N5(RX),CRX 接 M7(TX);在未使用跳帽连接时,N5 引脚和 M7 引脚还可以当成扩展口来用。

9. JTAG 接口

这是正点原子开拓者 FPGA 开发板板载的 10 针标准 JTAG 调试口(JTAG),该 JTAG 口可以直接和 FPGA 下载器(调试器)连接,用于下载程序或者对程序进行在线调试。

10. USB 转串口

这是 USB 转串口的一个接口(USB_232),之所以设计成 USB 串口,是出于现在计算机上串口正在消失,尤其是笔记本电脑,几乎清一色地没有串口。所以板载了 USB 串口可以方便大家进行 USB 串口通信的实验。而在板子上并没有直接连接在一起,则是出于使用方便的考虑。同时这个 USB 接口还可以给开发板提供电源,但是其最大电流只有 500 mA。当大家在做 LCD 显示实验或者高速 A/D 及 D/A 实验等对供电能力要求较高的实验时,推荐大家使用 DC 6～16 V 电源输入接口。

11. SDRAM

这是开发板外扩的 SDRAM 芯片(U23),型号为 W9825G6KH,容量为 256 Mbit (32 MB),轻松应对各种大内存需求的场景,比如摄像头图像数据存储、录音数据存储等。

12. 六位数码管

这是开发板上的一个 6 位共阳极数码管(SEGLED),该数码管提供了一种最简单直观的显示,比如显示温度值、光照强度等。

13. 小喇叭

这是开发板自带的一个 8 Ω、2 W 的小喇叭(SPEAKER),安装在开发板的背面,可以用来播放音乐。该喇叭由 WM8978 直接驱动,最大输出功率可达 0.9 W。

14. OLED/摄像头模块接口

这是开发板板载的一个 OLED/摄像头模块接口(P1),如果是 OLED 模块,则靠左插即可(右边两个孔位悬空)。如果是摄像头模块(正点原子提供),则刚好插满。通过这个接口,可以分别完成多个外部模块的相关实验。

15. 环境光传感器

这是开发板板载的一个环境光传感器(U7),它可以作为环境光传感器和近距离传感器。通过该传感器,开发板可以感知周围环境光线的变化和接近距离,从而可以实现类似手机的自动背光控制。

16. 有源蜂鸣器

这是开发板的板载蜂鸣器(BEEP),可以实现简单的报警/闹铃。

17. 红外接收头

这是开发板的红外接收头(U11),可以实现红外遥控功能,通过这个接收头,可以接收市面常见的各种遥控器的红外信号,大家甚至可以自己实现万能红外解码。当然,如果应用得当,那么该接收头也可以用来传输数据。

开拓者 FPGA 开发板给大家配备了一个小巧的红外遥控器,该遥控器外观如图 2.2.1

所示。

18. RTC 实时时钟

这是开发板的一个 RTC 实时时钟芯片(U12)，开拓者 FPGA 开发板上的实时时钟芯片为 PCF8563，PCF8563 是 Philips 公司推出的一款工业级多功能时钟/日历芯片，具有报警功能、定时器功能、时钟输出功能以及中断输出功能，能完成各种复杂的定时服务。

图 2.2.1　红外遥控器

19. 单总线接口

这是开发板的一个单总线接口(U9)，该接口由 4 个镀金排孔组成，可以用来接 DS18B20/DHT11 等单总线传感器。在不需要的时候，大家可以拆下上面的传感器，放到其他地方去用，使用十分方便灵活。

20. 4 个 LED

这是开发板板载的 4 个 LED 灯(DS0～DS3)。4 个 LED 灯对于一般的应用足够了，在调试代码的时候，使用 LED 来指示程序执行状态，是一个非常不错的辅助调试方法。

21. 复位按钮

这是开发板板载的复位按键(RESET)，可以作为 FPGA 程序执行的复位信号，注意按键复位信号默认是高电平的，当复位按钮按下之后为低电平。

22. 4 个按键

开发板板载的 4 个机械式按键(KEY0～KEY3)是直接连接在 FPGA 的 I/O 口上的，可以作为人机交互的输入信号。这 4 个按键信号默认都是高电平的，当按键被按下之后，按键信号变为低电平。

23. 电池接口

这是 RTC 实时时钟的供电接口(BAT1)，可以保证在 FPGA 开发板断电时，实时时钟仍然能够继续工作，这样，配置的日期与时间不会因 FPGA 开发板的断电而恢复到默认值。

24. 触摸按钮

这是开发板板载的一个电容触摸输入按键(TPAD)，利用电容充放电原理，实现触摸按键检测的功能。

25. 电源指示灯

这是开发板板载的一个蓝色的 LED 灯(PWR)，用于指示电源状态。在电源开启的时候电源指示灯会处于点亮的状态，否则为熄灭的状态。通过这个 LED 灯，可以判断开发板的上电情况。

26. 多功能端口

这是1个由8个排针组成的一个接口(P3&P4)。不过大家可别小看这8个排针，这可是本开发板设计得很巧妙的一个端口(由P3和P4组成)，这组端口通过组合可以实现的功能有：ADC采集、DAC输出、PWM DAC输出、电容触摸按键、DAC与ADC自测等，所有这些功能，只需要通过1个跳线帽的连接，就可以逐一实现这些功能。

27. 数/模、模/数转换

这是一个用于数/模和模/数转换的器件(U27)，芯片型号是PCF8591。该芯片内部同时集成了模/数和数/模转换的功能，使用I^2C总线接口和FPGA进行通信。

28. 耳机输出接口

这是开发板板载的音频输出接口(PHONE)，该接口可以插入3.5 mm的耳机。当WM8978播放音乐的时候，就可以通过在该接口插入耳机来欣赏音乐。

29. 音频输入接口

这是开发板板载的音频输入接口(LINE_IN)，该接口可以用来连接计算机或者手机的耳机输出接口。

30. MIC(麦克风)

这是开发板的板载录音输入口(MIC，即麦克风)，该麦克风直接连接到WM8978的录音输入通道上，可以实现录音的功能。

31. ATK模块接口

这是开发板板载的一个正点原子通用模块接口(U5)，目前可以支持正点原子开发的GPS模块、蓝牙模块、MPU6050模块和全彩RGB灯模块等，直接插上对应的模块，就可以进行相关模块的开发。后续我们将开发更多兼容该接口的其他模块，实现更强大的扩展性能。

32. 3.3 V电源输入/输出

这是开发板板载的一组3.3 V电源输入输出排针(2×3)(VOUT1)，用于给外部提供3.3 V的电源，也可以从外部接3.3 V的电源给板子供电。大家在做实验的时候可能经常会为没有3.3 V电源而苦恼不已，有了开拓者FPGA开发板，就可以很方便地拥有一个简单的3.3 V电源(最大电流不能超过500 mA)。

33. 5 V电源输入/输出

这是开发板板载的一组5 V电源输入/输出排针(2×3)(VOUT2)，该排针用于给外部提供5 V的电源，也可以从外部接5 V的电源给板子供电。同样大家在实验的时候可能经常会为没有5 V电源而苦恼不已，正点原子充分考虑到了大家的需求，有了这组5 V排针，就可以很方便地拥有一个简单的5 V电源(USB供电的时候，最大电流不

能超过 500 mA，外部供电的时候，最大可达 1 000 mA）。

34. 电源开关

这是开发板板载的电源开关(K1)。该开关用于控制整个开发板的供电，如果通过开关切断电源，则整个开发板都将断电，电源指示灯(PWR)会随着此开关的状态而亮灭。

35. DC 6～16 V 电源输入

这是开发板板载的一个外部电源输入口(DC_IN)，采用标准的直流电源插座。开发板板载了 DC－DC 芯片(MP2359)，用于给开发板提供高效、稳定的 5 V 电源。由于采用了 DC－DC 芯片，所以开发板的供电范围十分宽，大家可以很方便地找到合适的电源(只要输出范围在 DC 6～16 V 基本都可以)来给开发板供电。在耗电比较大的情况下，比如用到 4.3 in 屏、7 in 屏、网口、高速 A/D 及 D/A 的时候，建议大家使用外部电源供电，可以提供足够的电流给开发板使用。

36. RS485 接口

这是开发板板载的 RS485 总线接口(RS485)，通过 2 个端口和外部 485 设备连接。这里提醒大家，RS485 通信的时候，必须 A 接 A，B 接 B，否则可能通信不正常！

37. 以太网接口(RJ45)

这是开发板板载的网口(ETHNET)，可以用来连接网线，实现网络通信功能。该接口连接到开发板上的 PHY 芯片(RTL8201CP)，支持 10 Mbit/s、100 Mbit/s 的通信速率。

38. RS232/RS485 选择接口

这是开发板板载的一个 RS232 模块/RS485 模块选择接口(P2)，通过该选择接口，我们可以选择 FPGA 的引脚是连接在 RS232 模块上还是连接在 RS485 模块接口上，以实现不同的应用需求。

39. VGA 接口

这是开发板板载的一个 VGA 接口，该接口可以连接在带有 VGA 接口的显示器上，FPGA 通过 VGA 接口来驱动 VGA 显示器，使其显示出彩条、图片以及视频图像等。

40. LCD 接口

这是开发板板载的 MCU TFT－LCD 模块接口(16 位并口数据)，兼容正点原子全系列 LCD 模块，包括：2.4 in、2.8 in、3.5 in、4.3 in 和 7 in 等 MCU TFT－LCD 模块，并且支持电阻/电容触摸功能。

41. FPGA(EP4CE10)

这是开发板的核心芯片(U14)，型号为 EP4CE10F17C8。该款芯片拥有 10 320 个逻辑单元、414 Kbit 的嵌入式存储资源、23 个 18×18 的嵌入式乘法器、2 个通用锁相环、10 个全局时钟网络、8 个用户 I/O Bank 和最大 179 个用户 I/O，是一款非常具有性价比的芯片。

42. Flash(M25P16)

这是开发板的 Flash 芯片(U15)，现在大规模的 FPGA 都是基于 SRAM 结构的，程序掉电后会丢失。因此，在 FPGA 上电后，需要一个外部芯片在短时间内将程序加载到 FPGA 硬件中，并且这个外部芯片存储的程序在掉电后是不丢失的，这个外部芯片就是 FPGA 的配置芯片。配置芯片用于储存 FPGA 的程序，以保证 FPGA 在重新上电后仍能继续工作。开拓者 FPGA 开发板的配置芯片型号为 M25P16(完全兼容 EPCS16 芯片)，存储容量为 16 Mbit(2 MB)。

43. RS232 接口(母)

这是开发板板载的一个 RS232 接口，通过一个标准的 DB9 母头和外部的串口连接。通过这个接口，可以连接带有串口的计算机或者其他设备，实现串口通信的功能。

44. EEPROM (AT24C64)

这是开发板板载的 EEPROM 芯片(U6)，容量为 64 Kbit，也就是 8 KB，用于存储一些掉电不能丢失的重要数据，比如系统设置的一些参数等。有了它，就可以方便地实现掉电数据保存。

2.2.2 软件资源说明

上面我们详细介绍了正点原子开拓者 FPGA 开发板的硬件资源。接下来，我们将向大家简要介绍一下正点原子开拓者 FPGA 开发板的软件资源。

开拓者 FPGA 开发板提供的标准例程多达 47 个，我们提供的这些例程，基本都是原创的，拥有非常详细的注释，代码风格统一，循序渐进，非常适合初学者入门。而其他开发板的例程，注释比较少且工程文件管理不统一，对初学者来说不那么容易入门。

开拓者 FPGA 开发板的例程列表如表 2.2.1 所列。由于篇幅所限，本书实战篇只介绍了表 2.2.1 中的部分实验。

表 2.2.1 正点原子开拓者 FPGA 开发板例程

编 号	实验名称	编 号	实验名称
1	流水灯实验	8	IP 核之 RAM 实验
2	按键控制 LED 灯实验	9	IP 核之 FIFO 实验
3	按键控制蜂鸣器实验	10	UART 串口通信实验
4	触摸按键控制 LED 灯实验	11	RS485 串口通信实验
5	静态数码管显示实验	12	VGA 彩条显示实验
6	动态数码管显示实验	13	VGA 方块移动实验
7	IP 核之 PLL 实验	14	VGA 字符显示实验

续表 2.2.1

编号	实验名称	编号	实验名称
15	VGA 图片显示实验(基于 ROM)	32	OV5640 摄像头 RGB TFT-LCD 显示实验
16	RGB TFT-LCD 彩条显示实验	33	SD 卡读/写测试实验
17	RGB TFT-LCD 字符显示实验	34	SD 卡图片显示实验(VGA 显示)
18	红外遥控实验	35	SD 卡图片显示实验(LCD 显示)
19	DS18B20 数字温度传感器实验	36	音乐播放器实验
20	DHT11 数字温湿度传感器实验	37	以太网通信实验
21	频率计实验	38	以太网传输图片(VGA 显示)
22	EEPROM 读/写测试实验	39	以太网传输图片(LCD 显示)
23	环境光传感器实验	40	基于 OV7725 的以太网传输视频实验
24	实时时钟数码管显示实验	41	基于 OV5640 的以太网传输视频实验
25	A/D 及 D/A 实验	42	基于以太网的板对板音频互传实验
26	音频环回实验	43	交通灯实验
27	SDRAM 读/写测试实验	44	高速 A/D 及 D/A 实验
28	录音机实验	45	基于 FFT IP 核的音频频谱仪实验
29	OV7725 摄像头 VGA 显示实验	46	基于 FIR IP 核的低通滤波器实验
30	OV7725 摄像头 RGB TFT-LCD 显示实验	47	基于 OV5640 的数字识别实验
31	OV5640 摄像头 VGA 显示实验		

从表 2.2.1 中可以看出,正点原子 FPGA 开发板的例程是非常丰富的,并且扩展了很多有价值的例程。各个例程的安排是循序渐进的,首先从最基础的流水灯开始,然后一步步深入,从简单到复杂,有利于大家的学习和掌握,所以,正点原子开拓者 FPGA 开发板是非常适合初学者的。当然,对于想深入学习 FPGA 开发的朋友,正点原子开拓者 FPGA 开发板也绝对是一个不错的选择。

2.2.3 开拓者 I/O 引脚分配

为了让大家更快、更好地使用开拓者 FPGA 开发板,这里特地将开发板的 I/O 引脚分配做了一个总表,以便大家查阅。该表在:配套资料→3_ALIENTEK 开拓者 EP4CE10 开发板原理图文件夹下,提供了 Excel 格式,方便大家查看。

2.3 开发板使用注意事项

为了让大家更好地使用正点原子开拓者 FPGA 开发板,在这里总结了该开发板使用时尤其需要注意的一些问题,希望大家多多注意,以减少不必要的麻烦。

① USB 供电电流最大 500 mA,且由于导线电阻的存在,供到开发板的电压一般都不超过有 5 V,如果使用了很多大负载外设,比如 4.3 in 屏、7 in 屏、摄像头模块等,

那么可能引起 USB 供电不足，所以开发板如果连接大负载模块的时候，或者同时用到多个模块的时候，建议大家使用一个电源适配器供电。

② 当想使用某个 I/O 口用作其他用处的时候，请先看看开发板的原理图，看看该 I/O 口是否已经连接在开发板的某个外设上，如果有，则要确定该外设的这个信号是否会对使用造成干扰，要先确定无干扰，才能使用这个 I/O。

③ 开发板上需要连接跳帽的地方比较多，大家在使用某个功能的时候，要先查查实现这个功能是否需要连接跳帽，以免浪费时间。

④ 当液晶显示白屏的时候，请先检查液晶模块是否插好(拔下来重新插一下试试)，如果还不行，则可以通过串口看看 LCD ID 是否正常，再做进一步的分析。

至此，本书的实验平台正点原子开拓者 FPGA 的硬件部分就介绍完了，了解了整个硬件对我们后面的学习会有很大帮助，有助于后面的引脚约束(分配)，在编写程序的时候，可以事半功倍，希望大家仔细读！另外，正点原子开发板的其他资料及教程更新，都可以在技术论坛 www.openedv.com 下载，大家可以经常去这个论坛获取更新的信息。

2.4 FPGA 的学习方法

FPGA 作为目前最热门的非 CPU 类处理器，正在被越来越多的公司选择使用。学习 FPGA 的朋友也越来越多，初学者可能会认为 FPGA 很难学，以前只学过 51 单片机，或者甚至连 51 单片机都没学过的，一看到 FPGA 就懵了。其实，万事开头难，只要掌握了方法，学好 FPGA 还是非常简单的，这里我们总结了学习 FPGA 的几个要点：

1. 一款实用的开发板

这个是实验的基础，有时候软件仿真通过了，在板上并不一定能跑起来，而且有个开发板在手，什么东西都可以直观地看到，效果不是仿真能比的。但开发板也不宜多，多了连自己都不知道该学哪个了，觉得这个也还可以，那个也不错，那就这个学半天，那个学半天，结果学个四不像。倒不如从一而终，学完一个再学另外一个。

2. 掌握方法，勤学慎思

FPGA 不是妖魔鬼怪，不要畏难，FPGA 的学习和普通单片机一样，基本方法就是：

(1) 了解 FPGA 的基本结构

学习 FPGA 之前需要先对 FPGA 的基本结构和其功能有个大概的了解，如锁相环 PLL、FIFO 等。需要知道 PLL 是用来产生不同频率的时钟，如使用 SDRAM 时需要产生 100 MHz 的驱动时钟，使用 WM8978(音频编解码芯片)时需要生成 12 MHz 的时钟；FIFO 用于数据的缓存和异步时钟域数据的传递等。

(2) 了解 Verilog HDL 基本语法

没有软件的硬件就如同行尸走肉一般。软件是硬件的灵魂，硬件是软件的舞台。有好的软件设计才能发挥硬件的性能，而软件的精髓在于代码。学习 FPGA 也是这

样，Verilog HDL 作为一种硬件描述语言，是对数字电路的一种描述，而数字电路是并行工作的，因而在编写 Verilog HDL 时要有并行的思想。不同于软件设计语言，软件设计语言是由 CPU 统一进行处理，一条指令一条指令地串行运行，所以软件设计语言是基于串行的设计思想，因而在写 Verilog HDL 代码的时候要注意这种差别。另外，对于 Verilog HDL 的基本语法是务必要掌握的，如一般常用的 module/endmodule、input/output/inout、wire/reg、begin/end、posedge/negedge、always/assign、if/else、case/default/endcase/parameter/localparam 等关键字要清楚它们的作用和区别。掌握了 Verilog HDL 的基本语法和 Verilog HDL 的并行设计思想后，会觉得 Verilog HDL 和 C 语言一样简单。

3. 多思考，多动手

所谓熟能生巧，先要熟，才能巧。如何熟悉？这就要靠大家自己动手，多多练习了，光看或说是没什么太多用处的。只有在使用 FPGA 的过程中，才会一点点地熟悉，也只有动手实练，才能对 FPGA 有切实的感受。

熟悉了之后，就应该进一步思考，也就是所谓的巧了。我们提供了几十个例程，供大家学习，跟着例程走，无非就是熟悉 FPGA 的过程，只有进一步思考，才能更好地掌握 FPGA，也即所谓的举一反三。例程是死的，人是活的，所以，可以在例程的基础上，自由发挥，实现更多的其他功能，并总结规律，为以后的学习和使用打下坚实的基础，如此，方能信手拈来。

所以，学习一定要自己动手，光看视频，光看文档，是不行的。举个简单的例子，你看视频，教你如何煮饭，几分钟估计你就觉得学会了。实际上你可以自己测试下，是否真能煮好？机会总是留给有准备的人，只有平时多做准备，才可能抓住机会。

只要做好以上三点，学习 FPGA 基本上就不会有什么太大的问题了。如果遇到问题，可以在我们的技术论坛：开源电子网 www. openedv. com 提问，论坛 FPGA 板块有各种主题，很多疑问已经有网友提过了，所以可以在论坛先搜索一下，很多时候，就可以直接找到答案了。论坛是一个分享交流的好地方，是一个可以让大家互相学习、互相提高的平台，所以有时间可以多上去看看。

第二篇　软件篇

上一篇，我们介绍了本书的实验平台，本篇我们将详细介绍FPGA的开发软件（Quartus Ⅱ）和仿真软件（ModelSim）的使用。通过本篇的学习，你将了解到一个完整的FPGA的开发流程和仿真过程。本篇将图文并茂地向大家介绍Quartus Ⅱ软件以及ModelSim软件的使用，希望大家能掌握FPGA的开发流程以及如何对编写的代码进行仿真，并能独立开始FPGA的编程和学习。

本篇将分为2章：

- 第3章　Quartus Ⅱ软件的安装和使用；
- 第4章　ModelSim软件的安装和使用。

第3章

Quartus Ⅱ软件的安装和使用

Quartus Ⅱ是Altera公司的综合性FPGA开发软件，可以完成从设计输入到硬件配置的完整FPGA设计流程。本章我们将学习如何安装Quartus Ⅱ软件以及Quartus Ⅱ软件的使用方法，为大家在接下来学习实战篇打下基础。

3.1 Quartus Ⅱ软件的安装

Altera公司每年都会对Quartus Ⅱ软件进行更新，各个版本之间除界面以及其他性能的优化之外，基本的使用功能都是一样的，我们在配套资料中提供的是相对稳定的Quartus Ⅱ 13.1版本，接下来将安装Quartus Ⅱ 13.1(以下简称Quartus)版本的软件。

首先在开拓者FPGA开发板配套资料的QuartusII_13.1文件夹下找到Quartus的安装包文件，文件列表如图3.1.1所示。

名称	修改日期	类型	大小
cyclone-13.1.0.162.qdz	2018/1/29 21:29	QDZ 文件	561,597 KB
QuartusSetup-13.1.0.162.exe	2018/1/29 21:42	应用程序	1,674,665
安装说明.txt	2018/7/12 14:09	文本文档	1 KB

图3.1.1 Quartus安装包文件夹

Quartus Ⅱ软件的安装步骤如下：

① 双击运行QuartusSetup-13.1.0.162.exe文件开始安装。

② 在弹出的界面中单击Next按钮。

③ 选中I accept the agreement，然后单击Next按钮。

④ 设置软件的安装路径。注意安装路径中不能出现中文、空格以及特殊字符等，本节选择的路径是D:\altera\13.1，单击Next按钮。

⑤ 接下来进入器件安装界面，由于软件安装包和Cyclone系列器件支持包放在了同一个文件夹下，所以软件在这里已经自动检测出器件，安装器件的界面如图3.1.2所示。我们保持默认全部勾选的，单击Next按钮。

⑥ 接下来进入Summary界面，单击Next按钮；此时进入正式安装过程，安装过程

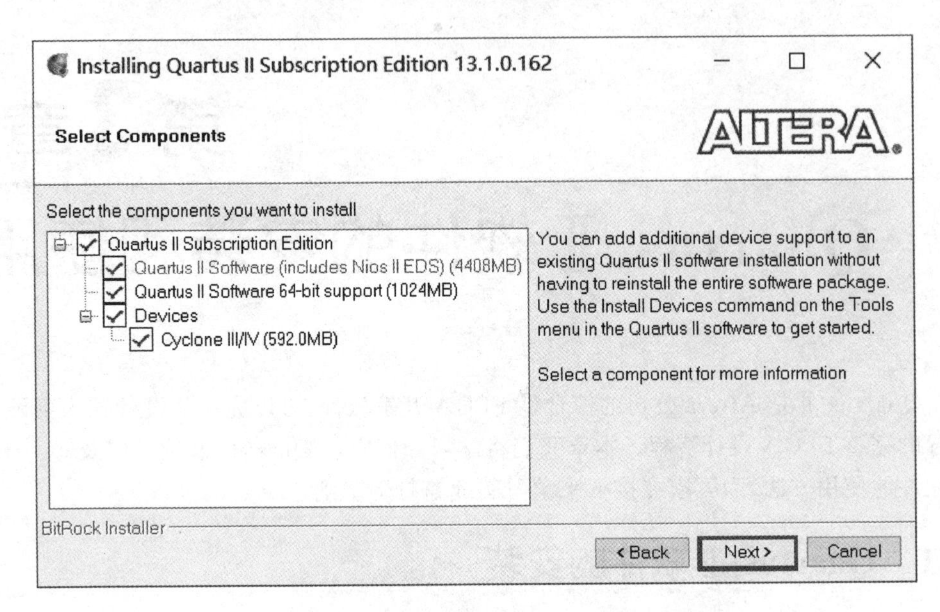

图 3.1.2　Quartus 安装引导——器件选择界面

会耗费较长的时间，具体时间与计算机的配置有关，等待 Quartus Ⅱ软件安装完成。

⑦ 最后，单击 Finish 按钮完成软件的安装。

Quartus Ⅱ软件安装完成后，会弹出 License Setup Required 界面，可以选择 30 天试用期，也可以通过购买正版的 Altera 的 License 等途径来正常使用。

3.2　USB Blaster 驱动安装

USB Blaster 是 Altera FPGA 的程序下载器，可以通过计算机的 USB 接口对 Altera 的 FPGA 和配置芯片进行编程、调试以及下载等操作。计算机只有在安装驱动后，USB Blaster 才能正常工作，具体的安装方法如下。

首先需要将 USB 线一端连接下载器，另一端插到计算机的 USB 接口上。然后打开计算机的设备管理器，计算机的设备管理器打开方法为：右击桌面的“计算机”→“管理”→“设备管理器”，在“其他设备”下面看到 USB - Blaster 设备，前面有个黄色的感叹号，说明计算机已经识别到下载器，但没有安装设备的驱动。右击选中 USB - Blaster，并选择“更新驱动程序软件(P)”，如图 3.2.1 和图 3.2.2 所示。

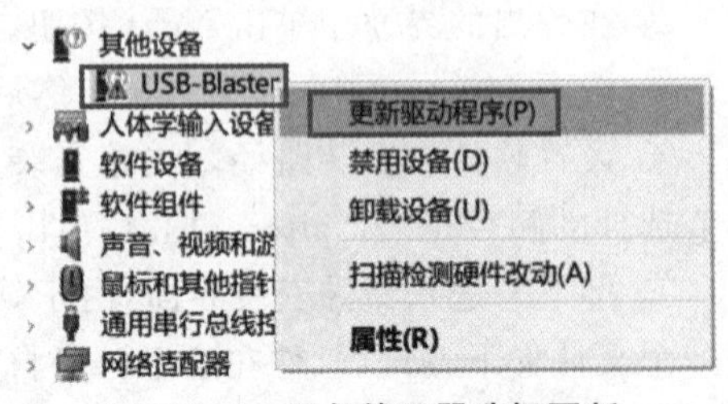

图 3.2.1　设备管理器选择更新驱动程序软件界面

在图 3.2.2 的界面中，单击“浏览我的计算机以查找驱动程序软件”，进入图 3.2.3 所示的界面。

单击“浏览”按钮选择驱动程序的路径

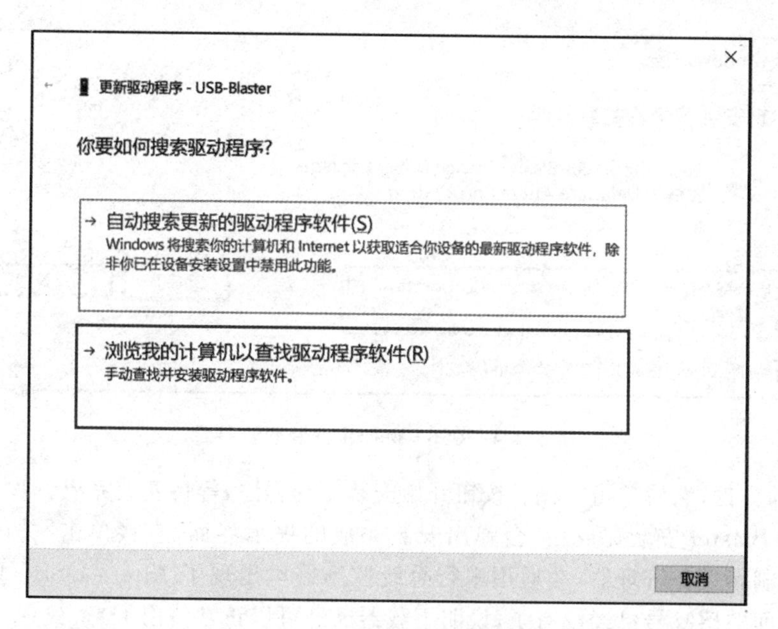

图 3.2.2 更新驱动程序软件界面

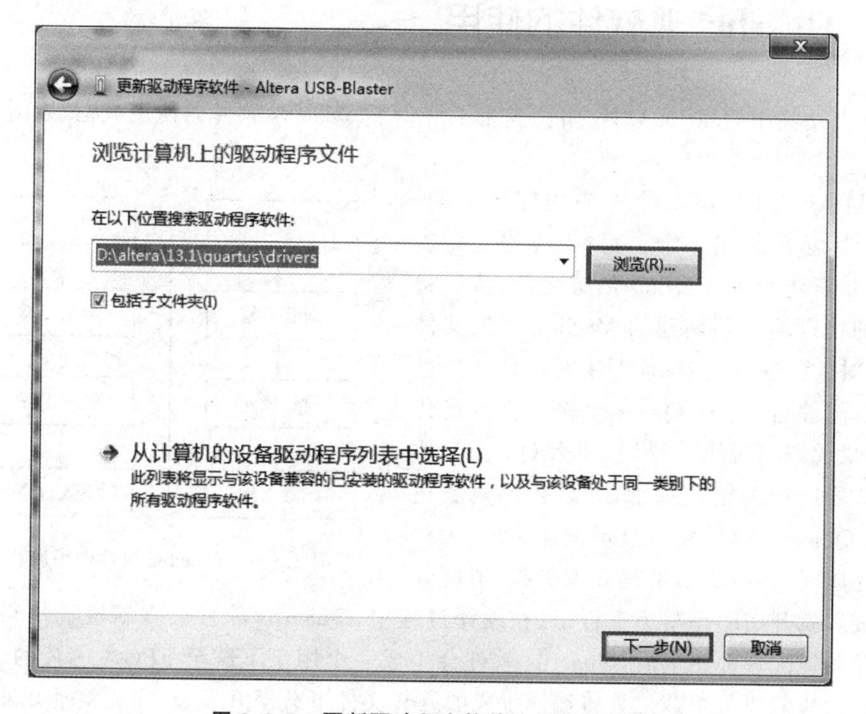

图 3.2.3 更新驱动程序软件路径选择界面

为 Quartus 软件安装目录 D:\altera\13.1\quartus\drivers，单击“下一步”按钮，进入图 3.2.4 所示的界面。

在弹出的安全提示框里，勾选“始终信任来自‘Delaware Altera Corporation’的软

图 3.2.4　USB－Blaster 安装确认界面

件”前面的方框，然后单击“安装”按钮开始安装驱动程序，等待安装完成。

USB Blaster 安装完成后，会弹出安装完成的提示界面，直接单击“关闭”按钮即可。这时刷新设备管理器，在通用串行总线控制器里出现了 Altera USB－Blaster，并且图标前面的感叹号已经没有了，说明下载器已经可以正常使用了。

3.3　Quartus Ⅱ 软件的使用

在开始使用 Quartus 软件之前，先来了解一下 Quartus 软件的使用流程，如图 3.3.1 所示。

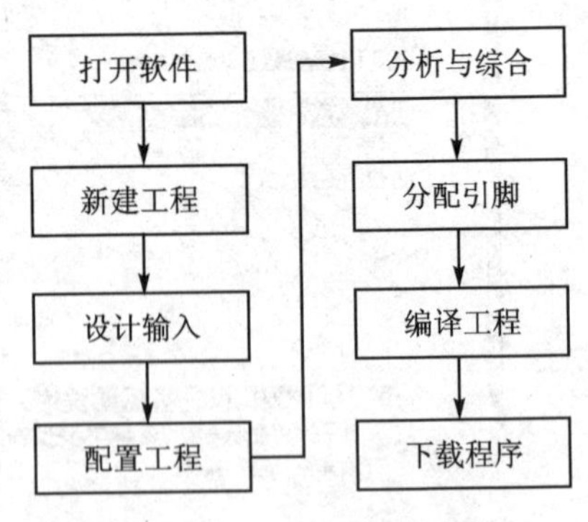

图 3.3.1　Quartus 软件使用流程

从图 3.3.1 中可以看出，首先打开 Quartus 软件，然后新建一个工程；工程建立完成后，需要新建一个 Verilog 顶层文件，然后将设计的代码输入到新建的 Verilog 顶层文件中，并对工程进行配置；接下来对设计文件进行分析与综合，此时 Quartus 软件会检查代码，如果代码出现语法错误，那么 Quartus 软件将会给出相关错误提示，如果代码语法正确，则 Quartus 软件将会显示编译完成；工程编译完成后，还需要给工程分配引脚，引脚分配完成后就开始编译整个工程了；在编译过程中，Quartus 软件会重新检查代码，如果代码及其他配置都正确后，Quartus 软件会生成一个用于下载至 FPGA 芯片的.sof 文件；最后，我们通过下载工具将编译生成的.sof 文件下载至开发板，完成整个开发流程。

在这里，我们只是简单介绍了一下上述的流程图，让大家有个大致的了解，接下来就以流水灯实验的工程为例，对每个流程进行详细地操作演示，一步步、手把手带领大家学习使用 Quartus Ⅱ 软件。

3.3.1 新建工程

在创建工程之前，建议大家在硬盘中新建一个文件夹用于存放自己的 Quartus 工程，这个工程目录的路径名应该只有字母、数字和下画线，以字母为首字符，且不要包含中文和其他符号。

我们在计算机的 E 盘 Verilog 文件夹中创建一个 flow_led 文件夹，用于存放本次流水灯实验的工程，工程文件夹的命名要能反映出工程实现的功能，本次是以流水灯的实验为例，所以这里将文件夹命名为 flow_led。然后在 flow_led 文件夹下创建 4 个子文件夹，分别命名为：doc、par、rtl 和 sim。doc 文件夹用于存放项目相关的文档，par 文件夹用于存放 Quartus 软件的工程文件，rtl 文件夹用于存放源代码，sim 文件夹用于存放项目的仿真文件。创建的工程文件夹目录如图 3.3.2 所示。

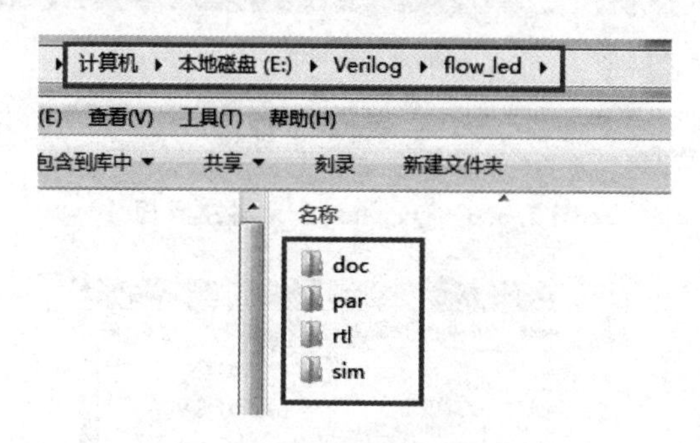

图 3.3.2 工程文件夹目录

建议大家在开始创建工程之前都要先创建这 4 个文件夹，如果说工程相对简单，不需要相关参考文档或者仿真文件，那么 doc 文件夹和 sim 文件夹可以为空；但是对于复杂的工程，相关文档的参考与记录以及仿真测试几乎是必不可少的，所以我们从简单的实验开始就要养成良好的习惯，为设计复杂的工程打下基础。

接下来启动 Quartus Ⅱ软件，双击桌面上的 Quartus Ⅱ 13.1 (64 bit)软件图标(如果是 32 位系统为 Quartus Ⅱ 13.1 (32 bit))，打开 Quaruts Ⅱ软件，Quartus Ⅱ软件主界面如图 3.3.3 所示。

Quartus 软件默认由菜单栏、工具栏、工程文件导航窗口、编译流程窗口、主编辑窗口以及信息提示窗口组成。在菜单栏选择 File→New Project Wizard 来新建一个工程，如图 3.3.4 所示。

弹出新建工程向导界面，第一个是 Introduction 介绍界面，单击 Next 按钮进入图 3.3.5 所示的界面。

图 3.3.5 的第一栏用于指定工程所在的路径；第二栏用于指定工程名，这里建议大家直接使用顶层文件的实体名作为工程名；第三栏用于指定顶层文件的实体名。这里我们设置的工程路径为 E:/Verilog/flow_led/par，工程名与顶层文件的实体名同为 flow_led。文件名和路径设置完成后，单击 Next 按钮，进入下一个界面，如图 3.3.6 所示。

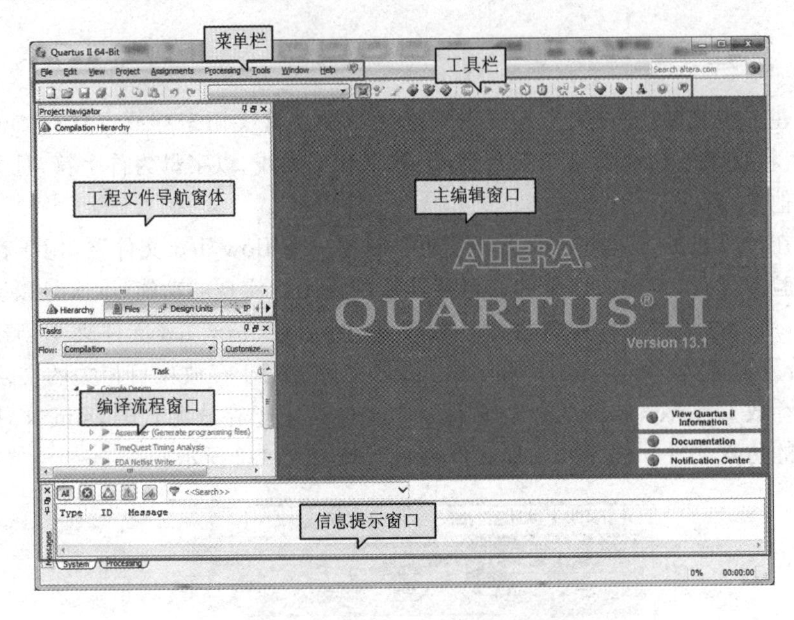

图 3.3.3　Quartus Ⅱ 软件主界面

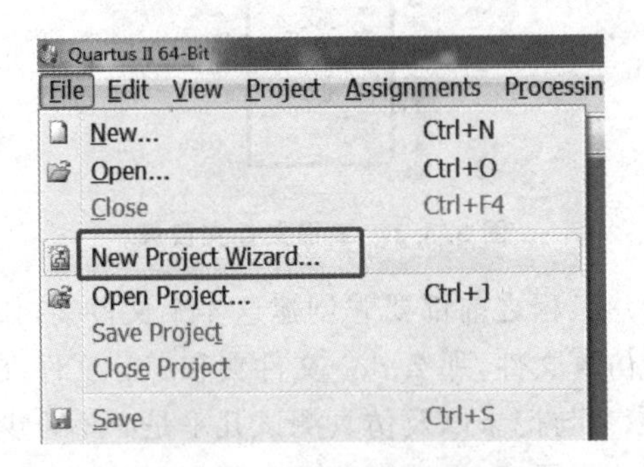

图 3.3.4　新建工程操作界面

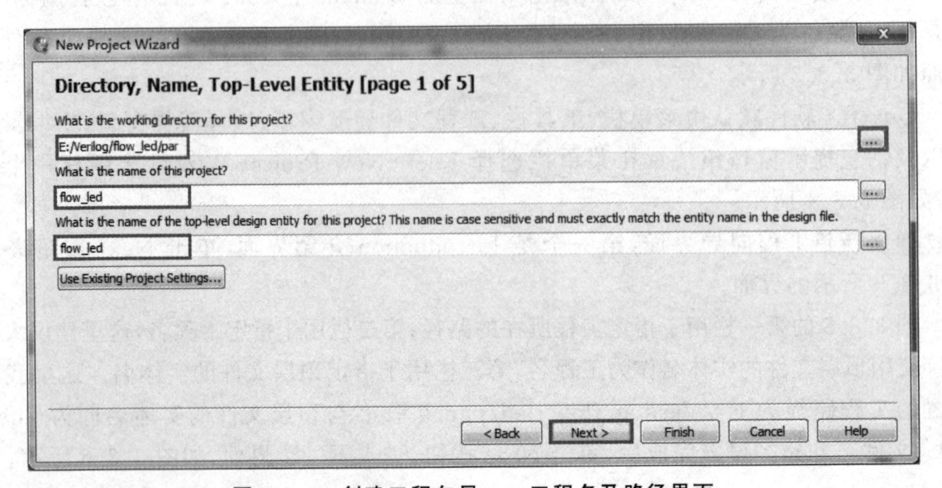

图 3.3.5　创建工程向导——工程名及路径界面

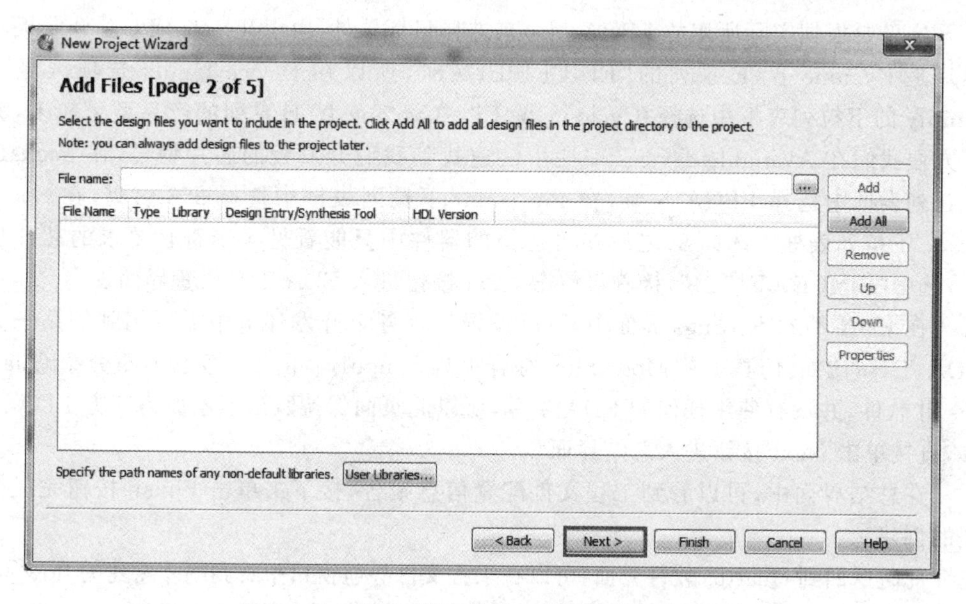

图 3.3.6　创建工程向导——添加设计文件界面

在图 3.3.6 所示界面中，可以通过单击“…”按钮添加已有的工程设计文件（Verilog 或 VHDL 文件），由于这里是一个完全新建的工程，没有任何预先可用的设计文件，所以我们不用添加，直接单击 Next 按钮，进入图 3.3.7 所示的界面。

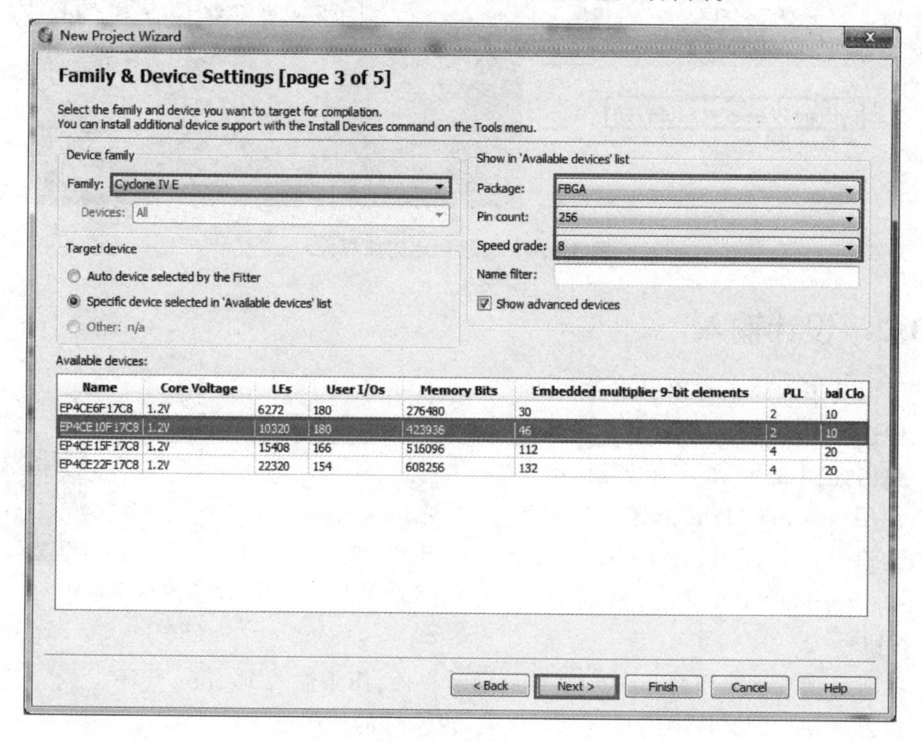

图 3.3.7　创建工程向导——选择器件界面

这里要根据实际所用的FPGA型号来选择目标器件，由于开拓者FPGA开发板主芯片是Cyclone Ⅳ E系列的“EP4CE10F17C8”，所以在Device family选项区域组Family的下拉列表框中选择“Cyclone Ⅳ E”。Cyclone Ⅳ E系列的产品型号较多，为了方便我们在Available devices一栏中快速找到我们开发板的芯片型号，在Package下拉列表框中选择FBGA封装，在Pin count下拉列表框中选择256引脚，在Speed grade下拉列表框中选择8，之后在可选择的器件中只能看见4个符合要求的芯片型号，选中“EP4CE10F17C8”，接着再单击Next按钮进入EDA工具设置界面。

在EDA Tool Settings界面中，可以设置工程各个开发环节中需要用到的第三方EDA工具，比如：仿真工具ModelSim、综合工具Synplify。由于本实例着重介绍Quartus Ⅱ软件，并没有使用任何的EDA工具，所以此页面保持默认不添加第三方EDA工具，直接单击Next按钮进入总结界面。

在总结界面中，可以看到工程文件配置信息报告，接下来单击Finish按钮完成工程的创建。

此时返回到Quartus软件界面，可以在工程文件导航窗口中看到刚才新建的flow_led工程，如果需要修改器件的话，直接双击工程文件导航窗口中的“Cyclone Ⅳ E：EP4CE10F17C8”即可，Quartus显示界面如图3.3.8所示。

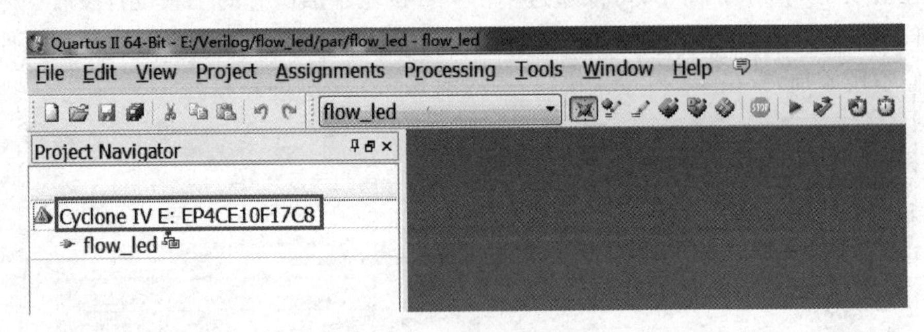

图 3.3.8 工程创建完成界面

3.3.2 设计输入

下面就来创建工程顶层文件，在菜单栏中选择File→New，如图3.3.9所示。弹出如图3.3.10所示界面，由于我们使用Verilog HDL语言作为工程的输入设计文件，所以在Design Files中选择Verilog HDL File，然后单击OK按钮。

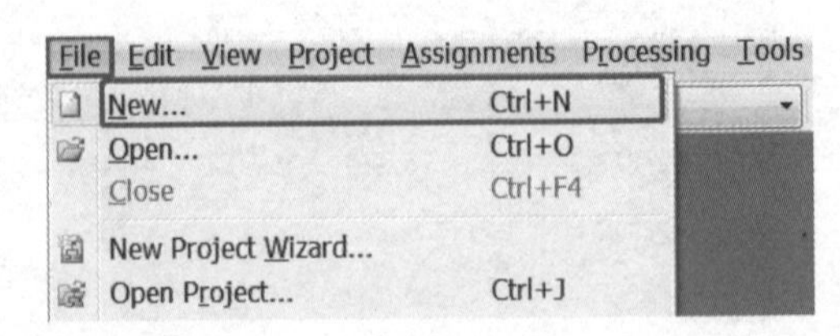

图 3.3.9 新建设计文件操作界面

此时会出现一个Verilog1.v文件的设计界面，用于输入Verilog代码。

接下来就在该文件中编写流水灯代码，流水灯的代码如下：

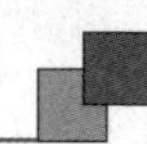

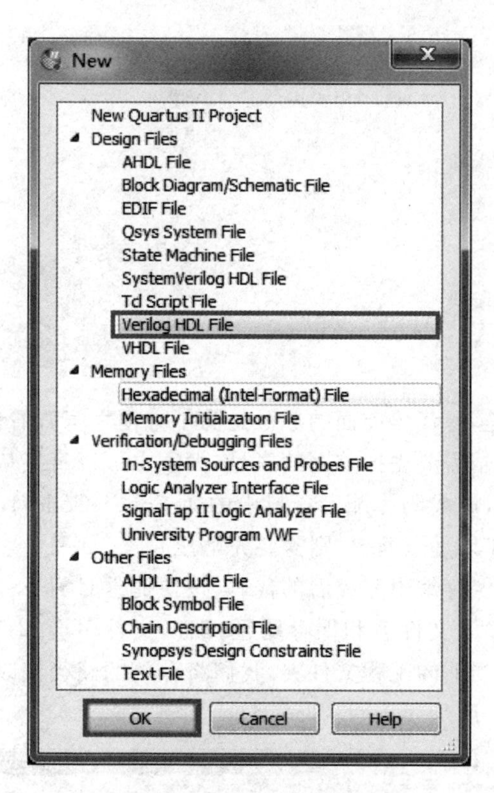

图 3.3.10　创建 Verilog 文件

```
1  module flow_led(
2      input                   sys_clk,        //系统时钟
3      input                   sys_rst_n,      //系统复位,低电平有效
4
5      output  reg   [3:0]     led             //4 个 LED 灯
6      );
7
8  //reg define
9  reg [23:0] counter;
10
11 //*****************************************************
12 //**                    main code
13 //*****************************************************
14
15 //计数器对系统时钟计数,计时 0.2 s
16 always @(posedge sys_clk or negedge sys_rst_n) begin
17     if (!sys_rst_n)
18         counter <= 24'd0;
19     else if (counter <24'd1000_0000)
20         counter <= counter + 1'b1;
21     else
22         counter <= 24'd0;
23 end
```

```
24
25 //通过移位寄存器控制 I/O 口的高低电平，从而改变 LED 的显示状态
26 always @(posedge sys_clk or negedge sys_rst_n) begin
27     if (!sys_rst_n)
28         led <= 4'b0001;
29     else if(counter == 24'd1000_0000)
30         led[3:0] <= {led[2:0],led[3]};
31     else
32         led <= led;
33 end
34
35 endmodule
```

这里需要注意的是，源代码前面的序号是为了方便大家查看代码的，在将源代码复制到软件编辑区的时候，需要去掉前面的序号，大家也可以直接从我们配套资料提供的 Verilog 源代码中复制，源代码为配套资料中的 4_SourceCode/1_Verilog/1_flow_led/rtl/flow_led.v 文件（如果是压缩包，则需要先解压）。

代码编写完成后，保存编辑完成后的代码，按快捷键 Ctrl+S 或选择 File→Save，会弹出一个对话框提示输入文件名和保存路径，默认文件名会和所命名的 module 名称一致，默认路径也会是当前的工程文件夹，我们将存放的路径修改为在 rtl 文件夹下，如图 3.3.11 和图 3.3.12 所示。

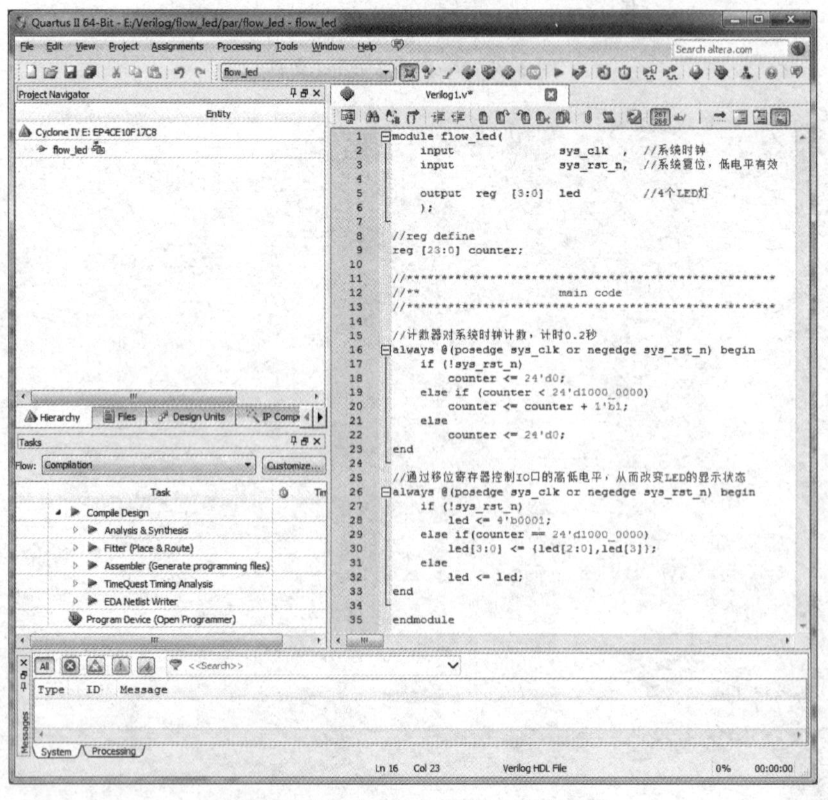

图 3.3.11 Verilog 文件编写完成界面

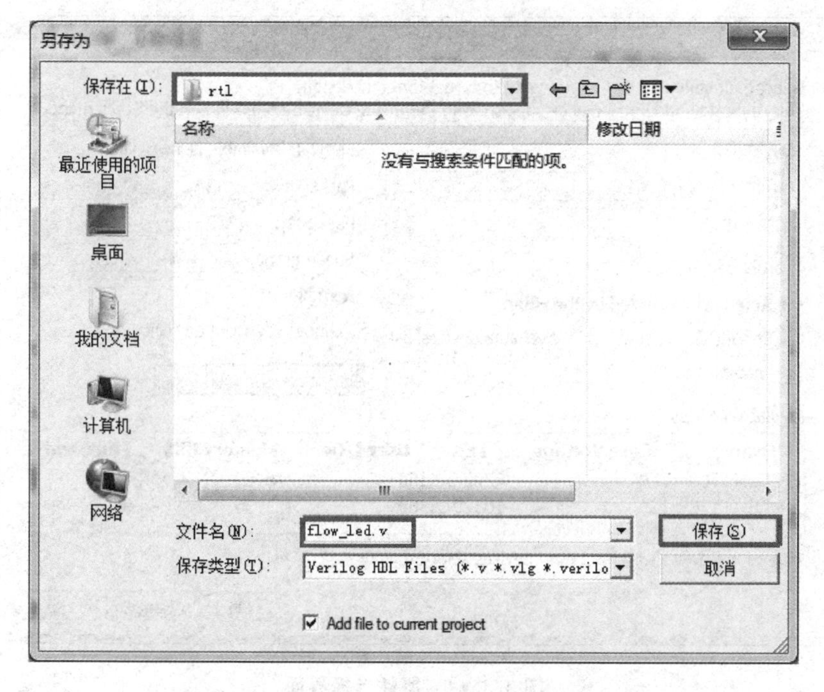

图 3.3.12　Verilog 代码保存界面

在图 3.3.12 所示的界面中，单击“保存”按钮即可保存代码文件，然后可以在工程文件导航窗口 Files 下找到新建的 flow_lcd.v 文件，如图 3.3.13 所示。

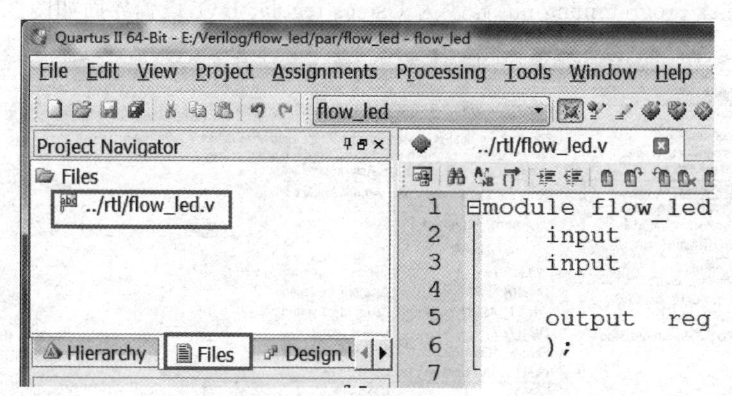

图 3.3.13　工程文件导航窗口中的文件

3.3.3　配置工程

在我们的工程中，需要配置复用的引脚。首先在 Quartus 软件的菜单栏中选择 Assignments→Device，会弹出如图 3.3.14 所示的界面。

该界面是可以重新选择器件的界面，然后单击 Device and Pin Options 按钮，会弹出一个设置界面，在左侧 Category 导航栏中选择 Dual－Purpose Pins。对于需要使用

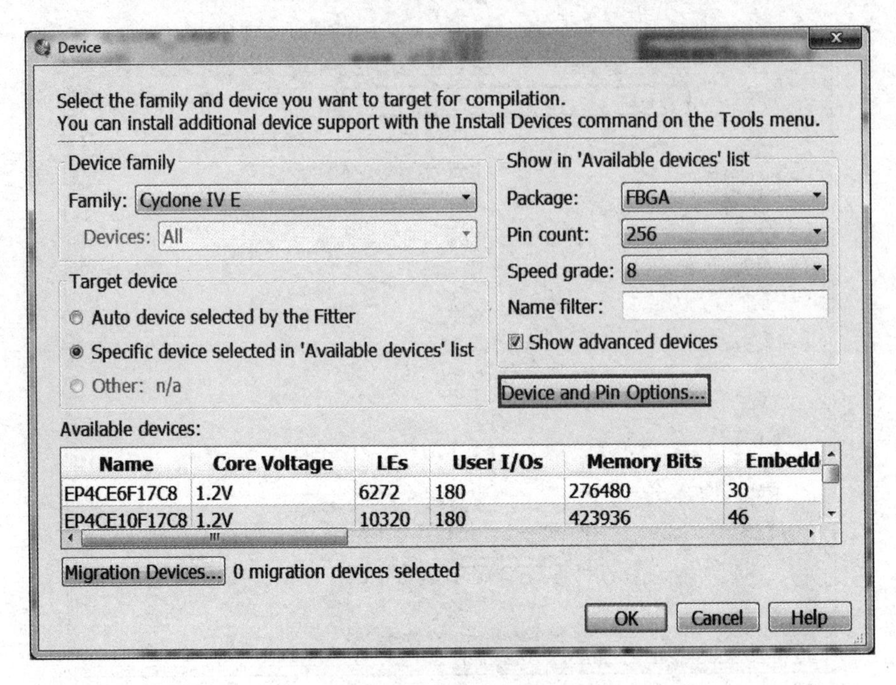

图 3.3.14　器件选择界面

EPCS 器件的引脚时,需要将图 3.3.15 界面中所有的引脚都改成 Use as regular I/O,如果大家不确定工程中是否用到 EPCS 器件时,则可以全部修改。本次实验只修改了 nCEO 一栏,将 Use as programming pin 修改为 Use as regular I/O,设置界面如图 3.3.15 所示。

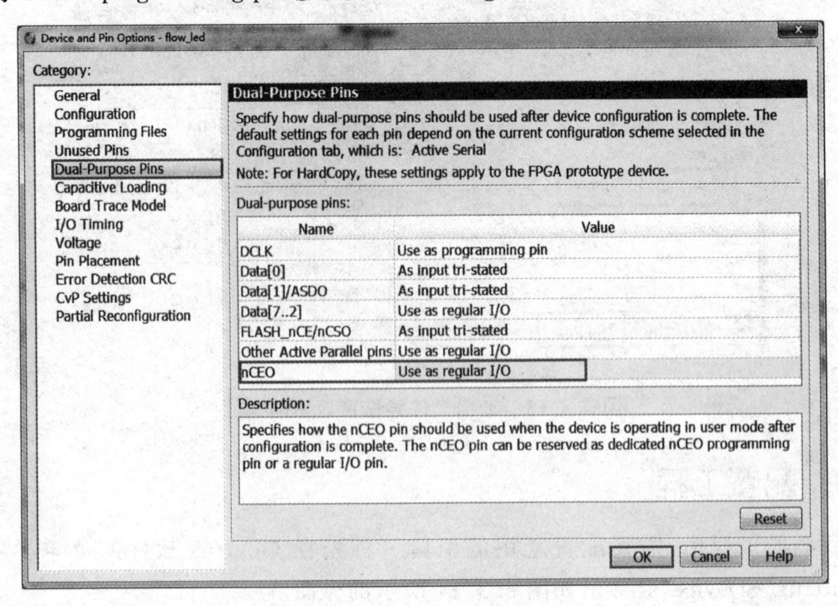

图 3.3.15　双用的引脚设置成普通 I/O

修改完成后,单击 OK 按钮完成设置。

3.3.4　分析与综合(编译)

为了验证代码是否正确,我们可以在工具栏中选择 Analysis & Synthesis 图标来验证语法是否正确,也可以对整个工程进行一次全编译,即在工具栏中选择 Start Compilation 图标,不过全编译的时间耗时会比较长。接下来我们对工程进行语法检查,单击工具栏中的 Analysis & Synthesis 图标,图标的位置如图 3.3.16 所示。

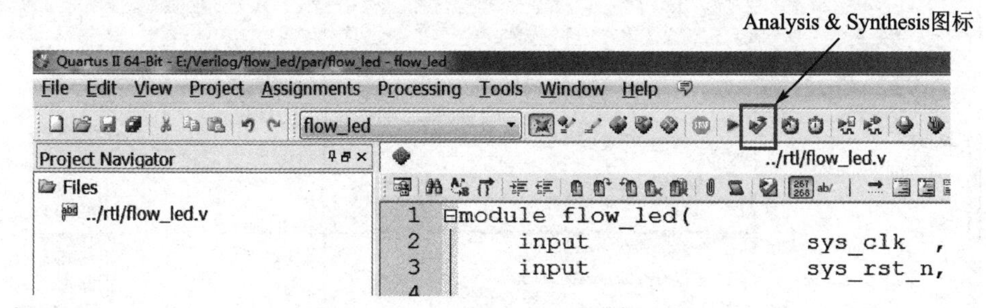

图 3.3.16　分析与综合工具图标

如果在编译过程中没有出现语法错误,则编译流程窗口 Analysis & Synthesis 前面的问号会变成对勾,表示编译通过,如图 3.3.17 所示。

	Task	
	Compile Design	
✔	Analysis & Synthesis	00:00:03
	Fitter (Place & Route)	
	Assembler (Generate programming files)	
	TimeQuest Timing Analysis	
	EDA Netlist Writer	

图 3.3.17　编译完成界面

最后,可以查看打印窗口 Processing 中的信息,如图 3.3.18 所示,包括各种 Warning 和 Error。Error 是必须要关心的,Error 意味着代码有语法错误,后续的编译将无法继续,如果出现错误,则可以双击错误信息,此时编辑器会定位到语法错误的位置,修改完成后,重新开始编译;而 Warning 则不一定是致命的,有些潜在的问题可以从 Warning 中寻找,如果一些 Warning 信息对设计没有什么影响,那么也可以忽略它。信息提示窗口界面如图 3.3.18 所示。

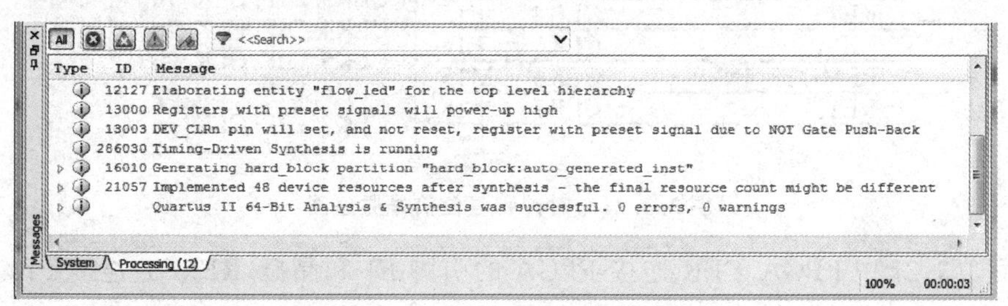

图 3.3.18　信息提示窗口界面

3.3.5 分配引脚

编译通过以后，接下来就需要对工程中输入、输出端口进行引脚分配。可以在菜单栏中选择 Assignments→Pin Planner 或者在工具栏中单击 Pin Planner 的图标，操作界面如图 3.3.19 所示。

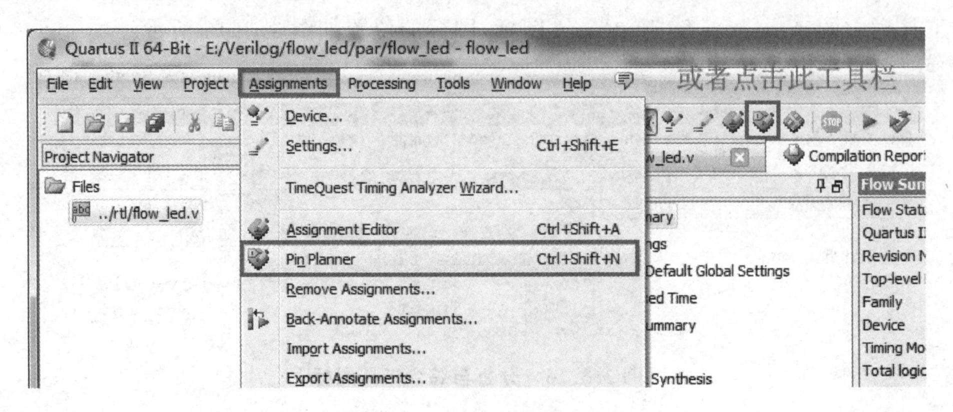

图 3.3.19 引脚分配操作界面

引脚分配界面如图 3.3.20 所示。

Named: * Edit:

Node Name	Direction	Location	I/O Bank	VREF Group	I/O Standard	Reserved	urrent Streng	Slew Rate	k Pull-Up Res
led[3]	Output				2.5 V ...fault)		8mA (...ault)	2 (default)	
led[2]	Output				2.5 V ...fault)		8mA (...ault)	2 (default)	
led[1]	Output				2.5 V ...fault)		8mA (...ault)	2 (default)	
led[0]	Output				2.5 V ...fault)		8mA (...ault)	2 (default)	
sys_clk	Input				2.5 V ...fault)		8mA (...ault)		
sys_rst_n	Input				2.5 V ...fault)		8mA (...ault)		
<<new node>>									

图 3.3.20 引脚分配界面

可以看到该界面出现了 6 个端口，分别是 4 个 LED、时钟和复位，我们可以参考原理图来对引脚进行分配，图 3.3.21 为 FPGA 开发板的时钟和复位引脚的原理图。

U14I

FPGA_CLK	CLK1	E1	CLK1, DIFFCLK_0n
KEY2	CLK2	M2	CLK2, DIFFCLK_1p
RESET	CLK3	M1	CLK3, DIFFCLK_1n
KEY1	CLK4	E15	CLK4, DIFFCLK_2p
KEY0	CLK5	E16	CLK5, DIFFCLK_2n
REMOTE_IN	CLK6	M15	CLK6, DIFFCLK_3p
KEY3	CLK7	M16	CLK7, DIFFCLK_3n

图 3.3.21 时钟和复位信号原理图

图 3.3.21 中 FPGA_CLK 连接 FPGA 的引脚 E1 和晶振，RESET 连接 FPGA 的引脚 M1 和复位按键，所以在对引脚进行分配时，输入的时钟 sys_clk 引脚分配到 E1， sys_rst_n 引脚分配到 M1，LED 的引脚查看方法同理。为了便于大家的查看，我们整理出了包含开发板上所有引脚分配的表格，详见配套资料→3_ALIENTEK 开拓者 FPGA 开发板原理图/开拓者 FPGA 开发板 I/O 引脚分配表，引脚分配完成后如图 3.3.22 所示。比如分配 sys_clk 引脚为 PIN_E1，先用鼠标单击 sys_clk 信号名 Location 下面的空白位置，可以选择 PIN_E1，也可以直接输入 E1，接下来按回车键。

Node Name	Direction	Location	I/O Bank	VREF Group	I/O Standard	Reserved	Current Strength	Slew Rate
out led[3]	Output	PIN_F9	7	B7_N0	2.5 V (default)		8mA (default)	2 (default)
out led[2]	Output	PIN_E10	7	B7_N0	2.5 V (default)		8mA (default)	2 (default)
out led[1]	Output	PIN_C11	7	B7_N0	2.5 V (default)		8mA (default)	2 (default)
out led[0]	Output	PIN_D11	7	B7_N0	2.5 V (default)		8mA (default)	2 (default)
in sys_clk	Input	PIN_E1	1	B1_N0	2.5 V (default)		8mA (default)	
in sys_rst_n	Input	PIN_M1	2	B2_N0	2.5 V (default)		8mA (default)	
<<new node>>								

图 3.3.22　引脚分配完成界面

引脚分配完成后，直接关闭引脚分配窗口，软件会在工程所在位置生成一个.qsf 文件用来存放引脚信息。

3.3.6　编译工程

引脚分配完之后，需要对整个工程进行一次全编译，在工具栏中选择 Start Compilation 图标，操作界面如图 3.3.23 所示。

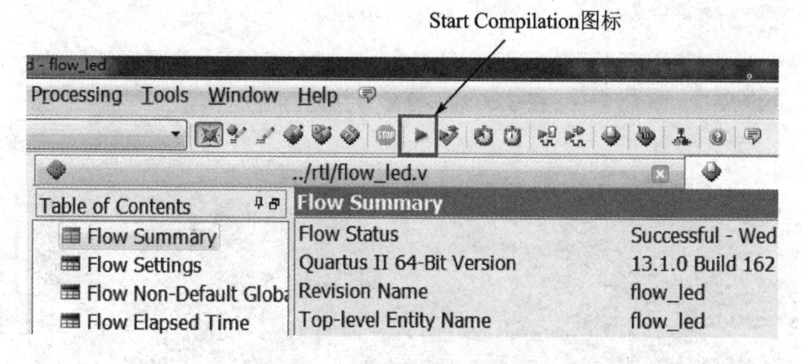

图 3.3.23　全编译操作界面

编译完成后的界面如图 3.3.24 所示，左侧编译流程窗口全部显示打勾，说明工程编译通过，右侧 Flow Summary 可观察 FPGA 资源使用的情况。

3.3.7　下载程序

编译完成后，就可以给开发板下载程序了，以验证我们的程序能否正常运行。如图 3.3.25 所示为开拓者开发板的实物图。

首先我们将 USB Blaster 下载器一端连接计算机，另一端与开发板上的 JTAG 接口相连接；然后连接开发板电源线，并打开电源开关。接下来在工具栏中找到 Programmer 按钮或者选择 Tools→Programmer，操作界面如图 3.3.26 所示。

程序下载界面如图 3.3.27 所示。

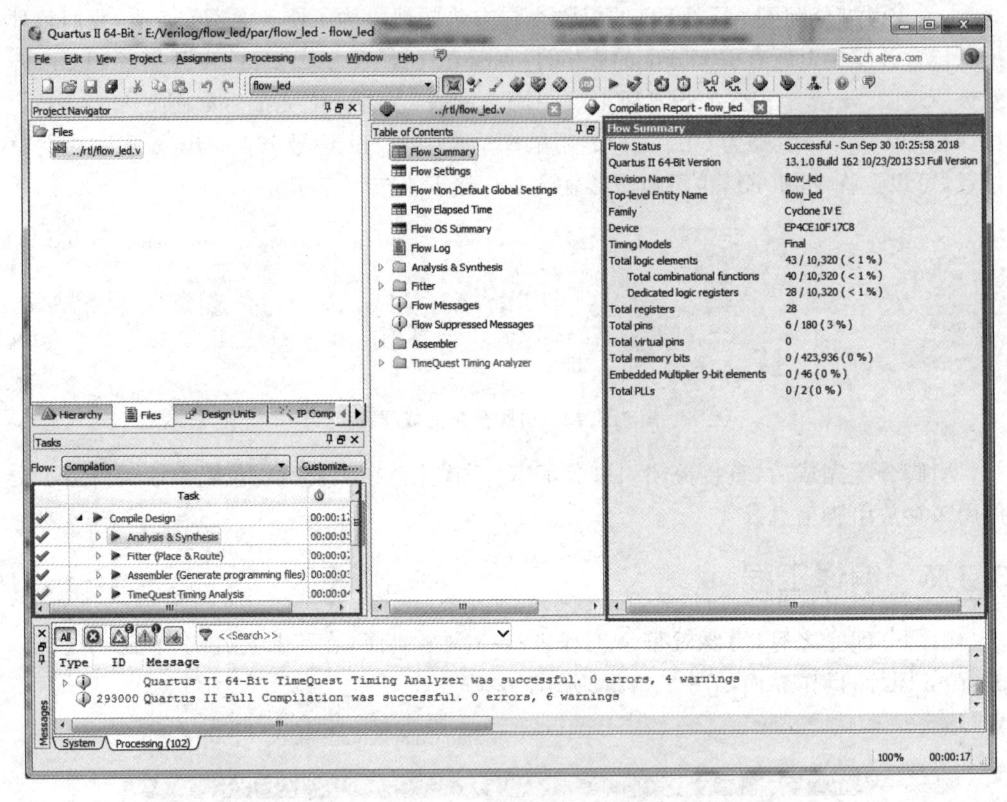

图 3.3.24 全编译完成界面

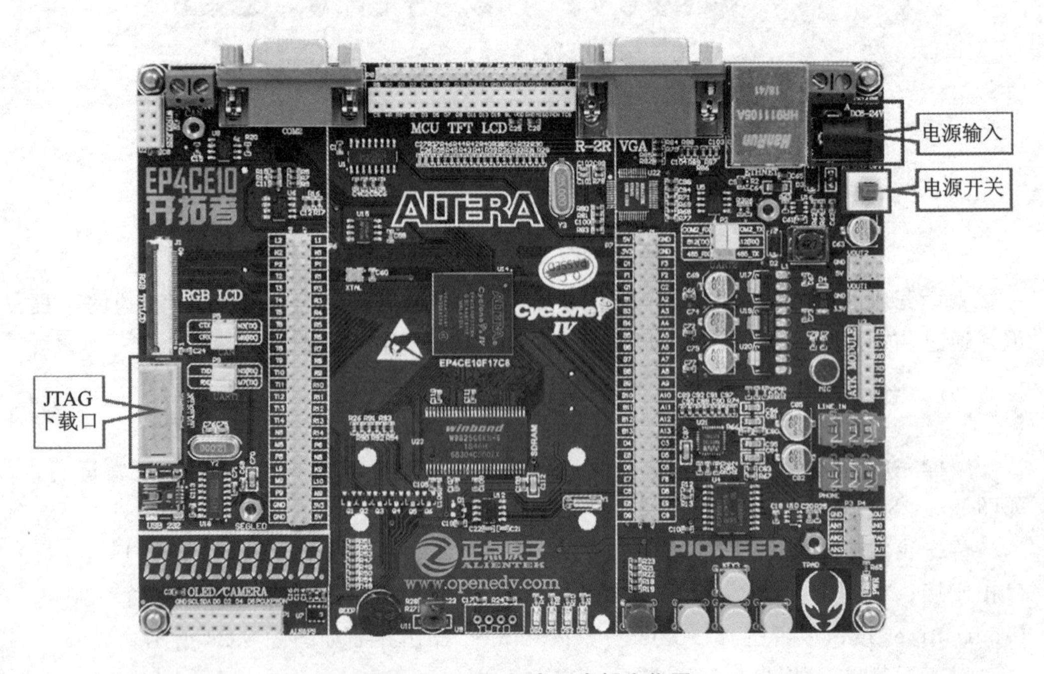

图 3.3.25 开拓者开发板实物图

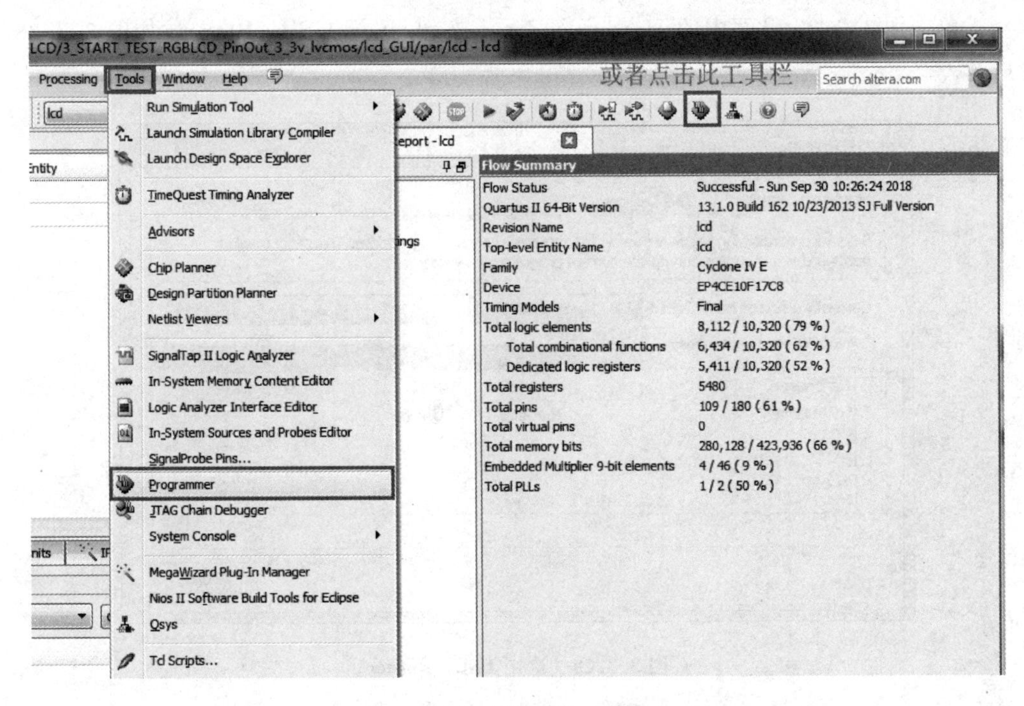

图 3.3.26 打开程序下载操作

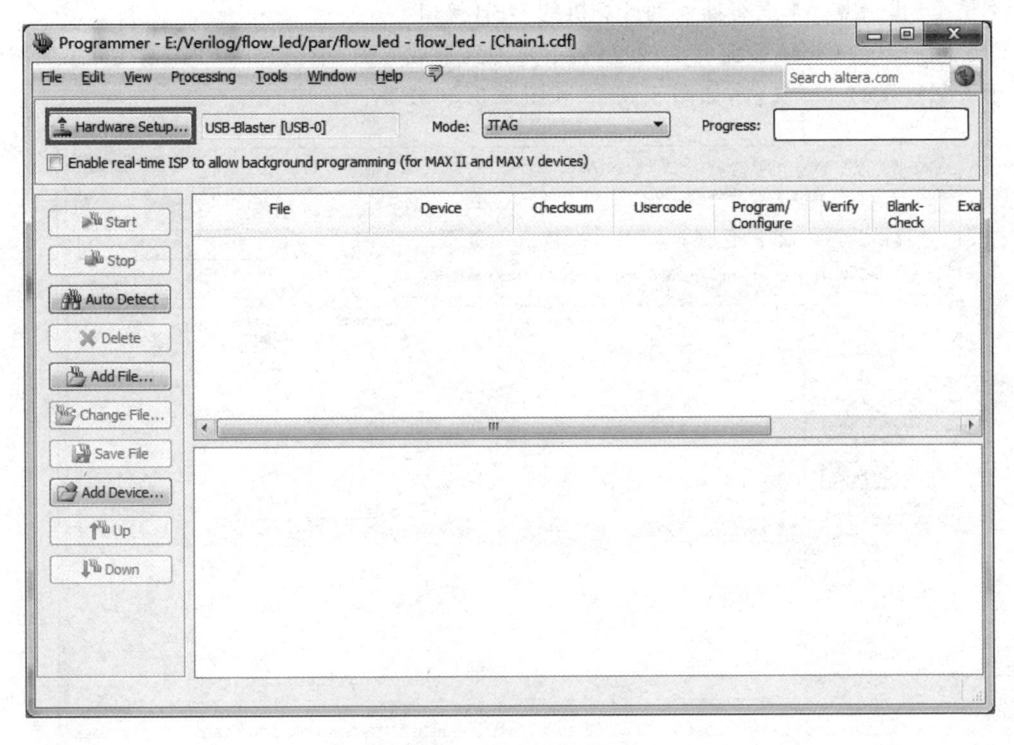

图 3.3.27 程序下载界面(1)

单击图 3.3.27 界面中的 Hardware Setup 按钮，选择 USB-Blaster，如图 3.3.28 所示。

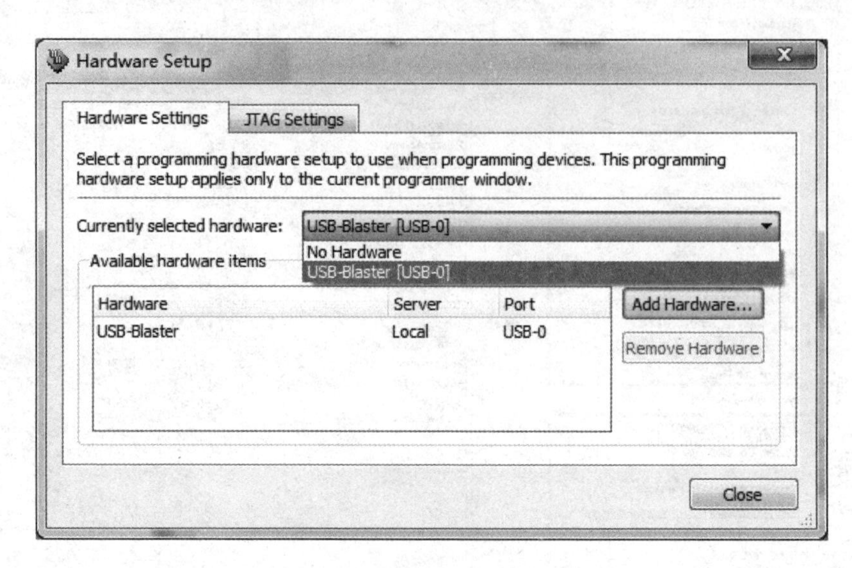

图 3.3.28　选中 USB-Blaster

在图 3.3.28 所示的界面中，如果软件中没有出现 USB-Blaster，则应检查一下是不是 USB-Blaster 没有插入到计算机的 USB 接口。

然后单击 Close 按钮完成设置，接下来回到下载界面，单击 ADD File 按钮，添加用于下载程序的.sof 文件，如图 3.3.29 和图 3.3.30 所示。

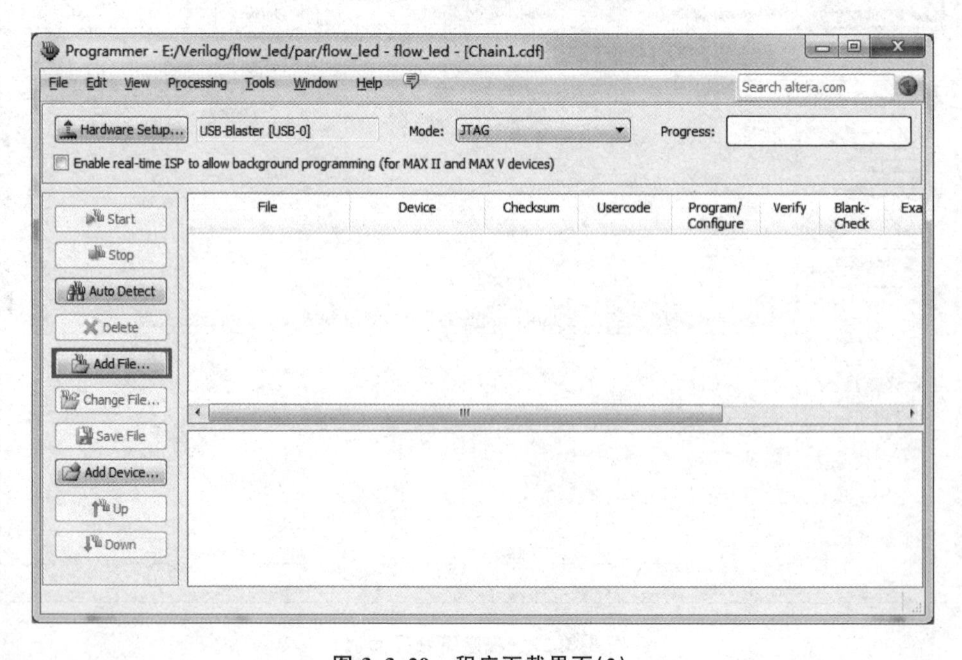

图 3.3.29　程序下载界面(2)

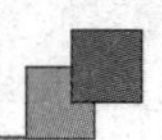

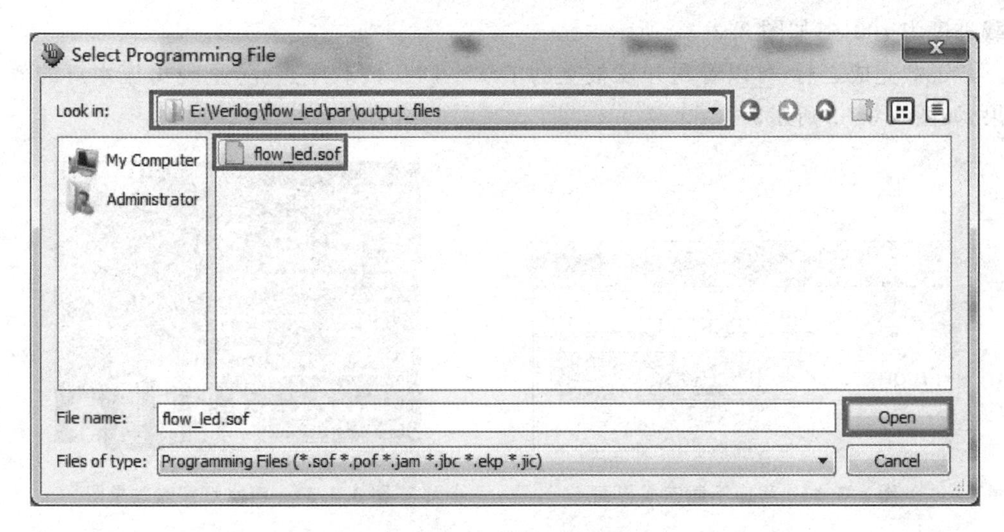

图 3.3.30 选择.sof 文件

找到 output_files 下面的 flow_led. sof 文件，单击 Open 按钮即可。

接下来，就可以下载程序了，单击 Start 按钮下载程序，操作界面如图 3.3.31 所示。

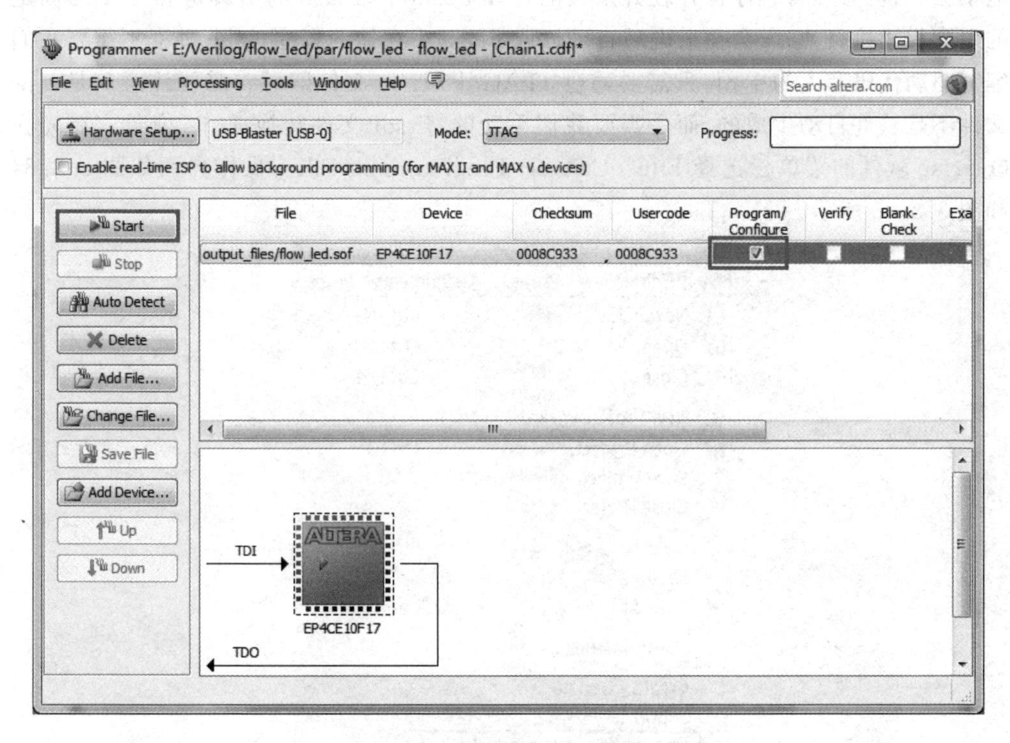

图 3.3.31 程序下载界面(3)

下载程序时，可以在 Progress 一栏中观察下载进度，程序下载完成后，可以看到下载进度为 100%,如图 3.3.32 所示。

下载完成之后,可以看到开发板上的 DS0～DS3 按顺序点亮,呈现出流水灯的效果,如图 3.3.33 所示。

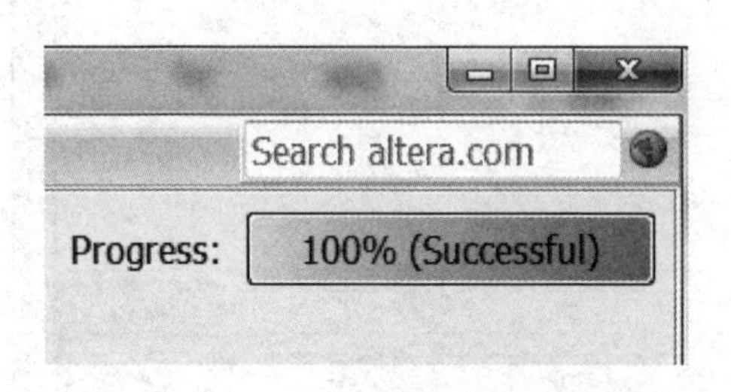

图 3.3.32　程序下载完成界面

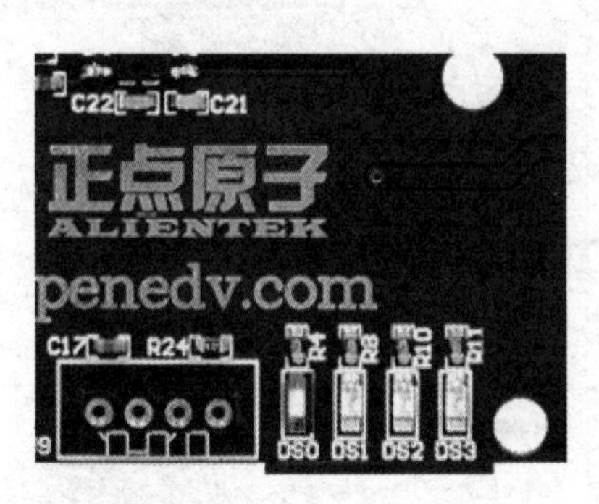

图 3.3.33　流水灯实验效果图

3.3.8　固化程序

这里下载的程序是.sof 文件格式,开发板断电后程序将会丢失。如果想要程序断电不丢失,就必须将程序保存在开发板的片外 Flash 中,Flash 的引脚是和 FPGA 固定的引脚相连接,FPGA 会在上电后自动读取 Flash 中存储的程序,这个过程不需要我们编写驱动代码和人为干预,只需要通过 JTAG 下载.jic 文件即可。需要注意的是,.jic 文件不是软件自动生成的,而是需要我们手动的将.sof 文件转换成.jic 文件。首先在 Quartsu 软件的菜单栏选择 File→Convert Programming Files,操作界面如图 3.3.34 和图 3.3.35 所示。

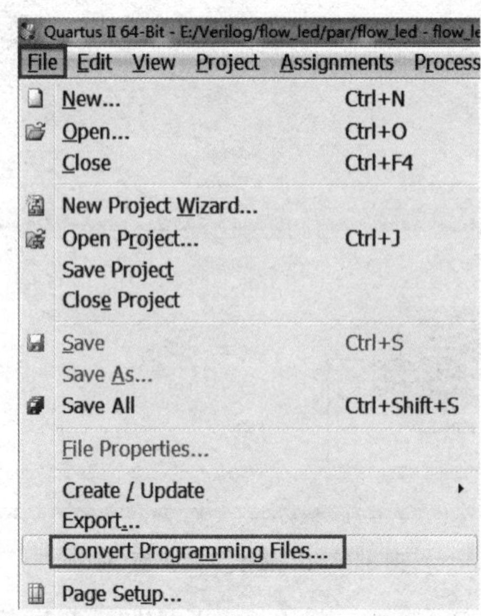

图 3.3.34　Quartus 软件界面(1)

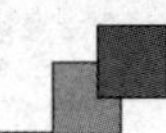

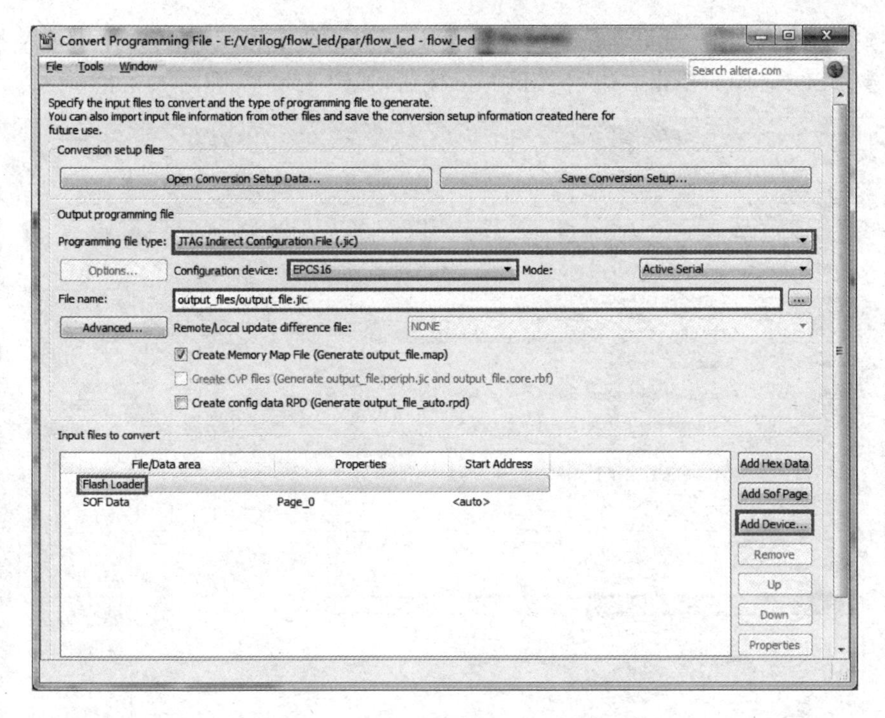

图 3.3.35 .sof 文件转换.jic 文件窗口

首先修改 Programming file type 为 JTAG Indirect Configuration File (.jic);然后修改 Configuration device 为 EPCS16(开拓者开发板 Flash 型号为 M25P16,完全兼容 EPCS16);然后选中窗口中的 Flash Loader,单击右边的 Add Device 按钮,弹出如图 3.3.36 所示的界面。

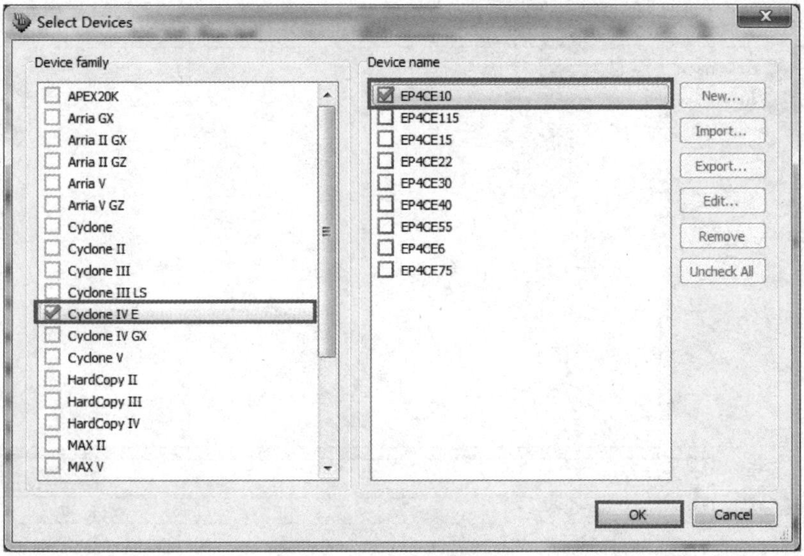

图 3.3.36 器件选择界面

选择开发板器件(这里开拓者开发板为 Cyclone Ⅳ E EP4CE10),单击 OK 按钮。然后选中 SOF Data,单击右边的 Add File 按钮,如图 3.3.37 和图 3.3.38 所示。

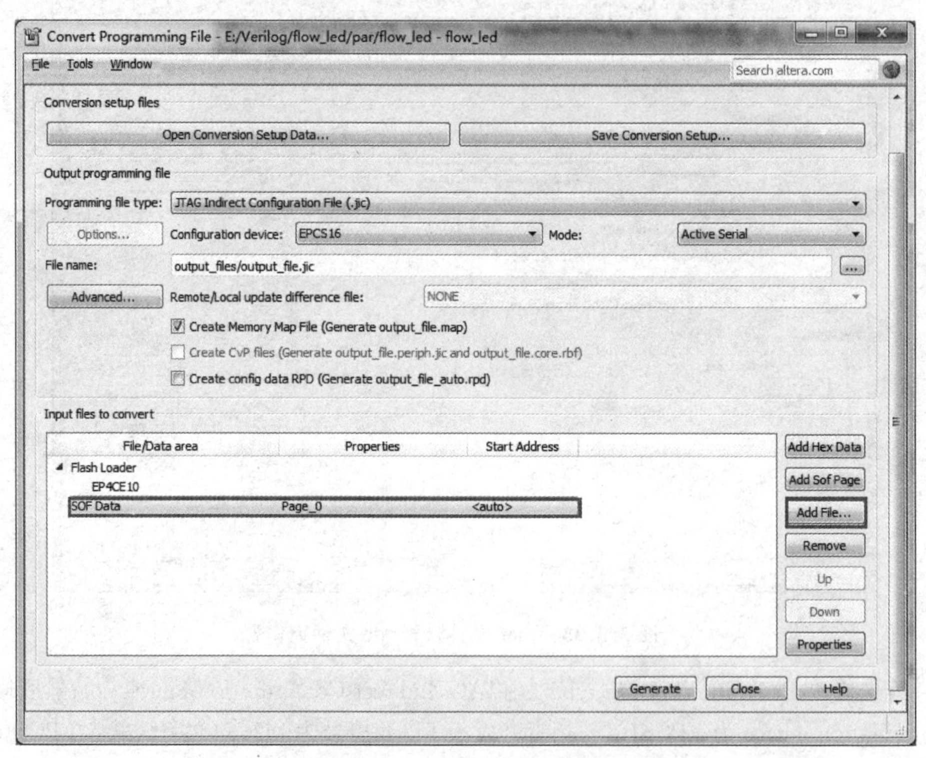

图 3.3.37　添加.sof 文件的操作界面

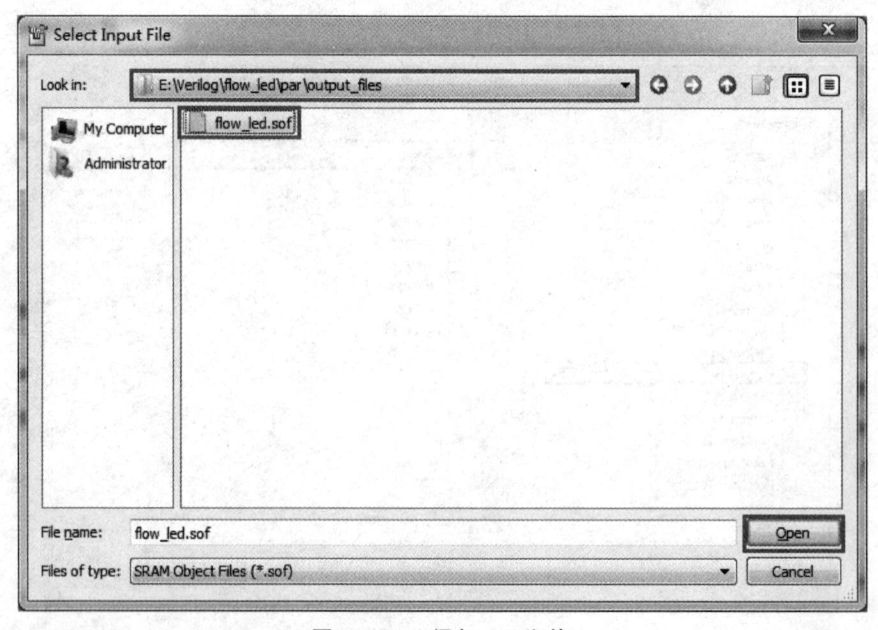

图 3.3.38　添加.sof 文件

找到 output_files 下面的 flow_led. sof 文件，单击 Open 按钮即可。最后完成所有设置界面，如图 3.3.39 所示。

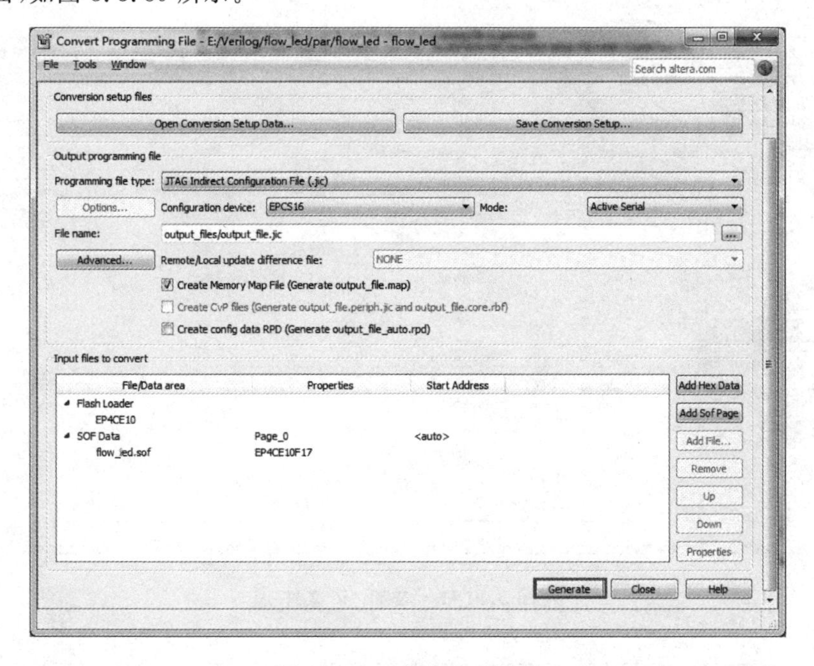

图 3.3.39　最终完成设置

单击 Generate 按钮后会弹出. jic 文件生成成功的提示，单击 OK 按钮，这时. jic 文件就已经生成了，关闭 Convert Programming File 界面。选择 Tools→Programmer(如果下载界面关闭)，选中. sof 文件，单击左侧 Delete 按钮删去之前添加的. sof 文件，如图 3.3.40 所示。

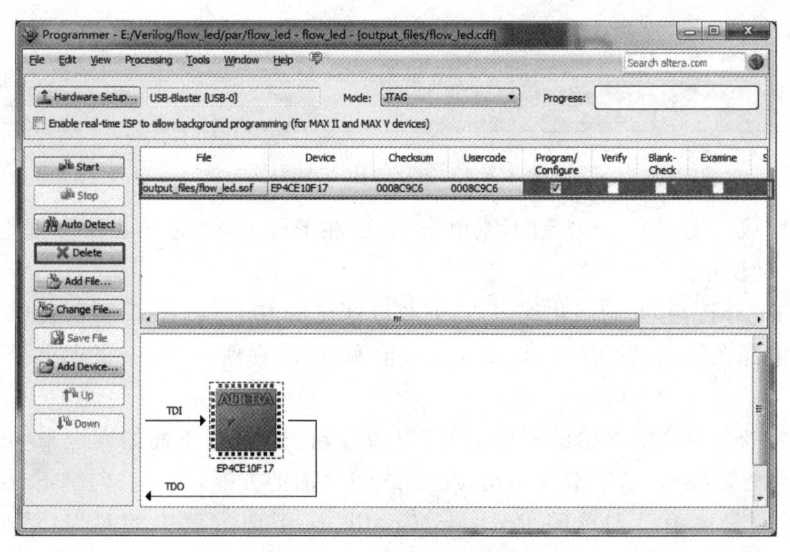

图 3.3.40　删除. sof 文件

单击左侧的 Add File 按钮，找到 output_files 下面的 output_file.jic 文件，如图 3.3.41 和图 3.3.42 所示。

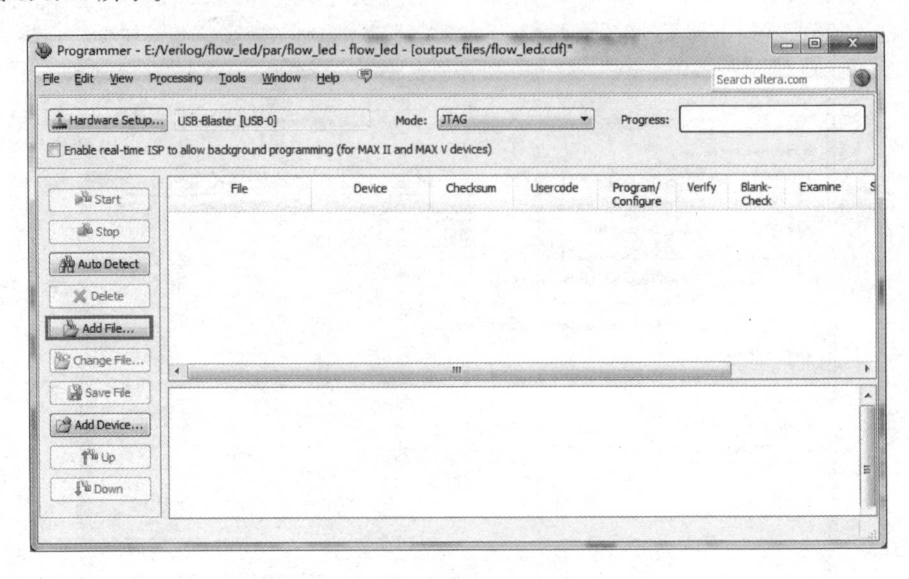

图 3.3.41　添加.jic 文件

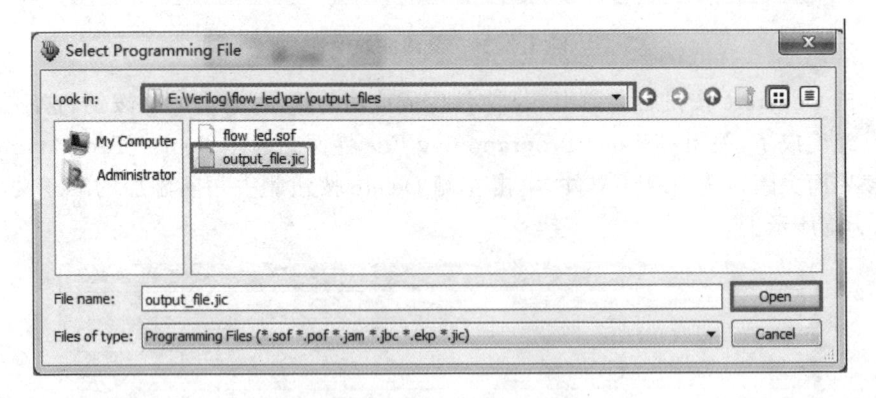

图 3.3.42　打开.jic 文件界面

添加完成后发现 Start 按钮不能单击，需要在 Program/Configure 方框下面打勾，如图 3.3.43 所示。

单击 Start 按钮，开始固化程序，当下载进度显示 100%之后，即可固化成功。我们把开发板电源关闭，然后再一次打开开发板电源，可以看到，LED 又呈现出了流水灯的效果。

如果需要擦除 Flash 中的程序，则可以通过勾选 Erase 下面的方框来实现。需要注意的是，如果已经勾选了 Program/Configure 下面的方框，则无法勾选 Erase 下面的方框，所以应先取消已勾选的 Program/Configure 下面方框中的对勾，然后再勾选 Erase 下面的方框，如图 3.3.44 和图 3.3.45 所示。

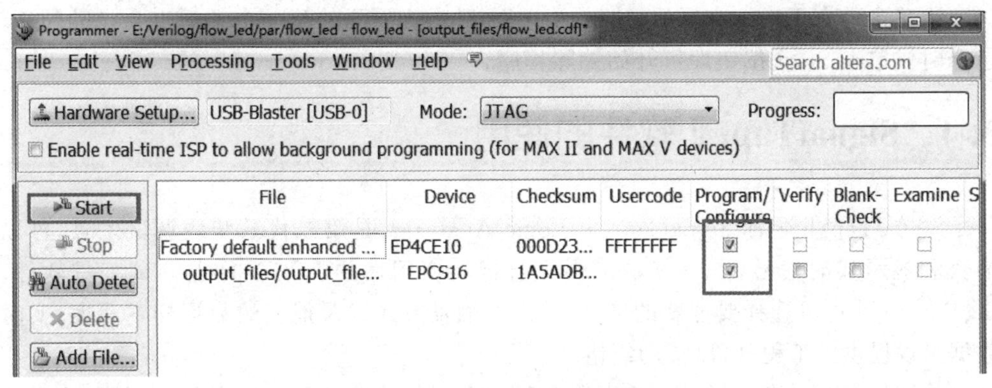

图 3.3.43　程序下载界面(4)

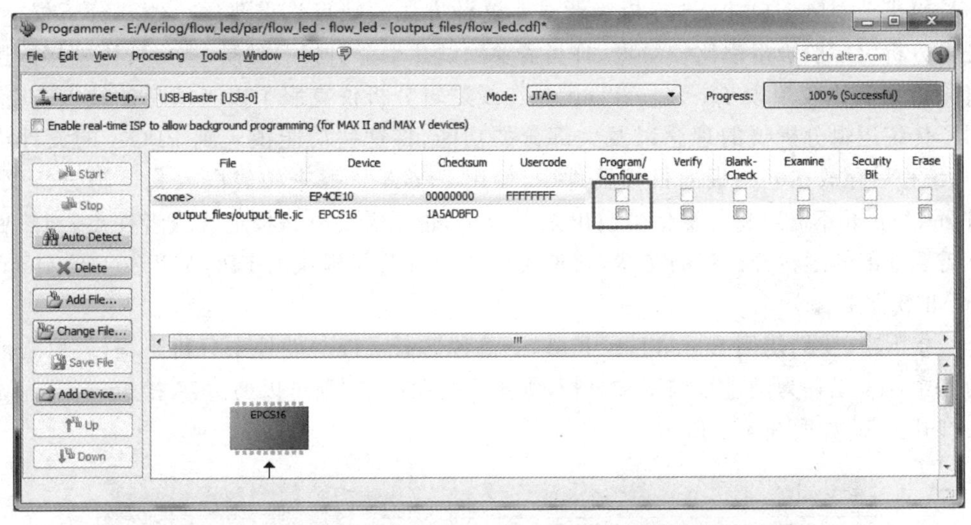

图 3.3.44　取消勾选 Program/Configure 下面方框中的对勾

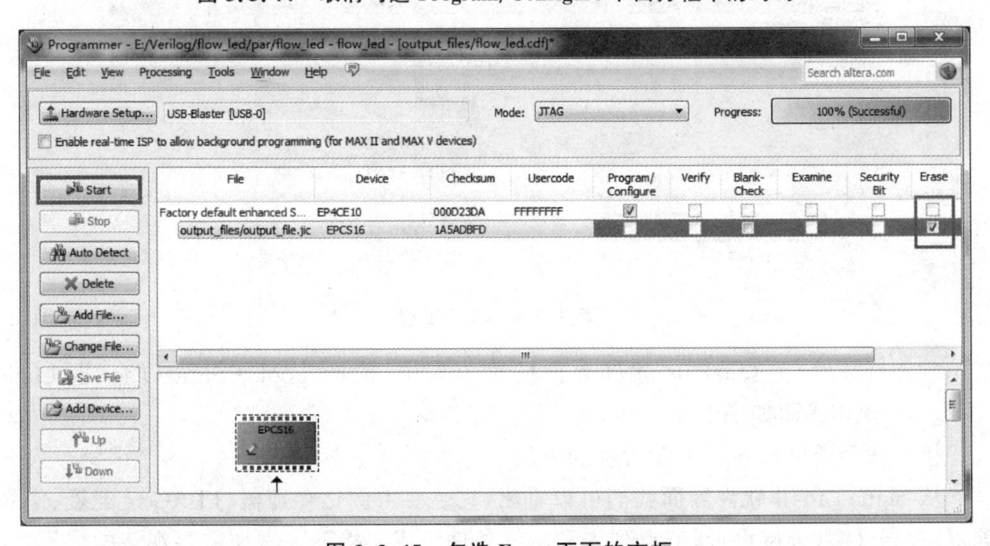

图 3.3.45　勾选 Erase 下面的方框

当单击勾选 Erase 方框后，Program/Configure 下面的第一个方框也会自动勾选，这个时候单击 Start 按钮即可开始擦除程序。

3.4 SignalTap Ⅱ软件的使用

SignalTap Ⅱ全称 SignalTap Ⅱ Logic Analyzer，是第二代系统级调试工具，可以捕获和显示实时信号，是一款功能强大且极具实用性的 FPGA 片上调试工具软件。SignalTap Ⅱ可以选择要捕获的信号、捕获的触发方式以及捕获的数据样本深度，实时数据可以提供给工程师，以帮助纠错。

传统的 FPGA 板级调试是由外接的逻辑分析仪连接到 FPGA 的控制引脚，将内部信号引出至引脚 I/O 上，进行板级调试。这种方法的缺点是需要一个逻辑分析仪，而逻辑分析仪一般价格都比较昂贵，且当需要测试几十个引脚的时候，选择使用外接的逻辑分析仪就比较烦琐了。SignalTap Ⅱ在线逻辑分析仪克服了以上所有的缺点，其借用了传统逻辑分析仪的理念以及大部分的功能，将这些功能植入到 FPGA 的设计当中，编程后存放在电路板的目标器件中，使用 FPGA 资源来构成嵌入式逻辑分析仪。SignalTap Ⅱ不需要将待测信号引出至 I/O 上，也不需要电路板走线或者探点，当然更不需要外部的逻辑分析仪的花费，它集成在 Altera 公司提供的 FPGA 开发工具 Quartus Ⅱ软件中。

接下来，我们使用 SignalTap Ⅱ（以下简称 SignalTap）软件来分析工程，就以之前的 Quartus 工程为例进行调试和分析，如果工程关闭了，则可以通过双击 flow_led.qpf 来打开工程，如图 3.4.1 所示。

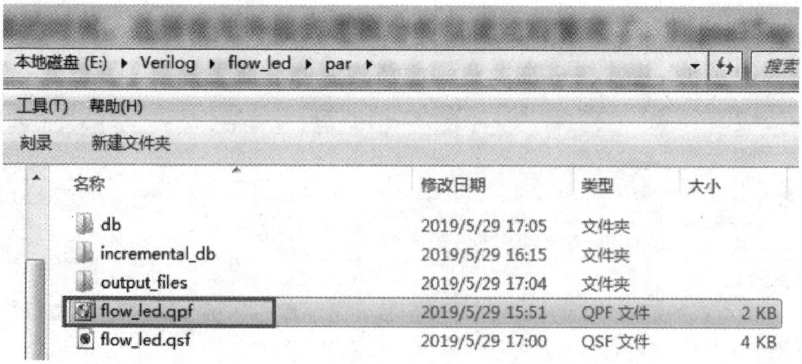

图 3.4.1 打开工程

软件打开后，在 Quartus 软件界面的菜单栏中，选择 Tool→SignalTap Ⅱ Logic Analyzer，操作界面如图 3.4.2 所示。

接下来会弹出如图 3.4.3 所示的界面。

从 SignaTap Ⅱ软件界面我们可以看出，它主要由例化管理器、JTAG 链配置、信号配置、数据日志、分层设计、节点列表和触发条件组成。接下来添加需要观察的信号，双

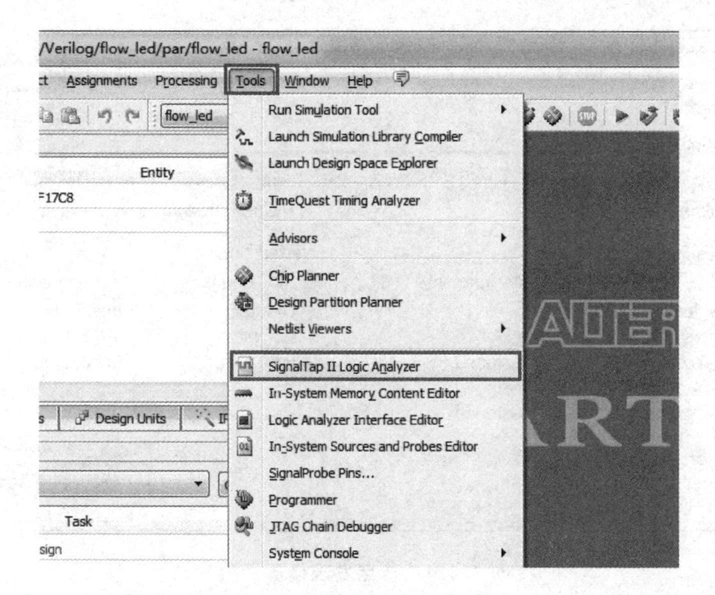

图 3.4.2　打开 SignalTap 操作界面

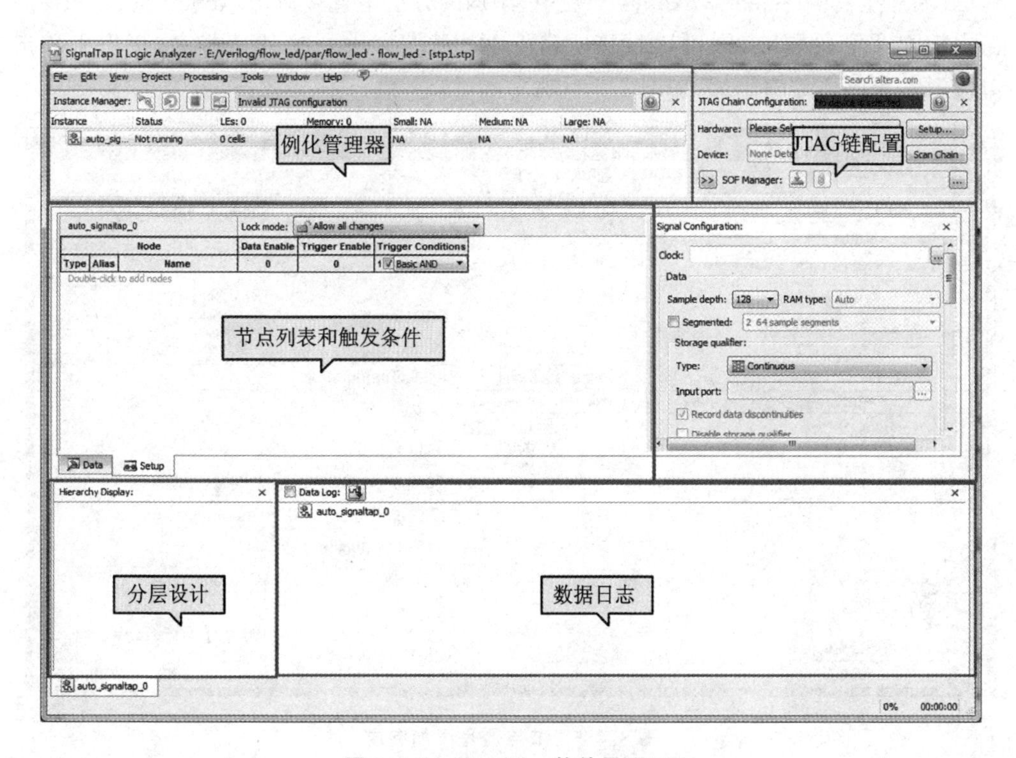

图 3.4.3　SignalTap 软件界面(1)

击节点列表和触发条件的空白区域，弹出如图 3.4.4 所示的界面。

我们在节点发现器中首先将 Filer 设置为 SignalTap Ⅱ：pre - synthesis，再单击 List 按钮，此时 Nodes Found 一栏就会出现工程代码中的信号，然后将 counter、sys_rst_n

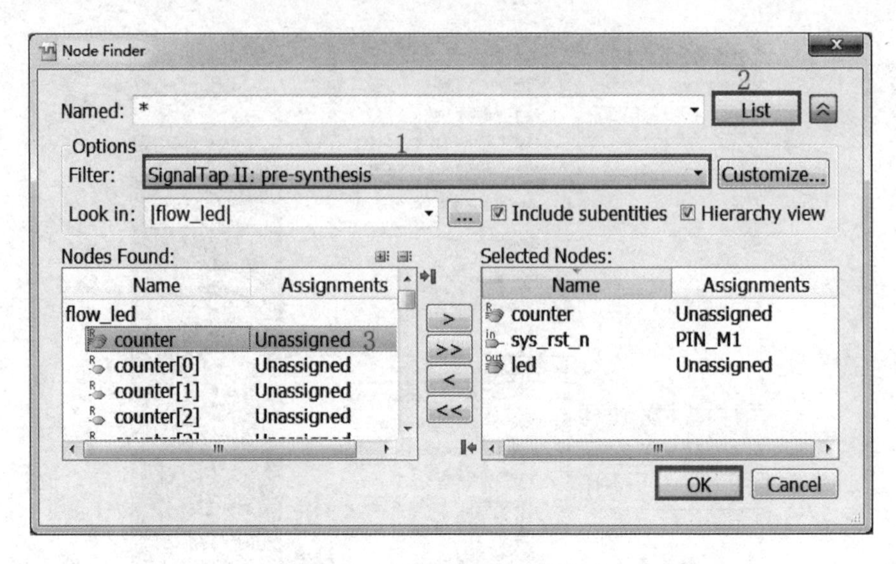

图 3.4.4　节点发现器界面(1)

和 led 添加至右侧 Selected Nodes 一栏中,添加的方法是直接双击 Node Found 一栏的信号名,如果需要删除,则可以直接双击 Selected Nodes 一栏的信号名,接下来单击 OK 按钮,完成信号的添加,如图 3.4.5 所示。

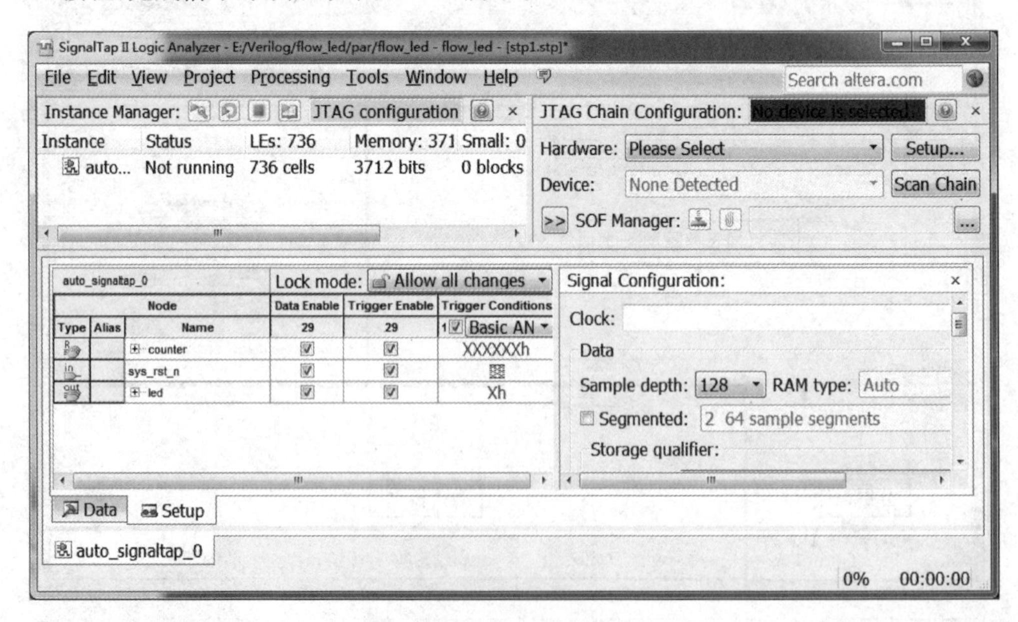

图 3.4.5　节点信号添加完成

这里需要注意的是,如果发现添加的信号变成了红色,或者有些 reg 与 wire 定义的信号可以观察,有些不可以,这是因为 reg 与 wire 被 Quartus 软件优化掉了,导致无法使用 SignalTap 观察。这里有两种方法可以解决这个问题:第一种就是将 reg 与 wire 信号改成输出端口信号,但这种方式较为烦琐;第二种方法就是在待观察的 wire

信号旁边加上/ * synthesis keep * /;对于 reg 信号则加上/ * synthesis noprune * /,如下所示:

```
1  wire [23:0] counter/ * synthesis keep * /;
2  reg   [23:0] counter/ * synthesis noprune * /;
```

当然本次实验是不需要添加防止信号被优化的代码的,大家如果以后遇到信号被优化的情况可以采用此方法。添加完信号之后,接下来在信号配置界面中添加采样时钟,添加方法如图 3.4.6 所示。

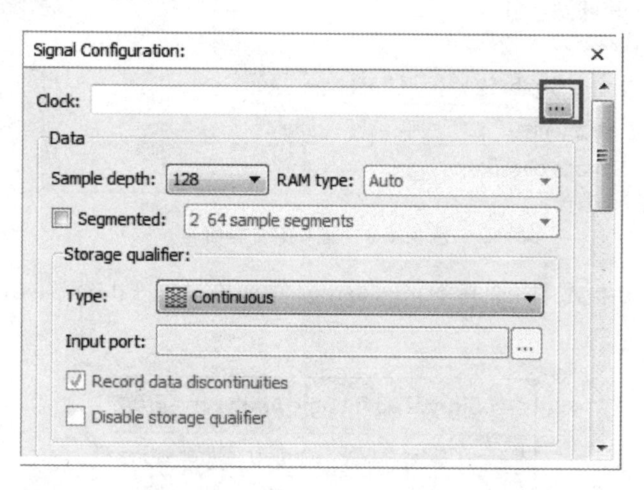

图 3.4.6 信号配置界面

在信号配置界面,单击 Clock 右侧的"..."按钮,单击后弹出如图 3.4.7 所示的界面。

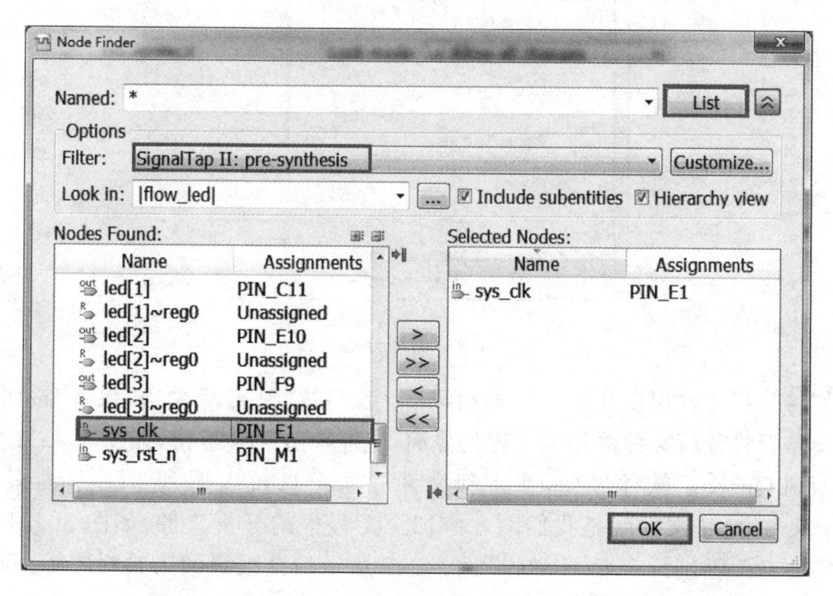

图 3.4.7 节点发现器界面(2)

这个界面和添加待观察信号的界面一样，我们将系统时钟(sys_clk)作为采样数据的时钟添加至 Selected Nodes 一栏中，然后单击 OK 按钮。接下来需要设置采样的深度，在信号配置界面 Sample depth 的下拉列表框中将采样深度设置为 2K，这里采样深度的值越大，所能观察信号的时间范围也就越长，但同时所消耗的 FPGA RAM 的资源也就越大，设置后的界面如图 3.4.8 所示。

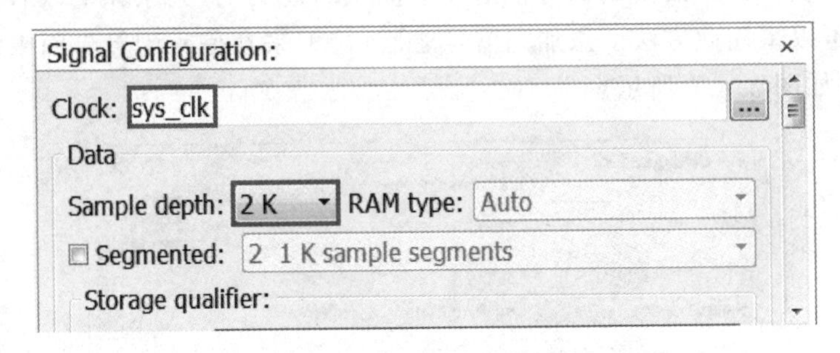

图 3.4.8 信号配置界面

接下来保存分析文件，选择 SignalTap 软件菜单栏的 File→Save，如图 3.4.9 和图 3.4.10 所示。

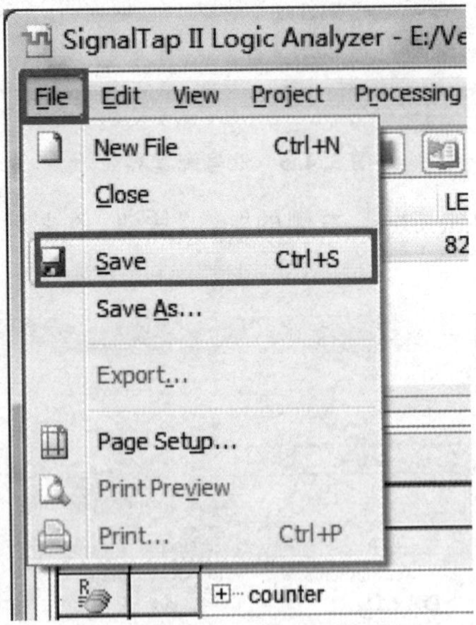

图 3.4.9 保存分析文件

我们将分析文件保存在工程所在路径 par 文件夹下，然后单击"保存"按钮。接下来会弹出是否将分析文件添加至工程的界面，直接单击 Yes 按钮，如图 3.4.11 所示。

返回到 Quartus 软件界面，在工程文件导航窗口可以看到 File 下面多了一个 stp1.stp 文件，这个文件就是我们刚才添加至工程中的分析文件，如图 3.4.12 所示。接下来需要对工程进行全编译，单击图 3.4.12 所示的全编译的工具栏图标，开始编译工程。

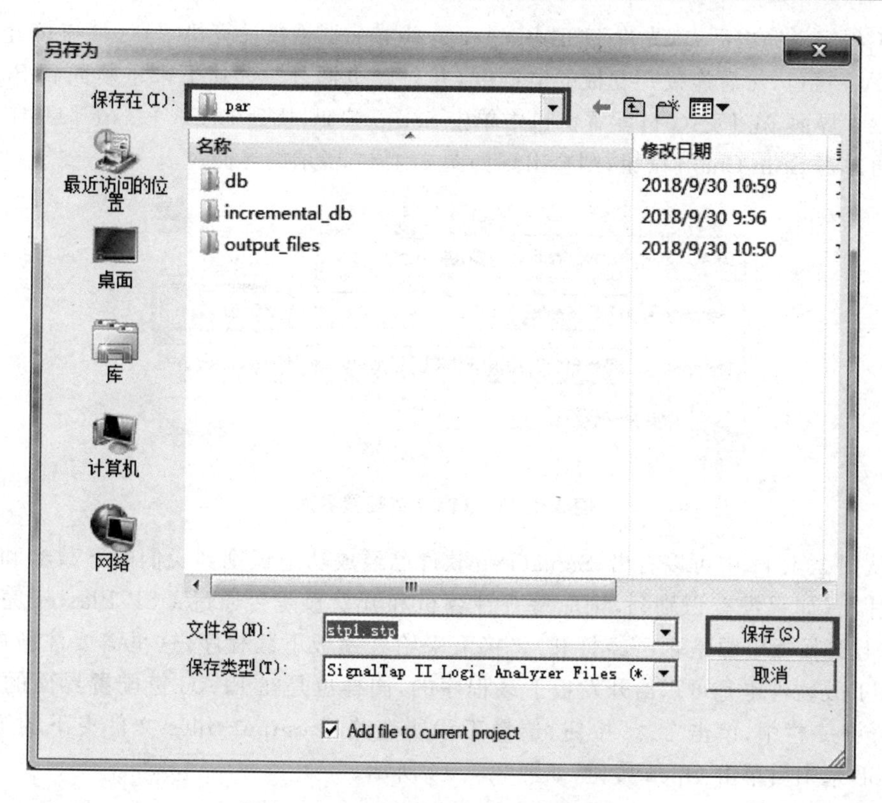

图 3.4.10 保存分析文件的路径和命名

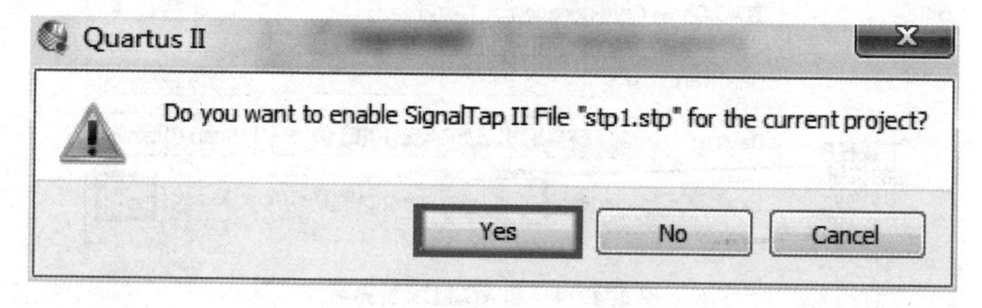

图 3.4.11 分析文件添加至工程确认界面

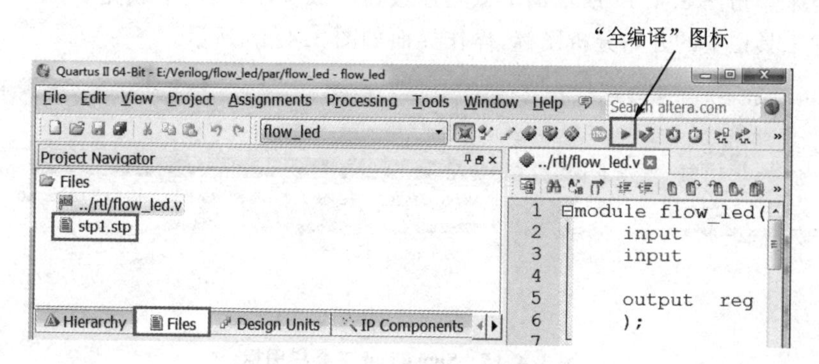

图 3.4.12 Quartus 软件界面(2)

工程编译完成后，首先将 USB Blaster 下载器一端连接计算机，另一端连接开发板的 JTAG 接口，然后连接开发板的电源线，并打开电源开关。接下来重新回到 SignalTap 软件界面，在 JTAG 链配置窗口中单击 Setup 按钮，找到 USB-Blaster[USB-0]，这时再单击 Scan Chain 按钮，则会出现如图 3.4.13 所示的界面。

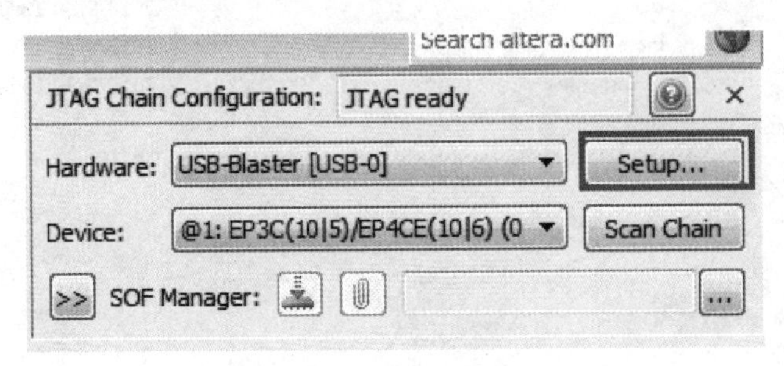

图 3.4.13　JTAG 链配置界面

从图 3.4.13 中可以看出，SignalTap 软件已经成功地识别到我们的下载器和开发板芯片了（如果没有识别到，则应检查计算机和开发板是否通过 USB Blaster 完成连接，并且开发板电源是否已经打开）。接下来给开发板下载程序，这里需要注意的是，SignalTap 软件也是可以给开发板下载程序的，同样也是在 JTAG 链配置界面的 SOF Manager 一栏中，单击“...”按钮，选择工程所在路径 output_files 文件夹下的 flow_led.sof，选中后单击 Open 按钮，如图 3.4.14 所示。

图 3.4.14　JTAG 链配置界面

接下来单击图 3.4.14 所示的下载程序按钮下载程序，程序下载完后，单击 SignalTap 软件工具栏中的开始分析图标，操作界面如图 3.4.15 所示。

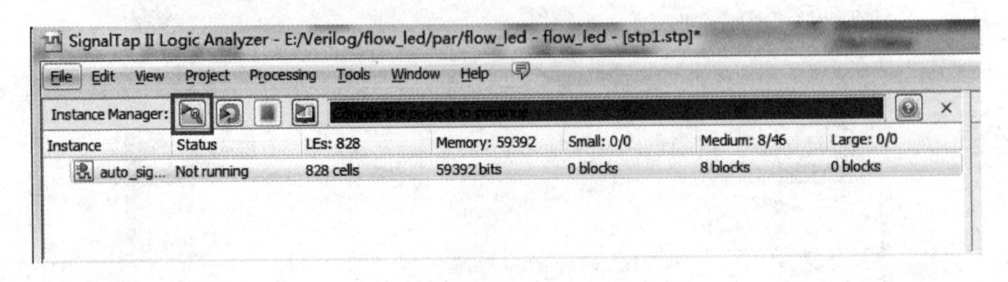

图 3.4.15　SignalTap 工具栏图标

图 3.4.15 中第一个图标表示只运行一次；第二个图标表示自动运行，也就是会一直刷新采样波形；第三个图标表示停止运行。单击第一个开始运行图标即可采集到数据，如图 3.4.16 所示。

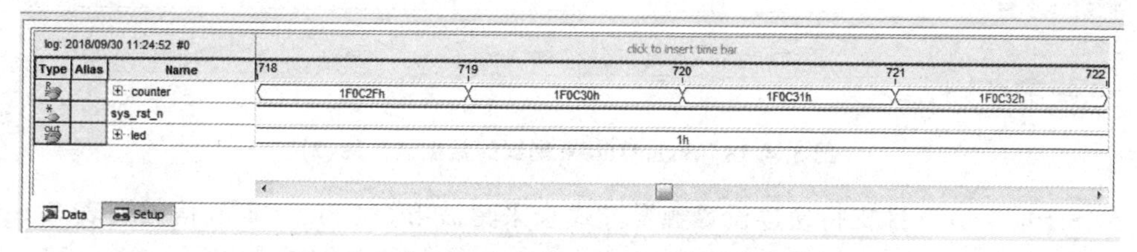

图 3.4.16 SignalTap 采集到的数据波形图(1)

图 3.4.16 是采集到的波形图，可以通过单击和右击波形图的方式进行放大和缩小，数据默认是以十六进制显示的，为了方便观察数据，将格式改成无符号的十进制。操作方式是选中 counter 信号名，右击选择 Bus Display Format→Unsigned Decimal，如图 3.4.17 和图 3.4.18 所示。

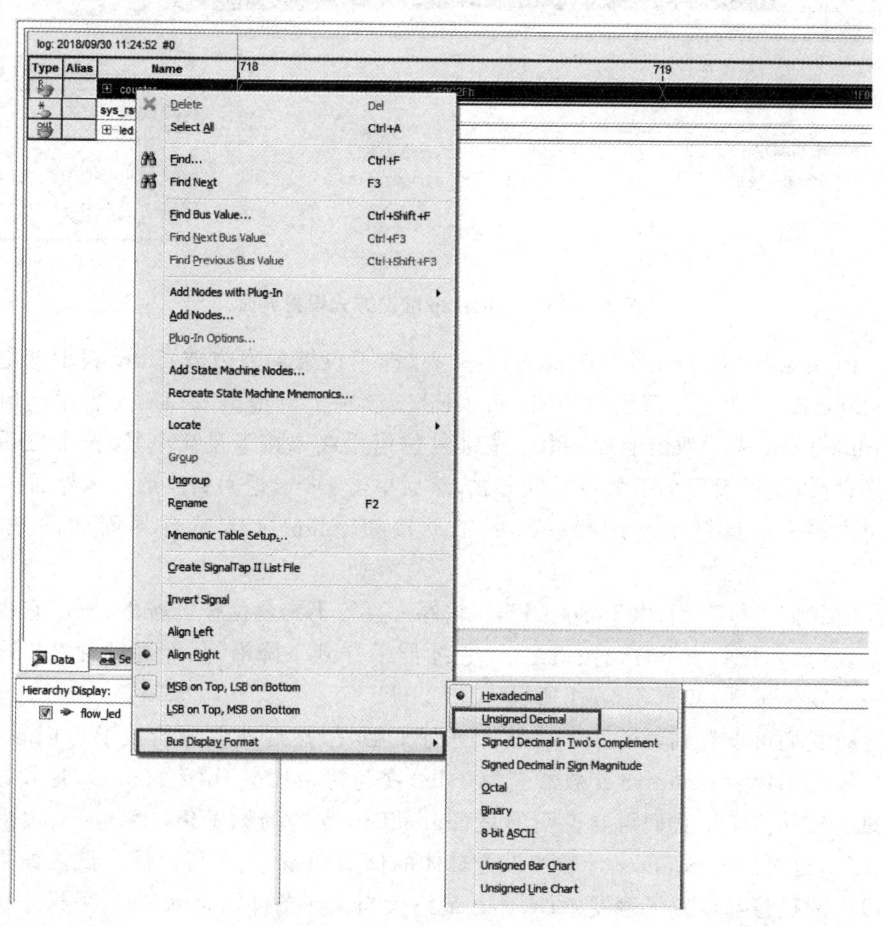

图 3.4.17 更改数据显示格式

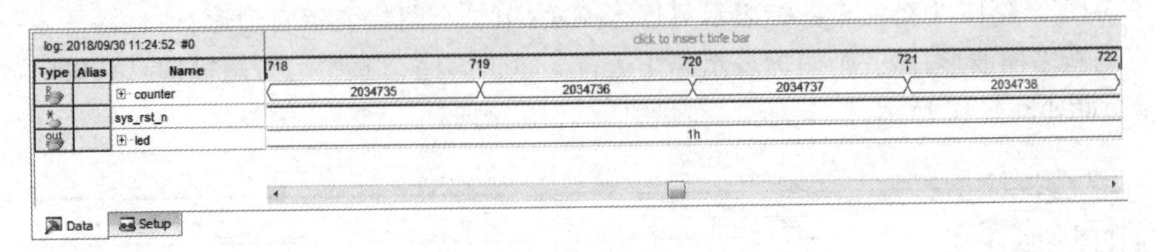

图 3.4.18　SignalTap 采集到的数据波形图(2)

SignalTap 软件支持通过设置触发方式来采集波形，在 SignalTap 信号列表 Setup 一栏中，右击 sys_rst_n 信号的 Trigger Conditions 方框内的图标，如图 3.4.19 所示。

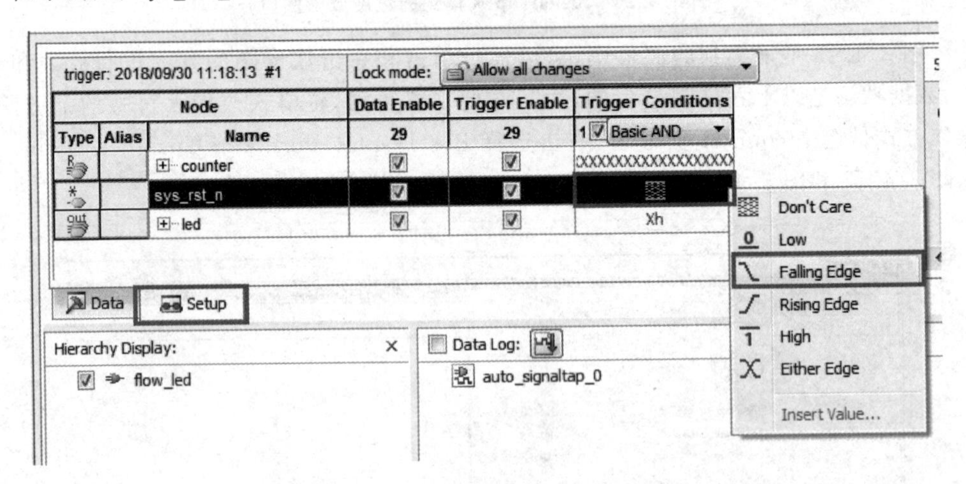

图 3.4.19　SignalTap 触发方式设置界面

在图 3.4.19 中，Don't Care 表示不关心，即不设置触发方式；Low 表示低电平触发；Falling Edge 表示下降沿触发；Rising Edge 表示上升沿触发；High 表示高电平触发；Either Edge 表示双沿触发。由于按键复位信号在未按下是高电平，按下之后变为低电平，所以这里设置为下降沿触发方式，然后单击 Data，返回到波形显示界面。

再次单击工具栏中的运行一次的工具按钮，SignalTap 软件界面如图 3.4.20 所示。

这时我们可以看到，由于 SignalTap 软件一直等不到复位按键按下，所以它也一直不能触发，直到我们按下复位按键之后，它才能采样到下降沿，从而进行触发。这里我们按一下复位按键，如图 3.4.21 所示。

这时我们可以看到，SignalTap 软件进行了触发，然后我们分析波形可以看到，当复位按键按下以后，counter 计数器变为 0，led 变为初始状态 1h(4'b0001)，这和我们的代码是一致的。这里我们需要说明的是 SignalTap 支持的触发条件除电平、边沿等触发条件外，也可以对 counter 计数器设置具体的值来触发，大家可以试一试。如果两个或者以上的信号都设置了触发条件，那么最终仅当这些条件同时满足时，采样才执行。

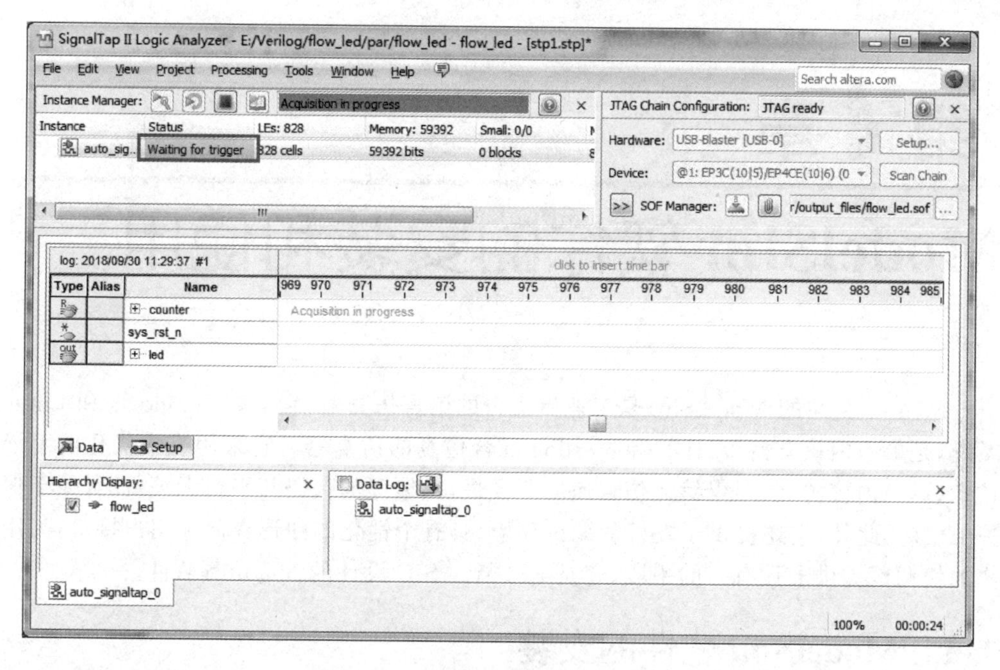

图 3.4.20　SignalTap 软件界面(2)

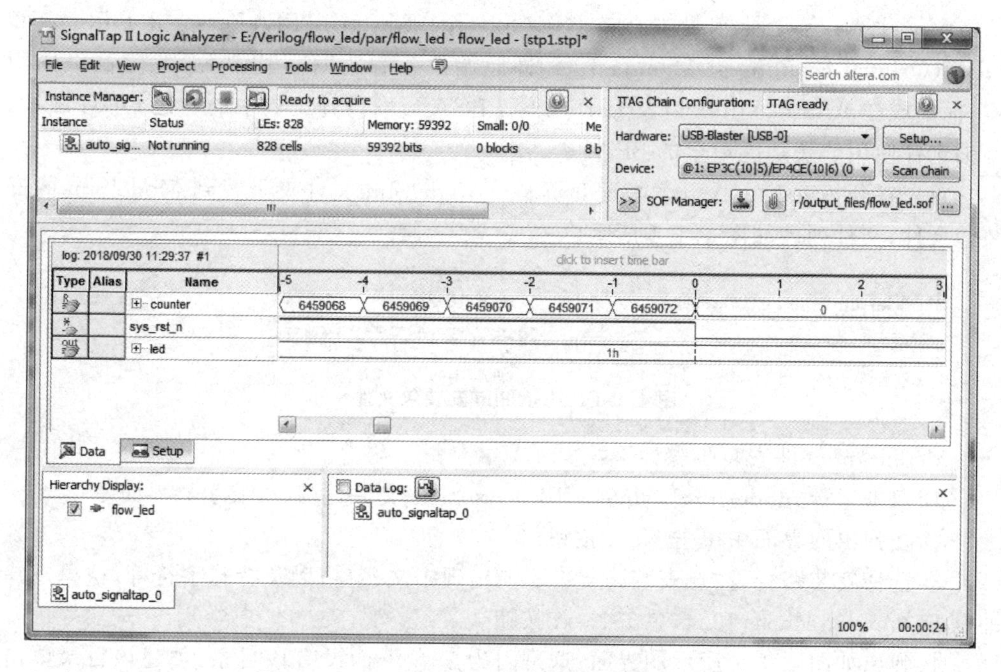

图 3.4.21　SignalTap Ⅱ 复位按键触发采样波形

第4章

ModelSim软件的安装和使用

Mentor公司的ModelSim是工业界优秀的语言仿真器，它支持Windows和Linux系统，是单一内核支持VHDL和Verilog混合仿真的仿真器。它采用直接优化的编译技术，单一内核仿真，不仅编译仿真速度业界最快、编译的代码与平台无关，而且便于保护IP核。此外，它还提供了友好的调试环境，具有个性化的图形界面和用户接口，为用户加快调试提供了强有力的手段，它是FPGA/ASIC设计的首选仿真软件。

4.1 ModelSim软件的安装

ModelSim有几种常见的版本：SE(System Edition)、PE(Personal Edition)和OEM(Orignal Equipment Manufactuce，即原始设备制造商)，其中SE是最高级的版本，而集成在Altera、Xilinx以及Lattice等FPGA厂商设计工具中的均是OEM版本。本书选择使用的是功能最全的SE版本。

首先在开拓者FPGA开发板配套资料→ModelSim文件夹下找到ModelSim的安装包文件，文件列表如图4.1.1所示。

modelsim-win64-10.4-se.exe	2018/4/10 23:54	应用程序	512,701 KB
安装说明.txt	2018/7/12 14:09	TXT 文件	1 KB

图4.1.1 ModelSim安装包文件夹

ModelSim软件安装步骤如下：

① 双击运行modelsim-win64-10.4-se.exe文件，进入安装引导界面。

② 在弹出的界面中单击Next按钮。

③ 选择安装路径，注意安装路径中不能出现中文、空格以及特殊字符等，这里选择的是D:\modeltech64_10.4，单击Next按钮。

④ 弹出如图4.1.2所示的界面，这是因为D盘下面没有该目录，创建该目录单击Yes按钮。

⑤ 单击Agree按钮开始安装，等待软件安装完成。

⑥ 在安装的过程中会出现两次信息提示框，第一次提示是否在桌面建立快捷方式，单击Yes按钮；第二次提示是否将ModelSim可执行文件放入Path变量，选择Yes

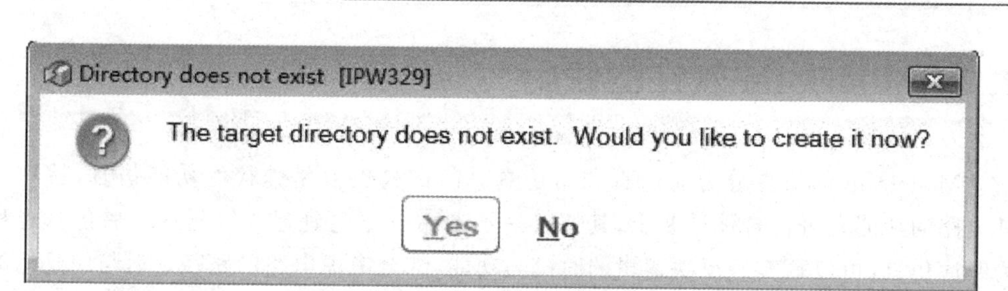

图4.1.2 创建安装目录

按钮时可以从DOS提示符执行ModelSim,这里我们选择Yes按钮。

⑦ 安装完成后进入如图4.1.3所示的界面,其大致内容为:如果你有License,请选择No;选择Yes将会为ModelSim-64使用的硬件安全Key安装一个软件驱动;如果你不确定你计算机上的驱动是否适用于此版本,选择Yes会重启计算机完成整个安装。这里因为有License,所以选择No。当然如果经过整个的指导操作还是使用不了,不妨卸载了,选择Yes试试,一般选择No是没问题的。

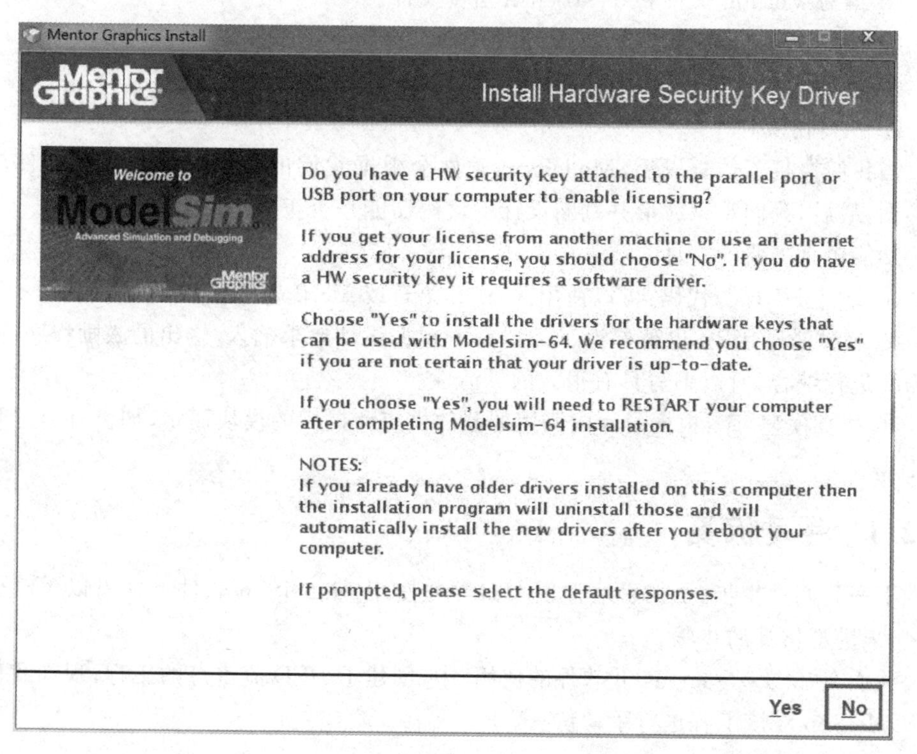

图4.1.3 安装硬件安全Key驱动

⑧ 在最后弹出的界面中,选择Done完成ModelSim软件的安装。

说明:ModelSim软件安装完成后,必须正确安装License,这样软件才能正常使用;否则打开软件后,会弹出Fatal License Error的提示,无法使用软件。

4.2 ModelSim 软件的使用

ModelSim 的仿真分为前仿真和后仿真。前仿真也就是纯粹的功能仿真，旨在验证电路的功能是否符合设计要求，其特点是不考虑电路门延迟与线延迟。后仿真也称为时序仿真，可以真实地反映逻辑的时延与功能，综合考虑电路的路径延迟与门延迟的影响，验证电路能否在一定时序条件下满足设计构想的过程，是否存在时序违规。对于 FPGA 设计来说，一般只进行前仿真（功能仿真）即可。

接下来说一下 ModelSim 软件的使用。ModelSim 的使用主要分为两种情况：第一种就是直接使用 ModelSim 软件进行仿真，也就是手动仿真；第二种情况就是通过其他的 EDA 工具如 Quartus Ⅱ调用 ModelSim 进行仿真，这种情况也就是我们通常所说的联合仿真。不管是手动仿真还是自动仿真，它们都遵循以下 5 个步骤：

① 新建工程。

② 编写 Verilog 文件和 TestBench 仿真文件。

③ 编译工程。

④ 启动仿真器并加载设计顶层。

⑤ 执行仿真。

当我们执行了仿真以后，ModelSim 软件会根据我们的设计文件和仿真文件生成波形图，最后，我们观察波形并判断设计的代码功能是否正确。

功能仿真需要的文件：

① 设计 HDL 源代码：可以使用 VHDL 语言或 Verilog 语言。

② 测试激励代码，也被称为 TestBench：根据设计要求输入/输出的激励程序，由于不需要进行综合，所以书写具有很大的灵活性。

③ 仿真模型/库：根据设计内调用的器件供应商提供的模块而定，如：FIFO、ADD_SUB 等。

4.2.1 手动仿真

下面我们一步步、手把手地带领大家学习使用 ModelSim 软件。这里以手动仿真为例，来讲解仿真的步骤。

我们在“3.3　Quartus Ⅱ软件的使用”中，创建了 LED 流水灯的工程，现在我们使用 ModelSim 对该工程进行手动仿真。

1. 建立 ModelSim 工程并添加仿真文件

首先在 LED 流水灯的 sim 文件夹下新建文件夹 tb，然后启动 ModelSim 软件，直接双击桌面上的 ModelSim 软件图标，打开 ModelSim 软件，在 ModelSim 中选择 File→Change Directory，如图 4.2.1 所示。

在弹出的对话框中选择目录路径为刚才新建的 tb 文件夹。

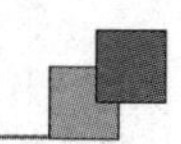

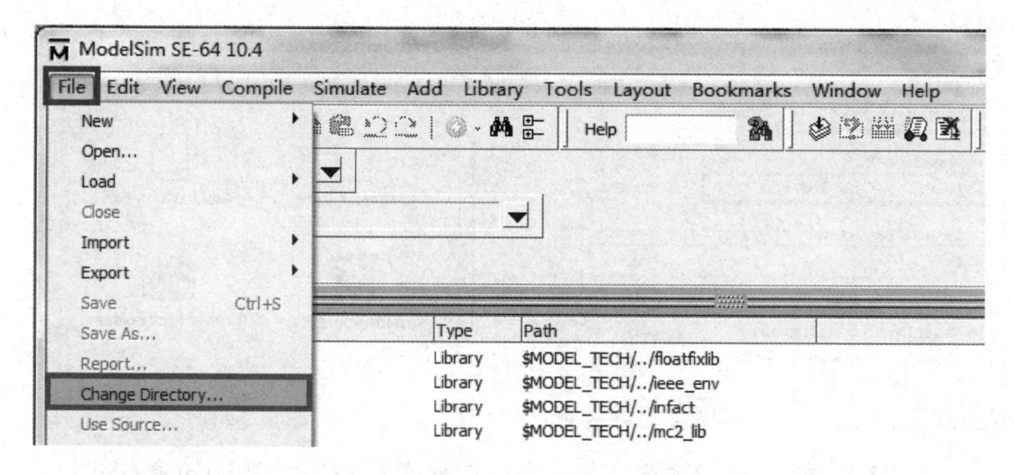

图 4.2.1　更改目录

在 ModelSim 中建立 Project，选择 File→New→Project，如图 4.2.2 所示。

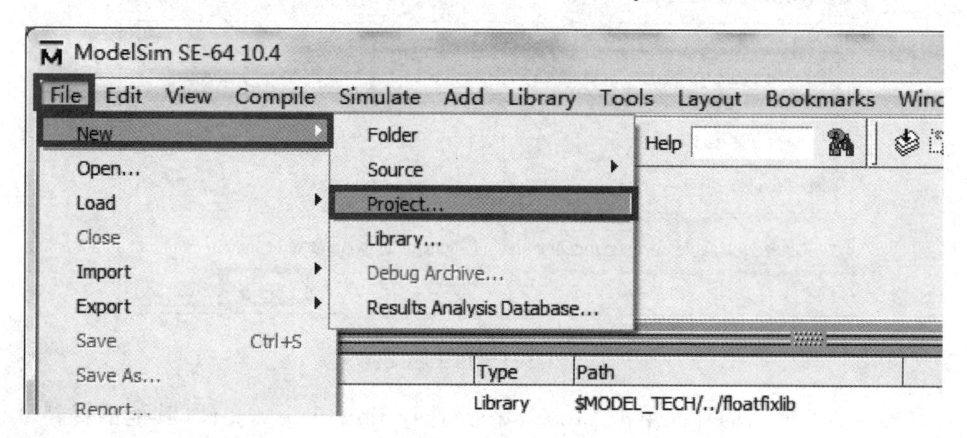

图 4.2.2　创建工程

弹出如图 4.2.3 所示的界面。

在 Project Name 文本框中填写工程名，这里的命名方式，建议大家最好根据仿真的文件来进行命名，因为时间久了，当我们记不得这个仿真工程是用来仿真什么的时候，看到这个工程名，就能够知道它是用来做什么的了。这里我们把工程命名为 flow_led_tb，也就是在流水灯模块名 flow_led 后面添加"_tb"。Project Location 是工程路径，可以根据需要把工程保存到不同的位置。因为前一步更改目录的时候已经做了选择，所以这里保持默认即可。下面这两部分是用来设置仿真库名称和路径的，这里我们使用默认即可。设置好工程名、工程位置，单击 OK 按钮，将弹出如图 4.2.4 所示界面。

我们可以从该图的选择窗口中看出，它共有 4 种操作：Create New File(创建新文件)、Add Existing File(添加已有文件)、Create Simulation(创建仿真)和 Create New Folder(创建新文件夹)。这里我们先选择 Add Existing File(添加已有文件)，如图 4.2.5 所示。

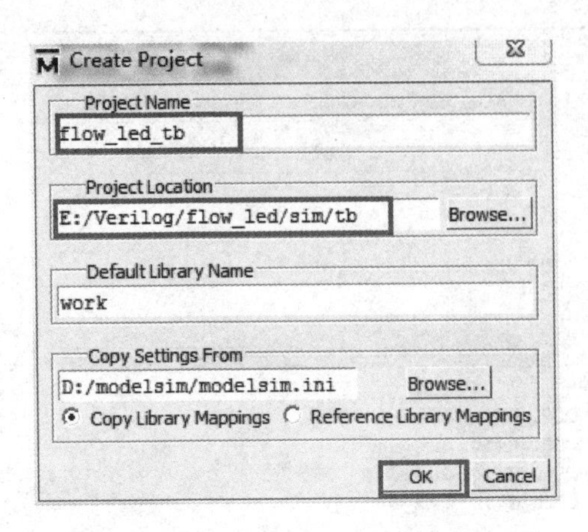

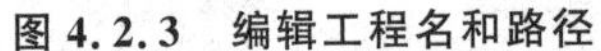
图 4.2.3　编辑工程名和路径

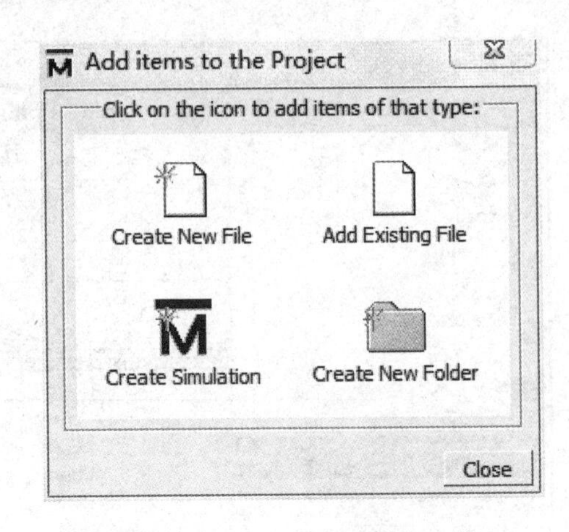

图 4.2.4　添加和创建工程文件

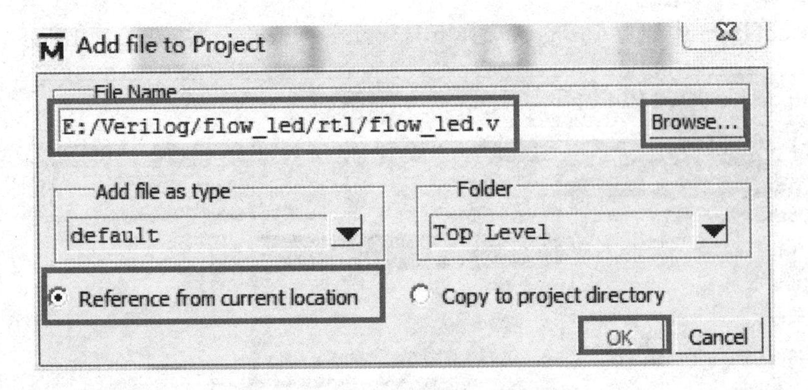

图 4.2.5　添加工程文件

在图 4.2.5 所示的界面单击 Browse 按钮选择 flow_led.v 文件，其他的保持默认设置，最后单击 OK 按钮。

2. 建立 TestBench 仿真文件

选择 Create New File(创建新文件)，如图 4.2.6 所示。

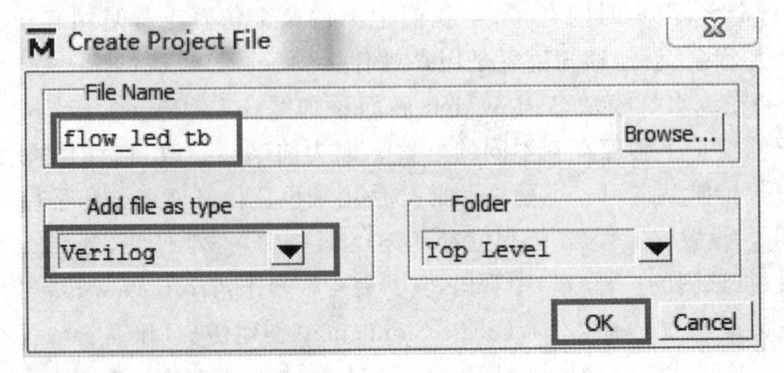

图 4.2.6　创建工程文件

在File Name文本框中输入文件名flow_led_tb，与工程名一致。在Add file as type下拉列表框选择文件类型为Verilog，单击OK按钮，然后再关闭Add items to the Project对话框。此时可以看到，两个文件flow_led.v和flow_led_tb.v已添加至我们的ModelSim仿真工程中，如图4.2.7所示。

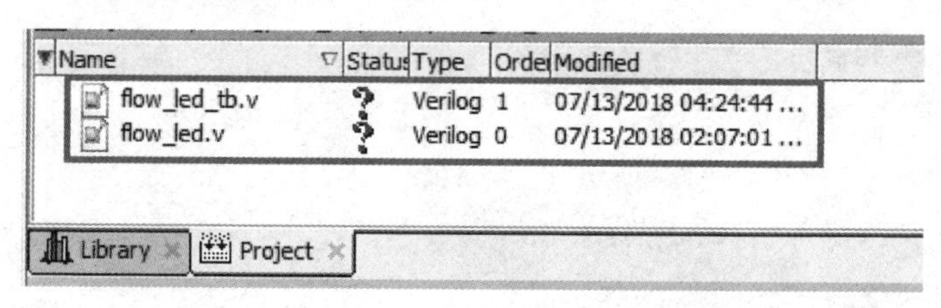

图4.2.7　成功添加工程文件

双击flow_led_tb.v文件，弹出如图4.2.8所示的界面。

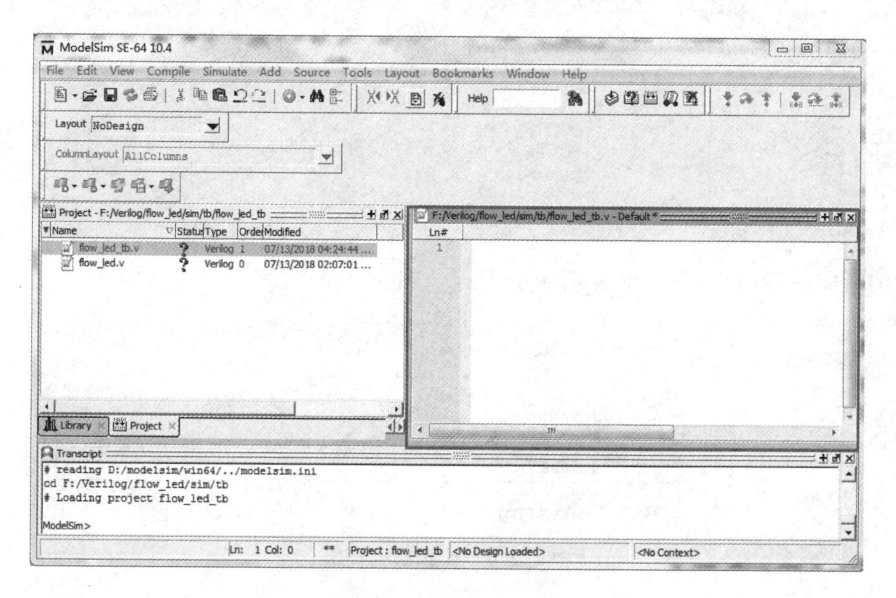

图4.2.8　编写测试代码

在其中编写TestBench仿真代码如下：

```
1  `timescale  1ns/1ns                   //定义仿真时间单位1 ns和仿真时间精度为1ns
2
3  module  flow_led_tb();                //测试模块
4
5  //parameter  define
6  parameter  T = 20;                    //时钟周期为20 ns
7
8  //reg define
9  reg  sys_clk;                         //时钟信号
10 reg  sys_rst_n;                       //复位信号
11
12 //wire define
```

```
13 wire  [3:0]  led;
14
15 //*****************************************************
16 //**                    main code
17 //*****************************************************
18
19 //给输入信号赋初值
20 initial begin
21     sys_clk              = 1'b0;
22     sys_rst_n            = 1'b0;       //复位
23     #(T+1)  sys_rst_n  = 1'b1;       //在第 21 ns 的时候复位信号,信号拉高
24 end
25
26 //50 MHz 的时钟,周期为 1/50 MHz = 20 ns,所以每 10 ns,电平取反一次
27 always #(T/2) sys_clk = ~sys_clk;
28
29 //例化 flow_led 模块
30 flow_led  u0_flow_led (
31     .sys_clk      (sys_clk  ),
32     .sys_rst_n    (sys_rst_n),
33     .led          (led      )
34 );
35
36 endmodule
```

编写完成后,单击图 4.2.9 所示的保存按钮。

图 4.2.9 保存测试代码

为了让读者能够更好地理解,这里我们就简单介绍一下 TestBench 源代码。进行仿真首先要规定时间单位,我们建议大家最好在 TestBench 中统一规定时间单位,不要在工程代码中定义,因为不同的模块如果时间单位不同,可能会为仿真带来一些问题。代码的第 1 行 timescale 是 Verilog 语法中的不可综合语法,用于定义仿真的时间单位和精度,此处表示仿真的单位时间为 1 ns,精度为 1 ns。代码的第 3 行就是 TestBench 的模块名定义;第 6 行是设置时钟的周期,50 MHz 时钟对应周期为 20 ns;第 9～13 行是数据类型定义;第 20～24 行是信号的初始化;第 27 行是时钟信号的生成;第 30～34 行是被测模块的调用。

接下来就需要编译仿真文件了。

在开始编译之前,有一点需要注意,我们在 Quartus Ⅱ 软件中实现的功能是 LED 流水灯效果,它的间隔时间是 200 ms,如果想要仿真这个功能,那么仿真软件运行时间

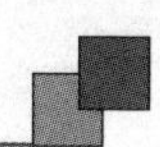

最低是 200 ms。这 200 ms 在我们看来是很短很短的，而对仿真软件来说却是很漫长的，毕竟我们的仿真时间单位可是 1 ns。为了便于仿真，这里我们需要稍微改动一下 flow_led.v 文件的代码，将计时器 counter 的最大计时值设为 10，如图 4.2.10 所示（箭头处为修改的位置）。

```
//计数器对系统时钟计数，计时0.2秒
always @(posedge sys_clk or negedge sys_rst_n) begin
    if (!sys_rst_n)
        counter <= 24'd0;
    else if (counter < 24'd10)
        counter <= counter + 1'b1;
    else
        counter <= 24'd0;
end

//通过移位寄存器控制IO口的高低电平，从而改变LED的显示状态
always @(posedge sys_clk or negedge sys_rst_n) begin
    if (!sys_rst_n)
        led <= 4'b0001;
    else if(counter == 24'd10)
        led[3:0] <= {led[2:0],led[3]};
    else
        led <= led;
end
```

图 4.2.10　修改源文件

要记得这是在仿真的时候修改的，在仿真结束后是要改回来的，接下来我们开始编译。

3. 编译仿真文件

编译的方式有两种：Compile Selected（编译所选）和 Compile All（编译全部）。编译所选功能需要先选中一个或几个文件，执行该命令可以完成对选中文件的编译；编译全部功能不需要选中文件，该命令是按编译顺序对工程中的所有文件进行编译。我们可以在菜单栏 Compile 中找到这两个命令，也可以在快捷工具栏或者在工作区中右击，在弹出的菜单中找到这两个命令。下面我们选择 Compile All（编译全部），如图 4.2.11 所示。

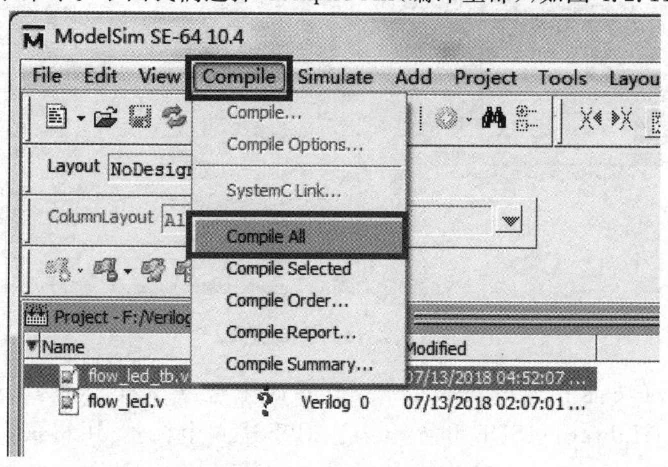

图 4.2.11　编译工程

编译完成后，结果如图 4.2.12 所示。

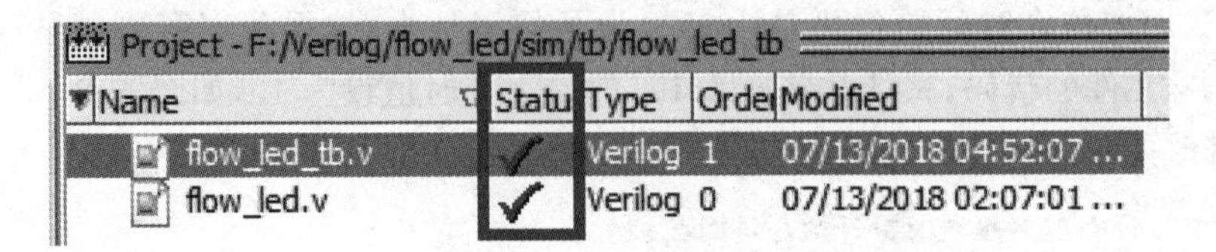

图 4.2.12　编译完成

文件编译后 Status 列可能会有 3 个不同状态。除了图 4.2.12 用“√”表示的通过状态外，还有两个在设计中不希望出现的状态：编译错误（显示红色的“×”）和包含警告的编译通过（对勾的后面会出现一个黄色的三角符号）。编译错误即 ModelSim 无法完成文件的编译工作。通常这种情况是因为被编译文件中包含明显的语法错误，ModelSim 会识别出这些语法错误并提示使用者，使用者可根据 ModelSim 的提示信息进行修改。编译结果中包含警告信息是一种比较特殊的状态，表示被编译的文件没有明显的语法错误，但是可能包含一些影响最终输出结果的因素。这种状态在实际使用中较少出现，这类信息一般在功能仿真的时候不会带来明显的影响，不过可能会在后续的综合和时序仿真中造成无法估计的错误，所以出现这种状态时推荐读者也要根据警告信息修改代码，确保后续使用的安全性。

4. 配置仿真环境

编译完成后，就开始配置仿真环境，在 ModelSim 菜单栏中选择 Simulate→Start Simulation，弹出如图 4.2.13 右图所示的界面。

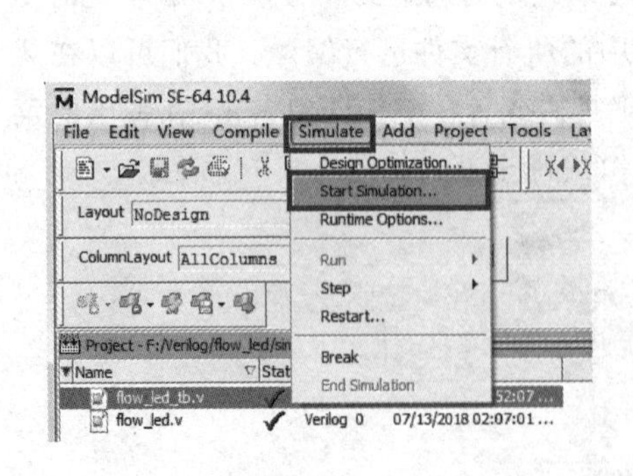

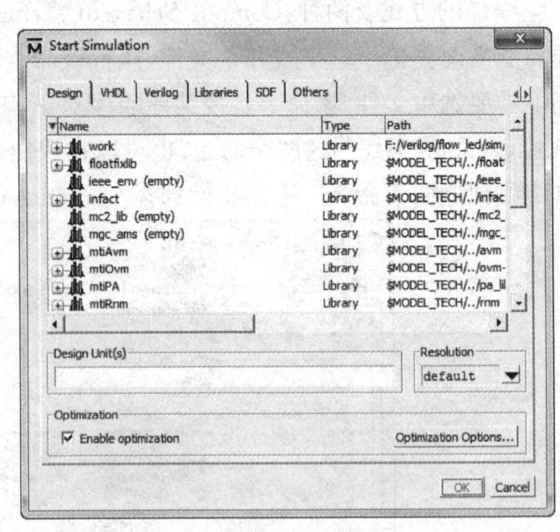

图 4.2.13　开始仿真

从配置仿真功能界面中可以看出，该界面中包含 6 个标签，分别是：Design、VHDL、Verilog、Libraries、SDF 和 Others。对于这 6 个标签，用得最多的是 Design、Libraries 和 SDF 这 3 个，下面我们就来简单介绍一下这 3 个标签，其余的标签一般用

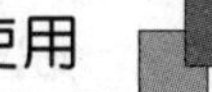

不到,这里就不再进行介绍了。

首先看一下 Design 标签,该标签内居中的部分是 ModelSim 中当前包含的全部库,可展开看到库中包含的设计单元,这些库和单元是为仿真服务的,使用者可以选择需要进行仿真的设计单元开始仿真,此时被选中的仿真单元的名字就会出现在下方的 Design Unit(s)位置。ModelSim 支持同时对多个文件进行仿真,可以使用 Ctrl 和 Shift 键来选择多个文件,被选中的全部文件名都会出现在 Design Unit(s)区域。在 Design Unit(s)区域的右侧是 Resolution,可以通过下拉列表框选择仿真的时间精度。

Design 标签右侧的 Libraries 标签用于设置搜索库。

SDF 标签用来添加 SDF 文件,SDF 是 Standard Delay Format(标准延迟格式)的缩写,内部包含了各种延迟信息,也是用于时序仿真的重要文件。

接下来在 Design 选项卡中选择 work 库中的 flow_led_tb 模块,在 Optimization 选项区域组中取消勾选 Enable optimization(注意一定要取消优化的勾选,否则无法观察信号波形),然后单击 OK 按钮就可以开始进行功能仿真了,其余标签中的配置使用默认就可以了,如图 4.2.14 所示。

图 4.2.14　Design 选项卡

单击 OK 按钮后弹出图 4.2.15 所示的界面。

右击 u0_flow_led,选择 Add Wave,如图 4.2.16 所示。

接着弹出图 4.2.17 所示的界面,可以看到信号已经添加到窗口中。

选择仿真时间为 1 ms,如图 4.2.18 所示,单击右边的运行按钮。

运行后的结果如图 4.2.19 所示。

为了方便大家更容易观察波形,这里将会对 ModelSim 软件中几个常用小工具进行简单的讲解。

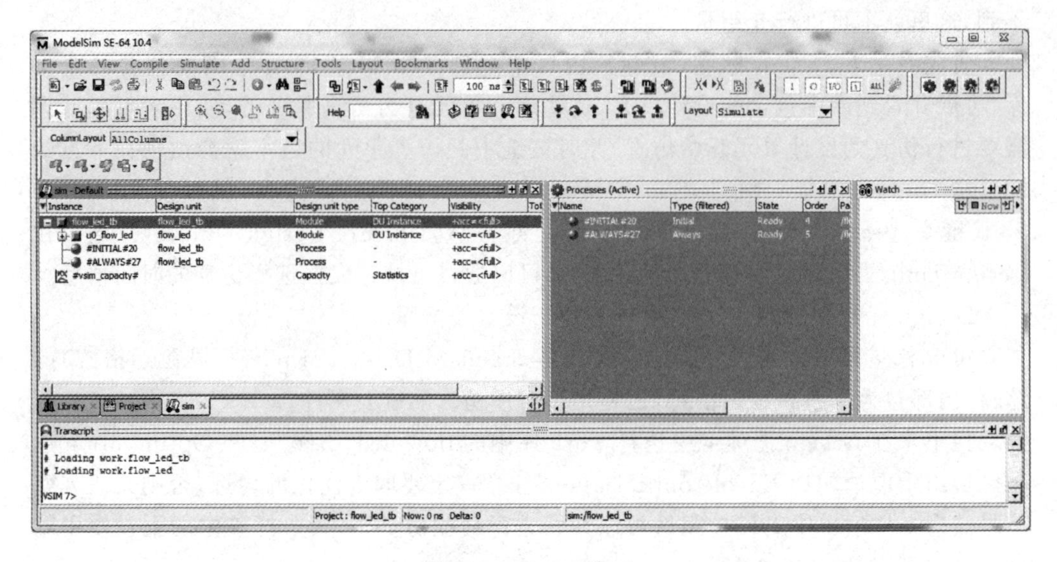

图 4.2.15 Sim 窗口

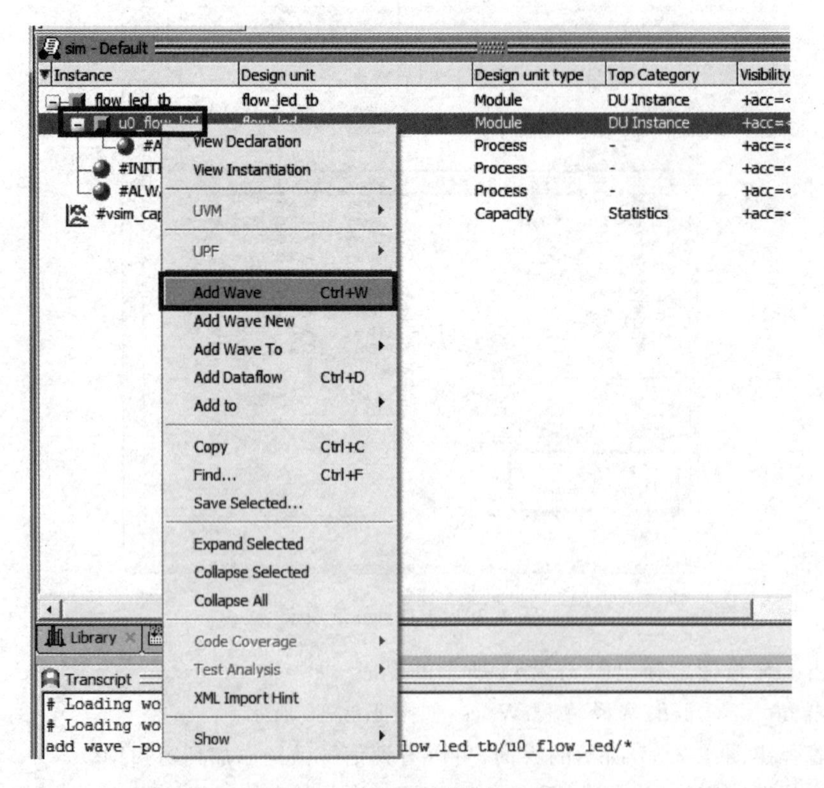

图 4.2.16 添加查看的信号

图 4.2.20 左面的几个放大镜模样的工具是放大、缩小和全局显示功能，鼠标放到图标上会显示出它们的快捷键，后边的黄色图标是用来在波形图上添加标志的黄色竖线，紧跟着的是将添加的黄色竖线对齐到信号的下降沿和上升沿。利用上述工具，可以

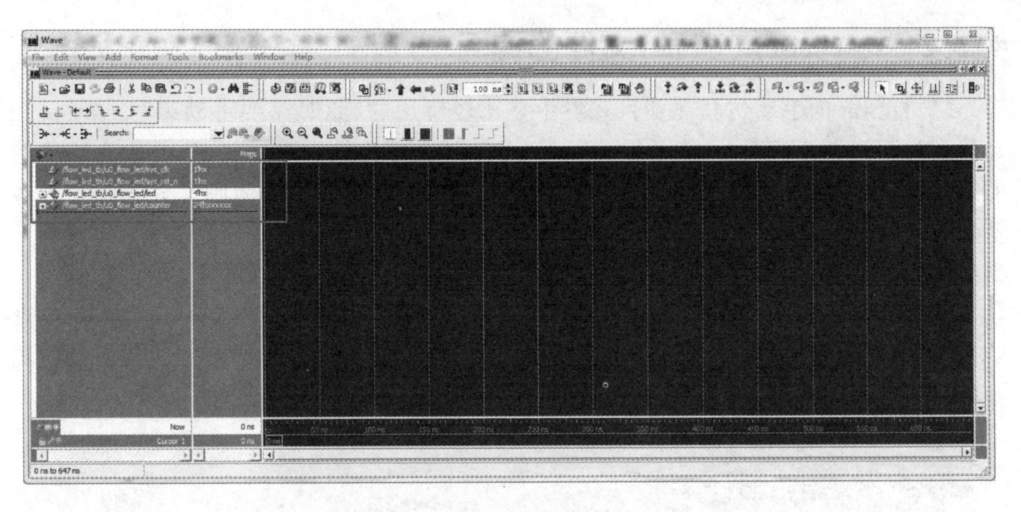

图 4.2.17　信号已添加到仿真窗口

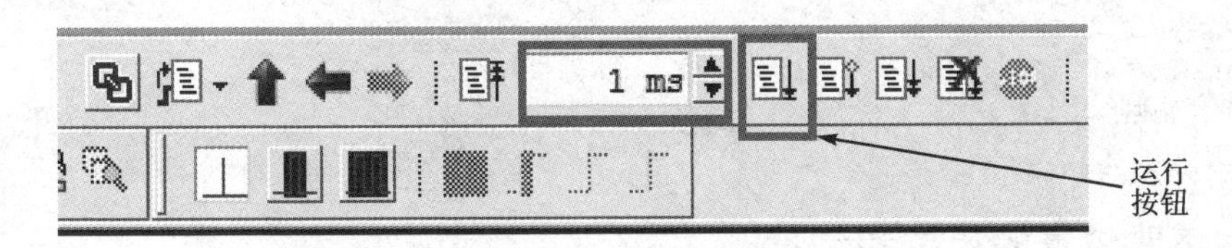

图 4.2.18　设置仿真时间

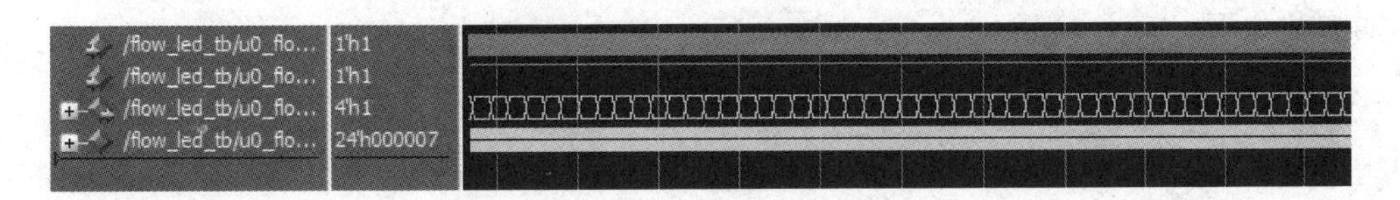

图 4.2.19　仿真结果

看到在仿真结果中，当计时器 counter 计到 10 时，led[0]由高电平变成低电平，led[1]由低电平变成高电平，且 counter 清零，形成了流水灯的状态，与预设的功能相同。结果局部波形图如图 4.2.21 所示。

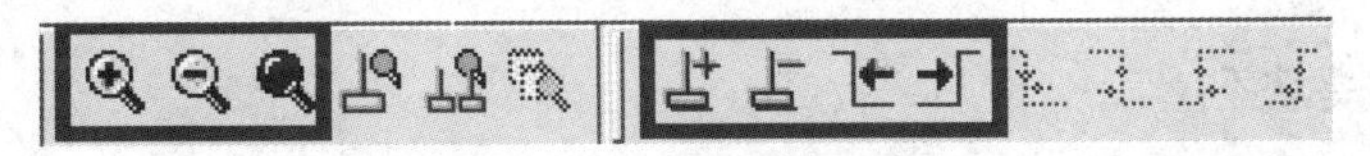

图 4.2.20　常用小工具

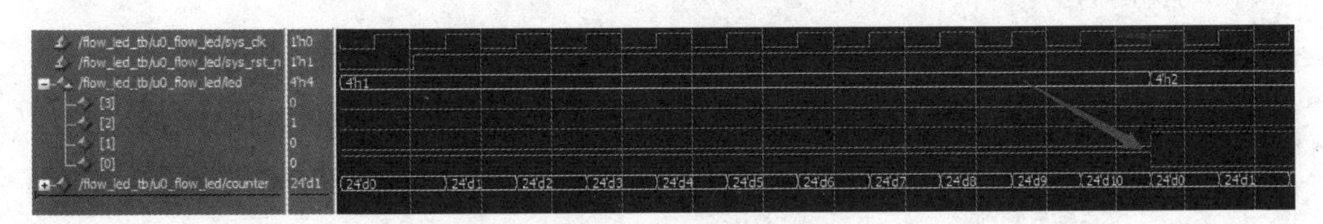

图 4.2.21　结果局部波形图

4.2.2 testbench(激励)文件的编写

ModelSim 的手动仿真在项目开发中是比较常用的，此时需要手动编写 testbench 文件。对于初学者来说，可能觉得编写 testbench 文件比较困难，但其实并没有想象的那么复杂，我们只需要按照 testbench 的结构来编写，编写基本的激励文件还是比较容易的。当编写完 testbench 文件后，如果以后需要仿真其他模块，则只需要在此基础上稍作修改即可。

编写 testbench 文件的主要目的是为了对使用硬件描述语言（Verilog HDL 或者 VHDL）设计的电路进行仿真验证，测试设计电路的功能、部分性能是否与预期的目标相符。

基本的 testbench 结构如下：

```
`timescale 仿真单位/仿真精度
module test_bench();
//通常 testbench 没有输入与输出端口
//信号或变量定义声明
//使用 initial 或 always 语句产生激励波形
//例化设计模块
endmodule
```

1. 声明仿真的单位和精度

激励文件的开头要声明仿真的单位和仿真的精度，声明的关键字为 timescale，声明方法如下：

```
`timescale  1ns/1ns
```

需要注意的是，timescale 声明仿真单位和精度时，不需要以分号结尾。“/”之前的 1 ns 表示仿真的单位是 1 ns，“/”之后的 1 ns 表示仿真的精度是 1 ns。当代码中出现“＃10”时，代表的意思是延时 10 ns，由于仿真的精度为 1 ns，所以最低的延时精度只能到 1 ns，如果想要延时 10.001 ns，则需要更改仿真的精度（1 ns＝1 000 ps），代码如下：

```
`timescale  1ns/1ps
#10.001 rst_n = 0;
```

2. 定义模块名

仿真的单位和精度声明完成后，接下来就定义模块名，定义模块名的关键字为 module，代码如下：

```
module  flow_led_tb();
```

模块名的命名方式一般在被测模块名后面加上“_tb”，或者在被测模块名前面加上“tb_”，表示为哪个模块提供激励测试文件，通常激励文件不需要定义输入和输出端口。

3. 信号或变量定义

代码中定义的常量有时需要频繁地修改，为了方便修改，可以把常量定义成参数的

形式，定义参数的关键字为 parameter，代码如下：

```
parameter T = 20;
```

在 Verilog 代码中，常用的声明信号或变量的关键字为 reg 和 wire，在 initial 语句或者 always 语句中使用的变量定义成 reg 类型，在 assign 语句或者用于连接被例化模块名的信号定义成 wire 类型，声明方法如下：

```
//reg define
reg  sys_clk;                        //时钟信号
reg  sys_rst_n;                      //复位信号

//wire define
wire  [3:0]  led;
```

4. 使用 initial 或 always 语句产生激励波形

产生时钟激励的代码如下：

```
always #10 sys_clk = ~sys_clk;
```

上述代码表示每 10 ns(假设仿真单位是 1 ns)，sys_clk 的电平状态翻转一次，由于一个完整的时钟周期包括一个高电平和一个低电平，因此 sys_clk 的时钟周期为20 ns，占空比为 50%。如果要生成其他占空比时钟，则代码如下：

```
always begin
    #6 sys_clk = 0;
    #4 sys_clk = 1;
end
```

需要注意的是，在 always 语句中设置了 sys_clk 的时钟周期，并没有设置初始值，因此 sys_clk 需要在 initial 语句中进行初始化，代码如下：

```
initial begin
    sys_clk          = 1'b0;    //时钟初始值
    sys_rst_n        = 1'b0;    //复位初始值
    #20 sys_rst_n    = 1'b1;    //在第 21 ns 的时候复位信号，信号拉高
end
```

5. 例化设计模块

例化的设计模块是指被测模块，例化被测模块的目的是把被测模块和激励模块实例化起来，并且把被测模块的端口与激励模块的端口进行相应的连接，使得激励可以输入到被测模块。如果被测模块是由多个模块组成的，则激励模块中只需要例化多个模块的顶层模块，代码如下：

```
flow_led  u0_flow_led (
    .sys_clk      (sys_clk   ),
    .sys_rst_n    (sys_rst_n),
    .led          (led       )
);
```

在实例化模块中，左侧带“.”的信号为 flow_led 模块定义的端口信号，右侧括号内的信号为激励模块中定义的信号，其信号名可以和被测模块中的信号名一致，也可以不一致，命名一致的好处是便于理解激励模块和被测模块信号之间的对应关系。在实例化被测模块后，以 endmodule 结束。

完整的 testbench 文件代码如下：

```
1  `timescale  1ns/1ns                   //定义仿真时间单位 1 ns 和仿真时间精度为 1 ns
2
3  module  flow_led_tb();                //测试模块
4
5 //parameter  define
6  parameter  T = 20;                    //时钟周期为 20 ns
7
8  //reg define
9  reg   sys_clk;                        //时钟信号
10 reg   sys_rst_n;                      //复位信号
11
12 //wire define
13 wire   [3:0]  led;
14
15 //*****************************************************
16 //**                   main code
17 //*****************************************************
18
19 //给输入信号初始值
20 initial begin
21     sys_clk              = 1'b0;
22     sys_rst_n            = 1'b0;    // 复位
23     #(T+1)  sys_rst_n    = 1'b1;    //在第 21 ns 的时候复位信号，信号拉高
24 end
25
26 //50 MHz 的时钟，周期为 1/50 MHz = 20 ns，所以每 10 ns，电平取反一次
27 always #(T/2) sys_clk = ~sys_clk;
28
29 //例化 flow_led 模块
30 flow_led  u0_flow_led (
31     .sys_clk      (sys_clk   ),
32     .sys_rst_n    (sys_rst_n),
33     .led          (led       )
34 );
35
36 endmodule
```

事实上，用于仿真的关键字比较多，有些是可以综合的（能生成实际的电路），有些只能用于仿真，这里仅介绍了 testbench 文件常用的关键字和基本的编写方法。

第三篇　语法篇

本篇将详细介绍 FPGA 的开发语言:Verilog HDL。通过该篇的学习,读者将了解到:①Verilog 概述和基础知识;②Verilog 程序框架和高级知识点;③Verilog 编程规范。通过对本篇的学习,希望大家能掌握 Verilog HDL 语言,并能使用 Verilog 语言进行 FPGA 编程开发和学习。

第 5 章

Verilog HDL 语法

Verilog HDL(Hardware Description Language)是在用途最广泛的 C 语言的基础上发展起来的一种硬件描述语言,具有灵活性高、易学易用等特点。Verilog HDL 可以在较短的时间内学习和掌握,目前已经在 FPGA 开发/IC 设计领域占据绝对的领导地位。

5.1 Verilog 概述

本节主要介绍了 Verilog HDL(以下简称 Verilog),以及 Verilog 与 VHDL、C 语言的区别。

5.1.1 Verilog 简介

Verilog 是一种硬件描述语言,以文本形式来描述数字系统硬件的结构和行为的语言,可以用它表示逻辑电路图、逻辑表达式,还可以表示数字逻辑系统所完成的逻辑功能。

数字电路设计者利用这种语言,可以从顶层到底层逐层描述自己的设计思想,用一系列分层次的模块来表示极其复杂的数字系统。然后利用电子设计自动化(EDA)工具,逐层进行仿真验证,再把其中需要变为实际电路的模块组合,经过自动综合工具转换到门级电路网表。接下来,再用专用集成电路 ASIC 或 FPGA 自动布局布线工具,把网表转换为要实现的具体电路结构。

Verilog 语言最初是于 1983 年由 Gateway Design Automation 公司为其模拟器产品开发的硬件建模语言。由于其模拟、仿真器产品的广泛使用,Verilog HDL 作为一种便于使用且实用的语言逐渐为众多设计者所接受。1990 年 Verilog HDL 语言推向公众领域,1995 年 Verilog 语言成为 IEEE 标准,称为 IEEE Std1364—1995,也就是通常所说的 Verilog—95。

设计人员在使用 Verilog—95 的过程中发现了一些可改进之处。为了解决用户在使用此版本 Verilog 过程中反映的问题,Verilog 进行了修正和扩展,扩展后的版本成为国际电气电子工程师学会 Std1364—2001 标准,即通常所说的 Verilog—2001。Verilog—2001 是对 Verilog—95 的一个重大改进的版本,它具备一些新的实用功能,

例如:敏感列表、多维数组、生成语句块、命名端口连接等。目前,Verilog—2001 是 Verilog 的最主流版本,被大多数商业电子设计自动化软件支持。

5.1.2 为什么需要 Verilog

在 FPGA 设计中,有多种设计方式,如原理图设计方式、编写描述语言(代码)方式等。一开始很多工程师对原理图设计方式很钟爱,这种输入方式能够很直观地看到电路结构并快速理解,但是随着电路设计规模的不断增加,逻辑电路设计也越来越复杂,这种设计方式已经越来越不能满足实际的项目需求了。这个时候 Verilog 语言就取而代之了,目前 Verilog 已经在 FPGA 开发/IC 设计领域占据绝对的领导地位。

5.1.3 Verilog 和 VHDL 的区别

这两种语言都是用于数字电路系统设计的硬件描述语言,而且都已经是 IEEE 的标准。VHDL 于 1987 年成为标准,而 Verilog 是 1995 年才成为标准的。这是因为 VHDL 是美国军方组织开发的,而 Verilog 是由一个公司的私有财产转化而来的。为什么 Verilog 能成为 IEEE 标准呢?它一定有其独特的优越性,所以说 Verilog 有更强的生命力。

Verilog 和 VHDL 的共同特点:

① 能形式化地抽象表示电路的行为和结构。

② 支持逻辑设计中层次与范围的描述。

③ 可借用高级语言的精巧结构来简化电路行为和结构。

④ 支持电路描述由高层到低层的综合转换。

⑤ 硬件描述和实现工艺无关。

但是 Verilog 和 VHDL 也各有特点。Verilog 推出已经有近 30 年了,拥有广泛的设计群体、成熟的资源,且 Verilog 容易掌握,只要有 C 语言的编程基础,通过较短的时间,经过一些实际的操作,就可以在 1 个月左右掌握这种语言。而 VHDL 设计相对要难一点,这是因为 VHDL 不是很直观,一般来说至少要有半年以上的专业培训才能掌握。

近 10 年来,EDA 界一直在对数字逻辑设计中究竟用哪一种硬件描述语言争论不休。目前在美国,高层次数字系统设计领域中,应用 Verilog 和 VHDL 的比例是 80% 和 20%;日本和中国台湾与美国差不多;而在欧洲 VHDL 发展得比较好;在中国很多集成电路设计公司都采用 Verilog。我们推荐大家学习 Verilog,本书全部的例程都是使用 Verilog 开发的。

5.1.4 Verilog 和 C 的区别

Verilog 是硬件描述语言,在编译下载到 FPGA 之后,会生成电路,所以 Verilog 全部是并行处理与运行的;C 语言是软件语言,编译下载到单片机/CPU 之后,还是软件指令,而不会根据代码生成相应的硬件电路,而单片机/CPU 处理软件指令需要取址、译码、执行，是串行执行的。

Verilog 和 C 的区别也是 FPGA 和单片机/CPU 的区别，由于 FPGA 全部并行处理，所以处理速度非常快，这是 FPGA 的最大优势，这一点是单片机/CPU 替代不了的。

5.2 Verilog 基础知识

本节主要讲解 Verilog 的基础知识，包括 5 个小节，下面分别给大家介绍这 5 个小节的内容。

5.2.1 Verilog 的逻辑值

逻辑电路中有 4 种值，即 4 种状态，如图 5.2.1 所示。

逻辑 0：表示低电平，对应电路中的 GND；

逻辑 1：表示高电平，对应电路中的 VCC；

逻辑 X：表示未知，有可能是高电平，也有可能是低电平；

逻辑 Z：表示高阻态，外部没有激励信号是一个悬空状态。

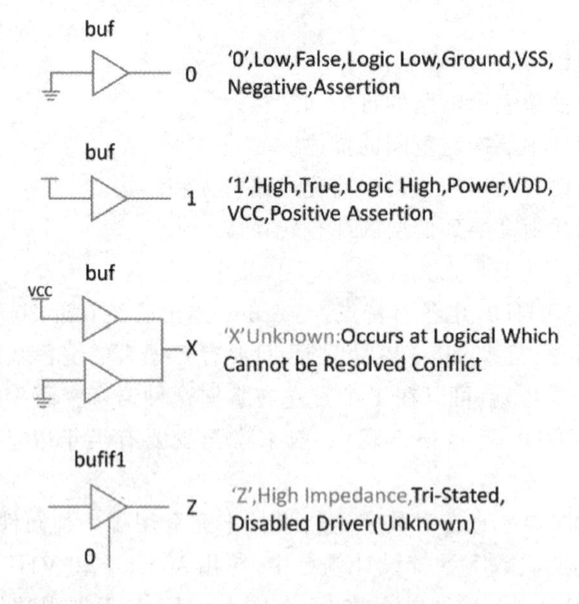

图 5.2.1 Verilog 逻辑值

5.2.2 Verilog 的标识符

1. 定　义

标识符(identifier)用于定义模块名、端口名和信号名等。Verilog 的标识符可以是任意一组字母、数字、$ 和_(下画线)符号的组合，但标识符的第一个字符必须是字母或者下画线。另外，标识符是区分大小写的。以下是标识符的几个例子：

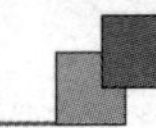

```
Count
COUNT //与 Count 不同
R56_68
FIVE $
```

虽然标识符写法很多，但是要简洁、清晰、易懂，推荐写法如下：

```
count
fifo_wr
```

此外，不建议大小写混合使用，普通内部信号建议全部小写，参数定义建议大写，另外信号命名最好体现信号的含义。

2. 规范建议

以下是书写规范的一些要求：

① 用有意义的、有效的名字如 sum、cpu_addr 等。

② 用下画线区分词语组合，如 cpu_addr。

③ 采用一些前缀或后缀，比如，时钟采用 clk 前缀：clk_50m，clk_cpu；低电平采用_n 后缀：enable_n。

④ 统一缩写，如全局复位信号 rst。

⑤ 同一信号在不同层次保持一致性，如同一时钟信号必须在各模块保持一致。

⑥ 自定义的标识符不能与保留字（关键词）同名。

⑦ 参数统一采用大写，如定义参数使用 SIZE。

5.2.3　Verilog 的数字进制格式

Verilog 数字进制格式包括二进制、八进制、十进制和十六进制，一般常用的为二进制、十进制和十六进制。

二进制表示如下：4'b0101 表示 4 位二进制数字 0101。

十进制表示如下：4'd2 表示 4 位十进制数字 2（二进制 0010）。

十六进制表示如下：4'ha 表示 4 位十六进制数字 a（二进制 1010），十六进制的计数方式为 0，1，2，…，9，a，b，c，d，e，f，最大计数为 f（f：十进制表示为 15）。

当代码中没有指定数字的位宽与进制时，默认为 32 位的十进制，比如 100，实际上表示的值为 32'd100。

5.2.4　Verilog 的数据类型

在 Verilog 语法中，主要有三大类数据类型，即寄存器类型、线网类型和参数类型。从名称中，我们可以看出，真正在数字电路中起作用的数据类型应该是寄存器类型和线网类型。

1. 寄存器类型

寄存器类型表示一个抽象的数据存储单元，它只能在 always 语句和 initial 语句中被赋值,并且它的值从一个赋值到另一个赋值过程中被保存下来。如果该过程语句描述的是时序逻辑,即 always 语句带有时钟信号,则该寄存器变量对应为寄存器;如果该过程语句描述的是组合逻辑,即 always 语句不带有时钟信号,则该寄存器变量对应为硬件连线;寄存器类型的缺省值是 x(未知状态)。

寄存器数据类型有很多种,如 reg、integer、real 等,其中最常用的就是 reg 类型,它的使用方法如下:

```
//reg define
reg  [31:0]  delay_cnt;    //延时计数器
reg          key_flag ;    //按键标志
```

2. 线网类型

线网表示 Verilog 结构化元件间的物理连线。它的值由驱动元件的值决定,例如连续赋值或门的输出。如果没有驱动元件连接到线网,线网的缺省值为 z(高阻态)。线网类型同寄存器类型一样也是有很多种,如 tri 和 wire 等,其中最常用的就是 wire 类型,它的使用方法如下:

```
//wire define
wire         data_en;          //数据使能信号
wire   [7:0] data    ;         //数据
```

3. 参数类型

参数其实就是一个常量,常被用于定义状态机的状态、数据位宽和延迟大小等,由于它可以在编译时修改参数的值,因此它又常被用于一些参数可调的模块中,使用户在实例化模块时,可以根据需要配置参数。在定义参数时,可以一次定义多个参数,参数与参数之间需要用逗号隔开。这里需要注意的是参数的定义是局部的,只在当前模块中有效。它的使用方法如下:

```
//parameter define
parameter    DATA_WIDTH = 8;  //数据位宽为 8 位
```

5.2.5 Verilog 的运算符

介绍完了 Verilog 的数据类型,接下来介绍 Verilog 的运算符。Verilog 中的运算符按照功能可以分为以下几种类型:算术运算符、关系运算符、逻辑运算符、条件运算符、位运算符、移位运算符、拼接运算符。下面分别对这些运算符进行介绍。

1. 算术运算符

算术运算符,简单来说就是数学运算中的加减乘除,数字逻辑处理有时也需要进行数字运算,所以需要算术运算符。常用的算术运算符主要包括加、减、乘、除和模除(模除运算也叫取余运算),如表 5.2.1 所列。

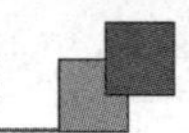

表 5.2.1 算术运算符

符　号	使用方法	说　明
＋	a ＋ b	a 加上 b
－	a － b	a 减去 b
*	a * b	a 乘以 b
/	a / b	a 除以 b
％	a ％ b	a 模除 b

注意：Verilog 实现乘除比较浪费组合逻辑资源，尤其是除法。一般 2 的指数次幂的乘除法使用移位运算来完成，详细内容可以看移位运算符的介绍。非 2 的指数次幂的乘除法一般是调用现成的 IP，Quartus/ISE 等工具软件会提供，不过这些工具软件提供的 IP 也是由最底层的组合逻辑（与或非门等）搭建而成的。

2. 关系运算符

关系运算符主要是用来做一些条件判断用的，在进行关系运算时，如果声明的关系是假的，则返回值是 0；如果声明的关系是真的，则返回值是 1。所有的关系运算符有着相同的优先级别，关系运算符的优先级别低于算术运算符的优先级别。关系运算符如表 5.2.2 所列。

表 5.2.2 关系运算符

符　号	使用方法	说　明
＞	a ＞ b	a 大于 b
＜	a ＜ b	a 小于 b
＞＝	a ＞＝ b	a 大于或等于 b
＜＝	a ＜＝ b	a 小于或等于 b
＝＝	a ＝＝ b	a 等于 b
!＝	a !＝ b	a 不等于 b

3. 逻辑运算符

逻辑运算符是连接多个关系表达式用的，可实现更加复杂的判断，一般不单独使用，都需要配合具体语句来实现完整的逻辑运算，如表 5.2.3 所列。

表 5.2.3 逻辑运算符

<table>
<tr><th>符　号</th><th>使用方法</th><th>说　明</th></tr>
<tr><td>!</td><td>!a</td><td>a 的非，如果 a 为 0，那么 a 的非是 1</td></tr>
<tr><td>&&</td><td>a && b</td><td>a 与 b，如果 a 和 b 都为 1，那么 a && b 结果才为 1，表示真</td></tr>
<tr><td>||</td><td>a || b</td><td>a 或 b，如果 a 或者 b 有一个为 1，那么 a||b 结果为 1，表示真</td></tr>
</table>

4. 条件运算符

条件运算符一般用来构建从两个输入中选择一个作为输出的条件选择结构，功能等同于 always 中的 if/else 语句，如表 5.2.4 所列。

表 5.2.4　条件运算符

符　号	使用方法	说　明
？：	a ? b : c	如果 a 为真，就选择 b，否则选择 c

5. 位运算符

位运算符是一类最基本的运算符，可以认为它们直接对应数字逻辑中的与、或、非门等逻辑门。常用的位运算符如表 5.2.5 所列。

表 5.2.5　位运算符

符　号	使用方法	说　明
～	～a	将 a 的每个位进行取反
&	a & b	将 a 的每个位与 b 相同的位进行相与
|	a | b	将 a 的每个位与 b 相同的位进行相或
^	a ^ b	将 a 的每个位与 b 相同的位进行异或

位运算符的与、或、非与逻辑运算符的逻辑与、逻辑或、逻辑非使用时容易混淆，逻辑运算符一般用在条件判断上，位运算符一般用在信号赋值上。

6. 移位运算符

移位运算符包括左移位运算符和右移位运算符，这两种移位运算符都用 0 来填补移出的空位，如表 5.2.6 所列。

表 5.2.6　移位运算符

符　号	使用方法	说　明
<<	a << b	将 a 左移 b 位
>>	a >> b	将 a 右移 b 位

假设 a 有 8 bit 数据位宽，那么 a<<2，表示 a 左移 2 bit，a 还是 8 bit 数据位宽，a 的最高 2 bit 数据被移位丢弃了，最低 2 bit 数据固定补 0。如果 a 是 3（二进制：00000011），那么 3 左移 2 bit，3<<2，就是 12（二进制：00001100）。一般使用左移位运算代替乘法，右移位运算代替除法，但是其也只能表示 2 的指数次幂的乘除法。

7. 拼接运算符

Verilog 中有一个特殊的运算符是 C 语言中没有的，就是位拼接运算符。用这个运算符可以把两个或多个信号的某些位拼接起来进行运算操作，如表 5.2.7 所列。

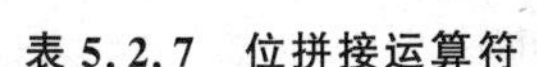
表 5.2.7 位拼接运算符

符 号	使用方法	说 明
{}	{a,b}	将 a 和 b 拼接起来,作为一个新信号

8. 运算符的优先级

介绍完了这么多运算符,大家可能会想到究竟哪个运算符优先级高,哪个运算符优先级低。为了便于大家查看这些运算符的优先级,我们将它们制作成了表格,如表 5.2.8 所列。

表 5.2.8 运算符的优先级

<table>
<tr><th>运算符</th><th>优先级</th></tr>
<tr><td>!、~</td><td>最高</td></tr>
<tr><td>*、/、%</td><td>次高</td></tr>
<tr><td>+、-</td><td rowspan="9"></td></tr>
<tr><td><<、>></td></tr>
<tr><td><、<=、>、>=</td></tr>
<tr><td>==、!=、===、!==</td></tr>
<tr><td>&</td></tr>
<tr><td>^、^~</td></tr>
<tr><td>|</td></tr>
<tr><td>&&</td></tr>
<tr><td>||</td><td>次低</td></tr>
<tr><td>?</td><td>最低</td></tr>
</table>

5.3 Verilog 程序框架

在介绍 Verilog 程序框架之前,先来看一下 Verilog 的一些基本语法,基本语法主要包括注释和关键字。

5.3.1 注 释

Verilog HDL 中有两种注释的方式,一种是以"/*"符号开始,并以"*/"符号结束,在两个符号之间的语句都是注释语句,因此可扩展到多行。如:

```
/* statement 1 ,
statement 2,
⋮
statement n */
```

以上 n 个语句都是注释语句。

另一种是以“//”开头的语句，它表示以“//”开始到本行结束都属于注释语句。如：

```
//statement 1
```

我们建议的写法是：使用“//”作为注释。

5.3.2 关键字

Verilog 和 C 语言类似，都因编写需要定义了一系列保留字，叫作关键字(或关键词)。这些保留字是识别语法的关键。我们给大家列出了 Verilog 中的关键字，如表 5.3.1 所列。

表 5.3.1 Verilog 的所有关键字

and	always	assign	begin	buf
bufif0	bufif1	case	casex	casez
cmos	deassign	default	defparam	disable
edge	else	end	endcase	endfunction
endprimitive	endmodule	endspecify	endtable	endtask
event	for	force	forever	fork
function	highz0	highz1	if	ifnone
initial	inout	input	integer	join
large	macromodule	medium	module	nand
negedge	nor	not	notif0	notif1
nmos	or	output	parameter	pmos
posedge	primitive	pulldown	pullup	pull0
pull1	rcmos	real	realtime	reg
release	repeat	rnmos	rpmos	rtran
rtranif0	rtranif1	scalared	small	specify
specparam	strength	strong0	strong1	supply0
supply1	table	task	tran	tranif0
tranif1	time	tri	triand	trior
trireg	tri0	tri1	vectored	wait
wand	weak0	weak1	while	wire
wor	xnor	xor		

虽然表 5.3.1 列了很多，但是实际经常使用的不是很多，实际经常使用的关键字如表 5.3.2 所列。

表 5.3.2　Verilog 常用的关键字

关键字	含　义
module	模块开始定义
input	输入端口定义
output	输出端口定义
inout	双向端口定义
parameter	信号的参数定义
wire	wire 信号定义
reg	reg 信号定义
always	产生 reg 信号语句的关键字
assign	产生 wire 信号语句的关键字
begin	语句的起始标志
end	语句的结束标志
posedge/negedge	时序电路的标志
case	case 语句的起始标记
default	case 语句的默认分支标志
endcase	case 语句的结束标记
if	if/else 语句的标记
else	if/else 语句的标记
for	for 语句的标记
endmodule	模块结束定义

注意：只有小写的关键字才是保留字。例如，标识符 always(这是个关键词)与标识符 ALWAYS(非关键词)是不同的。

5.3.3　程序框架

我们以 LED 流水灯程序为例来给大家展示 Verilog 的程序框架，该程序不同于实战篇流水灯的代码，但同样实现了流水灯的功能，代码如下所示(注意：代码中前面的行号只是为了方便大家阅读代码与快速定位到行号的位置，在实际编写代码时不可以添加行号，否则编译代码时会报错)。

```
1  module led(
2      input                   sys_clk,      //系统时钟
3      input                   sys_rst_n,    //系统复位,低电平有效
4      output  reg   [3:0]     led           //4 位 LED 灯
5      );
6
7  //parameter define
8  parameter  WIDTH     = 25;
9  parameter  COUNT_MAX = 25_000_000;     //板载 50 MHz 时钟 = 20 ns,0.5 s/20 ns = 25 000 000,
10                                        //需要 25 bit 位宽
```

```
11
12 //reg define
13 reg      [WIDTH - 1:0]   counter;
14 reg      [1:0]           led_ctrl_cnt;
15
16 //wire define
17 wire                     counter_en;
18
19 //*****************************************************
20 //**                        main code
21 //*****************************************************
22
23 //计数到最大值时产生高电平使能信号
24 assign  counter_en = (counter == (COUNT_MAX - 1'b1))  ?  1'b1  :  1'b0;
25
26 //用于产生 0.5 s 使能信号的计数器
27 always @(posedge sys_clk or negedge sys_rst_n) begin
28     if (sys_rst_n == 1'b0)
29         counter <= 1'b0;
30     else if (counter_en)
31         counter <= 1'b0;
32     else
33         counter <= counter + 1'b1;
34 end
35
36 //LED 流水控制计数器
37 always @(posedge sys_clk or negedge sys_rst_n) begin
38     if (sys_rst_n == 1'b0)
39         led_ctrl_cnt <= 2'b0;
40     else if (counter_en)
41         led_ctrl_cnt <= led_ctrl_cnt + 2'b1;
42 end
43
44 //通过控制 I/O 口的高低电平实现发光二极管的亮灭
45 always @(posedge sys_clk or negedge sys_rst_n) begin
46     if (sys_rst_n == 1'b0)
47         led <= 4'b0;
48     else begin
49         case (led_ctrl_cnt)
50             2'd0 : led <= 4'b0001;
51             2'd1 : led <= 4'b0010;
52             2'd2 : led <= 4'b0100;
53             2'd3 : led <= 4'b1000;
54             default : ;
55         endcase
56     end
57 end
58
59 endmodule
```

首先以“//”开头的都是注释，这个之前已经讲解过了，下面来看具体的解释。

第1行为模块定义，模块定义以 module 开始，endmodule 结束，如第59行所示。

其次第2～5行为端口定义，需要定义 led 模块的输入信号和输出信号，此处输入信号为系统时钟和复位信号，输出为 led 控制信号。

第7～9行为参数 parameter 定义，语法如第7～9行所示，定义 parameter 的好处是通过灵活改变参数数字就能控制一些计数器最大计数值或者信号位宽的最大位宽。

第12～14行为 reg 信号定义，reg 信号一般情况下代表寄存器，比如此处控制 0.5 s 使能信号的计数器 counter。

第16～17行为 wire 信号定义，wire 信号就是硬件连线，比如此处的 counter_en，代表计数到最大值时产生高电平使能，本质上是一个硬件连线，其实代表的是一些计数器/寄存器做逻辑判断的结果。

第19～21行为 moudle 开始的注释，不添加工具综合也不会报错，但是我们推荐添加，作为一个良好的编程规范。

第23～24行为 assign 语句的样式，条件成立选择1，否则选择0。

第26～34行是 always 语句的样式，第27行代表在时钟上升沿或者复位的下降沿进行信号触发。begin/end 代表语句的开始和结束。第28～33行为 if/else 语句，和 C 语言是比较类似的。第29行的"＜＝"标记代表信号是非阻塞赋值，信号赋值有非阻塞赋值和阻塞赋值两个方式，这个在后面会详细解释。

第36～42行也是一个 always 语句，和第26～34行类似。

第44～57行也是一个 always 语句，不过这个 always 语句中嵌入了一个 case 语句，case 语句的语法如第49～55行所示，需要一个 case 关键字开始，endcase 关键字结束，default 作为默认分支，和 C 语言也是类似的。当然 case 语句也可以用在不带时钟的 always 语句中，不过本例子的 always 都是带有时钟的。不带时钟的 always 和带时钟的 always 语句的差异在后面也有详细解释。

第59行是 endmodule 标记，代表模块的结束。

在这里需要补充一点的是，一些初学者可能会有这样一个疑问，在 always 语句中编写 if 语句或 else 语句时，后面需要加 begin 和 end 吗？其实这个主要看 if 条件后面跟着几条赋值语句，如果只有一条赋值语句时，if 后面可以加 begin 和 end，也可以不加；如果超过一条赋值语句时，就必须加上 begin 和 end。

if 条件只有一条赋值语句时，下面两种写法都是可以的，这里更推荐第一种写法，因为第二种写法会占用更多的行号，代码如下所示：

```
if(en == 1'b1)
    a <= 1'b1;
```

或者

```
if(en == 1'b1) begin
    a <= 1'b1;
end
```

对于 if 条件超过一条赋值语句的情况，必须添加 begin 和 end，代码如下所示：

```
if(en == 1'b1) begin
    b <= 1'b1;
    c <= 1'b1;
end
```

至此,程序框架就讲解完了,大家是不是觉得也很简单呢?这些都是基本的语法规范,希望大家能记住这些基础的知识点。如果有些地方大家还是觉得比较抽象,很难理解,那么也没有关系,相信大家会在后面的学习中慢慢理解。

5.4 Verilog 高级知识点

前几节主要介绍了 Verilog 的一些基础知识点和程序框架,本节将给大家介绍一些高级的知识点。高级知识点包括阻塞赋值和非阻塞赋值、assign 和 always 语句的差异、什么是锁存器、状态机、模块化设计等。

5.4.1 阻塞赋值(Blocking)

阻塞赋值,顾名思义,即在一个 always 块中,后面的语句会受到前面语句的影响,具体来说,在同一个 always 中,一条阻塞赋值语句如果没有执行结束,那么该语句后面的语句就不能被执行,即被“阻塞”。也就是说 always 块内的语句是一种顺序关系,这和 C 语言很类似。符号“=”用于阻塞的赋值(如“b=a;”),阻塞赋值“=”在 begin 和 end 之间的语句是顺序执行,属于串行语句。

在这里定义两个缩写:

- RHS,赋值等号右边的表达式或变量可以写作 RHS 表达式或 RHS 变量;
- LHS,赋值等号左边的表达式或变量可以写作 LHS 表达式或 LHS 变量。

阻塞赋值的执行可以认为是只有一个步骤的操作,即计算 RHS 的值并更新 LHS,此时不允许任何其他语句的干扰,所谓阻塞的概念就是指在同一个 always 块中,其后面的赋值语句从概念上来讲是在前面一条语句赋值完成后才执行的。

为了方便大家理解阻塞赋值的概念以及阻塞赋值和非阻塞赋值的区别,这里以在时序逻辑下使用阻塞赋值为例来实现这样一个功能:在复位的时候,a=1,b=2,c=3;而在没有复位的时候,a 的值清零,同时将 a 的值赋值给 b,b 的值赋值给 c,代码以及信号波形图如图 5.4.1 和图 5.4.2 所示。

代码中使用的是阻塞赋值语句,从波形图中可以看到,在复位的时候(rst_n=0),a=1,b=2,c=3;而结束复位之后(波形图 5.4.2 中的 0 时刻),当 clk 的上升沿到来时(波形图 5.4.2 中的 2 时刻),a=0,b=0,c=0。这是因为阻塞赋值是在当前语句执行完成之后,才会执行后面的赋值语句,因此首先执行的是 a=0,赋值完成后将 a 的值赋值给 b,由于此时 a 的值已经为 0,所以 b=a=0,最后执行的是将 b 的值赋值给 c,而 b 的值已经赋值为 0,所以 c 的值同样等于 0。

```
always @(posedge clk or negedge rst_n) begin
    if(!rst_n)begin
        a = 1;
        b = 2;
        c = 3;
    end
    else begin
        a = 0;
        b = a;
        c = b;
    end
end
```

图 5.4.1　阻塞赋值代码

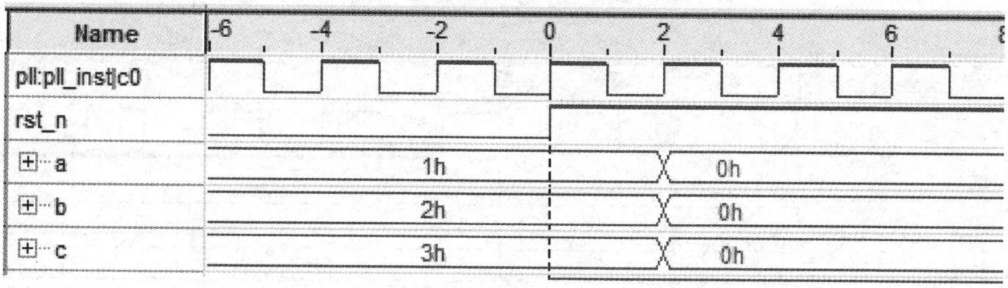

图 5.4.2　阻塞赋值的信号波形图

5.4.2　非阻塞赋值(Non - Blocking)

符号"<="用于非阻塞赋值(如"b<=a;"),非阻塞赋值是由时钟节拍决定的,在时钟上升沿到来时,执行赋值语句的右边,然后将 begin/end 之间的所有赋值语句同时赋值到赋值语句的左边。注意:是 begin/end 之间的所有语句一起执行,且一个时钟只执行一次,属于并行执行语句。这个是和 C 语言最大的一个差异,大家要逐步理解并行执行的概念。

非阻塞赋值的操作过程可以看作两个步骤:

① 赋值开始的时候,计算 RHS;

② 赋值结束的时候,更新 LHS。

所谓的非阻塞的概念是指,在计算非阻塞赋值的 RHS 及 LHS 期间,允许其他的非阻塞赋值语句同时计算 RHS 和更新 LHS。

下面使用非阻塞赋值来实现这样一个功能:在复位的时候,a=1,b=2,c=3;而在没有复位的时候,a 的值清零,同时将 a 的值赋值给 b,b 的值赋值给 c,代码及信号波形图如图 5.4.3 和图 5.4.4 所示。

代码中使用的是非阻塞赋值语句,从波形图中可以看到,在复位的时候(rst_n=0),a=1,b=2,c=3;而结束复位之后(波形图 5.4.4 中的 0 时刻),当 clk 的上升沿到来时(波形图 5.4.4 中的 2 时刻),a=0,b=1,c=2。这是因为非阻塞赋值在计算 RHS

```
always @(posedge clk or negedge rst_n) begin
    if(!rst_n)begin
        a <= 1;
        b <= 2;
        c <= 3;
    end
    else begin
        a <= 0;
        b <= a;
        c <= b;
    end
end
```

图 5.4.3　非阻塞赋值代码

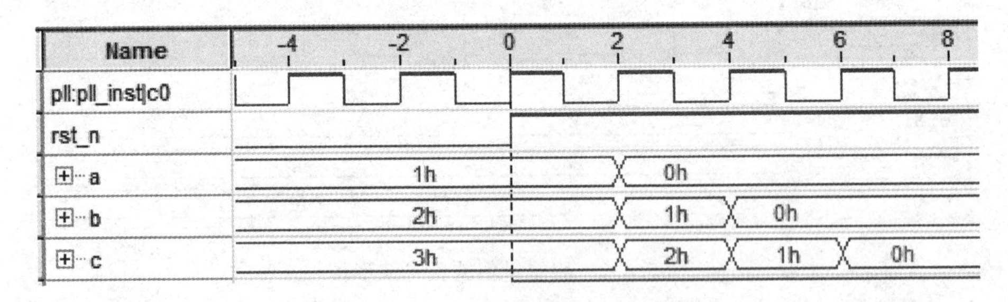

图 5.4.4　非阻塞赋值的信号波形图

和更新 LHS 期间，允许其他的非阻塞赋值语句同时计算 RHS 和更新 LHS。在波形图 5.4.4 中的 2 时刻，RHS 的表达式 0、a、b，分别等于 0、1、2，这三条语句是同时更新 LHS，所以 a、b、c 的值分别等于 0、1、2。

在了解了阻塞赋值和非阻塞赋值的区别之后，有些朋友可能还是对什么时候使用阻塞赋值，什么时候使用非阻塞赋值有些疑惑，在这里给大家总结如下。

在描述组合逻辑电路的时候，使用阻塞赋值，比如 assign 赋值语句和不带时钟的 always 赋值语句，这种电路结构只与输入电平的变化有关系，代码如下：

示例 1： assign 赋值语句。

```
assign data    = (data_en == 1'b1)  ?   8'd255  : 8'd0;
```

示例 2： 不带时钟的 always 语句。

```
always @( * ) begin
    if (en) begin
        a = a0;
        b = b0;
    end
    else begin
        a = a1;
```

```
        b = b1;
    end
end
```

在描述时序逻辑的时候，使用非阻塞赋值，综合成时序逻辑的电路结构，比如带时钟的 always 语句。这种电路结构往往与触发沿有关系，只有在触发沿时才可能发生赋值的变化，代码如下：

示例 3：带时钟的 always 语句。

```
always @(posedge sys_clk or negedge sys_rst_n) begin
    if (!sys_rst_n) begin
        a <= 1'b0;
        b <= 1'b0;
    end
    else begin
        a <= c;
        b <= d;
    end
end
```

5.4.3　assign 和 always 的区别

assign 语句和 always 语句是 Verilog 中的两个基本语句，这两个语句都经常使用。

assign 语句使用时不能带时钟。

always 语句可以带时钟，也可以不带时钟。在 always 不带时钟时，逻辑功能和 assign 完全一致，都是只产生组合逻辑。比较简单的组合逻辑推荐使用 assign 语句，比较复杂的组合逻辑推荐使用 always 语句。示例如下：

```
24  assign  counter_en = (counter == (COUNT_MAX - 1'b1))  ?  1'b1  :  1'b0;
45  always @( * ) begin
49          case (led_ctrl_cnt)
50              2'd0    : led = 4'b0001;
51              2'd1    : led = 4'b0010;
52              2'd2    : led = 4'b0100;
53              2'd3    : led = 4'b1000;
54              default : led = 4'b0000;
55          endcase
57  end
```

5.4.4　带时钟和不带时钟的 always

always 语句可以带时钟，也可以不带时钟。在 always 不带时钟时，逻辑功能和 assign 完全一致，虽然产生的信号定义还是 reg 类型，但是该语句产生的还是组合逻辑。

```
44  reg    [3:0] led;
45  always @( * ) begin
49          case (led_ctrl_cnt)
```

```
50              2'd0     : led = 4'b0001;
51              2'd1     : led = 4'b0010;
52              2'd2     : led = 4'b0100;
53              2'd3     : led = 4'b1000;
54              default : led = 4'b0000;
55          endcase
57  end
```

在 always 带时钟信号时，这个逻辑语句才能产生真正的寄存器，如下面示例中的 counter 就是真正的寄存器。

```
26  //用于产生 0.5 s 使能信号的计数器
27  always @(posedge sys_clk or negedge sys_rst_n) begin
28      if (sys_rst_n == 1'b0)
29          counter <= 1'b0;
30      else if (counter_en)
31          counter <= 1'b0;
32      else
33          counter <= counter + 1'b1;
34  end
```

5.4.5 什么是锁存器(latch)

latch 是指锁存器，是一种对脉冲电平敏感的存储单元电路。锁存器和寄存器都是基本存储单元，锁存器是电平触发的存储器，寄存器是边沿触发的存储器。两者的基本功能是一样的，都可以存储数据。锁存器是组合逻辑产生的，而寄存器是在时序电路中使用，由时钟触发产生的。

latch 的主要危害是会产生毛刺(glitch)，这种毛刺对下一级电路是很危险的，并且其隐蔽性很强，不易查出。因此，在设计中，应尽量避免 latch 的使用。

代码中出现 latch 的原因是，在组合逻辑中，if 或者 case 语句不完整的描述，比如 if 缺少 else 分支，case 缺少 default 分支，导致代码在综合过程中出现了 latch。解决办法就是 if 必须带 else 分支，case 必须带 default 分支。

需要注意的是，只有不带时钟的 always 语句 if 或者 case 语句不完整才会产生 latch，带时钟的语句 if 或者 case 语句不完整描述不会产生 latch。

下面为缺少 else 分支的带时钟的 always 语句和不带时钟的 always 语句，通过实际产生的电路图可以看到第二个是有一个 latch 的，第一个仍然是普通的带有时钟的寄存器。

```
always @(posedge clk)begin
        if(enable)
           q <= data;
          //else
          // q <= 0 ;
end
endmodule
```

```
always @(*)begin
        if(enable)
                    q <= data;
//                else
//                    q <= 0 ;
end
endmodule
```

缺少 else 分支的带时钟的 always 语句和不带时钟的 always 语句的电路图如图 5.4.5 和图 5.4.6 所示。

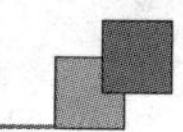

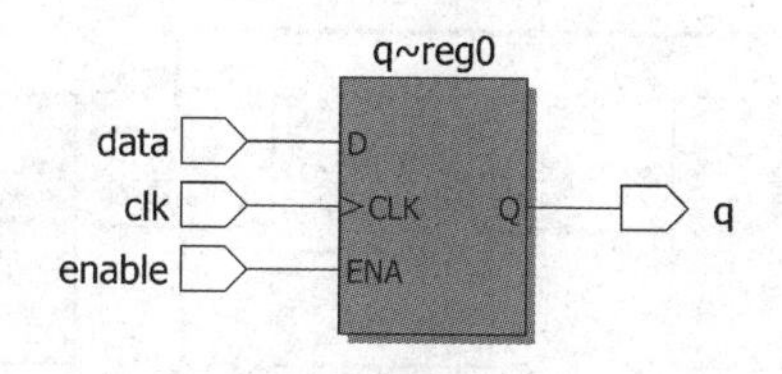

图 5.4.5 缺少 else 分支的带时钟的 always 语句电路图

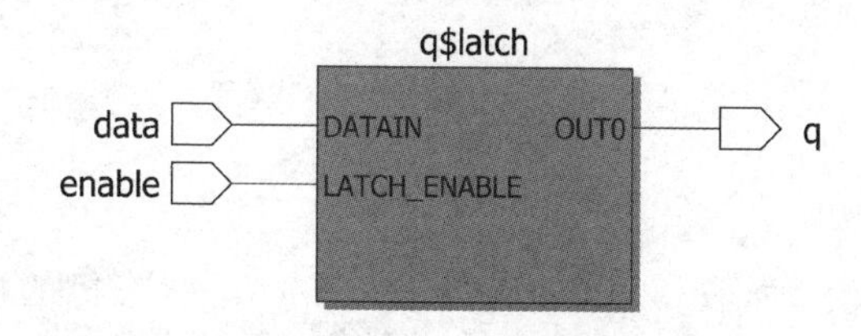

图 5.4.6 缺少 else 分支的不带时钟的 always 语句电路图

5.4.6 状态机

Verilog 是硬件描述语言，硬件电路是并行执行的，当需要按照流程或者步骤来完成某个功能时，代码中通常会使用很多个 if 嵌套语句来实现，这样就增加了代码的复杂度，以及降低了代码的可读性，这个时候就可以使用状态机来编写代码。状态机相当于一个控制器，它将一项功能的完成分解为若干步，每一步对应于二进制的一个状态，通过预先设计的顺序在各状态之间进行转换，状态转换的过程就是实现逻辑功能的过程。

状态机，全称是有限状态机(Finite State Machine，缩写为 FSM)，是一种在有限个状态之间按一定规律转换的时序电路，可以认为是组合逻辑和时序逻辑的一种组合。状态机通过控制各个状态的跳转来控制流程，使得整个代码看上去更加清晰易懂，在控制复杂流程的时候，状态机优势明显，因此基本上都会用到状态机，如 SDRAM 控制器等。在本书提供的例程中，会有多个用到状态机设计的例子，希望大家能够慢慢体会和理解，并且能够熟练掌握。

根据状态机的输出是否与输入条件相关，可将状态机分为两大类，即米勒(Mealy)型状态机和摩尔(Moore)型状态机。

- Mealy 状态机：组合逻辑的输出不仅取决于当前状态，还取决于输入状态。
- Moore 状态机：组合逻辑的输出只取决于当前状态。

1. Mealy 状态机

Mealy 状态机的模型如图 5.4.7 所示，模型中第一个方框是指产生下一状态的组合逻辑 F，F 是当前状态和输入信号的函数，状态是否改变、如何改变，取决于组合逻辑 F 的输出；第二个方框是指状态寄存器，其由一组触发器组成，用来记忆状态机当前所处的状态，状态的改变只发生在时钟的跳变沿；第三个方框是指产生输出的组合逻辑 G，状态机的输出是由输出组合逻辑 G 提供的，G 也是当前状态和输入信号的函数。

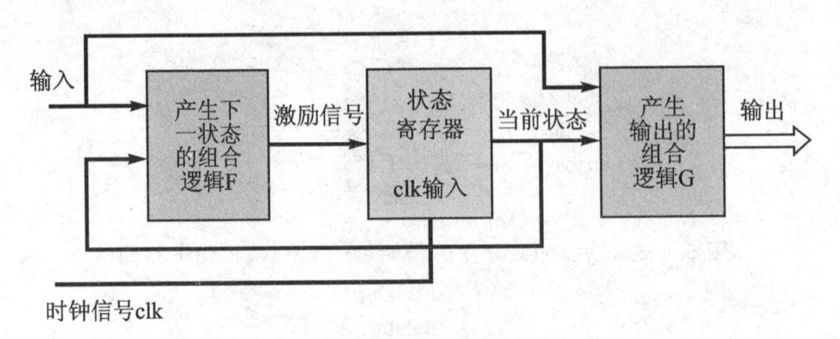

图 5.4.7　Mealy 状态机模型

2. Moore 状态机

Moore 状态机的模型如图 5.4.8 所示，对比 Mealy 状态机的模型可以发现，其区别在于 Mealy 状态机的输出是由当前状态和输入条件决定的，而 Moore 状态机的输出只取决于当前状态。

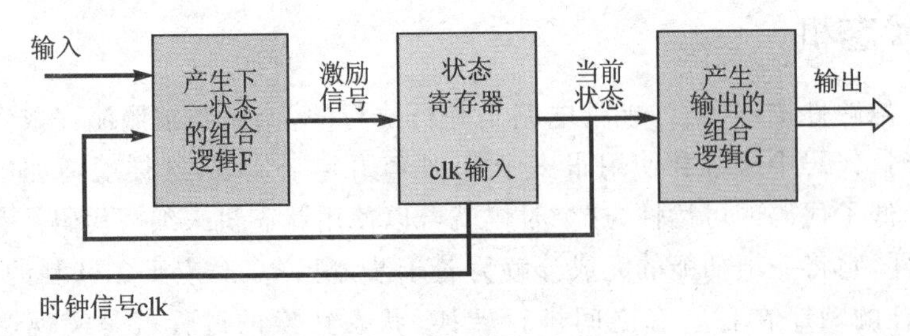

图 5.4.8　Moore 状态机模型

3. 三段式状态机

根据状态机的实际写法，状态机还可以分为一段式、二段式和三段式状态机。

一段式：整个状态机写到一个 always 模块中，在该模块中既描述状态转移，又描述状态的输入和输出。不推荐采用这种状态机，因为从代码风格方面来讲，一般都会要求把组合逻辑和时序逻辑分开；从代码维护和升级来说，组合逻辑和时序逻辑混合在一起不利于代码维护和修改，也不利于约束。

二段式：用两个 always 模块来描述状态机，其中一个 always 模块采用同步时序描述状态转移；另一个模块采用组合逻辑判断状态转移条件，描述状态转移规律以及输出。不同于一段式状态机的是，它需要定义两个状态——现态和次态，然后通过现态和次态的转换来实现时序逻辑。

三段式：在两个 always 模块描述方法基础上，使用三个 always 模块，一个 always 模块采用同步时序描述状态转移；一个 always 采用组合逻辑判断状态转移条件，描述状态转移规律；还有一个 always 模块描述状态输出（可以用组合电路输出，也可以用时序电路输出）。

实际应用中三段式状态机使用最多，因为三段式状态机将组合逻辑和时序分开，有

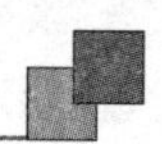

利于综合器对代码进行分析、优化，同时也方便对程序进行维护；并且三段式状态机将状态转移与状态输出分开，使代码看上去更加清晰易懂，提高了代码的可读性，推荐大家使用三段式状态机，本文也着重讲解三段式状态机。

三段式状态机的基本格式是：

第一个 always 语句实现同步状态跳转；

第二个 always 语句采用组合逻辑判断状态转移条件；

第三个 always 语句描述状态输出(可以用组合电路输出，也可以用时序电路输出)。

在开始编写状态机代码之前，一般先画出状态跳转图，这样在编写代码时思路会比较清晰，下面以一个七分频为例(对于分频等较简单的功能，可以不使用状态机，这里只是演示状态机编写的方法)，状态跳转图如图 5.4.9 所示。

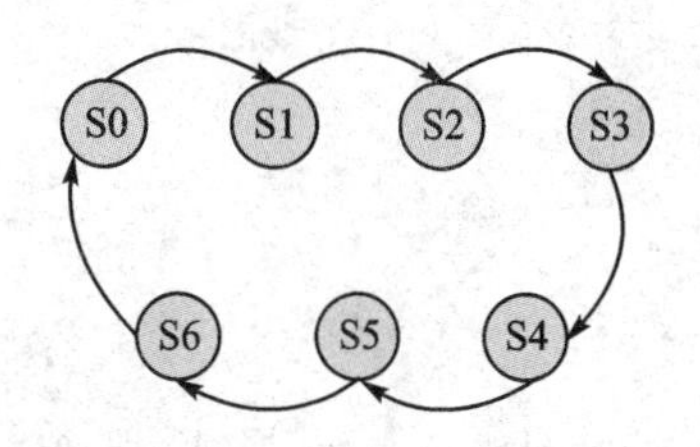

图 5.4.9　七分频状态跳转图

状态跳转图画完之后，接下来通过 parameter 来定义各个不同状态的参数，代码如下所示：

```
parameter S0 = 7'b0000001;      //独热码定义方式
parameter S1 = 7'b0000010;
parameter S2 = 7'b0000100;
parameter S3 = 7'b0001000;
parameter S4 = 7'b0010000;
parameter S5 = 7'b0100000;
parameter S6 = 7'b1000000;
```

这里是使用独热码的方式来定义状态机，每个状态只有一位为 1，当然也可以直接定义成十进制的 0,1,2,…,7。

因为我们定义成独热码的方式，每一个状态的位宽为 7 位，所以接下来还需要定义两个 7 位的寄存器，一个用来表示当前状态，另一个用来表示下一个状态，如下所示：

```
reg  [6:0]  curr_st    ;    //当前状态
reg  [6:0]  next_st    ;    //下一个状态
```

接下来就可以使用三个 always 语句来开始编写状态机的代码，第一个 always 采用同步时序描述状态转移，第二个 always 采用组合逻辑判断状态转移条件，第三个 always 是描述状态输出，一个完整的三段式状态机的例子如下所示：

```
1  module divider7_fsm (
2      //系统时钟与复位
3      input        sys_clk      ,
4      input        sys_rst_n    ,
5
6      //输出时钟
7      output reg  clk_divide_7
8      );
9
```

```
10 //parameter define
11 parameter S0 = 7'b0000001;      //独热码定义方式
12 parameter S1 = 7'b0000010;
13 parameter S2 = 7'b0000100;
14 parameter S3 = 7'b0001000;
15 parameter S4 = 7'b0010000;
16 parameter S5 = 7'b0100000;
17 parameter S6 = 7'b1000000;
18
19 //reg define
20 reg  [6:0]  curr_st     ;     //当前状态
21 reg  [6:0]  next_st     ;     //下一个状态
22
23 //*****************************************************
24 //**                     main code
25 //*****************************************************
26
27 //状态机的第一段采用同步时序描述状态转移
28 always @(posedge sys_clk or negedge sys_rst_n) begin
29         if (!sys_rst_n)
30             curr_st <= S0;
31         else
32             curr_st <= next_st;
33 end
34
35 //状态机的第二段采用组合逻辑判断状态转移条件
36 always @( * ) begin
37     case (curr_st)
38         S0: next_st = S1;
39         S1: next_st = S2;
40         S2: next_st = S3;
41         S3: next_st = S4;
42         S4: next_st = S5;
43         S5: next_st = S6;
44         S6: next_st = S0;
45         default: next_st = S0;
46     endcase
47 end
48
49 //状态机的第三段描述状态输出(这里采用时序电路输出)
50 always @(posedge sys_clk or negedge sys_rst_n) begin
51     if (!sys_rst_n)
52         clk_divide_7 <= 1'b0;
53     else if ((curr_st == S0) | (curr_st == S1) | (curr_st == S2)  | (curr_st == S3))
54         clk_divide_7  <= 1'b0;
55     else if ((curr_st == S4) | (curr_st == S5) | (curr_st == S6))
56         clk_divide_7  <= 1'b1;
57     else
58         ;
59 end
60
61 endmodule
```

在编写状态机代码时首先要定义状态变量(代码中的参数 S0～S6)与状态寄存器(curr_st、next_st),如代码中第 10～21 行所示;接下来使用 3 个 always 语句来实现三段状态机,第一个 always 语句实现同步状态跳转(如代码的第 27～33 行所示),在复位的时候,当前状态处在 S0 状态,否则将下一个状态赋值给当前状态;第二个 always 采用组合逻辑判断状态转移条件(如代码的第 35～47 行所示),这里每一个状态只保持一个时钟周期,也就是直接跳转到下一个状态,在实际应用中,一般根据输入的条件来判断是否跳转到其他状态或者停留在当前状态,最后在 case 语句后面增加一个 default 语句,用来防止状态机处在异常的状态;第三个 always 输出分频后的时钟(如代码的第 49～59 行所示),状态机的第三段可以使用组合逻辑电路输出,也可以使用时序逻辑电路输出,一般推荐使用时序电路输出,因为状态机的设计和其他设计一样,最好使用同步时序方式设计,以提高设计的稳定性,消除毛刺。

从代码中可以看出,输出的分频时钟 clk_divide_7 只与当前状态(curr_st)有关,而与输入状态无关,所以属于摩尔型状态机。状态机的第一段对应摩尔状态机模型的状态寄存器,用来记忆状态机当前所处的状态;状态机的第二段对应摩尔状态机模型产生下一状态的组合逻辑 F;状态机的第三段对应摩尔状态机产生输出的组合逻辑 G,因为采用时序电路输出有很大的优势,所以这里第三段状态机是由时序电路输出的。

状态机采用时序逻辑输出的状态机模型如图 5.4.10 所示。

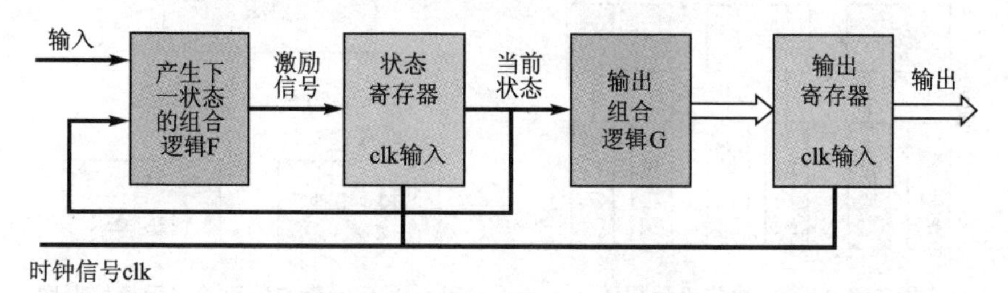

图 5.4.10 状态机时序电路输出模型

采用这种描述方法虽然代码结构复杂了一些,但是这样做的好处是可以有效地滤掉组合逻辑输出的毛刺,同时也可以更好地进行时序计算与约束,另外对于总线形式的输出信号来说,容易使总线数据对齐,减小总线数据间的偏移,从而降低接收端数据采样出错的频率。

5.4.7 模块化设计

模块化设计是 FPGA 设计中一个很重要的技巧,它能够使一个大型设计的分工协作、仿真测试更加容易,代码维护或升级更加便利,当更改某个子模块时,不会影响其他模块的实现结果。进行模块化、标准化设计的最终目的就是提高设计的通用性,减少不同项目中同一功能设计和验证引入的工作量。划分模块的基本原则是子模块功能相对独立、模块内部联系尽量紧密、模块间的连接尽量简单。

在进行模块化设计中,对于复杂的数字系统,一般采用自顶向下的设计方式。可以把系统划分成几个功能模块，每个功能模块再划分成下一层的子模块；每个模块的设计对应一个 module，一个 module 设计成一个 Verilog 程序文件。因此，对一个系统的顶层模块，我们采用结构化的设计，即顶层模块分别调用了各个功能模块。

图 5.4.11 是模块化设计的功能框图，一般整个设计的顶层模块只做例化（调用其他模块），不做逻辑。顶层下面会有模块 A、模块 B、模块 C 等，模块 A/B/C 又可以分多个子模块实现。

在这里补充一个概念，就是 Verilog 语法中的模块例化。FPGA 逻辑设计中通常是一个大的模块中包含了一个或多个功能子模块，Verilog 通过模块调用或称为模块实例化的方式来实现这些子模块与高层模块的连接，有利于简化每一个模块的代码，易于维护和修改。

下面以一个实例（静态数码管显示实验）来说明模块和模块之间的例化方法。

在静态数码管显示实验中，我们根据功能将 FPGA 顶层例化了以下两个模块：计时模块（time_count）和数码管静态显示模块（seg_led_static），如图 5.4.12 所示。

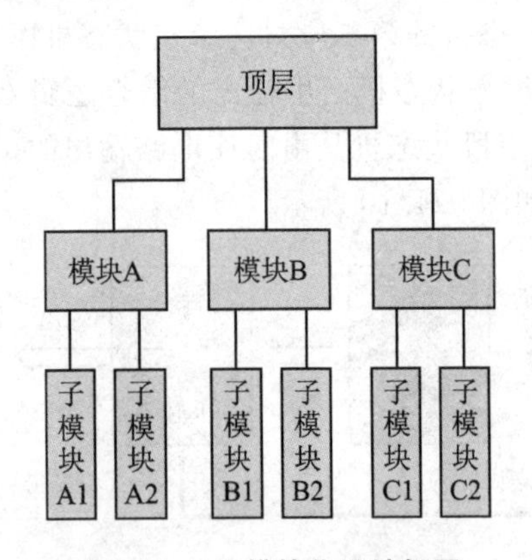

图 5.4.11　模块化设计框图

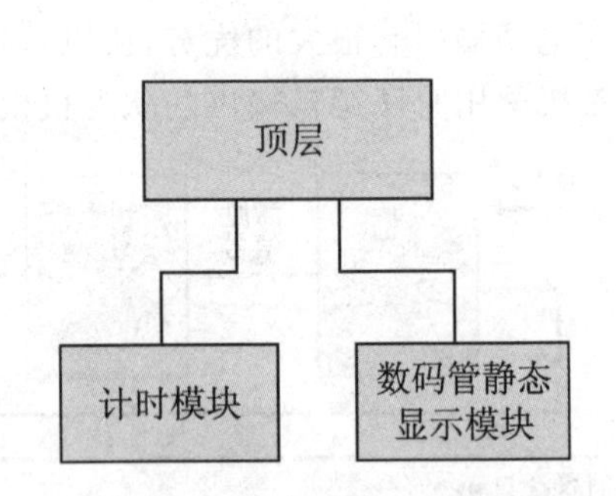

图 5.4.12　静态数码管显示模块框图

计时模块部分代码如下所示：

```
1  module time_count(
2      input          clk      ,          //时钟信号
3      input          rst_n    ,          //复位信号
4
5      output   reg   flag                //一个时钟周期的脉冲信号
6  );
7
8  //parameter define
9  parameter  MAX_NUM = 25000_000;        //计数器最大计数值
   ⋮
34 endmodule
```

数码管静态显示模块部分代码如下所示：

```
1  module seg_led_static (
2      input          clk      ,          //时钟信号
```

```
3       input                   rst_n    ,          //复位信号(低有效)
4
5       input                   add_flag ,          //数码管变化的通知信号
6       output   reg   [5:0]    sel      ,          //数码管位选
7       output   reg   [7:0]    seg_led             //数码管段选
8   );
  ⋮
66 endmodule
```

顶层模块代码如下所示：

```
1  module seg_led_static_top (
2       input                   sys_clk   ,         //系统时钟
3       input                   sys_rst_n,          //系统复位信号(低有效)
4
5       output      [5:0]       sel        ,        //数码管位选
6       output      [7:0]       seg_led             //数码管段选
7
8  );
9
10 //parameter define
11 parameter  TIME_SHOW = 25'd25000_000;        //数码管变化的时间间隔 0.5 s
12
13 //wire define
14 wire        add_flag;                          //数码管变化的通知信号
15
16 //*****************************************************
17 //**                    main code
18 //*****************************************************
19
20 //例化计时模块
21 time_count #(
22      .MAX_NUM       (TIME_SHOW)
23 ) u_time_count(
24      .clk           (sys_clk   ),
25      .rst_n         (sys_rst_n),
26
27      .flag          (add_flag )
28 );
29
30 //例化数码管静态显示模块
31 seg_led_static u_seg_led_static (
32      .clk           (sys_clk   ),
33      .rst_n         (sys_rst_n),
34
35      .add_flag      (add_flag ),
36      .sel           (sel       ),
37      .seg_led       (seg_led   )
38 );
39
40 endmodule
```

上面列出了顶层模块的完整代码，子模块只列出了模块的端口和参数定义的代码。这是因为顶层模块对子模块做例化时，只需要知道子模块的端口信号名，而不用关心子模块内部具体是如何实现的。如果子模块内部使用 parameter 定义了一些参数，那么 Verilog 也支持对参数的例化(也叫参数的传递)，即顶层模块可以通过例化参数来修改子模块内定义的参数。

下面先来看一下顶层模块是如何例化子模块的，例化方法如图 5.4.13 所示。

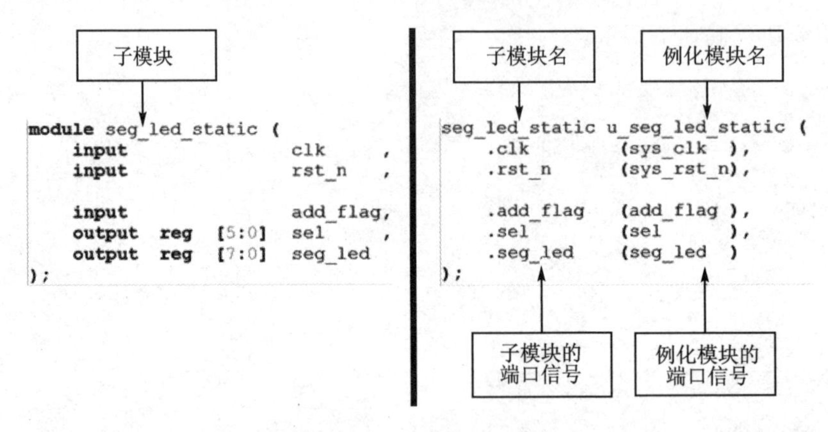

图 5.4.13　模块的例化

图 5.4.13 右侧是例化的数码管静态显示模块，子模块名是指被例化模块的模块名，而例化模块名相当于标识，当例化多个相同的模块时，可以通过例化名来识别哪一个例化，一般命名为“u_”+“子模块名”。信号列表中“.”之后的信号是数码管静态显示模块定义的端口信号，括号内的信号则是顶层模块声明的信号，这样就将顶层模块的信号与子模块的信号一一对应起来，同时需要注意信号的位宽要保持一致。

接下来再来介绍一下参数的例化，参数的例化是在模块例化的基础上，增加了对参数的信号定义，如图 5.4.14 所示。

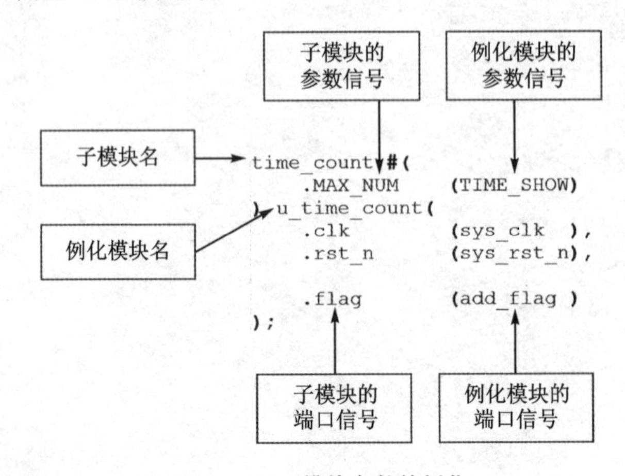

图 5.4.14　模块参数的例化

在对参数进行例化时，在模块名的后面加上“#”，表示后面跟着的是参数列表。计时模块定义的 MAX_NUM 和顶层模块的 TIME_SHOW 都是等于 25000_000，当在顶层模块定义 TIME_SHOW=12500_000 时，那么子模块的 MAX_NUM 的值实际上是也等于 12500_000。当然即使子模块包含参数，在做模块的例化时也可以不添加对参数的例化，这样子模块的参数值就等于该模块内部实际定义的值。

值得一提的是，Verilog 语法中的 localparam 代表的意思同样是参数定义，用法和 parameter 基本一致，区别在于 parameter 定义的参数可以做例化，而 localparam 定义的参数是指本地参数，上层模块不可以对 localparam 定义的参数做例化。

5.5 Verilog 编程规范

本节主要介绍编程规范，良好的编程规范是一个 FPGA 工程师必备的素质。

5.5.1 编程规范的重要性

当前数字电路设计越来越复杂，一个项目需要的人越来越多，当几十位设计员完成同一个项目的时候，大家需要互相检视对方的代码，如果没有一个统一的编程规范，那么是不可想象的。大家的风格都不一样，如果不统一，后续维护、重用等会有很大的困难，即使是自己写的代码，几个月后再看也会变得很陌生，或者看不懂（您可能不相信，不过笔者和同事交流发现大家都是这样的，时间长不看就忘记了），所以编程规范的重要性显而易见。

另外养成良好的编程规范，对于个人的工作习惯、思维方式等都有非常大的好处。可以让新人尽快融入项目中，让大家更容易看懂您写的代码。

5.5.2 工程组织形式

工程的组织形式一般包括如下几个部分，分别是 doc、par、rtl 和 sim 四个部分。

```
XX工程名
|-- doc
|-- par
|-- rtl
|-- sim
```

doc：一般存放工程相关的文档，包括该项目用到的 datasheet（数据手册）、设计方案等。不过为了便于大家查看，我们开发板的文档是统一汇总存放在资料盘下的。

par：主要存放工程文件和使用到的一些 IP 文件。

rtl：主要存放工程的 rtl 代码，这是工程的核心，文件名与 module 名称应当一致，建议按照模块的层次分开存放。

sim：主要存放工程的仿真代码，复杂的工程中，仿真也是不可或缺的部分，可以极大地减少调试的工作量。

5.5.3 文件头声明

每一个 Verilog 文件的开头，都必须有一段声明的文字，包括文件的版权、作者、创建日期以及内容介绍等，如下所示：

```
//**********Copyright (c)************************************//
//Copyright(C) 正点原子 2018 - 2028
//All rights reserved
//-----------------------------------------------------------
// File name:             key_beep
// Last modified Date:  2018/3/9 16:18:18
// Last Version:          v1.0
// Descriptions:          按键控制蜂鸣器
//-----------------------------------------------------------
// Created by:            正点原子
// Created date:          2018/3/8 10:17:45
// Version:               V1.0
// Descriptions:          The original version
//
//-----------------------------------------------------------
//**************************************************//
```

建议一个.V 只包括一个 module，这样模块会比较清晰易懂。

5.5.4 输入/输出定义

端口的输入/输出有 Verilog 95 和 2001 两种格式，推荐大家采用 Verilog 2001 语法格式。下面是 Verilog 2001 语法的一个例子，包括 module 名字、输入/输出、信号名字、输出类型、注释。

```
1   module led(
2       input                  sys_clk,       //系统时钟
3       input                  sys_rst_n,     //系统复位，低电平有效
4       output   reg   [3:0]   led            //4 位 LED 灯
5       );
```

笔者的建议如下：

① 一行只定义一个信号。

② 信号全部对齐。

③ 同一组的信号放在一起。

5.5.5 parameter 定义

笔者的建议如下：

① module 中的 parameter 声明，不建议随处乱放。

② 将 parameter 定义放在紧跟着 module 的输入/输出定义之后。

③ parameter 等常量命名全部使用大写。

```
7   //parameter define
8   parameter  WIDTH     = 25;
9   parameter  COUNT_MAX = 25_000_000; //板载 50 MHz 时钟 = 20 ns,0.5 s/20 ns = 25 000 000,
10                                     //需要 25 bit 位宽
```

5.5.6　wire/reg 定义

一个 module 中的 wire/reg 变量声明需要集中放在一起,不建议随处乱放。

因此,笔者的建议如下:

① 将 reg 与 wire 的定义放在紧跟着 parameter 之后。

② 建议具有相同功能的信号集中放在一起。

③ 信号需要对齐,reg 和位宽需要空 2 格,位宽和信号名字至少空四格。

④ 位宽使用降序描述,[6:0]。

⑤ 时钟使用前缀 clk,复位使用后缀 rst。

⑥ 不能使用 Verilog 关键字作为信号名字。

⑦ 一行只定义一个信号。

```
12 //reg define
13 reg    [WIDTH-1:0]  counter     ;
14 reg    [1:0]        led_ctrl_cnt ;
15
16 //wire define
17 wire                counter_en  ;
```

5.5.7　信号命名

大家对信号命名可能都有不同的喜好,笔者建议如下:

① 信号命名需要体现其意义,比如 fifo_wr 代表 FIFO 读/写使能。

② 可以使用"_"隔开信号,比如 sys_clk。

③ 内部信号不要使用大写,也不要使用大小写混合,建议全部使用小写。

④ 模块名字使用小写。

⑤ 低电平有效的信号,使用_n 作为信号后缀。

⑥ 异步信号,使用_a 作为信号后缀。

⑦ 纯延迟打拍信号使用_dly 作为后缀。

5.5.8　always 块描述方式

always 块的编程规范,笔者的建议如下:

① if 需要空四格。

② 一个 always 需要配一个 begin 和 end。

③ always 前面需要有注释。

④ beign 建议和 always 放在同一行。

⑤ 一个 always 和下一个 always 空一行即可，不要空多行。

⑥ 时钟复位触发描述使用 posedge sys_clk 和 negedge sys_rst_n。

⑦ 一个 always 块只包含一个时钟和复位。

⑧ 时序逻辑使用非阻塞赋值。

```
26 //用于产生 0.5 s 使能信号的计数器
27  always @(posedge sys_clk or negedge sys_rst_n) begin
28      if (sys_rst_n == 1'b0)
29          counter <= 1'b0;
30      else if (counter_en)
31          counter <= 1'b0;
32      else
33          counter <= counter + 1'b1;
34  end
35
```

5.5.9 assign 块描述方式

assign 块的编程规范，笔者的建议如下：

① assign 的逻辑不能太复杂，否则易读性不好。

② assign 前面需要有注释。

③ 组合逻辑使用阻塞赋值。

```
23 //计数到最大值时产生高电平使能信号
24  assign  counter_en = (counter == (COUNT_MAX - 1'b1))  ?  1'b1  :  1'b0;
```

5.5.10 空格和 Tab

由于不同的解释器对于 Tab 翻译不一致，所以建议不使用 Tab，全部使用空格。

5.5.11 注 释

添加注释可以增加代码的可读性，易于维护。笔者的建议规范如下：

① 注释描述需要清晰、简洁。

② 注释描述不要废话、冗余。

③ 注释描述需要使用“//”。

④ 注释描述需要对齐。

⑤ 核心代码和信号定义之间需要增加注释。

```
26  //用于产生 0.5 s 使能信号的计数器
27  always @(posedge sys_clk or negedge sys_rst_n) begin
28      if (sys_rst_n == 1'b0)
29          counter <= 1'b0;
30      else if (counter_en)                              // counter_en 为 1 时，counter 清 0
31          counter <= 1'b0;
```

```
32      else
33          counter <= counter + 1'b1;
34  end
```

5.5.12　模块例化

模块例化笔者的建议规范如下：

moudle 模块例化使用 u_xx 表示。

```
20 //例化计时模块
21 time_count #(
22     .MAX_NUM    (TIME_SHOW)
23 ) u_time_count(
24     .clk        (sys_clk   ),
25     .rst_n      (sys_rst_n),
26
27     .flag       (add_flag )
28 );
29
30 //例化数码管静态显示模块
31 seg_led_static u_seg_led_static (
32     .clk        (sys_clk   ),
33     .rst_n      (sys_rst_n),
34
35     .add_flag   (add_flag ),
36     .sel        (sel       ),
37     .seg_led    (seg_led   )
38 );
```

5.5.13　其他注意事项

其他注意事项如下：

① 代码写得越简单越好，方便他人阅读和理解。

② 不使用 repeat 等循环语句。

③ RTL 级别代码中不使用 initial 语句，仿真代码除外。

④ 避免产生 latch 锁存器，比如组合逻辑中的 if 不带 else 分支，case 缺少 default 语句。

⑤ 避免使用太复杂和少见的语法，否则可能造成语法综合器优化力度较低。

良好的编程规范是大家走向专业 FPGA 工程师的必备素质，希望大家都能养成良好的编程规范。

第四篇　实战篇

经过前面三篇的学习，我们对 FPGA 开发的硬件平台、软件及 Verilog 语法都有了比较深入的了解，接下来我们将通过实例，由浅入深地带大家一步步学习 FPGA。

开拓者 FPGA 开发板的外设非常丰富，本篇将从开发板上最简单的外设说起，然后一步步深入。书中的每一个实例都配有详细的代码及解释，手把手教你如何开始 FPGA 的设计开发。通过本篇的学习，希望大家能掌握 FPGA 的设计开发，熟悉开发板上的外设，并且举一反三，应用到其他工程项目中。

本篇共分为 24 章，每一章即一个实例，下面就让我们开始精彩的 FPGA 之旅。

第6章

流水灯实验

流水灯作为一个经典的入门实验,其地位堪比编程界的“Hello,World”。对于很多电子工程师来说,流水灯都是他们在硬件上观察到的第一个实验现象。流水灯是指多个 LED 灯按照一定的时间间隔,顺序点亮并熄灭,周而复始形成流水效果。本章我们同样通过流水灯实验,带读者进入 FPGA 的精彩世界。

6.1 LED 灯简介

LED,又名发光二极管。LED 灯工作电流很小(有的仅零点几毫安即可发光),抗冲击和抗震性能好,可靠性高,寿命长。由于这些优点,LED 灯被广泛用在仪器仪表(在仪器仪表中作指示灯)、液晶屏背光源等诸多领域。

不同材料的发光二极管可以发出红、橙、黄、绿、青、蓝、紫、白这 8 种颜色的光。图 6.1.1 左侧是可以发出黄、红、蓝三种颜色的直插型二极管实物图,这种二极管长的一端是阳极,短的一端是阴极;右侧是开发板上用的贴片发光二极管实物图,贴片二极管的正面一般都有颜色标记,有标记的那端就是阴极。

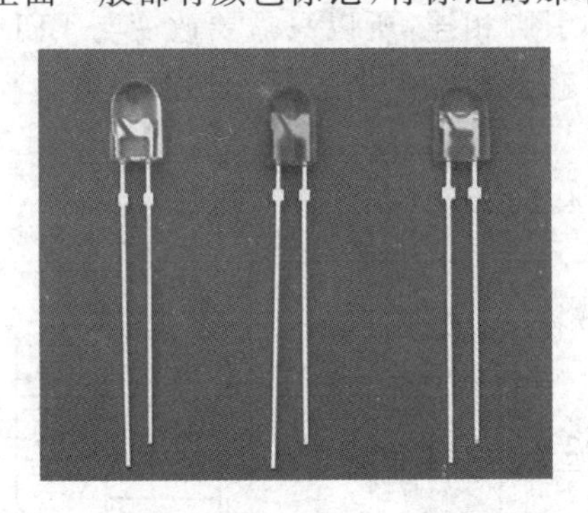

图 6.1.1 发光二极管实物图

发光二极管与普通二极管一样具有单向导电性。给它加上阳极正向电压后,通过 5 mA 左右的电流就可以使二极管发光。通过二极管的电流越大,发出的光亮度越强。不过我们一般将电流限定在 3～20 mA 之间,否则电流过大就会烧坏二极管。

6.2 实验任务

本节实验任务是使开拓者开发板上的 4 个 LED 灯顺序点亮并熄灭,循环往复产生流水的现象。

6.3 硬件设计

发光二极管的原理图如图 6.3.1 所示,LED0～LED3 这 4 个发光二极管的阴极都连到地(GND)上,阳极分别与 FPGA 相应的引脚相连。原理图中 LED 与地之间的电阻起到限流作用。

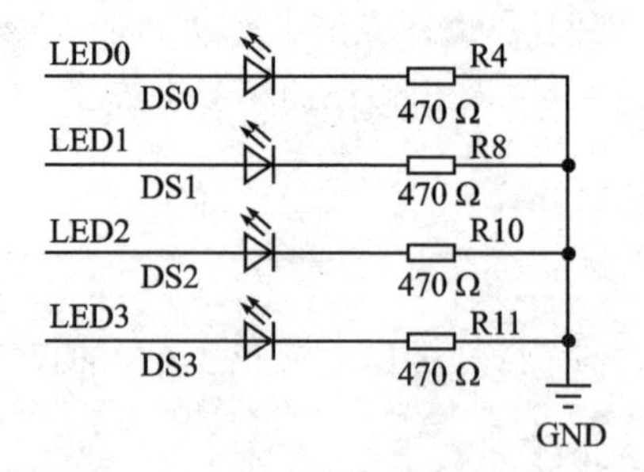

图 6.3.1　LED 灯硬件原理图

6.4 程序设计

由于二极管的阳极分别与 FPGA 相应的引脚相连,所以只需要改变与 LED 灯相连的 FPGA 引脚的电平,LED 灯的亮灭状态就会发生变化。当 FPGA 引脚为高电平时,LED 灯点亮;为低电平时,LED 灯熄灭。

本次设计的模块端口及信号连接如图 6.4.1 所示。

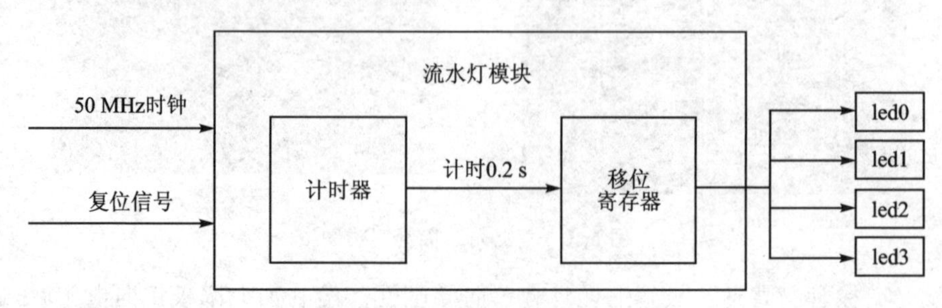

图 6.4.1　流水灯模块原理图

由于人眼的视觉暂留效应,流水灯状态变换间隔时间最好不要低于 0.1 s,否则就不能清晰地观察到流水效果。这里我们让流水灯每间隔 0.2 s 变化一次。在程序中需

要用一个计数器累加计数来计时，计时达 0.2 s 后计数器清零并重新开始计数，这样就得到了固定的时间间隔。每当计数器计数满 0.2 s 就让 LED 灯发光状态变化一次。

流水灯模块的代码如下：

```
1  module flow_led(
2      input                sys_clk,     //系统时钟
3      input                sys_rst_n,   //系统复位,低电平有效
4
5      output   reg   [3:0]  led         //4 个 LED 灯
6      );
7
8  //reg define
9  reg [23:0] counter;
10
11 //*****************************************************
12 //**                    main code
13 //*****************************************************
14
15 //计数器对系统时钟计数,计时 0.2 s
16 always @(posedge sys_clk or negedge sys_rst_n) begin
17     if (!sys_rst_n)
18         counter <= 24'd0;
19     else if (counter <24'd1000_0000)
20         counter <= counter + 1'b1;
21     else
22         counter <= 24'd0;
23 end
24
25 //通过移位寄存器控制 I/O 口的高低电平,从而改变 LED 的显示状态
26 always @(posedge sys_clk or negedge sys_rst_n) begin
27     if (!sys_rst_n)
28         led <= 4'b0001;
29     else if(counter == 24'd1000_0000)
30         led[3:0] <= {led[2:0],led[3]};
31     else
32         led <= led;
33 end
34
35 endmodule
```

本程序中输入时钟为 50 MHz，所以一个时钟周期为 20 ns(1/50 MHz)。因此计数器 counter 通过对 50 MHz 系统时钟计数，计时到 0.2 s，需要累加 0.2 s/20 ns=10 000 000 次。在代码第 22 行，每当计时到 0.2 s，计数器清零一次。

同时，每当计数器计数到 10 000 000 时，各个 LED 灯的状态将左移一位，并将最高位的值移动到最低位，循环往复。其他时间，LED 灯的状态不变，如代码中第 29～32 行所示。

需要说明的是，计数器是从 0 开始计数的，从 0 计数到 10 000 000 需要 10 000 001 个时钟周期，严格来说，计数时间会比 0.2 s 多出一个时钟周期，即 20 ns。如果想要计

时时间等于严格的 0.2 s，则需要将 10 000 000 减 1，这里为了方便计算，没有做减 1 处理（其他例程中的时间计算类似）。另外，led 的初始值必须是一位为 1，其他位为 0，在循环左移的过程中才会呈现流水灯的效果；而如果 led 的初始值为 0，则左移后 led 的状态仍然为 0。代码中 led 的初始值是由复位信号（sys_rst_n）控制的，如代码中的第 27 行和第 28 行所示。这里的复位信号对应的就是板载的复位按键，尽管在上电后没有按下复位按键，但由于 FPGA 芯片内部有一个上电检测模块，一旦检测到电源电压超过检测门限后，就会产生一个上电复位脉冲（Power On Reset）送给所有的寄存器，led 的初始值就是在这个时候复位成 4'b0001 的。

我们在 ModelSim 中对流水灯程序进行仿真，为了减少仿真过程所需要的时间，将流水灯状态变化的间隔时间修改为 0.1 ms。仿真得到的波形图如图 6.4.2 所示，led 端口寄存器的值按照 0001→0010→0100→1000→0001 的顺序变化，对应的各个 LED 灯的接口电平依次改变。

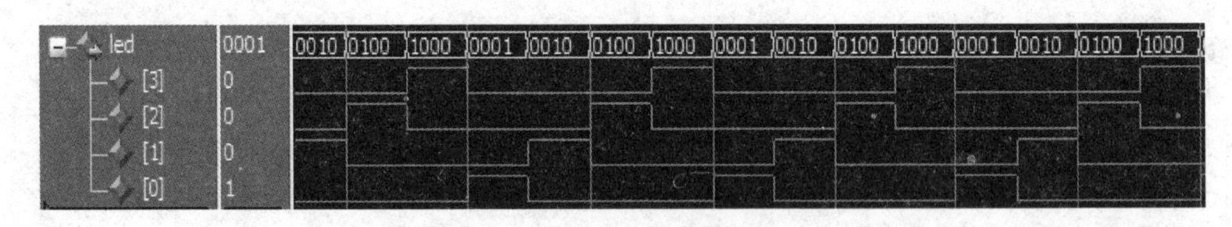

图 6.4.2　ModelSim 仿真波形图

仿真过程用到的测试程序如下所示：

```
1  'timescale  1ns/1ns                  //定义仿真时间单位为 1 ns,仿真时间精度为 1 ns
2
3  module  flow_led_tb();               //测试模块
4
5 //parameter  define
6  parameter  T = 20;                   //时钟周期为 20 ns
7
8 //reg define
9  reg  sys_clk;                        //时钟信号
10 reg  sys_rst_n;                      //复位信号
11
12 //wire define
13 wire  [3:0]  led;
14
15 // *****************************************************
16 // **                  main code
17 // *****************************************************
18
19 //给输入信号初始值
20 initial begin
21     sys_clk              = 1'b0;
22     sys_rst_n            = 1'b0;   //复位
23     #(T+1)  sys_rst_n    = 1'b1;   //在第 21 ns 的时候复位信号信号拉高
24 end
```

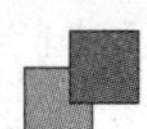

```
25
26 //50 MHz 的时钟,周期则为 1/50 MHz = 20 ns,所以每 10 ns,电平取反一次
27 always #(T/2) sys_clk = ~sys_clk;
28
29 //例化 led 模块
30 flow_led  u0_flow_led (
31     .sys_clk      (sys_clk   ),
32     .sys_rst_n    (sys_rst_n),
33     .led          (led       )
34 );
35
36 endmodule
```

6.5　下载验证

将 USB Blaster 下载器一端连接计算机,另一端与开发板上的 JTAG 下载口连接。然后连接电源线并打开电源开关。

接下来打开本次实验工程,并将.sof 文件下载到开发板中。下载完成后,就可以在开发板上看到流水灯的效果了。开拓者开发板实物图如图 6.5.1 所示。

图 6.5.1　开拓者开发板实物图

第 7 章

按键控制 LED 灯实验

按键是常用的一种控制器件。生活中我们可以见到各种形式的按键，由于其结构简单、成本低廉等特点，在家电、数码产品、玩具等方面有广泛的应用。本章我们将介绍如何使用按键控制多个 LED 的亮灭。

7.1 按键简介

按键开关是一种电子开关，属于电子元器件类。我们的开发板上有两种按键开关：第一种是本实验所使用的轻触式按键开关(如图 7.1.1(a)所示)，简称轻触开关。使用时向开关的操作方向施加压力使内部电路闭合接通，当撤销压力时开关断开，其内部结构是靠金属弹片受力后发生形变来实现通断的；第二种是自锁式按键(如图 7.1.1(b)所示)，自锁式按键第一次按下后保持接通，即自锁，第二次按下后，开关断开，同时开关按钮弹出来，开发板上的电源键就是这种开关。

(a) 轻触式按键

(b) 自锁式按键

图 7.1.1 轻触式按键和自锁式按键

7.2 实验任务

使用开拓者开发板上的 4 个按键控制 4 个 LED 灯。不同按键按下时，4 个 LED 灯显示不同的效果。

7.3　硬件设计

如图 7.3.1 所示，本实验使用 4 个按键开关控制 4 个 LED 灯。

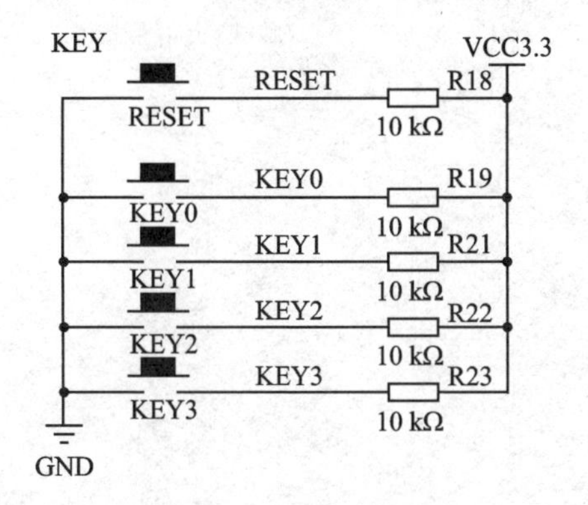

图 7.3.1　按键电路原理图

如图 7.3.1 所示，开发板上的 5 个按键未按下时，输出高电平；按下后，输出低电平。

7.4　程序设计

本程序设计最终实现的效果为：无按键按下时，LED 灯全灭；按键 1 按下时，LED 灯显示自右向左的流水效果；按键 2 按下时，LED 灯显示自左向右的流水效果；按键 3 按下时，4 个 LED 灯同时闪烁；按键 4 按下时，LED 灯全亮。

LED 流水效果和闪烁效果的时间间隔均为 0.2 s，因此需要在程序中定义一个 0.2 s 的计数器，即每隔 0.2 s，状态计数器加 1。根据当前按键的状态选择不同的显示模式，不同的显示模式下 4 个 LED 灯的亮灭随状态计数器的值改变，从而呈现出不同的显示效果。

系统框图如图 7.4.1 所示。

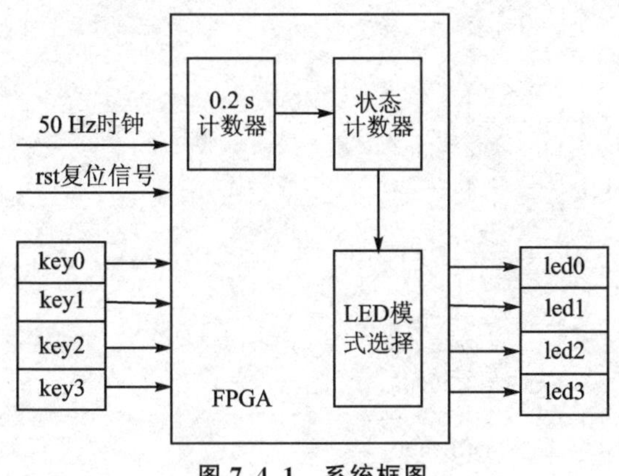

图 7.4.1　系统框图

按键控制 led 模块的代码如下所示：

```
1  module key_led (
2      input                 sys_clk   ,    //50 MHz 系统时钟
3      input                 sys_rst_n,     //系统复位,低有效
4      input         [3:0]  key,            //按键输入信号
5      output  reg   [3:0]  led             //LED 输出信号
6      );
7
8  //reg define
9  reg   [23:0] cnt;
10 reg   [1:0]   led_control;
11
12 //用于计数 0.2 s 的计数器
13 always @ (posedge sys_clk or negedge sys_rst_n) begin
14     if(!sys_rst_n)
15         cnt <= 24'd 9_999_999;
16     else if(cnt < 24'd 9_999_999)
17         cnt <= cnt + 1;
18     else
19         cnt <= 0;
20 end
21
22 //用于 LED 灯状态的选择
23 always @(posedge sys_clk or negedge sys_rst_n) begin
24     if (!sys_rst_n)
25         led_control <= 2'b00;
26     else if(cnt == 24'd9_999_999)
27         led_control <= led_control + 1'b1;
28     else
29         led_control <= led_control;
30 end
31
32 //识别按键,切换显示模式
33 always @(posedge sys_clk or negedge sys_rst_n) begin
34     if(!sys_rst_n) begin
35           led <= 4'b 0000;
36     end
37     else if(key[0]== 0)  //按键 1 按下时,从右向左的流水灯效果
38         case (led_control)
39             2'b00    : led <= 4'b1000;
40             2'b01    : led <= 4'b0100;
41             2'b10    : led <= 4'b0010;
42             2'b11    : led <= 4'b0001;
43             default : led <= 4'b0000;
44         endcase
45     else if (key[1]== 0)  //按键 2 按下时,从左向右的流水灯效果
46         case (led_control)
47             2'b00    : led <= 4'b0001;
48             2'b01    : led <= 4'b0010;
49             2'b10    : led <= 4'b0100;
50             2'b11    : led <= 4'b1000;
51             default : led <= 4'b0000;
```

```
52          endcase
53      else if (key[2] == 0)         //按键 3 按下时,LED 闪烁
54          case (led_control)
55              2'b00    : led <= 4'b1111;
56              2'b01    : led <= 4'b0000;
57              2'b10    : led <= 4'b1111;
58              2'b11    : led <= 4'b0000;
59              default : led <= 4'b0000;
60          endcase
61      else if (key[3] == 0)         //按键 4 按下时,LED 全亮
62          led = 4'b1111;
63      else
64          led <= 4'b0000;           //无按键按下时,LED 熄灭
65 end
66
67 endmodule
```

代码主要分为三个部分:第 12～20 行对系统时钟计数,当计数时间达 0.2 s 时,计数器清零;同时程序第 22～30 行使状态控制寄存器 led_control 在 4 个状态(00,01,10,11)中顺序变化;第 32～65 行利用 case 语句实现对按键状态的检测。当不同的按键被按下时,led 随着 led_control 的变化被赋予不同的值,从而显示出不同的效果。

7.5　下载验证

将下载器一端连接计算机,另一端与开发板上的 JTAG 下载口相连接。然后连接电源线并打开电源开关。

接下来打开本次实验工程,并将.sof 文件下载到开发板中。下载完成后,就可以利用按键来控制 LED 灯了,如图 7.5.1 所示。

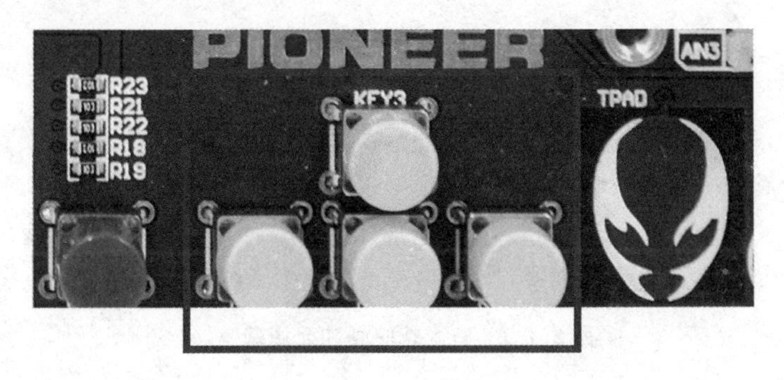

图 7.5.1　开发板按键

第 8 章

按键控制蜂鸣器实验

蜂鸣器(Buzzer)是现代常用的一种电子发声器,主要用于产生声音信号。蜂鸣器在生活中已经得到广泛使用,其典型应用包括医疗、消防等领域的各种报警装置以及日常生活中的各种警报器等。本章我们主要学习如何使用按键来控制蜂鸣器发声。

8.1 蜂鸣器简介

蜂鸣器按照驱动方式主要分为有源蜂鸣器和无源蜂鸣器,其主要区别为蜂鸣器内部是否含有振荡源。一般的有源蜂鸣器内部自带了振荡源,只要通电就会发声。而无源蜂鸣器由于不含内部振荡源,需要外接振荡信号才能发声。

如图 8.1.1 所示,从外观上看,两种蜂鸣器很相似,如将两种蜂鸣器的引脚都朝上放置,就可以看出有绿色电路板的一种是无源蜂鸣器,没有电路板而用黑胶封闭的一种是有源蜂鸣器。

相较于有源蜂鸣器,无源蜂鸣器成本更低,且发声频率可控。而有源蜂鸣器控制相对简单,由于内部自带振荡源,只要加上合适的直流电压即可发声。

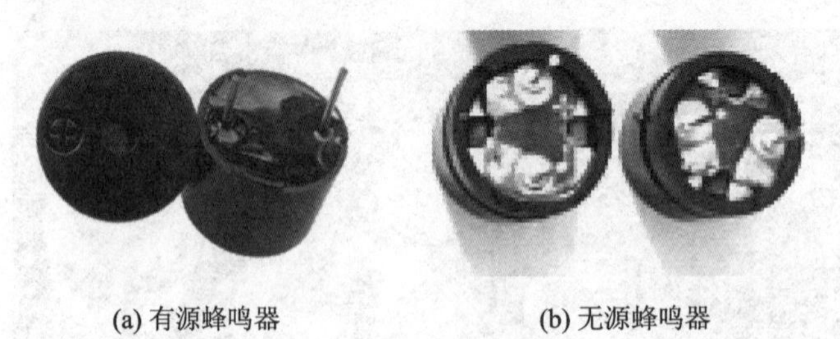

(a) 有源蜂鸣器　　(b) 无源蜂鸣器

图 8.1.1　有源蜂鸣器和无源蜂鸣器

8.2 实验任务

本节实验任务是使用按键控制蜂鸣器发声。初始状态为蜂鸣器鸣叫,按下开关后蜂鸣器停止鸣叫,再次按下开关,蜂鸣器重新鸣叫。

8.3　硬件设计

图 8.3.1 为蜂鸣器控制电路的原理图。BEEP 信号直接与 FPGA 引脚相连接，通过一个三极管连接到蜂鸣器的负极。当与 BEEP 相连的 FPGA 引脚给高电平时，三极管导通，此时有电流通过蜂鸣器，使蜂鸣器发声。

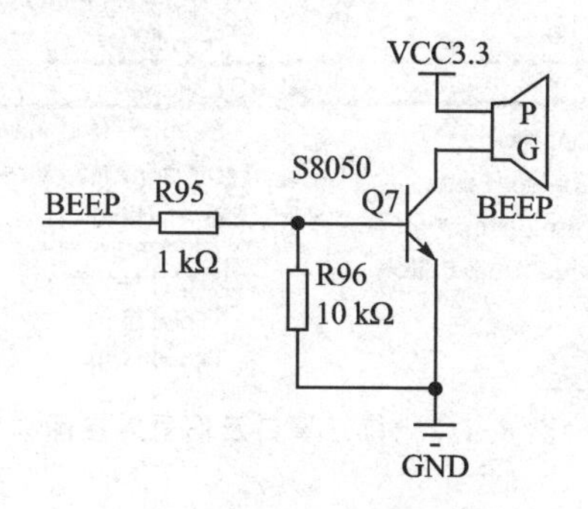

图 8.3.1　蜂鸣器控制电路原理图

8.4　程序设计

由实验任务可知，我们只需要在按键按下时改变蜂鸣器的鸣叫状态即可，但实际上在按键按下的过程中存在按键抖动的干扰，体现在数字电路中就是不断变化的高低电平，为避免在抖动过程中采集到错误的按键状态，我们需要对按键数据进行消除抖动处理。因此，本系统应至少包含按键消抖模块和蜂鸣器控制模块。按键控制蜂鸣器系统框图如图 8.4.1 所示。

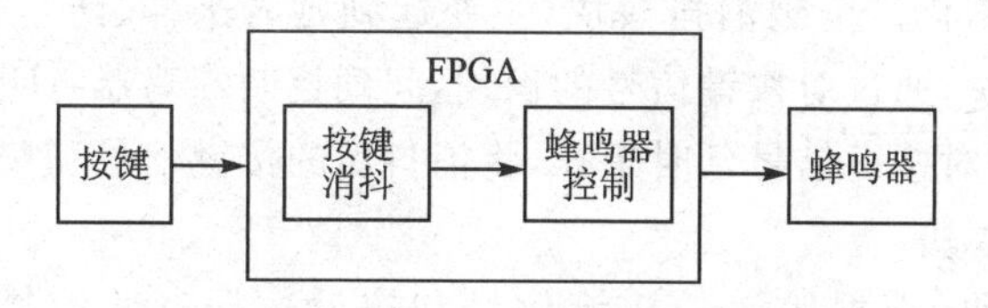

图 8.4.1　按键控制蜂鸣器系统框图

这里补充一下如何查看软件生成的模块端口及信号连接图。首先对工程进行编译，然后在菜单栏选择 Tools→Netlist Viewers→RTL Viewer，如图 8.4.2 所示。

稍后就可以看到软件生成的模块端口及信号连接图了，如图 8.4.3 所示。

需要注意的是，必须已经执行过综合或编译之后，才能打开模块端口及信号连接图。打开之后，按下键盘的 Ctrl 键，滚动鼠标的滚轮就可以对生成的连接图进行放大和缩小。模块端口及信号连接图可以比较清晰地查看各个模块端口信号的连接，同时双击模块，也可以进一步查看模块的原理图。

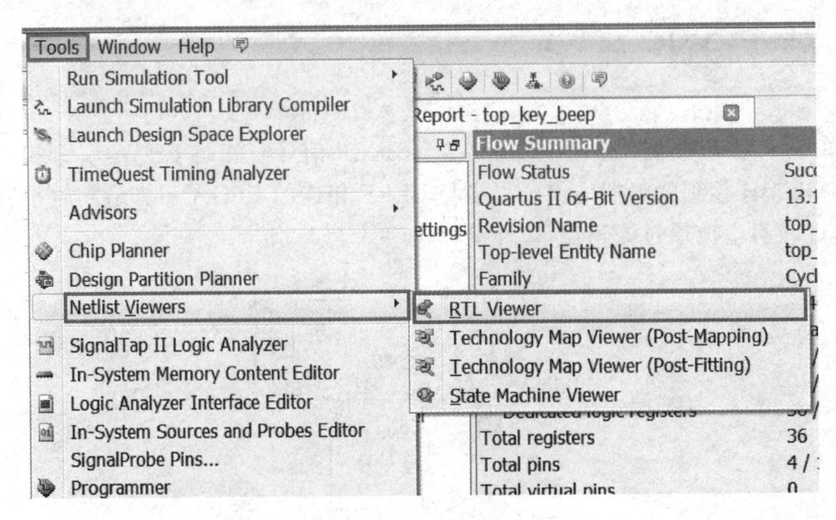

图 8.4.2　打开端口及信号连接图

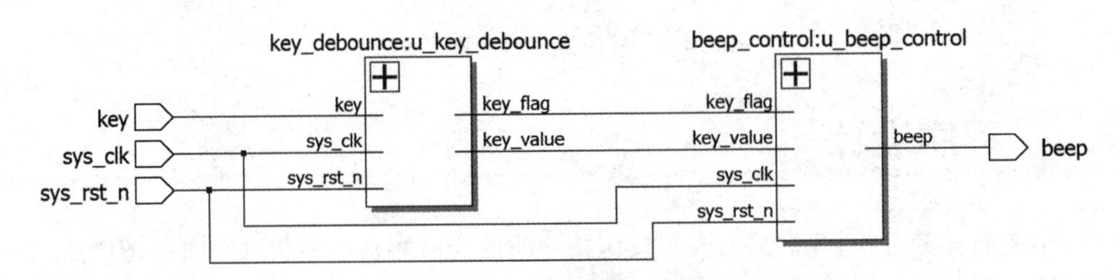

图 8.4.3　端口及信号连接图

由图 8.4.3 所示的连接图可知，顶层模块例化了以下两个模块，按键消抖模块(key_debounce)和蜂鸣器控制模块(beep_control)。顶层模块(top_key_beep)完成了对另外两个模块的例化。按键消抖模块，主要起到延时采样、防止按键抖动干扰的作用。蜂鸣器控制模块，通过对按键信号的识别，起到控制蜂鸣器鸣叫的作用。

按键消抖模块：对按键信号延时采样，将消抖后的按键信号和按键数据有效信号输出至 beep_control 模块。

蜂鸣器控制模块：根据输入的按键信号和按键数据有效信号，来控制蜂鸣器的鸣叫。

在这里我们介绍一下按键消抖的原理。通常我们所使用的开关为机械弹性开关，当我们按下或松开按键时，由于弹片的物理特性，不能立即闭合或断开，往往会在断开或闭合的短时间内产生机械抖动，消除这种抖动的过程即称为按键消抖。

按键消抖可分为硬件消抖和软件消抖。硬件消抖主要使用 RS 触发器或电容等实现消抖，一般在按键较少时使用。软件消抖的原理主要为按键按下或松开后延时 5～20 ms 采样，也可以在检测到按键状态稳定后采样，即避开抖动区域后再采样，如图 8.4.4 所示。

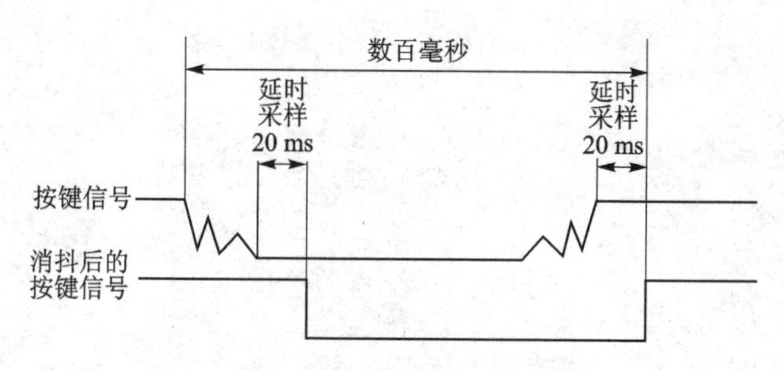

图 8.4.4　按键消抖原理图

顶层模块代码如下：

```
1   module top_key_beep (
2       //input
3       input           sys_clk,        //时钟信号 50 MHz
4       input           sys_rst_n,      //复位信号
5       input           key,            //按键信号
6       //output
7       output          beep            //蜂鸣器控制信号
8       );
9   //wire define
10  wire    key_value;
11  wire    key_flag;
12// ******************************************************
13// **                      main code
14// ******************************************************
15  //例化按键消抖模块
16  key_debounce u_key_debounce(
17  .sys_clk                (sys_clk),
18  .sys_rst_n              (sys_rst_n),
19  .key                    (key),
20  .key_flag               (key_flag),
21  .key_value              (key_value)
22  );
23  //例化蜂鸣器控制模块
24  beep_control      u_beep_control      (
25  .sys_clk               (sys_clk),
26  .key_value             (key_value),
27  .sys_rst_n             (sys_rst_n),
28  .key_flag              (key_flag),
29  .beep                  (beep),
30  );
31  endmodule
```

在顶层模块中例化了按键消抖模块和按键控制蜂鸣器模块。

按键消抖模块代码如下：

```
1   module key_debounce(
2   input           sys_clk,            //外部 50 MHz 时钟
3   input           sys_rst_n,          //外部复位信号,低电平有效
```

```
4
5   input             key ,              //外部按键输入
6
7   output reg        key_flag           //按键数据有效信号
8   output reg        key_value          //按键消抖后的数据
9   );
10
11  //reg define
12  reg [31:0] delay_cnt;                //延时计数
13  reg        key_reg;
14
15  //*****************************************************
16  //**                  main code
17  //*****************************************************
18  always @(posedge sys_clk or negedge sys_rst_n) begin
19      if (!sys_rst_n) begin
20          key_reg    <= 1'b1;
21          delay_cnt  <= 32'd0;
22      end
23      else begin
24          key_reg <= key;
25          if(key_reg != key)             //一旦检测到按键状态发生变化(有按键被按下或释放)
26              delay_cnt <= 32'd1000000;//给延时计数器重新装载初始值(计数时间为 20 ms)
27          else if(key_reg == key) begin //在按键状态稳定时,计数器递减,开始 20 ms 倒计时
28                   if(delay_cnt > 32'd0)
29                       delay_cnt <= delay_cnt - 1'b1;
30                   else
31                       delay_cnt <= delay_cnt;
32               end
33      end
34  end
35
36  always @(posedge sys_clk or negedge sys_rst_n) begin
37      if (!sys_rst_n) begin
38          key_flag   <= 1'b0;
39          key_value  <= 4'b1;
40      end
41      else begin
42          if(delay_cnt == 32'd1) begin  //当计数器递减到1时,说明按键稳定状态维持了 20 ms
43              key_flag  <= 1'b1;        //此时消抖过程结束,给出一个时钟周期的标志信号
44              key_value <= key;         //并寄存此时按键的值
45          end
46          else begin
47              key_flag   <= 1'b0;
48              key_value  <= key_value;
49          end
50      end
51  end
52
53  endmodule
```

程序中的第25行不断检测按键状态，一旦发现按键状态发生改变，就给计数器delay_cnt赋初值1 000 000。在按键状态不发生改变时，delay_cnt递减从而实现倒计时的功能；在倒计时过程中，一旦检测到按键状态发生改变，则说明有抖动产生，此时重新给delay_cnt赋初值，并开始新一轮倒计时。在50 MHz时钟驱动下，delay_cnt若能由1 000 000递减至1，则说明按键状态保持稳定时间达20 ms，此时输出一个时钟周期的通知信号key_flag，并将此时的按键数据寄存输出。

蜂鸣器控制模块的代码如下：

```
1   module beep_control(
2       //input
3       input          sys_clk,                //系统时钟
4       input          sys_rst_n,              //复位信号,低电平有效
5       input          key_flag,               //按键有效信号
6       input          key_value,              //按键信号
7       //output
8       output  reg  beep                      //蜂鸣器控制信号
9   );
10 //*****************************************************
11 //**                    main code
12 //*****************************************************
13    always @ (posedge sys_clk or negedge sys_rst_n)
14    begin
15      if(!sys_rst_n)
16          beep <= 1'b1;
17      else if(key_flag && (~key_value))      //判断按键是否有效按下
18          beep <= ~beep;
19    end
20  endmodule
```

beep初始状态为高电平，蜂鸣器鸣叫。当检测到按键有效信号key_flay为高电平，同时按键信号key_value为低电平时，说明按键被有效按下，此时beep取反，蜂鸣器停止鸣叫。当按键再次按下时，beep再次取反，蜂鸣器重新开始鸣叫。

为了验证我们的程序，在ModelSim内对代码进行仿真。

TestBench模块代码如下

```
1 'timescale 1 ns/ 1 ns
2 module tb_top_key_beep();
3
4  //parameter define
5  parameter T = 20;
6
7  //reg define
8  reg  key;
9  reg  sys_clk;
10 reg  sys_rst_n;
11 reg  key_value;
12
13 // wire define
```

```
14 wire beep;
15
16 //*****************************************************
17 //**                    main code
18 //*****************************************************
19
20 //给信号初始值
21 initial begin
22     key                           <= 1'b1;
23     sys_clk                       <= 1'b0;
24     sys_rst_n                     <= 1'b0;
25     #20         sys_rst_n         <= 1'b1;     //在第 20 ns 的时候复位信号,信号拉高
26     #30         key               <= 1'b0;     //在第 50 ns 的时候按下按键
27     #20         key               <= 1'b1;     //模拟抖动
28     #20         key               <= 1'b0;     //模拟抖动
29     #20         key               <= 1'b1;     //模拟抖动
30     #20         key               <= 1'b0;     //模拟抖动
31     #170        key               <= 1'b1;     //在第 300 ns 的时候松开按键
32     #20         key               <= 1'b0;     //模拟抖动
33     #20         key               <= 1'b1;     //模拟抖动
34     #20         key               <= 1'b0;     //模拟抖动
35     #20         key               <= 1'b1;     //模拟抖动
36     #170        key               <= 1'b0;     //在第 550 ns 的时候再次按下按键
37     #20         key               <= 1'b1;     //模拟抖动
38     #20         key               <= 1'b0;     //模拟抖动
39     #20         key               <= 1'b1;     //模拟抖动
40     #20         key               <= 1'b0;     //模拟抖动
41     #170        key               <= 1'b1;     //在第 800 ns 的时候松开按键
42     #20         key               <= 1'b0;     //模拟抖动
43     #20         key               <= 1'b1;     //模拟抖动
44     #20         key               <= 1'b0;     //模拟抖动
45     #20         key               <= 1'b1;     //模拟抖动
46 end
47
48 //50 MHz 的时钟,周期则为 1/50 MHz = 20 ns,所以每 10 ns,电平取反一次
49  always # (T/2) sys_clk <=  ~sys_clk;
50
51 //例化 key_beep 模块
52 top_key_beep u1 (
53  .beep        (beep),
54  .key         (key),
55  .sys_clk     (sys_clk),
56  .sys_rst_n   (sys_rst_n)
57 );
58
59 endmodule
```

仿真波形图如图 8.4.5 所示。

在测试代码中,为了方便仿真波形的查看,将按键消抖模块中的延时采样的延时时间改为 4 个时钟周期(将按键消抖模块中的第 26 行代码“delay_cnt <= 32'd1000000;”改为

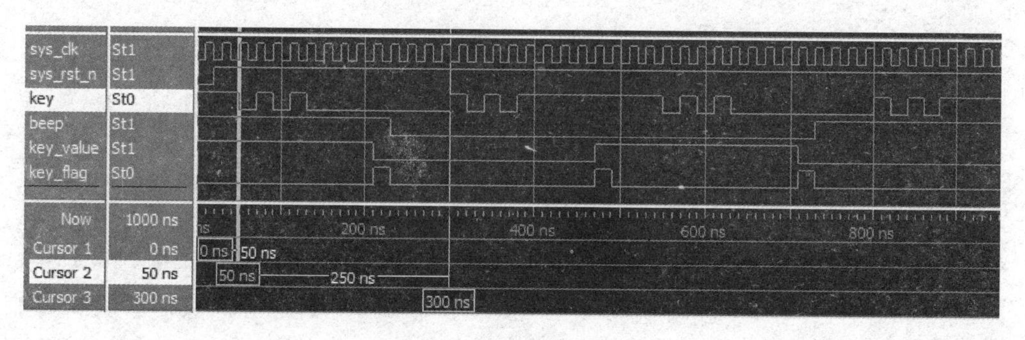

图 8.4.5　仿真波形图

“delay_cnt <= 32'd4;”)。tb_key_beep 模块中第 22～45 行为信号的激励。从图 8.4.5 中可以看到,第 50 ns 时,将 key 拉低,并在 50～130 ns 时模拟按键抖动,可见在按键抖动停止后的第 4 个时钟周期时,key_flag 出现一个时钟周期的高电平,同时 beep 被拉低(蜂鸣器停止鸣叫);在第 300 ns 时松开按键,随后模拟按键抖动,同理可知在抖动结束后的第四个时钟周期,key_flag 信号被拉高。读者可以仔细观察仿真波形结合代码深入理解,仔细体会 key_flag 信号和 key 信号之间的关系。

8.5　下载验证

将下载器一端连接计算机,另一端与开发板上的 JTAG 下载口相连接。然后连接电源线并打开电源开关。

接下来打开本次实验工程,并将.sof 文件下载到开发板中。下载完成后,就可以利用按键来控制蜂鸣器了,如图 8.5.1 所示。

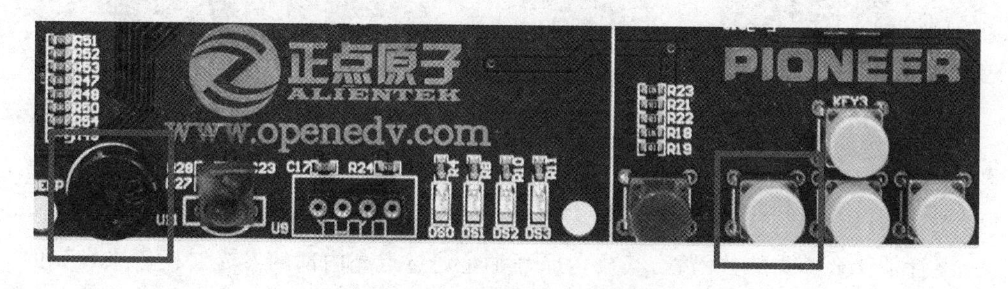

图 8.5.1　开拓者按键控制蜂鸣器

第 9 章

动态数码管显示实验

数码管是一种现代常用的数码显示器件，具有发光显示清晰、响应速度快、功耗低、体积小、寿命长、易于控制等诸多优点，在数显仪器仪表、数字控制设备等方面得到广泛应用。本章主要介绍数码管动态驱动的原理，以及如何使用动态驱动的方式在数码管上显示变化的数字。

9.1 数码管简介

数码管也称半导体数码管，它是将若干发光二极管按一定图形排列并封装在一起的一种数码显示器件。常见的数码管如图 9.1.1 所示，其中左侧的数码管被称为八段数码管或 8 字形数码管，可用来显示小数点、数字 0～9，以及英文字母 A～F。除了常用的八段数码管之外，较常见的还有“±1”数字管、“N”形管、“米”字管以及工业、科研领域使用的 14 段管、16 段管、24 段管等。

图 9.1.1 常见的数码管

不管是什么形式的数码管，其显示原理都是通过点亮内部的发光二极管来发光的。数码管内部电路如图 9.1.2 所示，从该图可以看出，一位数码管的引脚是 10 个，其中 7 个引脚对应连接到组成数码管中间“8”字形的 LED，dp 引脚连接到数码管的小数点显示 LED(dp)。最后还有两个公共端，生产商为了封装统一，单个数码管都封装成 10 个引脚，其中 8 和 3 两个公共端引脚(图 9.1.2(a)中为 com)是连接在一起的。公共端又可分为共阳极和共阴极，图 9.1.2(b)为共阴极内部原理图，图 9.1.2(c)为共阳极内部原理图。

对共阴极数码管来说，其 8 个发光二极管的阴极在数码管内部全部连接在一起，所以称为“共阴”，而阳极独立。对共阳极数码管来说，其 8 个发光二极管的阳极在数码管

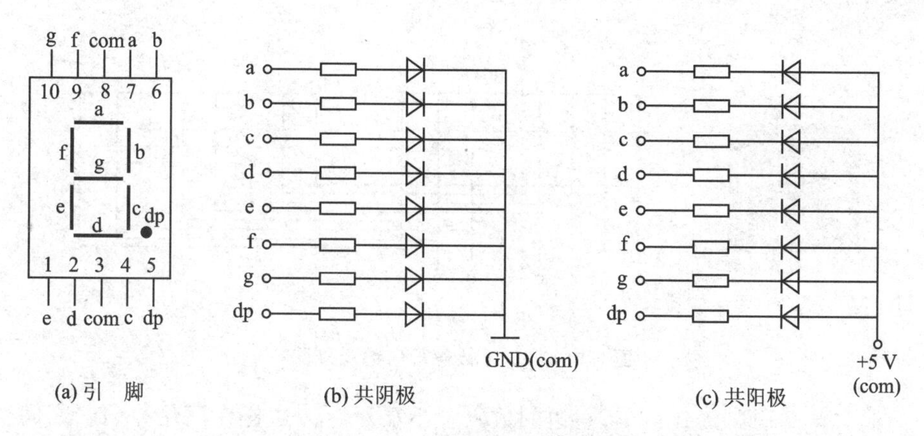

(a) 引　脚　　(b) 共阴极　　(c) 共阳极

图 9.1.2　数码管内部原理图

内部全部连接在一起，所以称为“共阳”，而阴极独立。以共阳极数码管为例，当我们想让数码管显示数字“8”时，可以给 a、b、c、…、g 七个引脚送低电平，数码管就显示“8”；显示数字“1”，就给 b、c 引脚低电平，其余引脚（除公共端外）给高电平，数码管就显示“1”。

当多位数码管应用于某一系统时，为了减少数码管占用的 I/O 口，将其段选（数码管的 a、b、c 等引脚）连接在一起，而位选（数码管的公共端）独立控制。这样我们就可以通过位选信号控制哪几个数码管亮，而且在同一时刻，位选选通的所有数码管上显示的数字始终都是一样的，因为它们的段选是连接在一起的，所以送入所有数码管的段选信号都是相同的，数码管的这种显示方法叫作静态显示。

对于静态显示还有一种是数码管的每一个码段都由一个单独的 I/O 端口进行驱动，其优点是编程较为简单，显示亮度较高；缺点是占用 I/O 端口较多，当数码管较多时，必须增加译码驱动器进行驱动，或使用串口转并口芯片来拓展端口。因而对于多位数码管的使用，一般都采用多位数码管复用段选信号的方式进行电路设计，这种电路设计更为方便的是以动态方式驱动数码管。动态显示与静态显示的区别关键在于位选的控制。

一般的静态驱动操作虽然方便，但占用的 I/O 口较多，例如要驱动 6 位 8 段数码管，以静态驱动方式让数码管各个位显示不同的数值，如“123456”，需要占用 6×8＝48 个 I/O 口。虽然对于 FPGA 这种 I/O 口较多的芯片而言，在资源允许的情况下可以使用，但一般不建议浪费宝贵的 I/O 口资源，尤其是在 I/O 口资源紧张的情况下，所以对于多位数码管一般采用动态驱动方式使数码管显示数字。那么什么是动态驱动方式呢？

为了更好地理解数码管动态驱动，我们首先了解一下市面上常见的多位数码管的内部连接。以两位数码管为例，其内部连接如图 9.1.3 所示。由图 9.1.3 可知，两位 8 段数码管共 10 个引脚，每位数码管的阳极连接在一起，为共阳极数码管。两位数码管相同段的 LED 的阴极连接在一起，这样当给第 10 和第 5 引脚高电平，给第 3 引脚低电平时，两个数码管的发光二极管 A 段都会被点亮。那么如何使两位数码管显示不同的数值呢？

这里我们以数字“18”为例。先给第 5 引脚高电平，让右侧的数码管显示数字“8”，同时第 10 引脚为低电平，左边的数码管不显示；然后给第 10 引脚高电平，让其显示数

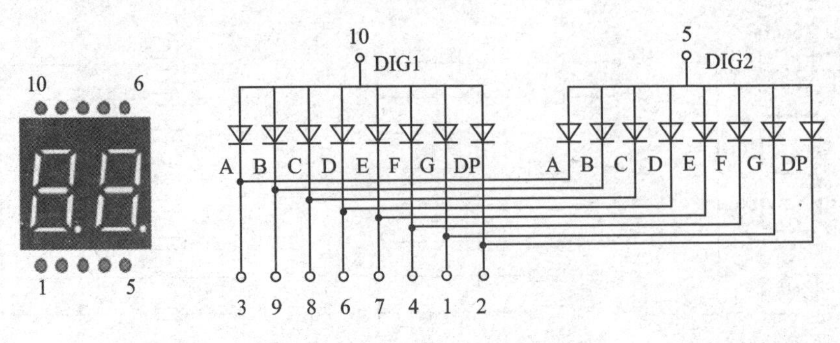

图 9.1.3　多位数码管内部连接图

字“1”，同时第 5 引脚为低电平，右边的数码管不显示。像这样在两位数码管之间快速地切换，使每位数码管轮流显示不同的数字。由于人眼的视觉暂留以及发光二极管的余辉效应，只要切换的速度足够快，两位数码管“看上去”就像是在同时显示不同的数字。每位数码管的点亮时间为 1～2 ms 时，显示效果能满足使用需要。数码管的这种驱动方式称为数码管的动态显示，实际上就是分时控制不同的数码管轮流显示。

9.2　实验任务

本节实验任务是使用 FPGA 开发板上的 6 位数码管以动态方式从 0 开始计数，每 100 ms 计数值增加 1，当计数值从 0 增加到 999 999 后重新从 0 开始计数。

9.3　硬件设计

我们的开拓者 FPGA 开发板上有 6 位共阳数码管，其原理图如图 9.3.1 所示。这里需要注意的是，为了增加 FPGA 输出信号的驱动能力，使用 PNP 型三极管驱动数码管的位选段，所以给三极管基极提供低电平时，位选信号为高电平。

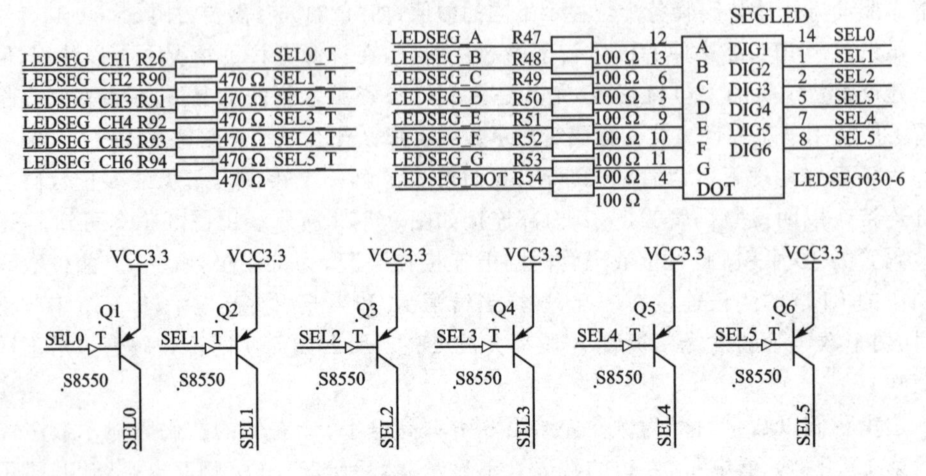

图 9.3.1　硬件原理图

9.4　程序设计

根据实验任务，我们可以大致规划出系统的控制流程：首先需要一个数码管动态显示模块在数码管上显示数据；其次需要一个计数控制模块实现从0～999 999的变化，并将产生的数值通过数码管动态显示模块在数码管上显示出来。由此画出系统的功能框图如图9.4.1所示。

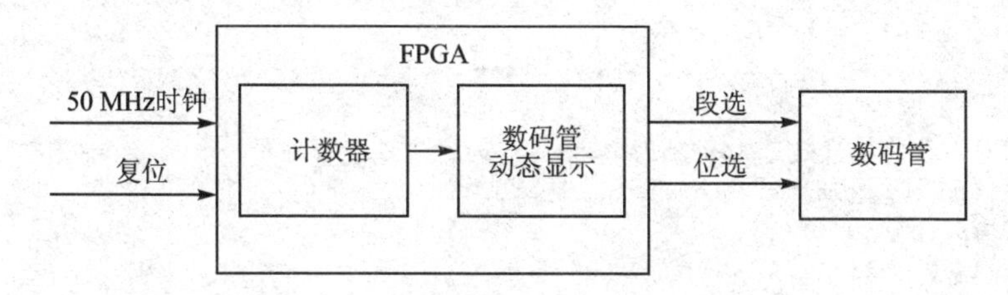

图9.4.1　数码管动态显示实验系统框图

程序中各模块端口及信号连接如图9.4.2所示。

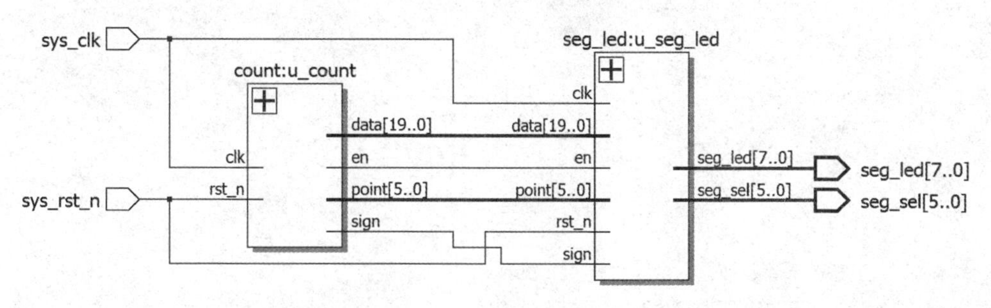

图9.4.2　顶层模块原理图

FPGA顶层(top_seg_led)例化了以下两个子模块：计数模块(count)和数码管动态显示模块(seg_led)。计数模块输出需要显示的数值data，该数值每隔100 ms自动累加，并传递给数码管动态显示模块。另外，en信号使能数码管显示数据，point信号控制小数点的显示，sign信号可以让数码管显示负号。而数码管动态显示模块负责驱动数码管以动态方式显示数值。

计数模块的代码如下所示：

```
1  module count(
2      //mudule clock
3      input                     clk,     //时钟信号
4      input                     rst_n,   //复位信号
5
6      //user interface
7      output    reg [19:0]      data ,   //6个数码管要显示的数值
8      output    reg [ 5:0]      point,   //小数点的位置,高电平点亮对应数码管位上的小数点
9      output    reg             en,      //数码管使能信号
10     output    reg             sign     //符号位,高电平时显示负号,低电平不显示负号
```

```
11 );
12
13 //parameter define
14 parameter  MAX_NUM = 23'd5000_000;        //计数器计数的最大值
15
16 //reg define
17 reg     [22:0]   cnt ;                    //计数器,用于计时 100 ms
18 reg              flag;                    //标志信号
19
20 //*****************************************************
21 //**                    main code
22 //*****************************************************
23
24 //计数器对系统时钟计数达 100 ms 时,输出一个时钟周期的脉冲信号
25 always @ (posedge clk or negedge rst_n) begin
26     if (!rst_n) begin
27         cnt  <= 23'b0;
28         flag <= 1'b0;
29     end
30     else if (cnt <MAX_NUM - 1'b1) begin
31         cnt  <= cnt + 1'b1;
32         flag <= 1'b0;
33     end
34     else begin
35         cnt  <= 23'b0;
36         flag <= 1'b1;
37     end
38 end
39
40 //数码管需要显示的数据,从 0 累加到 999 999
41 always @ (posedge clk or negedge rst_n) begin
42     if (!rst_n)begin
43         data   <= 20'b0;
44         point  <= 6'b000000;
45         en     <= 1'b0;
46         sign   <= 1'b0;
47     end
48     else begin
49         point  <= 6'b000000;              //不显示小数点
50         en     <= 1'b1;                   //打开数码管使能信号
51         sign   <= 1'b0;                   //不显示负号
52         if (flag) begin                   //显示数值每隔 0.01 s 累加一次
53             if(data  < 20'd999999)
54                 data  <= data + 1'b1;
55             else
56                 data  <= 20'b0;
57         end
58     end
59 end
60
61 endmodule
```

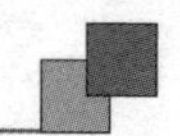

代码中第25行的always块对系统时钟计数，从而达到计时的目的，每计时到100 ms时将标志信号flag拉高。然后第41行的always块则根据flag信号，控制数码管需要显示的数值data进行累加。

数码管动态显示模块的代码如下：

```
1   module seg_led(
2       input                   clk      ,   //时钟信号
3       input                   rst_n    ,   //复位信号
4
5       input          [19:0]   data     ,   //6位数码管要显示的数值
6       input          [5:0]    point    ,   //小数点具体显示的位置,从高到低,高电平有效
7       input                   en       ,   //数码管使能信号
8       input                   sign     ,   //符号位(高电平显示"-"号)
9
10      output   reg   [5:0]    seg_sel,     //数码管位选,最左侧数码管为最高位
11      output   reg   [7:0]    seg_led      //数码管段选
12      );
13
14  //parameter define
15  localparam  CLK_DIVIDE  = 4'd10      ;   //时钟分频系数
16  localparam  MAX_NUM     = 13'd5000   ;   //对数码管驱动时钟(5 MHz)计数1 ms所需的计数值
17
18  //reg define
19  reg     [ 3:0]              clk_cnt   ;   //时钟分频计数器
20  reg                         dri_clk   ;   //数码管的驱动时钟,5 MHz
21  reg     [23:0]              num       ;   //24位BCD码寄存器
22  reg     [12:0]              cnt0      ;   //数码管驱动时钟计数器
23  reg                         flag      ;   //标志信号(标志着cnt0计数达1 ms)
24  reg     [2:0]               cnt_sel   ;   //数码管位选计数器
25  reg     [3:0]               num_disp  ;   //当前数码管显示的数据
26  reg                         dot_disp  ;   //当前数码管显示的小数点
27
28  //wire define
29  wire    [3:0]               data0     ;   //个位数
30  wire    [3:0]               data1     ;   //十位数
31  wire    [3:0]               data2     ;   //百位数
32  wire    [3:0]               data3     ;   //千位数
33  wire    [3:0]               data4     ;   //万位数
34  wire    [3:0]               data5     ;   //十万位数
35
36  //*****************************************************
37  //**                    main code
38  //*****************************************************
39
40  //提取显示数值所对应的十进制数的各个位
41  assign  data0 = data % 4'd10               ;    //个位数
42  assign  data1 = data / 4'd10 % 4'd10       ;    //十位数
43  assign  data2 = data / 7'd100 % 4'd10      ;    //百位数
44  assign  data3 = data / 10'd1000 % 4'd10    ;    //千位数
45  assign  data4 = data / 14'd10000 % 4'd10   ;    //万位数
```

```
46  assign  data5 = data / 17'd100000        ;      //十万位数
47
48  //对系统时钟 10 分频,得到的频率为 5 MHz 的数码管驱动时钟 dri_clk
49  always @(posedge clk or negedge rst_n) begin
50      if(!rst_n) begin
51          clk_cnt <= 4'd0;
52          dri_clk <= 1'b1;
53      end
54      else if(clk_cnt == CLK_DIVIDE/2 - 1'd1) begin
55          clk_cnt <= 4'd0;
56          dri_clk <= ~dri_clk;
57      end
58      else begin
59          clk_cnt <= clk_cnt + 1'b1;
60          dri_clk <= dri_clk;
61      end
62  end
63
64  //将 20 位二进制数转换为 8421BCD 码(即使用 4 位二进制数表示 1 位十进制数)
65  always @ (posedge dri_clk or negedge rst_n) begin
66      if (!rst_n)
67          num <= 24'b0;
68      else begin
69          if (data5 || point[5]) begin              //如果显示数据为 6 位十进制数,
70              num[23:20] <= data5;                  //则依次给 6 位数码管赋值
71              num[19:16] <= data4;
72              num[15:12] <= data3;
73              num[11:8]  <= data2;
74              num[ 7:4]  <= data1;
75              num[ 3:0]  <= data0;
76          end
77          else begin
78              if (data4 || point[4]) begin //如果显示数据为 5 位十进制数,则给低 5 位数码管赋值
79                  num[19:0] <= {data4,data3,data2,data1,data0};
80                  if(sign)
81                      num[23:20] <= 4'd11; //如果需要显示负号,则最高位(第 6 位)为符号位
82                  else
83                      num[23:20] <= 4'd10; //如果不需要显示负号,则第 6 位不显示任何字符
84              end
85              else begin                 //如果显示数据为 4 位十进制数,则给低 4 位数码管赋值
86                  if (data3 || point[3]) begin
87                      num[15: 0] <= {data3,data2,data1,data0};
88                      num[23:20] <= 4'd10; //第 6 位不显示任何字符
89                      if(sign)               //如果需要显示负号,则最高位(第 5 位)为符号位
90                          num[19:16] <= 4'd11;
91                      else                   //如果不需要显示负号,则第 5 位不显示任何字符
92                          num[19:16] <= 4'd10;
93                  end
94                  else begin             //如果显示数据为 3 位十进制数,则给低 3 位数码管赋值
95                      if (data2 || point[2]) begin
96                          num[11: 0] <= {data2,data1,data0};
```

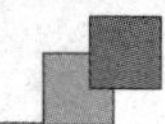

```
97                                      //第 6、5 位不显示任何字符
98                          num[23:16] <= {2{4'd10}};
99                          if(sign)        //如果需要显示负号,则最高位(第 4 位)为符号位
100                             num[15:12] <= 4'd11;
101                         else            //如果不需要显示负号,则第 4 位不显示任何字符
102                             num[15:12] <= 4'd10;
103                     end
104                     else begin      //如果显示数据为 2 位十进制数,则给低 2 位数码管赋值
105                         if (data1 || point[1]) begin
106                             num[ 7: 0] <= {data1,data0};
107                                         //第 6、5、4 位不显示任何字符
108                             num[23:12] <= {3{4'd10}};
109                             if(sign)    //如果需要显示负号,则最高位(第 3 位)为符号位
110                                 num[11:8]  <= 4'd11;
111                             else         //如果不需要显示负号,则第 3 位不显示任何字符
112                                 num[11:8] <=  4'd10;
113                         end
114                         else begin
                                    //如果显示数据为 1 位十进制数,则给最低位数码管赋值
115                             num[3:0] <= data0;
116                                         //第 6、5 位不显示任何字符
117                             num[23:8] <= {4{4'd10}};
118                             if(sign)    //如果需要显示负号,则最高位(第 2 位)为符号位
119                                 num[7:4] <= 4'd11;
120                             else         //如果不需要显示负号,则第 2 位不显示任何字符
121                                 num[7:4] <= 4'd10;
122                         end
123                     end
124                 end
125             end
126         end
127     end
128 end
129
130 //每当计数器对数码管驱动时钟计数时间达 1 ms 时,输出一个时钟周期的脉冲信号
131 always @ (posedge dri_clk or negedge rst_n) begin
132     if (rst_n == 1'b0) begin
133         cnt0 <= 13'b0;
134         flag <= 1'b0;
135      end
136     else if (cnt0 <MAX_NUM - 1'b1) begin
137         cnt0 <= cnt0 + 1'b1;
138         flag <= 1'b0;
139      end
140     else begin
141         cnt0 <= 13'b0;
142         flag <= 1'b1;
143      end
144 end
145
146 //cnt_sel 从 0 计数到 5,用于选择当前处于显示状态的数码管
```

```
147 always @ (posedge dri_clk or negedge rst_n) begin
148     if (rst_n == 1'b0)
149         cnt_sel <= 3'b0;
150     else if(flag) begin
151         if(cnt_sel <3'd5)
152             cnt_sel <= cnt_sel + 1'b1;
153         else
154             cnt_sel <= 3'b0;
155     end
156     else
157         cnt_sel <= cnt_sel;
158 end
159
160 //控制数码管位选信号,使 6 位数码管轮流显示
161 always @ (posedge dri_clk or negedge rst_n) begin
162     if(!rst_n) begin
163         seg_sel   <= 6'b111111;              //位选信号低电平有效
164         num_disp  <= 4'b0;
165         dot_disp  <= 1'b1;                   //共阳极数码管,低电平导通
166     end
167     else begin
168         if(en) begin
169             case (cnt_sel)
170                 3'd0 :begin
171                     seg_sel   <= 6'b111110;  //显示数码管最低位
172                     num_disp  <= num[3:0] ;  //显示的数据
173                     dot_disp  <= ~point[0];  //显示的小数点
174                 end
175                 3'd1 :begin
176                     seg_sel   <= 6'b111101;  //显示数码管第 1 位
177                     num_disp  <= num[7:4];
178                     dot_disp  <= ~point[1];
179                 end
180                 3'd2 :begin
181                     seg_sel   <= 6'b111011;  //显示数码管第 2 位
182                     num_disp  <= num[11:8];
183                     dot_disp  <= ~point[2];
184                 end
185                 3'd3 :begin
186                     seg_sel   <= 6'b110111;  //显示数码管第 3 位
187                     num_disp  <= num[15:12];
188                     dot_disp  <= ~point[3];
189                 end
190                 3'd4 :begin
191                     seg_sel   <= 6'b101111;  //显示数码管第 4 位
192                     num_disp  <= num[19:16];
193                     dot_disp  <= ~point[4];
194                 end
195                 3'd5 :begin
196                     seg_sel   <= 6'b011111;  //显示数码管最高位
197                     num_disp  <= num[23:20];
```

```
198                     dot_disp  <=  ~point[5];
199                 end
200                 default :begin
201                     seg_sel   <= 6'b111111;
202                     num_disp  <= 4'b0;
203                     dot_disp  <= 1'b1;
204                 end
205             endcase
206         end
207         else begin
208             seg_sel   <= 6'b111111;            //使能信号为0时,所有数码管均不显示
209             num_disp  <= 4'b0;
210             dot_disp  <= 1'b1;
211         end
212     end
213 end
214
215 //控制数码管段选信号,显示字符
216 always @ (posedge dri_clk or negedge rst_n) begin
217     if (!rst_n)
218         seg_led <= 8'hc0;
219     else begin
220         case (num_disp)
221             4'd0 : seg_led <= {dot_disp,7'b1000000}; //显示数字 0
222             4'd1 : seg_led <= {dot_disp,7'b1111001}; //显示数字 1
223             4'd2 : seg_led <= {dot_disp,7'b0100100}; //显示数字 2
224             4'd3 : seg_led <= {dot_disp,7'b0110000}; //显示数字 3
225             4'd4 : seg_led <= {dot_disp,7'b0011001}; //显示数字 4
226             4'd5 : seg_led <= {dot_disp,7'b0010010}; //显示数字 5
227             4'd6 : seg_led <= {dot_disp,7'b0000010}; //显示数字 6
228             4'd7 : seg_led <= {dot_disp,7'b1111000}; //显示数字 7
229             4'd8 : seg_led <= {dot_disp,7'b0000000}; //显示数字 8
230             4'd9 : seg_led <= {dot_disp,7'b0010000}; //显示数字 9
231             4'd10: seg_led <= 8'b11111111;           //不显示任何字符
232             4'd11: seg_led <= 8'b10111111;           //显示负号(-)
233             default:
234                    seg_led <= {dot_disp,7'b1000000};
235         endcase
236     end
237 end
238
239 endmodule
```

数码管动态显示模块不仅可以将数值显示在数码管上,而且可以控制小数点的显示以及显示负数。数码管驱动模块没有在高位填充"0",除非该位显示小数点。从第161行的 always 块可知,cnt_sel 控制数码管的位选信号。cnt_sel 在 flag 信号的控制下每隔 1 ms 变化一次,从而依次选中数码管不同的位。而第 216 行的 always 块则将需要显示的数值翻译为数码管的段选控制信号。

9.5 下载验证

将下载器一端连接计算机,另一端与开发板上的 JTAG 下载口相连接。然后连接电源线并打开电源开关。

接下来打开本次实验工程,并将.sof 文件下载到开发板中。下载完成后观察到开发板上数码管显示的值从“0”增加到“999999”,说明数码管动态显示实验程序下载验证成功,如图 9.5.1 所示。

图 9.5.1 动态数码管态显示实验结果显示

第10章

IP 核之 PLL 实验

PLL 的英文全称是 Phase Locked Loop，即锁相环，是一种反馈控制电路。PLL 对时钟网络进行系统级的时钟管理和偏移控制，具有时钟倍频、分频、相位偏移和可编程占空比的功能。对于一个简单的设计来说，FPGA 整个系统使用一个时钟或者通过编写代码的方式对时钟进行分频是可以完成的，但是对于稍微复杂一点的系统来说，系统中往往需要使用多个时钟和时钟相位的偏移，且通过编写代码输出的时钟无法实现时钟的倍频，因此学习 Altera PLL IP 核的使用方法是我们学习 FPGA 的一个重要内容。本章将通过一个简单的例程来向大家介绍一下 PLL IP 核的使用方法。

10.1 PLL IP 核简介

锁相环作为一种反馈控制电路，其特点是利用外部输入的参考信号控制环路内部振荡信号的频率和相位。因为锁相环可以实现输出信号频率对输入信号频率的自动跟踪，所以锁相环通常用于闭环跟踪电路。锁相环在工作的过程中，当输出信号的频率与输入信号的频率相等时，输出电压与输入电压保持固定的相位差值，即输出电压与输入电压的相位被锁住，这就是锁相环名称的由来。

PLL 的结构图如图 10.1.1 所示。

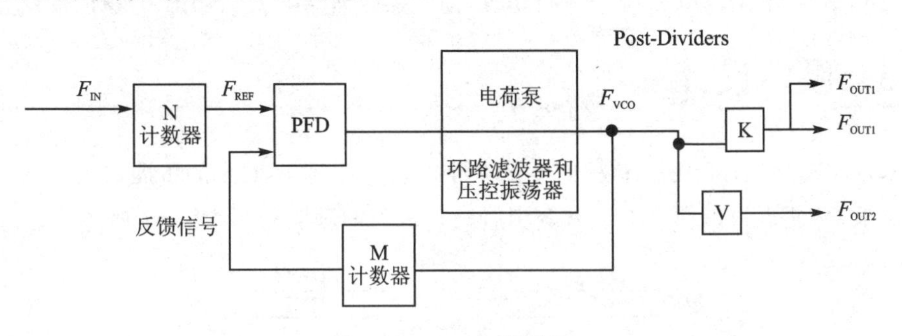

图 10.1.1　PLL 结构图

PLL 由以下几部分组成：前置分频计数器（N 计数器）、相位-频率检测器（PFD，Phase - Frequency Detector）电路，电荷泵（Charge Pump）、环路滤波器（Loop Filter）、压控振荡器（VCO，Voltage Controlled Oscillator）、反馈乘法器计数器（M 计数器）和后

置分频计数器(K 和 V 计数器)。

在工作时,PFD 检测其参考频率(F_{REF})和反馈信号(Feedback)之间的相位差和频率差,控制电荷泵和环路滤波器将相位差转换为控制电压;VCO 根据不同的控制电压产生不同的振荡频率,从而影响 Feedback 信号的相位和频率。在 F_{REF} 和反馈信号具有相同的相位和频率之后,就认为 PLL 处于锁相的状态。

在反馈路径中插入 M 计数器会使 VCO 的振荡频率是 F_{REF} 信号频率的 M 倍,F_{REF} 信号等于输入时钟(F_{IN})除以预缩放计数器(N)。参考频率用以下方程描述:

$$F_{REF}=F_{IN}/\mathrm{N}$$

VCO 输出频率为

$$F_{VCO}=F_{IN}\times M/N$$

PLL 的输出频率为

$$F_{OUT}=(F_{IN}\times M)/(N\times K)$$

本书开发板上的 FPGA 芯片的型号为 EP4CE10,内部含有 2 个 PLL,为设备提供强大的系统时钟管理以及高速 I/O 通信的能力。外部时钟经过锁相环,产生不同频率和不同相位的时钟信号供系统使用。需要注意的是,PLL 的时钟输入可以来自时钟专用输入引脚,FPGA 内部产生的信号不能驱动 PLL。

Altera 提供了用于实现 PLL 功能的 IP 核 ALTPLL,在这里需要说明的是,有关 ALTPLL 的工作原理和组成结构,就不再进一步进行讲解了,我们主要讲解的是如何使用 ALTPLL IP 核,对 ALTPLL 的工作原理和组成结构感兴趣的朋友,可以参考 Altera 提供的 ALTPLL IP 核的用户手册。

10.2 实验任务

本节实验任务是使用 FPGA 开发板输出 4 个不同时钟频率或相位的时钟,并通过 ModelSim 软件对 ALTPLL IP 核进行仿真,向大家详细介绍 ALTPLL IP 核的使用方法。

10.3 硬件设计

本章实验将 ALTPLL IP 核产生的 4 个时钟输出到 FPGA 的扩展口 I/O 上,也就是开发板 P7 扩展口的第 5、6、7 和 8 引脚。扩展口原理图如图 10.3.1 所示。

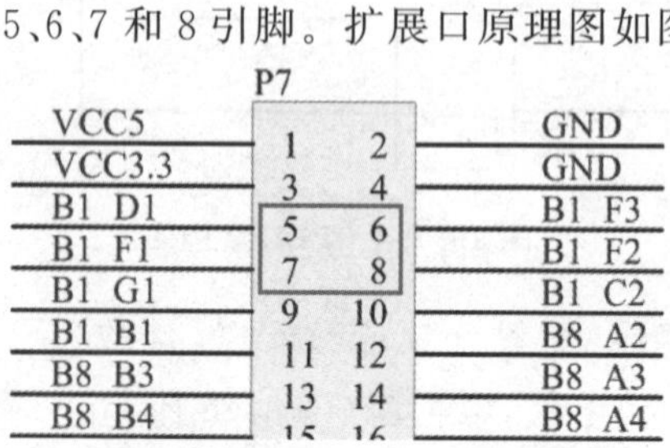

信号	P7	P7	信号
VCC5	1	2	GND
VCC3.3	3	4	GND
B1 D1	5	6	B1 F3
B1 F1	7	8	B1 F2
B1 G1	9	10	B1 C2
B1 B1	11	12	B8 A2
B8 B3	13	14	B8 A3
B8 B4	15	16	B8 A4

图 10.3.1 扩展口原理图

10.4　程序设计

首先创建一个名为 ip_pll 的工程，这里就不再给出 Quartus Ⅱ 软件创建工程的详细过程，如果大家对 Quartus Ⅱ 软件的创建过程还不熟悉，可以参考“3.3　Quartus Ⅱ 软件的使用”。新建后的工程如图 10.4.1 所示。

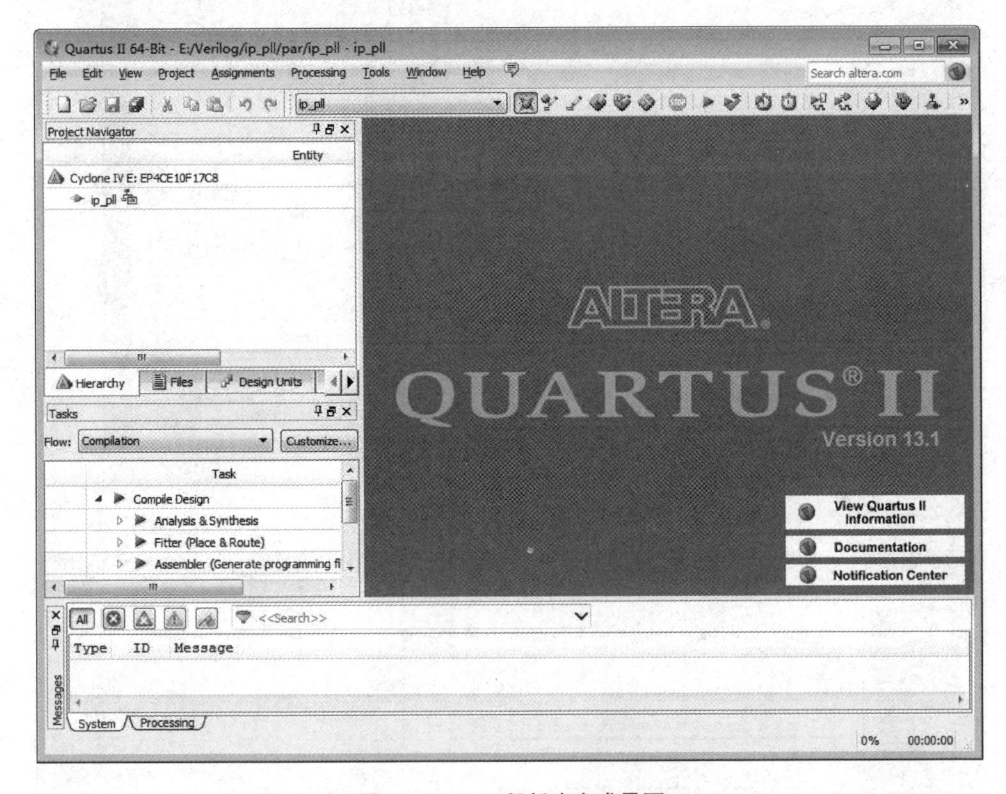

图 10.4.1　工程新建完成界面

创建好了工程以后，接下来创建 PLL IP 核。在 Quartus Ⅱ 软件的菜单栏选择 Tools→MegaWizard Plug - In Manager，Tools 工具栏打开界面及打开后弹出的界面如图 10.4.2 和图 10.4.3 所示。

在图 10.4.3 所示的界面中，可以看到有 3 个选项：第一个是创建一个新的 IP 核；第二个是编辑一个已经创建好的 IP 核；第三个是复制一个已经创建好的 IP 核。因为我们这里是首次创建 IP 核，因此直接选择默认的第一个选项，然后单击 Next 按钮，进入如图 10.4.4 所示的界面。

在图 10.4.4 所示的界面中，可以在 I/O 下找到 ALTPLL IP 核，也可以直接在搜索框中输入 ALTPLL 找到它。在找到 ALTPLL IP 核以后，单击选中它，然后需要为 ALTPLL IP 核选择保存的路径及名称。首先在工程所在路径 par 文件夹下创建一个文件夹 ipcore，用于存放工程中用到的 IP 核(如果之前没有创建 ipcore 文件夹)，然后

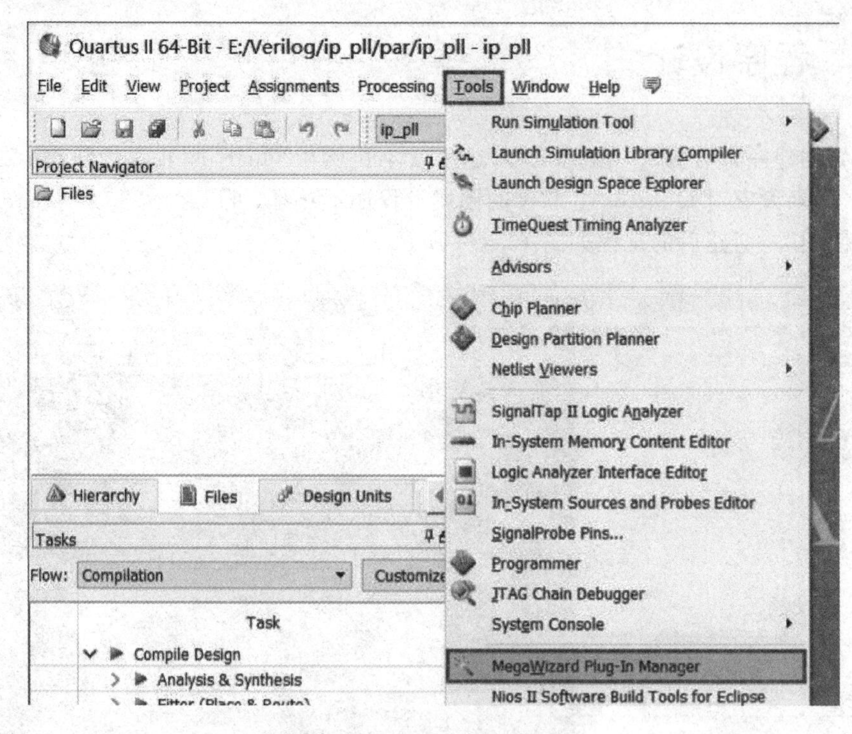

图 10.4.2　工具栏打开 IP 核界面

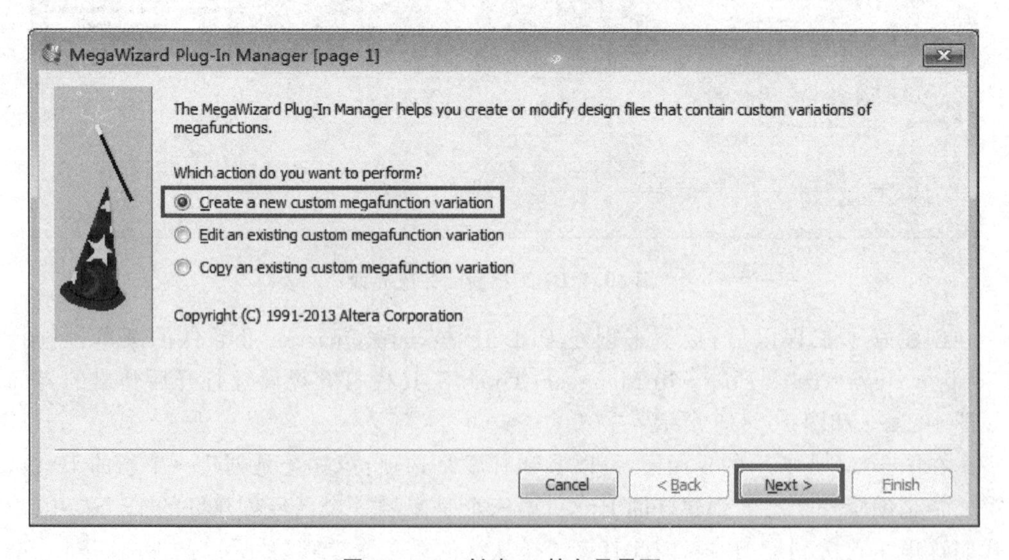

图 10.4.3　创建 IP 核向导界面

在“What name do you want for the output file?”文本框中输入 IP 存放的路径及名称，这里我们命名为 pll_clk 并且选择创建的 IP 核代码为 Verilog HDL。完成这些设置以后，单击 Next 按钮，进入如图 10.4.5 所示的界面。

我们开发板上的晶振时钟频率为 50 MHz，因此在图 10.4.5 所示界面中修改成

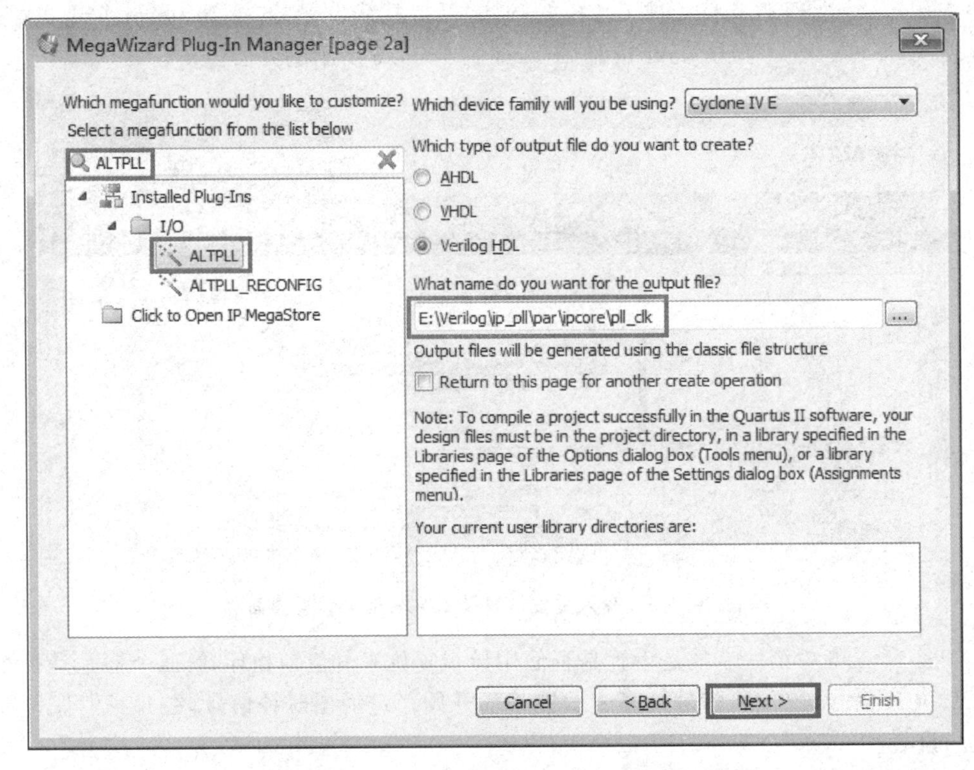

图 10.4.4 选择 ALTPLL IP 核界面

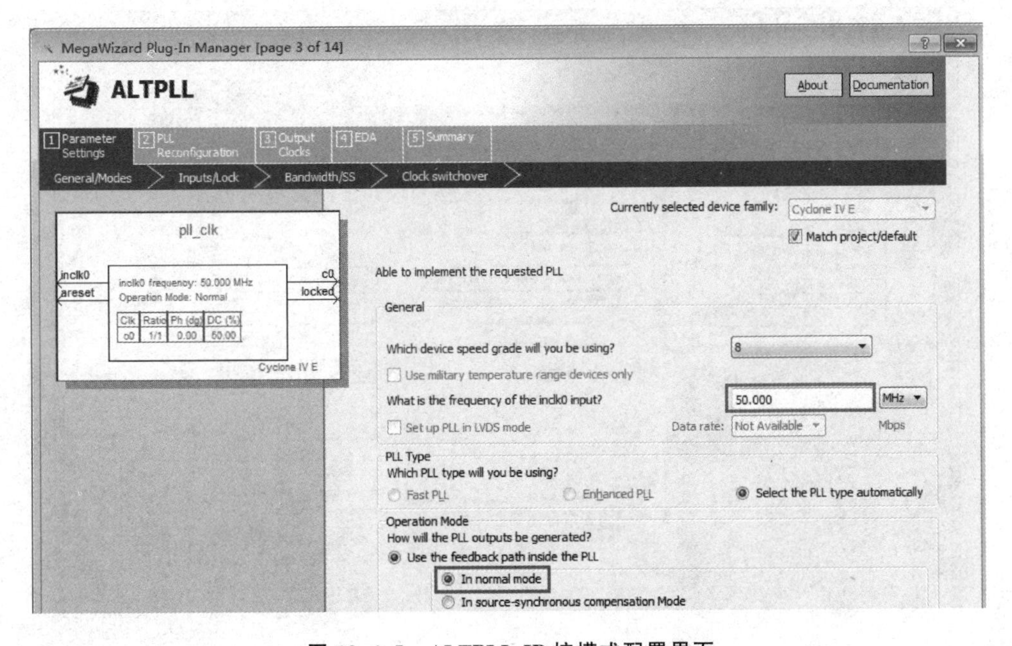

图 10.4.5 ALTPLL IP 核模式配置界面

50 MHz。另外 PLL 支持 4 种工作模式，通常保持默认设置，选择 In normal mode（正常模式）即可。然后单击 Next 按钮，进入如图 10.4.6 所示的界面。

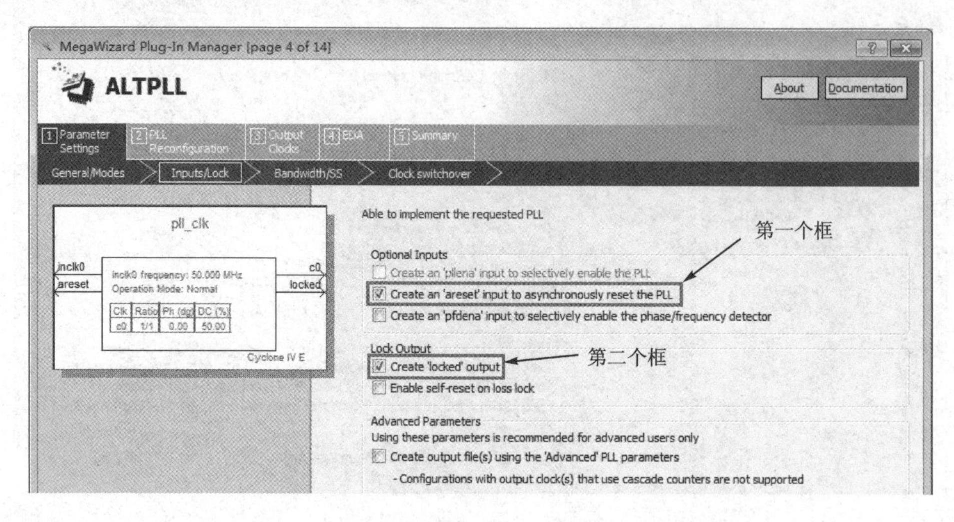

图 10.4.6　输入复位信号及 LOCK 信号设置界面

图 10.4.6 中第一个框是设置是否使用异步复位来复位锁相环，第二个框是是否输出 LOCK 信号，LOCK 信号拉高表示锁相环开始稳定输出时钟信号，在此我们保持默认的设置。

接下来连续单击 Next 按钮，直到进入如图 10.4.7 所示的界面。

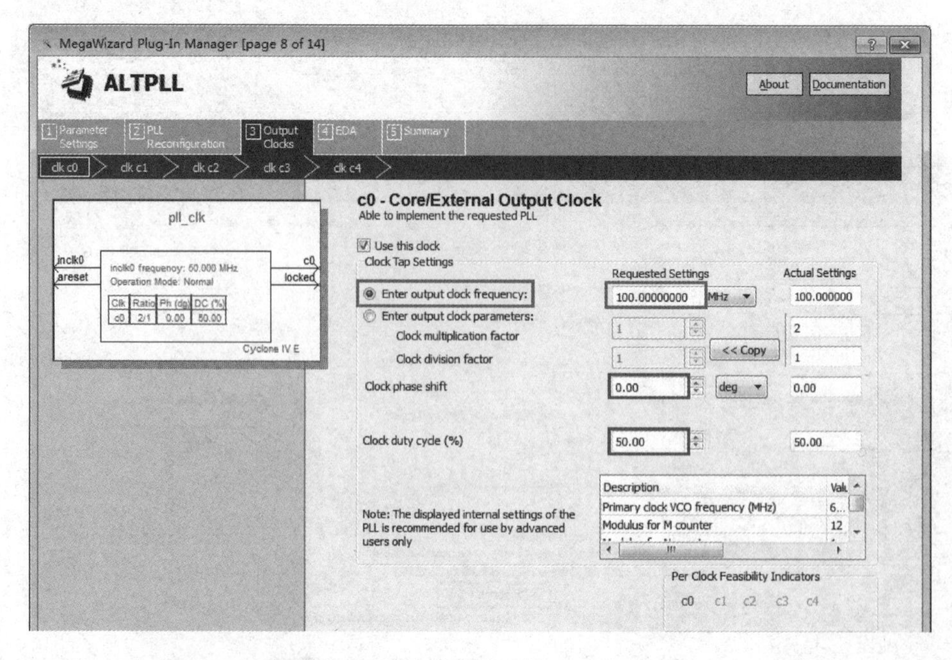

图 10.4.7　第一个输出时钟 c0 的配置界面

图 10.4.7 是配置输出时钟的界面，在 Requested Settings 文本框中直接输入我们需要的时钟频率 100 MHz；在 Clock phase shift 下拉列表框中输入时钟的相位偏移，这里保持默认 0 即可；在 Clock duty cycle(%)下拉列表框中设置时钟的占空比，时钟占空比一般为 50%，这里保持默认 50 即可，然后单击 Next 按钮，进入如图 10.4.8 所示的界面。

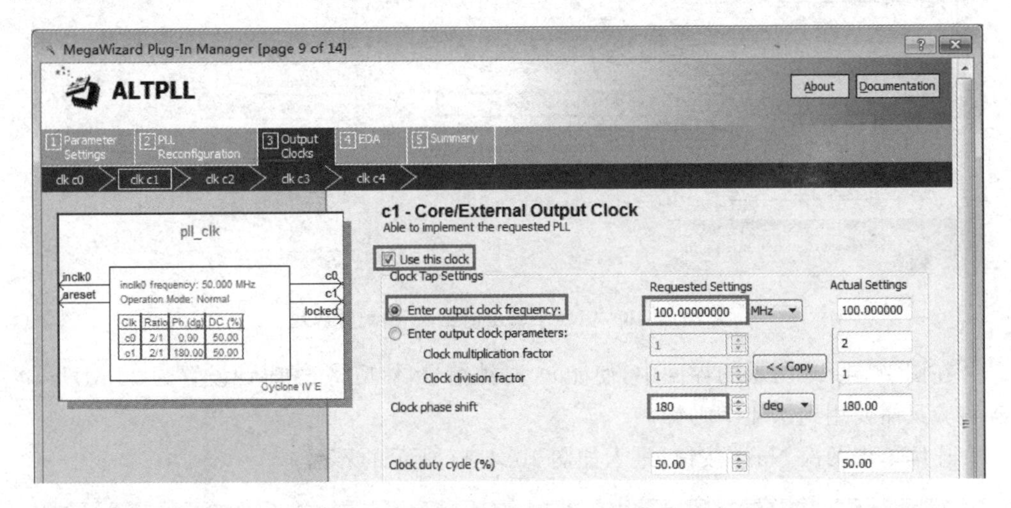

图 10.4.8　第二个输出时钟 c1 的配置界面

在图 10.4.8 所示的界面中，使能 c1 时钟信号，然后将 c1 时钟设置为 100 MHz，在这里为了向大家演示设置时钟相位的作用，将时钟相位设置成 180，然后单击 Next 按钮，进入如图 10.4.9 所示的界面。

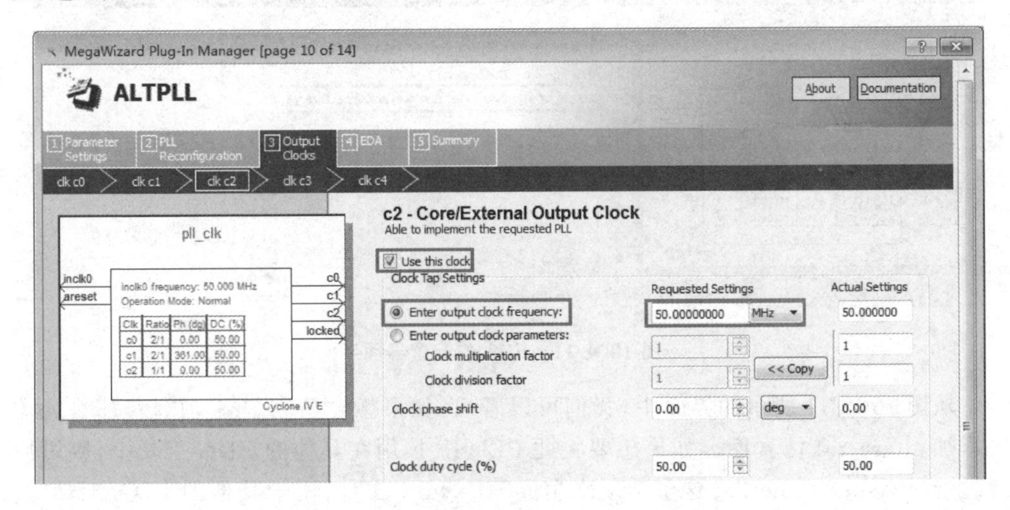

图 10.4.9　第三个输出时钟 c2 的配置界面

在图 10.4.9 所示的界面中，使能 c2 时钟信号，将 c2 时钟设置为 50 MHz，然后单击 Next 按钮，进入如图 10.4.10 所示的界面。

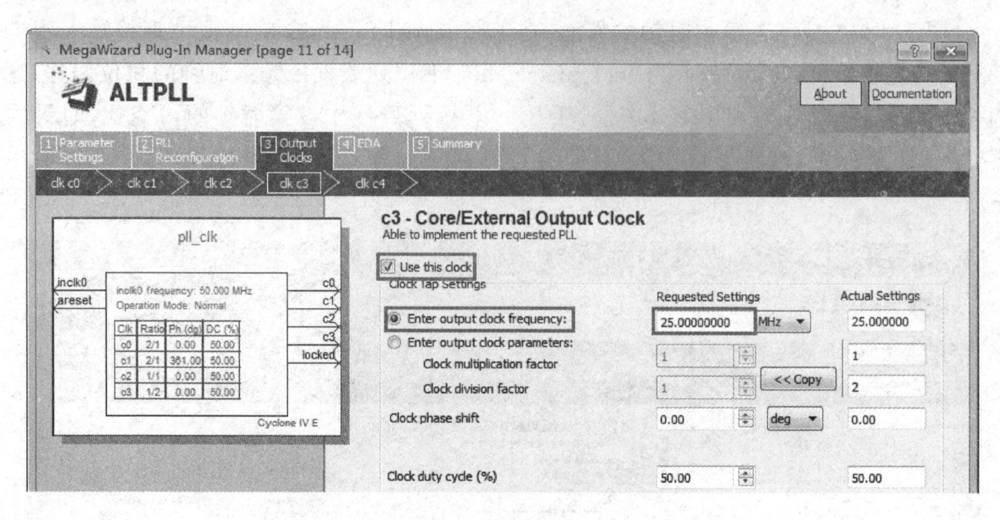

图 10.4.10　第四个输出时钟 c3 的配置界面

在图 10.4.10 所示的界面中，使能 c3 时钟信号，然后将 c3 时钟设置为 25 MHz，本次实验只需要用到这 4 个时钟。

连续单击两次 Next 按钮，进入如图 10.4.11 所示的界面。

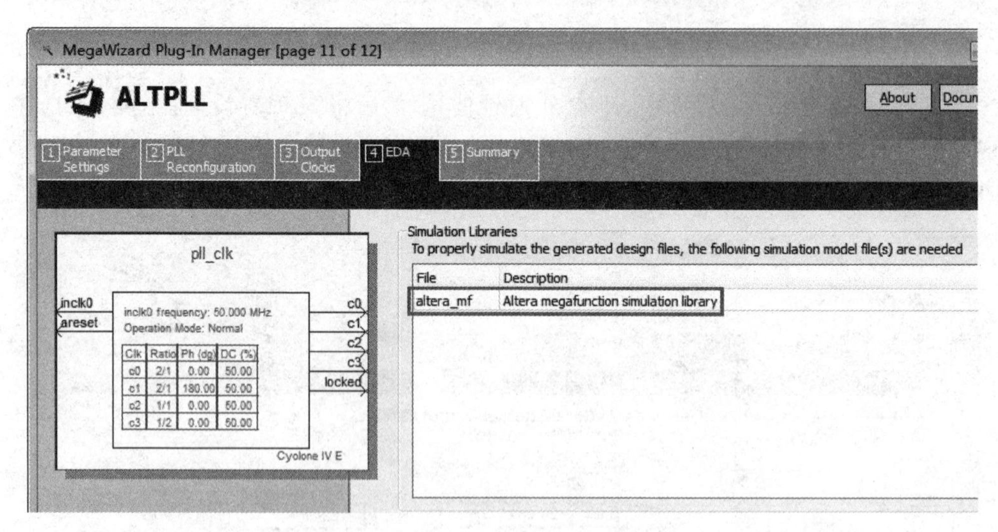

图 10.4.11　EDA 的配置界面

从图 10.4.11 所示的界面中，我们可以看出，如果想要仿真 PLL IP 核，那么就需要添加 altera_mf 仿真库。如果想要将此 PLL IP 核用在其他的 EDA 工具上，则可以通过选择 Generate netlist 这个选项来生成 IP_syn.v 文件，用于其他的 EDA 工具中。这里需要注意的是，并不是所有的第三方 EDA 工具都支持。在这里直接单击 Next 按钮，进入如图 10.4.12 所示的界面。

然后单击 Finish 按钮完成整个 IP 核的创建。接下来 Quartus Ⅱ 软件会在 ipcore 文件夹下创建 ALTPLL 的 IP 核文件，然后询问我们是否添加至工程，单击 Yes 按钮将

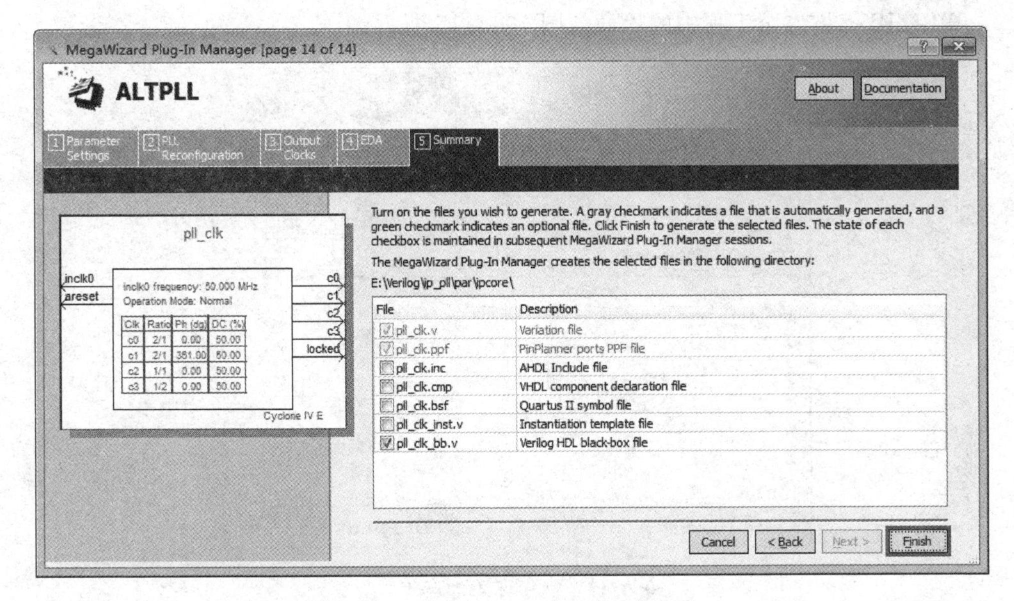

图 10.4.12　Summary 的配置界面

生成的 IP 核添加至工程，如图 10.4.13 所示的界面。

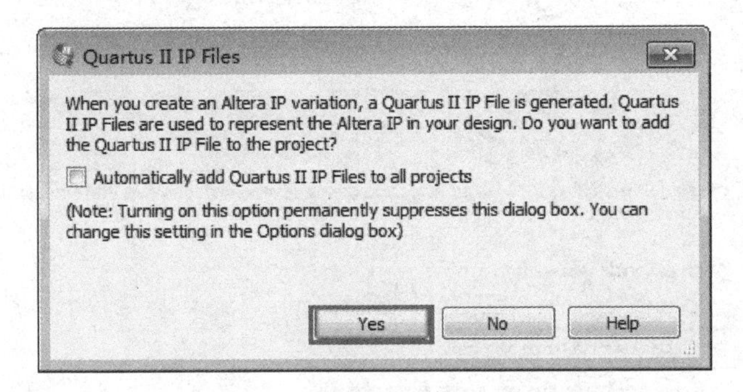

图 10.4.13　IP 核添加至工程确认界面

接下来返回到工程界面，在 File 界面里，可以看到生成的 pll_clk.qip 和 pll_clk.v 已经添加到工程中。qip 是 Quartus IP 的缩写，打开 qip 的文件可以看到如图 10.4.14 所示的脚本代码。

```
1  set_global_assignment -name IP_TOOL_NAME "ALTPLL"
2  set_global_assignment -name IP_TOOL_VERSION "13.1"
3  set_global_assignment -name VERILOG_FILE [file join $::quartus(qip_path) "pll_clk.v"]
4  set_global_assignment -name MISC_FILE [file join $::quartus(qip_path) "pll_clk_bb.v"]
5  set_global_assignment -name MISC_FILE [file join $::quartus(qip_path) "pll_clk.ppf"]
```

图 10.4.14　pll_clk.qip 文件内容

图 10.4.14 中方框标注的意思是 pll_clk.v 文件已经添加至工程中了，如果大家在工程中只找到了 pll_clk.qip 文件，而没有找到 pll_clk.v 也没有关系，工程中只加入 pll_clk.qip 文件也是可以的。

PLL IP 核添加至工程中的界面如图 10.4.15 所示。

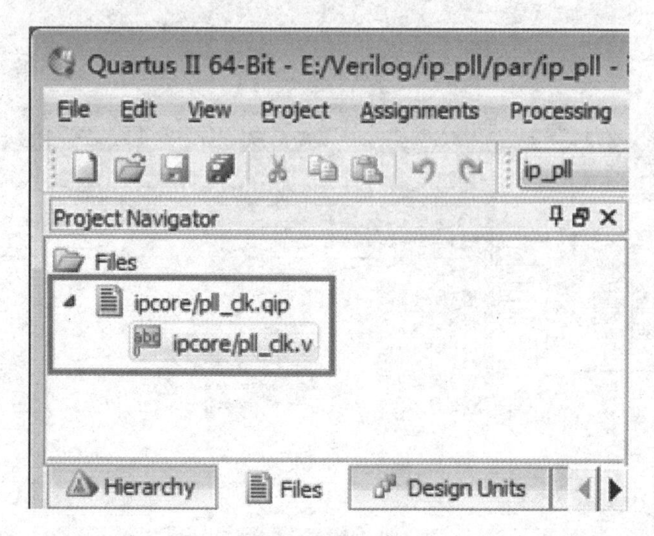

图 10.4.15 锁相环添加至工程界面

至此，ALTPLL IP 核的创建已经全部完成，如果需要修改 IP 核，在 Quartus Ⅱ 软件的菜单栏中选择 Tools→MegaWizard Plug - In Manager，图 10.4.16 所示为打开后的界面。

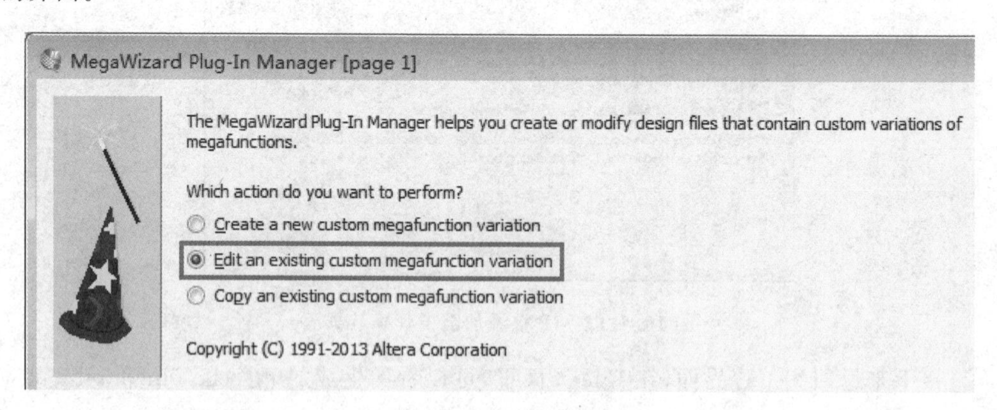

图 10.4.16 修改 IP 核界面

与第一次创建 IP 核不同的是，这一次我们选择第二个选项，修改已经存在的 IP 核，然后单击 Next 按钮，进入选择 IP 核路径的界面，双击 ipcore 文件夹，进入如图 10.4.17 所示的界面。然后双击 pll_clk. v 文件或者选中 pll_clk. v 文件，单击 Next 按钮开始重新配置 ALTPLL IP 核。

接下来设计一个 Verilog 文件来实例化刚才创建的 PLL IP 核，文件名为 ip_pll. v，编写的 Verilog 代码如下。

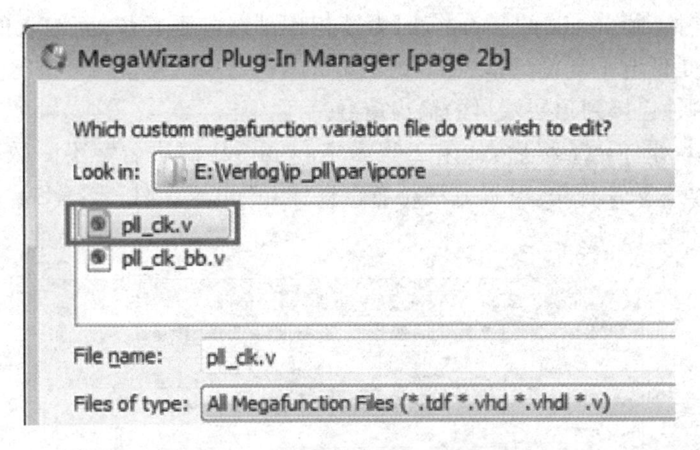

图 10.4.17　选择需要修改的 IP 核路径界面

```
1  module ip_pll(
2      input                   sys_clk          ,       //系统时钟
3      input                   sys_rst_n        ,       //系统复位,低电平有效
4      //输出时钟
5      output                  clk_100m         ,       //100 MHz 时钟频率
6      output                  clk_100m_180deg  ,       //100 MHz 时钟频率,相位偏移 180 度
7      output                  clk_50m          ,       //50 MHz 时钟频率
8      output                  clk_25m                  //25 MHz 时钟频率
9      );
10
11 //wire define
12 wire              rst_n           ;  //复位信号
13 wire              locked          ;  //locked 信号拉高,锁相环开始稳定输出时钟
14
15 //*****************************************************
16 //**                    main code
17 //*****************************************************
18
19 //系统复位与锁相环 locked 相与,作为其他模块的复位信号
20 assign  rst_n = sys_rst_n & locked;
21
22 //锁相环
23 pll_clk u_pll_clk(
24     .areset          (~sys_rst_n       ),  //锁相环高电平复位,所以复位信号取反
25     .inclk0          (sys_clk          ),
26     .c0              (clk_100m         ),
27     .c1              (clk_100m_180deg  ),
28     .c2              (clk_50m          ),
29     .c3              (clk_25m          ),
30     .locked          (locked           )
31     );
32
33 endmodule
```

程序中例化了 pll_clk,把 FPGA 的系统时钟 50 MHz 连接到 pll_clk 的 inclk0,系

统复位信号连接到 pll_clk 的 areset，因为锁相环是高电平复位，而输入的系统复位信号 sys_rst_n 是低电平复位，所以在代码的第 24 行，对系统复位信号进行取反。pll_clk 输出的 4 个时钟连接到顶层端口的输出信号。

ip_pll 模块添加至工程后，如果工程名字和 ip_pll 模块名字不一致，则必须先将 ip_pll 模块设置为顶层模块，设置方法是右击选择 ip_pll. v 文件，选择 Set as Top - Level Entity，如图 10.4.18 所示。

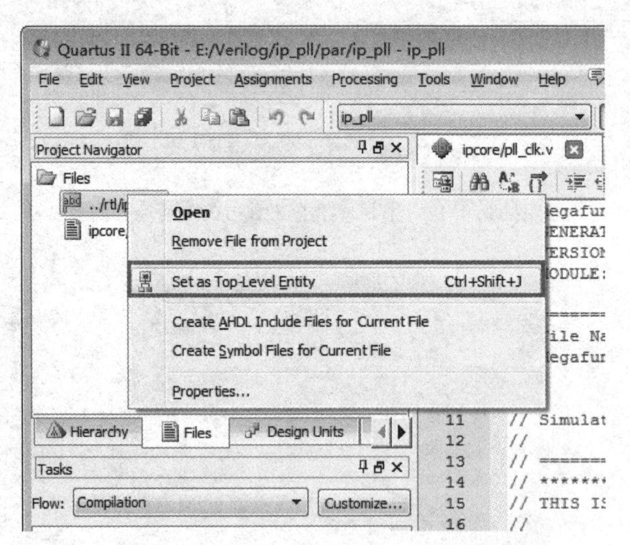

图 10.4.18 ip_pll 设置为顶层文件

接下来单击 Start Compliation 图标，编译工程，如图 10.4.19 所示。

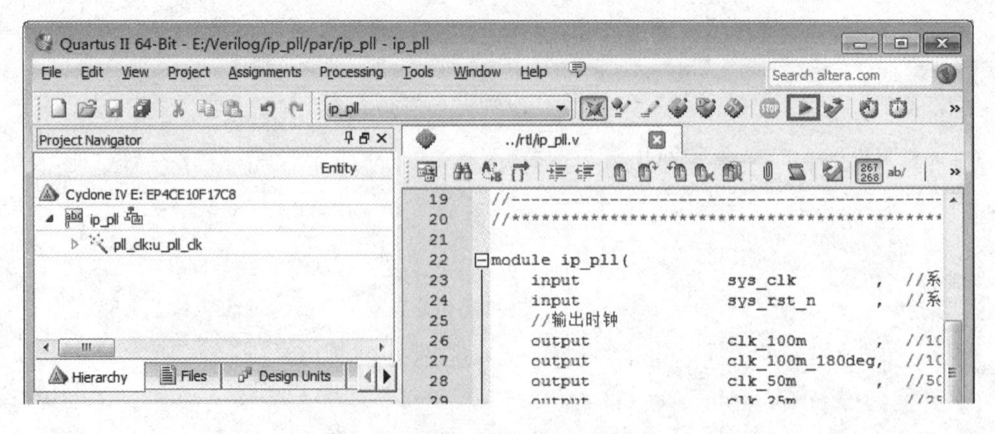

图 10.4.19 开始编译工程界面

接下来对 PLL IP 核进行仿真，来验证锁相环输出的时钟频率是否正确。首先在 ModelSim 软件中创建一个名为 tb_ip_pll 的工程，在这里就不再给出软件创建工程的详细过程，如果大家对 ModelSim 软件的创建过程还不熟悉，可以参考“4.2 ModelSim 软件的使用”。

tb_ip_pll 仿真文件源代码如下：

```
1  `timescale  1ns/1ns
2
3  module        tb_ip_pll       ;
4
5  parameter     SYS_PERIOD = 20 ;  //定义系统时钟周期
6
7  reg           clk             ;
8  reg           rst_n           ;
9
10 wire          clk_100m        ;
11 wire          clk_100m_180deg ;
12 wire          clk_50m         ;
13 wire          clk_25m         ;
14
15 always #(SYS_PERIOD/2) clk <=;~clk
16
17 initial begin
18              clk <= 1'b0       ;
19              rst_n <= 1'b0     ;
20            #(20 * SYS_PERIOD)
21              rst_n <= 1'b1     ;
22            end
23
24 //例化 ip_pll 模块
25 ip_pll     u_ip_pll(
26     .sys_clk            (clk),
27     .sys_rst_n          (rst_n),
28     .clk_100m           (clk_100m        ),
29     .clk_100m_180deg    (clk_100m_180deg ),
30     .clk_50m            (clk_50m         ),
31     .clk_25m            (clk_25m         )
32     );
33
34 endmodule
```

需要注意的是，对IP核的仿真需要在ModelSim工程中添加altera_mf文件仿真库，仿真库的路径在Quartus Ⅱ软件的安装路径下，路径为：D:\altera\13.1\quartus\eda\sim_lib\altera_mf.v(如果大家把Quartus安装在其他磁盘，可在对应的安装路径下找到仿真库文件)。建议大家把alerta_mf文件复制到工程的sim\tb文件夹下，方便添加至工程。

工程创建完成后，把tb_ip_pll.v文件、ip_pll.v文件、pll_clk.v文件和altera_mf文件添加至工程，然后编译各个文件(注意altera_mf文件的编译时间较长)，编译后的工程界面如图10.4.20所示。

接下来就可以开始仿真了，仿真过程这里不再赘述，图10.4.21所示为ModelSim仿真的波形图。

由图10.4.21可知，locked信号拉高之后，锁相环开始输出4个稳定的时钟。clk_

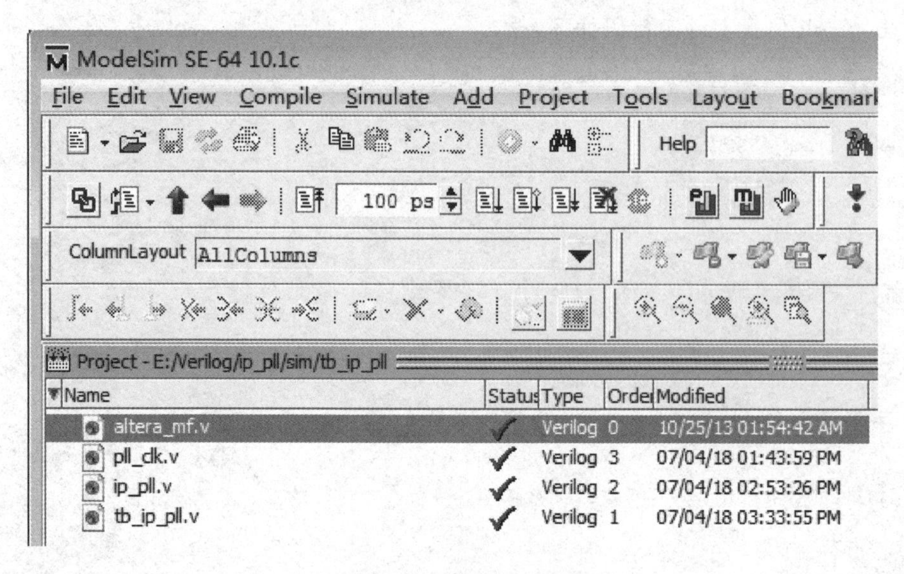

图 10.4.20 ModelSim 工程界面

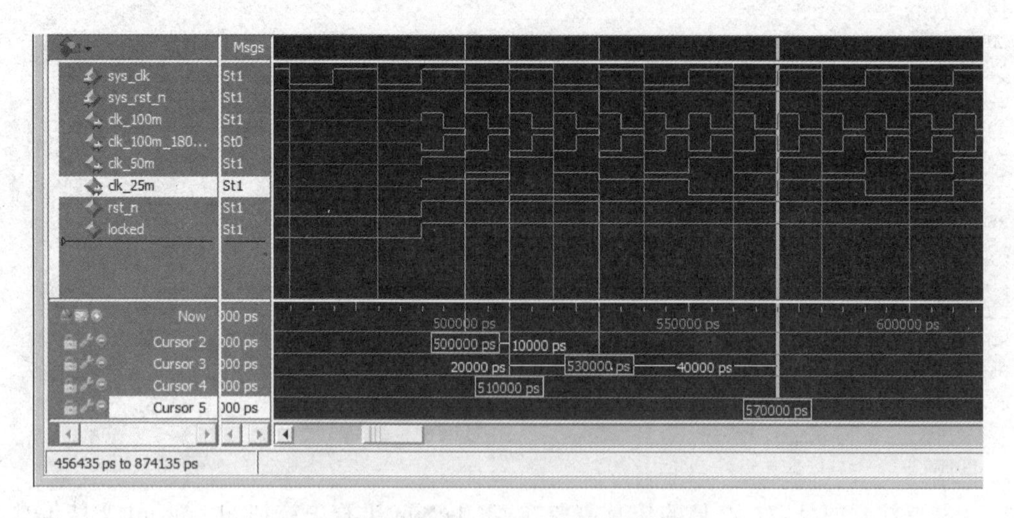

图 10.4.21 ModelSim 仿真波形

100m 和 clk_100m_180deg 的周期都为 10 000 ps(10 000 ps=10 ns),即时钟频率都为 100 MHz,但两个时钟相位偏移 180°,所以这两个时钟刚好是一个反向的时钟;clk_50m 的周期为 20 000 ps(20 000 ps=20 ns),时钟频率为 50 MHz;clk_25m 的周期为 40 000 ps(40 000 ps=40 ns),时钟频率为 25 MHz。也就是说,我们创建的锁相环从仿真结果上来看是正确的。

10.5 下载验证

将下载器一端连接计算机,另一端与开发板上的 JTAG 下载口相连,最后连接电源线并打开电源开关。

接下来打开本次实验工程，并下载"ip_pll.sof"文件。程序下载完成后，接下来使用示波器测量开发板P7扩展口的第5(D1)、6(F3)、7(F1)和8(F2)引脚，如图10.5.1所示。首先将示波器带夹子的一端连接到开发板的GND位置(可使用杜邦线连接至开发板扩展I/O的GND引脚)，然后将另一端探针放在其中一个扩展口引脚上，此时在示波器上就可以观察到时钟的波形图。

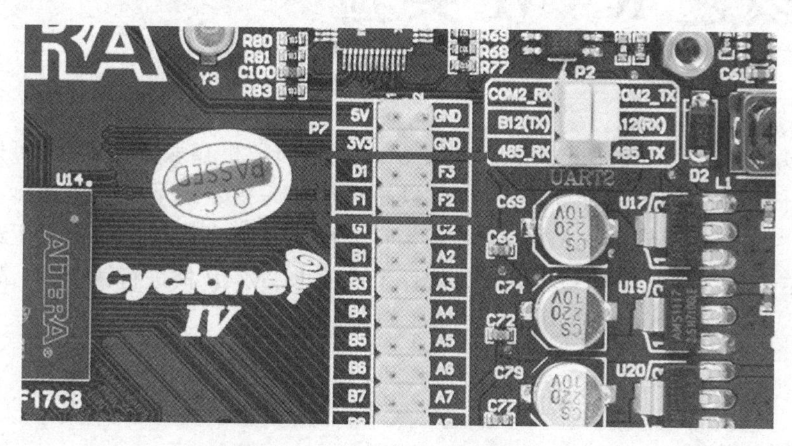

图10.5.1　测量频率引脚

需要注意的是，由于我们输出的4个时钟频率比较高，这对示波器的采集带宽要求比较高，对于采集带宽较低的示波器，观察到的时钟频率可能会有点偏差，图10.5.2为使用示波器测量扩展口引脚F2所显示的波形。

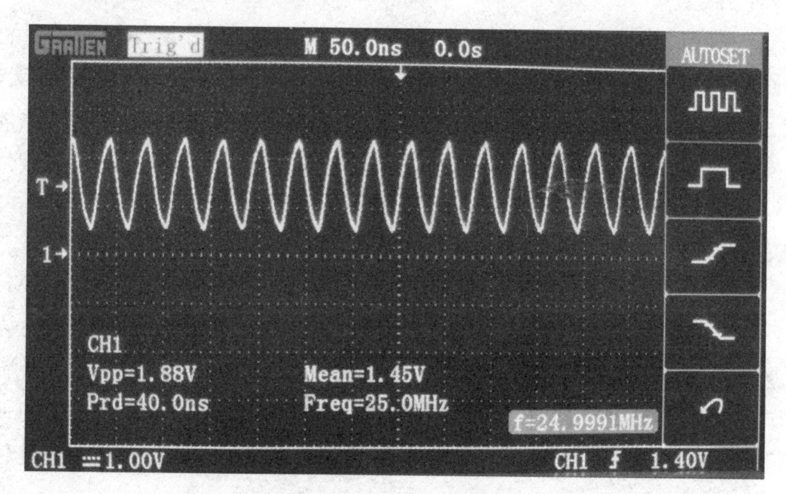

图10.5.2　引脚F2输出的波形

由图10.5.2可知，示波器测量出的时钟频率为25 MHz，跟仿真结果是一样的，说明本次实验的IP核之PLL锁相环实验下载验证成功。其他3个扩展口输出的时钟大家可以测试一下，这里不再展示其他扩展口的波形图。

第11章

IP核之RAM实验

RAM的英文全称是Random Access Memory，即随机存取存储器，它可以随时把数据写入任一指定地址的存储单元，也可以随时从任一指定地址中读出数据，其读/写速度是由时钟频率决定的。RAM主要用来存放程序及程序执行过程中产生的中间数据、运算结果等。本章将对Quartus Ⅱ软件生成的RAM IP核进行读/写测试，向大家介绍Altera RAM IP核的使用方法。

11.1 RAM IP核简介

Cyclone Ⅳ器件具有嵌入式存储器结构，满足了Altera Cyclone Ⅳ器件设计对片上存储器的需求。嵌入式存储器结构由一列列M9K存储器模块组成，通过对这些M9K存储器模块进行配置，可以实现各种存储器的功能，例如：RAM、移位寄存器、ROM以及FIFO缓冲器。

Quartus Ⅱ软件自带的随机存储器IP核分为RAM IP核和ROM IP核。这两种IP核的区别是RAM是一种随机存取存储器，不仅可以存储数据，同时还支持对存储的数据进行修改；而ROM是一种只读存储器，也就是说，在正常工作时只能读出数据，而不能写入数据。需要注意的是，这两种存储器使用的资源都是FPGA的内部嵌入式RAM块，只不过ROM IP核只用到了嵌入式RAM块的读数据端口。本章主要介绍RAM IP核的使用方法。

Altera推出的RAM IP核分为两种类型：单端口RAM和双端口RAM。单端口RAM只有一组地址线，这组地址线控制着写数据端口和读数据端口；而双端口RAM具有两组地址线，这两组地址线分别控制着写数据端口和读数据端口。单端口RAM类型和双端口RAM类型在操作上都是一样的，只要学会了单端口RAM的使用，那么学习双端口RAM的读/写操作也是非常容易的。下面以单端口RAM IP核为例进行讲解。

图11.1.1为单端口RAM的端口框图。

单端口RAM的端口描述如下。

data：RAM写数据端口。

address：RAM读/写地址端口，对于单端口RAM来说，读地址和写地址共用同一

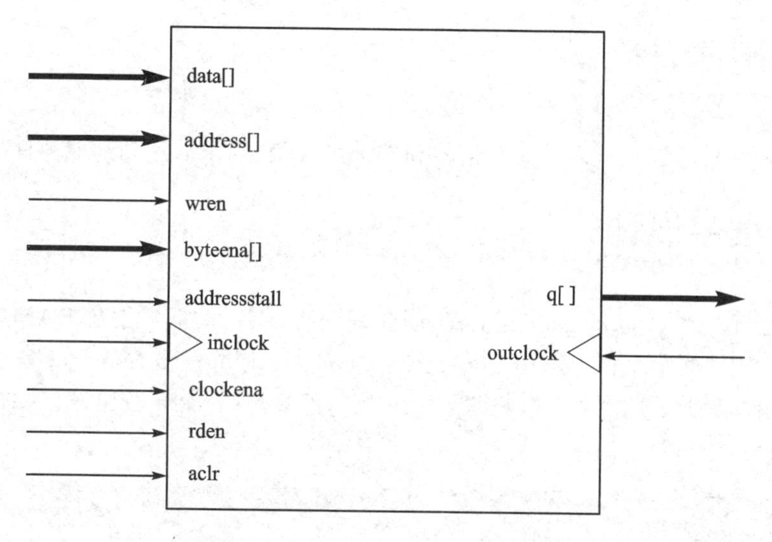

图 11.1.1　单端口 RAM 端口框图

组地址。

wren:写使能信号,高电平有效。

byteena:字节使能控制,该功能屏蔽了输入数据,这样仅写入数据中指定的字节,未被写入的字节保留之前写入的值。当写入数据的位宽为 16 位、18 位、32 位和 36 位时,M9K 模块将支持字节使能,wren 信号和字节 byteena 信号一起控制 RAM 模块的写操作。byteena 信号在 RAM IP 核创建过程中是可选的,可选择是否使用字节使能控制功能。

addressstall:地址使能控制,当 addressstall 信号为高电平时,有效地址时钟使能就会保持之前的地址。addressstall 信号在 RAM IP 核创建过程中是可选的,可选择是否使用地址使能控制功能。

clockena:时钟使能控制,高电平有效。

rden:读使能信号,高电平有效。

aclr:异步复位信号,高电平有效。

inclock、outclock:单端口 RAM 口支持输入与输出时钟模式和单时钟模式。在输入与输出时钟模式下,输入时钟控制存储器模块的所有输入寄存器,其中包括数据、地址、byteena、wren 以及 rden 寄存器;输出时钟控制数据输出寄存器。在单时钟模式下,没有 inclock 信号与 outclock 信号,只有一个 clock 信号,可以通过单时钟以及时钟使能来控制 M9K 存储器模块中的所有寄存器。

11.2　实验任务

本节实验任务是使用 Altera RAM IP 核生成一个单端口的 RAM,然后对 RAM 进行读/写操作,并通过 ModelSim 软件进行仿真及 SignalTap 软件进行在线调试。

11.3 硬件设计

本章实验只用到了输入的时钟信号和按键复位信号，没有用到其他硬件外设。

11.4 程序设计

首先创建一个名为 ip_ram 的工程，创建好工程以后，接下来创建 RAM IP 核。在 Quartus Ⅱ软件的菜单栏中选择 Tools→MegaWizard Plug-In Manager。

在弹出的界面中选择"创建一个新的 IP 核"，然后单击 Next 按钮，进入如图 11.4.1 所示的界面。

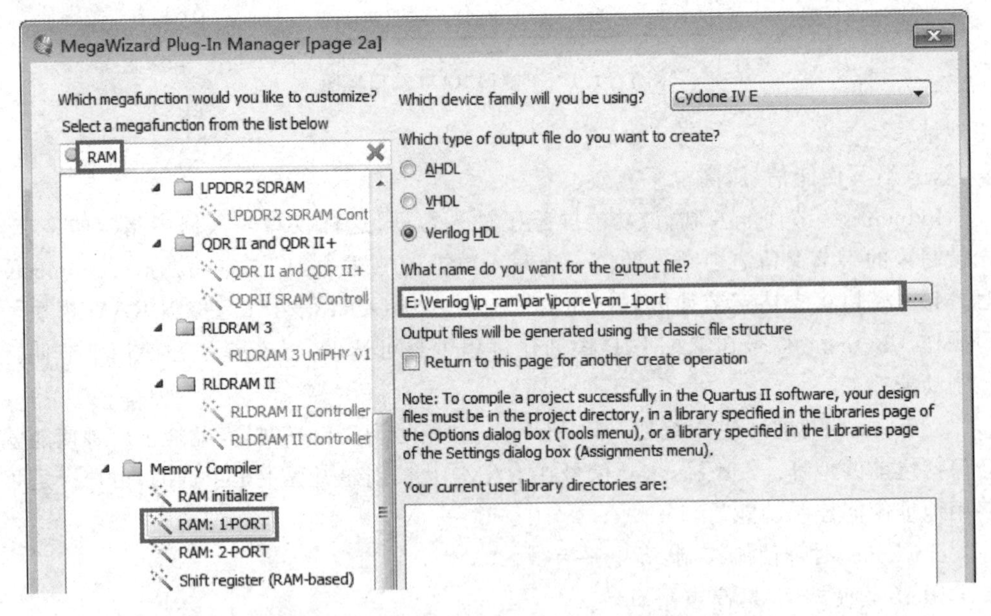

图 11.4.1 选择 ALTPLL IP 核界面

在图 11.4.1 所示的界面中，在 Memory Compiler 下找到"RAM:1-PORT"，单击选中它，然后需要为 RAM IP 核选择保存的路径及名称。首先在工程所在路径 par 文件夹下创建一个文件夹 ipcore，用于存放工程中用到的 IP 核（如果之前没有创建 ipcore 文件夹），然后在"What name do you want for the output file?"文本框中输入 IP 存放的路径及名称，这里我们命名为 ram_1port 且选择创建的 IP 核代码为 Verilog HDL。完成这些设置以后，单击 Next 按钮，进入如图 11.4.2 所示的界面。

"How wide should the 'q' output bus be?"：用于指定输出数据端口的位宽，这里保持默认，选择 8 bit。

"How many 8-bit words of memory?"：用于指定存储器的容量大小，这里选择存储容量为 32 words。

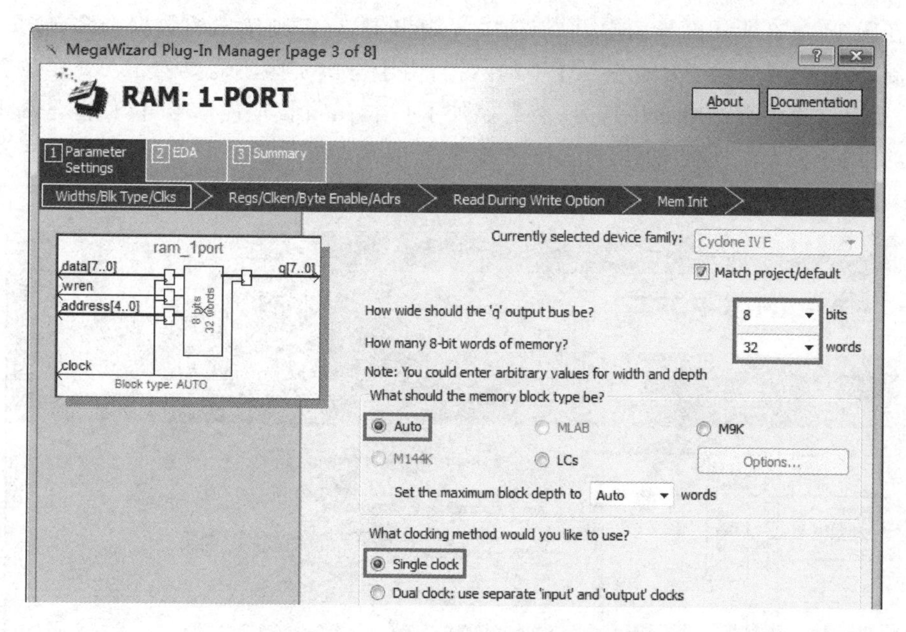

图 11.4.2　RAM IP 核参数配置界面

"What should the memory block type be?":用于指定实现存储器使用的存储块类型,具体可选值与使用的 FPGA 芯片型号有关,一般选择默认 AUTO 就可以。

"What clocking method would you like to use?":用于指定使用的时钟模式,可选择单时钟和双时钟,一般对于单口 RAM 选择单时钟就可以。

然后单击 Next 按钮,进入如图 11.4.3 所示的界面。

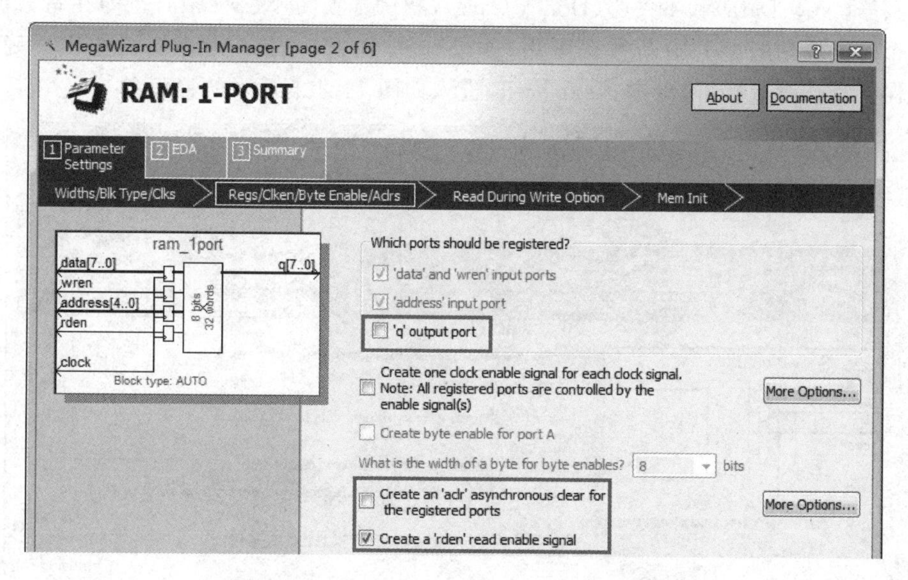

图 11.4.3　寄存输出、读使能等信号设置界面

在图 11.4.3 所示的界面中，取消选中 q 输出端口，否则读出的数据会多延时一个时钟周期；aclr 信号用于复位 RAM 中的数据，由于本次实验不需要对 RAM 中的数据清零，所以这里没有选中 aclr 信号；然后添加了一个 rden 读使能信号，读使能是高电平有效的，用于控制数据的输出。该信号配置完成后，就可以单击 Next 按钮，进入如图 11.4.4 所示的界面。

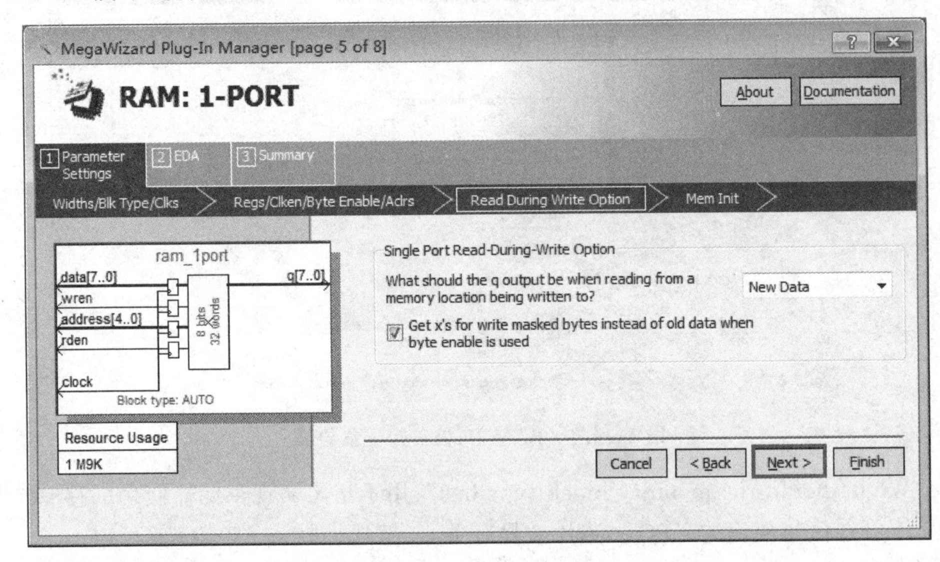

图 11.4.4　写入数据时读数据输出选项界面

图 11.4.4 所示的界面指定在对 RAM 进行写操作时，读数据输出选择，可选项包括新数据(New Data)和不关心(Don't Care)，默认选项为 New Data，也即在写数据的同一个时钟周期的上升沿新数据可用；如果选择 Don't Care，则存储器输出不确定。我们保持默认设置即可，单击 Next 按钮，进入如图 11.4.5 所示的界面。

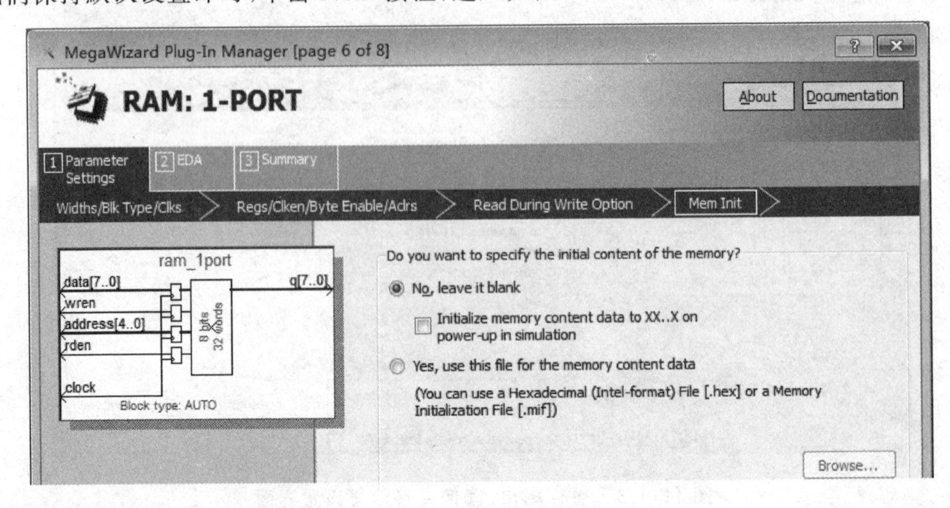

图 11.4.5　RAM 初始化界面

从图 11.4.5 所示的界面中，可以看出，该界面是对 RAM 初始化。需要注意的是，后面我们还会学习 ROM IP 核的创建过程，这里和 ROM IP 核不同的是，ROM IP 核不能设置为 No，只能设置为 Yes，而我们的 RAM IP 核，可以设置为空，也可以进行初始化。在这里我们保持默认设置即可，单击 Next 按钮，进入如图 11.4.6 所示的界面。

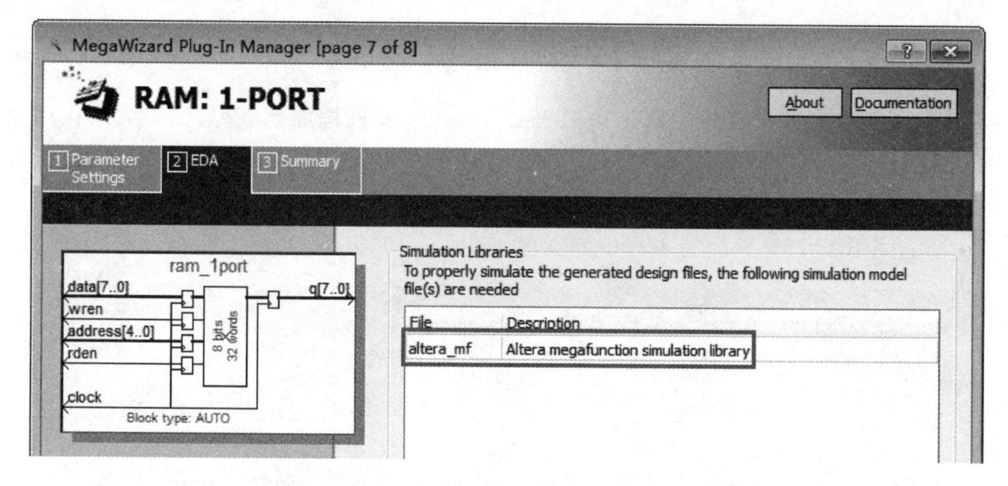

图 11.4.6　EDA 的配置界面

从图 11.4.6 所示的界面中，可以看出，如果想要仿真 RAM IP 核，那么需要添加 altera_mf 仿真库。在这里单击 Next 按钮，然后单击 Finish 按钮完成整个 IP 核的创建。

Quartus Ⅱ 软件会在 ipcore 文件夹下创建 RAM IP 核生成的文件，然后弹出对话框询问我们是否添加至工程，单击 Yes 按钮将生成的 IP 核添加至工程，如图 11.4.7 所示的界面。

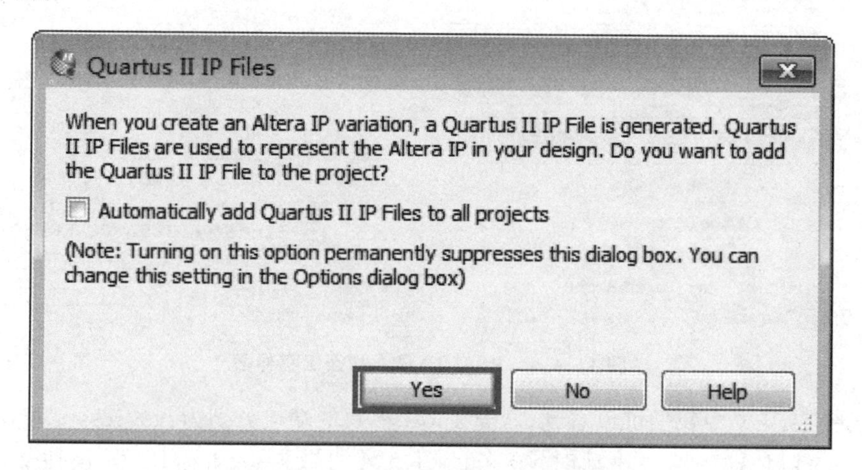

图 11.4.7　IP 核添加至工程确认界面

接下来返回到工程界面，在 File 界面里，我们可以看到生成的 ram_1port.qip 和 ram_1port.v 已经添加到工程中。qip 是 Quartus IP 的缩写，打开 qip 文件可以看到如

图 11.4.8 所示的脚本代码。

```
1  set_global_assignment -name IP_TOOL_NAME "RAM: 1-PORT"
2  set_global_assignment -name IP_TOOL_VERSION "13.1"
3  set_global_assignment -name VERILOG_FILE [file join $::quartus(qip_path) "ram_1port.v"]
4  set_global_assignment -name MISC_FILE [file join $::quartus(qip_path) "ram_1port_bb.v"]
5
```

图 11.4.8　ram_1port.qip 文件内容

图 11.4.8 中方框标注的意思是把 ram_1port.v 文件添加到工程，如果大家在添加 IP 核后工程里面只有 ram_1port.qip 文件，而没有 ram_1port.v 文件也没有关系，工程中只添加 ram_1port.qip 文件也是可以的。

添加完 RAM IP 核后的工程中界面如图 11.4.9 所示。

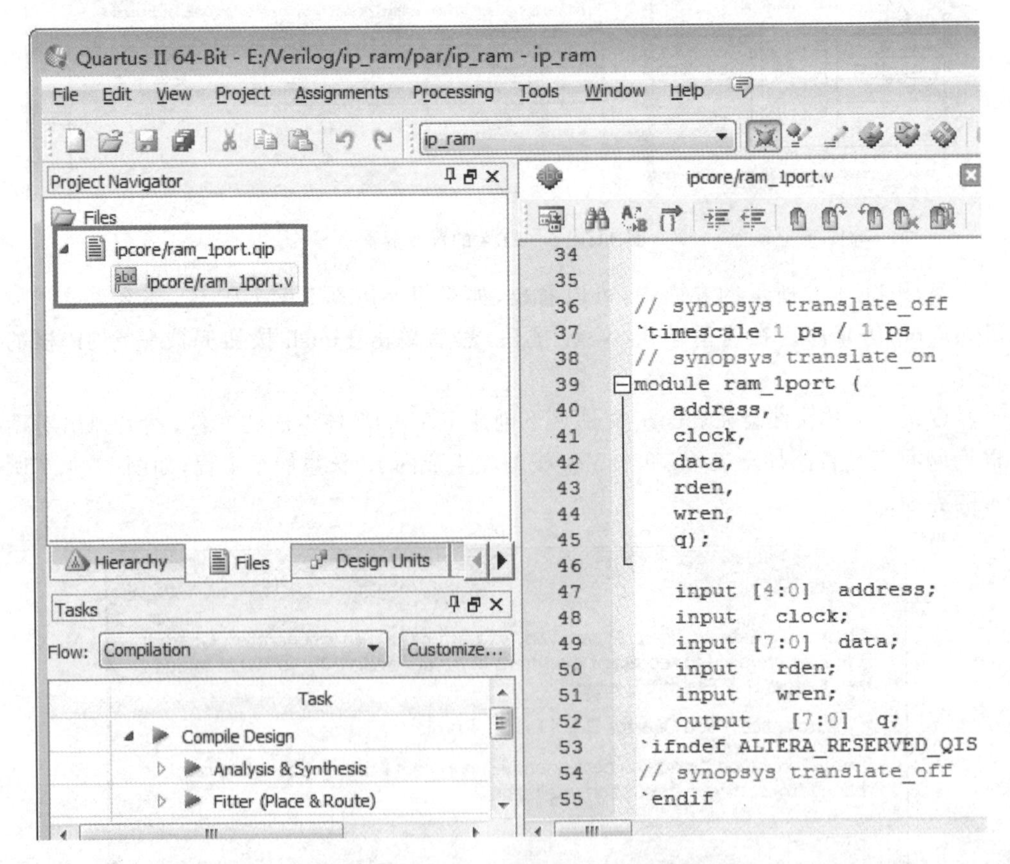

图 11.4.9　RAM IP 核添加至工程界面

从图 11.4.9 中我们可以看到，ram_1port 模块的端口分别为：address（RAM 读/写地址）、clock（RAM 读/写驱动时钟）、data（RAM 写数据）、rden（RAM 读使能信号）、wren（RAM 写使能信号）和 q（RAM 读出的数据），其中读地址和写地址都是共用 address 地址线的。当需要写入数据时，把 wren 信号拉高的同时，给出地址（address）和写数据（data），数据就会按照指定的地址写入对应的存储单元；当需要读数据时，把

rden信号拉高，给出地址(address)，q(RAM读出的数据)就会根据指定的地址输出对应存储单元的数据。

接下来设计一个Verilog文件对RAM进行读/写测试，文件名为ram_rw.v，编写的Verilog代码如下。

```
1  module ram_rw(
2       input                   clk         ,  //时钟信号
3       input                   rst_n       ,  //复位信号,低电平有效
4
5       output                  ram_wr_en   ,  //RAM写使能
6       output                  ram_rd_en   ,  //RAM读使能
7       output   reg   [4:0]    ram_addr    ,  //RAM读/写地址
8       output   reg   [7:0]    ram_wr_data ,  //RAM写数据
9
10      input          [7:0]    ram_rd_data    //RAM读数据
11      );
12
13 //reg define
14 reg     [5:0]   rw_cnt ;                       //读/写控制计数器
15
16 //*****************************************************
17 //**                    main code
18 //*****************************************************
19
20 //rw_cnt计数范围在0~31,ram_wr_en为高电平;32~63时,ram_wr_en为低电平
21 assign  ram_wr_en = ((rw_cnt >= 6'd0) && (rw_cnt <= 6'd31))  ?  1'b1  :  1'b0;
22 //rw_cnt计数范围在32~63,ram_rd_en为高电平;0~31时,ram_rd_en为低电平
23 assign  ram_rd_en = ((rw_cnt >= 6'd32) && (rw_cnt <= 6'd63))  ?  1'b1  :  1'b0;
24
25 //读/写控制计数器,计数器范围0~63
26 always @(posedge clk or negedge rst_n) begin
27     if(rst_n == 1'b0)
28         rw_cnt <= 6'd0;
29     else if(rw_cnt == 6'd63)
30         rw_cnt <= 6'd0;
31     else
32         rw_cnt <= rw_cnt + 6'd1;
33 end
34
35 //读/写控制器计数范围:0~31产生RAM写使能信号和写数据信号
36 always @(posedge clk or negedge rst_n) begin
37     if(rst_n == 1'b0)
38         ram_wr_data <= 8'd0;
39     else if(rw_cnt >= 6'd0 && rw_cnt <= 6'd31)
40         ram_wr_data <= ram_wr_data + 8'd1;
41     else
42         ram_wr_data <= 8'd0;
43 end
```

```
44
45 //读/写地址信号 范围:0~31
46 always @(posedge clk or negedge rst_n) begin
47     if(rst_n == 1'b0)
48         ram_addr <= 5'd0;
49     else if(ram_addr == 5'd31)
50         ram_addr <= 5'd0;
51     else
52         ram_addr <= ram_addr + 1'b1;
53 end
54
55 endmodule
```

模块中定义了一个读/写控制计数器(rw_cnt),当计数范围在 0~31 之间时,向 RAM 中写入数据;当计数范围在 32~63 之间时,从 RAM 中读出数据。

接下来我们设计一个 Verilog 文件来实例化创建的 PLL IP 核以及 ram_rw 模块,文件名为 ip_ram.v,编写的 Verilog 代码如下。

```
1  module ip_ram(
2      input                  sys_clk   ,         //系统时钟
3      input                  sys_rst_n           //系统复位,低电平有效
4      );
5
6  //wire define
7  wire              ram_wr_en    ;              //RAM 写使能
8  wire              ram_rd_en    ;              //RAM 读使能
9  wire     [4:0]    ram_addr     ;              //RAM 读/写地址
10 wire     [7:0]    ram_wr_data  ;              //RAM 写数据
11
12 wire     [7:0]    ram_rd_data  ;              //RAM 读数据
13
14 //*****************************************************
15 //**                    main code
16 //*****************************************************
17
18 //RAM 读/写模块
19 ram_rw  u_ram_rw(
20     .clk              (sys_clk),
21     .rst_n            (sys_rst_n),
22
23     .ram_wr_en        (ram_wr_en   ),
24     .ram_rd_en        (ram_rd_en   ),
25     .ram_addr         (ram_addr    ),
26     .ram_wr_data      (ram_wr_data),
27
28     .ram_rd_data      (ram_rd_data)
29     );
30
31 //RAM IP 核
32 ram_1port  u_ram_1port(
```

```
33      .address        (ram_addr),
34      .clock          (sys_clk),
35      .data           (ram_wr_data),
36      .rden           (ram_rd_en),
37      .wren           (ram_wr_en),
38      .q              (ram_rd_data)
39      );
40
41 endmodule
```

程序中例化了 ram_rw 模块和 ram_1port 模块，ram_rw 模块输出的写使能信号(ram_wr_en)、写数据(ram_wr_data)、读使能信号(ram_rd_en)与读/写地址(ram_addr)连接至 ram_1port 模块的输入端口；ram_1port 模块输出的 q(数据输出端口)连接至 ram_rw 模块的输入端口(ram_rd_data)。

ip_ram 模块添加至工程后，如果工程名字和 ip_ram 模块名字不一致，则必须先将 ip_ram 模块设置为顶层模块，设置方法是右击选择 ip_ram.v 文件，选择 Set as Top-Level Entity，如图 11.4.10 所示。

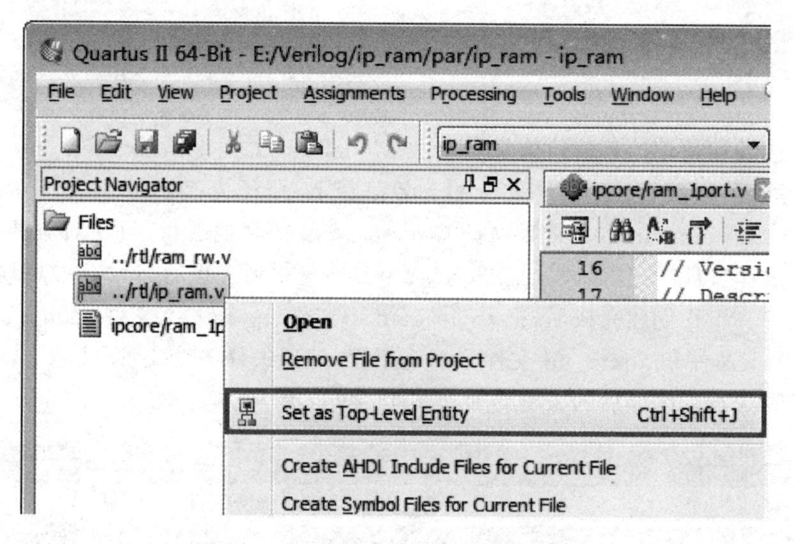

图 11.4.10　ip_ram 设置为顶层文件

设置完成后编译工程。

接下来对 RAM IP 核进行仿真，验证对 RAM 的读/写操作是否正确。首先在 ModelSim 软件中创建一个名为 tb_ip_ram 的工程，在这里就不再给出软件创建工程的详细过程，如果大家对 ModelSim 软件的创建过程不熟悉，可以参考“4.2　ModelSim 软件的使用”。

tb_ip_ram 仿真文件源代码如下：

```
1  `timescale  1ns/1ns
2
```

```
3  module         tb_ip_ram       ;
4
5  parameter      SYS_PERIOD = 20 ;  //定义系统时钟周期
6
7  reg            clk             ;
8  reg            rst_n           ;
9
10 always #(SYS_PERIOD/2) clk <=  ~clk ;
11
12 initial begin
13           clk <= 1'b0 ;
14           rst_n <= 1'b0 ;
15          #(20 * SYS_PERIOD)
16           rst_n <= 1'b1 ;
17          end
18
19 //例化 ip_pll 模块
20 ip_ram  u_ip_ram(
21     .sys_clk            (clk),
22     .sys_rst_n          (rst_n)
23     );
24
25 endmodule
```

需要注意的是，对 IP 核的仿真需要在 ModelSim 工程中添加 altera_mf 文件仿真库，仿真库的路径在 Quartus Ⅱ 软件的安装路径下，路径为：D:\altera\13.1\quartus\eda\sim_lib\altera_mf.v（如果大家把 Quartus 安装在其他磁盘，可在对应的安装路径下找到仿真库文件）。建议大家把 alerta_mf 文件复制到工程的 sim\tb 文件夹下，方便添加至工程。工程创建完成后，把 tb_ip_ram.v 文件、ip_ram.v 文件、ram_rw.v 文件、ram_1port.v 文件和 altera_mf 文件添加至工程，然后编译各个文件（注意 altera_mf 文件编译时间较长），编译后的工程界面如图 11.4.11 所示。

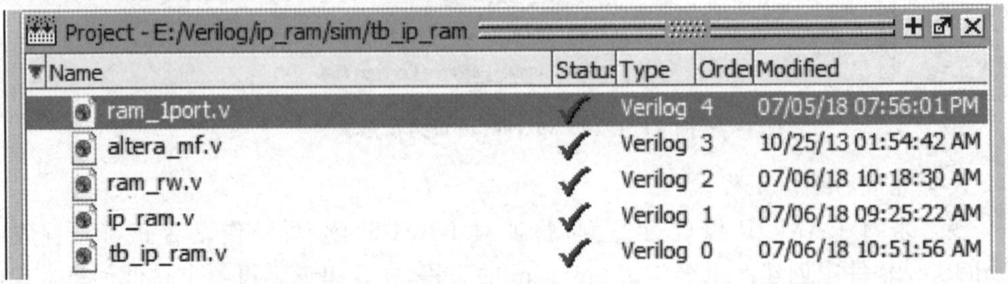

Project - E:/Verilog/ip_ram/sim/tb_ip_ram

Name	Status	Type	Order	Modified
ram_1port.v	✓	Verilog	4	07/05/18 07:56:01 PM
altera_mf.v	✓	Verilog	3	10/25/13 01:54:42 AM
ram_rw.v	✓	Verilog	2	07/06/18 10:18:30 AM
ip_ram.v	✓	Verilog	1	07/06/18 09:25:22 AM
tb_ip_ram.v	✓	Verilog	0	07/06/18 10:51:56 AM

图 11.4.11　ModelSim 工程界面

接下来就可以开始仿真了，仿真过程这里不再赘述，图 11.4.12 为 ModelSim 仿真的波形图。

由图 11.4.12 可以看到，ram_wr_en 信号拉高，ram_rd_en 信号拉低，说明此时是对 RAM 进行写操作。ram_wr_en 信号拉高之后，地址和数据都是从 0 开始累加，也就

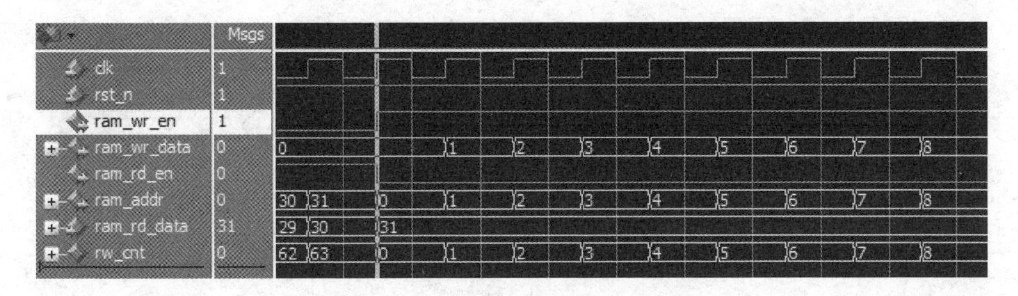

图 11.4.12　ModelSim 写数据仿真波形

说当 RAM 地址为 0 时，写入的数据也是 0；当 RAM 地址为 1 时，写入的数据也是 1，我们总共向 RAM 中写入 32 个数据。

图 11.4.13 为读 RAM 数据时 ModelSim 仿真的波形图。

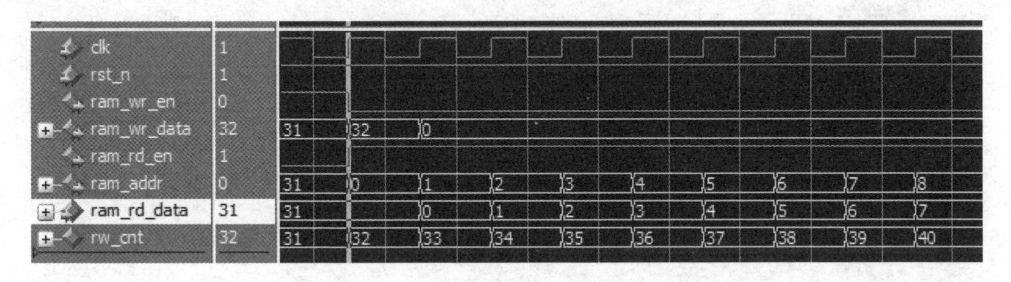

图 11.4.13　ModelSim 读数据仿真波形

由图 11.4.13 可以看到，ram_rd_en 信号拉高，ram_wr_en 信号拉低，说明此时是对 RAM 进行读操作。ram_rd_en(读使能)信号拉高之后，ram_addr 从 0 开始增加，也就是说从 RAM 的地址 0 开始读数据；RAM 中读出的数据 ram_rd_data 在延时一个时钟周期之后，开始输出数据，输出的数据为 0，1，2，…，和我们写入的值是相等的，也就是说，我们创建的 RAM IP 核从仿真结果上看是正确的。

11.5　下载验证

将下载器一端连接计算机，另一端与开发板上的 JTAG 下载口相连，最后连接电源线并打开电源开关。

接下来我们使用 SignalTap Ⅱ软件对 RAM IP 核进行调试，首先在 Quartus Ⅱ软件中创建一个 SignalTap Ⅱ调试文件，将 ram_wr_en、ram_rd_en、ram_addr、ram_wr_data 和 ram_rd_data 这 5 个信号添加至 SignalTap Ⅱ调试文件中，图 11.5.1 为 SignalTap 软件采集到的波形图。

ram_wr_en 信号拉高之后，地址和数据都是从 0 开始累加的，也就说当 RAM 地址为 0 时，写入的数据也是 0；当 RAM 地址为 1 时，写入的数据也是 1。我们可以发现，图 11.5.1 中的数据变化和 ModelSim 仿真软件仿真的波形是一致的。

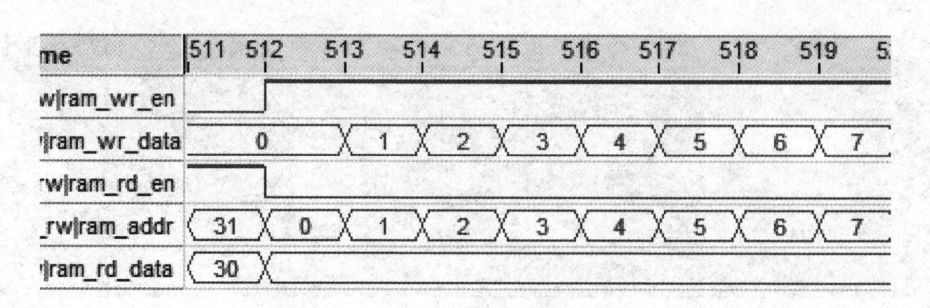

图 11.5.1　写 RAM 数据 SignalTap 波形图

图 11.5.2 为读 RAM 数据时 SignalTap 采集的波形图。

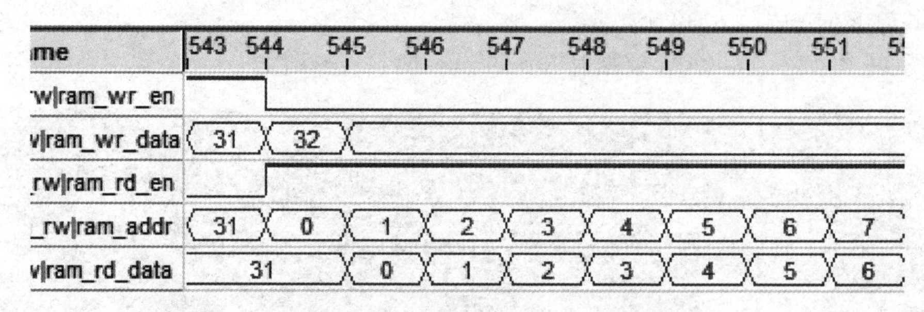

图 11.5.2　读 RAM 数据 SignalTap 波形图

ram_rd_en(读使能)信号拉高之后,ram_addr 从 0 开始增加,也就是说从 RAM 的地址 0 开始读数据;ram 中读出的数据 ram_rd_data 在延时一个时钟周期之后,开始输出数据,输出的数据为 0,1,2,…,和我们写入的值是相等的。我们可以发现,图 11.5.2 中的数据变化同样和 ModelSim 仿真软件仿真的波形是一致的。本次实验的 IP 核之 RAM 读/写实验验证成功。

第 12 章

IP 核之 FIFO 实验

FIFO 的英文全称是 First In First Out，即先进先出。FPGA 使用的 FIFO 一般指的是对数据的存储具有先进先出特性的一个缓存器，常被用于数据的缓存或者高速异步数据的交互，也即所谓的跨时钟域信号传递。它与 FPGA 内部的 RAM 和 ROM 的区别是没有外部读/写地址线，采取顺序写入数据，顺序读出数据的方式，使用起来简单方便，由此带来的缺点就是不能像 RAM 和 ROM 那样可以由地址线决定读取或写入某个指定的地址。本章我们将对 Quartus Ⅱ 软件生成的 FIFO IP 核进行读/写测试，向大家介绍 Altera FIFO IP 核的使用方法。

12.1 FIFO IP 核简介

FIFO 从输入时钟的角度来分，有两种类型：单时钟 FIFO（SCFIFO）和双时钟 FIFO(DCFIFO)，其中双时钟 FIFO 又可从输出数据的位宽的角度分为普通双时钟(DCFIFO)和混合宽度双时钟 FIFO（DCFIFO_MIXED_WIDTHS）。单时钟 FIFO 和双时钟 FIFO 的符号图如图 12.1.1 所示，从图中可以看到，单时钟 FIFO 具有一个独立的时钟端口 clock，因此所有的输入/输出信号都同步于 clock 信号。而在双时钟 FIFO 结构中，写端口和读端口分别有独立的时钟，所有与写相关的信号都是同步于写时钟 wrclk，所有与读相关的信号都是同步于读时钟 rdclk。在双时钟 FIFO 的符号图（见图 12.1.1(b)）中，位于图中上侧部分的以“data”和“wr”开头的信号为与写相关的所有信号，位于中间部分的以“q”和“rd”开头的信号为与读相关的所有信号，位于底部的为异步清零信号。

对于 FIFO 需要了解以下一些常见参数。

FIFO 的宽度：FIFO 一次读/写操作的数据位 N。

FIFO 的深度：FIFO 可以存储多少个宽度为 N 位的数据。

空标志：对于双时钟 FIFO 又分为读空标志 rdempty 和写空标志 wrempty。FIFO 已空或将要空时由 FIFO 的状态电路送出的一个信号，以阻止 FIFO 的读操作继续从 FIFO 中读出数据而造成无效数据的读出。

满标志：对于双时钟 FIFO 又分为读满标志 rdfull 和写满标志 wrfull。FIFO 已满或将要写满时由 FIFO 的状态电路送出一个信号，以阻止 FIFO 的写操作继续向 FIFO

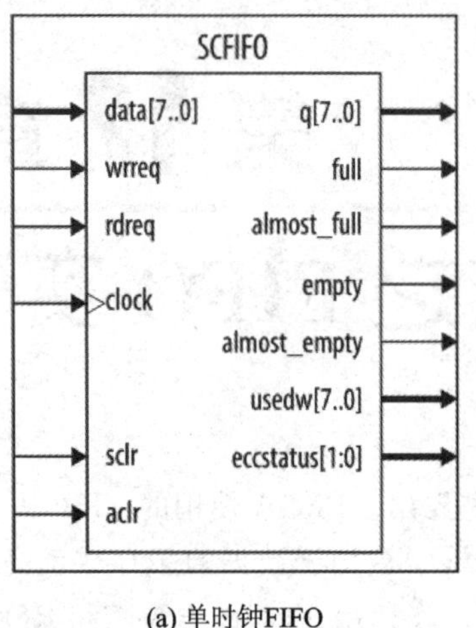

(a) 单时钟FIFO

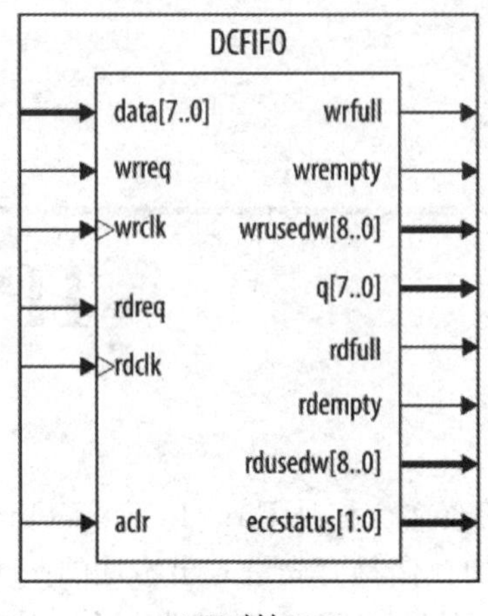

(b) 双时钟FIFO

图 12.1.1　单时钟 FIFO 与双时钟 FIFO 的符号图

中写数据而造成溢出。

读时钟：读 FIFO 时所遵循的时钟，在每个时钟的上升沿触发。

写时钟：写 FIFO 时所遵循的时钟，在每个时钟的上升沿触发。

对于 FIFO 的基本知识先了解这些就足够了，可能有人会好奇为什么会有单时钟 FIFO 和双时钟 FIFO，它们各自的用途是什么。之所以有单时钟 FIFO 和双时钟 FIFO 是因为各自的作用不同。单时钟 FIFO 常用于同步时钟的数据缓存，双时钟 FIFO 常用于跨时钟域的数据信号的传递，例如时钟域 A 下的数据 data1 传递给异步时钟域 B，当 data1 为连续变化信号时，如果直接传递给时钟域 B 则可能会导致收非所送的情况，即在采集过程中会出现包括亚稳态问题在内的一系列问题，使用双时钟 FIFO 能够将不同时钟域中的数据同步到所需的时钟域中。

12.2　实验任务

本节实验任务是使用 Quartus Ⅱ生成 FIFO IP 核，并实现当 FIFO 为空时就开始向 FIFO 中写入数据，直到 FIFO 写满为止；当 FIFO 为满时则开始从 FIFO 中读出数据，直到 FIFO 读空为止的功能。下面向大家详细介绍 FIFO IP 核的使用方法。

12.3　硬件设计

本章实验只用到了输入时钟信号和按键复位信号，没有用到其他硬件外设。

12.4　程序设计

根据实验任务要求和模块化设计的思想，需要如下 4 个模块，即 FIFO 模块、写

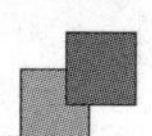

FIFO模块、读FIFO模块以及顶层例化模块，顶层模块用来实现前三个模块间的信号交互。由于FIFO多用于跨时钟域信号的处理，所以本实验使用双时钟FIFO向大家详细介绍双时钟FIFO IP核的创建和使用。为了方便大家理解，这里将读/写时钟都用系统时钟来驱动。系统的功能框图如图12.4.1所示。

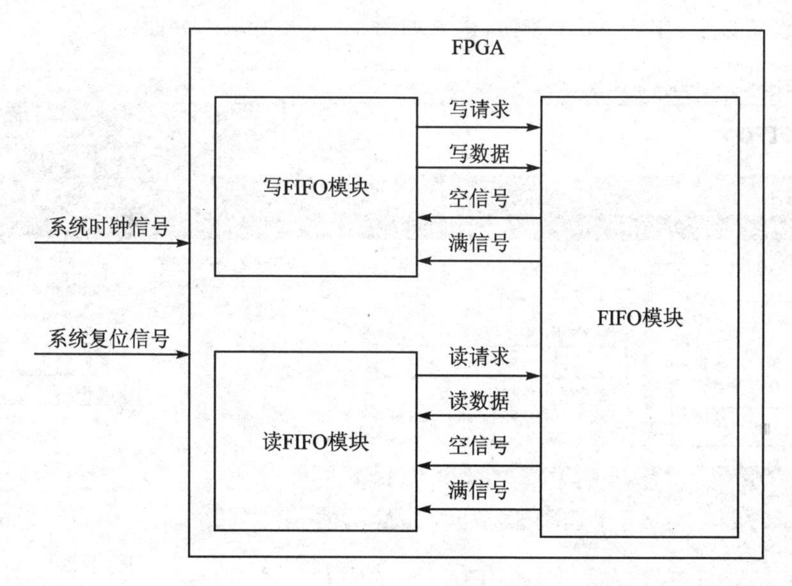

图12.4.1 系统框图

接下来我们在Quartus Ⅱ中创建一个名为ip_fifo的工程，创建好工程以后，再创建FIFO IP核。在Quartus Ⅱ软件的菜单栏中选择Tools→MegaWizard Plug - In Manager。

在弹出的界面中选择"创建一个新的IP核"，然后单击Next按钮，进入如图11.4.2所示的界面。

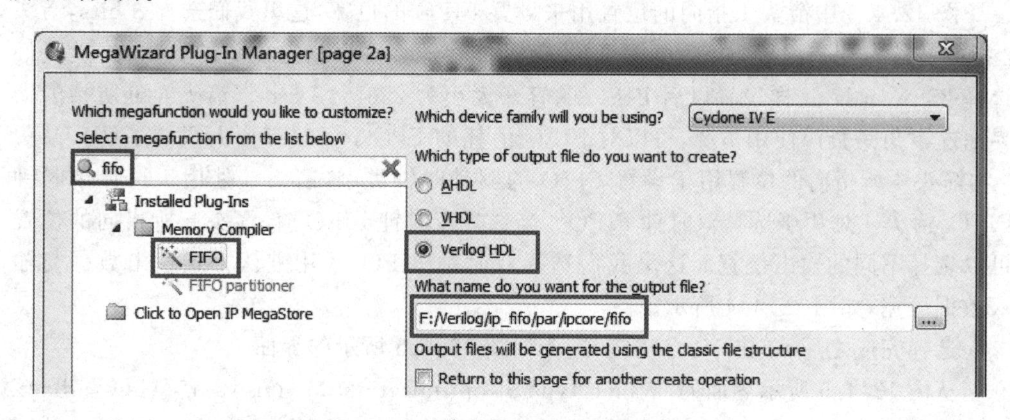

图12.4.2 选择FIFO IP核界面

在图12.4.2所示的界面中，我们可以在Memory Compiler下找到FIFO IP核，也可以直接在搜索框中输入FIFO找到它。在找到FIFO IP核以后，单击选中它，然后需要选择 FIFO IP 核保存的路径及名称。先在工程所在路径 par 文件夹下创建一个文件夹 ipcore,用于存放工程中用到的 IP 核(如果之前没有创建 ipcore 文件夹),然后在"What name do you want for the output file?"文本框中输入 IP 存放的路径及名称,这里我们命名为 fifo 并且选择创建的 IP 核代码为 Verilog HDL(默认为 Verilog HDL)。完成这些设置以后,单击 Next 按钮,进入如图 12.4.3 所示的界面。

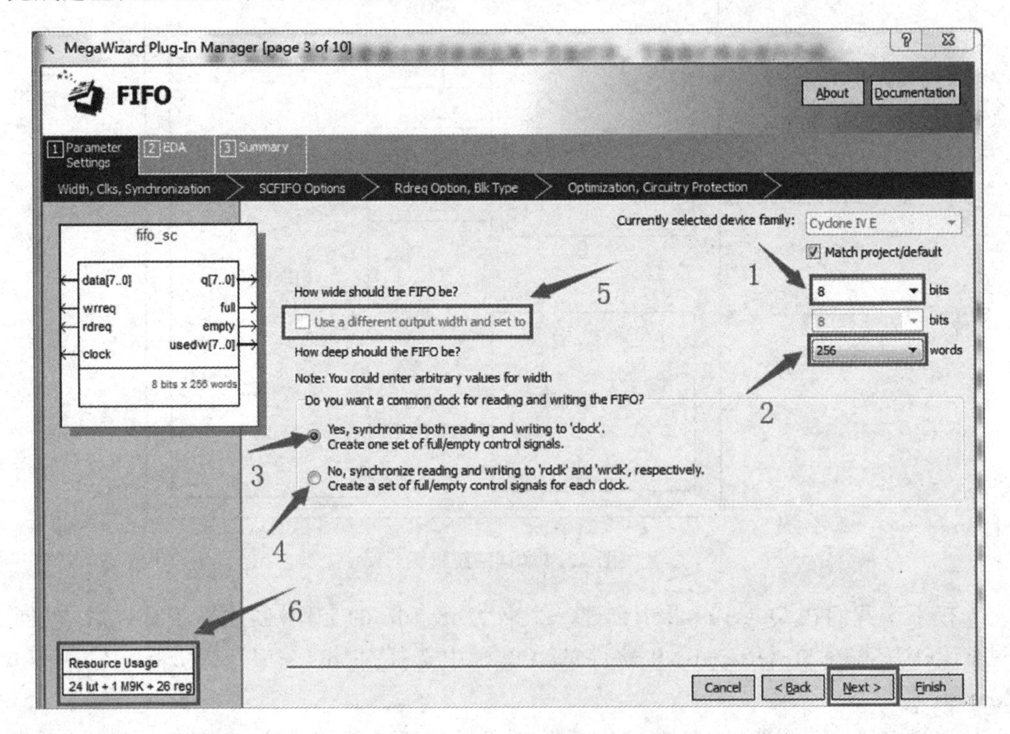

图 12.4.3　FIFO IP 核模式配置界面

图 12.4.3 中箭头 1 指向的位置用来设置 FIFO 的位宽,这里我们选择 8 bits,箭头 2 指向的位置用来设置 FIFO 的深度,也就是能存放多少个指定位宽的数据,这里我们选择 256 words,这样设置以后 FIFO 的容量大小为 256 个 8 bits。箭头 6 处所指的即界面左下角是资源使用情况,可以对 FIFO 消耗的 FPGA 资源有个大概的了解。箭头 3 和箭头 4 所指向的位置用于设置 FIFO 的驱动时钟类型,箭头 3 处用于选择单时钟 FIFO,箭头 4 处用于选择双时钟 FIFO。当选择双时钟 FIFO 时,箭头 5 所指向的位置可以选择不同的输出位宽。这里我们选择双时钟 FIFO,采用默认方式输出数据与输入数据等宽,如图 12.4.4 所示。

选择完成之后,单击 Next 按钮,进入如图 12.4.5 所示的界面。

从图 12.4.5 所示界面的"Which type of optimization do you want?"可以看出,该界面主要是用于对 DCFIFO 进行优化的,在箭头 1、2、3 所指处有 3 种针对读时钟同步、亚稳态保护,以及面积和速度的优化类型,下面就简单地介绍一下这 3 种优化类型。

① Lowest latency but requires synchronized clocks(最低延迟,但要求同步时钟):

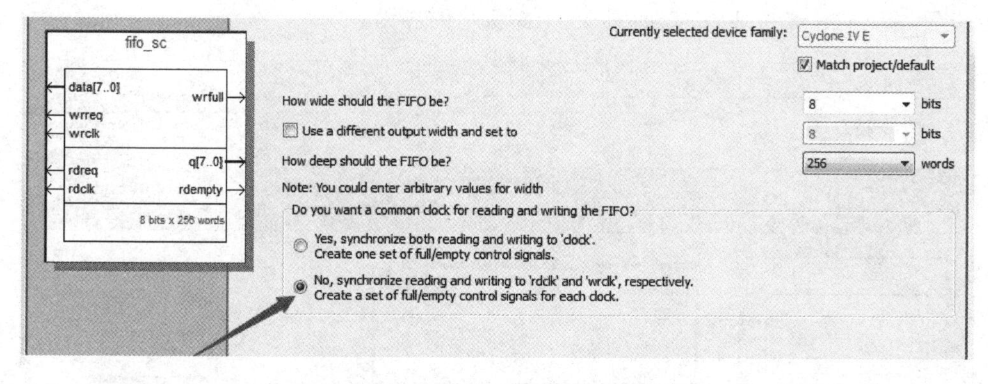

图12.4.4　选择双时钟FIFO

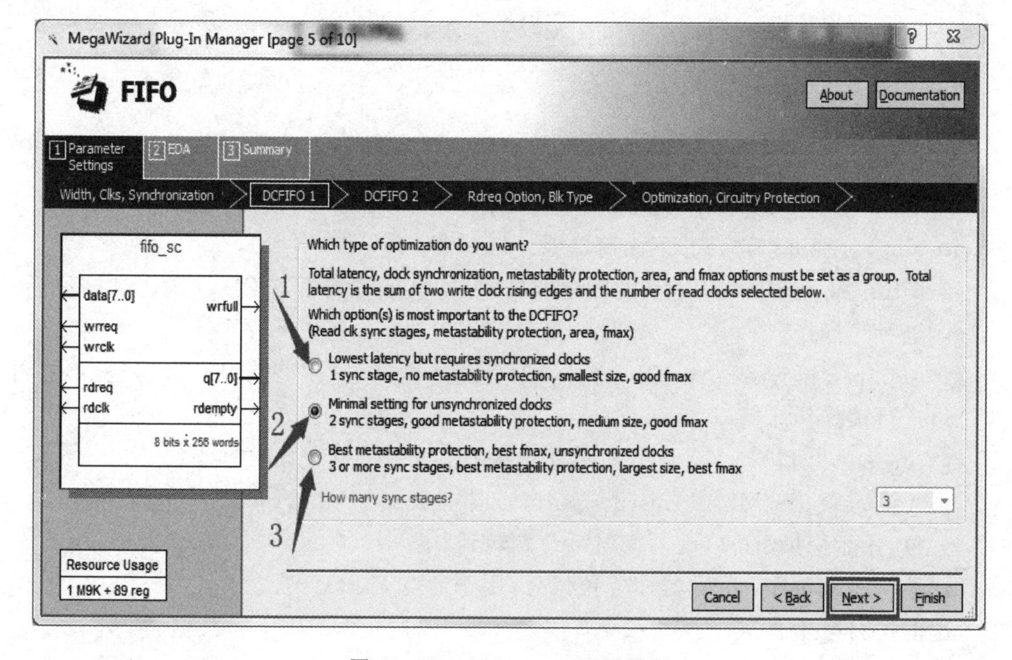

图12.4.5　DCFIFO 1配置界面

此选项使用一个同步阶段，没有亚稳态保护，适用于同步时钟。它是最小尺寸，提供良好的fmax。

② Minimal setting for unsynchronized clocks(异步时钟时的最小设置)：这个选项使用两个同步阶段，具有良好的亚稳态保护。它是中等尺寸，提供良好的fmax。

③ Best metastability protection, best fmax and unsynchronized clocks(异步时钟时最好的亚稳态保护，最好的fmax，不同步)：这个选项使用3个或更多的同步阶段，具有最好的亚稳态保护。它是最大尺寸，给出了最好的fmax。

在使用过程中，通常选择的是默认的中等优化，具体的优化主要还是看工程的要求，假如工程对速度和稳定性要求很高，同时资源又很多，那么就可以使用第三个选项；假如工程资源很紧张，那么就可以选择使用第一个资源少的优化。在此我们保持默认的设置,单击 Next 按钮,进入如图 12.4.6 所示的界面。

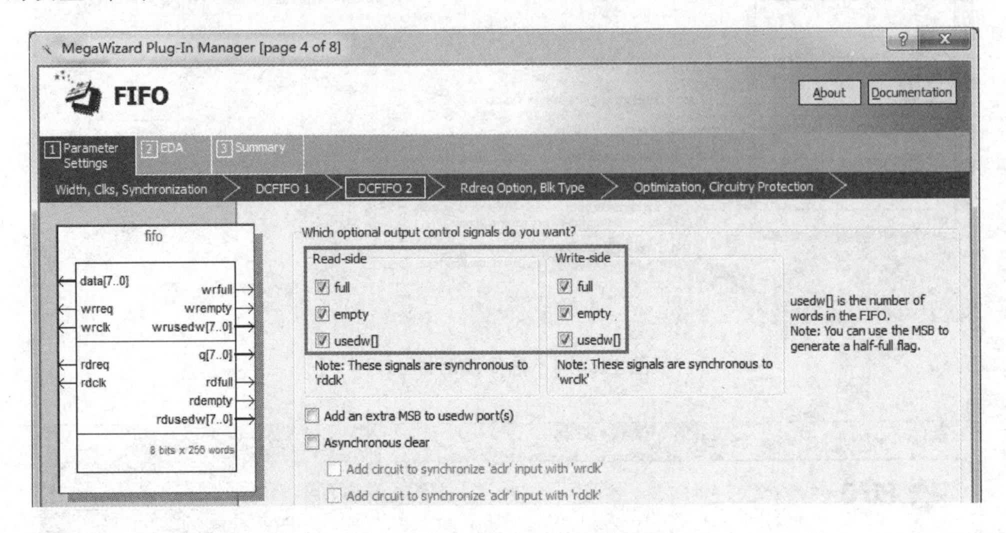

图 12.4.6　DCFIFO 2 配置界面

图 12.4.6 所示的界面用于选择可选的输出控制信号,从读方(Read side)和写方(Write side)分别进行选择。下面简单地介绍一下。

- rdfull 和 wrfull:FIFO 满的标记信号,为高电平时表示 FIFO 已满,此时不能再进行写操作。
- rdempty 和 wrempty:FIFO 空的标记信号,为高电平时表示 FIFO 已空,不能再进行读操作。
- rdusedw[]和 wrusedw[]:显示存储在 FIFO 中数据个数的信号。
- Add an extra MSB to usedw port(s):将 rdusedw 和 wrusedw 数据位宽增加 1 位,用于保护 FIFO 在写满时不会翻转到 0。
- Asynchronous clear:异步复位信号,用于清空 FIFO。

这里我们选择读空、读满、读侧数据量,以及写空、写满、写侧数据量,然后单击 Next 按钮,进入如图 12.4.7 所示的界面。

图 12.4.7 所示的界面用于选择输出模式和存储器类型。上面的方框为选择输出模式,输出模式有两种:正常模式和前显模式。对于正常模式,FIFO 将端口 rdreq 看作正常的读请求并在该端口信号为高电平进行读操作。对于前显模式,FIFO 将端口 rdreq 看作读确认信号,将 rdreq 信号置为高电平时将输出 FIFO 中的下一个数据字(如果存在)。如果使用前显模式,将会使设计性能下降。这里我们使用默认值:正常模式。

下面的方框用于指定实现存储器使用的存储块类型和存储器的存储深度,具体可选值与使用的 FPGA 芯片有关,默认为 Auto,一般使用默认值就可以了,单击 Next 按钮,进入如图 12.4.8 所示的界面。

图 12.4.8 所示的界面主要用于选择是否禁止上溢检测和下溢检测的保护电路。

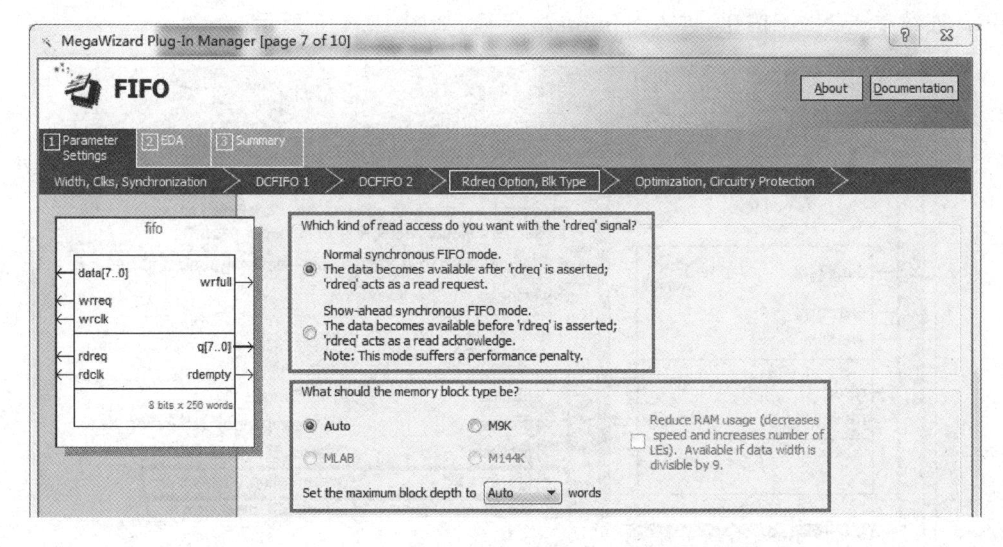

图 12.4.7　Rdreq Option,Blk Type 的配置界面

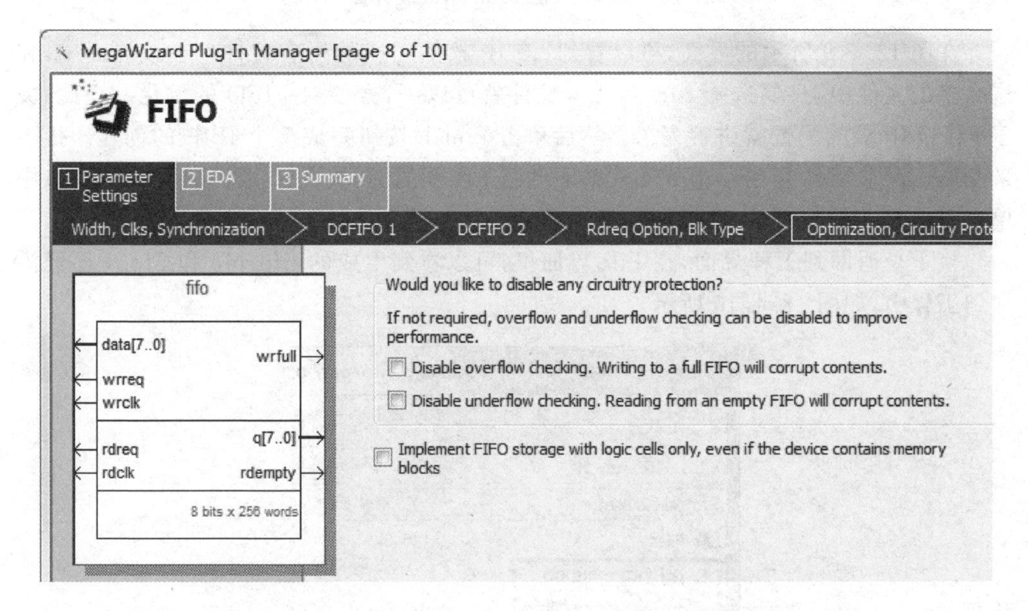

图 12.4.8　Optimization,Circuitry Protection 的配置界面

如果不需要上溢检测和下溢检测保护电路,则可以通过 Disable 来禁止它们。

上溢检测保护电路主要用于在 FIFO 满时禁止 wrreq 端口,下溢检测保护电路主要用于在 FIFO 空时,禁止 rdreq 端口,它们默认的状态是打开的。这里我们使用默认设置。

“Implement FIFO storage with logic cells only, even if the device contains memory blocks”选项使用逻辑单元实现 FIFO 存储器,即使器件拥有存储块。这里使用默认设置,用存储块实现 FIFO。

连续单击 Next 按钮，进入 Summary 界面，如图 12.4.9 所示。

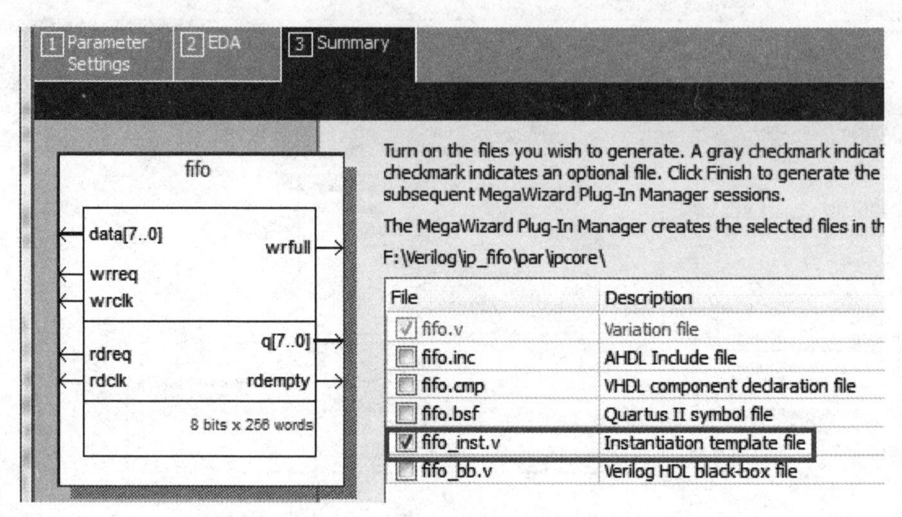

图 12.4.9　Summary 的配置界面

在图 12.4.9 所示的界面，可以看到，该 IP 核能生成的所有文件都在该界面中，在这么多的文件中，只要选择 fifo_inst.v 文件就可以了，方便对 FIFO 的例化。至此，关于 FIFO IP 核的配置就讲解完了。然后单击 Finish 按钮完成整个 IP 核的创建。接下来 Quartus Ⅱ 软件会在 ipcore 文件夹下创建 FIFO 的 IP 核文件，然后在弹出的窗口中单击 Yes 按钮将生成的 IP 核添加至工程。

接下来返回到工程界面，在 File 界面里，可以看到生成的 fifo.qip 和 fifo.v 已经添加到工程中，如图 12.4.10 所示。

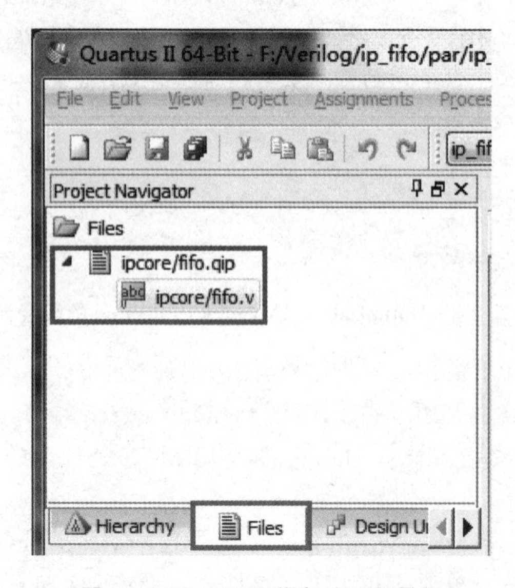

图 12.4.10　FIFO 添加至工程界面

打开 fifo.v 文件，可以看到使用 ModelSim 对 FIFO 文件进行仿真时需要添加一个名为 altera_mf 的仿真库，如图 12.4.11 所示。

```
6   // ============================================================
7   // File Name: fifo.v
8   // Megafunction Name(s):
9   //          dcfifo
10  //
11  // Simulation Library Files(s):
12  //          altera_mf
13  // ============================================================
```

图 12.4.11　FIFO_clk 文件注释说明

至此，FIFO IP 核的创建已经全部完成，接下来我们设计一个 Verilog 文件来对 FIFO 写入数据，文件名为 fifo_wr.v，编写的 Verilog 代码如下：

```
1  module fifo_wr(
2      //mudule clock
3      input                   clk     ,          //时钟信号
4      input                   rst_n   ,          //复位信号
5
6      //user interface
7      input                   wrempty ,          //写空信号
8      input                   wrfull  ,          //写满信号
9      output    reg   [7:0]   data    ,          //写入 FIFO 的数据
10     output                  wrreq              //写请求
11 );
12
13 //reg define
14 reg              wrreq_t ;                     //写信号
15 reg    [1:0]     flow_cnt/* synthesis preserve */;  //状态流转计数
16
17 //*****************************************************
18 //**                   main code
19 //*****************************************************
20
21 assign wrreq = ~wrfull & wrreq_t;
22
23 //向 FIFO 中写入数据
24 always @(posedge clk or negedge rst_n) begin
25     if(!rst_n) begin
26         wrreq_t <= 1'b0;
27         data    <= 8'd0;
28         flow_cnt <= 2'd0;
29     end
30     else begin
31         case(flow_cnt)
32             2'd0: begin
33                 if(wrempty) begin      //写空时，写请求拉高，跳到下一个状态
34                     wrreq_t <= 1'b1;
35                     flow_cnt <= flow_cnt + 1'b1;
```

```
36                end
37                else
38                    flow_cnt <= flow_cnt;
39            end
40            2'd1: begin                  //写满时,写请求拉低,跳回上一个状态
41                if(wrfull) begin
42                    wrreq_t <= 1'b0;
43                    data    <= 8'd0;
44                    flow_cnt <= 2'd0;
45                end
46                else begin               //没有写满的时候,写请求拉高,继续输入数据
47                    wrreq_t <= 1'b1;
48                    data    <= data + 1'd1;
49                end
50            end
51            default: flow_cnt <= 2'd0;
52        endcase
53    end
54 end
55
56 endmodule
```

写 FIFO 模块主要完成向 FIFO 中写入数据的功能,当 FIFO 为空时,向 FIFO 中写入数据;当 FIFO 写满之后,停止写入数据,然后重新判断 FIFO 是否为空。

然后设计一个 Verilog 文件来对 FIFO 进行读取数据,文件名为 fifo_rd.v,编写的 Verilog 代码如下:

```
1  module fifo_rd(
2      //system clock
3      input                     clk      ,           //时钟信号
4      input                     rst_n    ,           //复位信号(低有效)
5
6      //user interface
7      input             [7:0]   data     ,           //从 FIFO 输出的数据
8      input                     rdfull   ,           //读满信号
9      input                     rdempty  ,           //读空信号
10     output                    rdreq                //读请求
11 );
12
13 //reg define
14 reg              rdreq_t   ;
15 reg    [7:0]     data_fifo;                       //读取的 FIFO 数据
16 reg    [1:0]     flow_cnt /* synthesis preserve */; //状态流转计数
17
18 //*****************************************************
19 //**                    main code
20 //*****************************************************
21
22 assign rdreq = ~rdempty & rdreq_t;
23
```

```
24 //从 FIFO 中读取数据
25 always @(posedge clk or negedge rst_n) begin
26     if(!rst_n) begin
27         rdreq_t <= 1'b0;
28         data_fifo <= 8'd0;
29     end
30     else begin
31         case(flow_cnt)
32             2'd0: begin
33                 if(rdfull) begin
34                     rdreq_t <= 1'b1;
35                     flow_cnt <= flow_cnt + 1'b1;
36                 end
37                 else
38                     flow_cnt <= flow_cnt;
39             end
40             2'd1: begin
41                 if(rdempty) begin
42                     rdreq_t <= 1'b0;
43                     data_fifo <= 8'd0;
44                     flow_cnt   <= 2'd0;
45                 end
46                 else begin
47                     rdreq_t <= 1'b1;
48                     data_fifo <= data;
49                 end
50             end
51             default: flow_cnt <= 2'd0;
52         endcase
53     end
54 end
55
56 endmodule
```

读FIFO模块主要完成向FIFO中读出数据的功能，当FIFO数据为满的状态时，开始向FIFO中读出数据；当FIFO读空之后，停止读数据，然后重新判断FIFO是否为满的状态。

最后我们创建一个顶层文件，文件名为ip_fifo.v，例化FIFO模块、写FIFO模块wr_fifo、读FIFO模块rd_fifo，各模块的信号连接图如图12.4.12所示。

将FIFO模块输出的写空信号wrempty和写满信号wrfull连接至写FIFO模块(fifo_wr)，当写FIFO模块检测到写空信号wrempty拉高时，向FIFO模块发送写请求信号wrreq并写入数据；当检测到写满信号wrfull拉高时，停止向FIFO模块写入数据。将FIFO模块输出的读空信号rdempty和读满信号rdfull连接至读FIFO模块(fifo_rd)，当读FIFO模块检测到读满信号rdfull拉高时，向FIFO模块发送读请求信号rdreq并从FIFO模块读取数据；当检测到读空信号rdempty拉高时，停止从FIFO模块读取数据。

在ip_fifo模块添加至工程后，将其设置为顶层模块，然后编译工程。

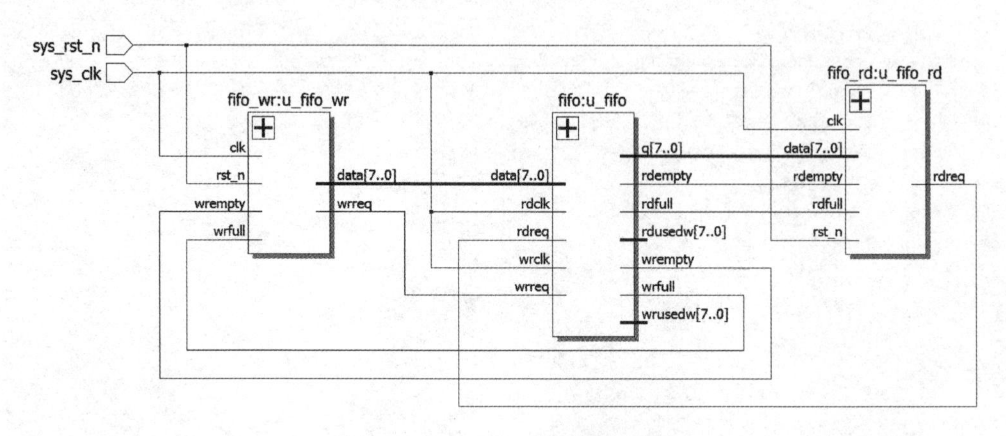

图 12.4.12　各模块信号连接图

接下来对 FIFO IP 核进行仿真，来验证对 FIFO 的读/写操作是否正确。ip_fifo_tb 仿真文件源代码如下：

```
1  `timescale  1ns/1ns
2  module ip_fifo_tb;
3
4 //parameter define
5  parameter   PERIOD = 20;          //定义系统时钟周期
6
7  //reg define
8  reg sys_clk;
9  reg sys_rst_n;
10
11 //初始化
12 initial begin
13     sys_clk <= 1'b0;
14     sys_rst_n <= 1'b0;
15     #(20 * PERIOD + 1)
16     sys_rst_n <= 1'b1;
17 end
18
19 always #(PERIOD) sys_clk = ~sys_clk;
20
21 ip_fifo u1_ip_fifo(
22  .sys_clk    (sys_clk),
23  .sys_rst_n (sys_rst_n)
24 );
25
26 endmodule
```

仿真波形如图 12.4.13 和图 12.4.14 所示。

可以看到在读空 FIFO 时，读空信号 rdempty 先拉高，过两个时钟周期后写空信号 wrempty 才拉高，这是由 FIFO 内部结构决定的，并且在写请求信号 wrreq 拉高后的第 4 个时钟周期读空信号 rdempty 才拉低。

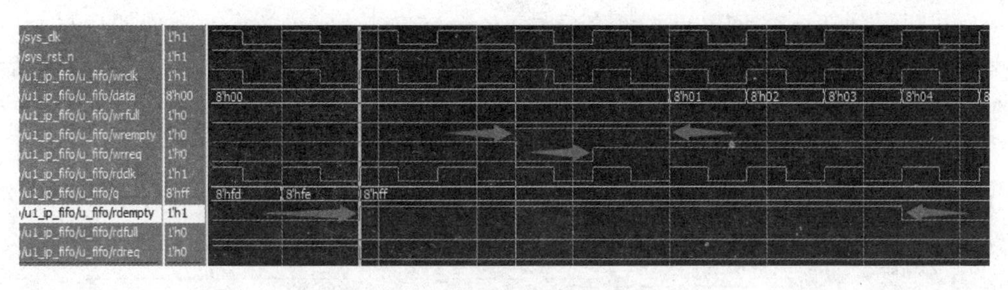

图 12.4.13　仿真波形(FIFO空)

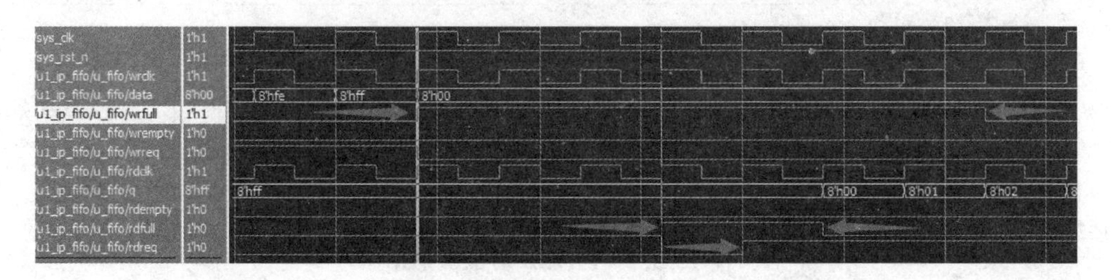

图 12.4.14　仿真波形(FIFO满)

由图12.4.14可以看到在写满信号wrfull拉高2个时钟周期后，读满信号rdfull才有效，并且在读请求信号rereq拉高后的第3个时钟周期写满信号wrfull才拉低。

12.5　下载验证

将下载器一端连接计算机，另一端与开发板上对应端口连接，最后连接电源线并打开电源开关。

接下来使用SignalTap Ⅱ软件对FIFO IP核进行调试，首先在Quartus Ⅱ软件中创建一个SignalTap Ⅱ调试文件，将wrempty、wrfull、wrreq、data、rdreq、rdempty、rdfull和q这8个信号添加至SignalTap Ⅱ调试文件中，图12.5.1为SignalTap Ⅱ软件采集到的FIFO空时的波形图。

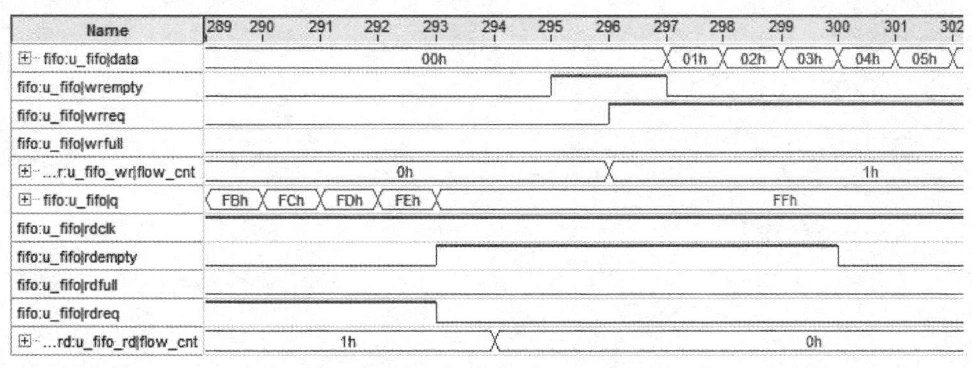

图 12.5.1　FIFO空时的波形图

可以看到在读空 FIFO 时，读空信号 rdempty 先拉高，过 2 个时钟周期后写空信号 wrempty 才拉高，这是由 FIFO 内部结构决定的，并且在写请求信号 wrreq 拉高后的第 4 个时钟周期读空信号 rdempty 才拉低。

图 12.5.2 为 SignalTap Ⅱ 软件采集到的 FIFO 满时的波形图。

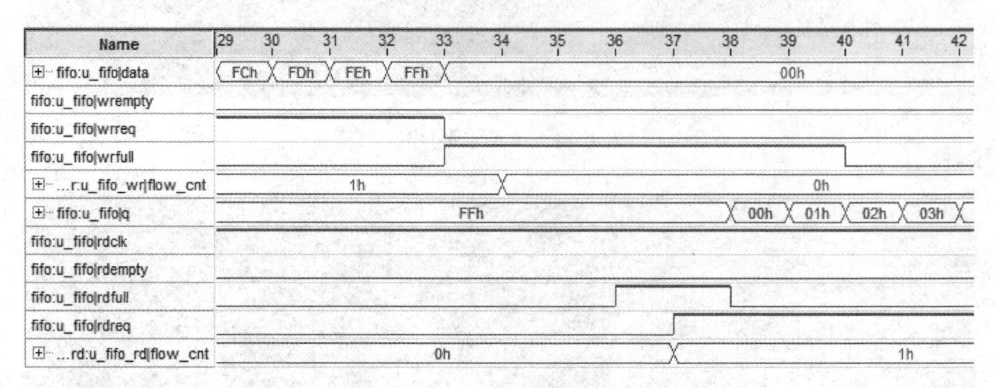

图 12.5.2 FIFO 满时的波形图

可以看到在写满信号 wrfull 拉高 2 个时钟周期后，读满信号 rdfull 才有效，并且在读请求信号 rereq 拉高后的第 3 个时钟周期写满信号 wrfull 才拉低。

第 13 章 UART 串口通信实验

串口是“串行接口”的简称，即采用串行通信方式的接口。串行通信将数据字节分成一位一位的形式在一条数据线上逐个传送，其特点是通信线路简单，但传输速度较慢。因此串口广泛应用于嵌入式、工业控制等领域中对数据传输速度要求不高的场合。本章将使用 FPGA 开发板上的 UART 串口完成上位机与 FPGA 的通信。

13.1 UART 串口简介

串行通信分为两种方式：同步串行通信和异步串行通信。同步串行通信需要通信双方在同一时钟的控制下，同步传输数据；异步串行通信是指通信双方使用各自的时钟控制数据的发送和接收的过程。

UART 是一种采用异步串行通信方式的通用异步收发传输器(Universal Asynchronous Receiver - Transmitter)，它在发送数据时将并行数据转换成串行数据来传输，在接收数据时将接收到的串行数据转换成并行数据。

UART 串口通信需要两根信号线来实现，一根用于串口发送，另一根负责串口接收。UART 在发送或接收过程中的一帧数据由 4 部分组成，起始位、数据位、奇偶校验位和停止位，如图 13.1.1 所示。其中，起始位标志着一帧数据的开始，停止位标志着一帧数据的结束，数据位是一帧数据中的有效数据。校验位分为奇校验和偶校验，用于检验数据在传输过程中是否出错。奇校验时，发送方应使数据位中 1 的个数与校验位中 1 的个数之和为奇数；接收方在接收数据时，对 1 的个数进行检查，若不为奇数，则说明数据在传输过程中出了差错。同样，偶校验则检查 1 的个数是否为偶数。

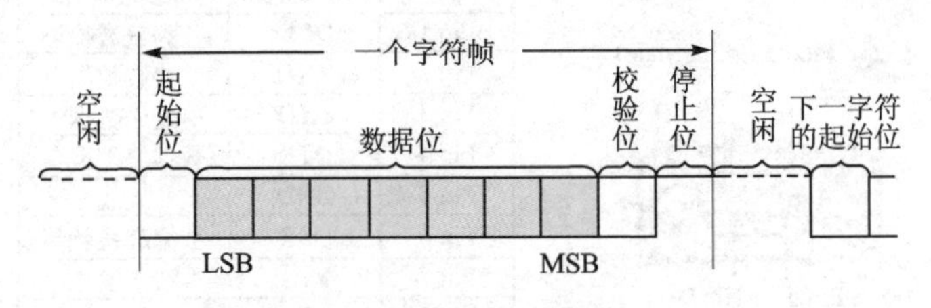

图 13.1.1 异步串行通信数据格式

UART 通信过程中的数据格式及传输速率是可设置的，为了正确地通信，收发双方应约定并遵循同样的设置。数据位可选择为 5、6、7、8 位，其中 8 位数据位是最常用的，在实际应用中一般都选择 8 位数据位；校验位可选择奇校验、偶校验或者无校验位；停止位可选择 1 位（默认）、1.5 或 2 位。串口通信的速率用波特率表示，它表示每秒传输二进制数据的位数，单位是 bit/s（位/秒），常用的波特率有 9 600、19 200、38 400、57 600 以及 115 200 等。

在设置好数据格式及传输速率之后，UART 负责完成数据的串并转换，而信号的传输则由外部驱动电路实现。电信号的传输过程有着不同的电平标准和接口规范，针对异步串行通信的接口标准有 RS232、RS422、RS485 等，它们定义了接口不同的电气特性，如 RS232 是单端输入/输出，而 RS422/485 为差分输入/输出等。

RS232 接口标准出现较早，可实现全双工工作方式，即数据发送和接收可以同时进行。在传输距离较短时（不超过 15 m），RS232 是串行通信最常用的接口标准，本章主要介绍针对 RS232 标准的 UART 串口通信。

RS232 标准的串口最常见的接口类型为 DB9，样式如图 13.1.2(a)所示，工业控制领域中用到的工控机一般都配备多个串口，很多老式台式机也都配有串口。但是笔记本电脑以及较新一点的台式机都没有串口，它们一般通过 USB 转串口线（见图 13.1.2(b)）来实现与外部设备的串口通信。

(a) DB9接口

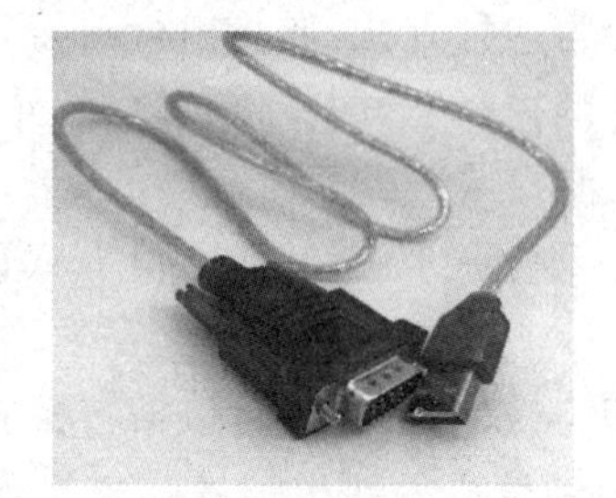

(b) USB串口线

图 13.1.2　DB9 接口和 USB 串口线

DB9 接口定义以及各引脚功能说明如图 13.1.3 所示，通常只用到其中的 2(RXD)、3(TXD)、5(GND)引脚，其他引脚在普通串口模式下一般不使用，如果大家想了解，可以自行百度一下。

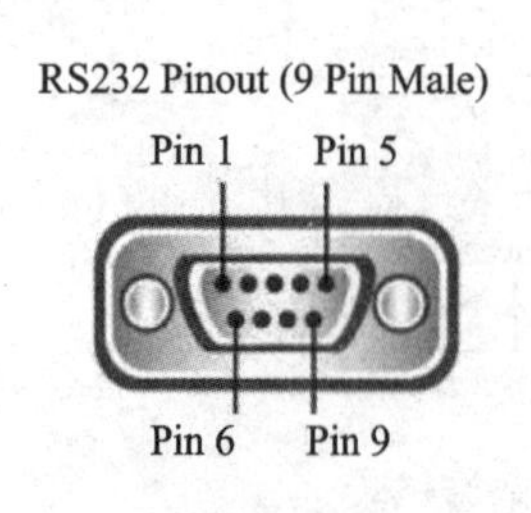

引脚编号	引脚名称	功能说明
Pin 1	DCD	数据载波检测
Pin 2	RXD	接收数据
Pin 3	TXD	发送数据
Pin 4	DTR	数据终端准备
Pin 5	GND	地线
Pin 6	DSR	数据准备就绪
Pin 7	RTS	请求发送
Pin 8	CTS	清除发送
Pin 9	RI	振铃提示

图 13.1.3　DB9 接口定义

13.2 实验任务

本节实验任务是上位机通过串口调试助手发送数据给 FPGA，FPGA 通过串口接收数据并将接收到的数据发送给上位机，完成串口数据环回。

13.3 硬件设计

开拓者 FPGA 开发板上有两种串口：一种是 DB9 接口类型的 RS232 串口，另一种是 USB 串口。

RS232 串口部分的原理图如图 13.3.1 所示。由于 FPGA 串口输入/输出引脚为 TTL 电平，用 3.3 V 代表逻辑“1”，0 V 代表逻辑“0”；而计算机串口采用 RS232 电平，它是负逻辑电平，即－15～－5 V 代表逻辑“1”，＋5～＋15 V 代表逻辑“0”。因此当计算机与 FPGA 通信时，需要加电平转换芯片 SP3232，实现 RS232 电平与 TTL 电平的转换。

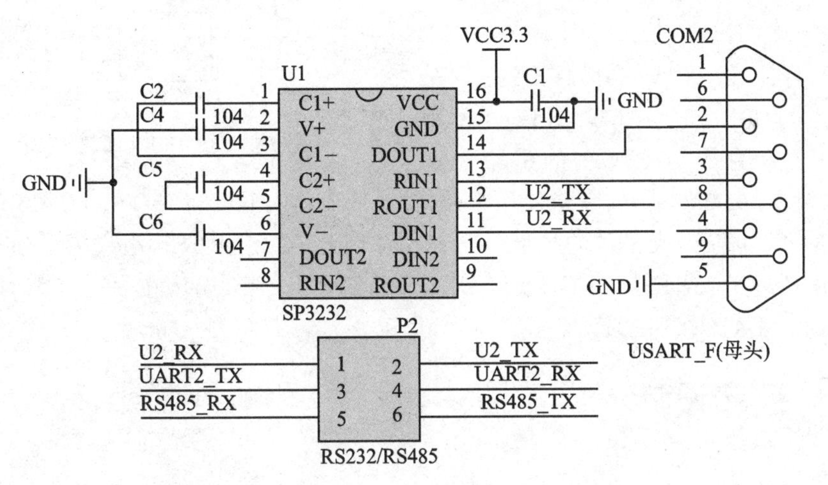

图 13.3.1 RS232 串口

这里需要注意的是，由图 13.3.1 可知，SP3232 芯片端口的 U2_RX 和 U2_TX 并没有直接和 FPGA 的引脚相连接，而是连接到开发板的 P2 口，RS232 串口和 RS485 串口共用 P2 口的 UART2_TX 和 UART2_RX，UART2_TX 和 UART2_RX 是直接和 FPGA 的引脚相连接的，这样的设计方式实现了有限 I/O 的多种复用功能。因此，在做 RS232 的通信实验时，需要使用杜邦线或者跳帽将 U2_RX 和 UART2_TX 连接在一起，U2_TX 和 UART2_RX 连接在一起。

由于 DB9 接口类型的 RS232 串口占用空间较大，所以很多系统已经选择 USB 转 TTL 方案，利用 CH340 芯片实现 USB 总线转 UART 功能，通过 Mini USB 接口实现与上位机通信。USB 串口原理图如图 13.3.2 所示，USB 串口选择口如图 13.3.3

所示。

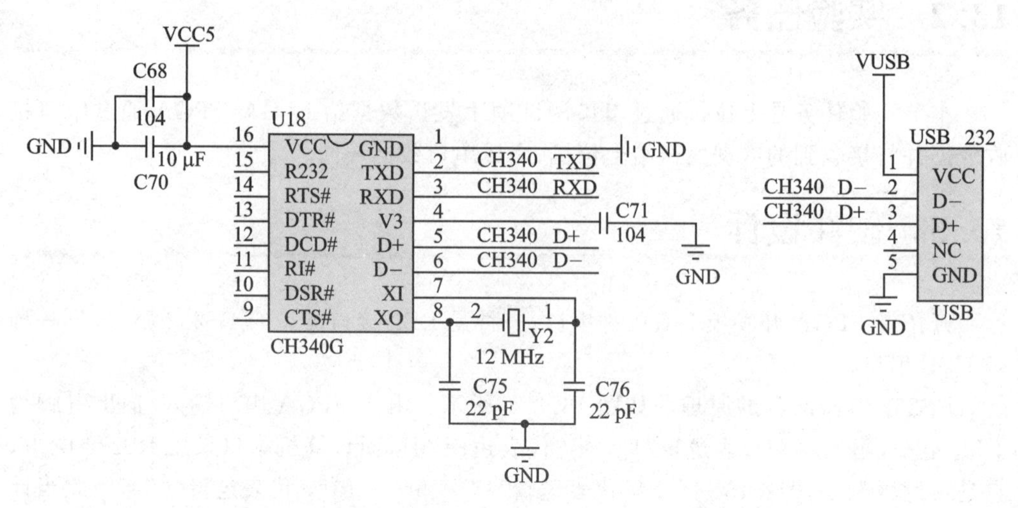

图 13.3.2　USB 串口

由图 13.3.2 和图 13.3.3 可知，CH340 芯片端口的 CH340_TXD 和 CH340_RXD 同样没有直接与 FPGA 的引脚相连接，而是连接到 P9 口，而 P9 口的 UART1_RX 和 UART1_TX 直接与 FPGA 的引脚相连接。这样设计的好处就是，在未使用 USB 串口做通信实验时，P9 口的 UART1_RX 和 UART1_TX 可以当成普通的扩展口来使用。因此，在使用 USB 串口做通信实验时，需要使用杜邦线或者跳帽将 CH340_TXD 和 UART1_RX 连接在一起，CH340_RXD 和 UART1_TX 连接在一起。

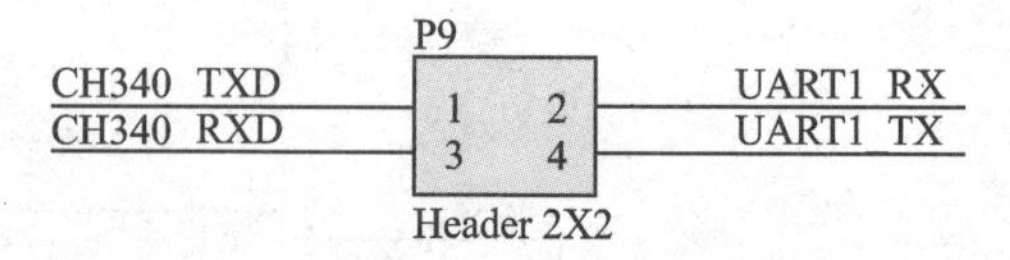

图 13.3.3　USB 串口选择口

13.4　程序设计

根据实验任务，不难想象本系统应该有一个串口接收模块，还要有一个发送模块，然后在顶层把接收模块收到的数据连接到发送模块，由此画出系统总体框架如图 13.4.1 所示。在 FPGA 内部实现串口接收与串口发送，串口接收模块接收上位机发送的数据，然后通过串口发送模块将数据发回到上位机，实现串口数据环回。

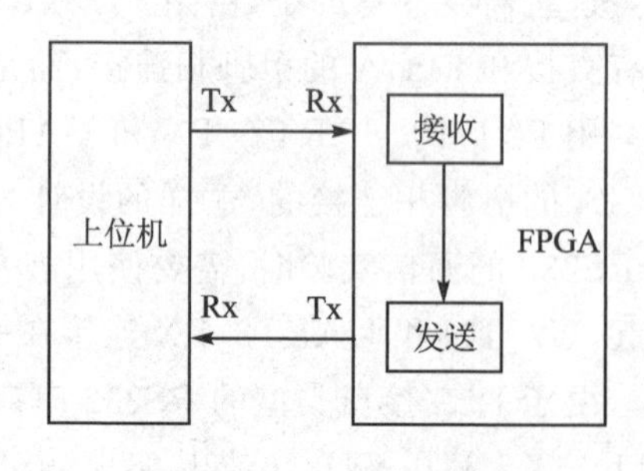

图 13.4.1　系统框图

在编写代码之前，首先要确定串口通信的数据格式及波特率。在这里选择串口比较常用的一种模式：数据位为 8 位，停止位为 1 位，无校验位，波特率为 115 200 bit/s。则传输一帧数据的时序图如图 13.4.2 所示。

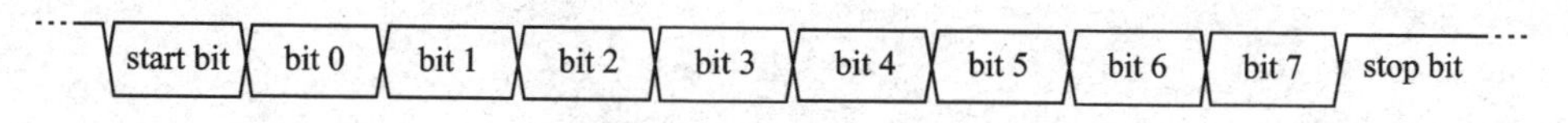

图 13.4.2 串口通信时序图

由系统总体框图可知，FPGA 部分包括三个模块，顶层模块(uart_top)、接收模块(uart_recv)和发送模块(uart_send)。其中在顶层模块中完成对另外两个模块的例化。

各模块端口及信号连接如图 13.4.3 所示。

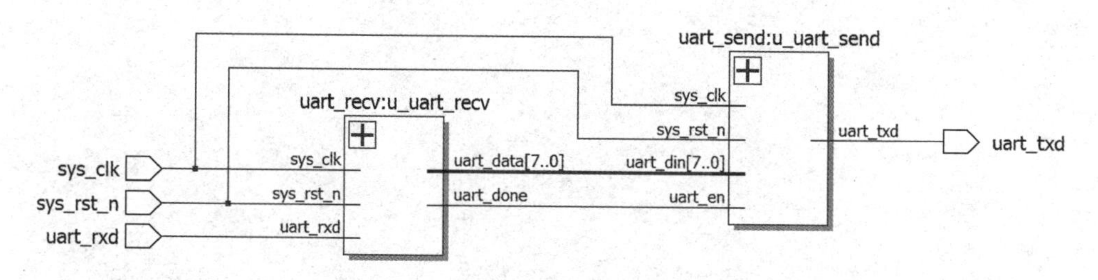

图 13.4.3 顶层模块原理图

uart_recv 为串口接收模块，从串口接收端口 uart_rxd 接收上位机发送的串行数据，并在一帧数据(8 位)接收结束后给出通知信号 uart_done；uart_send 为串口发送模块，以 uart_done 为发送使能信号，将接收到的数据 uart_data 通过串口发送端口 uart_txd 发送出去。

顶层模块的代码如下：

```
1  module uart_top(
2      input           sys_clk,            //外部 50 MHz 时钟
3      input           sys_rst_n,          //外部复位信号,低电平有效
4      //uart 接口
5      input           uart_rxd,           //UART 接收端口
6      output          uart_txd            //UART 发送端口
7      );
8
9  //parameter define
10 parameter  CLK_FREQ = 50000000;         //定义系统时钟频率
11 parameter  UART_BPS = 115200;           //定义串口波特率
12
13 //wire define
14 wire       uart_en_w;                   //UART 发送使能
15 wire [7:0] uart_data_w;                 //UART 发送数据
16 wire       clk_1m_w;                    //1 MHz 时钟,用于 SignalTap 调试
17
18 //*****************************************************
19 //**                    main code
20 //*****************************************************
21 clk_div u_pll(                          //时钟分频模块,用于调试
22     .inclk0         (sys_clk),
23     .c0             (clk_1m_w)
24 );
```

```
25
26 uart_recv #(                              //串口接收模块
27     .CLK_FREQ        (CLK_FREQ),          //设置系统时钟频率
28     .UART_BPS        (UART_BPS))          //设置串口接收波特率
29 u_uart_recv(
30     .sys_clk         (sys_clk),
31     .sys_rst_n       (sys_rst_n),
32
33     .uart_rxd        (uart_rxd),
34     .uart_done       (uart_en_w),
35     .uart_data       (uart_data_w)
36     );
37
38 uart_send #(                              //串口发送模块
39     .CLK_FREQ        (CLK_FREQ),          //设置系统时钟频率
40     .UART_BPS        (UART_BPS))          //设置串口发送波特率
41 u_uart_send(
42     .sys_clk         (sys_clk),
43     .sys_rst_n       (sys_rst_n),
44
45     .uart_en         (uart_en_w),
46     .uart_din        (uart_data_w),
47     .uart_txd        (uart_txd)
48     );
49
50 endmodule
```

需要注意的是，顶层模块中第 10、11 行定义了两个变量：系统时钟频率 CLK_FREQ 与串口波特率 UART_BPS，使用时根据不同的系统时钟频率以及所需要的串口波特率设置这两个变量。可以尝试将串口波特率 UART_BPS 设置为其他值（如 9 600），在模块例化时会将这个变量传递到串口接收与发送模块中，从而实现不同速率的串口通信。

串口接收模块的代码如下所示：

```
1   module uart_recv(
2       input                 sys_clk,                  //系统时钟
3       input                 sys_rst_n,                //系统复位，低电平有效
4
5       input                 uart_rxd,                 //UART 接收端口
6       output  reg           uart_done,                //接收一帧数据完成标志信号
7       output  reg [7:0] uart_data                     //接收的数据
8       );
9
10  //parameter define
11  parameter  CLK_FREQ  = 50000000;                    //系统时钟频率
12  parameter  UART_BPS  = 9600;                        //串口波特率
13  localparam BPS_CNT   = CLK_FREQ/UART_BPS;           //对系统时钟计数 BPS_CNT 次
14
15  //reg define
16  reg          uart_rxd_d0;
```

```
17  reg          uart_rxd_d1;
18  reg [15:0]   clk_cnt;                              //系统时钟计数器
19  reg [ 3:0]   rx_cnt;                               //接收数据计数器
20  reg          rx_flag;                              //接收过程标志信号
21  reg [ 7:0]   rxdata;                               //接收数据寄存器
22
23  //wire define
24  wire         start_flag;
25
26  //*****************************************************
27  //**                    main code
28  //*****************************************************
29  //捕获接收端口下降沿(起始位),得到一个时钟周期的脉冲信号
30  assign  start_flag = uart_rxd_d1 & (~uart_rxd_d0);
31
32  //对 UART 接收端口的数据延迟两个时钟周期
33  always @(posedge sys_clk or negedge sys_rst_n) begin
34      if (!sys_rst_n) begin
35          uart_rxd_d0 <= 1'b0;
36          uart_rxd_d1 <= 1'b0;
37      end
38      else begin
39          uart_rxd_d0   <= uart_rxd;
40          uart_rxd_d1   <= uart_rxd_d0;
41      end
42  end
43
44  //当脉冲信号 start_flag 到达时,进入接收过程
45  always @(posedge sys_clk or negedge sys_rst_n) begin
46      if (!sys_rst_n)
47          rx_flag <= 1'b0;
48      else begin
49          if(start_flag)                             //检测到起始位
50              rx_flag <= 1'b1;                       //进入接收过程,标志位 rx_flag 拉高
51          else if((rx_cnt == 4'd9)&&(clk_cnt == BPS_CNT/2))
52              rx_flag <= 1'b0;                       //计数到停止位中间时,停止接收过程
53          else
54              rx_flag <= rx_flag;
55      end
56  end
57
58  //进入接收过程后,启动系统时钟计数器与接收数据计数器
59  always @(posedge sys_clk or negedge sys_rst_n) begin
60      if (!sys_rst_n) begin
61          clk_cnt <= 16'd0;
62          rx_cnt   <= 4'd0;
63      end
64      else if ( rx_flag ) begin                      //处于接收过程
65          if (clk_cnt <BPS_CNT - 1) begin
66              clk_cnt <= clk_cnt + 1'b1;
67              rx_cnt   <= rx_cnt;
68          end
```

```
69              else begin
70                  clk_cnt <= 16'd0;                //对系统时钟计数达一个波特率周期后清零
71                  rx_cnt   <= rx_cnt + 1'b1;       //此时接收数据计数器加 1
72              end
73          end
74          else begin                               //接收过程结束,计数器清零
75              clk_cnt <= 16'd0;
76              rx_cnt   <= 4'd0;
77          end
78  end
79
80  //根据接收数据计数器来寄存 UART 接收端口数据
81  always @(posedge sys_clk or negedge sys_rst_n) begin
82      if ( !sys_rst_n)
83          rxdata <= 8'd0;
84      else if(rx_flag)                             //系统处于接收过程
85          if (clk_cnt == BPS_CNT/2) begin          //系统时钟计数器计数到数据位中间
86              case ( rx_cnt )
87               4'd1 : rxdata[0] <= uart_rxd_d1; //寄存数据位最低位
88               4'd2 : rxdata[1] <= uart_rxd_d1;
89               4'd3 : rxdata[2] <= uart_rxd_d1;
90               4'd4 : rxdata[3] <= uart_rxd_d1;
91               4'd5 : rxdata[4] <= uart_rxd_d1;
92               4'd6 : rxdata[5] <= uart_rxd_d1;
93               4'd7 : rxdata[6] <= uart_rxd_d1;
94               4'd8 : rxdata[7] <= uart_rxd_d1; //寄存数据位最高位
95               default:;
96              endcase
97          end
98          else
99              rxdata <= rxdata;
100     else
101         rxdata <= 8'd0;
102 end
103
104 //数据接收完毕后给出标志信号并寄存输出接收到的数据
105 always @(posedge sys_clk or negedge sys_rst_n) begin
106     if (!sys_rst_n) begin
107         uart_data <= 8'd0;
108         uart_done <= 1'b0;
109     end
110     else if(rx_cnt == 4'd9) begin                //接收数据计数器计数到停止位时
111         uart_data <= rxdata;                     //寄存输出接收到的数据
112         uart_done <= 1'b1;                       //并将接收完成标志位拉高
113     end
114     else begin
115         uart_data <= 8'd0;
116         uart_done <= 1'b0;
117     end
118 end
119
120 endmodule
```

串口接收模块程序中第29～42行是一个经典的边沿检测电路，通过检测串口接收端uart_rxd的下降沿来捕获起始位。一旦检测到起始位，就输出一个时钟周期的脉冲start_flag，并进入串口接收过程。串口接收状态用rx_flag来标志，rx_flag为高，标志着串口接收过程正在进行，此时启动系统时钟计数器clk_cnt与接收数据计数器rx_cnt。

由第13行的公式BPS_CNT = CLK_FREQ/UART_BPS可知，BPS_CNT为当前波特率下，串口传输一位所需要的系统时钟周期数。因此clk_cnt从零计数到BPS_CN－1时，串口刚好完成一位数据的传输。由于接收数据计数器rx_cnt在每次clk_cnt计数到BPS_CN－1时加1，因此由rx_cnt的值可以判断串口当前传输的是第几位数据。第80～102行就是根据clk_cnt的值将UART接收端口的数据寄存到接收数据寄存器对应的位，从而实现接收数据的串并转换。其中第85行选择clk_cnt计数至BPS_CNT/2时寄存接收端口数据，是因为计数到数据中间时的采样结果最稳定。

程序中需要额外注意的地方是串口接收过程结束条件的判定，由第51行可知，在计数到停止位中间时，标志位rx_flag就已经拉低。这样做是因为虽然此时一帧数据传输还没有完成(停止位只传送到一半)，但是数据位已经寄存完毕。而在连续接收数据时，提前半个波特率周期结束接收过程可以为检测下一帧数据的起始位留出充足的时间。

图13.4.4为接收过程中SignalTap抓取的波形图，上位机通过串口发送十六进制数5A，从图中可以看到接收模块能够正确接收串口数据并完成串并转换。

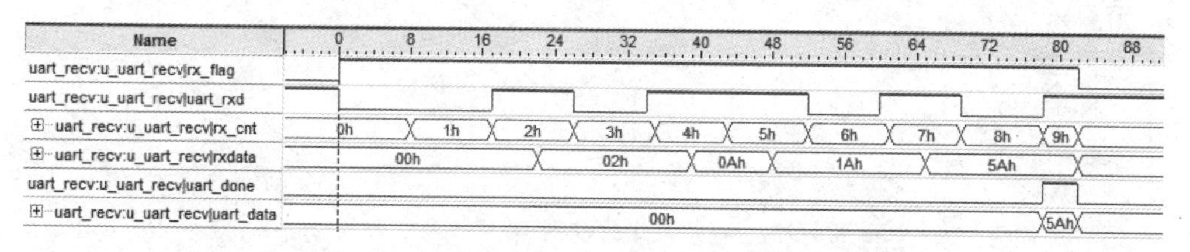

图13.4.4 接收过程SignalTap波形图

串口发送模块与串口接收模块异曲同工，代码中也给出了详尽的注释，此处不再赘述。

串口发送模块代码如下所示：

```
1    module uart_send(
2        input            sys_clk,                  //系统时钟
3        input            sys_rst_n,                //系统复位，低电平有效
4
5        input            uart_en,                  //发送使能信号
6        input   [7:0]    uart_din,                 //待发送数据
7        output  reg   uart_txd                     //UART发送端口
8        );
9
10   //parameter define
11   parameter  CLK_FREQ = 50000000;               //系统时钟频率
```

```
12  parameter  UART_BPS = 9600;                     //串口波特率
13  localparam BPS_CNT   = CLK_FREQ/UART_BPS;   //为得到指定波特率,对系统时钟计数 BPS_CNT 次
14
15  //reg define
16  reg         uart_en_d0;
17  reg         uart_en_d1;
18  reg [15:0]  clk_cnt;                            //系统时钟计数器
19  reg [ 3:0]  tx_cnt;                             //发送数据计数器
20  reg         tx_flag;                            //发送过程标志信号
21  reg [ 7:0]  tx_data;                            //寄存发送数据
22
23  //wire define
24  wire        en_flag;
25
26 //*****************************************************
27 //**                    main code
28 //*****************************************************
29  //捕获 uart_en 上升沿,得到一个时钟周期的脉冲信号
30  assign en_flag = (~uart_en_d1) & uart_en_d0;
31
32  //对发送使能信号 uart_en 延迟两个时钟周期
33  always @(posedge sys_clk or negedge sys_rst_n) begin
34      if (!sys_rst_n) begin
35          uart_en_d0 <= 1'b0;
36          uart_en_d1 <= 1'b0;
37      end
38      else begin
39          uart_en_d0 <= uart_en;
40          uart_en_d1 <= uart_en_d0;
41      end
42  end
43
44  //当脉冲信号 en_flag 到达时,寄存待发送的数据,并进入发送过程
45  always @(posedge sys_clk or negedge sys_rst_n) begin
46      if (!sys_rst_n) begin
47          tx_flag <= 1'b0;
48          tx_data <= 8'd0;
49      end
50      else if (en_flag) begin                     //检测到发送使能上升沿
51              tx_flag <= 1'b1;                    //进入发送过程,标志位 tx_flag 拉高
52              tx_data <= uart_din;                //寄存待发送的数据
53          end
54          else
55          if ((tx_cnt == 4'd9)&&(clk_cnt == BPS_CNT/2))
56          begin                                   //计数到停止位中间时,停止发送过程
57              tx_flag <= 1'b0;                    //发送过程结束,标志位 tx_flag 拉低
58              tx_data <= 8'd0;
59          end
60          else begin
61              tx_flag <= tx_flag;
62              tx_data <= tx_data;
```

```
63              end
64  end
65
66  //进入发送过程后,启动系统时钟计数器与发送数据计数器
67  always @(posedge sys_clk or negedge sys_rst_n) begin
68      if (!sys_rst_n) begin
69          clk_cnt  <= 16'd0;
70          tx_cnt   <= 4'd0;
71      end
72      else if (tx_flag) begin                        //处于发送过程
73          if (clk_cnt  <BPS_CNT - 1) begin
74              clk_cnt  <= clk_cnt + 1'b1;
75              tx_cnt   <= tx_cnt;
76          end
77          else begin
78              clk_cnt  <= 16'd0;                     //对系统时钟计数达一个波特率周期后清零
79              tx_cnt   <= tx_cnt + 1'b1;             //此时发送数据计数器加 1
80          end
81      end
82      else begin                                     //发送过程结束
83          clk_cnt  <= 16'd0;
84          tx_cnt   <= 4'd0;
85      end
86  end
87
88  //根据发送数据计数器来给 UART 发送端口赋值
89  always @(posedge sys_clk or negedge sys_rst_n) begin
90      if (!sys_rst_n)
91          uart_txd <= 1'b1;
92      else if (tx_flag)
93          case(tx_cnt)
94              4'd0: uart_txd <= 1'b0;                //起始位
95              4'd1: uart_txd <= tx_data[0];          //数据位最低位
96              4'd2: uart_txd <= tx_data[1];
97              4'd3: uart_txd <= tx_data[2];
98              4'd4: uart_txd <= tx_data[3];
99              4'd5: uart_txd <= tx_data[4];
100             4'd6: uart_txd <= tx_data[5];
101             4'd7: uart_txd <= tx_data[6];
102             4'd8: uart_txd <= tx_data[7];          //数据位最高位
103             4'd9: uart_txd <= 1'b1;                //停止位
104             default: ;
105         endcase
106     else
107         uart_txd <= 1'b1;                          //空闲时发送端口为高电平
108 end
109
110 endmodule
```

图 13.4.5 为发送过程中 SignalTap 抓取的波形图，发送模块将十六进制数 5A 发送到 uart_txd 端口，从图中可以看到发送模块能够完成并串转换并正确发送串口

数据。

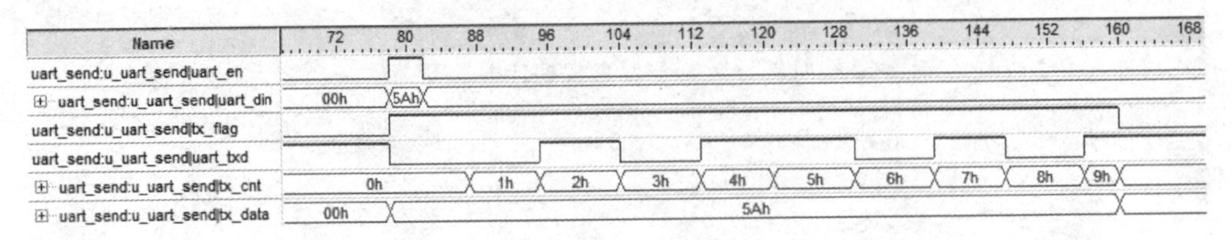

图 13.4.5　发送过程 SignalTap 波形图

13.5　下载验证

将 USB 串口线与下载器一端连计算机，另一端与开发板上对应端口连接，并确保两个跳帽均已经连接，如图 13.5.1 所示。然后连接电源线（USB 线可以给开发板提供电源，这里电源线也可以不连接）并打开电源开关。

图 13.5.1　开拓者跳帽连接、JTAG 下载口、USB 串口位置

注意上位机第一次使用 USB 串口线与 FPGA 开发板连接时，需要安装 USB 串口驱动。在开发板随机附送的资料中找到“6_软件资料/1_软件/CH340 驱动(USB 串口驱动)”文件夹，双击打开文件夹中的“SETUP. EXE”文件进行安装，驱动安装界面如图 13.5.2 所示。界面中提示 INF 文件为 CH341SER. INF，不需要理会（CH341、CH340 驱动是共用的），直接单击“安装”按钮即可。

开发板电源打开后，打开本次实验工程，并将 .sof 文件下载到开发板中。

接下来打开串口助手。串口助手是上位机中用于辅助串口调试的小工具，可以选择安装使用开发板随机附送资料中“6_软件资料/1_软件/串口调试助手”文件夹中提供的 XCOM 串口助手。在上位机中打开串口助手 XCOM V2.0，如图 13.5.3 所示。

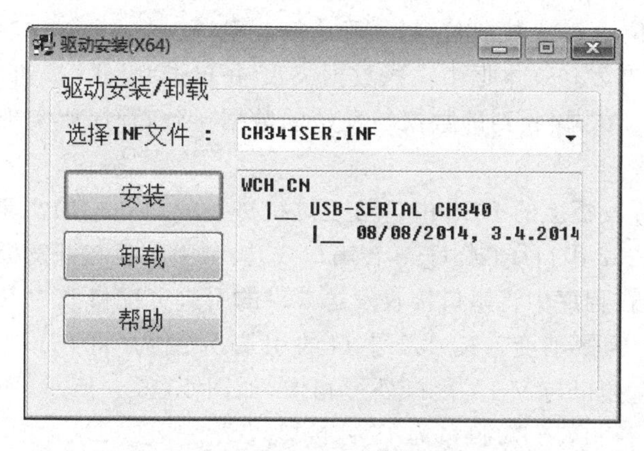

图 13.5.2 USB 串口驱动安装界面

图 13.5.3 串口助手操作界面

在串口助手中选择与开发板相连接的 CH340 虚拟串口,具体的端口号(这里是 COM4)需要根据实际情况选择,可以在计算机设备器中查看。设置波特率为 115 200,

数据位为 8,停止位为 1,无校验位,最后确认打开串口。

串口打开后,在发送文本框中输入数据“5A”并单击“发送”按钮,可以看到串口助手中接收到数据“5A”,接收到的数据与发送的数据一致,程序所实现的串口数据环回功能验证成功。

到这里利用开发板上的 USB 串口与上位机进行串口通信的实验已经完成了。如果大家想通过 RS232 串口线(或 USB 转串口线)验证上位机与开发板上的 RS232 串口通信,那么只需要在程序中将串口接收发送端口的引脚分配修改为 RS232 串口对应的 FPGA 引脚,其余步骤不变。RS232 串口的引脚分配为 uart_rxd(A12)、uart_txd(B12)。由于 DB9 接口与 VGA 接口外形相像,如图 13.5.4 所示,所以使用时请注意区分(DB9 为 9 针接口,VGA 接口为 15 针接口)。

图 13.5.4　开拓者 RS232

第 14 章 VGA 彩条显示实验

VGA 是 IBM 公司于 1987 年推出的一种视频传输标准，它具有分辨率高、显示速率快、颜色丰富等优点，因而在彩色显示器领域得到了广泛的应用。虽然由于体积较大等原因，VGA 接口已经逐渐被笔记本电脑淘汰，但是对于台式机而言，VGA 仍是制造商所支持的最低显示标准。

14.1 VGA 简介

VGA 的全称是 Video Graphics Array，即视频图形阵列，是一个使用模拟信号进行视频传输的标准。早期的 CRT 显示器由于设计制造上的原因，只能接收模拟信号输入，因此计算机内部的显卡负责进行数/模转换，而 VGA 接口就是显卡上输出模拟信号的接口。如今液晶显示器虽然可以直接接收数字信号，但是为了兼容显卡上的 VGA 接口，也大都支持 VGA 标准。

VGA 接口如图 14.1.1 所示。

VGA 接口定义及各引脚功能说明如图 14.1.2 所示，我们一般只用到其中的 1(RED)、2(GREEN)、3(BLUE)、13(HSYNC)、14(VSYNC)信号。引脚 1、2、3 分别输出红、绿、蓝三原色模拟信号，电压变化范围为 0～0.714 V，0 V 代表无色，0.714 V 代表满色；引脚 13、14 输出 TTL 电平标准的行/场同步信号。

图 14.1.1　VGA 接口

在 VGA 视频传输标准中，视频图像被分解为红、绿、蓝三原色信号，经过数/模转换之后，在行同步(HSYNC)和场同步(VSYNC)信号的同步下分别在 3 个独立通道传输。VGA 在传输过程中的同步时序分为行时序和场时序，如图 14.1.3 和图 14.1.4 所示。

从图 14.1.3 和图 14.1.4 中我们可以看到 VGA 传输过程中的行同步时序和场同步时序非常类似，一行或一场(又称一帧)数据都分为 4 个部分：低电平同步脉冲、显示后沿、有效数据段以及显示前沿。

行同步信号 HSYNC 在一个行扫描周期中完成一行图像的显示，其中在 a 段维持一段时间的低电平用于数据同步，其余时间拉高；在有效数据期间(c 段)，红绿蓝三原

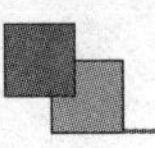

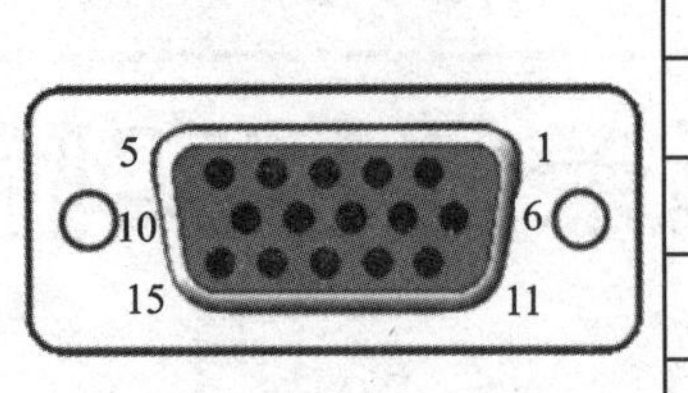

引 脚	名 称	描 述	引 脚	名 称	描 述
1	RED	红色	9	KEY	预留
2	GREEN	绿色	10	GND	场同步地
3	BLUE	蓝色	11	ID0	地址码0
4	ID2	地址码2	12	ID1	地址码1
5	GND	行同步地	13	HSYNC	行同步
6	RGND	红色地	14	VSYNC	场同步
7	GGND	绿色地	15	ID3	地址码3
8	BGND	蓝色地			

图 14.1.2　VGA 接口引脚定义

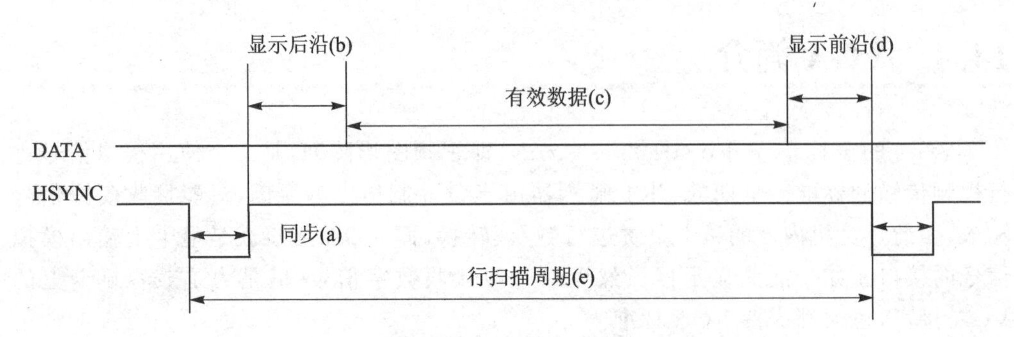

图 14.1.3　行同步时序

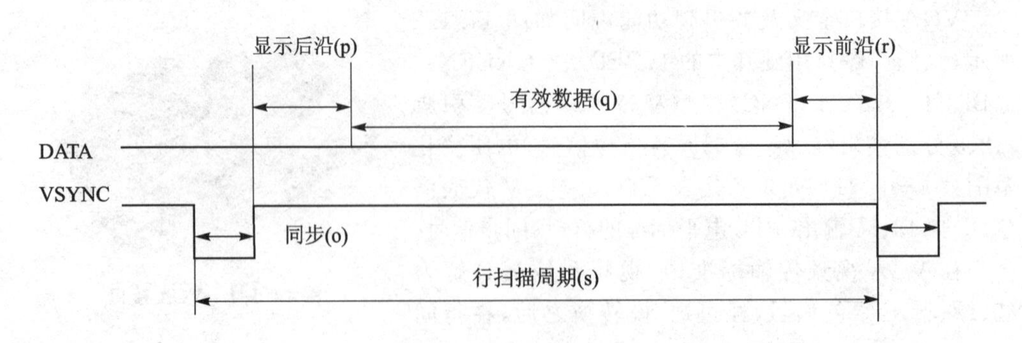

图 14.1.4　场同步时序

色数据通道上输出一行图像信号，其余时间数据无效。

与之类似，场同步信号在一个场扫描周期中完成一帧图像的显示，不同的是行扫描周期的基本单位是像素点时钟，即完成一个像素点显示所需要的时间；而场扫描周期的基本单位是完成一行图像显示所需要的时间。

早期的 VGA 特指分辨率为 640×480 的显示模式，后来根据分辨率的不同，VGA

又分为VGA(640×480)、SVGA(800×600)、XGA(1 024×768)、SXGA(1 280×1 024)等。不同分辨率的VGA显示时序是类似的，仅存在参数上的差异，如表14.1.1所列。

表14.1.1　不同分辨率的VGA时序参数

显示模式	时钟/MHz	行时序/像素数					帧时序/行数				
		a	b	c	d	e	o	p	q	r	s
640×480@60	25.175	96	48	640	16	800	2	33	480	10	525
640×480@75	31.5	64	120	640	16	840	3	16	480	1	500
800×600@60	40.0	128	88	800	40	1 056	4	23	600	1	628
800×600@75	49.5	80	160	800	16	1 056	3	21	600	1	625
1 024×768@60	65	136	160	1 024	24	1 344	6	29	768	3	806
1 024×768@75	78.8	176	176	1 024	16	1 312	3	28	768	1	800
1 280×1 024@60	108.0	112	248	1 280	48	1 688	3	38	1 024	1	1 066
1 280×800@60	83.46	136	200	1 280	64	1 680	3	24	800	1	828
1 440×900@60	106.47	152	232	1 440	80	1 904	3	28	900	1	932

需要注意的是，即便分辨率相同，如果刷新速率(每秒图像更新次数)不一样时，那么对应的VGA像素时钟及时序参数也存在差异。例如，显示模式“640×480@75”刷新速率为75 Hz，与相同分辨率下刷新速率为60 Hz的“640×480@60”模式相比，像素时钟更快，其他时序参数也不尽相同。

14.2　实验任务

本节实验任务是使用开拓者开发板上的VGA接口在显示器上显示彩条，要求分辨率为640×480，刷新速率为60 Hz。

14.3　硬件设计

开拓者开发板上VGA接口部分的原理图如图14.3.1所示。

从图14.3.1中可以看到，FPGA引脚输出的颜色数据位宽为16 bit，数据格式为RGB565，即数据高5位表示红色，中间6位表示绿色，低5位表示蓝色。RGB565格式的数据一共可表示65 536种颜色，此外常用的颜色数据格式还有RGB888，数据位宽越大，可以表示的颜色种类就越丰富。

由前面的简介可知，VGA传输的是模拟信号，因此需要对FPGA输出的RGB565颜色数据进行数/模转换。此过程可以通过专用的视频转换芯片(如ADV7123)来实现，在这里采用另外一种更简单的方案——利用电阻匹配网络来实现数字信号到模拟信号的转换，如图14.3.1所示。

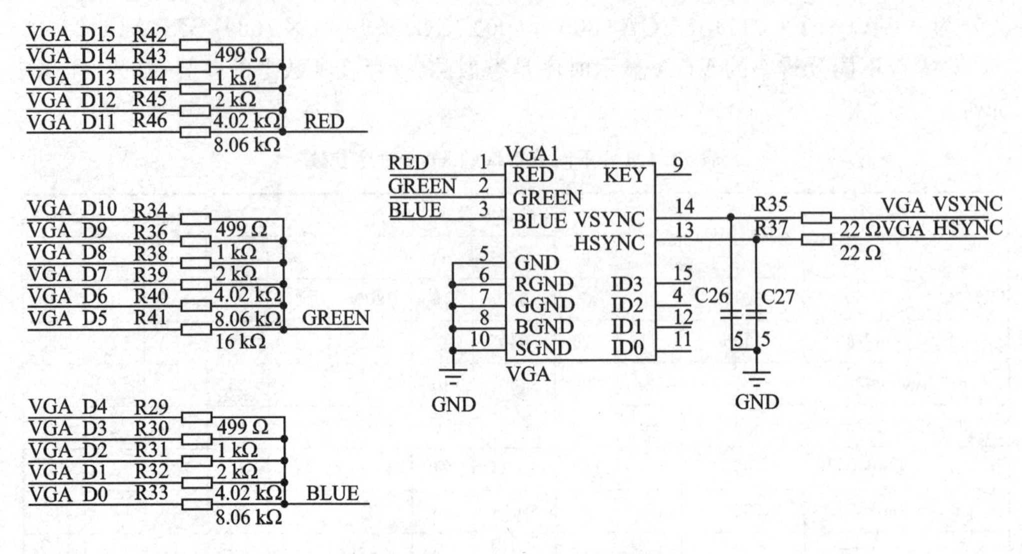

图 14.3.1　VGA 接口原理图

14.4　程序设计

VGA 时序包含三个要素：像素时钟、行场同步信号以及图像数据，由此可以大致规划出系统结构如图 14.4.1 所示。其中，时钟分频模块负责产生像素时钟，VGA 驱动模块产生行场同步信号，VGA 显示模块输出图像数据。

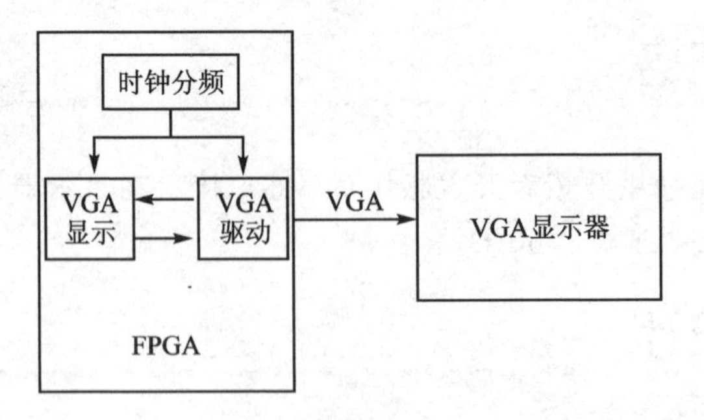

图 14.4.1　VGA 彩条显示系统框图

由系统框图可知，FPGA 部分包括 4 个模块，顶层模块（vga_colorbar）、时钟分频模块（vga_pll）、VGA 显示模块（vga_display）以及 VGA 驱动模块（vga_driver）。其中在顶层模块中完成对另外 3 个模块的例化。

各模块端口及信号连接如图 14.4.2 所示。

时钟分频模块（vga_pll）通过调用锁相环（PLL）IP 核来实现。根据实验任务要求的分辨率及刷新速率，通过表 14.1.1 可以得知本次实验中 VGA 显示用到的像素时钟为 25.175 MHz，因为分辨率不是很高，所以可以设置锁相环 IP 核让其输出 25 MHz 的时钟作为像素时钟。

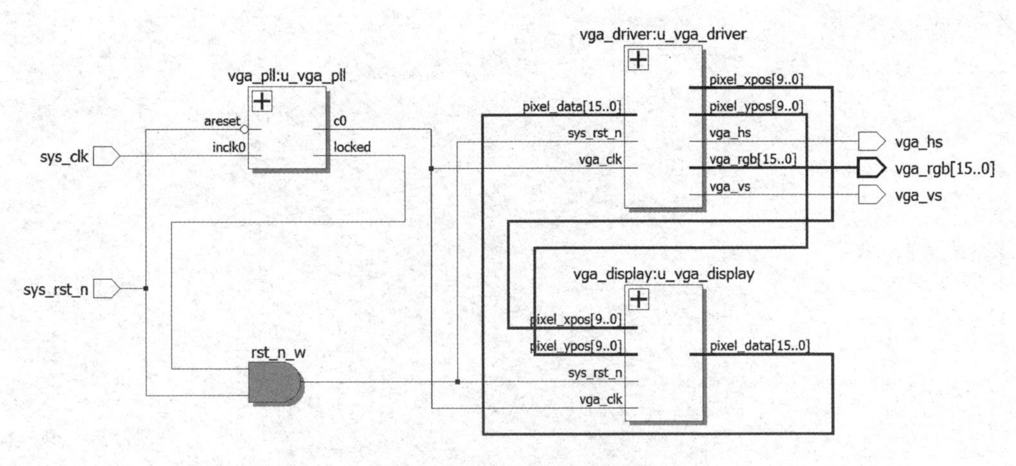

图 14.4.2　顶层模块原理图

VGA 驱动模块(vga_driver)在像素时钟的驱动下，根据 VGA 时序的参数输出行同步(vga_hs)、场同步(vga_vs)信号(VGA 时序中各部分的参数同样可以由表 14.1.1 得到)。同时 VGA 驱动模块还需要输出像素点的纵横坐标，供 VGA 显示模块(vga_display)调用，以绘制彩条图案。

顶层模块的代码如下：

```
1  module vga_colorbar(
2      input              sys_clk,        //系统时钟
3      input              sys_rst_n,      //复位信号
4      //VGA 接口
5      output             vga_hs,         //行同步信号
6      output             vga_vs,         //场同步信号
7      output   [15:0]    vga_rgb         //红绿蓝三原色输出
8      );
9
10 //wire define
11 wire          vga_clk_w;               //PLL 分频得到 25 MHz 时钟
12 wire          locked_w;                //PLL 输出稳定信号
13 wire          rst_n_w;                 //内部复位信号
14 wire [15:0]   pixel_data_w;            //像素点数据
15 wire [ 9:0]   pixel_xpos_w;            //像素点横坐标
16 wire [ 9:0]   pixel_ypos_w;            //像素点纵坐标
17
18 //*****************************************************
19 //**                    main code
20 //*****************************************************
21 //待 PLL 输出稳定之后，停止复位
22 assign rst_n_w = sys_rst_n && locked_w;
23
24 vga_pll  u_vga_pll(                    //时钟分频模块
25  .inclk0            (sys_clk),
26  .areset            (~sys_rst_n),
27
```

```
28  .c0                  (vga_clk_w),      //VGA 时钟 25 MHz
29  .locked              (locked_w)
30  );
31
32 vga_driver u_vga_driver(
33      .vga_clk         (vga_clk_w),
34      .sys_rst_n       (rst_n_w),
35
36      .vga_hs          (vga_hs),
37      .vga_vs          (vga_vs),
38      .vga_rgb         (vga_rgb),
39
40      .pixel_data      (pixel_data_w),
41      .pixel_xpos      (pixel_xpos_w),
42      .pixel_ypos      (pixel_ypos_w)
43      );
44
45 vga_display u_vga_display(
46      .vga_clk         (vga_clk_w),
47      .sys_rst_n       (rst_n_w),
48
49      .pixel_xpos      (pixel_xpos_w),
50      .pixel_ypos      (pixel_ypos_w),
51      .pixel_data      (pixel_data_w)
52      );
53
54 endmodule
```

顶层模块中主要完成对其余模块的例化，需要注意的是在利用 IP 核进行时钟分频时，系统上电复位后 PLL 输出的 25 MHz 时钟需要经过一段时间才能到达稳定状态。在 PLL 输出稳定后，标志信号 locked 拉高(第 29 行)。

由于 VGA 驱动模块及显示模块均由 PLL 输出的像素时钟驱动，因此在 PLL 输出稳定之前，其余模块应保持复位状态。如程序中第 22 行所示，通过将系统复位信号 sys_rst_n 和 PLL 输出稳定标志信号 locked 进行“与”操作，得到内部复位信号 rst_n_w。将该信号作为 VGA 驱动模块及显示模块的复位信号，可避免由于系统复位后像素时钟不稳定造成的 VGA 时序错误。

VGA 驱动模块的代码如下所示：

```
1   module vga_driver(
2       input                vga_clk,        //VGA 驱动时钟
3       input                sys_rst_n,      //复位信号
4       //VGA 接口
5       output               vga_hs,         //行同步信号
6       output               vga_vs,         //场同步信号
7       output    [15:0]     vga_rgb,        //红绿蓝三原色输出
8
9       input     [15:0]     pixel_data,     //像素点数据
10      output    [ 9:0]     pixel_xpos,     //像素点横坐标
11      output    [ 9:0]     pixel_ypos      //像素点纵坐标
```

```
12     );
13
14 //parameter define
15 parameter  H_SYNC    =  10'd96;    //行同步
16 parameter  H_BACK    =  10'd48;    //行显示后沿
17 parameter  H_DISP    =  10'd640;   //行有效数据
18 parameter  H_FRONT   =  10'd16;    //行显示前沿
19 parameter  H_TOTAL   =  10'd800;   //行扫描周期
20
21 parameter  V_SYNC    =  10'd2;     //场同步
22 parameter  V_BACK    =  10'd33;    //场显示后沿
23 parameter  V_DISP    =  10'd480;   //场有效数据
24 parameter  V_FRONT   =  10'd10;    //场显示前沿
25 parameter  V_TOTAL   =  10'd525;   //场扫描周期
26
27 //reg define
28 reg   [9:0] cnt_h;
29 reg   [9:0] cnt_v;
30
31 //wire define32 wire        vga_en;
33 wire        data_req;
34
35 //*******************************************************
36 //**                    main code
37 //*******************************************************
38 //VGA 行场同步信号
39 assign vga_hs   = (cnt_h <= H_SYNC - 1'b1) ? 1'b0 : 1'b1;
40 assign vga_vs   = (cnt_v <= V_SYNC - 1'b1) ? 1'b0 : 1'b1;
41
42 // RGB565 数据输出使能信号
43 assign vga_en   = (((cnt_h >= H_SYNC + H_BACK) && (cnt_h <H_SYNC + H_BACK + H_DISP))
44                 &&((cnt_v >= V_SYNC + V_BACK) && (cnt_v <V_SYNC + V_BACK + V_DISP)))
45                 ?   1'b1 : 1'b0;
46
47 //RGB565 数据输出
48 assign vga_rgb = vga_en ? pixel_data : 16'd0;
49
50 //像素点颜色数据输入请求信号
51 assign data_req = (((cnt_h >= H_SYNC + H_BACK - 1'b1) && (cnt_h <H_SYNC + H_BACK + H_DISP -
1'b1))
52                  && ((cnt_v >= V_SYNC + V_BACK) && (cnt_v <V_SYNC + V_BACK + V_DISP)))
53                  ?   1'b1 : 1'b0;
54
55 //像素点坐标
56 assign pixel_xpos = data_req ? (cnt_h - (H_SYNC + H_BACK - 1'b1)) : 10'd0;
57 assign pixel_ypos = data_req ? (cnt_v - (V_SYNC + V_BACK - 1'b1)) : 10'd0;
58
59 //行计数器对像素时钟计数
60 always @(posedge vga_clk or negedge sys_rst_n) begin
61     if (!sys_rst_n)
62         cnt_h <= 10'd0;
```

```
63     else begin
64         if(cnt_h <H_TOTAL - 1'b1)
65             cnt_h <= cnt_h + 1'b1;
66         else
67             cnt_h <= 10'd0;
68     end
69 end
70
71 //场计数器对行计数
72 always @(posedge vga_clk or negedge sys_rst_n) begin
73     if (!sys_rst_n)
74         cnt_v <= 10'd0;
75     else if(cnt_h == H_TOTAL - 1'b1) begin
76         if(cnt_v <V_TOTAL - 1'b1)
77             cnt_v <= cnt_v + 1'b1;
78         else
79             cnt_v <= 10'd0;
80     end
81 end
82
83 endmodule
```

程序中第 14～25 行通过变量声明定义了分辨率为 640×480、刷新速率为 60 Hz 时 VGA 时序中的各个参数。如果需要以不同的分辨率或刷新速率显示，只需要根据表 14.1.1 修改此处的参数即可。

程序第 59～69 行通过行计数器 cnt_h 对像素时钟计数，计满一个行扫描周期后清零并重新开始计数。程序第 71～81 行通过场计数器 cnt_v 对行进行计数，即扫描完一行后 cnt_v 加 1，计满一个场扫描周期后清零并重新开始计数。

将行场计数器的值与 VGA 时序中的参数作比较，就可以判断行场同步信号何时处于低电平同步状态，以及何时输出 RGB565 格式的图像数据（第 38～48 行）。程序第 50～57 行输出当前像素点的纵横坐标值，由于坐标输出后下一个时钟周期才能接收到像素点的颜色数据，因此数据请求信号 data_req 比数据输出使能信号 vga_en 提前一个时钟周期。

VGA 显示模块的代码如下：

```
1  module vga_display(
2      input              vga_clk,                  //VGA 驱动时钟
3      input              sys_rst_n,                //复位信号
4
5      input      [ 9:0]  pixel_xpos,               //像素点横坐标
6      input      [ 9:0]  pixel_ypos,               //像素点纵坐标
7      output reg [15:0]  pixel_data                //像素点数据
8      );
9
10 parameter  H_DISP = 10'd640;                     //分辨率(行)
11 parameter  V_DISP = 10'd480;                     //分辨率(列)
12 localparam WHITE  = 16'b11111_111111_11111;      //RGB565 白色
```

```
13 localparam BLACK   = 16'b00000_000000_00000;    //RGB565 黑色
14 localparam RED     = 16'b11111_000000_00000;    //RGB565 红色
15 localparam GREEN   = 16'b00000_111111_00000;    //RGB565 绿色
16 localparam BLUE    = 16'b00000_000000_11111;    //RGB565 蓝色
17
18 //*****************************************************
19 //**                    main code
20 //*****************************************************
21 //根据当前像素点坐标指定当前像素点颜色数据,在屏幕上显示彩条
22 always @(posedge vga_clk or negedge sys_rst_n) begin
23     if (!sys_rst_n)
24         pixel_data <= 16'd0;
25     else begin
26         if((pixel_xpos >= 0) && (pixel_xpos <(H_DISP/5) * 1))
27             pixel_data <= WHITE;
28         else if((pixel_xpos >= (H_DISP/5) * 1) && (pixel_xpos <(H_DISP/5) * 2))
29             pixel_data <= BLACK;
30         else if((pixel_xpos >= (H_DISP/5) * 2) && (pixel_xpos <(H_DISP/5) * 3))
31             pixel_data <= RED;
32         else if((pixel_xpos >= (H_DISP/5) * 3) && (pixel_xpos <(H_DISP/5) * 4))
33             pixel_data <= GREEN;
34         else
35             pixel_data <= BLUE;
36     end
37 end
38
39 endmodule
```

VGA 显示模块将屏幕显示区域按照横坐标划分为 5 列等宽的区域,通过判断像素点的横坐标所在的区域,给像素点赋以不同的颜色值,从而实现彩条显示。

图 14.4.3 为 VGA 彩条程序显示一行图像时 SignalTap 抓取的波形图,图中包含了一个完整的行扫描周期,其中的有效图像区域被划分为 5 个不同的区域,不同区域的像素点颜色各不相同。

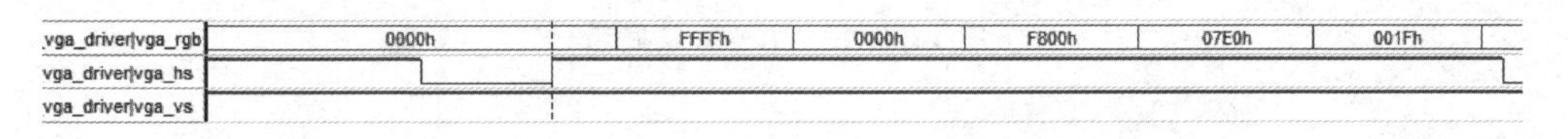

图 14.4.3　SignalTap 波形图

14.5　下载验证

将 VGA 连接线一端连接显示器,另一端与开发板上的 VGA 接口连接。再将下载器一端连计算机,另一端与开发板上对应端口连接,最后连接电源线并打开电源开关。VGA 接口如图 14.5.1 所示。

开发板电源打开后,打开本次实验工程,并将. sof 文件下载到开发板中。下载完成后观察显示器显示的图案如图 14.5.2 所示,说明 VGA 彩条显示程序下载验证

成功。

图 14.5.1　开拓者 VGA 接口

图 14.5.2　VGA 彩条显示

第 15 章

VGA 字符显示实验

我们在 VGA 彩条显示实验中在显示器上显示出了静态的图案。本章将通过在屏幕上显示汉字，来给大家演示如何使用 VGA 接口显示字符。

15.1　VGA 简介

我们在“第 14 章　VGA 彩条显示实验”中对 VGA 视频传输标准作了详细的介绍，包括 VGA 接口定义、行场同步时序，以及显示分辨率等。如果大家对这部分内容不是很熟悉，请参考“14.1　VGA 简介”。

15.2　实验任务

本章的实验任务是使用开拓者开发板上的 VGA 接口在显示器的屏幕中心位置显示 4 个汉字“正点原子”。显示分辨率为 640×480，刷新速率为 60 Hz，每个汉字的大小为 16×16。

15.3　硬件设计

VGA 接口部分的硬件设计原理及本实验中各端口信号的引脚分配与“第 14 章　VGA 彩条显示实验”完全相同，请大家参考“14.3　硬件设计”部分。

15.4　程序设计

图 15.4.1 是根据本章实验任务画出的系统框图。其中，时钟分频模块负责产生像素时钟，VGA 驱动模块产生行场同步信号及像素点的纵横坐标，VGA 显示模块输出图像数据。

我们在屏幕上显示彩条和方块时，只需要将屏幕上不同的区域分别使用不同的颜色填充即可。然而在显示字符或其他复杂图案时，同一个区域内不同位置的像素点颜色也可能不同，因此需要在 VGA 显示模块中指定字符显示区域中各个像素点的颜色值。

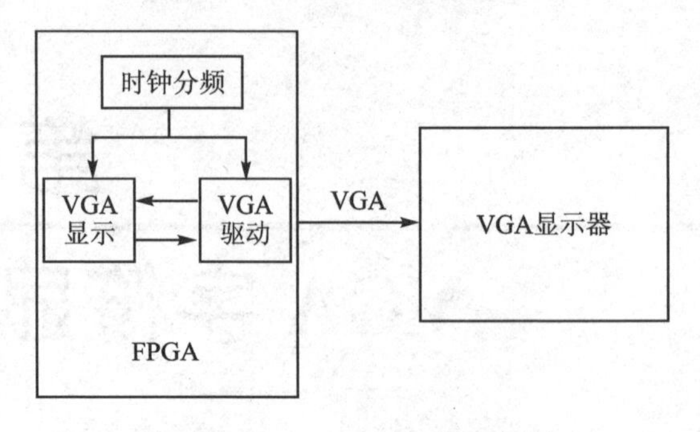

图 15.4.1　VGA 方块移动实验系统框图

字符(包括汉字、字母和符号等)的本质都是点阵,在 VGA 屏幕上体现为字符显示区域内像素点的集合。字符的大小决定了字符显示区域内像素点的数目,而字符的样式(字体、颜色等)则决定了各像素点的颜色值。因此,在显示字符之前,我们需要先指定字符的大小、样式,然后获取该字符的点阵,这个过程称之为“提取字模”,或简称“取模”。

一般使用 0 和 1 的组合来描述字符的点阵排列:点阵中每个像素点用 1 位(1 bit)数据来表示,其中用于表征字符的像素点用数字 1 来表示,其他的像素点作为背景用数字 0 来表示,如图 15.4.2 所示。采用这种方式描述的字符是不含有颜色特征的,只能区分点阵中的字符和背景。

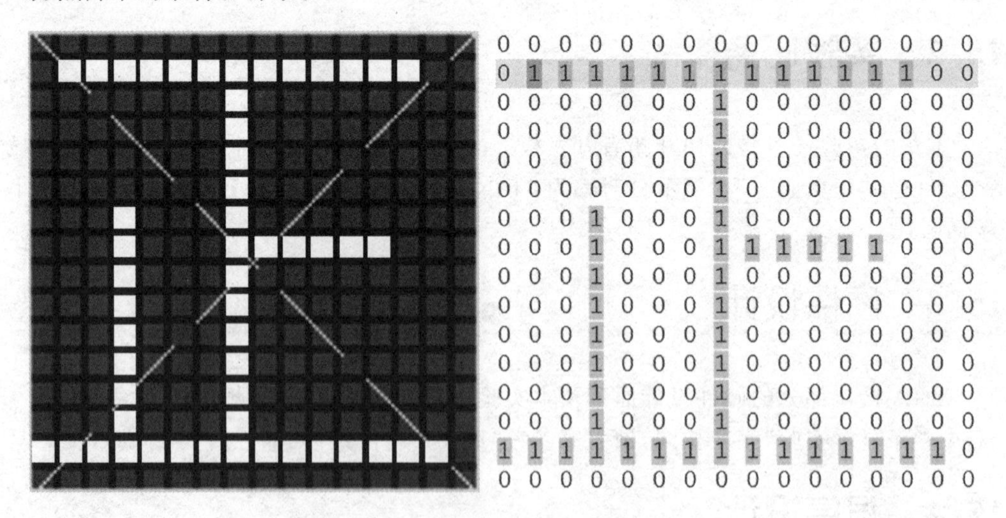

图 15.4.2　汉字“正”及其点阵描述

字模的提取可通过字符取模软件来实现,在这里使用取模软件“PCtoLCD2002”来获取汉字“正点原子”的字模。首先在开发板所随附资料“6_软件资料/1_软件/PCtoLCD2002 完美版”目录下找到“PCtoLCD2002”文件并双击打开。

如图 15.4.3 所示,在取模软件中设置字体为“宋体”,字宽和字高均为“16”,然后在下方文本框中输入汉字“正点原子”。PCtoLCD2002 会给每个字符生成一个独立的字模,如果此时单击文本框右侧的“生成字模”按钮,则会得到 4 个 16×16 的字模。然而

为了方便在 VGA 上显示，我们将 4 个汉字看作一个整体，从而获得一个字宽为 64、字高为 16 的“大字模”。为了达到这个目的，首先将图 15.4.3 中 4 个汉字的点阵保存为 .BMP 格式的图片。在菜单栏中选择“文件”→“另存为”，在保存界面中指定文件存储路径，并选择保存类型为“BMP 图像文件”，然后输入文件名“正点原子_bmp”，最后单击“保存”按钮，如图 15.4.4 所示。

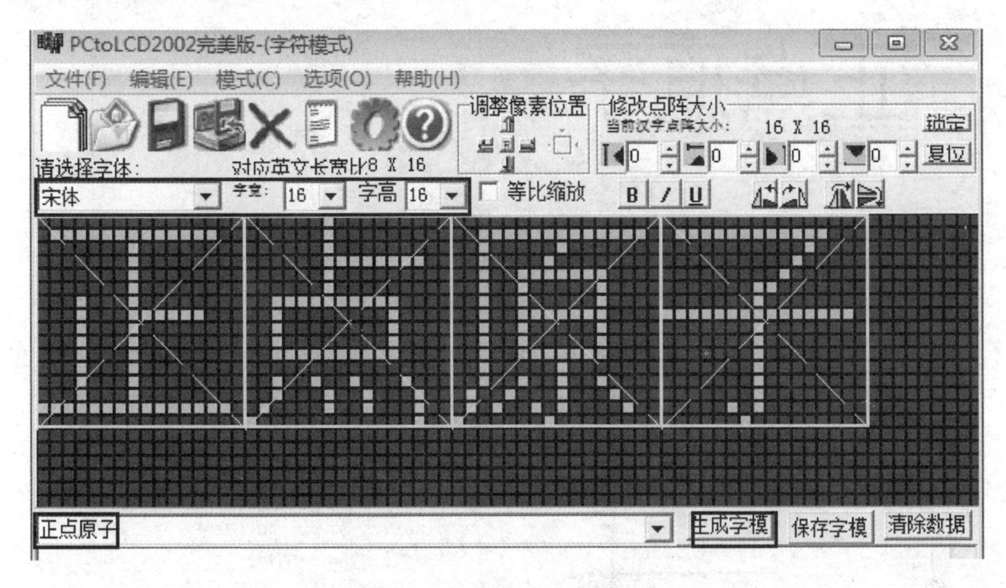

图 15.4.3　取模软件 PCtoLCD2002

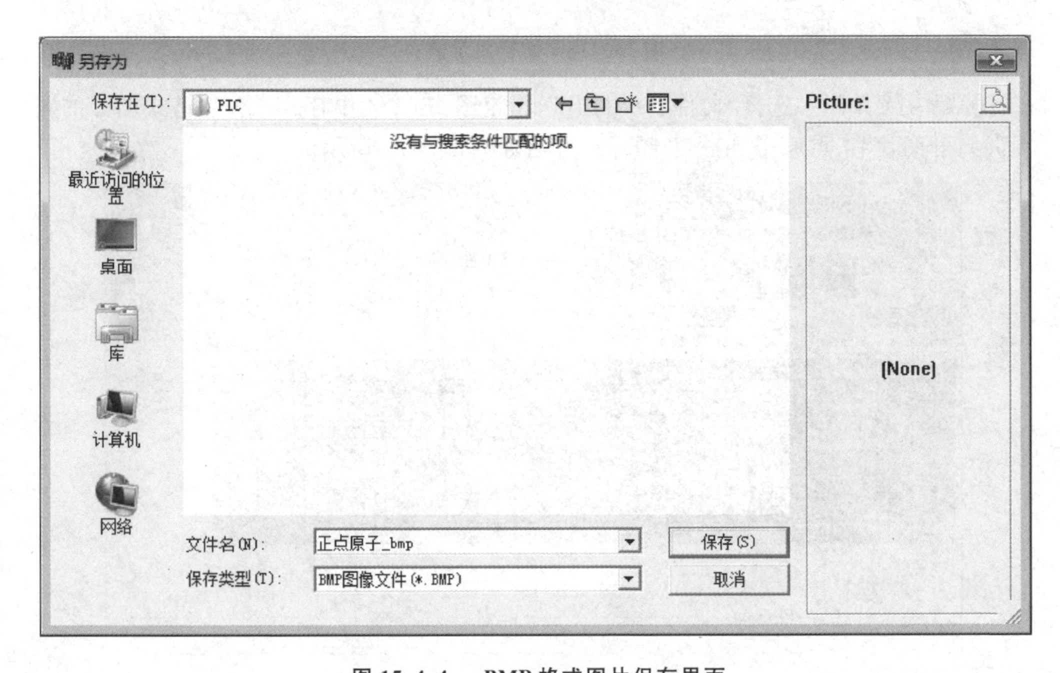

图 15.4.4　.BMP 格式图片保存界面

在“画图”中打开刚刚保存的.BMP 格式的图片如图 15.4.5 所示。

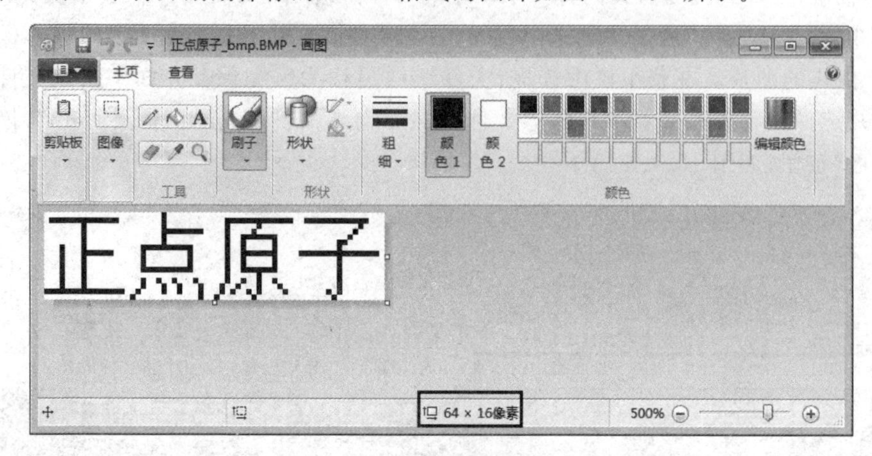

图 15.4.5　保存的.BMP 格式图片

接下来将取模软件 PCtoLCD2002 切换至图形模式，在菜单栏中选择“模式”→“图形模式”，如图 15.4.6 所示。

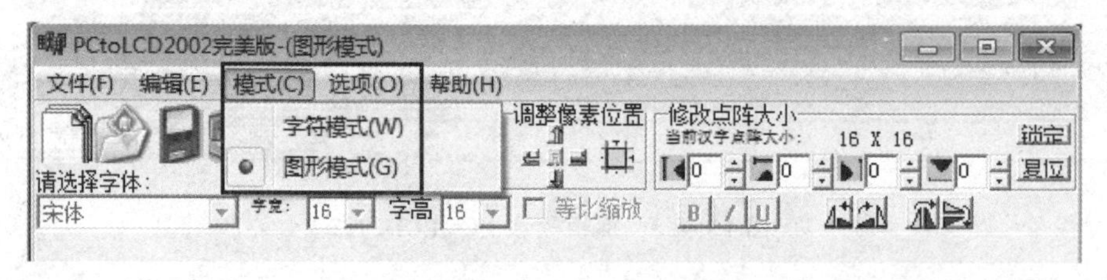

图 15.4.6　切换显示模式

然后在菜单栏中选择“文件”→“打开”，指定图 15.4.4 中存放.BMP 格式图片的路径并打开图片“正点原子_bmp”，图片打开后如图 15.4.7 所示。

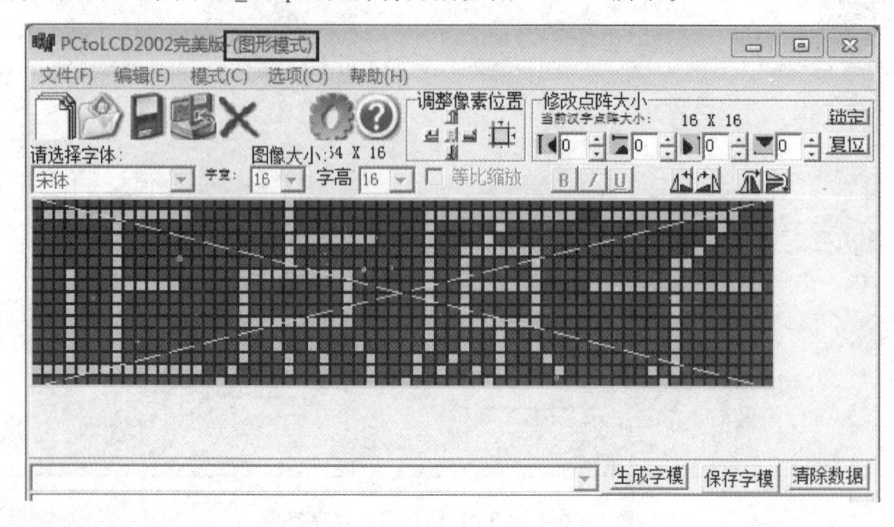

图 15.4.7　PCtoLCD2002 图形模式

请大家注意比较图 15.4.7 与图 15.4.3 的差异，在图 15.4.7 中，4 个汉字“正点原子”被看作一个整体，而不再是 4 个独立的字符。实际上，这 4 个汉字也确实是作为一个整体以 BMP 图片的形式导入到取模软件中的。

在生成字模之前，需要先设置字模的格式。在菜单栏中选择“选项”，并在弹出的配置界面中按照图 15.4.8 进行配置，配置完成后单击“确定”按钮。

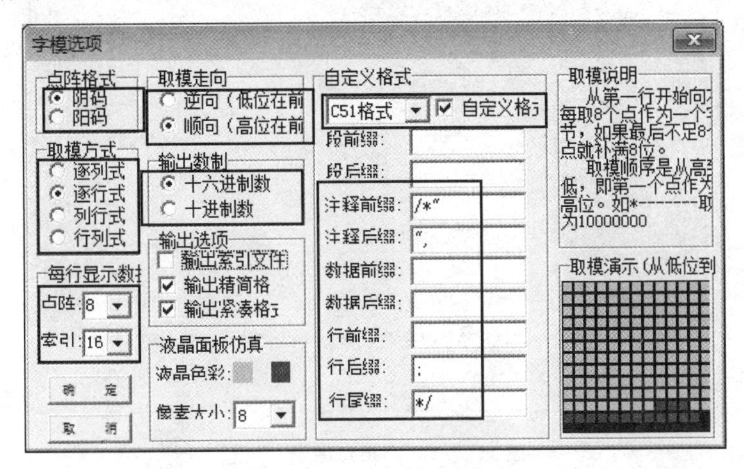

图 15.4.8　字模格式配置界面

在配置界面中，当鼠标悬浮在各配置选项上时，软件会自动提示当前配置的含义。需要注意的是图 15.4.8 左下角“每行显示数据”是以字节(Byte)为单位的，而一个字节的数据为 8 bit，即可以表示一行点阵中的 8 个像素点。由于图 15.4.7 中的点阵每行为 64 个像素点，所以需要 8 Byte 的数据来表示一行，因此将“每行显示数据”中的“点阵”设置为 8。

配置字模选项完成后，单击“生成字模”按钮，即可得到汉字“正点原子”所对应的点阵数据，如图 15.4.9 所示。

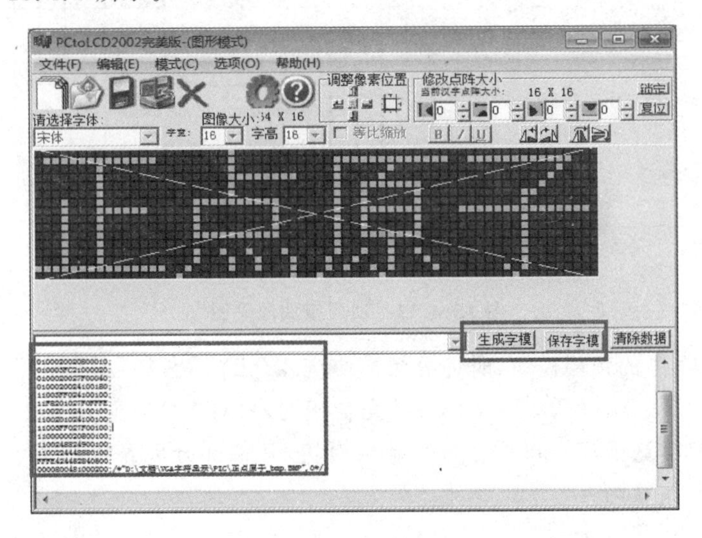

图 15.4.9　生成字模

最后单击“保存字模”按钮，可将生成的点阵数据保存在 txt 格式的文本文档中，如图 15.4.10 所示。数据以十六进制显示，每行有 8 Byte，对应每行 4 个汉字共 64 个像素点；共有 16 行，对应每个汉字的高度为 16。

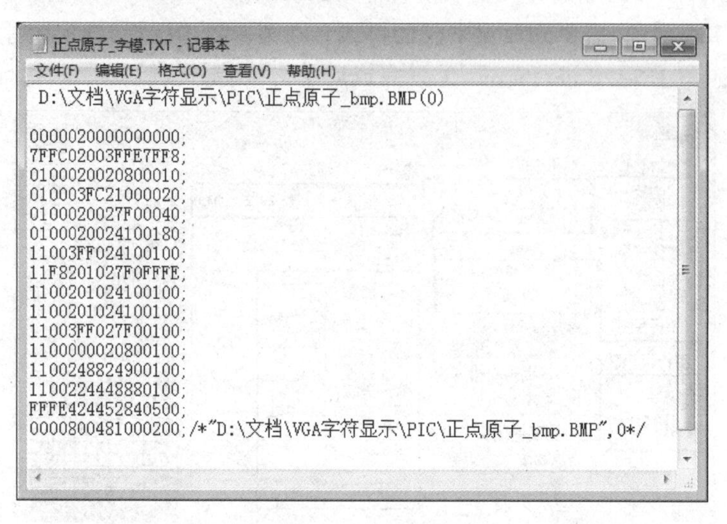

正点原子_字模.TXT - 记事本

文件(F) 编辑(E) 格式(O) 查看(V) 帮助(H)

D:\文档\VGA字符显示\PIC\正点原子_bmp.BMP(0)

```
0000020000000000;
7FFC02003FFE7FF8;
0100020020800010;
010003FC21000020;
0100020027F00040;
0100020024100180;
11003FF024100100;
11F8201027F0FFFE;
1100201024100100;
1100201024100100;
11003FF027F00100;
1100000020800100;
1100248824900100;
1100224448880100;
FFFE424452840500;
0000800481000200;/*"D:\文档\VGA字符显示\PIC\正点原子_bmp.BMP",0*/
```

图 15.4.10 “正点原子”字模

到这里提取字模的过程已经完成了，接下来需要在 VGA 显示模块中将获取的点阵数据映射到屏幕中心 16×64 个像素点的字符显示区域，从而实现字符的显示。

程序中各模块端口及信号连接如图 15.4.11 所示。

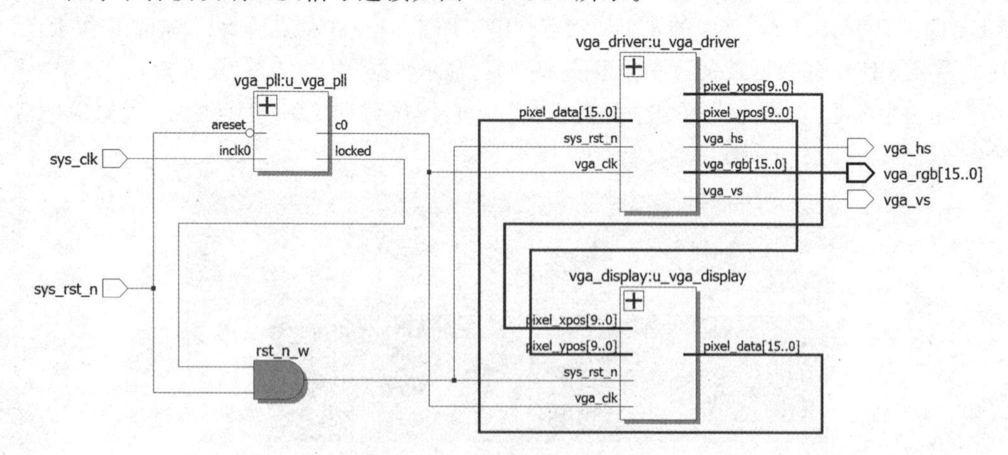

图 15.4.11 顶层模块原理图

图 15.4.11 中的顶层模块、时钟分频模块（vga_pll）以及 VGA 驱动模块（vga_driver）均与“第 14 章　VGA 彩条显示实验”完全相同，只对 VGA 显示模块（vga_display）作了修改。因此，这里重点讲解 VGA 显示模块，其他部分大家可以参考“第 14 章　VGA 彩条显示实验”。

VGA 显示模块的代码如下：

```
1 module vga_display(
2     input              vga_clk,                  //VGA 驱动时钟
3     input              sys_rst_n,                //复位信号
4 
5     input      [ 9:0] pixel_xpos,                //像素点横坐标
6     input      [ 9:0] pixel_ypos,                //像素点纵坐标
7     output reg [15:0] pixel_data                 //像素点数据,
8     );
9 
10 //parameter define
11 parameter  H_DISP = 10'd640;                    //分辨率(行)
12 parameter  V_DISP = 10'd480;                    //分辨率(列)
13 
14 localparam POS_X   = 10'd288;                   //字符区域起始点横坐标
15 localparam POS_Y   = 10'd232;                   //字符区域起始点纵坐标
16 localparam WIDTH   = 10'd64;                    //字符区域宽度
17 localparam HEIGHT  = 10'd16;                    //字符区域高度
18 localparam RED     = 16'b11111_000000_00000;    //字符颜色
19 localparam BLUE    = 16'b00000_000000_11111;    //字符区域背景色
20 localparam BLACK   = 16'b00000_000000_00000;    //屏幕背景色
21 
22 //reg define
23 reg   [63:0] char[15:0];                        //二维字符数组
24 
25 //wire define
26 wire [ 9:0] x_cnt;
27 wire [ 9:0] y_cnt;
28 
29 //*****************************************************
30 //**                    main code
31 //*****************************************************
32 assign x_cnt = pixel_xpos - POS_X;              //像素点相对于字符区域起始点水平坐标
33 assign y_cnt = pixel_ypos - POS_Y;              //像素点相对于字符区域起始点竖直坐标
34 
35 //给字符数组赋值,显示汉字"正点原子",汉字大小为 16 * 16
36 always @(posedge vga_clk) begin
37     char[0]  <= 64'h0000020000000000;
38     char[1]  <= 64'h7FFC02003FFE7FF8;
39     char[2]  <= 64'h0100020020800010;
40     char[3]  <= 64'h010003FC21000020;
41     char[4]  <= 64'h0100020027F00040;
42     char[5]  <= 64'h0100020024100180;
43     char[6]  <= 64'h11003FF024100100;
44     char[7]  <= 64'h11F8201027F0FFFE;
45     char[8]  <= 64'h1100201024100100;
46     char[9]  <= 64'h1100201024100100;
47     char[10] <= 64'h11003FF027F00100;
48     char[11] <= 64'h1100000020800100;
49     char[12] <= 64'h1100248824900100;
```

```
50     char[13] <= 64'h1100224448880100;
51     char[14] <= 64'hFFFE424452840500;
52     char[15] <= 64'h0000800481000200;
53 end
54
55 //给不同的区域绘制不同的颜色
56 always @(posedge vga_clk or negedge sys_rst_n) begin
57     if (!sys_rst_n)
58         pixel_data <= BLACK;
59     else begin
60         if((pixel_xpos >= POS_X) && (pixel_xpos <POS_X + WIDTH)
61           && (pixel_ypos >= POS_Y) && (pixel_ypos <POS_Y + HEIGHT)) begin
62             if(char[y_cnt][10'd63 - x_cnt])
63                 pixel_data <= RED;               //绘制字符为红色
64             else
65                 pixel_data <= BLUE;              //绘制字符区域背景为蓝色
66         end
67         else
68             pixel_data <= BLACK;                 //绘制屏幕背景为黑色
69     end
70 end
71
72 endmodule
```

代码中第 14～20 行声明了一系列的变量，方便大家修改字符大小、颜色，以及字符在屏幕上显示的位置等，其中字符显示的位置由字符显示区域左上角的纵横坐标来指定。

程序的第 23 行定义了一个大小为 16×64 bit 的二维数组 char，用于存储对汉字“正点原子”取模得到的点阵数据。二维数组 char 共 16 行，每一行有 64 位数据，在程序的第 35～53 行完成了对该二维数组的赋值。赋值后数组中每一行数据从高位到低位分别对应点阵中该行从左向右的每一个像素点。

程序第 55～70 行完成了字符的绘制。当字符显示区域的尺寸（WIDTH、HEIGHT）已知时，根据左上角的纵横坐标，就可以在屏幕上确定字符的显示区域，如第 60、61 行所示。程序第 62 行根据字符显示区域中像素点相对于起始点（左上角）的距离，将屏幕上字符显示区域内的像素点与字符数组 char 中的点阵数据一一映射。当点阵数据为 1 时，将像素点颜色赋值为红色，用来显示字符；当点阵数据为 0 时，将像素点颜色赋值为蓝色，用来作为字符显示区域的背景。屏幕上除字符显示区域之外的其他区域内的像素点均赋值为黑色。

图 15.4.12 为 VGA 显示模块显示汉字“正点原子”第 7 行时 SignalTap 抓取的波形图。对照取模得到的点阵数据第 7 行（11003FF024100100）可以看出，当点阵数据为 0 时，像素点被赋值为蓝色（001F）；当点阵数据为 1 时，像素点被赋值为红色（F800）。各区域中的像素点能够被赋予正确的颜色值。

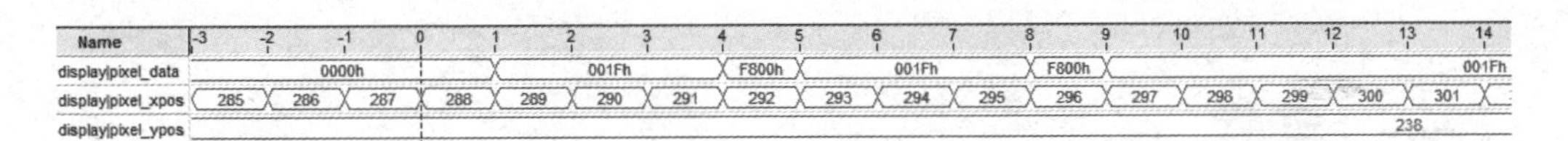

图 15.4.12　SignalTap 波形图

15.5　下载验证

参考“第 14 章　VGA 彩条显示实验”中的下载验证方法，将本次实验的.sof 文件下载至开发板。下载完成后在 VGA 显示器上观察显示的汉字如图 15.5.1 所示，说明 VGA 字符显示程序下载验证成功。

图 15.5.1　VGA 字符显示效果图

第 16 章

VGA 图片显示实验(基于 ROM)

我们在“第 15 章　VGA 字符显示实验”中利用一个二维数组存储字符的点阵数据,实现了汉字的显示。字符显示时每个像素点采用二维数组中的 1 位(bit)数据来表示,只有 0 和 1 的差别,即只能区分两种颜色。然而在显示图片时,由于 1 bit 的数据无法区分各像素点的色彩差异,因此二维数组已经不能满足图片存储的需要了。本章将通过例化 IP 核来实现使用 ROM 存储图片,并将 ROM 中存储的图片通过 VGA 接口显示到屏幕上。

16.1　VGA 简介

我们在“第 14 章　VGA 彩条显示实验”中对 VGA 视频传输标准作了详细的介绍,包括 VGA 接口定义、行场同步时序以及显示分辨率等。如果大家对这部分内容不是很熟悉,请参考“14.1　VGA 简介”。

16.2　实验任务

本章的实验任务是使用开拓者开发板上的 VGA 接口在显示器的屏幕中心位置显示彩色图片。显示分辨率为 640×480,刷新速率为 60 Hz,图片的大小为 100×100。

16.3　硬件设计

VGA 接口部分的硬件设计原理及本实验中各端口信号的引脚分配与“第 14 章　VGA 彩条显示实验”完全相同,请大家参考其中的“14.3　硬件设计”部分。

16.4　程序设计

图 16.4.1 是根据本章实验任务画出的系统框图。其中,时钟分频模块负责产生像素时钟,VGA 驱动模块产生行场同步信号及像素点的纵横坐标,VGA 显示模块输出图像数据,ROM 用于存储需要显示的图片。

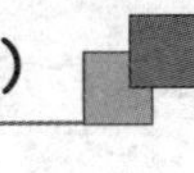

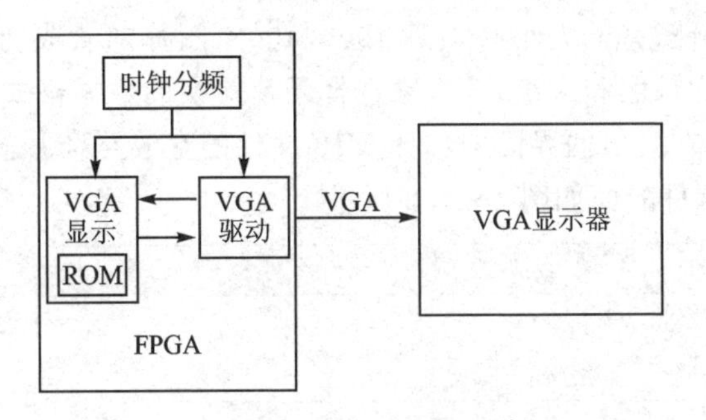

图 16.4.1 基于 ROM 的 VGA 图片显示实验系统框图

VGA 显示模块中的 ROM 是通过例化 IP 核来实现的只读存储器,它使用 FPGA 的片上存储资源。由于 FPGA 的片上存储资源有限,所以 ROM 中存储的图片大小也受到限制。由于开拓者开发板上的 VGA 接口采用 RGB565 数据格式,即每个像素点的颜色用 16 bit 的数据来表示,因此大小为 100×100 的图片占用的存储空间为 100×100×16 bit=160 000 bit=156.25 Kbit(1 Kbit=1 024 bit)。而开拓者开发板上的 FPGA 片上存储资源为 414 Kbit,能够满足实验任务中的图片存储需求。

ROM 作为只读存储器,在调用 IP 核时需要指定初始化文件,在这里就是写入存储器中的图片数据,各种格式的图片(bmp、jpg 等)都是以 MIF 文件的形式导入到 ROM 中的。MIF 是一种 Quartus 工具能识别的文件格式,在文件的开头定义了存储器的位宽和深度、地址格式、数据格式等信息,紧接着列出了存储单元地址以及写入各地址的数据。例如,一个位宽为 16,深度为 5 的 MIF 文件内容如图 16.4.2 所示。

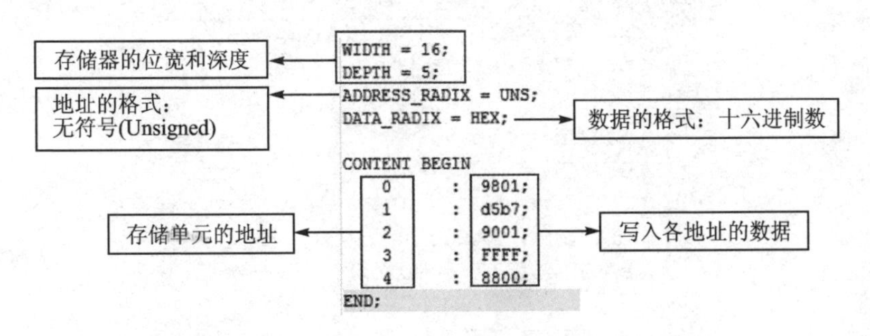

图 16.4.2 MIF 文件示例

当需要存储的数据量较小时,如果知道数据的内容,那么就可以仿照图 16.4.2 的格式手动编写 MIF 文件。但是由于图片的数据量较大,并且无法直接看出各个像素点对应的颜色数据,因此需要借助工具来实现图片到 MIF 文件的转换。在这里使用正点原子提供的工具"PicToMif"来实现这一转换过程,该工具位于开发板所随附资料中"6_软件资料/1_软件/PicToMif"的目录下。

我们在 Windows 自带的"画图"工具中将正点原子的 LOGO 图片大小调整为 100×100,并利用工具 PicToMif 转换得到 MIF 文件"ZDYZ.mif"。

双击运行 PicToMif.exe,单击"加载图片"并在弹出的界面中选择需要转换的图片

（注意：待转换图片分辨率的大小必须是 100×100），图片加载成功后工具会在图片属性中指示出图片的文件名和大小；接下来选择图片转换的数据格式为 RGB565；最后单击“一键转换”按钮，在弹出的界面中选择 MIF 文件的存放路径并输入文件名。PicToMif 转换过程中的软件界面如图 16.4.3 所示。

图 16.4.3　PicToMif 转换界面

最终转换得到的 MIF 文件部分截图如图 16.4.4 所示。

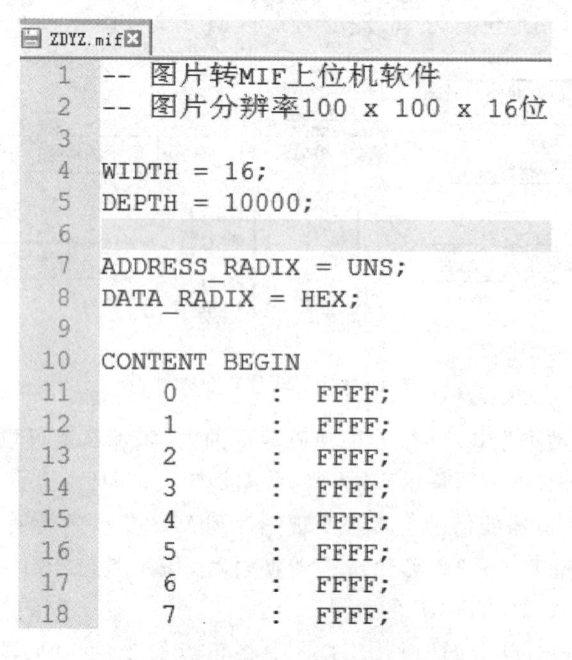

```
ZDYZ.mif
1   -- 图片转MIF上位机软件
2   -- 图片分辨率100 x 100 x 16位
3
4   WIDTH = 16;
5   DEPTH = 10000;
6
7   ADDRESS_RADIX = UNS;
8   DATA_RADIX = HEX;
9
10  CONTENT BEGIN
11      0       :   FFFF;
12      1       :   FFFF;
13      2       :   FFFF;
14      3       :   FFFF;
15      4       :   FFFF;
16      5       :   FFFF;
17      6       :   FFFF;
18      7       :   FFFF;
```

图 16.4.4　转换得到的 MIF 文件

程序中各模块端口及信号连接如图 16.4.5 所示。

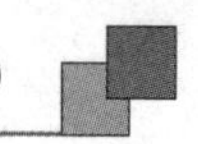

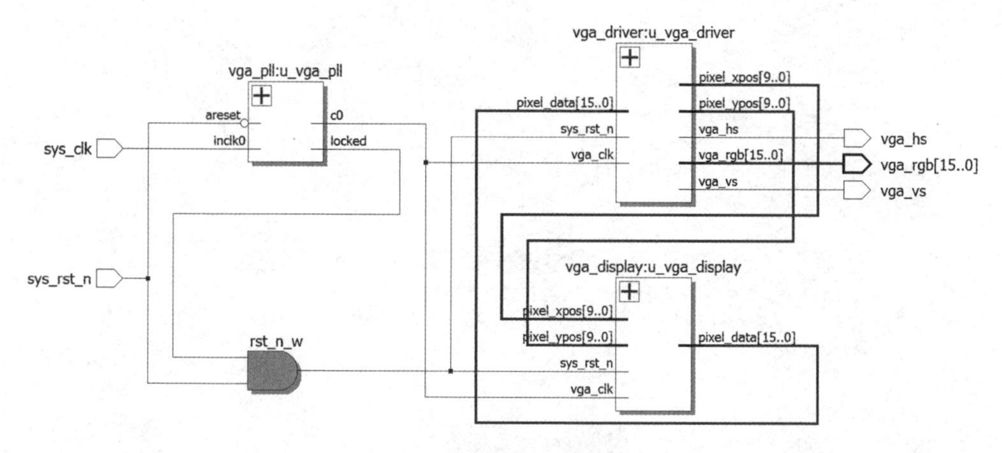

图 16.4.5　顶层模块原理图

图 16.4.5 中的顶层模块、时钟分频模块(vga_pll)以及 VGA 驱动模块(vga_driver)均与"第 14 章　VGA 彩条显示实验"完全相同,只对 VGA 显示模块(vga_display)作了修改。因此,这里重点讲解 VGA 显示模块,其他部分大家可以参考"第 14 章　VGA 彩条显示实验"。

VGA 显示模块的代码如下:

```
1  module vga_display(
2      input              vga_clk,          //VGA 驱动时钟
3      input              sys_rst_n,        //复位信号
4
5      input      [ 9:0] pixel_xpos,        //像素点横坐标
6      input      [ 9:0] pixel_ypos,        //像素点纵坐标
7      output     [15:0] pixel_data         //像素点数据
8      );
9
10 //parameter define
11 parameter  H_DISP  = 10'd640;                    //分辨率(行)
12 parameter  V_DISP  = 10'd480;                    //分辨率(列)
13
14 localparam POS_X   = 10'd270;                    //图片区域起始点横坐标
15 localparam POS_Y   = 10'd190;                    //图片区域起始点纵坐标
16 localparam WIDTH   = 10'd100;                    //图片区域宽度
17 localparam HEIGHT  = 10'd100;                    //图片区域高度
18 localparam TOTAL   = 14'd10000;                  //图案区域总像素数
19 localparam BLACK   = 16'b00000_000000_00000;     //屏幕背景色
20
21 //reg define
22 wire          rom_rd_en;                         //读 ROM 使能信号
23 reg   [13:0]  rom_addr;                          //读 ROM 地址
24 reg           rom_valid;                         //读 ROM 数据有效信号
25
26 //wire define
27 wire [15:0] rom_data;                            //ROM 输出数据
```

```
28
29 //*****************************************************
30 //**                    main code
31 //*****************************************************
32
33 //从 ROM 中读出的图像数据有效时,将其输出显示
34 assign pixel_data = rom_valid ? rom_data : BLACK;
35
36 //当前像素点坐标位于图片显示区域内时,读 ROM 使能信号拉高
37 assign rom_rd_en = (pixel_xpos >= POS_X) && (pixel_xpos <POS_X + WIDTH)
38                     && (pixel_ypos >= POS_Y) && (pixel_ypos <POS_Y + HEIGHT)
39                      ? 1'b1 : 1'b0;
40
41 //控制读地址
42 always @(posedge vga_clk or negedge sys_rst_n) begin
43     if (!sys_rst_n) begin
44         rom_addr    <= 14'd0;
45     end
46     else if(rom_rd_en) begin
47         if(rom_addr <TOTAL - 1'b1)
48             rom_addr <= rom_addr + 1'b1;    //每次读 ROM 操作后,读地址加 1
49         else
50             rom_addr <= 1'b0;               //读到 ROM 末地址后,从首地址重新开始读操作
51     end
52     else
53         rom_addr <= rom_addr;
54 end
55
56 //从发出读使能到 ROM 输出有效数据存在一个时钟周期的延时
57 always @(posedge vga_clk or negedge sys_rst_n) begin
58     if (!sys_rst_n)
59         rom_valid <= 1'b0;
60     else
61         rom_valid <= rom_rd_en;
62 end
63
64 //通过调用 IP 核来例化 ROM
65 pic_rom  pic_rom_inst(
66     .clock    (vga_clk),
67     .address  (rom_addr),
68     .rden     (rom_rd_en),
69     .q        (rom_data)
70  );
71
72 endmodule
```

代码中第 14～19 行声明了一系列的变量,方便大家修改图片的大小、在屏幕上显示的位置等,其中图片显示的位置由图片显示区域左上角的纵横坐标来指定。

由于图片存储在 ROM 中,因此 VGA 显示模块的主要任务就是控制 ROM 的读使能及读地址,从而在合适的时间段将 ROM 中的图片数据读出并显示。代码的第 36～

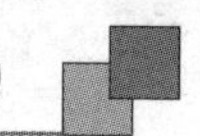

39 行判断当前像素点的纵横坐标，当其位于图片显示区域时将 ROM 读使能信号 rom_rd_en 拉高。第 41～54 行在读操作过程中将读地址依次累加，从而将图片数据顺序读出；当读到末地址后读地址清零，重新从 ROM 中图像的第一个像素点数据开始读取。

在读 ROM 的过程中，从发出读使能到 ROM 输出有效数据存在一个时钟周期的延时，因此 ROM 数据有效信号 rom_valid 需要由 rom_rd_en 延迟一个时钟周期，如程序第 56～62 行所示。

程序第 64～70 行例化了 ROM IP 核，例化 ROM IP 核之前，首先要在工程中插入单端口 ROM IP 核，并命名为 pic rom，如图 16.4.6 所示。在工程中调用 IP 核时，需要设置 ROM 位宽为 16 bit，深度选择为 16 384(不能低于 100×100)，如图 16.4.7 所示。此外，为了保证从 ROM 的读使能信号拉高到有效数据输出之间仅存在一个时钟周期的延时，需要取消寄存端口输出，如图 16.4.8 中的方框所示。

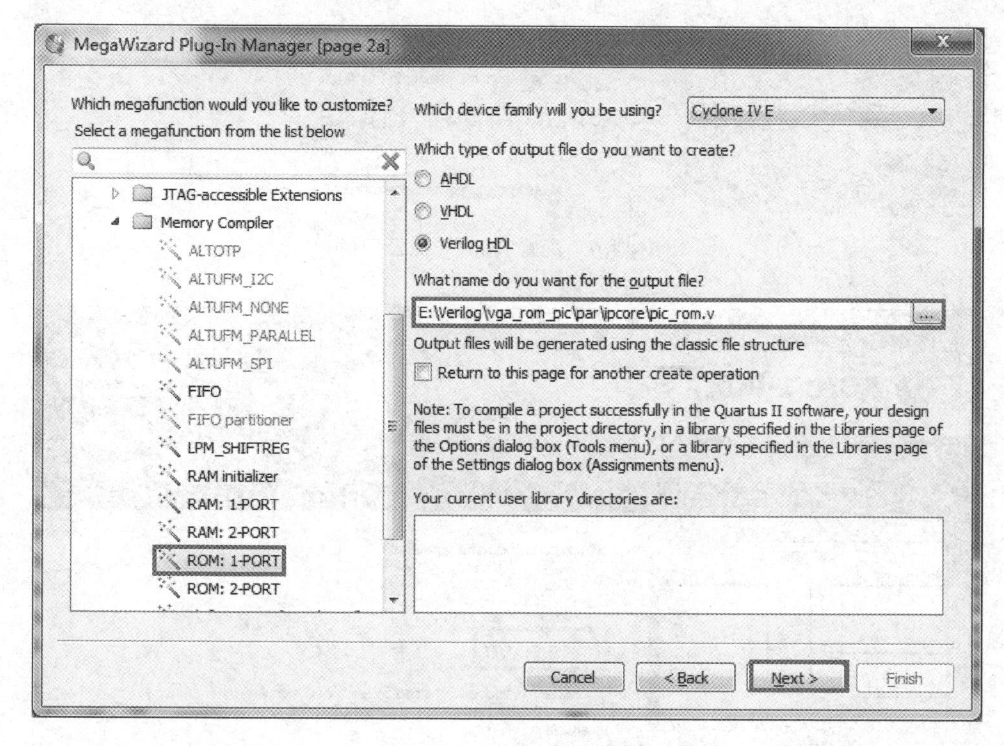

图 16.4.6　新建 ROM IP 核

最后，在 Mem Init 选项卡选择前面生成的初始化文件“ZDYZ. mif”，如图 16.4.9 所示。注意需要将该 MIF 文件置于工程目录下，本工程中的 MIF 文件位于 vga_rom_pic/doc 文件夹下。

图 16.4.10 所示为 VGA 显示模块显示图片时 SignalTap 抓取的波形图，从图中可以看到，在 ROM 读使能信号 rom_rd_en 拉高时，读地址 rom_addr 依次累加。同时数据有效信号 rom_valid 相对于 rom_rd_en 延时一个时钟周期。

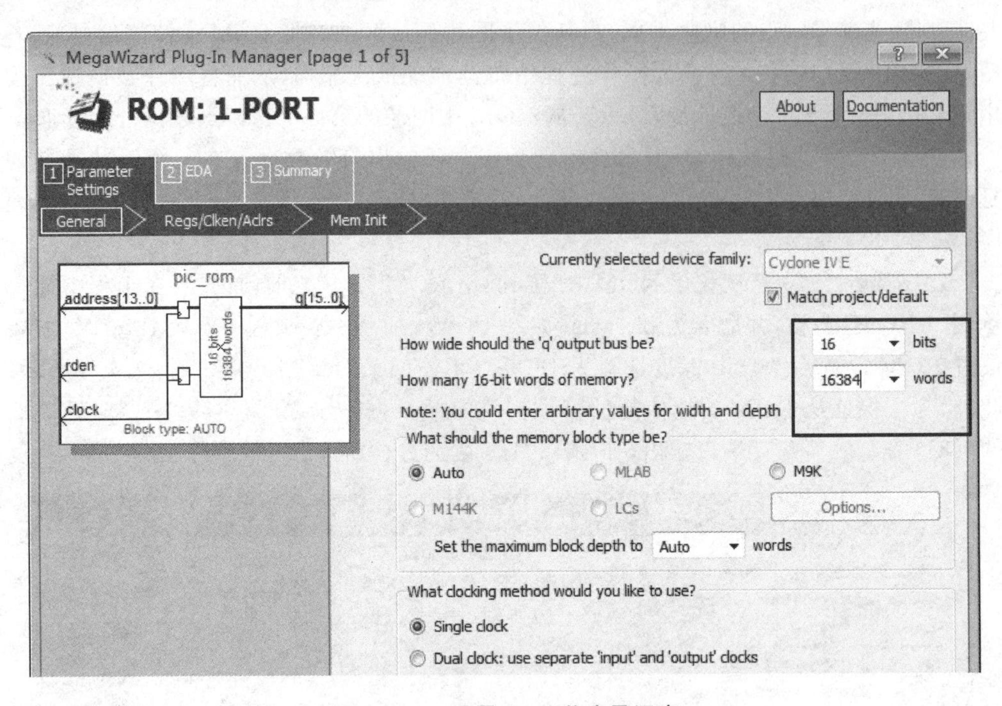

图 16.4.7　配置 ROM 位宽及深度

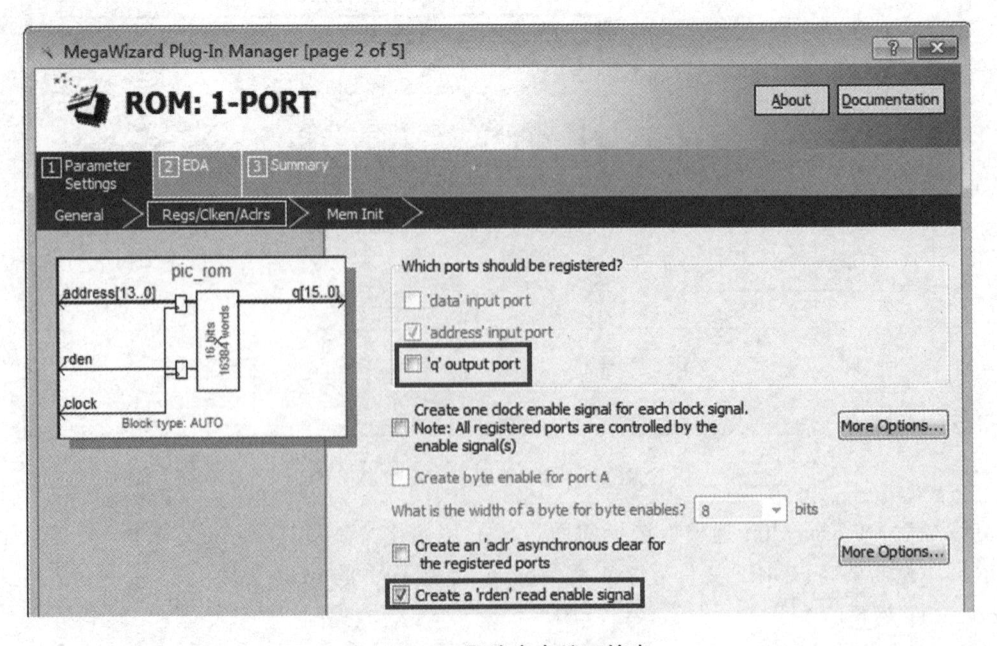

图 16.4.8　取消寄存端口输出

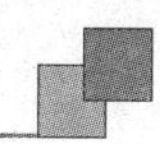

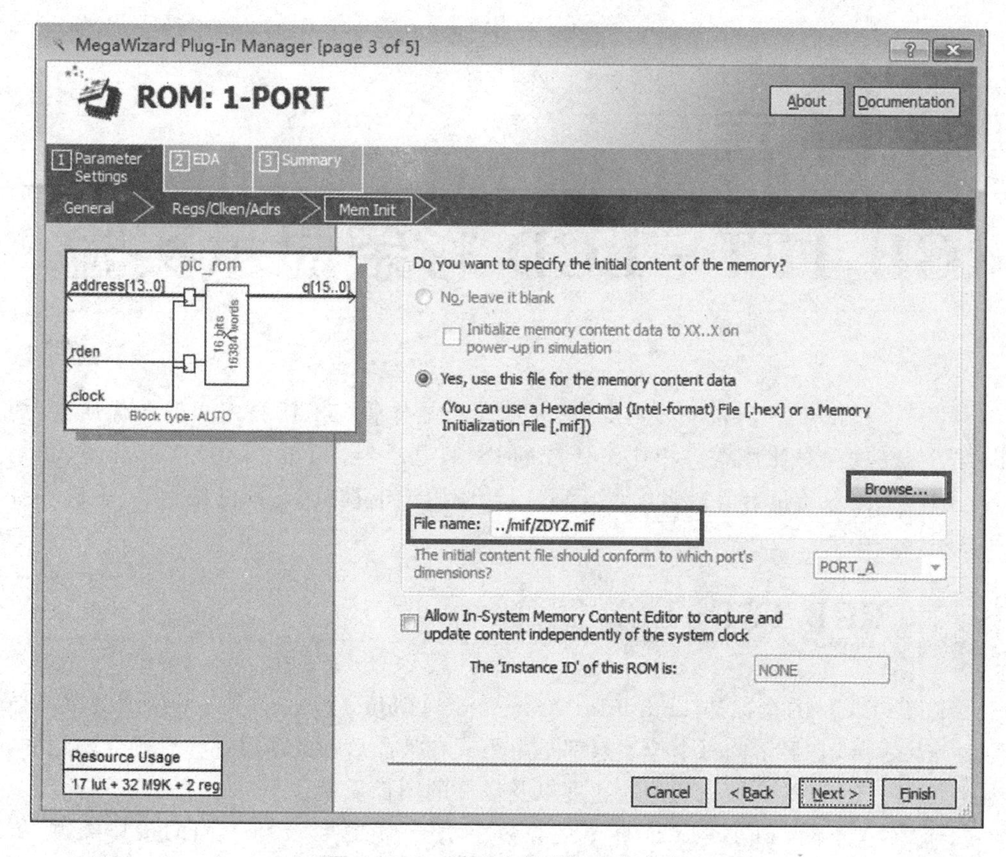

图 16.4.9　选择存储器初始化文件

Signal											
vga_display:u_vga_display|pixel_xpos	268	269	270	271	272	273	274	275	276	277	278
vga_display:u_vga_display|pixel_ypos											
vga_display:u_vga_display|rom_addr	8000			8001	8002	8003	8004	8005	8006	8007	8008
vga_display:u_vga_display|rom_rd_en											
..._vga_display|pic_rom:pic_rom_inst|q	FFDFh			FFFFh			A5FAh	0335h	03F9h	0397h	2B94h
vga_display:u_vga_display|rom_valid											
vga_display:u_vga_display|pixel_data	0000h			FFFFh			A5FAh	0335h	03F9h	0397h	2B94h

图 16.4.10　VGA 显示模块 SignalTap 波形图

16.5　下载验证

参考“第 14 章　VGA 彩条显示实验”中的下载验证方法，将本次实验的.sof 文件下载至开发板。下载完成后在 VGA 显示器上观察显示的图片，如图 16.5.1 所示，说明基于 ROM 的 VGA 图片显示程序下载验证成功。

图 16.5.1　基于 ROM 的 VGA 图片显示效果图

第17章

RGB TFT-LCD彩条显示实验

TFT-LCD是一种液晶显示屏，它采用薄膜晶体管(TFT)技术提升图像质量，如提高图像亮度和对比度等。相比于传统的CRT显示器，TFT-LCD有着轻薄、功耗低、无辐射、图像质量好等诸多优点，因此广泛应用于电视机、计算机显示器、手机等各种显示设备中。

17.1 RGB TFT-LCD简介

TFT-LCD的全称是Thin Film Transistor-Liquid Crystal Display，即薄膜晶体管液晶显示屏，它显示的每个像素点都是由集成在液晶后面的薄膜晶体管独立驱动的，因此TFT-LCD具有较高的响应速度以及较好的图像质量。

与VGA不同，TFT-LCD直接接收数字信号，并能够支持不同的接口类型，如RGB接口、Intel 8080接口等。本章将使用正点原子推出的一款7寸RGB接口TFT液晶显示屏模块(ATK-7'RGBLCD模块)为例，介绍RGB LCD的使用方法。ATK-7' RGB接口TFT液晶屏模块如图17.1.1所示。

图17.1.1 ATK-7'RGB接口TFT液晶屏模块

ATK-7'RGBLCD模块采用群创光电的7寸LCD液晶屏AT070TN92，分辨率为800×480，采用RGB888格式的数据接口(也可使用RGB565格式)。图17.1.2为AT070TN92输入数据的时序图。

从图17.1.2和图17.1.3中可以看到，AT070TN92液晶屏的输入数据有两种同步方式，分别为行场同步模式(HV Mode)和数据使能同步模式(DE Mode)，可通过

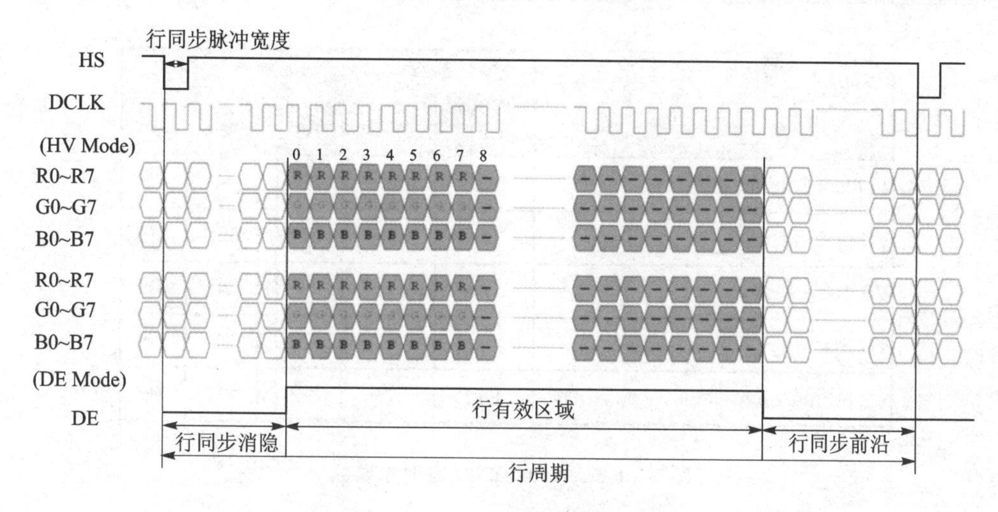

图 17.1.2　AT070TN92 行时序图

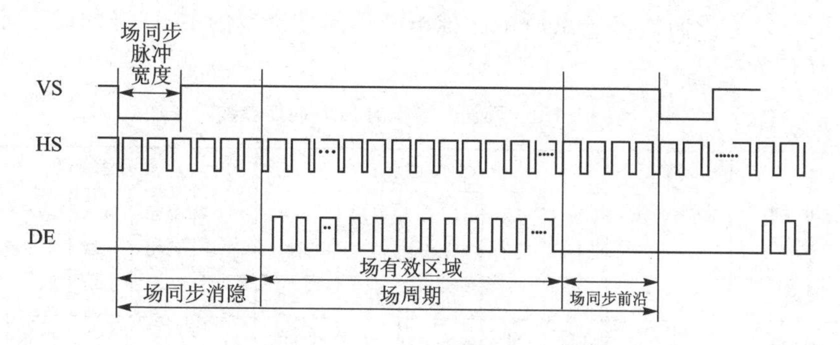

图 17.1.3　AT070TN92 场时序图

MODE 引脚进行选择。AT070TN92 的数据手册指出，当 MODE 引脚拉高时，选择 DE 同步模式，此时行场同步信号 VS 和 HS 必须为高电平；当 MODE 引脚拉低时，选择 HV 同步模式，此时数据使能信号 DE 必须为低电平。

图 17.1.4 和图 17.1.5 为 AT070TN92 输入数据的时序参数。

Item	Symbol	Values			Unit
		Min.	Typ.	Max.	
Horizontal Display Area	thd	-	800	-	DCLK
DCLK Frequency	fclk	26.4	33.3	46.8	MHz
One Horizontal Line	th	862	1056	1200	DCLK
HS pulse width	thpw	1	-	40	DCLK
HS Blanking	thb	46	46	46	DCLK
HS Front Porch	thfp	16	210	354	DCLK

图 17.1.4　AT070TN92 行时序参数

Item	Symbol	Values			Unit
		Min.	Typ.	Max.	
Vertical Display Area	tvd	-	480	-	TH
VS period time	tv	510	525	650	TH
VS pulse width	tvpw	1	-	20	TH
VS Blanking	tvb	23	23	23	TH
VS Front Porch	tvfp	7	22	147	TH

图 17.1.5　AT070TN92 场时序参数

AT070TN92 液晶屏在 HV 模式下的时序图与 VGA 接口的时序图非常相似，只是参数不同，这里我们给出正点原子所推出的不同分辨率的 LCD 屏的时序参数，如表 17.1.1 所列。

表 17.1.1　不同分辨率的 LCD 时序参数

分辨率	时钟/ MHz	行时序/像素数					帧时序/行数				
		行同步	显示后沿	显示区域	显示前沿	显示周期	场同步	显示后沿	显示区域	显示前沿	显示周期
480×272	9	41	2	480	2	525	10	2	272	2	286
800×480	33.3	128	88	800	40	1 056	2	33	480	10	525
1 024×600	50	20	140	1 024	160	1 344	3	20	600	12	635
1 280×800	70	10	80	1 280	70	1 440	3	10	800	10	823

由于 ATK－7'RGBLCD 模块将液晶屏 AT070TN92 的 MODE 引脚拉高了，因此我们需要采用 DE 模式驱动液晶屏。实际上，在 DE 模式下，同步信号 DE 对应的正是 VGA 时序中的有效数据段(c)，如图 17.1.6 所示。

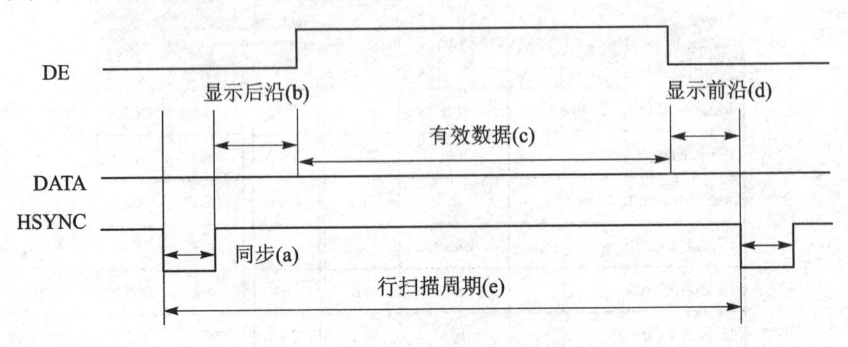

图 17.1.6　VGA 行同步时序

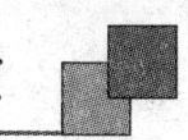

17.2 实验任务

本节实验任务是使用开拓者开发板上的 RGB TFT-LCD 接口在 7 寸 RGBLCD 液晶屏模块(分辨率为 800×480)上显示彩条。其他尺寸和分辨率的 RGBLCD 模块，只需要在此基础上稍作修改，即可显示出彩条，修改方法见本章程序设计部分。

17.3 硬件设计

开拓者开发板上 RGB TFTLCD 接口部分的原理图如图 17.3.1 所示。

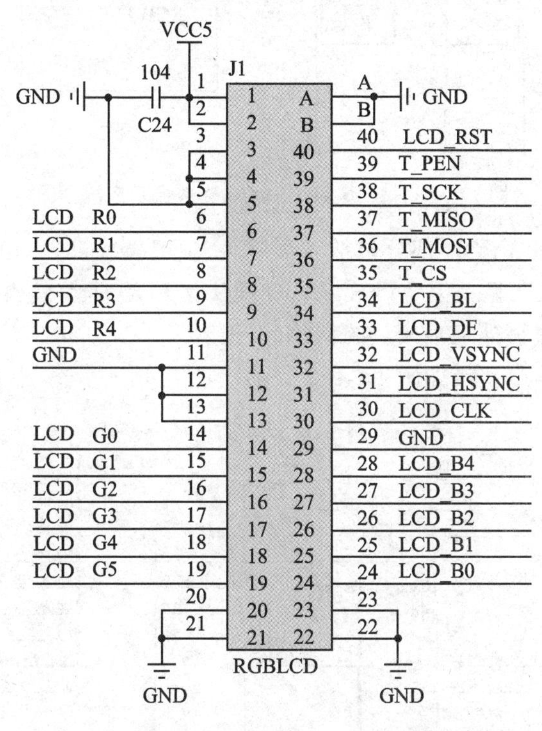

图 17.3.1 RGB TFTLCD 接口原理图

从图 17.3.1 中可以看到，FPGA 引脚输出的颜色数据位宽为 16 bit，数据格式为 RGB565，即数据高 5 位表示红色，中间 6 位表示绿色，低 5 位表示蓝色。

另外，RGBLCD 模块支持触摸功能，图 17.3.1 中以字母 T 开头的 5 个信号(T_PEN、T_SCK 等)与模块上的触摸芯片相连接。由于本次实验不涉及触摸功能的实现，因此这些信号并未用到。

17.4 程序设计

RGB TFT－LCD 输入时序包含 3 个要素：像素时钟、同步信号以及图像数据，由此我们可以大致规划出系统结构，如图 17.4.1 所示。其中，时钟分频模块负责产生像素时钟，LCD 驱动模块产生同步信号，LCD 显示模块输出图像数据。

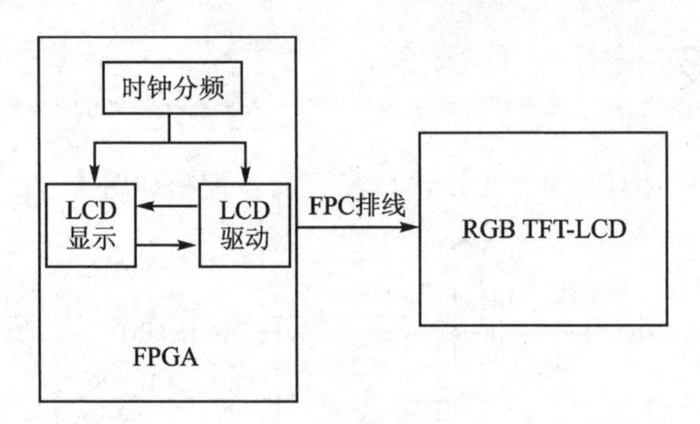

图 17.4.1　RGB TFT－LCD 彩条显示系统框图

由系统框图可知，FPGA 部分包括 4 个模块，顶层模块(lcd_rgb_colorbar)、时钟分频模块(lcd_pll)、LCD 显示模块(lcd_display)以及 LCD 驱动模块(lcd_driver)。其中在顶层模块中完成对另外三个模块的例化。

各模块端口及信号连接如图 17.4.2 所示。

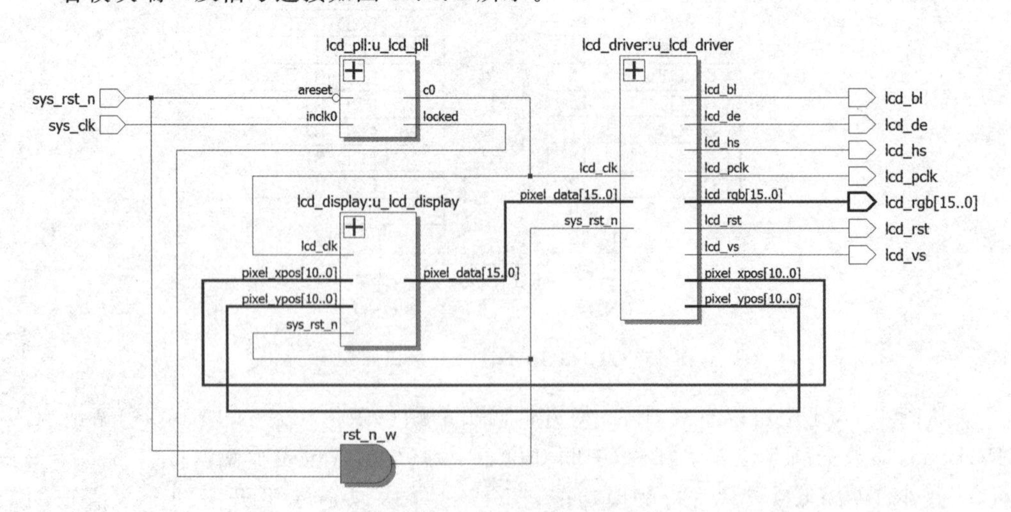

图 17.4.2　顶层模块原理图

时钟分频模块(lcd_pll)通过调用锁相环(PLL)IP 核来实现，可以根据表 17.1.1 得知实验中 LCD 显示需要用到的像素时钟。LCD 驱动模块(lcd_driver)在像素时钟的驱动下输出数据使能信号用于数据同步，同时还需要输出像素点的纵横坐标，供 LCD 显示模块(lcd_display)调用，以绘制彩条图案。

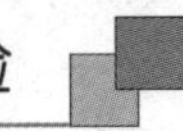

由于液晶屏 AT070TN92 的输入时序与 VGA 接口的时序非常相似，RGB TFT－LCD 的彩条显示程序只需要在 VGA 彩条显示程序的基础上对 VGA 驱动模块稍作修改即可。因此这里仅介绍 LCD 驱动模块，其他模块请大家参考“第 14 章　VGA 彩条显示实验”。

LCD 驱动模块的代码如下所示：

```
1  module lcd_driver(
2      input               lcd_clk,        //LCD 模块驱动时钟
3      input               sys_rst_n,      //复位信号
4      //RGB LCD 接口
5      output              lcd_hs,         //LCD 行同步信号
6      output              lcd_vs,         //LCD 场同步信号
7      output              lcd_de,         //LCD 数据输入使能
8      output     [15:0]   lcd_rgb,        //LCD RGB565 颜色数据
9      output              lcd_bl,         //LCD 背光控制信号
10     output              lcd_rst,        //LCD 复位信号
11     output              lcd_pclk,       //LCD 采样时钟
12
13     input      [15:0]   pixel_data,     //像素点数据
14     output     [10:0]   pixel_xpos,     //像素点横坐标
15     output     [10:0]   pixel_ypos      //像素点纵坐标
16     );
17
18 //parameter define
19 parameter  H_SYNC    =  11'd128;   //行同步
20 parameter  H_BACK    =  11'd88;    //行显示后沿
21 parameter  H_DISP    =  11'd800;   //行有效数据
22 parameter  H_FRONT   =  11'd40;    //行显示前沿
23 parameter  H_TOTAL   =  11'd1056;  //行扫描周期
24
25 parameter  V_SYNC    =  11'd2;     //场同步
26 parameter  V_BACK    =  11'd33;    //场显示后沿
27 parameter  V_DISP    =  11'd480;   //场有效数据
28 parameter  V_FRONT   =  11'd10;    //场显示前沿
29 parameter  V_TOTAL   =  11'd525;   //场扫描周期
30
31 //reg define
32 reg  [10:0] cnt_h;
33 reg  [10:0] cnt_v;
34
35 //wire define
36 wire        lcd_en;
37 wire        data_req;
38
39 //*****************************************************
40 //**                    main code
41 //*****************************************************
42 assign lcd_bl    = 1'b1;            //RGBLCD 显示模块背光控制信号
43 assign lcd_rst   = 1'b1;            //RGBLCD 显示模块系统复位信号
44 assign lcd_pclk = lcd_clk;          //RGBLCD 显示模块采样时钟
```

```
45
46 assign lcd_de    = lcd_en;            //LCD 输入的颜色数据采用数据输入使能信号同步
47 assign lcd_hs    = 1'b1;              //RGBLCD 采用数据输入使能信号同步时，
48 assign lcd_vs    = 1'b1;              //行场同步信号需要拉高
49
50 //使能 RGB565 数据输出
51 assign lcd_en   = (((cnt_h >= H_SYNC + H_BACK) && (cnt_h <H_SYNC + H_BACK + H_DISP))
52                 &&((cnt_v >= V_SYNC + V_BACK) && (cnt_v <V_SYNC + V_BACK + V_DISP)))
53                 ?  1'b1 : 1'b0;
54
55 //RGB565 数据输出
56 assign lcd_rgb = lcd_en ? pixel_data : 16'd0;
57
58 //请求像素点颜色数据输入
59 assign data_req = (((cnt_h >= H_SYNC + H_BACK - 1'b1) && (cnt_h <H_SYNC + H_BACK + H_DISP -
1'b1))
60                  && ((cnt_v >= V_SYNC + V_BACK) && (cnt_v <V_SYNC + V_BACK + V_DISP)))
61                  ?  1'b1 : 1'b0;
62
63 //像素点坐标
64 assign pixel_xpos = data_req ? (cnt_h - (H_SYNC + H_BACK - 1'b1)) : 11'd0;
65 assign pixel_ypos = data_req ? (cnt_v - (V_SYNC + V_BACK - 1'b1)) : 11'd0;
66
67 //行计数器对像素时钟计数
68 always @(posedge lcd_clk or negedge sys_rst_n) begin
69     if (!sys_rst_n)
70         cnt_h <= 11'd0;
71     else begin
72         if(cnt_h <H_TOTAL - 1'b1)
73             cnt_h <= cnt_h + 1'b1;
74         else
75             cnt_h <= 11'd0;
76     end
77 end
78
79 //场计数器对行计数
80 always @(posedge lcd_clk or negedge sys_rst_n) begin
81     if (!sys_rst_n)
82         cnt_v <= 11'd0;
83     else if(cnt_h == H_TOTAL - 1'b1) begin
84         if(cnt_v <V_TOTAL - 1'b1)
85             cnt_v <= cnt_v + 1'b1;
86         else
87             cnt_v <= 11'd0;
88     end
89 end
90
91 endmodule
```

由本章简介部分可知，在 DE 模式下，液晶显示屏的同步信号 DE 对应的是 VGA 时序中的有效数据段。为增加程序在 VGA 显示及 RGB LCD 显示之间的可移植性，程

序第18～29行的变量声明仍然采用了表17.1.1中LCD时序的参数，可以看出这是驱动7寸800×480 LCD所用到的时序参数。当要驱动其他尺寸的RGB LCD时，只需要按照表17.1.1中的参数修改第18～29行的参数声明，并修改PLL中的输出时钟频率即可。

程序第42～48行是LCD驱动模块输出的液晶屏控制信号。其中lcd_bl为液晶屏背光控制端口，可以利用该端口输出一个频率在200 Hz～1 kHz范围之内的PWM（脉冲宽度调制）信号，通过调整PWM信号的占空比来调节液晶屏的显示亮度。这里对lcd_bl作简单处理，将其直接赋值为1，此时液晶屏亮度最高。lcd_rst为液晶屏的复位信号，低电平时LCD屏复位，同样将其赋值为1，使LCD上电后始终处于工作状态。另外由于ATK－7'RGBLCD模块采用DE同步模式，输出给LCD的数据使能信号lcd_de在图像数据有效时拉高，因此可以将模块内部的lcd_en信号直接赋值给lcd_de。另外在DE模式下，需要将输出给LCD的行场同步信号lcd_hs、lcd_hs拉高。

LCD驱动模块的其他部分与VGA驱动模块完全相同（时钟分频模块输出的时钟有差异，因为RGB LCD和VGA分辨率不同，本次实验时钟分频模块输出的时钟为33.3 MHz），更详细的设计思路请大家参考“第14章　VGA彩条显示实验”中的相关介绍。

图17.4.3为RGB TFT－LCD彩条程序显示一行图像时SignalTap抓取的波形图，图中包含了一个完整的行扫描周期，其中的有效图像区域被划分为5个不同的区域，不同区域的像素点颜色各不相同。此外，LCD背光控制信号、LCD复位信号以及行场同步信号均一直拉高。

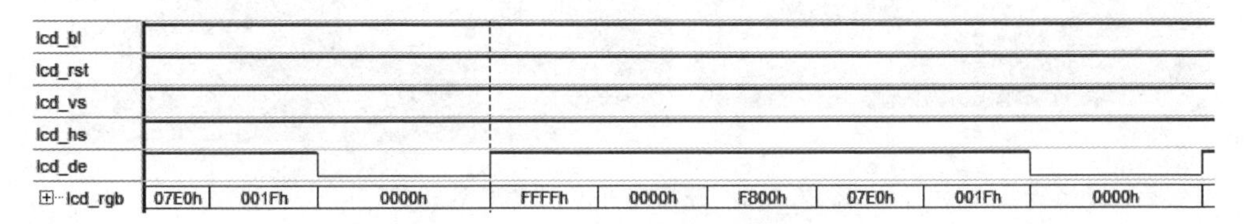

图17.4.3　SignalTap波形图

17.5　下载验证

将FPC排线一端与RGBLCD模块上的J1接口连接，另一端与开拓者开发板上的J1接口连接，如图17.5.1和图17.5.2所示。连接时，先掀开FPC连接器上的黑色翻盖，将FPC排线蓝色面朝上插入连接器，最后将黑色翻盖压下以固定FPC排线。

最后将下载器一端连计算机，另一端与开发板上的JTAG端口连接，连接电源线并打开电源开关。

然后打开本次实验工程，并将.sof文件下载到开发板中。下载完成后观察ATK－7'RGBLCD模块显示的图案，如图17.5.3所示，说明RGB TFT－LCD彩条显示程序下载验证成功。

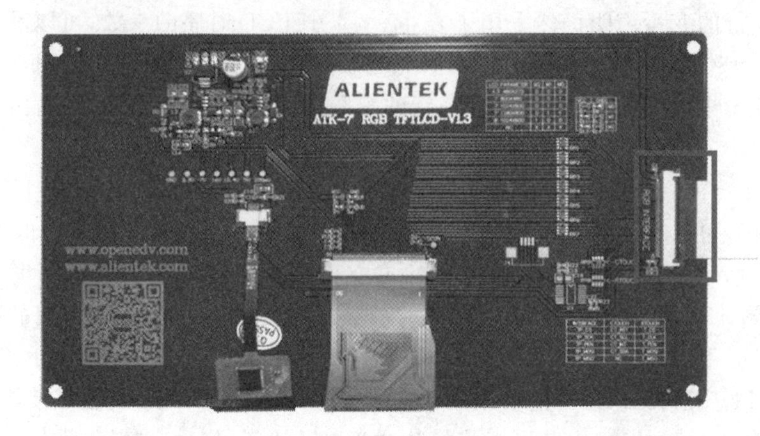

图 17.5.1　ATK-7'RGBLCD 模块 FPC 连接器

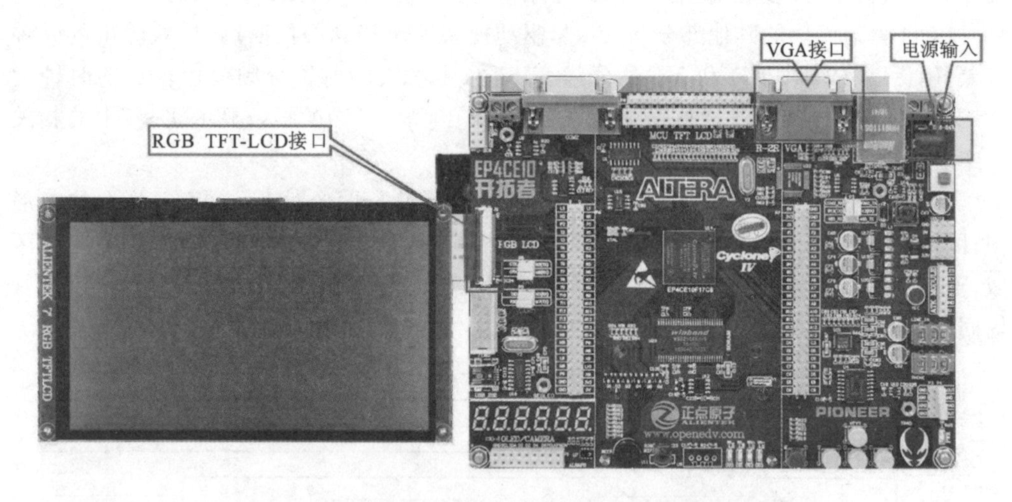

图 17.5.2　开拓者开发板 FPC 连接器

图 17.5.3　RGB TFT-LCD 彩条显示

第 18 章

EEPROM 读/写测试实验

EEPROM 是一种用于计算机系统的非易失性存储器，也常在嵌入式领域中作为数据的存储设备，在物联网及可穿戴设备等需要存储少量数据的场景中也有广泛应用。本章将学习 EEPROM 的读/写操作并进行 EEPROM 读/写实验。

18.1 EEPROM 简介

EEPROM (Electrically Erasable Progammable Read Only Memory)即电可擦除可编程只读存储器，是一种常用的非易失性存储器(掉电数据不丢失)，EEPROM 有多种类型的产品，开拓者 FPGA 开发板上使用的是 ATMEL 公司生产的 AT24C 系列的 AT24C64。AT24C64 具有高可靠性，可对所存数据保存 100 年，并可多次擦写，擦写次数达 100 万次。

一般而言，对于存储类型的芯片，我们比较关注其存储容量。这次实验所用的 AT24C64 存储容量为 64 Kbit，内部分成 256 页，每页 32 字节，共有 8 192 个字节，且其读/写操作都以字节为基本单位。可以把 AT24C64 看作一本书，那么这本书有 256 页，每页有 32 行，每行有 8 个字，总共有 256×32×8＝65 536 个字，对应着 AT24C64 的 64×1 024＝65 536 位。

知道了 AT24C64 的存储容量，就知道了读/写的空间大小。那么该如何对 AT24C64 进行读/写操作呢?

由于 AT24C64 采用的是两线串行接口的双向数据传输协议——I^2C 协议实现读/写操作，所以有必要了解一下 I^2C 协议。

I^2C 即 Inter - Integrated Circuit(集成电路总线)，是由 Philips 半导体公司(现在的 NXP 半导体公司)在 20 世纪 80 年代初设计出来的一种简单、双向、二线制总线标准。其多用于主机和从机在数据量不大且传输距离短的场合下的主从通信。主机启动总线，并产生时钟用于传送数据，此时任何接收数据的器件均被认为是从机。

I^2C 总线由数据线 SDA 和时钟线 SCL 构成通信线路，既可用于发送数据，也可接收数据。在主控与被控 IC 之间可进行双向数据传送，数据的传输速率在标准模式下可达 100 kbit/s，在快速模式下可达 400 kbit/s，在高速模式下可达 3.4 Mbit/s，各种被控器件均并联在总线上，通过器件地址(SLAVE ADDR，具体可查器件手册)识别。开拓者 I²C 总线物理拓扑结构如图 18.1.1 所示。

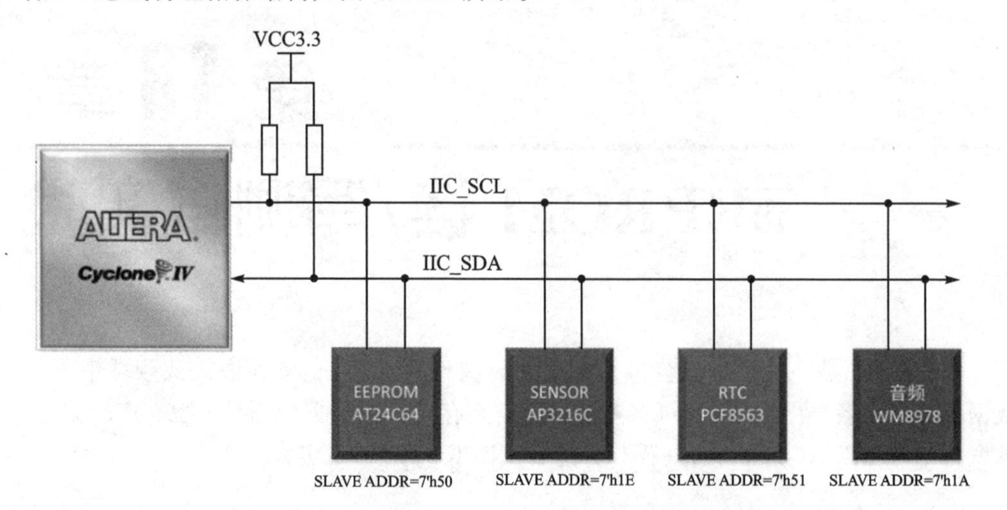

图 18.1.1　开拓者 I²C 总线物理拓扑结构图

图 18.1.1 中的 IIC_SCL 是串行时钟线，IIC_SDA 是串行数据线，由于 I²C 器件一般采用开漏结构与总线相连，所以 IIC_SCL 和 IIC_SDA 均需接上拉电阻。也正因如此，当总线空闲时，这两条线路都处于高电平状态，当连到总线上的任一器件输出低电平时，都将使总线拉低，即各器件的 SDA 及 SCL 都是"线与"关系。

I²C 总线支持多主和主从两种工作方式，通常工作在主从工作方式，我们的开发板就采用主从工作方式。在主从工作方式中，系统中只有一个主机，其他器件都是具有 I²C 总线的外围从机。在主从工作方式中，主机启动数据的发送（发出启动信号）并产生时钟信号，数据发送完成后，发出停止信号。

I²C 总线结构虽然简单（使用两线传输），但要实现器件间的通信，则需要通过控制 SCL 和 SDA 的时序，使其满足 I²C 的总线传输协议，方可实现器件间的数据传输。那么 I²C 协议的时序是怎样的呢？

在 I²C 器件开始通信（传输数据）之前，串行时钟线 SCL 和串行数据线 SDA 线由于上拉的原因处于高电平状态，此时 I²C 总线处于空闲状态。如果主机（此处指 FPGA）想开始传输数据，则只需在 SCL 为高电平时将 SDA 线拉低，产生一个起始信号，从机检测到起始信号后，准备接收数据，当数据传输完成时，主机只需产生一个停止信号，告诉从机数据传输结束，停止信号的产生是在 SCL 为高电平时，SDA 从低电平跳变到高电平，从机检测到停止信号后，停止接收数据。I²C 整体时序如图 18.1.2 所示。起始信号之前为空闲状态，起始信号之后到停止信号之前的这一段为数据传输状态，主机可以向从机写数据，也可以读取从机输出的数据，数据的传输由双向数据线（SDA）完成。停止信号产生后，总线再次处于空闲状态。

了解到了整体时序之后，读者可能会有疑问，数据是以什么样的格式传输的呢？满足怎样的时序要求呢？是在任何时候改变都可以吗？怎么知道从机有没有接收到数据

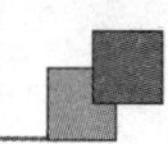

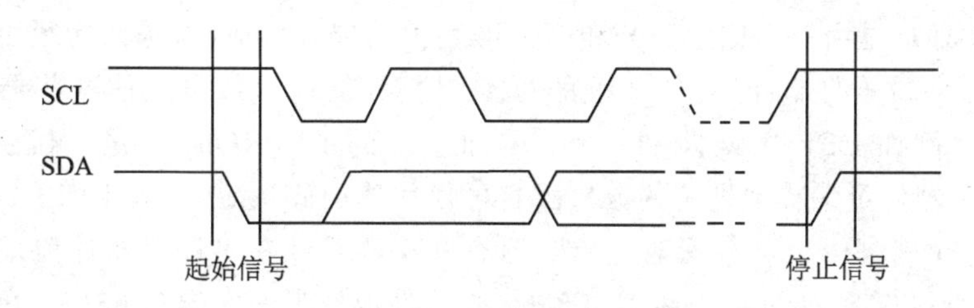

图 18.1.2　I^2C 整体时序图

呢？带着这些疑问，我们继续学习 I^2C。

由于只有一根数据线进行数据的传输，如果不规定好传输规则，那么肯定会导致信息错乱，如同在单条道路上驾驶，没有交通规则，再好的道路也会发生拥堵甚至更糟。采用两线结构的 I^2C 虽然只有一根数据线，但由于还有一条时钟线，可以让数据线在时钟线的带领下有顺序地传送，就好像单条道路上的车辆在交警或信号指示灯的指示下有规则地通行。那么 I^2C 遵循怎样的规则呢？

如果要想回答这些问题，首先要读懂图 18.1.3。由图 18.1.3 可知，在起始信号之后，主机开始发送传输的数据；在串行时钟线 SCL 为低电平状态时，SDA 允许改变传输的数据位(1 为高电平，0 为低电平)，在 SCL 为高电平状态时，SDA 要求保持稳定，相当于一个时钟周期传输 1 bit 数据，经过 8 个时钟周期后，传输了 8 bit 数据，即一个字节。第 8 个时钟周期末，主机释放 SDA 以使从机应答，在第 9 个时钟周期，从机将 SDA 拉低以应答；如果第 9 个时钟周期，SCL 为高电平时，SDA 未被检测到为低电平，则视为非应答，表明此次数据传输失败。第 9 个时钟周期末，从机释放 SDA 以使主机继续传输数据，如果主机发送停止信号，则此次传输结束。我们要注意的是数据以8 bit 即一个字节为单位串行发出，其最先发送的是字节的最高位。

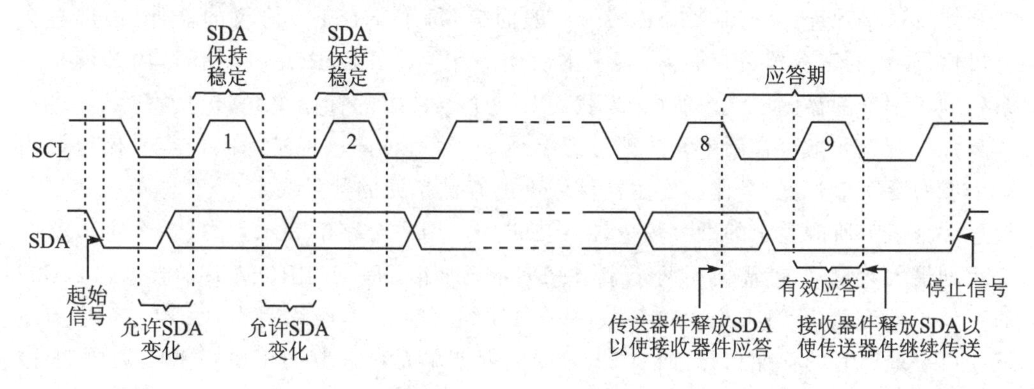

图 18.1.3　I^2C 具体时序图

I^2C 时序部分已经基本介绍完了，但还有一个小问题，就是当多个 I^2C 器件挂接在总线上时，怎样才能与我们想要传输数据的器件进行通信。这就涉及到了器件地址(也称从机地址，SLAVE ADDRESS)。

每个 I^2C 器件都有一个器件地址，有些 I^2C 器件的器件地址是固定的，而有些 I^2C

器件的器件地址是由一个固定部分和一个可编程的部分构成，这是因为很可能在一个系统中有几个同样的器件，器件地址的可编程部分能最大数量地使这些器件连接到 I^2C 总线上，例如 EEPROM 器件，为了增加系统的 EEPROM 容量，可能需要多个 EEPROM。器件可编程地址位的数量由它可使用的引脚决定，比如 EEPROM 器件一般会留下 3 个引脚用于可编程地址位。但有些 I^2C 器件在出厂时器件地址就设置好了，用户不可以更改（如实时时钟 PCF8563 的器件地址为固定的 7'h51）。所以当主机想给某个器件发送数据时，只需向总线上发送接收器件的器件地址即可。

对于 AT24C64 而言，其器件地址为 1010 加 3 位的可编程地址，3 位可编程地址由器件上的 3 个引脚 A2、A1、A0 的硬件连接决定。当硬件电路上分别将这 3 个引脚连接到 GND 或 VCC 时，就可以设置不同的可编程地址。对于我们的开发板，这 3 个引脚连接到地。

进行数据传输时，主机首先向总线上发出开始信号，对应开始位 S，然后按照从高到低的位序发送器件地址，一般为 7 位，第 8 位为读/写控制位 R/W，该位为 0 时表示主机对从机进行写操作，当该位为 1 时表示主机对从机进行读操作，然后接收从机响应。对于 AT24C64 来说，其传输器件地址格式如图 18.1.4 所示。

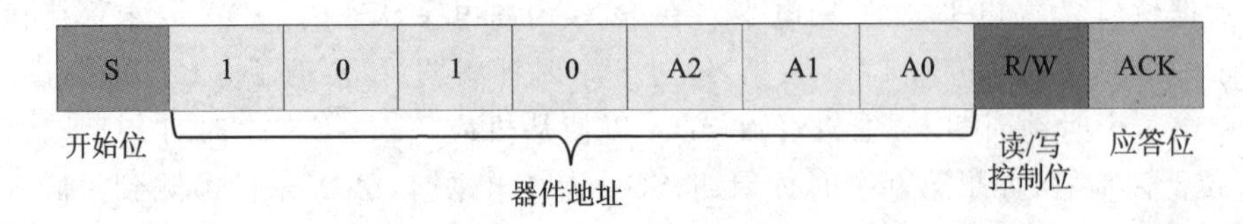

图 18.1.4 器件地址格式示意图

发送完第一个字节（7 位器件地址和一位读/写控制位）并收到从机正确的应答后就开始发送字地址（Word Address）。一般而言，每个兼容 I^2C 协议的器件，内部总会有可供读/写的寄存器或存储器，对于本次实验用到的 EEPROM 存储器，内部就是一系列顺序编址的存储单元。所以，当我们对一个器件中的存储单元（包括寄存器）进行读/写时，首先要指定存储单元的地址即字地址，然后再向该地址写入内容。该地址为一个或两个字节长度，具体长度由器件内部的存储单元的数量决定，当存储单元数量不超过一个字节所能表示的最大数量（$2^8=256$）时，用一个字节表示，超过一个字节所能表示的最大数量时，就需要用两个字节来表示，例如同是 EEPROM 存储器，AT24C02 的存储单元容量为 2 Kbit=256 Byte（一般 bit 缩写为 b，Byte 缩写为 B），用一个字节地址即可寻址所有的存储单元，而 AT24C64 的存储单元容量为 64 Kb=8 KB，需要 13 位（$2^{13}=8$ KB）的地址位，而 I^2C 又是以字节为单位进行传输的，所以需要用两个字节地址来寻址整个存储单元。图 18.1.5 和图 18.1.6 分别为单字节字地址和双字节字地址器件的地址分布图，其中单字节字地址的器件是以存储容量为 2 Kb 的 EEPROM 存储器 AT24C02 为例，双字节字地址的器件是以存储容量为 64 Kb 的 EEPROM 存储器 AT24C64 为例，WA7 即字地址 Word Address 的第 7 位，以此类推，用 WA 是为了区别前面器件地址中的 A。

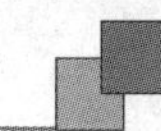

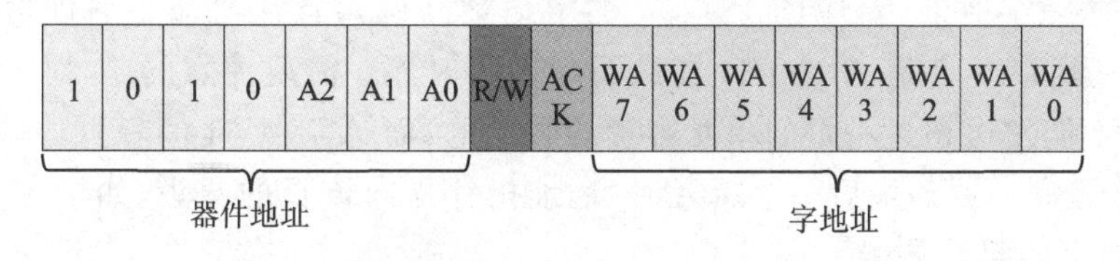

图 18.1.5　单字节字地址分布

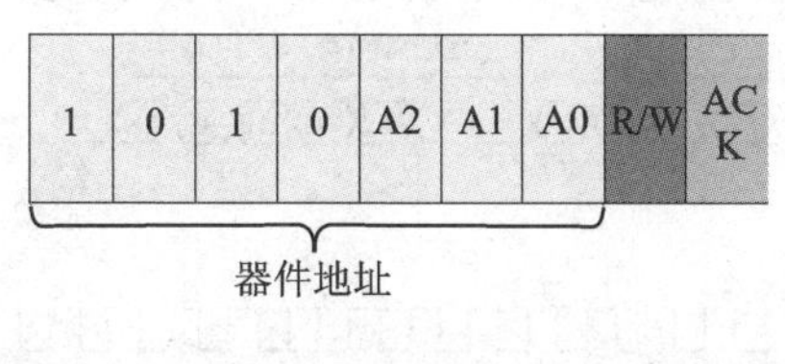

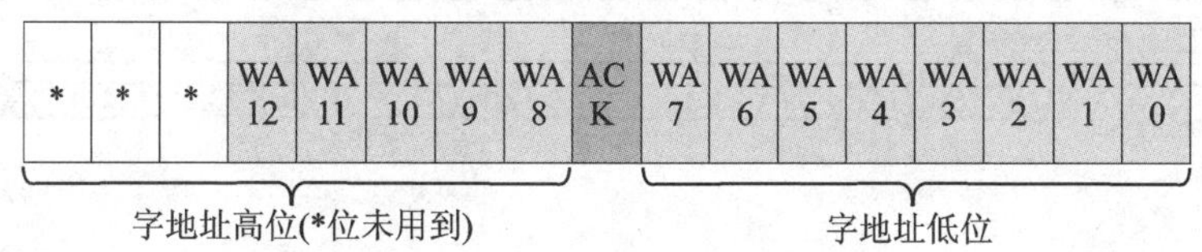

图 18.1.6　双字节字地址分布

主机发送完字地址，从机正确应答后就把内部的存储单元地址指针指向该单元。如果读/写控制位 R/W 位为"0"即写命令，从机就处于接收数据的状态，此时，主机就开始写数据了。写数据分为单次写(对于 EEPROM 而言，称为字节写)和连续写(对于 EEPROM 而言，称为页写)，那么这两者有什么区别呢？对比图 18.1.7 和图 18.1.8 可知，两者的区别在于发送完一字节数据后，是发送结束信号还是继续发送下一字节数据，如果发送的是结束信号，就称为单次写；如果继续发送下一字节数据，就称为连续写。图 18.1.7 是 AT24C64 的单次写(字节写)时序，对于字地址为单字节的 I^2C 器件

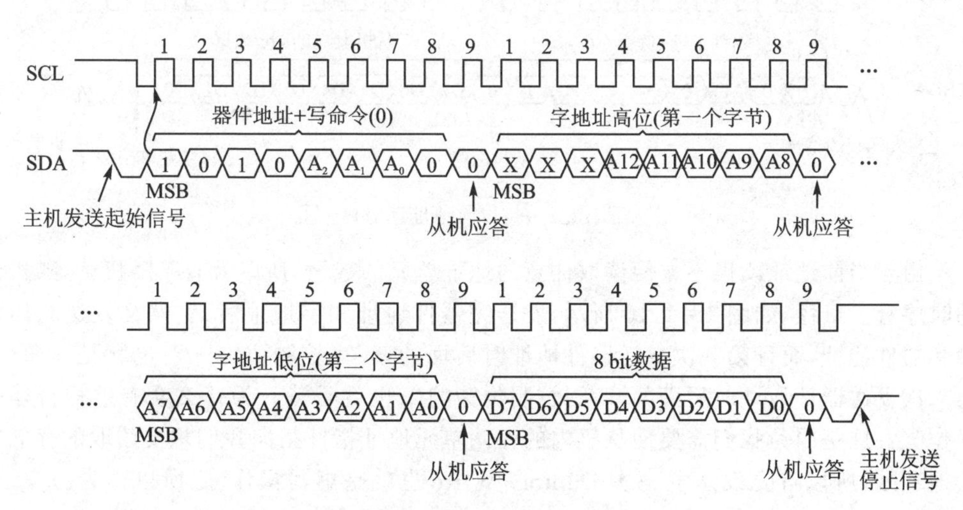

图 18.1.7　单次写(字节写)时序

而言,在发送完字地址(对应图 18.1.7 的字地址高位),且从机应答后即可串行发送 8 bit 数据。图 18.1.8 是 AT24C64 连续写(页写)时序。需要注意的是,对于 AT24C64 的页写,是不能发送超过一页的单元容量的数据的,而 AT24C64 的一页的单元容量为 32 Byte,当写完一页的最后一个单元时,地址指针指向该页的开头,如果再写入数据,就会覆盖该页的起始数据。

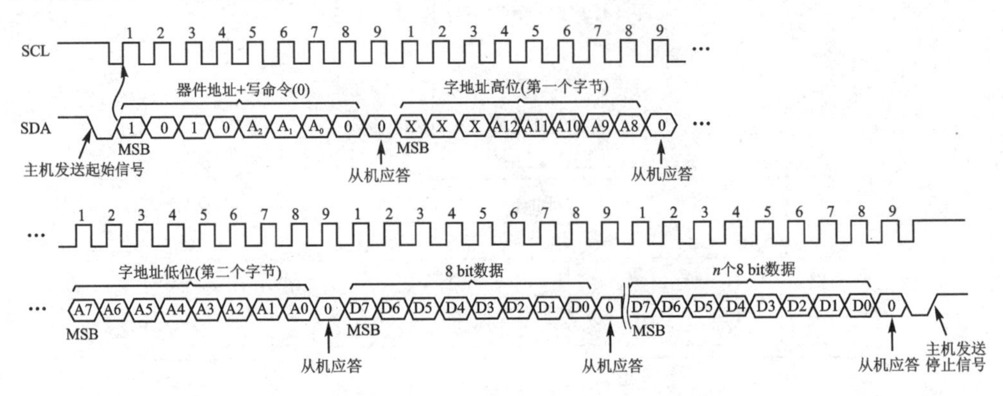

图 18.1.8　连续写(页写)时序

如果读/写控制位 R/W 位为“1”即读命令,主机就处于接收数据的状态,从机从该地址单元输出数据。读数据有 3 种方式:当前地址读、随机读和连续读。当前地址读是指在一次读或写操作后发起读操作。由于 I^2C 器件在读/写操作后,其内部的地址指针自动加 1,因此当前地址读可以读取下一个字地址的数据。也就是说上次读或写操作的单元地址为 02 时,当前地址读的内容就是地址 03 处的单元数据,时序图如图 18.1.9 所示。

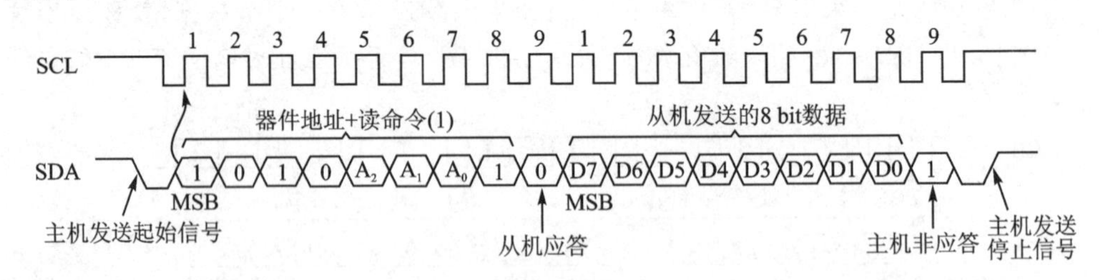

图 18.1.9　当前地址读时序

由于当前地址读极不方便读取任意的地址单元的数据,所以就有了随机读,随机读的时序有点奇怪,如图 18.1.10 所示,发送完器件地址和字地址后,竟然又发送起始信号和器件地址,而且第一次发送器件地址时后面的读/写控制位为“0”,也就是写命令,第二次发送器件地址时后面的读/写控制位为“1”,也就是读。为什么会有这样奇怪的操作呢?这是因为我们需要使从机内的存储单元地址指针指向我们想要读取的存储单元地址处,所以首先发送了一次 Dummy Write 也就是虚写操作,之所以称为虚写,是因为我们并不是真的要写数据,而是通过这种虚写操作使地址指针指向虚写操作中字地址的位置,等从机应答后,就可以以当前地址读的方式读数据了,如图 18.1.10 所示,

随机地址读是没有发送数据的单次写操作和当前地址读操作的结合体。

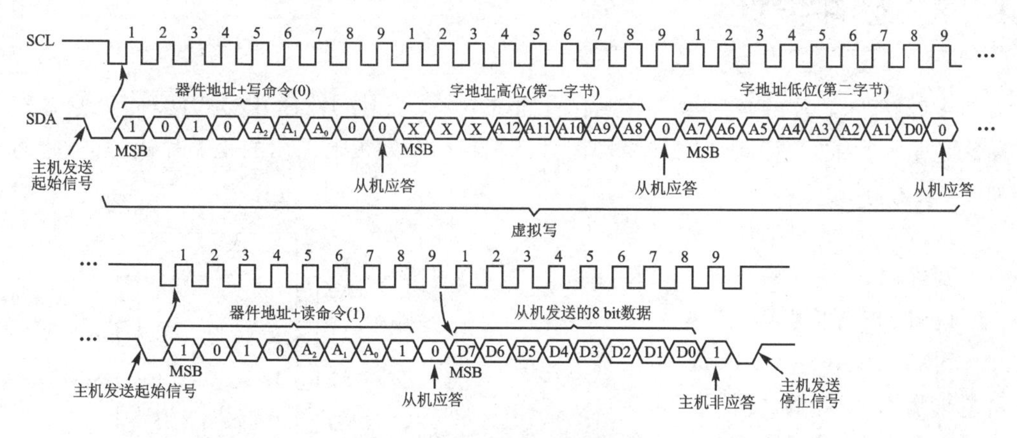

图 18.1.10　随机地址读时序

至于连续读，对应的是当前地址读和随机读，都是针对一次读取一个字节而言的，它是将当前地址读或随机读的主机非应答改成应答，表示继续读取数据，图 18.1.11 是在当前地址读下的连续读。

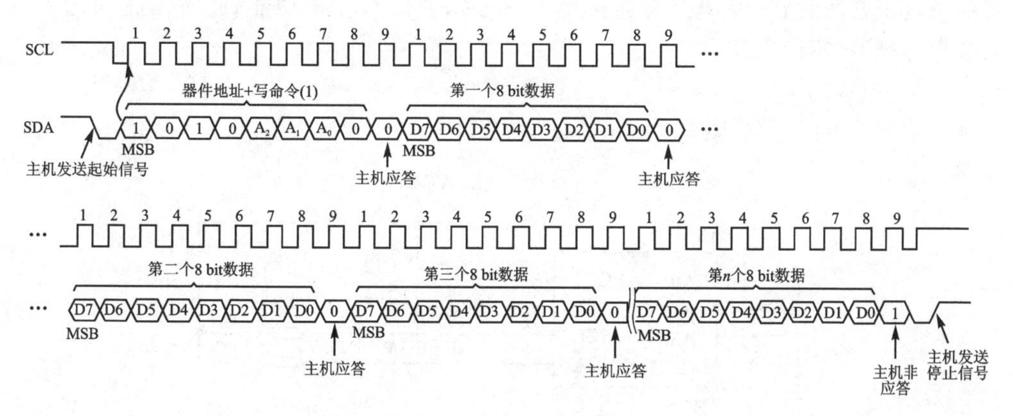

图 18.1.11　顺序读时序

至此，I^2C 协议就基本讲完了，本章主要采用单次写和随机读方式进行 EEPROM 读/写测试。

18.2　实验任务

本次实验任务是先通过 FPGA 从 EEPROM(AT24C64)的存储器地址 0 至存储器地址 255 分别写入数据 0～255；写完之后再开始读取存储器地址 0～255 中的数据，若读取的值正确则 LED 灯常亮，否则 LED 灯闪烁。

18.3 硬件设计

AT24C64 芯片的常用封装形式有直插(DIP8)式和贴片(SOP8)式两种,无论是直插式还是贴片式,其引脚功能与序号都一样。我们开发板上采用的是贴片式,其引脚图如图 18.3.1 所示。

AT24C64 的引脚功能如下:

A2、A1、A0:可编程地址输入端。

GND:电源地引脚。

SDA:SDA(Serial Data,串行数据)是双向串行数据输入/输出端。

SCL:SCL(Serial Clock,串行时钟)串行时钟输入端。

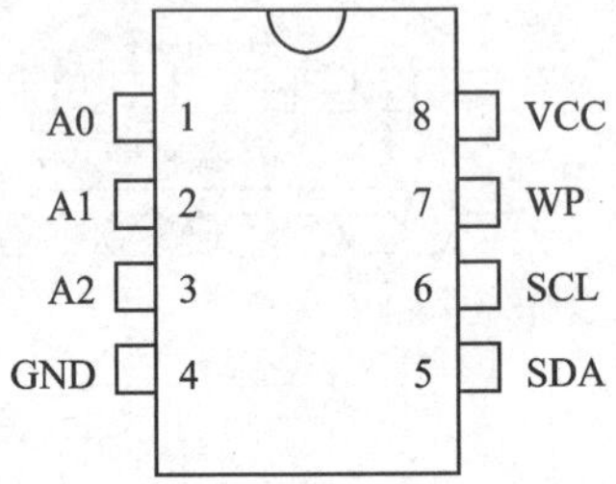

A0 1 8 VCC
A1 2 7 WP
A2 3 6 SCL
GND 4 5 SDA

图 18.3.1 AT24C64 引脚图

WP(写保护):AT24C64 有一个写保护引脚用于提供数据保护,当写保护引脚连接至 GND 时,芯片可以正常写;当写保护引脚连接至 VCC 时,使能写保护功能,此时禁止向芯片写入数据,只能进行读操作。

VCC:电源输入引脚。

开拓者 FPGA 开发板上 EEPROM 的原理图如图 18.3.2 所示。

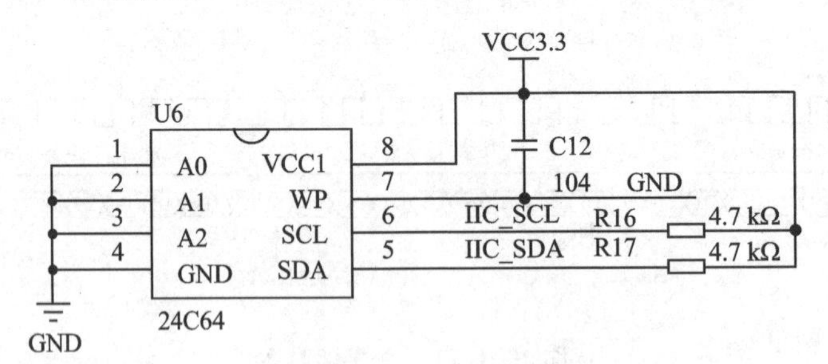

图 18.3.2 EEPROM 原理图

由图 18.3.2 可知,开发板上的 EEPROM 可编程地址 A2、A1、A0 连接到地,所以 AT24C64 的器件地址为 1010000。

18.4 程序设计

根据实验任务,可以大致规划出系统的控制流程:首先 FPGA 向 EEPROM 写数据,写完之后从 EEPROM 读出所写入的数据,并判断读出的数据与写入的数据是否相同,如果相同则 LED 灯常亮,否则 LED 灯闪烁。由此画出系统的功能框图,如图 18.4.1 所示。

由系统总体框图可知,FPGA 部分包括 4 个模块,顶层模块(e2prom_top)、读/写

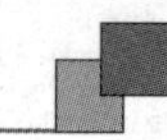

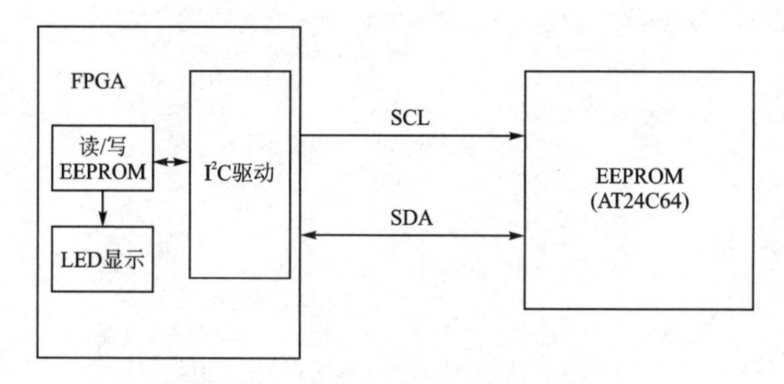

图 18.4.1　EEPROM 读/写实验系统框图

模块(e2prom_rw)、I²C 驱动模块(i2c_dri)和 LED 灯显示模块(led_alarm)。其中在顶层模块中完成对 I²C 驱动模块的例化。

各模块端口及信号连接如图 18.4.2 所示。

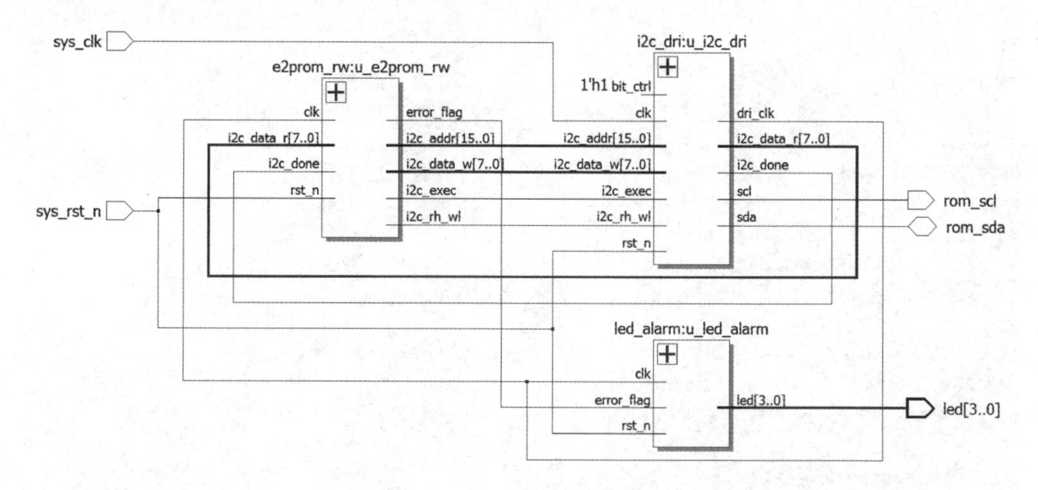

图 18.4.2　顶层模块原理图

i2c_dri 为 I²C 驱动模块，用来驱动 I²C 的读/写操作。当 FPGA 通过 EEPROM 读/写模块 e2prom_rw 向 EEPROM 读/写数据时，拉高 I²C 触发控制信号 i2c_exec 以使能 I²C 驱动模块，并使用读写控制信号 i2c_rh_wl 控制读/写操作；当 i2c_rh_wl 为低电平时，I²C 驱动模块 i2c_dri 执行写操作，当 i2c_rh_wl 为高电平时，I²C 驱动模块 i2c_dri 执行读操作。此外，e2prom_rw 模块通过 i2c_addr 接口向 i2c_dri 模块输入器件字地址，通过 i2c_data_w 接口向 i2c_dri 模块输入写的数据，并通过 i2c_data_r 接口读取 i2c_dri 模块读到的数据。error_flag 是错误标志，用来控制 LED 的显示状态。

顶层模块的代码如下：

```
1  module e2prom_top(
2      //system clock
3      input                sys_clk    ,      //系统时钟
4      input                sys_rst_n  ,      //系统复位
```

```
5      //eeprom interface
6      output              scl          ,        //EEPROM 的时钟线 SCL
7      inout               sda          ,        //EEPROM 的数据线 SDA
8      //user interface
9      output        [3:0] led                   //LED 显示
10 );
11
12 //parameter define
13 parameter    SLAVE_ADDR  =   7'b1010000    ; //器件地址
14 parameter    BIT_CTRL    =   1'b1          ; //字地址位控制参数(16 b/8 b)
15 parameter    CLK_FREQ    = 26'd50_000_000; //i2c_dri 模块的驱动时钟频率
16 parameter    I2C_FREQ    = 18'd250_000    ; //I²C 的 SCL 时钟频率
17 parameter    L_TIME      = 17'd125_000    ; //LED 闪烁时间参数
18
19 //reg define
20 reg    [25:0]    cnt          ;                //计数
21 reg    [ 1:0]    flow_cnt     ;                //状态流控制
22 reg    [13:0]    wait_cnt     ;                //等待计数
23
24 //wire define
25 wire             clk          ;                //I²C 操作时钟
26 wire             i2c_exec     ;                //I²C 触发控制
27 wire    [15:0]   i2c_addr     ;                //I²C 操作地址
28 wire    [ 7:0]   i2c_data_w   ;                //I²C 写入的数据
29 wire             i2c_done     ;                //I²C 操作结束标志
30 wire             i2c_rh_wl    ;                //I²C 读/写控制
31 wire    [ 7:0]   i2c_data_r   ;                //I²C 读出的数据
32 wire             error_flag   ;                //错误标志
33
34 //*****************************************************
35 //**                    main code
36 //*****************************************************
37
38 //例化 e2prom 读写模块
39 e2prom_rw u_e2prom_rw (
40      //global clock
41      .clk          (clk          ),             //时钟信号
42      .rst_n        (sys_rst_n    ),             //复位信号
43      //i2c interface
44      .i2c_exec     (i2c_exec     ),             //I²C 触发执行信号
45      .i2c_rh_wl    (i2c_rh_wl    ),             //I²C 读/写控制信号
46      .i2c_addr     (i2c_addr     ),             //I²C 器件内地址
47      .i2c_data_w   (i2c_data_w   ),             //I²C 要写的数据
48      .i2c_data_r   (i2c_data_r   ),             //I²C 读出的数据
49      .i2c_done     (i2c_done     ),             //I²C 一次操作完成
50      //user interface
51      .error_flag   (error_flag)                 //错误标志
52 );
53
54 //例化 i2c_dri
55 i2c_dri #(
```

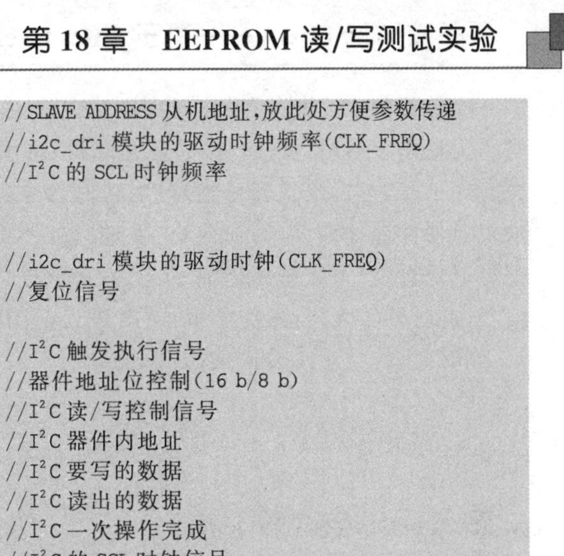

```
56      .SLAVE_ADDR   (SLAVE_ADDR ),          //SLAVE ADDRESS 从机地址,放此处方便参数传递
57      .CLK_FREQ     (CLK_FREQ   ),          //i2c_dri 模块的驱动时钟频率(CLK_FREQ)
58      .I2C_FREQ     (I2C_FREQ   )           //I²C 的 SCL 时钟频率
59 ) u_i2c_dri(
60      //global clock
61      .clk          (sys_clk    ),          //i2c_dri 模块的驱动时钟(CLK_FREQ)
62      .rst_n        (sys_rst_n  ),          //复位信号
63      //i2c interface
64      .i2c_exec     (i2c_exec   ),          //I²C 触发执行信号
65      .bit_ctrl     (BIT_CTRL   ),          //器件地址位控制(16 b/8 b)
66      .i2c_rh_wl    (i2c_rh_wl  ),          //I²C 读/写控制信号
67      .i2c_addr     (i2c_addr   ),          //I²C 器件内地址
68      .i2c_data_w   (i2c_data_w ),          //I²C 要写的数据
69      .i2c_data_r   (i2c_data_r ),          //I²C 读出的数据
70      .i2c_done     (i2c_done   ),          //I²C 一次操作完成
71      .scl          (scl        ),          //I²C 的 SCL 时钟信号
72      .sda          (sda        ),          //I²C 的 SDA 信号
73      //user interface
74      .dri_clk      (clk        )           //I²C 操作时钟
75 );
76
77 //例化 led_alarm 模块
78 led_alarm #(.L_TIME(L_TIME    )           //控制 LED 闪烁时间
79 ) u_led_alarm(
80      //system clock
81      .clk          (sys_clk    ),          //时钟信号
82      .rst_n        (sys_rst_n  ),          //复位信号
83      //led interface
84      .led          (led        ),          //LED 灯
85      //user interface
86      .error_flag   (error_flag )           //错误标志
87 );
88 endmodule
```

顶层模块中主要完成对其余模块的例化,需要注意的是程序第 13～17 行定义了 5 个参数,在模块例化时会将这些变量传递到相应的模块。

当程序用于读/写不同器件地址的 EEPROM 时将 SLAVE_ADDR 修改为新的器件地址;字地址位控制参数(16 b/8 b)BIT_CTRL 是用来控制不同字地址的 I^2C 器件读/写时序中字地址的位数,当 I^2C 器件的字地址为 16 位时,参数 BIT_CTRL 设置为"1",当 I^2C 器件的字地址为 8 位时,参数 BIT_CTRL 设置为"0";i2c_dri 模块的驱动时钟频率 CLK_FREQ 是指在例化 I^2C 驱动模块 i2c_dri 时,驱动 i2c_dri 模块的时钟频率;I^2C 的 SCL 时钟频率参数 I2C_FREQ 是用来控制 I^2C 协议中的 SCL 的频率,一般不超过 400 kHz;LED 闪烁时间参数 L_TIME 用来控制 LED 的闪烁间隔时间,参数值与驱动该模块的 CLK 时钟频率有关。例如,控制 LED 闪烁的间隔时间为 0.25 s,clk 的频率为 1 MHz 时,0.25 s/1 μs=250 000,由于代码中计数器计数到 L_TIME 的值时,LED 的状态改变一次,LED 高电平加上低电平的时间才是一次闪烁的时间,所以 L_TIME 的值应定义为 125 000。

由前面的 I²C 读/写操作时序图可以发现，I²C 驱动模块非常适合采用状态机来编写。无论是字节写（图 18.1.7）还是随机读（图 18.1.10），都要先从空闲状态开始，先发送起始信号，然后发送器件地址和读/写命令（这里为了方便表示，我们使用“控制命令”来表示器件地址和读/写命令）。发送完控制命令并接收应答信号后发送字地址，然后就可以进行读/写数据的传输了。读/写数据传输结束后接收应答信号，最后发送停止信号，此时 I²C 读/写操作结束，再次进入空闲状态。

状态机的状态跳转图如图 18.4.3 所示。

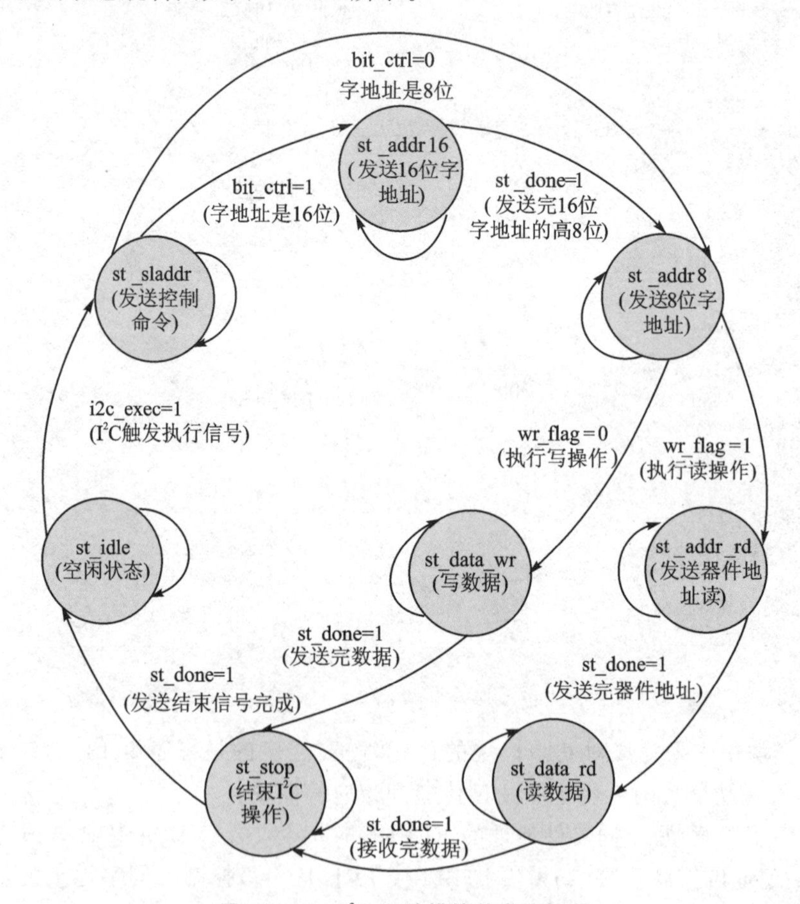

图 18.4.3　I²C 驱动模块状态跳转图

图 18.4.3 中总共有 8 个状态，一开始状态机处于空闲状态 st_idle，当 I²C 触发执行信号触发（i2c_exec=1）时，状态机进入发送控制命令状态 st_sladdr；发送完控制命令后就发送字地址，这里出于简单考虑，不对从机 EEPROM 的应答信号进行判断。由于字地址存在单字节和双字节的区别，我们通过 bit_ctrl 信号判断是单字节还是双字节字地址。对于双字节的字地址，先发送高 8 位即第一个字节，发送完高 8 位后进入发送 8 位字地址状态 st _addr8，也就是发送双字节地址的低 8 位；对于单字节的字地址，直接进入发送 8 位字地址状态 st_addr8。发送完字地址后，根据读/写判断标志来判断

是读操作还是写操作。如果是写(wr_flag=0)就进入写数据状态 st_data_wr,开始向 EEPROM 发送数据;如果是读(wr_flag=1)就进入发送器件地址读状态 st_addr_rd 发送器件地址,此状态结束后就进入读数据状态 st_data_rd 接收 EEPROM 输出的数据。读或写数据结束后就进入结束 I²C 操作状态 st_done 并发送结束信号,此时,I²C 总线再次进入空闲状态 st_idle。

在程序中我们采用三段式状态机。由于代码较长,这里只给出了其中第二段的源代码,如下:

```
105 //组合逻辑判断状态转移条件
106 always @( * ) begin
107     next_state = st_idle;
108     case(cur_state)
109         st_idle: begin                                    //空闲状态
110            if(i2c_exec) begin
111                next_state = st_sladdr;
112            end
113            else
114                next_state = st_idle;
115         end
116         st_sladdr: begin
117             if(st_done) begin
118                 if(bit_ctrl)                              //判断是 16 位还是 8 位字地址
119                    next_state = st_addr16;
120                 else
121                    next_state = st_addr8 ;
122             end
123             else
124                 next_state = st_sladdr;
125         end
126         st_addr16: begin                                  //写 16 位字地址
127             if(st_done) begin
128                 next_state = st_addr8;
129             end
130             else begin
131                 next_state = st_addr16;
132             end
133         end
134         st_addr8: begin                                   //8 位字地址
135             if(st_done) begin
136                 if(wr_flag == 1'b0)                       //读/写判断
137                     next_state = st_data_wr;
138                 else
139                     next_state = st_addr_rd;
140             end
141             else begin
142                 next_state = st_addr8;
143             end
144         end
145         st_data_wr: begin                                 //写数据(8 位)
```

```
146             if(st_done)
147                 next_state = st_stop;
148             else
149                 next_state = st_data_wr;
150         end
151         st_addr_rd: begin                                           //写地址以进行读数据
152             if(st_done) begin
153                 next_state = st_data_rd;
154             end
155             else begin
156                 next_state = st_addr_rd;
157             end
158         end
159         st_data_rd: begin                                           //读取数据(8 位)
160             if(st_done)
161                 next_state = st_stop;
162             else
163                 next_state = st_data_rd;
164         end
165         st_stop: begin                                              //结束 I2C 操作
166             if(st_done)
167                 next_state = st_idle;
168             else
169                 next_state = st_stop ;
170         end
171         default: next_state = st_idle;
172     endcase
173 end
```

我们可以对照着图 18.4.3 来分析程序中各状态之间是如何跳转的。

EEPROM 读/写模块主要实现对 I^2C 读/写过程的控制，包括给出字地址及需要写入该地址中的数据、启动 I^2C 读/写操作、判断读/写数据是否一致等。EEPROM 读/写模块的代码如下：

```
1   module e2prom_rw(
2       //global clock
3       input                       clk         ,   //时钟信号
4       input                       rst_n       ,   //复位信号
5
6       //i2c interface
7       output                      i2c_rh_wl   ,   //I2C 读/写控制信号
8       output    reg               i2c_exec    ,   //I2C 触发执行信号
9       output    reg    [15:0]     i2c_addr    ,   //I2C 器件字地址
10      output    reg    [ 7:0]     i2c_data_w  ,   //I2C 要写的数据
11      input            [ 7:0]     i2c_data_r  ,   //I2C 读出的数据
12      input                       i2c_done    ,   //I2C 一次操作完成
13
14      //user interface
15      output    reg               error_flag      //错误标志
16  );
```

```
17
18  //parameter define
19  parameter       WAIT     = 14'd5000    ;    //读/写等待时间
20  parameter       BYTE_N   = 16'd255     ;    //读/写的字节数
21
22  //reg define
23  reg             addr_over ;                  //地址结束标志
24  reg             rom_w_done;                  //字节全部写入 EEPROM 的标志
25  reg    [1:0]    flow_cnt   ;                 //状态流控制
26  reg    [13:0]   wait_cnt   ;                 //等待计数
27
28  //***************************************************
29  //**                   main code
30  //***************************************************
31
32  //读/写控制
33  assign i2c_rh_wl = addr_over & rom_w_done;
34
35  //EEPROM 字节地址配置 36  always @(posedge clk or negedge rst_n) begin
37      if(rst_n == 1'b0) begin
38          i2c_addr <= 16'd0;
39          addr_over <=  1'b0;
40      end
41      else if(i2c_done   == 1'b1) begin
42          if(i2c_rh_wl == 1'b1) begin
43              if(i2c_addr   <BYTE_N)
44                  i2c_addr <= i2c_addr + 1'd1;
45              else
46                  i2c_addr <= i2c_addr;
47          end
48          else begin
49              if(i2c_addr == BYTE_N) begin
50                  i2c_addr <= 16'd0;
51                  addr_over <=  1'b1;       //写完指定地址标志
52              end
53              else
54                  i2c_addr <= i2c_addr + 1'd1;
55          end
56      end
57      else
58          i2c_addr <= i2c_addr;
59  end
60
61  //读/写 EEPROM
62  always @(posedge clk or negedge rst_n) begin
63      if(rst_n == 1'b0) begin
64          flow_cnt    <=  2'b0;
65          wait_cnt    <= 14'b0;
66          i2c_exec    <=  1'b0;
67          i2c_data_w <=  8'd0;
68          rom_w_done <=  1'b0;
```

```
69              error_flag <=  1'b1;
70          end
71          else begin
72              i2c_exec <= 1'b0;
73  //从 EEPROM 的第 1 页的第 1 个字节到第 16 页的第 16 个字节(共 256 字节)写入数据 0～255
74              if(i2c_rh_wl == 1'b0) begin
75                  case(flow_cnt)
76                      2'd0: begin
77                          rom_w_done   <=  1'b0;
78                          wait_cnt     <= wait_cnt + 1'b1;
79                          if(wait_cnt == 14'd100) begin
80                              wait_cnt <= 14'd0;
81                              flow_cnt <= flow_cnt + 1'b1;
82                          end
83                      end
84                      2'd1: begin
85                          i2c_exec    <= 1'b1;
86                          i2c_data_w <= i2c_addr[7:0];
87                          flow_cnt    <= flow_cnt + 1'b1;
88                      end
89                      2'd2: begin
90                          if(i2c_done == 1'b1)
91                              flow_cnt    <= flow_cnt + 1'b1;
92                      end
93                      2'd3:begin
94                          if(wait_cnt == WAIT) begin                //写间隔控制
95                              flow_cnt    <=  2'b0;
96                              wait_cnt    <= 14'd0;
97                              rom_w_done <=  1'b1;
98                          end
99                          else
100                             wait_cnt <= wait_cnt + 1'b1;
101                     end
102                 endcase
103             end
104 //读取从 EEPROM 的第 1 页的第 1 个字节开始的共 256 字节的值并判断值是否正确
105             else begin
106                 case(flow_cnt)
107                     2'd0: begin
108                         wait_cnt <= wait_cnt + 1'b1;
109                         if(wait_cnt == 14'd100) begin
110                             flow_cnt <= flow_cnt + 1'b1;
111                             wait_cnt <= 14'd0;
112                         end
113                     end
114                     2'd1: begin
115                         i2c_exec <= 1'b1;
116                         flow_cnt <= flow_cnt + 1'b1;
117                     end
118                     2'd2: begin
119                         if(i2c_done == 1'b1) begin                //判断 I²C 操作是否完成
```

```
120                     if(i2c_addr[7:0] == i2c_data_r) begin//判断读到的值正确与否
121                         error_flag    <= 1'b0;           //读到的值正确
122                         flow_cnt      <= 2'b0;           //返回状态 0
123                     end
124                     else begin
125                         error_flag <= 1'b1;              //读到的值错误
126                     end
127                 end
128             end
129             default: flow_cnt <= 2'b0;
130         endcase
131     end
132   end
133 end
134
135 endmodule
```

程序中第 62 行的 always 块是读/写控制块，具体是读还是写由 I²C 读/写控制信号 i2c_rh_wl 决定。当该信号为低电平时，为写数据操作，从 EEPROM 的存储地址 0 开始，每写入一个字节的数据，地址加 1，直至写入指定的字节数（BYTE_N）。当写最后一个存储地址结束后，写 EEPROM 结束的标志信号 rom_w_done 拉高，写数据过程结束。由程序第 33 行可知，此时 i2c_rh_wl 为高电平，程序进入读数据过程。由于写入每个存储单元的数据与该单元的地址相同，所以当读到的数据与该存储单元的地址相等时，表明读/写一致，错误标志信号 error_flag 为低电平；若两者不相等，则说明读/写过程发生错误，此时将 error_flag 拉高，结束读操作。图 18.4.4 为写过程中 SignalTap 抓取的波形图。

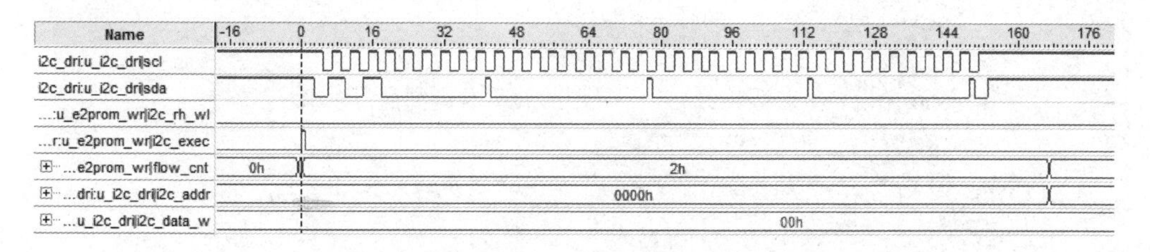

图 18.4.4　写过程中 SignalTap 抓取的波形图

从该波形图中我们看到读/写控制信号 i2c_rh_wl 为低电平，表示处于写操作状态。当 I²C 触发执行信号 i2c_exec 为高电平时开始执行 I²C 写操作，从图 18.4.4 中可以看到当前写的存储单元地址为 0000h，写入的数据为 00h。

图 18.4.5 为读过程中 SignalTap 抓取的波形图。

从该波形图中我们看到读/写控制信号 i2c_rh_wl 为高电平，表示处于读操作状态，当 I²C 触发执行信号 i2c_exec 为高电平时开始执行 I²C 读操作，从图 18.4.5 中可以看到当前读的存储单元地址为 0001h，读到的数据为 01h。

LED 显示模块利用 LED 灯的显示状态来标识读/写过程是否出错，在模块中通过检测错误标志信号 error_flag 来改变 LED 灯的显示状态。

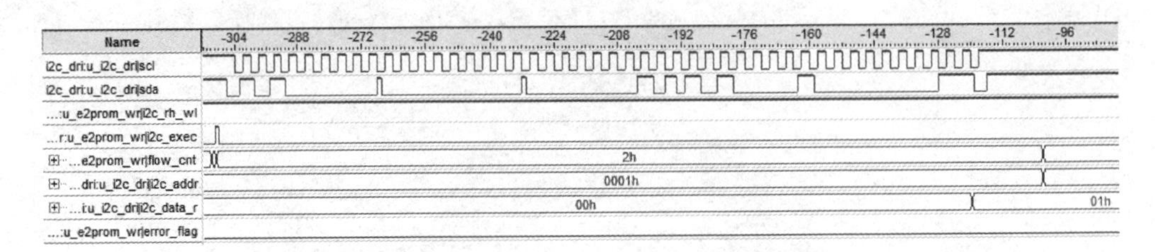

图 18.4.5　读过程中 SignalTap 抓取的波形图

LED 显示模块 led_alarm 代码如下：

```
1  module led_alarm #(parameter    L_TIME = 25'd25_000_000  //控制 LED 闪烁间隔时间
   ……省略部分代码
25 //错误标志为 1 时 LED 闪烁,否则,LED 常亮
26 always @(posedge clk or negedge rst_n) begin
27     if(rst_n == 1'b0) begin
28         led_cnt <= 25'd0;
29         led_t <= 1'b0;
30     end
31     else begin
32         if(error_flag) begin                    //读到的值错误
33             led_cnt <= led_cnt + 25'd1;
34             if(led_cnt == L_TIME) begin         //数据错误时 LED 灯每隔 L_TIME 时间闪烁一次
35                 led_cnt <= 25'd0;
36                 led_t <= ~led_t;
37             end
38         end
39         else begin                              //读完且读到的值正确
40             led_cnt <= 25'd0;
41             led_t <= 1'b1;                      //LED 灯常亮
42         end
43     end
44 end
45
46 endmodule
```

程序第一行的参数 L_TIME 用于控制 LED 闪烁间隔时间，在例化时重新指定参数值，可以改变 LED 闪烁的快慢。程序中第 32 行判断 error_flag 的值，当 error_flag 为高电平时表明读/写数据不一致，此时，LED 灯每隔 L_TIME 时间闪烁一次；当 error_flag 为低电平时，表明读/写数据一致，EEPROM 读/写正确，LED 灯常亮。

18.5　下载验证

打开开发板电源，然后打开本次实验工程，并将.sof 文件下载到开发板中。下载完成后观察开发板的 LED 显示，如图 18.5.1 所示，LED 灯常亮，说明通过 EEPROM 读/写程序下载验证正确。

图 18.5.1　开发板 LED 灯常亮

第 19 章

实时时钟数码管显示实验

PCF8563 是一款多功能时钟/日历芯片，因其功耗低、控制简单、封装小而广泛应用于电表、水表、传真机、便携式仪器等产品中。本章将使用 FPGA 开发板上的 PCF8563 器件实现实时时钟的显示。

19.1 PCF8563 简介

PCF8563 是 Philips 公司推出的一款工业级多功能时钟/日历芯片，具有报警功能、定时器功能、时钟输出功能以及中断输出功能，能完成各种复杂的定时服务。其内部功能模块框图如图 19.1.1 所示。

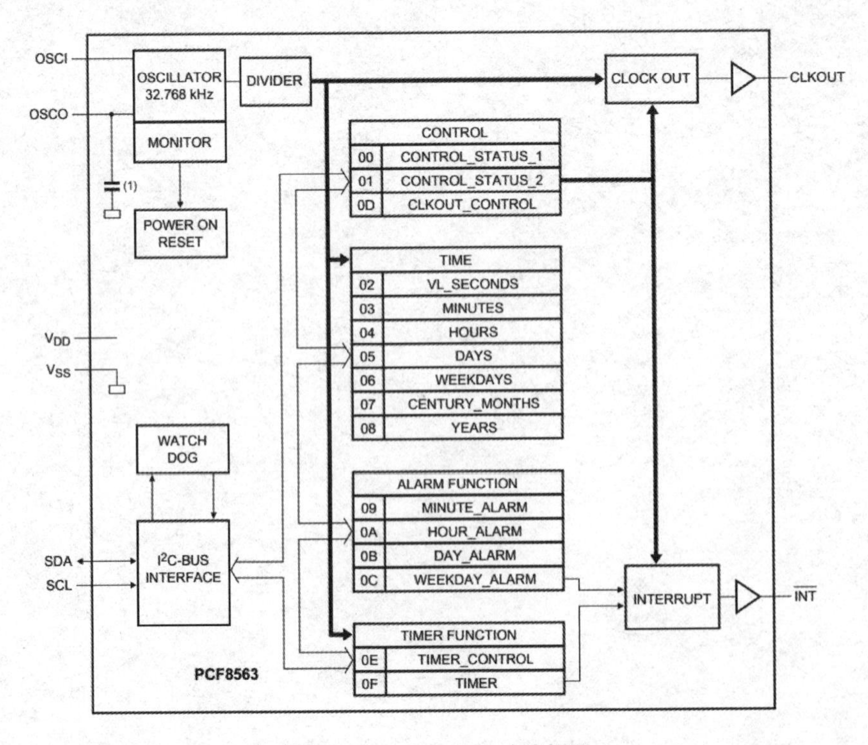

图 19.1.1 PCF8563 功能框图

PCF8563有16个可寻址的8位寄存器，但不是所有位都用到。前两个寄存器(内存地址00H、01H)用作控制寄存器和状态寄存器(CONTROL_STATUS)；内存地址02H～08H用作TIME计时器(秒～年计时器)；地址09H～0CH用于报警(ALARM)寄存器(定义报警条件)；地址0DH控制CLKOUT引脚的输出频率；地址0EH和0FH分别用于定时器控制寄存器和定时器寄存器。

秒、分钟、小时、日、月、年、分钟报警、小时报警、日报警寄存器中的数据编码格式为BCD，只有星期和星期报警寄存器中的数据不以BCD格式编码。BCD码(Binary Coded Decimal)是一种二进制的数字编码形式，用4个二进制位来表示一位十进制数(0～9)，能够使二进制和十进制之间的转换得以快捷地进行。

PCF8563通过I^2C接口与FPGA进行通信。使用该器件时，先通过I^2C接口向该器件相应的寄存器写入初始的时间数据(秒～年)，然后通过I^2C接口读取相应的寄存器的时间数据。有关I^2C总线协议详细的介绍请大家参考“第18章　EEPROM读/写实验”。

下面对本次实验用到的寄存器做简要的描述和说明，其他寄存器的描述和说明，请大家参考PCF8563的数据手册。

秒寄存器的地址为02h，其说明如表19.1.1所列。

表19.1.1　秒寄存器描述(地址02h)

位	符　号	描　述
7	VL	VL＝0保证准确的时钟/日历数据； VL＝1不保证准确的时钟/日历数据
6～0	秒	用BCD格式表示的秒数值

当电源电压低于PCF8563器件的最低供电电压时，VL为“1”，表明内部完整的时钟周期信号不能被保证，可能导致时钟/日历数据不准确。

BCD编码的秒数值如表19.1.2所列。

表19.1.2　秒数值的BCD编码

秒数(十进制)	十位			个位			
	Bit6	Bit5	Bit4	Bit3	Bit2	Bit1	Bit0
00	0	0	0	0	0	0	0
01	0	0	0	0	0	0	1
02	0	0	0	0	0	1	0
⋮	⋮	⋮	⋮	⋮	⋮	⋮	⋮
09	0	0	0	1	0	0	1
10	0	0	1	0	0	0	0
⋮	⋮	⋮	⋮	⋮	⋮	⋮	⋮
58	1	0	1	1	0	0	0
59	1	0	1	1	0	0	1

分钟寄存器的地址为 03h,其说明如表 19.1.3 所列。

表 19.1.3 分钟寄存器描述(地址 03h)

位	符 号	描 述
7	—	无效
6～0	分钟	用 BCD 格式表示的分钟值

小时寄存器的地址为 04h,其说明如表 19.1.4 所列。

表 19.1.4 小时寄存器描述(地址 04h)

位	符 号	描 述
7～6	—	无效
5～0	小时	用 BCD 格式表示的小时值

天寄存器的地址为 05h,其说明如表 19.1.5 所列。

表 19.1.5 天寄存器描述(地址 05h)

位	符 号	描 述
7～6	—	无效
5～0	天	用 BCD 格式表示的天数值

当年计数器的值是闰年时,PCF8563 自动给二月增加一个值,使其成为 29 天。月/世纪寄存器的地址为 07h,其说明如表 19.1.6 所列。

表 19.1.6 月/世纪寄存器(地址 07h)

位	符 号	描 述
7	C	当 C 为 0 时表明是当前世纪,为 1 时表明是下一世纪
6～5	—	未用
4～0	月	用 BCD 格式表示的月数值

表 19.1.7 月份表

月 份	Bit4	Bit3	Bit2	Bit1	Bit0
一月	0	0	0	0	1
二月	0	0	0	1	0
三月	0	0	0	1	1
四月	0	0	1	0	0
五月	0	0	1	0	1
六月	0	0	1	1	0
七月	0	0	1	1	1

续表 19.1.7

月　份	Bit4	Bit3	Bit2	Bit1	Bit0
八月	0	1	0	0	0
九月	0	1	0	0	1
十月	1	0	0	0	0
十一月	1	0	0	0	1
十二月	1	0	0	1	0

年寄存器的地址为 08h,其说明如表 19.1.8 所列。

表 19.1.8　寄存器(地址 08h)

位	符　号	描　述
7～0	年	用 BCD 格式表示的当前年数值,值为 00～99

19.2　实验任务

本节实验任务是使用开拓者开发板上的 PCF8563 实时时钟模块通过数码管显示时间,数码管默认显示年月日,按下 KEY2 键之后显示时分秒,再次按下 KEY2 键之后显示年月日。

19.3　硬件设计

开拓者开发板上 PCF8563 接口部分的原理图如图 19.3.1 所示。

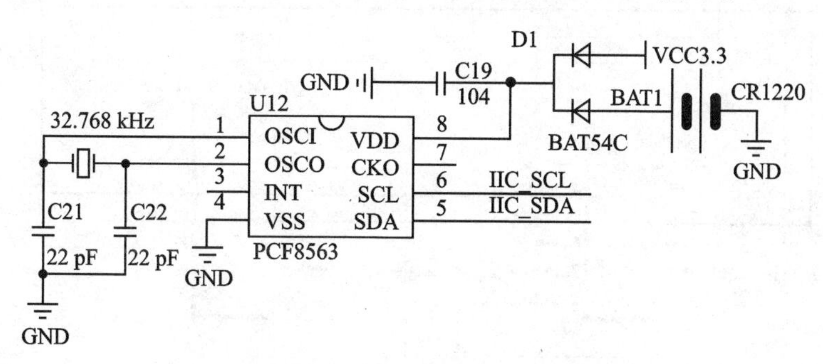

图 19.3.1　PCF8563 接口原理图

PCF8563 作为 I^2C 接口的从器件与 EEPROM 等模块统一挂接在开拓者开发板上的 I^2C 总线上。OSCI、OSCO 与外部 32.768 kHz 的晶振相连,为芯片提供驱动时钟;SCL 和 SDA 分别是 I^2C 总线的串行时钟接口和串行数据接口。

19.4 程序设计

根据实验任务，可以大致规划出系统的控制流程：FPGA 首先通过 I²C 总线向 PCF8563 写入初始时间值，然后读取时间数据，并在按键的控制下将读到的时间数据显示到数码管上，由此画出系统的功能框图如图 19.4.1 所示。

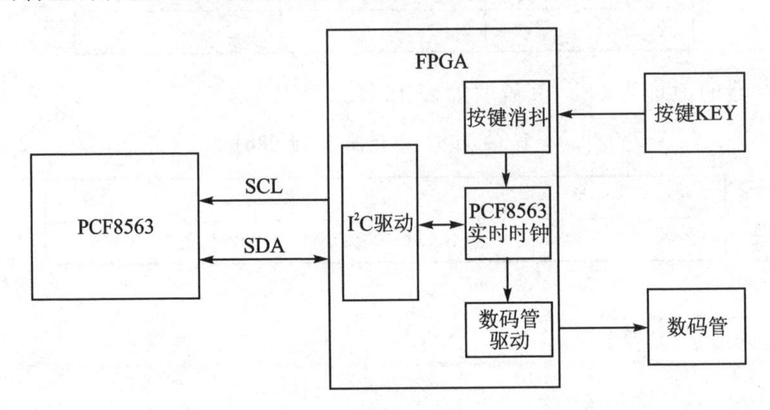

图 19.4.1 PCF8563T 实时时钟数码管显示系统框图

由系统框图可知，FPGA 部分包括 5 个模块，顶层模块(rtc)、I²C 驱动模块(i2c_dri)、PCF8563 实时时钟模块(pcf8563)、按键消抖模块(key_debounce)以及数码管 BCD 驱动模块(seg_bcd_dri)。其中在顶层模块中完成对另外 4 个模块的例化，并实现各模块控制及数据信号的交互。

各模块端口及信号连接如图 19.4.2 所示。

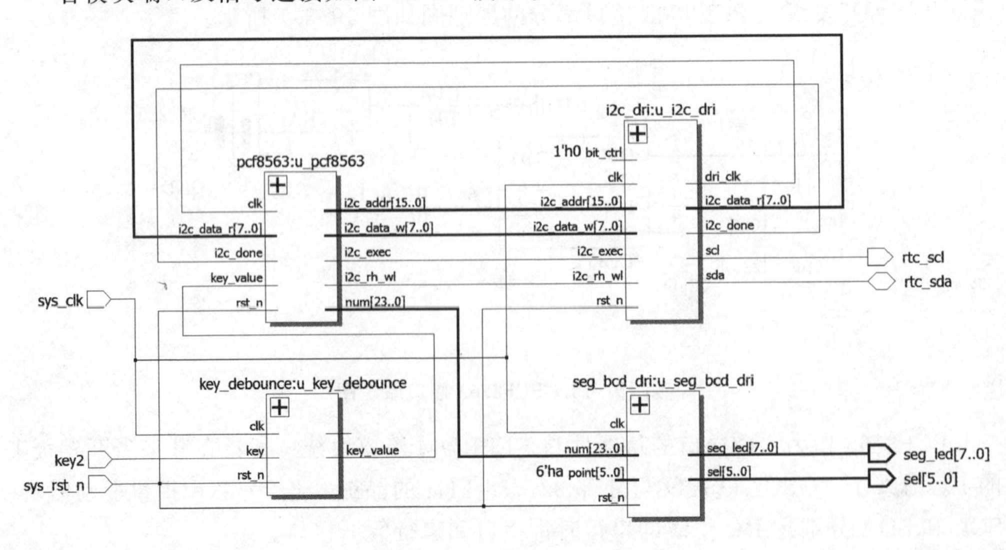

图 19.4.2 顶层模块原理图

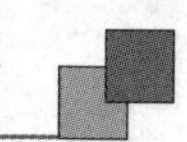

PCF8563 实时时钟模块(pcf8563)通过调用 I²C 驱动模块(i2c_dri)来实现对 PCF8563 实时时钟数据的读取;同时根据按键消抖模块(key_debounce)输出的按键数据(key_value)选择显示时间 num(年月日/时分秒),并将其传递给数码管 BCD 驱动模块(seg_bcd_dri)显示。

顶层模块的代码如下:

```
1   module rtc(
2       //system clock
3       input              sys_clk     ,           //系统时钟
4       input              sys_rst_n   ,           //系统复位
5
6       //pcf8563 interface
7       output             rtc_scl     ,           //I2C时钟线
8       inout              rtc_sda     ,           //I2C数据线
9
10      //user interface
11      input              key0        ,           //开关按键
12      output    [5:0]    sel         ,           //数码管位选
13      output    [7:0]    seg_led                 //数码管段选
14  );
15
16  //parameter define
17  parameter      SLAVE_ADDR =   7'h51          ;  //器件地址
18  parameter      BIT_CTRL   =   1'b0           ;  //字地址位控制参数(16 b/8 b)
19  parameter      CLK_FREQ   =  26'd50_000_000  ;  //i2c_dri模块的驱动时钟频率(CLK_FREQ)
20  parameter      I2C_FREQ   =  18'd250_000     ;  //I2C的SCL时钟频率
21  parameter      POINT      =  6'b010100       ;  //控制点亮数码管小数点的位置
22  //初始时间设置,从高到低为年到秒,各占8 bit
23  parameter      TIME_INI   =  48'h18_05_23_09_30_00;

    ……省略部分代码

102 endmodule
```

程序中第 23 行的 TIME_INI 参数是 PCF8563 初始化时的时间数据,可以通过修改此参数值使 PCF8563 从不同的时间开始计时,例如从 2018 年 5 月 23 号 09:30:00 开始计时,需要将该参数值设置为 48'h180523093000。

顶层模块中主要完成对其余模块的例化。其中 I²C 驱动模块(i2c_dri)程序与"第 18 章　EEPROM 读/写测试实验"中的 I²C 驱动模块(i2c_dri)程序完全相同,有关 I²C 驱动模块的详细介绍请大家参考"第 18 章　EEPROM 读/写测试实验"。按键消抖模块可参考"第 8 章　按键控制蜂鸣器实验"。

PCF8563 实时时钟模块的代码如下所示:

```
1   module pcf8563 #(
2       // 初始时间设置,从高到低为年到秒,各占8 bit
3       parameter  TIME_INI = 48'h18_03_19_09_30_00)(

    ……省略部分代码
```

```
45  assign neg_sap   = (~key_dy0 & key_dy1);    // 按键按下时,得到一个周期的高电平信号
46  assign rtc_time  = {hour,min,sec};
47  assign rtc_date  = {year,mon,day};
48  //通过 switch 切换时间/日期显示
49  assign num     = switch ? rtc_time : rtc_date;
50
51  //打拍(用于采集按键信号的下降沿)
52  always @(posedge clk or negedge rst_n) begin
53      if(!rst_n) begin
54          key_dy0    <= 1'b1;
55          key_dy1    <= 1'b1;
56      end
57      else begin
58          key_dy0 <= key_value;
59          key_dy1 <= key_dy0   ;
60      end
61  end
62
63  //按键切换
64  always @(posedge clk or negedge rst_n ) begin
65      if(!rst_n)
66          switch <= 1'b0;
67      else if (neg_sap)
68          switch <=  ~switch;
69  end
70
71  //从 PCF8563T 读出时间、日期数据
72  always @(posedge clk or negedge rst_n) begin

    ……省略部分代码

181 end
182
183 endmodule
```

程序中第 45 行的 assign 语句和第 52 行的 always 语句检测按键数据(消抖后)的下降沿,并输出一个时钟周期的脉冲信号(neg_sap);然后根据 neg_sap 完成 switch 信号的切换,如第 64~69 行所示;最终在第 49 行根据 switch 选择传递给数码管显示模块的时间数据(num)。

图 19.4.3 所示为采集过程中 SignalTap 抓取的波形图,从图中可以看到当前读到

图 19.4.3　SignalTap 波形图

的时间数据为 18 年 05 月 23 日 09:30:02。

19.5 下载验证

将下载器一端连计算机，另一端与开发板上对应端口连接，最后连接电源线并打开电源开关。

接下来打开本次实验工程，并将.sof 文件下载到开发板中。下载完成后观察到开发板上数码管显示的值为我们设置的初始年月日值；当按下 KEY2 键后，数码管显示时分秒，并且显示时间不停地变化，如图 19.5.1 所示，说明 PCF8563 实时时钟数码管显示实验程序下载验证成功。

图 19.5.1 日期(上)和时间(下)显示

第 20 章

SDRAM 读/写测试实验

SDRAM 是一种可以指定任意地址进行读/写的存储器，它具有存储容量大，读/写速度快的特点，同时价格也相对低廉。因此，SDRAM 常作为缓存，应用于数据存储量大，同时速度要求较高的场合，如复杂嵌入式设备的存储器等。本章我们将利用 FPGA 实现 SDRAM 控制器，并完成开发板上 SDRAM 芯片的读/写测试。

20.1 SDRAM 简介

SDRAM(Synchronous Dynamic Random Access Memory)，同步动态随机存储器。同步是指内存工作需要同步时钟，内部命令的发送与数据的传输都以它为基准；动态是指存储阵列需要不断地刷新来保证数据不丢失；随机是指数据不是线性依次存储，而是自由指定地址进行数据读/写。

SDRAM 具有空间存储量大、读/写速度快、价格相对便宜等优点。然而由于 SDRAM 内部利用电容来存储数据，为保证数据不丢失，需要持续对各存储电容进行刷新操作；同时在读/写过程中需要考虑行列管理、各种操作延时等，由此导致了其控制逻辑复杂的特点。

SDRAM 的内部是一个存储阵列，可以把它想象成一张表格。我们在向这个表格中写入数据的时候，需要先指定一个行(Row)，再指定一个列(Column)，就可以准确地找到所需要的“单元格”，这就是 SDRAM 寻址的基本原理，如图 20.1.1 所示。

图 20.1.1 中的“单元格”就是 SDRAM 存储芯片中的存储单元，而这个“表格”(存储阵列)我们称之为 L - Bank。通常 SDRAM 的存储空间被划分为 4 个 L - Bank，在寻址时需要先指定其中一个 L - Bank，然后在这个选定的 L - Bank 中选择相应的行与列进行寻址(寻址就是指定存储单元地址的过程)。

对 SDRAM 的读/写是针对存储单元进行的，对 SDRAM 来说一个存储单元的容量等于数据总线的位宽，单位是 bit。那么 SDRAM 芯片的总存储容量就可以通过下面的公式计算出来：

SDRAM 总存储容量＝L - Bank 的数量×行数×列数×存储单元的容量

SDRAM 存储数据是利用了电容的充放电特性以及能够保持电荷的能力。一个大小为 1 bit 的存储单元的结构如图 20.1.2 所示，它主要由行、列选通三极管，存储电容，

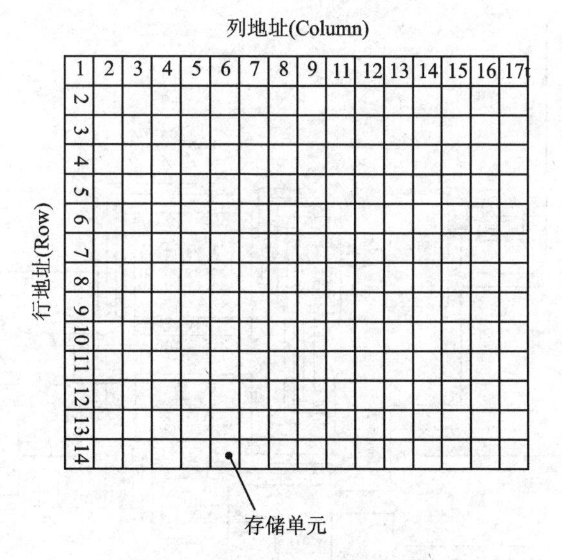

图 20.1.1 SDRAM 寻址原理

刷新放大器组成。行地址与列地址选通使存储电容与数据线导通,从而可进行放电(读取)与充电(写入)操作。

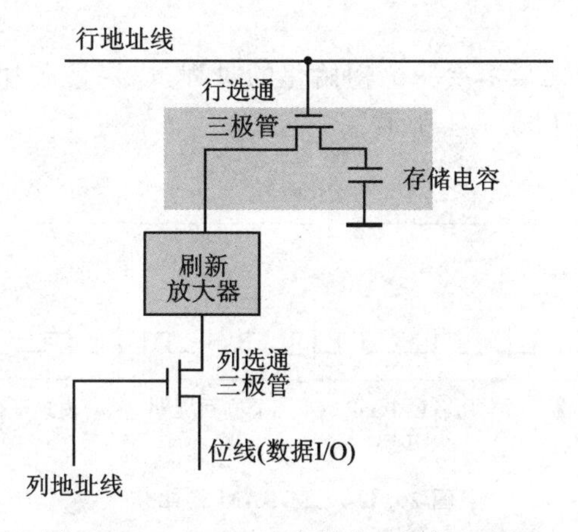

图 20.1.2 SDRAM 存储单元结构示意图

图 20.1.3 为 SDRAM 的功能框图,SDRAM 内部有一个逻辑控制单元,并且有一个模式寄存器为其提供控制参数。SDRAM 接收外部输入的控制命令,并在逻辑控制单元的控制下进行寻址、读/写、刷新、预充电等操作。

在了解 SDRAM 的寻址原理及存储结构之后,我们来看一下如何实现 SDRAM 的读/写。首先,在对 SDRAM 进行读/写操作之前需要先对芯片进行初始化;其次,SDRAM 读/写是一个较为复杂的控制流程,其中包括行激活、列读/写、预充电、刷新等一系列操作。大家需要熟练掌握每一个操作所对应的时序要求,才能够正确地对 SDRAM 进行读/写操作。

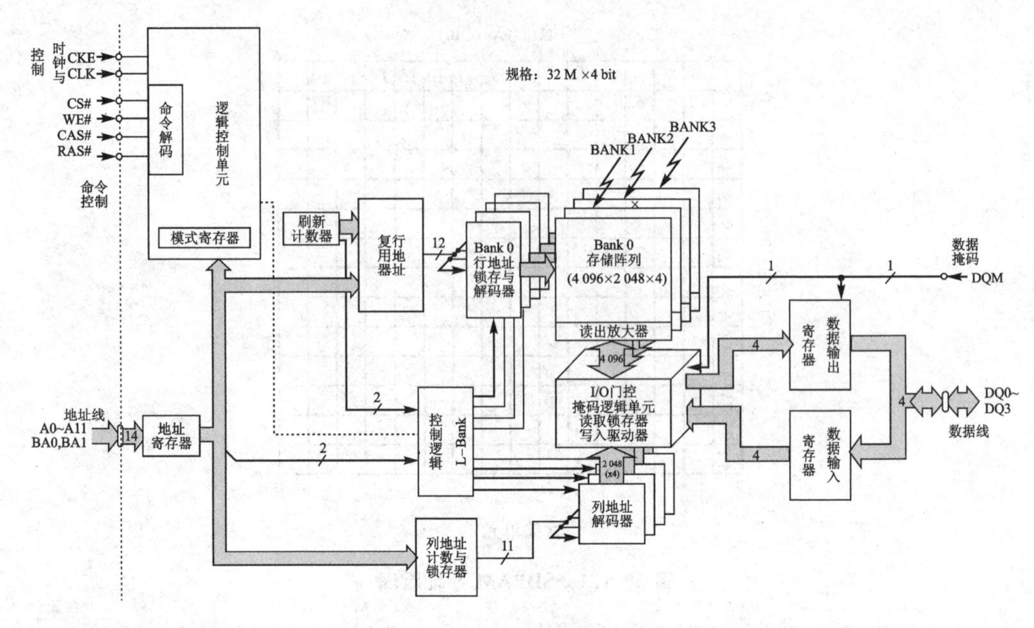

图 20.1.3　SDRAM 功能框图

1. 芯片初始化

SDRAM 芯片上电之后需要一个初始化的过程，以保证芯片能够按照预期方式正常工作，初始化流程如图 20.1.4 所示。

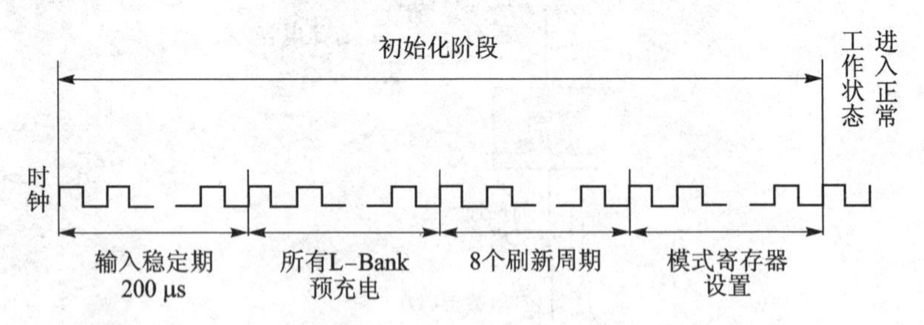

图 20.1.4　SDRAM 初始化

SDRAM 上电后要有 200 μs 的输入稳定期，在这个时间内不可以对 SDRAM 的接口做任何操作；200 μs 结束以后给所有 L-Bank 预充电，然后是连续 8 次刷新操作；最后设置模式寄存器。初始化最关键的阶段就在于模式寄存器（MR，Mode Register）的设置，简称 MRS（MR Set）。

如图 20.1.5 所示，用于配置模式寄存器的参数由地址线提供，地址线不同的位分别用于表示不同的参数。SDRAM 通过配置模式寄存器来确定芯片的工作方式，包括突发长度（Burst Length）、潜伏期（CAS Latency）以及操作模式等。

需要注意的是，在模式寄存器设置指令发出之后，需要等待一段时间才能够向 SDRAM 发送新的指令，这个时间我们称之为模式寄存器设置周期 t_{RSC}（Register Set Cycle）。

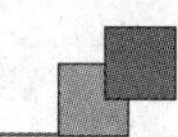

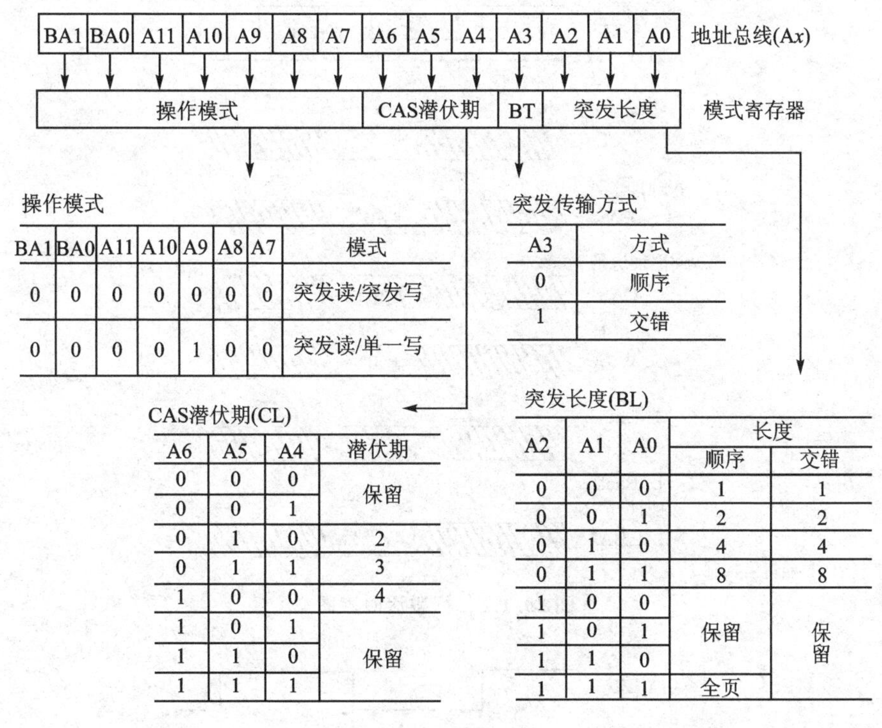

图 20.1.5 模式寄存器

2. 行激活

初始化完成后，无论是读操作还是写操作，都要先激活(Active)SDRAM中的一行，使之处于活动状态（又称行有效）。在此之前还要进行SDRAM芯片的片选和L-Bank的地址，不过它们可以与行激活同时进行。

从图20.1.6可以看出，在片选CS#（#表示低电平有效）、L-Bank地址的同时，RAS(Row Address Strobe，行地址选通脉冲)也处于有效状态。此时A*n*地址线则发送具体的行地址。图20.1.6中是A0～A11，共有12个地址线，由于是二进制表示法，所以共有4 096个行($2^{12}=4\ 096$)，A0～A11的不同数值就确定了具体的行地址。由于行激活的同时也是相应L-Bank有效，所以行激活也可称为L-Bank有效。

3. 列读/写

行地址激活之后，就要对列地址进行寻址了。由于在SDRAM中，地址线是行列共用的，因此列寻址时地址线仍然是A0～A11。在寻址时，利用RAS(Row Address Strobe，行地址选通脉冲)与CAS(Column Address Strobe，列地址选通脉冲)来区分行寻址与列寻址，如图20.1.7所示。

在图20.1.7中“x16”表示存储单元容量为16 bit。一般来说，在SDRAM中存储阵列(L-Bank)的列数小于行数，即列地址位宽小于行地址，因此在列地址选通时地址线高位可能未用到，如图20.1.7中的A9、A11。

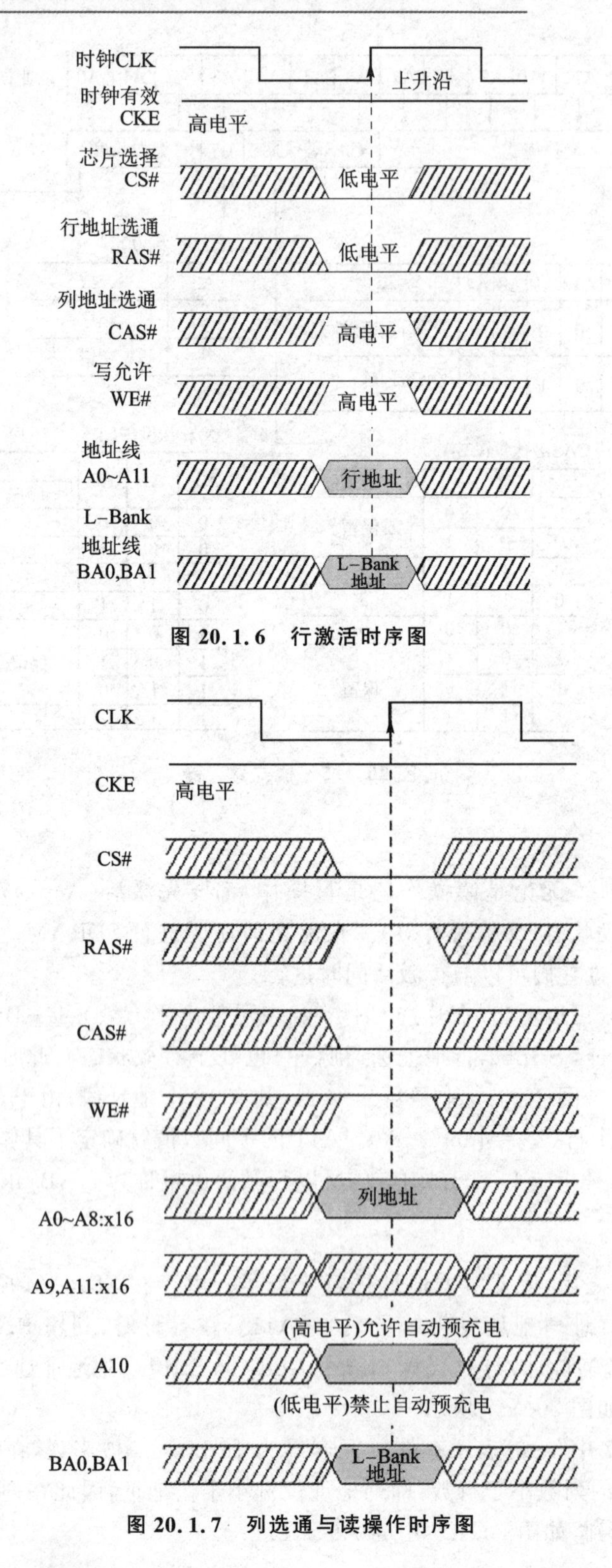

图 20.1.6 行激活时序图

图 20.1.7 列选通与读操作时序图

另外，列寻址信号与读/写命令是同时发出的，读/写命令是通过 WE(Write Enable，写使能)信号来控制的，WE 为低时是写命令，为高时是读命令。

然而，在发送列读/写命令时必须要与行激活命令有一个时间间隔，这个间隔被定义为 t_{RCD}，即 RAS to CAS Delay(RAS 至 CAS 延迟)。这是因为在行激活命令发出之后，芯片存储阵列电子元件响应需要一定的时间。t_{RCD} 是 SDRAM 的一个重要时序参数，广义的 t_{RCD} 以时钟周期(t_{CK}，Clock Time)数为单位，比如 $t_{RCD}=3$，就代表 RAS 至 CAS 延迟为 3 个时钟周期，如图 20.1.8 所示。具体到确切的时间，则要根据时钟频率而定。

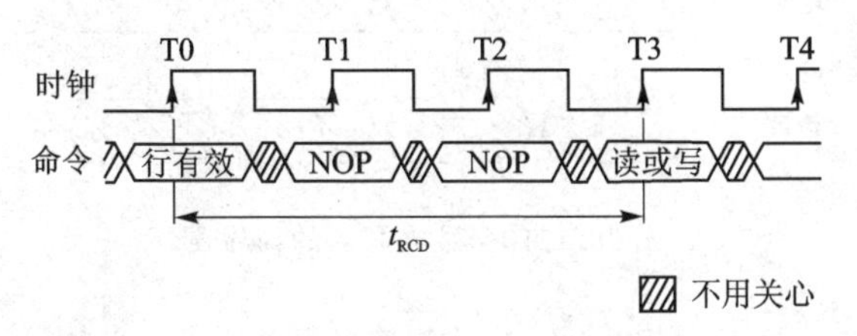

图 20.1.8 $t_{RCD}=3$ 的时序图

4. 数据输出(读)

在选定列地址后，就已经确定了具体的存储单元，剩下的事情就是数据通过数据 I/O 通道(DQ)输出到内存总线上了。但是在 CAS 发出之后，仍要经过一定的时间才能有数据输出，从 CAS 与读取命令发出到第一笔数据输出的这段时间，被定义为 CL(CAS Latency，CAS 潜伏期)。CL 时间越短，读数据时 SDRAM 响应就越快。由于 CL 只在读取时出现，所以 CL 又被称为读取潜伏期(RL，Read Latency)，如图 20.1.9 所示。CL 的单位与 t_{RCD} 一样，为时钟周期数，具体耗时由时钟频率决定。

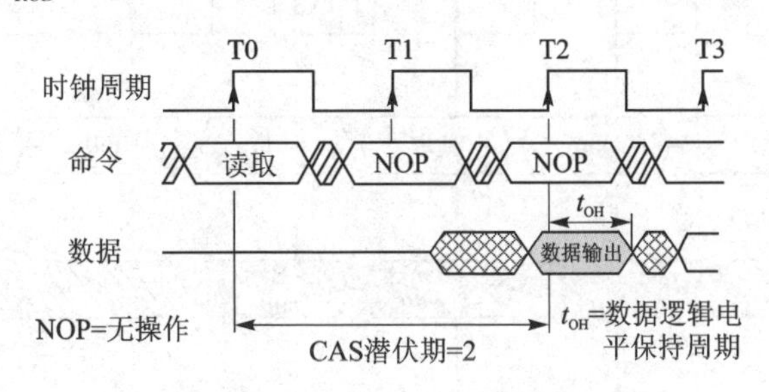

图 20.1.9 CL=2 的时序图

5. 数据输入(写)

数据写入的操作也是在 t_{RCD} 之后进行的，但此时没有 CL(记住，CL 只出现在读取操作中)，行寻址与列寻址的时序图与图 20.1.6 和图 20.1.7 一样，只是在列寻址时，WE# 为有效状态。

从图 20.1.10 中可见，数据与写指令同时发送。不过，数据并不是即时地写入存储单元，数据的真正写入需要一定的周期。为了保证数据的可靠写入，都会留出足够的写

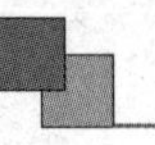

入/校正时间(t_{WR}，Write Recovery Time)，这个操作也被称作写回(Write Back)。t_{WR} 至少占用一个时钟周期或再多一点(时钟频率越高，t_{WR} 占用周期越多)。

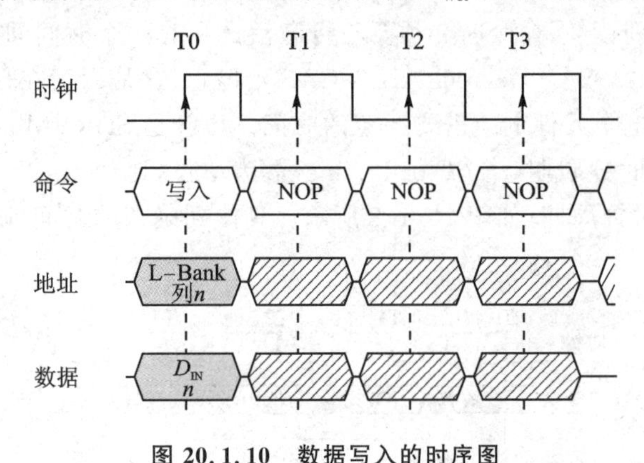

图 20.1.10 数据写入的时序图

6. 突发长度

突发(Burst)是指在同一行中相邻的存储单元连续进行数据传输的方式，连续传输所涉及的存储单元(列)的数量就是突发长度(Burst Lengths，简称 BL)。

上文讲到的读/写操作，都是一次对一个存储单元进行寻址。然而在现实中很少只对 SDRAM 中的单个存储空间进行读/写，一般都需要完成连续存储空间中的数据传输。在连续读/写操作时，为了对当前存储单元的下一个单元进行寻址，需要不断地发送列地址与读/写命令(行地址不变，所以不用再对行寻址)，如图 20.1.11 所示。

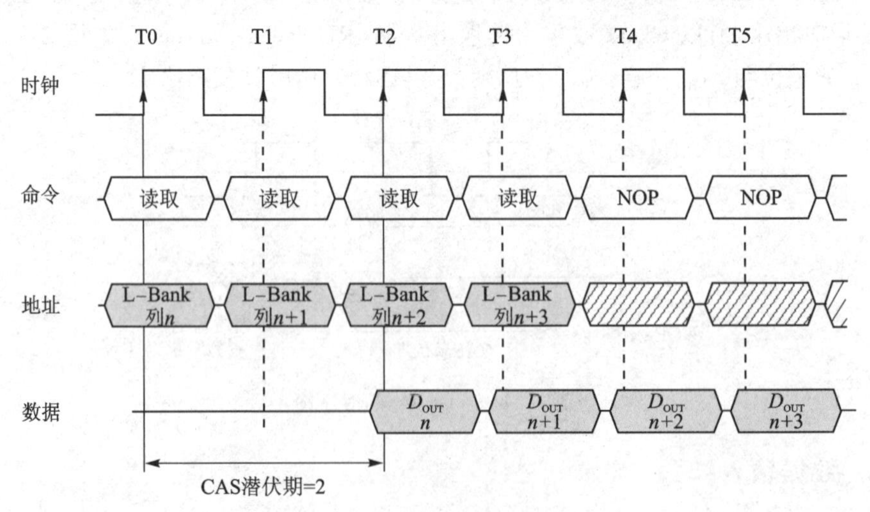

图 20.1.11 非突发连续读操作

由图 20.1.11 可知，虽然由于读延迟相同可以让数据的传输在 I/O 端是连续的，但它占用了大量的内存控制资源，在数据进行连续传输时无法输入新的命令，效率很低。为此，人们开发了突发传输技术，只要指定起始列地址与突发长度，内存就会依次

地自动对后面相应数量的存储单元进行读/写操作而不再需要控制器连续地提供列地址。这样,除了第一笔数据的传输需要若干个周期(主要是之前的延迟,一般的是 t_{RCD}+CL)外,其后每个数据只需一个周期的延时即可获得,如图 20.1.12 所示。

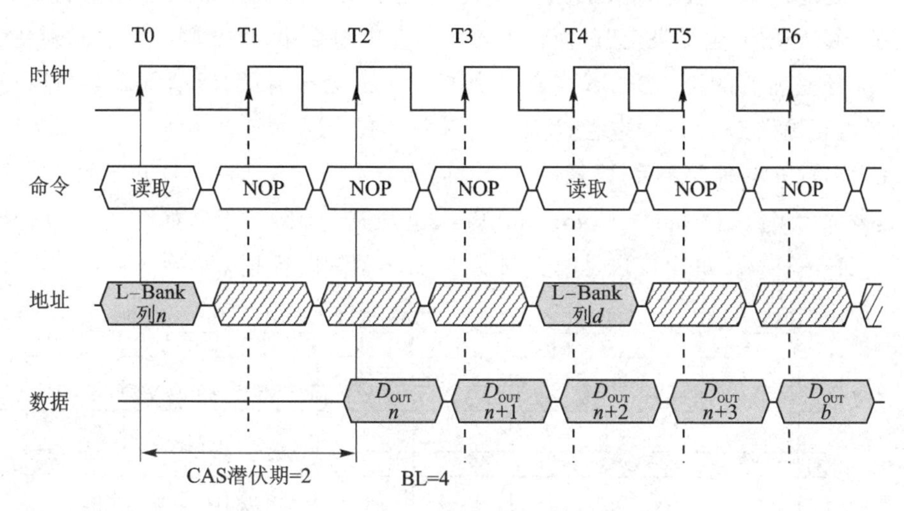

图 20.1.12　突发连续读操作

至于 BL 的数值,也是不能随便设定或在数据进行传输前临时决定。在上文讲到的初始化过程中的模式寄存器配置(MRS)阶段就要对 BL 进行设置。突发长度(BL)可以为 1、2、4、8 和"全页(Full Page)",其中"全页"是指突发传输一整行的数据量。

另外,在 MRS 阶段除了要设定 BL 数值之外,还需要确定"读/写操作模式"以及"突发传输模式"。读/写操作模式分为"突发读/突发写"和"突发读/单一写"。突发读/突发写表示读和写操作都是突发传输的,每次读/写操作持续 BL 所设定的长度,这也是常规的设定。突发读/单一写表示读操作是突发传输,写操作则只是一个个单独进行。

突发传输模式代表着突发周期内所涉及的存储单元的传输顺序。顺序传输是指从起始单元开始顺序读取。假如 BL=4,起始存储单元编号是 n,突发传输顺序就是 n、$n+1$、$n+2$、$n+3$。交错传输就是打乱正常的顺序进行数据传输(比如第一个进行传输的单元是 n,而第二个进行传输的单元是 $n+2$ 而不是 $n+1$)。由于交错传输很少用到,它的传输规则在这里就不详细介绍了,大家可以参考所选用的 SDRAM 芯片手册。

7. 预充电

在对 SDRAM 某一存储地址进行读/写操作结束后,如果要对同一 L-Bank 的另一行进行寻址,就要将原来有效(工作)的行关闭,重新发送行/列地址。L-Bank 关闭现有工作行,准备打开新行的操作就是预充电(Precharge)。在读/写过程中,工作行内的存储体由于"行激活"而使存储电容受到干扰,因此在关闭工作行前需要对本行所有存储体进行重写。预充电实际上就是对工作行中所有存储体进行数据重写,并对行地址进行复位,以准备新行工作的过程。

预充电可以通过命令控制，也可以通过辅助设定让芯片在每次读/写操作之后自动进行预充电。现在我们再回过头看看读/写操作时的命令时序图（见图 20.1.7），从中可以发现地址线 A10 控制着是否进行在读/写之后对当前 L-Bank 自动进行预充电，这就是上面所说的“辅助设定”。而在单独的预充电命令中，A10 则控制着是对指定的 L-Bank 还是所有的 L-Bank（当有多个 L-Bank 处于有效/活动状态时）进行预充电，前者需要提供 L-Bank 的地址，后者只需将 A10 信号置于高电平。

在发出预充电命令之后，要经过一段时间才能发送行激活命令打开新的工作行，这个间隔被称为 t_{RP}（Precharge Command Period，预充电有效周期），如图 20.1.13 所示。和 t_{RCD}、CL 一样，t_{RP} 的单位也是时钟周期数，具体值视时钟频率而定。

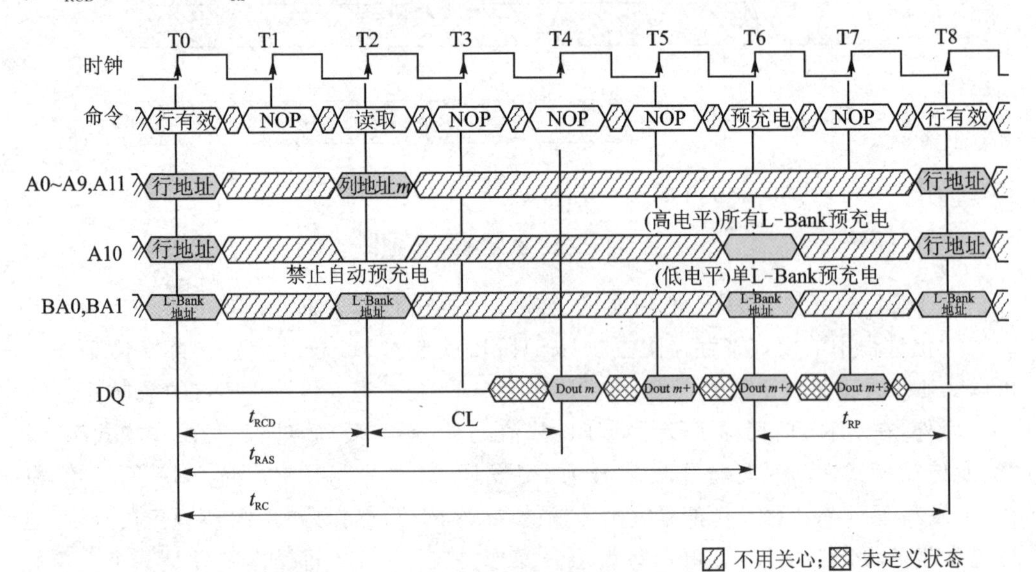

图 20.1.13　读取时预充电时序图（CL=2、BL=4、t_{RP}=2）

自动预充电的开始时间与图 20.1.13 一样，只是没有单独的预充电命令，并在发出读取命令时，A10 地址线要设为高电平（允许自动预充电）。可见控制好预充电启动时间很重要，它可以在读取操作结束后立刻进入新行的寻址，保证运行效率。

写操作时，每笔数据的真正写入都需要一个足够的周期来保证，这段时间就是写回周期（t_{WR}）。所以预充电不能与写操作同时进行，必须要在 t_{WR} 之后才能发出预充电命令，以确保数据的可靠写入，否则重写的数据可能出错，如图 20.1.14 所示。

8. 刷　新

SDRAM 之所以称为同步“动态”随机存储器，就是因为它要不断进行刷新（Refresh）才能保留住数据，因此刷新是 SDRAM 最重要的操作。

刷新操作与预充电类似，都是重写存储体中的数据。但为什么有预充电操作还要

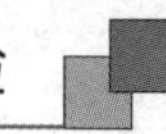

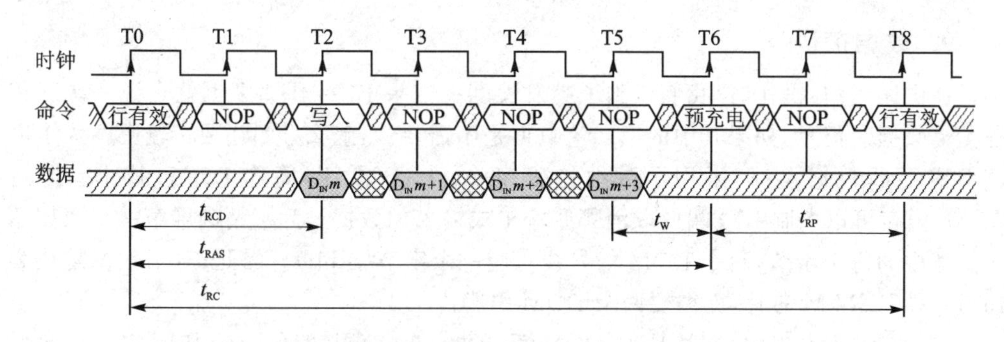

图 20.1.14　写入时预充电时序图（BL＝4、t_{WR}＝1、t_{RP}＝2）

进行刷新呢？因为预充电是对一个或所有 L－Bank 中的工作行（处于激活状态的行）操作，并且是不定期的；而刷新则是有固定的周期，并依次对所有行进行操作，以保留那些久久没经历重写的存储体中的数据。但与所有 L－Bank 预充电不同的是，这里的行是指所有 L－Bank 中地址相同的行，而预充电中各 L－Bank 中的工作行地址并不一定是相同的。

那么要隔多长时间重复一次刷新呢？目前公认的标准是，存储体中电容的数据有效保存期上限是 64 ms，也就是说每一行刷新的循环周期是 64 ms。我们在看 SDRAM 芯片参数时，经常会看到 4 096 Refresh Cycles/64 ms 或 8 192 Refresh Cycles/64 ms 的标识，这里的 4 096 与 8 192 就代表这个芯片中每个 L－Bank 的行数。刷新命令一次仅对一行有效，也就是说在 64 ms 内这两种规格的芯片分别需要完成 4 096 次和 8 192 次刷新操作。因此，L－Bank 为 4 096 行时刷新命令的发送间隔为 15.625 μs（64 ms/4 096），8 192 行时为 7.812 5 μs（64 ms/8 192）。

刷新操作分为两种：自动刷新（Auto Refresh，简称 AR）与自刷新（Self Refresh，简称 SR）。不论采用何种刷新方式，都不需要外部提供行地址信息，因为这是一个内部的自动操作。对于自动刷新（AR），SDRAM 内部有一个行地址生成器（也称刷新计数器）用来自动生成行地址。由于刷新是针对一行中的所有存储体进行的，所以无需列寻址，或者说 CAS 在 RAS 之前有效。所以，AR 又称 CBR（CAS Before RAS，列提前于行定位）式刷新。

在自动刷新过程中，所有 L－Bank 都停止工作。每次刷新操作所需要的时间为自动刷新周期（t_{RC}），在自动刷新指令发出后需要等待 t_{RC} 才能发送其他指令。64 ms 之后再次对同一行进行刷新操作，如此周而复始地进行循环刷新。显然，刷新操作肯定会对 SDRAM 的性能造成影响，但这是没办法的事情，也是 DRAM 相对于 SRAM（静态内存，无需刷新仍能保留数据）取得成本优势的同时所付出的代价。

自刷新（SR）主要用于休眠模式低功耗状态下的数据保存。在发出 AR 命令时，将 CKE 置于无效状态，就进入了 SR 模式，此时不再依靠系统时钟工作，而是根据内部的时钟进行刷新操作。在 SR 期间除了 CKE 之外的所有外部信号都是无效的（无需外部提供刷新指令），只有重新使 CKE 有效才能退出自刷新模式并进入正常工作状态。

9. 数据掩码

在讲述读/写操作时，我们谈到了突发长度。如果 BL=4，那么也就是说一次就传送 4 笔数据。但是，如果其中的第二笔数据是不需要的，怎么办？还要传输吗？为了屏蔽不需要的数据，人们采用了数据掩码（Data I/O Mask，简称 DQM）技术。通过 DQM，内存可以控制 I/O 端口取消哪些输出或输入的数据。为了精确屏蔽一个数据总线位宽中的每个字节，每个 DQM 信号线对应一个字节（8 bit）。因此，对于数据总线为 16 bit 的 SDRAM 芯片，就需要两个 DQM 引脚。

SDRAM 官方规定，在读取时 DQM 发出两个时钟周期后生效，如图 20.1.15 所示。而在写入时，DQM 与写入命令一样是立即生效的，如图 20.1.16 所示。

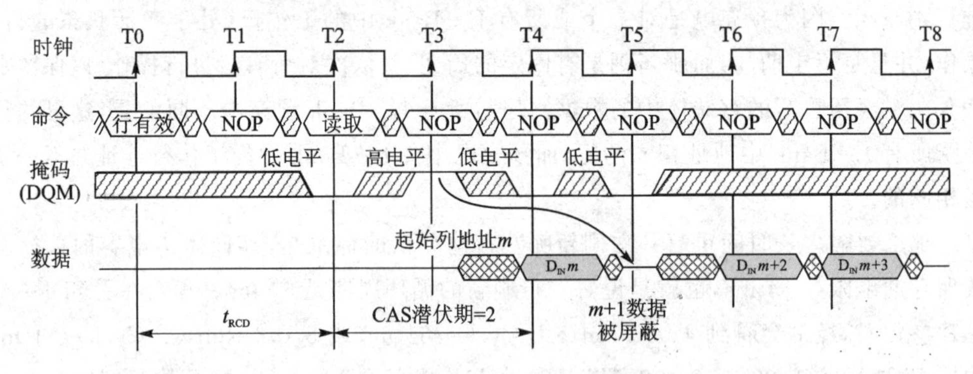

图 20.1.15　读取时 DQM 信号时序图

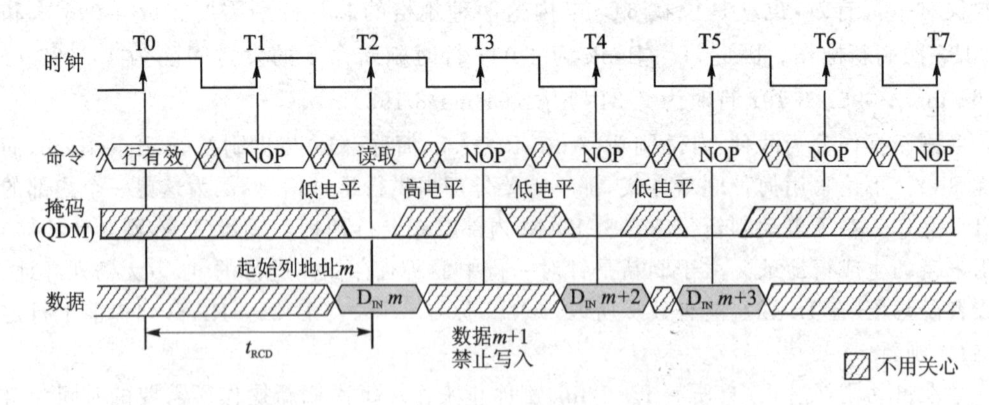

图 20.1.16　写入时 DQM 信号时序图

20.2 实验任务

本节实验任务是向开拓者开发板上的 SDRAM 中写入 1 024 个数据，从 SDRAM 存储空间的起始地址写起，写完后再将数据读出，并验证读出数据是否正确。

20.3　硬件设计

开拓者开发板上 SDRAM 部分的原理图如图 20.3.1 所示。

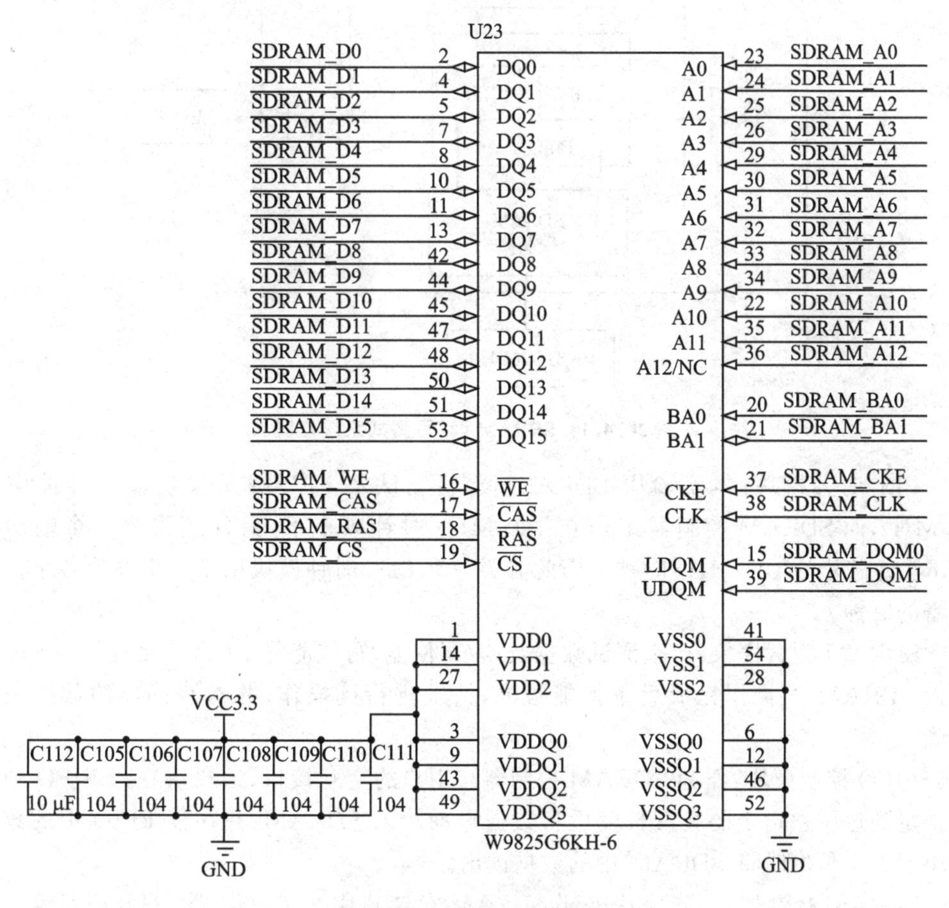

图 20.3.1　SDRAM 原理图

开拓者开发板上的 SDRAM 芯片型号为 W9825G6DH－6，内部分为 4 个 L－Bank，行地址为 13 位，列地址为 9 位，数据总线位宽为 16 bit。故该 SDRAM 总的存储空间为 $4\times(2^{13})\times(2^{9})\times16$ bit＝256 Mbit，即 32 MB。

W9825G6DH－6 工作时钟频率最高可达 166 MHz，潜伏期(CAS Latency)可选为 2 或 3，突发长度支持 1、2、4、8 或全页，64 ms 内需要完成 8K 次刷新操作。其他时序参数请大家参考该芯片的数据手册。

20.4　程序设计

在本次实验中，由于 SDRAM 的控制时序较为复杂，为方便用户调用，我们将

SDRAM 控制器封装成 FIFO 接口，这样我们操作 SDRAM 就像读/写 FIFO 一样简单。整个系统的功能框图如图 20.4.1 所示。

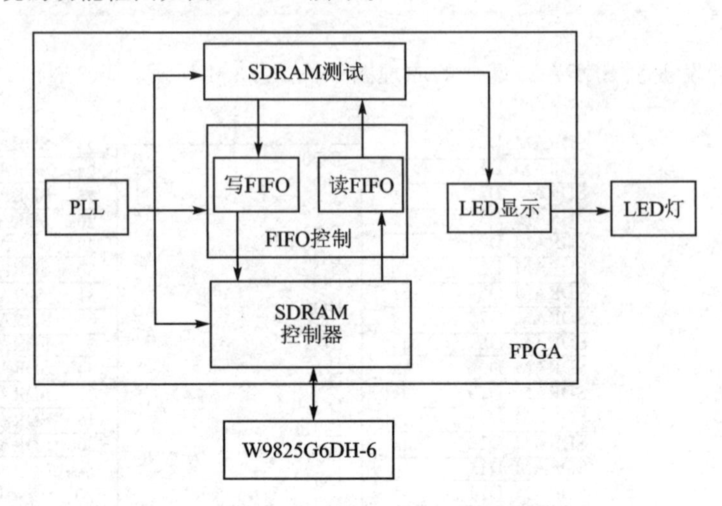

图 20.4.1　SDRAM 读/写测试系统框图

PLL 时钟模块：本实验中 SDRAM 读/写测试及 LED 显示模块输入时钟均为 50 MHz，而 SDRAM 控制器工作在 100 MHz 时钟频率下，另外还需要一个输出给 SDRAM 芯片的 100 MHz 时钟。因此需要一个 PLL 时钟模块用于产生系统各个模块所需的时钟。

SDRAM 测试模块：产生测试数据及读/写使能，写使能将 1 024 个数据(1～1 024)写入 SDRAM，写操作完成后读使能拉高，持续进行读操作，并检测读出的数据是否正确。

FIFO 控制模块：作为 SDRAM 控制器与用户的交互接口，该模块在写 FIFO 中的数据量到达用户指定的突发长度后将数据自动写入 SDRAM；并在读 FIFO 中的数据量小于突发长度时将 SDRAM 中的数据读出。

SDRAM 控制器：负责完成外部 SDRAM 存储芯片的初始化、读/写及刷新等一系列操作。

LED 显示模块：通过控制 LED 灯的显示状态来指示 SDRAM 读/写测试结果。

由系统框图可知，FPGA 顶层例化了以下 4 个模块：PLL 时钟模块(pll_clk)、SDRAM 测试模块(sdram_test)、LED 灯指示模块(led_disp)以及 SDRAM 控制器顶层模块(sdram_top)。各模块端口及信号连接如图 20.4.2 所示。

SDRAM 测试模块(sdram_test)输出读/写使能信号及写数据，通过 SDRAM 控制器将数据写入 SDARM 中地址为 0～1 023 的存储空间中。在写过程结束后进行读操作，检测读出的数据是否与写入数据一致，检测结果由标志信号 error_flag 指示。LED 显示模块根据 error_flag 的值驱动 LED 以不同的状态显示。当 SDRAM 读/写测试正确时，LED 灯常亮；读/写测试结果不正确时，LED 灯闪烁。

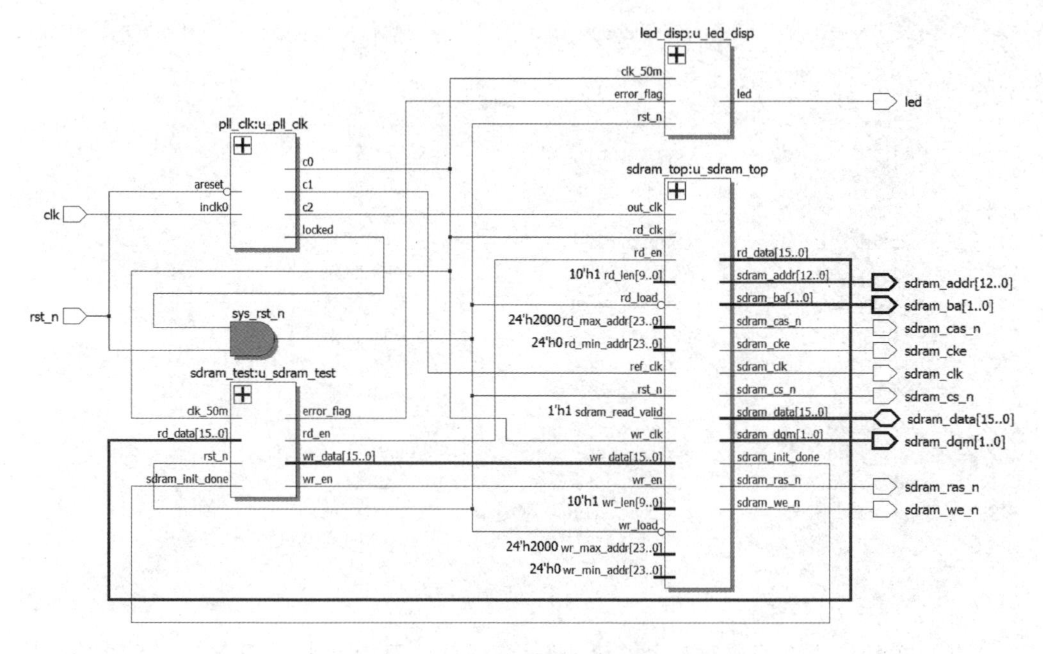

图 20.4.2　顶层模块原理图

顶层模块的代码如下：

```
1     module sdram_rw_test(
      ……省略部分代码
74
75    //SDRAM 控制器顶层模块,封装成 FIFO 接口
76    //SDRAM 控制器地址组成：{bank_addr[1:0],row_addr[12:0],col_addr[8:0]}
77    sdram_top u_sdram_top(
78        .ref_clk              (clk_100m),           //SDRAM 控制器参考时钟
79        .out_clk              (clk_100m_shift),     //用于输出的相位偏移时钟
80        .rst_n                (sys_rst_n),          //系统复位
81
82        //用户写端口
83        .wr_clk               (clk_50m),            //写端口 FIFO：写时钟
84        .wr_en                (wr_en),              //写端口 FIFO：写使能
85        .wr_data              (wr_data),            //写端口 FIFO：写数据
86        .wr_min_addr          (24'd0),              //写 SDRAM 的起始地址
87        .wr_max_addr          (24'd1024),           //写 SDRAM 的结束地址
88        .wr_len               (10'd512),            //写 SDRAM 时的数据突发长度
89        .wr_load              (~sys_rst_n),         //写端口复位：复位写地址,清空写 FIFO
90
91        //用户读端口
92        .rd_clk               (clk_50m),            //读端口 FIFO：读时钟
93        .rd_en                (rd_en),              //读端口 FIFO：读使能
94        .rd_data              (rd_data),            //读端口 FIFO：读数据
95        .rd_min_addr          (24'd0),              //读 SDRAM 的起始地址
96        .rd_max_addr          (24'd1024),           //读 SDRAM 的结束地址
97        .rd_len               (10'd512),            //从 SDRAM 中读数据时的突发长度
```

```
98      .rd_load            (~sys_rst_n),       //读端口复位：复位读地址,清空读 FIFO
99
100     //用户控制端口
101     .sdram_read_valid   (1'b1),             //SDRAM 读使能
102     .sdram_init_done    (sdram_init_done),  //SDRAM 初始化完成标志
103
104     //SDRAM 芯片接口
105     .sdram_clk          (sdram_clk),        //SDRAM 芯片时钟
106     .sdram_cke          (sdram_cke),        //SDRAM 时钟有效
107     .sdram_cs_n         (sdram_cs_n),       //SDRAM 片选
108     .sdram_ras_n        (sdram_ras_n),      //SDRAM 行有效
109     .sdram_cas_n        (sdram_cas_n),      //SDRAM 列有效
110     .sdram_we_n         (sdram_we_n),       //SDRAM 写有效
111     .sdram_ba           (sdram_ba),         //SDRAM Bank 地址
112     .sdram_addr         (sdram_addr),       //SDRAM 行/列地址
113     .sdram_data         (sdram_data),       //SDRAM 数据
114     .sdram_dqm          (sdram_dqm)         //SDRAM 数据掩码
115     );
116
117 endmodule
```

顶层模块中主要完成对其余模块的例化，需要注意的是由于 SDRAM 工作时钟频率较高，且对时序要求比较严格，考虑到 FPGA 内部以及开发板上的走线延时，为保证 SDRAM 能够准确地读/写数据，我们输出给 SDRAM 芯片的 100 MHz 时钟相对于 SDRAM 控制器时钟有一个相位偏移。程序中的相位偏移时钟为 clk_100m_shift（第 79 行），相位偏移量在这里设置为－75°。

由于 SDRAM 控制器被封装成 FIFO 接口，在使用时只需要像读/写 FIFO 那样给出读/写使能即可，如代码第 82～98 行所示。同时控制器将 SDRAM 的阵列地址映射为线性地址，在调用时将其当作连续存储空间进行读/写。因此读/写过程不需要指定 Bank 地址及行列地址，只需要给出起始地址和结束地址即可，数据在该地址空间中连续读/写。线性地址的位宽为 SDRAM 的 Bank 地址、行地址和列地址位宽的总和，也可以理解成线性地址的组成结构为{bank_addr[1:0], row_addr[12:0], col_addr[8:0]}。

程序第 88 行及第 97 行指定 SDRAM 控制器的数据突发长度，由于 W9825G6DH-6 的全页突发长度为 512，因此控制器的突发长度不能大于 512。

SDRAM 读/写测试模块的代码如下所示：

```
1   module sdram_test(
2       input               clk_50m,            //时钟
3       input               rst_n,              //复位,低有效
4
5       output reg          wr_en,              //SDRAM 写使能
6       output reg [15:0]   wr_data,            //SDRAM 写入的数据
7       output reg          rd_en,              //SDRAM 读使能
8       input      [15:0]   rd_data,            //SDRAM 读出的数据
9
10      input               sdram_init_done,    //SDRAM 初始化完成标志
11      output reg          error_flag          //SDRAM 读/写测试错误标志
```

```
12      );
13
14  //reg define
15  reg          init_done_d0;                       //寄存 SDRAM 初始化完成信号
16  reg          init_done_d1;                       //寄存 SDRAM 初始化完成信号
17  reg [10:0]  wr_cnt;                              //写操作计数器
18  reg [10:0]  rd_cnt;                              //读操作计数器
19  reg          rd_valid;                           //读数据有效标志
20
21  //*****************************************************
22  //**                    main code
23  //*****************************************************
24
25  //同步 SDRAM 初始化完成信号
26  always @(posedge clk_50m or negedge rst_n) begin
27      if(!rst_n) begin
28          init_done_d0  <= 1'b0;
29          init_done_d1  <= 1'b0;
30      end
31      else begin
32          init_done_d0  <= sdram_init_done;
33          init_done_d1  <= init_done_d0;
34      end
35  end
36
37  //SDRAM 初始化完成之后,写操作计数器开始计数
38  always @(posedge clk_50m or negedge rst_n) begin
39      if(!rst_n)
40          wr_cnt  <= 11'd0;
41      else if(init_done_d1 && (wr_cnt  <= 11'd1024))
42          wr_cnt  <= wr_cnt + 1'b1;
43      else
44          wr_cnt  <= wr_cnt;
45  end
46
47  //SDRAM 写端口 FIFO 的写使能、写数据(1～1 024)
48  always @(posedge clk_50m or negedge rst_n) begin
49      if(!rst_n) begin
50          wr_en    <= 1'b0;
51          wr_data  <= 16'd0;
52      end
53      else if(wr_cnt >= 11'd1 && (wr_cnt  <= 11'd1024)) begin
54              wr_en    <= 1'b1;            //写使能拉高
55              wr_data  <= wr_cnt;          //写入数据 1～1 024
56          end
57      else begin
58              wr_en    <= 1'b0;
59              wr_data  <= 16'd0;
60          end
61  end
62
```

```
63 //写入数据完成后,开始读操作
64 always @(posedge clk_50m or negedge rst_n) begin
65     if(!rst_n)
66         rd_en <= 1'b0;
67     else if(wr_cnt > 11'd1024)              //写数据完成
68         rd_en <= 1'b1;                      //读使能拉高
69 end
70
71 //对读操作计数
72 always @(posedge clk_50m or negedge rst_n) begin
73     if(!rst_n)
74         rd_cnt <= 11'd0;
75     else if(rd_en) begin
76         if(rd_cnt <11'd1024)
77             rd_cnt <= rd_cnt + 1'b1;
78         else
79             rd_cnt <= 11'd1;
80     end
81 end
82
83 //第一次读取的数据无效,后续读操作所读取的数据才有效
84 always @(posedge clk_50m or negedge rst_n) begin
85     if(!rst_n)
86         rd_valid <= 1'b0;
87     else if(rd_cnt == 11'd1024)             //等待第一次读操作结束
88         rd_valid <= 1'b1;                   //后续读取的数据有效
89     else
90         rd_valid <= rd_valid;
91 end
92
93 //读数据有效时,若读取数据错误,给出标志信号
94 always @(posedge clk_50m or negedge rst_n) begin
95     if(!rst_n)
96         error_flag <= 1'b0;
97     else if(rd_valid && (rd_data != rd_cnt))
98         error_flag <= 1'b1;                  //若读取的数据错误,将错误标志位拉高
99     else
100        error_flag <= error_flag;
101 end
102
103 endmodule
```

SDRAM 读/写测试模块从写起始地址开始,连续向 1 024 个存储空间中写入数据 1～1 024。写完成后一直进行读操作,持续将该存储空间的数据读出。需要注意的是程序中第 97 行通过变量 rd_valid 将第一次读出的 1 024 个数据排除,并未参与读/写测试。这是由于 SDRAM 控制器为了保证读 FIFO 时刻有数据,在读使能拉高之前就已经将 SDRAM 中的数据“预读”一部分(突发读长度)到读 FIFO 中;而此时写 SDRAM 尚未完成,因此第一次从 FIFO 中读出的 512 个数据是无效的。第一次读操作结束后,读 FIFO 中的无效数据被读出并丢弃,后续读 SDRAM 得到的数据才用于验

证读/写过程是否正确。

LED 显示模块的代码如下：

```
1  module led_disp(
   ……省略部分代码
26 //利用 LED 灯不同的显示状态指示错误标志的高低
27 always @(posedge clk_50m or negedge rst_n) begin
28     if(rst_n == 1'b0)
29         led <= 1'b0;
30     else if(error_flag) begin
31         if(led_cnt == 25'd25000000)
32             led <= ~led;      //错误标志为高时,LED 灯每隔 0.5 s 闪烁一次
33         else
34             led <= led;
35     end
36     else
37         led <= 1'b1;          //错误标志为低时,LED 灯常亮
38 end
39
40 endmodule
```

LED 显示模块用 LED 不同的显示状态指示 SDRAM 读/写测试的结果：若读/写测试正确无误，则 LED 常亮；若出现错误（读出的数据与写入的数据不一致），则 LED 灯以 0.5 s 为周期闪烁。

SDRAM 控制器顶层模块如下：

```
1   module  sdram_top(
    ……省略部分代码
55  assign  sdram_clk = out_clk;              //将相位偏移时钟输出给 SDRAM 芯片
56  assign  sdram_dqm = 2'b00;                //读/写过程中均不屏蔽数据线
57
58  //SDRAM 读/写端口 FIFO 控制模块
59  sdram_fifo_ctrl u_sdram_fifo_ctrl(
    ……省略部分代码
96      );
97
98  //SDRAM 控制器
99  sdram_controller u_sdram_controller(
    ……省略部分代码
128     );
129
130 endmodule
```

SDRAM 控制器顶层模块主要完成 SDRAM 控制器及 SDRAM 读/写端口 FIFO 控制模块的例化。代码中第 56 行给 SDRAM 数据掩码赋值，因为在读/写测试过程中，数据线的高字节和低字节均一直有效，因此整个 SDRAM 读/写过程中不需要屏蔽数据线。

SDRAM FIFO 控制模块代码如下所示：

```
1   module sdram_fifo_ctrl(
    ……省略部分代码
161
162 //SDRAM 读/写请求信号产生模块
163 always@(posedge clk_ref or negedge rst_n) begin
164     if(!rst_n) begin
165         sdram_wr_req <= 0;
166         sdram_rd_req <= 0;
167     end
168     else if(sdram_init_done) begin          //SDRAM 初始化完成后才能响应读/写请求
169                                             //优先执行写操作,防止写入 SDRAM 中的数据丢失
170         if(wrf_use >= wr_length) begin      //若写端口 FIFO 中的数据量达到了写突发长度
171             sdram_wr_req <= 1;              //发出写 SDRAM 请求
172             sdram_rd_req <= 0;
173         end
174         else if((rdf_use <rd_length)        //若读端口 FIFO 中的数据量小于读突发长度
175                 && read_valid_r2) begin     //同时 SDRAM 读使能信号为高
176             sdram_wr_req <= 0;
177             sdram_rd_req <= 1;              //发出读 SDRAM 请求
178         end
179         else begin
180             sdram_wr_req <= 0;
181             sdram_rd_req <= 0;
182         end
183     end
184     else begin
185         sdram_wr_req <= 0;
186         sdram_rd_req <= 0;
187     end
188 end
189
190 //例化写端口 FIFO
191 wrfifo  u_wrfifo(
192     //用户接口
193     .wrclk      (clk_write),                //写时钟
194     .wrreq      (wrf_wrreq),                //写请求
195     .data       (wrf_din),                  //写数据
196
197     //SDRAM 接口
198     .rdclk      (clk_ref),                  //读时钟
199     .rdreq      (sdram_wr_ack),             //读请求
200     .q          (sdram_din),                //读数据
201
202     .rdusedw    (wrf_use),                  //FIFO 中的数据量
203     .aclr       (~rst_n | wr_load_flag)     //异步清零信号
204     );
205
```

```
206 //例化读端口 FIFO
207 rdfifo  u_rdfifo(
208     //SDRAM 接口
209     .wrclk      (clk_ref),                //写时钟
210     .wrreq      (sdram_rd_ack),           //写请求
211     .data       (sdram_dout),             //写数据
212
213     //用户接口
214     .rdclk      (clk_read),               //读时钟
215     .rdreq      (rdf_rdreq),              //读请求
216     .q          (rdf_dout),               //读数据
217
218     .wrusedw    (rdf_use),                //FIFO 中的数据量
219     .aclr       (~rst_n | rd_load_flag) //异步清零信号
220     );
221
222 endmodule
```

SDRAM 读/写 FIFO 控制模块在 SDRAM 控制器的使用过程中起到非常重要的作用，它一方面通过用户接口处理读/写请求，另一方面通过控制器接口完成 SDRAM 控制器的操作。它的存在为用户屏蔽了相对复杂的 SDRAM 控制器接口，使我们可以像读/写 FIFO 一样操作 SDRAM 控制器。

如程序中第 162～188 行所示，FIFO 控制模块优先处理 SDRAM 写请求，以免写 FIFO 溢出时，用于写入 SDRAM 的数据丢失。当写 FIFO 中的数据量大于写突发长度时，执行写 SDRAM 操作；当读 FIFO 中的数据量小于读突发长度时，执行读 SDRAM 操作。

SDRAM 控制器代码如下：

```
1  module sdram_controller(
   ……省略部分代码
41
42 // SDRAM 状态控制模块
43 sdram_ctrl u_sdram_ctrl(
   ……省略部分代码
59     );
60
61 // SDRAM 命令控制模块
62 sdram_cmd u_sdram_cmd(
   ……省略部分代码
83     );
84
85 // SDRAM 数据读/写模块
86 sdram_data u_sdram_data(
   ……省略部分代码
96     );
97
98 endmodule
```

SDRAM 控制器主要例化了 3 个模块：SDRAM 状态控制模块、SDRAM 命令控制模块和 SDRAM 数据读/写模块。图 20.4.3 所示为 SDRAM 控制器的功能框图。

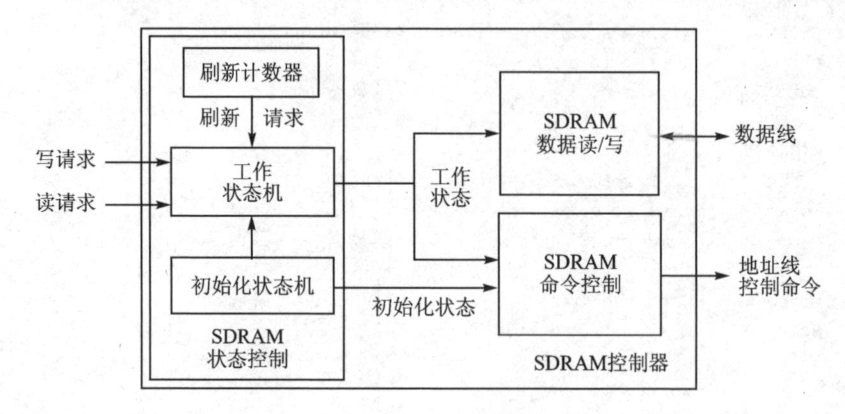

图 20.4.3　SDRAM 控制器功能框图

SDRAM 状态控制模块根据 SDRAM 内部及外部操作指令控制初始化状态机和工作状态机；SDRAM 命令控制模块根据两个状态机的状态给 SDRAM 输出相应的控制命令；而 SDRAM 数据读/写模块则负责根据工作状态机控制 SDRAM 数据线的输入/输出。

SDRAM 状态控制模块代码如下所示：

```
1    module sdram_ctrl(
     ……省略部分代码
19   `include "sdram_para.v"                    //包含 SDRAM 参数定义模块
     ……省略部分代码
109
110 //SDRAM 的初始化状态机
111 always @ (posedge clk or negedge rst_n) begin
112     if(!rst_n)
113         init_state <= `I_NOP;
114     else
115         case (init_state)
116                                             //上电复位后 200 μs 结束则进入下一状态
117             `I_NOP:  init_state <= done_200us  ? `I_PRE : `I_NOP;
118                                             //预充电状态
119             `I_PRE:  init_state <= `I_TRP;
120                                             //预充电等待，TRP_CLK 个时钟周期
121             `I_TRP:  init_state <= (`end_trp)  ? `I_AR   : `I_TRP;
122                                             //自动刷新
123             `I_AR :  init_state  <= `I_TRF;
124                                             //等待自动刷新结束，TRC_CLK 个时钟周期
125             `I_TRF:  init_state <= (`end_trfc) ?
126                                             //连续 8 次自动刷新操作
127                                   ((init_ar_cnt == 4'd8) ? `I_MRS : `I_AR) : `I_TRF;
128                                             //模式寄存器设置
```

```
129             `I_MRS:  init_state <= `I_TRSC;
130                                     //等待模式寄存器设置完成,TRSC_CLK 个时钟周期
131             `I_TRSC: init_state  <= (`end_trsc) ? `I_DONE : `I_TRSC;
132                                     //SDRAM 的初始化设置完成标志
133             `I_DONE: init_state  <= `I_DONE;
134             default: init_state <= `I_NOP;
135         endcase
136 end
137
138 //SDRAM 的工作状态机,工作包括读、写以及自动刷新操作
139 always @ (posedge clk or negedge rst_n) begin
140     if(!rst_n)
141         work_state <= `W_IDLE;             //空闲状态
142     else
143         case(work_state)
144                                     //定时自动刷新请求,跳转到自动刷新状态
145             `W_IDLE: if(sdram_ref_req & sdram_init_done) begin
146                         work_state <= `W_AR;
147                         sdram_rd_wr  <= 1'b1;
148                     end
149                                     //写 SDRAM 请求,跳转到行有效状态
150                     else if(sdram_wr_req & sdram_init_done) begin
151                         work_state <= `W_ACTIVE;
152                         sdram_rd_wr  <= 1'b0;
153                     end
154                                     //读 SDRAM 请求,跳转到行有效状态
155                     else if(sdram_rd_req && sdram_init_done) begin
156                         work_state <= `W_ACTIVE;
157                         sdram_rd_wr  <= 1'b1;
158                     end
159                                     //无操作请求,保持空闲状态
160                     else begin
161                         work_state <= `W_IDLE;
162                         sdram_rd_wr  <= 1'b1;
163                     end
164
165             `W_ACTIVE:                  //行有效,跳转到行有效等待状态
166                         work_state <= `W_TRCD;
167             `W_TRCD: if(`end_trcd)      //行有效等待结束,判断当前是读还是写
168                         if(sdram_rd_wr)//读:进入读操作状态
169                             work_state <= `W_READ;
170                         else            //写:进入写操作状态
171                             work_state <= `W_WRITE;
172                     else
173                         work_state <= `W_TRCD;
174
175             `W_READ:                    //读操作,跳转到潜伏期
176                         work_state <= `W_CL;
177             `W_CL:                      //潜伏期:等待潜伏期结束,跳转到读数据状态
178                         work_state <= (`end_tcl) ? `W_RD:`W_CL;
179             `W_RD:                      //读数据:等待读数据结束,跳转到预充电状态
```

```
180                         work_state <= (`end_tread) ? `W_PRE:`W_RD;
181
182             `W_WRITE:                         //写操作:跳转到写数据状态
183                         work_state <= `W_WD;
184             `W_WD:                            //写数据:等待写数据结束,跳转到写回周期状态
185                         work_state <= (`end_twrite) ? `W_TWR:`W_WD;
186             `W_TWR:                           //写回周期:写回周期结束,跳转到预充电状态
187                         work_state <= (`end_twr) ? `W_PRE:`W_TWR;
188
189             `W_PRE:                           //预充电:跳转到预充电等待状态
190                         work_state <= `W_TRP;
191             `W_TRP:                           //预充电等待:预充电等待结束,进入空闲状态
192                         work_state <= (`end_trp) ? `W_IDLE:`W_TRP;
193
194             `W_AR:                            //自动刷新操作,跳转到自动刷新等待
195                         work_state <= `W_TRFC;
196             `W_TRFC:                      //自动刷新等待:自动刷新等待结束,进入空闲状态
197                         work_state <= (`end_trfc) ? `W_IDLE:`W_TRFC;
198             default:    work_state <= `W_IDLE;
199         endcase
200 end
201

  ……省略部分代码

246
247 endmodule
```

由于 SDRAM 控制器参数较多,我们将常用的参数放在了一个单独的文件(sdram_para.v)中,并在相应的模块中引用该文件,如程序第 19 行所示。

SDRAM 状态控制模块的任务可以划分为三部分:SDRAM 的初始化、SDRAM 的自动刷新,以及 SDRAM 的读/写。在本模块中我们使用两个状态机来完成上述任务,其中“初始化状态机”负责 SDRAM 的初始化过程;而“工作状态机”则用于处理自动刷新以及外部的读/写请求。

本章的简介部分对 SDRAM 的初始化流程(见图 20.1.4)作了简单介绍,由此我们可以画出初始化状态机的状态转换图如图 20.4.4 所示。

如图 20.4.4 所示,SDRAM 在上电后要有 200 μs 的输入稳定期。200 μs 结束后对所有 L-Bank 预充电,然后等待预充电有效周期(t_{RP})结束后连续进行 8 次自动刷新操作,每次刷新操作都要等待自动刷新周期(t_{RC})。最后对 SDRAM 的模式寄存器进行设置,并等待模式寄存器设置周期(t_{RSC})结束。到这里 SDRAM 的初始化也就完成了,接下来 SDRAM 进入正常的工作状态。

由于 SDRAM 需要定时进行刷新操作以保存存储体中的数据,所以工作状态机不仅要根据外部的读/写请求来进行读/写操作,还要处理模块内部产生的刷新请求。那么当多个请求信号同时到达时,工作状态机该如何进行仲裁呢?

首先,为了保存 SDRAM 中的数据,刷新请求的优先级最高;写请求次之,这是为了避免准备写入 SDRAM 中的数据丢失;而读请求的优先级最低。因此,当刷新请求

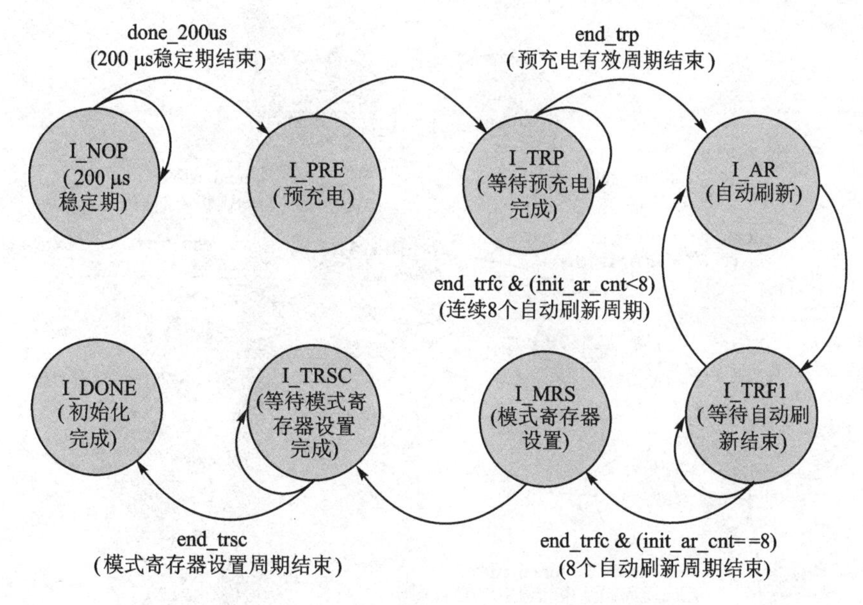

图 20.4.4　初始化状态机——状态转换图

与读/写请求同时产生时，优先执行刷新操作；而读请求与写请求同时产生时，优先执行写操作。

另外，由于刷新操作需要等待刷新周期(t_{RC})结束，而读/写操作同样需要一定的时间(特别是突发模式下需要等待所有数据突发传输结束)。因此在上一个请求操作执行的过程中接收到新的请求信号是很有可能的，这种情况下，新的请求信号必须等待当前执行过程结束才能得到工作状态机的响应。

工作状态机的状态转换图如图 20.4.5 所示。

工作状态机在空闲状态时接收自动刷新请求和读/写请求，并根据相应的操作时序在各个状态之间跳转。例如，在接收到自动刷新请求后，跳转到自动刷新状态(此时 SDRAM 命令控制模块 sdram_cmd 会向 SDRAM 芯片发送自动刷新命令)，随即进入等待过程，等自动刷新周期(t_{RC})结束后刷新操作完成，工作状态机回到空闲状态。

由本章简介部分可知，无论是读操作还是写操作首先都要进行"行激活"，因此工作状态机在空闲状态时接收到读请求或写请求都会跳转到行激活状态，然后等待行选通周期(t_{RCD})结束。接下来判断当前执行的是读操作还是写操作，如果是读操作，需要在等待读潜伏期结束后连续读取数据线上的数据，数据量由读突发长度指定；如果是写操作，则不存在潜伏期，直接将要写入 SDRAM 中的数据放到数据线上，但是在最后一个数据放到数据线上之后，需要等待写入周期(t_{WR})结束。

需要注意的是，由于 W9825G6DH－6 在页突发模式下不支持自动预充电，上述读/写操作过程中都选择了禁止自动预充电(地址线 A10 为低电平)。因此在读/写操作结束后，都要对 SDRAM 进行预充电操作，并等待预充电周期结束才回到空闲状态。

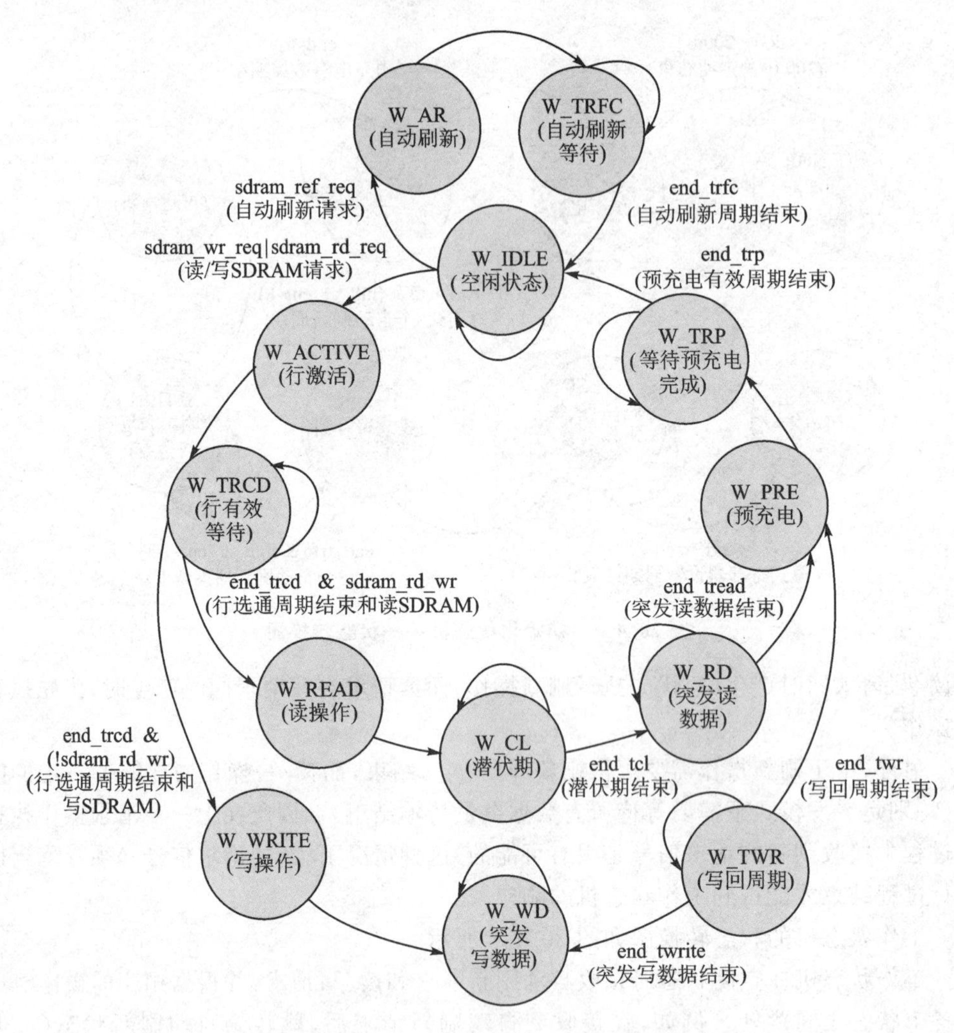

图 20.4.5 工作状态机——状态转换图

SDRAM 命令控制模块的代码如下所示：

```
1    module sdram_cmd(
     ……省略部分代码

36   //SDRAM 控制信号线赋值
37   assign {sdram_cke,sdram_cs_n,sdram_ras_n,sdram_cas_n,sdram_we_n} = sdram_cmd_r;
38
39   //SDRAM 读/写地址总线控制
40   assign sys_addr = sdram_rd_wr ? sys_rdaddr : sys_wraddr;
41
42   //SDRAM 操作指令控制
43   always @ (posedge clk or negedge rst_n) begin
44       if(!rst_n) begin
45               sdram_cmd_r   <= `CMD_INIT;
```

```
46              sdram_ba      <= 2'b11;
47              sdram_addr    <= 13'h1fff;
48       end
49       else
50           case(init_state)
51                                          //初始化过程中,以下状态不执行任何指令
52               'I_NOP,'I_TRP,'I_TRF,'I_TRSC: begin
53                       sdram_cmd_r <= 'CMD_NOP;
54                       sdram_ba    <= 2'b11;
55                       sdram_addr  <= 13'h1fff;
56                   end
57               'I_PRE: begin                  //预充电指令
58                       sdram_cmd_r <= 'CMD_PRGE;
59                       sdram_ba    <= 2'b11;
60                       sdram_addr  <= 13'h1fff;
61                   end
62               'I_AR: begin
63                                          //自动刷新指令
64                       sdram_cmd_r <= 'CMD_A_REF;
65                       sdram_ba    <= 2'b11;
66                       sdram_addr  <= 13'h1fff;
67                   end
68               'I_MRS: begin                  //模式寄存器设置指令
69                       sdram_cmd_r <= 'CMD_LMR;
70                       sdram_ba    <= 2'b00;
71                       sdram_addr  <= {//利用地址线设置模式寄存器,可根据实际需要进行修改
72                           3'b000,        //预留
73                           1'b0,          //读/写方式 A9 = 0,突发读和突发写
74                           2'b00,         //默认,{A8,A7} = 00
75                           3'b011,        //CAS 潜伏期设置,这里设置为 3,{A6,A5,A4} = 011
76                           1'b0,          //突发传输方式,这里设置为顺序,A3 = 0
77                           3'b111         //突发长度,这里设置为页突发,{A2,A1,A0} = 011
78                       };
79                   end
80               'I_DONE:                       //SDRAM 初始化完成
81                       case(work_state)   //以下工作状态不执行任何指令
82                           'W_IDLE,'W_TRCD,'W_CL,'W_TWR,'W_TRP,'W_TRFC: begin
83                                   sdram_cmd_r <= 'CMD_NOP;
84                                   sdram_ba    <= 2'b11;
85                                   sdram_addr  <= 13'h1fff;
86                               end
87                           'W_ACTIVE: begin//行有效指令
88                                   sdram_cmd_r <= 'CMD_ACTIVE;
89                                   sdram_ba    <= sys_addr[23:22];
90                                   sdram_addr  <= sys_addr[21:9];
91                               end
92                           'W_READ: begin   //读操作指令
93                                   sdram_cmd_r <= 'CMD_READ;
94                                   sdram_ba    <= sys_addr[23:22];
95                                   sdram_addr  <= {4'b0000,sys_addr[8:0]};
96                               end
```

```
97                    `W_RD: begin     //突发传输终止指令
98                        if(`end_rdburst)
99                            sdram_cmd_r <= `CMD_B_STOP;
100                       else begin
101                           sdram_cmd_r <= `CMD_NOP;
102                           sdram_ba    <= 2'b11;
103                           sdram_addr  <= 13'h1fff;
104                       end
105                   end
106                   `W_WRITE: begin //写操作指令
107                       sdram_cmd_r     <= `CMD_WRITE;
108                       sdram_ba        <= sys_addr[23:22];
109                       sdram_addr      <= {4'b0000,sys_addr[8:0]};
110                   end
111                   `W_WD: begin     //突发传输终止指令
112                       if(`end_wrburst)
113                           sdram_cmd_r <= `CMD_B_STOP;
114                       else begin
115                           sdram_cmd_r <= `CMD_NOP;
116                           sdram_ba    <= 2'b11;
117                           sdram_addr  <= 13'h1fff;
118                       end
119                   end
120                   `W_PRE:begin     //预充电指令
121                       sdram_cmd_r <= `CMD_PRGE;
122                       sdram_ba    <= sys_addr[23:22];
123                       sdram_addr  <= 13'h0000;
124                   end
125                   `W_AR: begin     //自动刷新指令
126                       sdram_cmd_r <= `CMD_A_REF;
127                       sdram_ba    <= 2'b11;
128                       sdram_addr  <= 13'h1fff;
129                   end
130                   default: begin
131                       sdram_cmd_r <= `CMD_NOP;
132                       sdram_ba    <= 2'b11;
133                       sdram_addr  <= 13'h1fff;
134                   end
135               endcase
136           default: begin
137               sdram_cmd_r             <= `CMD_NOP;
138               sdram_ba                <= 2'b11;
139               sdram_addr              <= 13'h1fff;
140           end
141       endcase
142 end
143
144 endmodule
```

SDRAM 命令控制模块根据状态控制模块里初始化状态机和工作状态机的状态对 SDRAM 的控制信号线及地址线进行赋值，发送相应的操作命令。SDRAM 的操作命

令是 sdram_cke、sdram_cs_n、sdram_ras_n、sdram_cas_n、sdram_we_n 等控制信号的组合，不同的数值代表不同的指令。W9825G6DH－6 不同的操作命令与其对应的各信号的数值如表 20.4.1 所列(其中字母 H 代表高电平，L 代表低电平，V 代表有效，X 代表不关心)。

表 20.4.1 SDRAM 操作指令

命　令	设备状态	CKEn－1	CKEn	DQM	BS0，BS1	A10	A0～A9 A11，A12	$\overline{CS}$	$\overline{RAS}$	$\overline{CAS}$	$\overline{WE}$
Bank 激活	空闲	H	X	X	V	V	V	L	L	H	H
Bank 预充电	任意	H	X	X	V	L	X	L	L	H	L
全部预充电	任意	H	X	X	X	H	X	L	L	H	L
写	激活	H	X	X	V	L	V	L	H	L	L
写(自动预充电)	激活	H	X	X	V	H	V	L	H	L	L
读	激活	H	X	X	V	L	V	L	H	L	H
读(自动预充电)	激活	H	X	X	V	H	V	L	H	L	H
模式寄存器设置	空闲	H	X	X	V	V	V	L	L	L	L
无操作	任意	H	X	X	X	X	X	L	H	H	H
停止突发	激活	H	X	X	X	X	X	L	H	H	L
取消选择	任意	H	X	X	X	X	X	H	X	X	X
自动刷新	空闲	H	H	X	X	X	X	L	L	L	H
进行自刷新	空闲	H	L	X	X	X	X	L	L	L	H
退出自刷新	空闲	L	H	X	X	X	X	H	X	X	X
	(S.R.)	L	H	X	X	X	X	L	H	H	X
进入时钟暂停模式	激活	H	L	X	X	X	X	X	X	X	X
进入电源休眠模式	空闲	H	L	X	X	X	X	H	X	X	X
	激活	H	L	X	X	X	X	L	H	H	X
退出时钟暂停模式	激活	L	H	X	X	X	X	X	X	X	X
退出电源休眠模式	任意	L	H	X	X	X	X	H	X	X	X
	(休眠)	L	H	X	X	X	X	L	H	H	X
使能数据输出	激活	H	X	L	X	X	X	X	X	X	X
取消使能数据输出	激活	H	X	H	X	X	X	X	X	X	X

SDRAM 数据读/写模块代码如下：

```
1  module sdram_data(
2      input               clk,                //系统时钟
3      input               rst_n,              //低电平复位信号
4
5      input     [15:0]    sdram_data_in,      //写入 SDRAM 中的数据
6      output    [15:0]    sdram_data_out,     //从 SDRAM 中读取的数据
7      input     [ 3:0]    work_state,         //SDRAM 工作状态寄存器
8      input     [ 9:0]    cnt_clk,            //时钟计数
9
10     inout     [15:0]    sdram_data          //SDRAM 数据总线
```

```
11     );
12
13 `include "sdram_para.v"                        //包含 SDRAM 参数定义模块
14
15 //reg define
16 reg         sdram_out_en;                      //SDRAM 数据总线输出使能
17 reg [15:0]  sdram_din_r;                       //寄存写入 SDRAM 中的数据
18 reg [15:0]  sdram_dout_r;                      //寄存从 SDRAM 中读取的数据
19
20 //*****************************************************
21 //**                    main code
22 //*****************************************************
23
24 //SDRAM 双向数据线作为输入时保持高阻态
25 assign sdram_data = sdram_out_en ? sdram_din_r : 16'hzzzz;
26
27 //输出 SDRAM 中读取的数据
28 assign sdram_data_out = sdram_dout_r;
29
30 //SDRAM 数据总线输出使能
31 always @ (posedge clk or negedge rst_n) begin
32   if(!rst_n)
33        sdram_out_en <= 1'b0;
34    else if((work_state == `W_WRITE) | (work_state == `W_WD))
35        sdram_out_en <= 1'b1;              //向 SDRAM 中写数据时,输出使能拉高
36    else
37        sdram_out_en <= 1'b0;
38 end
39
40 //将待写入数据送到 SDRAM 数据总线上
41 always @ (posedge clk or negedge rst_n) begin
42   if(!rst_n)
43         sdram_din_r <= 16'd0;
44   else if((work_state == `W_WRITE) | (work_state == `W_WD))
45         sdram_din_r <= sdram_data_in;     //寄存写入 SDRAM 中的数据
46 end
47
48 //读数据时,寄存 SDRAM 数据线上的数据
49 always @ (posedge clk or negedge rst_n) begin
50   if(!rst_n)
51         sdram_dout_r <= 16'd0;
52   else if(work_state == `W_RD)
53         sdram_dout_r <= sdram_data;       //寄存从 SDRAM 中读取的数据
54 end
55
56 endmodule
```

SDRAM 数据读/写模块通过数据总线输出使能信号 sdram_out_en 控制 SDRAM 双向数据总线的输入/输出,如程序第 25 行所示。同时根据工作状态机的状态,在写数据时将写入 SDRAM 中的数据送到 SDRAM 数据总线上,在读数据时寄存 SDRAM 数

据总线上的数据。

图 20.4.7 为 SDRAM 读/写测试程序运行时 SignalTap 抓取的波形图,图中包含了一个完整的读周期,其中 rd_valid 为低时读数据无效,rd_valid 为高时 error_flag 一直保持低电平,说明数据读/写测试正确。

图 20.4.7 SignalTap 波形图

完成 SDRAM 初始化后可对其进行仿真验证,利用 SDRAM 仿真模型和设计 testbench 文件可对设计的 SDRAM 初始化模块进行正确性验证。仿真需要用到是 sim 文件夹中的 sdr.v 和 sdr_parameters.h 两个文件,其中 sdr_parameters.h 文件主要是包含 SDRAM 模型的一些全局化参数和宏定义。

20.5 下载验证

将下载器一端连计算机,另一端与开发板上对应端口连接,最后连接电源线并打开电源开关。

接下来打开本次实验工程,并将.sof 文件下载到开发板中。下载完成后开发板上最右侧的 LED 灯常亮,说明从 SDRAM 读出的 1 024 个数据与写入的数据相同,SDRAM 读/写测试程序下载验证成功。

实验结果如图 20.5.1 所示。

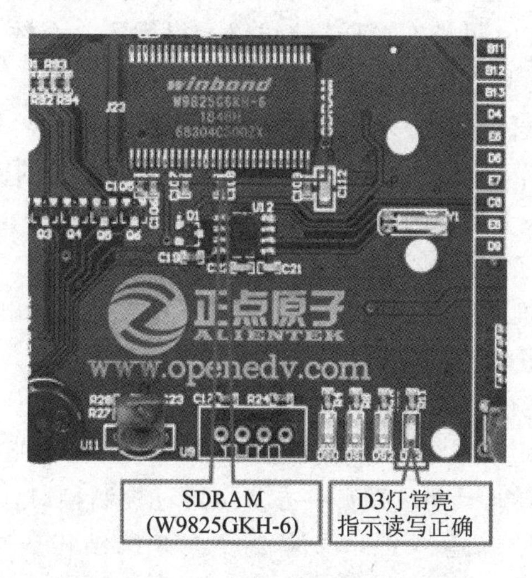

图 20.5.1 SDRAM 读/写测试实验结果

第21章

录音机实验

WM8978是一个低功耗、高质量的立体声多媒体数字信号编译码器，它结合了一个高质量的立体声音频DAC和ADC，带有灵活的音频线输入、麦克风输入和音频输出处理。其主要应用于便携式应用，可以应用于可携式数码摄像机或数码相机等设备。本章将使用开拓者FPGA开发板上的WM8978实现录音的功能。

21.1 WM8978简介

WM8978是欧胜(Wolfson)推出的一款全功能音频处理器。它带有一个HI-FI级数字信号处理内核，支持增强3D硬件环绕音效，以及5频段的硬件均衡器，可以有效改善音质。

WM8978具有高级的片上数字信号处理功能，包含一个5路均衡功能，一个用于ADC和麦克风或者线路输入之间的混合信号的电平自动控制功能，一个纯粹的录音或者重放的数字限幅功能。另外在ADC的线路上提供了一个数字滤波的功能，可以更好地应用滤波，比如“减少风噪”。

WM8978集成了立体声差分麦克风的前置放大与扬声器、耳机和差分、立体声线输出的驱动，减少了应用时必需的外部组件，比如不需要单独的麦克风或者耳机的放大器。WM8978提供了一个强悍的扬声器功放，可提供高达900 mW的高质量音响效果扬声器功率，一个数字回放限制器可防止扬声器声音过载。WM8978进一步提升了耳机放大器输出功率，在推动16 Ω耳机的时候，每个声道最大输出功率高达40 mW！可以连接市面上绝大多数适合随身听的高端HI-FI耳机。

WM8978整体功能模块的框图如图21.1.1所示。

WM8978可通过I^2S或PCM音频接口(I^2S/PCM AUDIO INTERFACE)与FPGA进行音频数据传输，具体应用哪种方式可通过控制接口(Control Interface)配置相应的寄存器。控制接口是一个可选的2线或3线结构。通过MODE引脚选择(MODE引脚接高电平时为3线接口模式、低电平时为2线接口模式)，当控制接口为2线接口模式时，其时序图如图21.1.2所示。

由图21.1.2可见，其时序图与I^2C时序相同。此时SCLK为串行时钟线、SDIN为串行数据线，WM8978芯片的器件地址固定为0011010b。本次实验我们使用的是两线

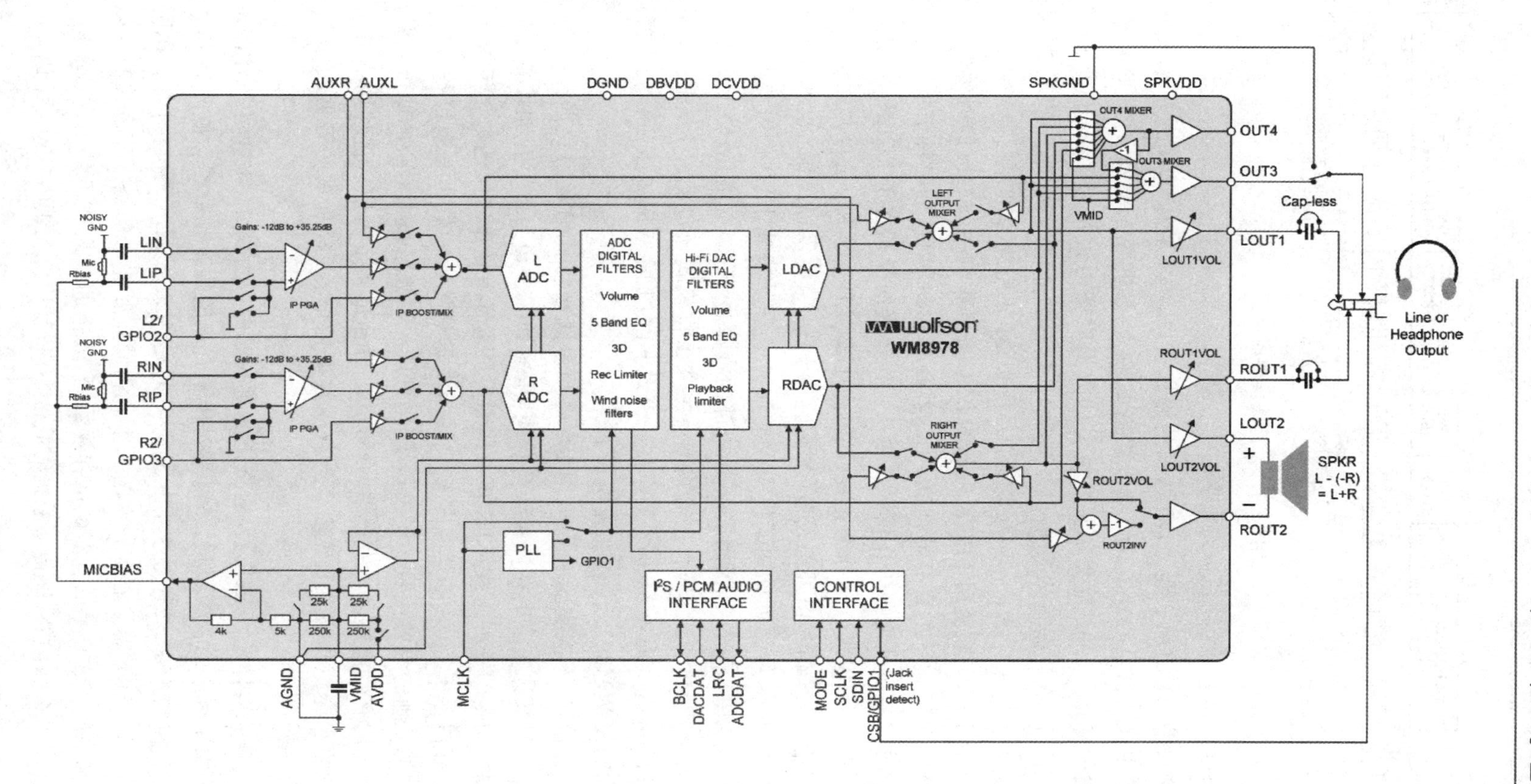

图21.1.1　WM8978整体功能框图

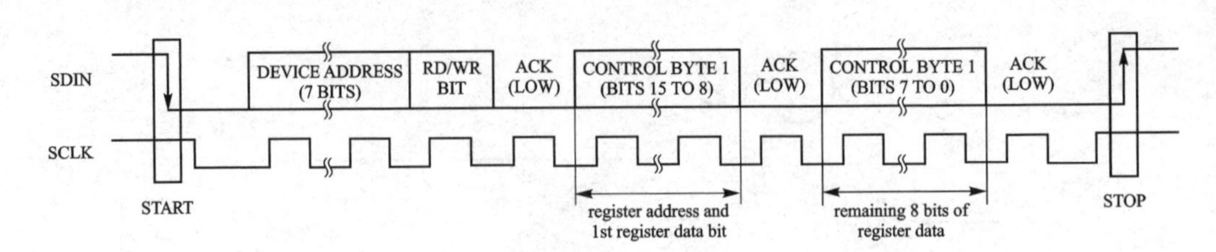

图 21.1.2 两线接口时序图

的控制接口。

音频接口的 ADCDAT 为 ADC 数据的输出接口，本实验中 WM8978 通过此接口输出音频给 FPGA，DACDAT 为 DAC 数据的输入接口，WM8978 通过此接口接收 FPGA 输出的音频。LRC 为音频左右声道的数据对齐时钟信号，BCLK 即 Bit Clock（位时钟），用于同步数据输入和输出。MCLK 为主时钟输入接口，MCLK 的频率为 $256f_s$，f_s 为音频的采样率，一般为 48 kHz，所以 MCLK 为 256×48＝12 288 kHz＝12.288 MHz。我们一般使用 FPGA 内部的 PLL 分频得到 12 MHz 的时钟信号，然后通过配置 WM8978 内部的寄存器使其 PLL 输出 12.288 MHz 的时钟信号。

WM8978 支持主从两种工作模式。主从工作模式的区别在于 BCLK 和 LRC 由谁控制。在主模式下，WM8978 作为主控设备，产生 BCLK 和 LRC 信号并输出。在从模式下，BCLK 和 LRC 信号由外部设备（本实验指 FPGA）提供，WM8978 作为从设备接收 BCLK 和 LRC 信号。可见如果使 WM8978 工作在从模式下，我们需要通过 FPGA 产生 BCLK 和 LRC 信号，既浪费 FPGA 内部的资源也浪费（空闲）WM8978 本身的资源，所以一般使 WM8978 工作在主模式下。主从工作模式通过配置 R6 寄存器的 bit0 位来设置，bit0 位为 0 时 WM8978 工作在从模式下，为 1 时 WM8978 工作在主模式下，本次实验我们使 WM8978 工作在主模式下。

对于音频接口，本次实验我们采用 I^2S 音频总线接口传输音频数据。I^2S（Inter－IC Sound）总线，又称集成电路内置音频总线，是飞利浦公司为数字音频设备之间的音频数据传输而制定的一种总线标准，该总线专门负责音频设备之间的数据传输，广泛应用于各种多媒体系统。I^2S 的优点是接收端与发送端的音频数据有效位数可以不同。如果接收端能处理的有效位数少于发送端，则可以放弃数据帧中多余的低位数据；如果接收端能处理的有效位数多于发送端，则可以自行补足剩余的位。这种同步机制使数字音频设备的互连更加方便，而且不会造成数据错位。I^2S 总线的音频传输格式如图 21.1.3 所示。

f_s 为音频的采样率，LRC 为左右声道的对齐时钟。由图 21.1.3 可知，当 LRC 为低电平时传输左声道的音频数据，高电平时传输右声道的音频数据。位时钟 BCLK 的频率＝2×采样频率×采样位数，由于使用的是主模式，LRC 和位时钟 BCLK 由 WM8978 提供，所以无需关心其频率的大小。我们需要注意的是 I^2S 格式的音频信号 DACDAT 和 ADCDAT 无论有多少位有效数据，数据的最高位总是出现在 LRC 变化后的第 2 个 BCLK 脉冲处，即传输数据时高位在前，且该位在 LRC 变化后 BCLK 的第

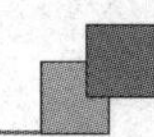

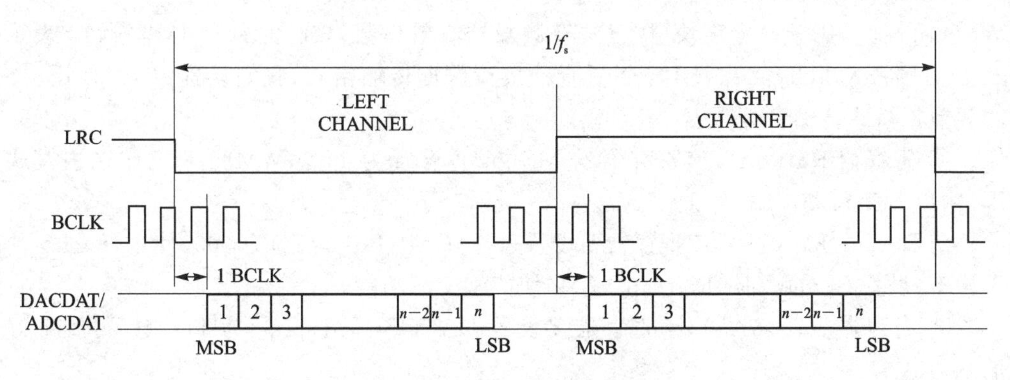

图 21.1.3　I²S总线音频传输格式

2个上升沿采样到。

图21.1.1中的LIP(LIN)、RIP(RIN)分别为左麦克风前置放大同相(反相)输入和右麦克风前置放大同相(反相)输入,L2/GPIO2和R2/GPIO3分别为左通道线输入/GPIO引脚和右通道线输入/GPIO引脚,AUXL和AUXR为左右辅助输入。LOUT1和ROUT1为耳机的左右输出,LOUT2为第二左输出或者BTL扬声器反相输出,ROUT2为第二右输出或者BTL扬声器同相输出。

由图21.1.1可见输入到输出的通道通过一个个开关控制,每个开关由相应的寄存器控制,配置相应的寄存器就可打开相应的通道,使能相应的功能。

WM8978内部有58个寄存器,每个寄存器的地址位为7位,数据位为9位,可通过控制接口配置相应的寄存器以打开相应的通道或使能相应的功能。录音功能配置的完整寄存器如下:

① 寄存器R0(00h),该寄存器用于控制WM8978的软复位,写任意值到该寄存器地址,即可实现WM8978的软复位。

② 寄存器R1(01h),该寄存器需要设置VMIDSEL(bit[1:0])为2'b11,开启最快启动;BUFIOEN(bit2)为1,避免输入/输出直接在WM8978内部环回;只有BIASEN(bit3)为1时,模拟部分的放大器才会工作,才可以听到声音;MICBEN(bit4)设置为1,使能MIC功能以实现录音;PLLEN(bit5)为1,使能WM8978内部PLL功能,使WM8978内部的主时钟为12.288 MHz。

③ 寄存器R2(02h),该寄存器需要设置ROUT1EN(bit8)、LOUT1EN(bit7)为1,使能耳机输出;INPPGAENL(bit2)、INPPGAENR(bit3)为1,使能左右声道进入PGA;ADCENR(bit1)、ADCENL(bit0)为1,使能左右声道的ADC功能。

④ 寄存器R3(03h),该寄存器要设置LOUT2EN(bit6)、ROUT2EN(bit5)、RMIXER(bit3)、LMIXER(bit2)、DACENR(bit1)和DACENL(bit0)6个位为1。LOUT2EN和ROUT2EN,设置为1,使能喇叭输出;LMIXER和RMIXER设置为1,使能左右声道混合器;DACENL和DACENR为1使能左右声道的DAC,使数字音频信号转换为模拟音频信号。

⑤ 寄存器R4(04h),该寄存器要设置WL(bit[6:5])和FMT(bit [4:3]) 4个位。

WL(bit[6:5])用于设置字长(即设置音频数据有效位数),00 表示 16 位音频,10 表示 24 位音频;FMT(bit[4:3])用于设置音频接口数据传输格式,我们设置为 10,使用 I^2S 音频数据格式传输音频数据。

⑥ 寄存器 R6(06h),该寄存器的 MS(bit0)设置为 1,使 WM8978 工作在主模式下,输出 BCLK 和 LRC 给 FPGA。

⑦ 寄存器 R7(07h),该寄存器要设置采样率 SR(bit[3:1])为 000,使用48 kHz 的采样率;设置 SLOWCLKEN(bit0)为 1,使能零交叉功能。

⑧ 寄存器 R10(0Ah),该寄存器要设置 DACOSR128(bit3)为 1,DAC 得到最好的 SNR。

⑨ 寄存器 R14(0Eh),该寄存器要设置 ADCOSR128(bit3)为 1, ADC 得到最好的 SNR。

⑩ 寄存器 R43(2Bh),该寄存器只需要设置 INVROUT2(bit4)为 1 即可,反转 ROUT2 输出,更好地驱动喇叭。

⑪ 寄存器 R44(2Ch),该寄存器按照默认设置即可。

⑫ 寄存器 R45(2Dh)和 R46(2Eh),这两个寄存器设置类似,一个用于设置左声道输入 PGA 的音量(bit[5:0]),一个用于设置右声道输入 PGA 的音量(bit[5:0]);并都使能零交叉(bit7)。

⑬ 寄存器 R47(2Fh)和 R48(30h),这两个寄存器设置类似,都设置 PGABOOSTL (bit8),使输入 PGA 增益达到最大。

⑭ 寄存器 R49(31h),该寄存器要设置 SPKBOOST(bit2)和 TSDEN(bit1)这两个位。SPKBOOST 用于设置喇叭的增益,我们设置为 1(gain=+1.5)以获得更大的声音;TSDEN 用于设置过热保护,设置为 1(开启)即可。

⑮ 寄存器 R50(32h)和 R51(33h),这两个寄存器一个用于设置左声道(R50),另外一个用于设置右声道(R51)。我们只需要设置这两个寄存器的最低位为 1 即可,只有将左右声道的 DAC 输出接入左右声道混合器里面,才能从耳机/喇叭听到音乐。

⑯ 寄存器 R52(34h)和 R53(35h),这两个寄存器用于设置耳机音量,同样一个用于设置左声道(R52),另外一个用于设置右声道(R53)。这两个寄存器的最高位(HPVU)用于设置是否更新左右声道的音量,最低 6 位用于设置左右声道的音量,我们可以先设置好两个寄存器的音量值,最后设置其中一个寄存器最高位为 1,即可更新音量设置。

⑰ 寄存器 R54(36h)和 R55(37h),这两个寄存器用于设置喇叭音量,设置同 R52 和 R53 一模一样,这里就不详细介绍了。

以上,就是使用 WM8978 录音时的设置,按照以上所述,对各个寄存器进行相应的配置,即可使用 WM8978 录音了。

21.2　实验任务

本节实验任务是使用开拓者 FPGA 开发板上的 WM8978 实现录音机的功能：按下 KEY2 按键时开始录音，松开时结束录音；按下 KEY1 按键时开始播放录音（录音文件用 SDRAM 存储）。

21.3　硬件设计

开拓者开发板上音频模块 WM8978 接口部分的原理图如图 21.3.1 所示。

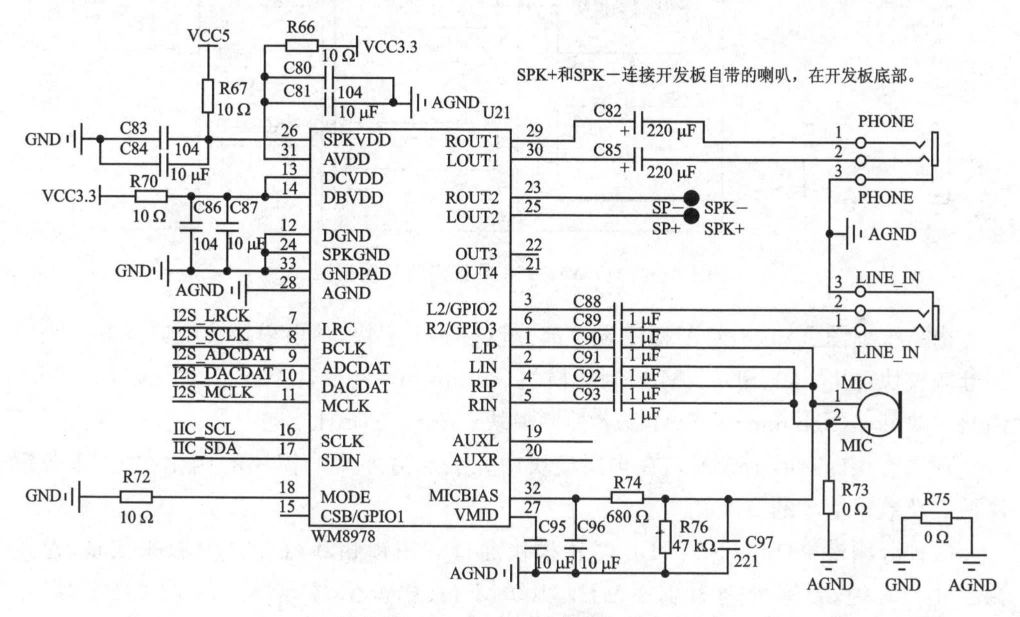

图 21.3.1　WM8978 接口原理图

WM8978 的 MODE 引脚接地，选择的是两线接口模式，等同于 I^2C 接口。L2/GPIO2 和 R2/GPIO3 作为音频输入接口（LINE_IN），外部音频从此接口输入；LOUT1 和 ROUT1 作为音频输出接口（PHONE），输出给外接耳机。LOUT2 和 ROUT2 为喇叭接口。

21.4　程序设计

根据实验任务，可以大致规划出系统的控制流程：FPGA 首先通过控制接口配置 WM8978 相关的寄存器，当按下录音键时 FPGA 接收 WM8978 传输过来的录音音频数据，并将接收到的音频数据送入 SDRAM 中临时存储，松开录音按键时结束录音；当按下回放按键时，FPGA 从 SDRAM 读取录音的音频数据，并将其传递给 WM8978 发送出去。由此画出系统的功能框图如图 21.4.1 所示。

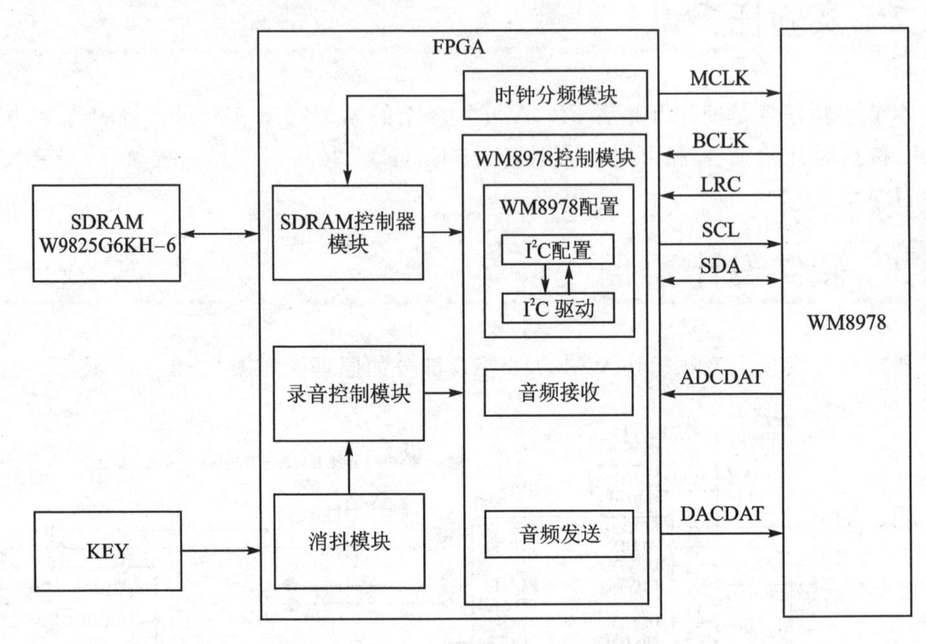

图 21.4.1 WM8978 录音实验系统框图

由系统框图可知,FPGA 程序设计部分包括 6 个模块,顶层模块(audio_record)、时钟分频模块(pll_clk)、SDRAM 控制器模块(sdram_top)、录音控制模块(record_ctrl)、消抖模块(key_debounce)、WM8978 控制模块(wm8978_ctrl)。

顶层模块(audio_record):在顶层模块中完成对另外 5 个模块的例化,并实现各模块控制及数据信号的交互。

时钟分频模块(pll_clk):PLL 时钟模块通过调用锁相环(PLL)IP 核来实现,总共输出 3 个时钟,频率分别为 100 MHz、100 MHz(相位偏移−75°)和 12 MHz 时钟。100 MHz 时钟和 100 MHz(相位偏移−75°)时钟作为 SDRAM 读/写控制模块的驱动时钟,12 MHz 时钟作为 WM8978 的主时钟。

SDRAM 控制器模块(sdram_top):SDRAM 读/写控制器模块负责驱动 SDRAM 片外存储器,缓存 WM8978 接收到的录音音频数据;该模块将 SDRAM 复杂的读/写操作封装成类似 FIFO 的用户接口,方便用户使用。有关该模块的详细介绍请大家参考“第 20 章　SDRAM 读/写测试实验”。

录音控制模块(record_ctrl):录音控制模块用于控制录音的开始与结束以及录音的回放。

消抖模块(key_debounce):按键消抖模块对输入的按键进行消抖,有关该模块的详细介绍可参考“第 8 章　按键控制蜂鸣器实验”。

WM8978 控制模块(wm8978_ctrl):WM8978 控制模块主要完成 WM8978 的配置和 WM8978 接收的录音音频数据的接收处理,以及 FPGA 发送的音频数据的发送

处理。

顶层模块的代码如下：

```
1   module audio_record(
    ……省略部分代码
32  //parameter define
33  //录音时长控制 TIME_RECORD = 48 000×2×录音时间(秒)
34  parameter       TIME_RECORD = 24'd5760000;     // 60 秒
    ……省略部分代码
104
105 //SDRAM 控制器顶层模块,封装成 FIFO 接口
106 //SDRAM 控制器地址组成:{bank_addr[1:0],row_addr[12:0],col_addr[8:0]}
107 sdram_top u_sdram_top(
108     .ref_clk            (clk_100m),             //SDRAM 控制器参考时钟
109     .out_clk            (clk_100m_shift),       //用于输出的相位偏移时钟
110     .rst_n              (rst_n    ),            //系统复位,低电平有效
111
112     //用户写端口
113     .wr_clk             (aud_bclk),             //写端口 FIFO: 写时钟
114     .wr_en              (wr_en    ),            //写端口 FIFO: 写使能
115     .wr_data            (wr_data ),             //写端口 FIFO: 写数据
116     .wr_min_addr        (24'd0    ),            //写 SDRAM 的起始地址
117     .wr_max_addr        (TIME_RECORD),          //写 SDRAM 的结束地址
118     .wr_len             (10'd512 ),             //写 SDRAM 时的数据突发长度
119     .wr_load            (wr_load ),             //写端口复位: 复位写地址,清空写 FIFO
120
121     //用户读端口
122     .rd_clk             (aud_bclk),             //读端口 FIFO: 读时钟
123     .rd_en              (rd_en    ),            //读端口 FIFO: 读使能
124     .rd_data            (rd_data ),             //读端口 FIFO: 读数据
125     .rd_min_addr        (24'd0    ),            //读 SDRAM 的起始地址
126     .rd_max_addr        (TIME_RECORD),          //读 SDRAM 的结束地址
127     .rd_len             (10'd512 ),             //从 SDRAM 中读数据时的突发长度
128     .rd_load            (neg_play_key),         //读端口复位: 复位读地址,清空读 FIFO
129
130      //用户控制端口
131     .sdram_read_valid   (1'b1      ),           //SDRAM 读使能
132     .sdram_init_done    (sdram_init_done),      //SDRAM 初始化完成标志
133
134     //SDRAM 芯片接口
    ……省略部分代码
145 );
146
147 //例化录音控制模块
148 record_ctrl #(.TIME_RECORD (TIME_RECORD)
149 ) u_record_ctrl(
150     //system clock
151     .clk                (aud_bclk   ),          //时钟信号(12 MHz)
```

```
152     .rst_n                (rst_n      ),          //复位信号
153     //SDRAM interface
154     .wr_data              (wr_data    ),          //SDRAM FIFO 接口写入数据
155     .rd_data              (rd_data    ),          //SDRAM FIFO 读出的数据
156     .wr_en                (wr_en      ),          //SDRAM FIFO 接口写入数据使能
157     .wr_load              (wr_load    ),          //写地址寄存和 FIFO 清空
158     .rd_en                (rd_en      ),          //SDRAM FIFO 接口读出数据使能
159     .sdram_init_done      (sdram_init_done),      //SDRAM 初始化完成信号
160     //user interface
161     .adc_data             (adc_data   ),          //FPGA 接收的音频数据
162     .dac_data             (dac_data   ),          //FPGA 发送的音频数据
163     .record_key           (key_value[2]),         //消抖后的 KEY0 作为录音按键
164     .play_key             (key_value[1]),         //消抖后的 KEY1 作为播放按键
165     .rx_done              (rx_done    ),          //音频数据接收完成
166     .tx_done              (tx_done    ),          //音频数据发送完成
167     .neg_play_key         (neg_play_key)          //录音键的下降沿
168 );
169
170 endmodule
```

顶层模块中主要完成对其余模块的例化。在代码的第 34 行定义了参数 TIME_RECORD,用于设置最大的录音时长,由于 WM8978 的音频采样率为 48 kHz,分左右声道,所以当设置最大录音时间为 60 s 时,TIME_RECORD 的参数值为 48 000×2×60=576 000。在代码的第 163 行和第 164 行,按键经过消抖模块后得到的 key_valut[2]和 key_valut[1]分别为录音按键和回放按键。代码的第 113 行和第 122 行,SDRAM 控制器的读/写时钟都由 WM8978 的位时钟 aud_bclk 驱动。

WM8978 控制模块的主要功能是对其内部寄存器的配置,寄存器配置部分的代码如下:

```
92  case(init_reg_cnt)
93      // R0,软复位
94      5'd0 : i2c_data <= {7'd0 ,9'b1          };
95      // R1,设置 BUFIOEN = 1,VMIDSEL[1:0]设置为:11(5K)
96      5'd1 : i2c_data <= {7'd1 ,9'b0_0000_0111};
97      // R1,MICEN 设置为 1(MIC 使能),BIASEN 设置为 1(模拟器工作),使能 PLL(bit5)
98      5'd2 : i2c_data <= {7'd1 ,9'b0_0011_1111};
99      // R2,使能 IP PGA 放大器,使能左右通道 ADC;使能 ROUT1,LOUT1
100     5'd3 : i2c_data <= {7'd2 ,9'b1_1000_1111};
101     // R4,配置 WM8978 音频接口数据为 I²S 格式,字长度(wl)
102     5'd4 : i2c_data <= {7'd4 ,{2'd0,wl,5'b10000}};
103     // R6,设置为 MASTER MODE(BCLK 和 LRC 输出)
104     5'd5 : i2c_data <= {7'd6 ,9'b0_0000_0001};
105     // R7,使能 slow clock 使用零交叉
106     5'd6 : i2c_data <= {7'd7 ,9'b0_0000_0001};
107     // R10,SOFTMUTE 关闭,128x 采样,最佳 SNR
108     5'd7 : i2c_data <= {7'd10,9'b0_0000_1000};
109     // R14,设置 ADC 过采样率为 128x,以达到最好的性能
110     5'd8 : i2c_data <= {7'd14,9'b0_0000_1000};
111     // R43,INVROUT2 反向,驱动喇叭
```

```
112     5'd9 : i2c_data <= {7'd43,9'b0_0001_0000};
113     // R44,设置 L\RIP2INPPGA、L\RIN2INPPGA 位,将左右通道差分输入接入 INPGA
114     5'd10: i2c_data <= {7'd44,9'b0_0011_0011};
115     // R45,左声道输入 PGA 音量(调节麦克风增益)控制并使能零交叉 bit7
116     5'd11: i2c_data <= {7'd45,9'b0_1011_1111};
117     // R46,右声道输入 PGA 音量(调节麦克风增益)控制并使能零交叉 bit7
118     5'd12: i2c_data <= {7'd46,9'b1_1011_1111};
119     // R47,左通道输入增益控制
120     5'd13: i2c_data <= {7'd47,9'b1_0000_0000};
121     // R48,右通道输入增益控制
122     5'd14: i2c_data <= {7'd48,9'b1_0000_0000};
123     // R49,TSDEN(bit0),开启过热保护;SPKBOOST(bit2)1.5 倍增益
124     5'd15: i2c_data <= {7'd49,9'b0_0000_0110};
125     // R50,选择左 DAC 输出至左输出混合器
126     5'd16: i2c_data <= {7'd50,9'b1            };
127     // R51,选择右 DAC 输出至右输出混合器
128     5'd17: i2c_data <= {7'd51,9'b1            };
129     // R52,耳机左声道音量设置(bit5:0),使能零交叉(bit7)
130     5'd18: i2c_data <= {7'd52,{3'b010,PHONE_VOLUME}};
131     // R53,耳机右声道音量设置(bit5:0),使能零交叉(bit7),同步更新(HPVU=1)
132     5'd19: i2c_data <= {7'd53,{3'b110,PHONE_VOLUME}};
133     // R54,喇叭左声道音量设置(bit5:0),使能零交叉(bit7)
134     5'd20: i2c_data <= {7'd54,{3'b010,SPEAK_VOLUME}};
135     // R55,喇叭右声道音量设置(bit5:0),使能零交叉(bit7),同步更新(SPKVU=1)
136     5'd21: i2c_data <= {7'd55,{3'b110,SPEAK_VOLUME}};
137     // R3,LOUT2,ROUT2 输出使能(喇叭工作),RMIX,LMIX,DACENR、DACENL 使能
138     5'd22: i2c_data <= {7'd3 ,9'b0_0110_1111};
139     default : ;
140 endcase
```

录音控制模块代码如下:

```
1   module record_ctrl #(
    ……省略部分代码
99  //回放录音控制
100 always @(posedge clk or negedge rst_n) begin
101     if(!rst_n) begin
102         play <= 1'b0;
103     end
104     else if(neg_play_key == 1'b1)
105         play <= 1'b1;
106     else if(record_key == 1'b0)
107         play <= 1'b0;
108     else if(rd_cnt == time_cnt)
109         play <= 1'b0;
110 end
111
112 //SDRAM FIFO 接口写入音频数据
113 always @(posedge clk or negedge rst_n) begin
114     if(rst_n == 1'b0) begin
115         wr_en    <=  1'b0;
116         wr_cnt   <= 24'd0;
117         wr_data  <= 16'd0;
```

```
118             time_cnt <= 24'd0;
119         end
120         else if(sdram_init_done_d1 && record_key == 1'b0) begin
121             if(pos_rx && wr_cnt  <TIME_RECORD) begin
122                 wr_en    <= 1'b1;
123                 wr_cnt   <= wr_cnt + 1'b1 ;
124                 wr_data  <= adc_data[15:0];
125                 time_cnt <= wr_cnt;
126             end
127             else
128                 wr_en <= 1'b0;
129         end
130         else begin
131             wr_en   <= 1'b0;
132             wr_cnt  <= 24'd0;
133         end
134 end
135
136 //SDRAM FIFO 接口使能读取音频数据
137 always @(posedge clk or negedge rst_n) begin
138     if(rst_n == 1'b0) begin
139         rd_en     <=  1'b0;
140         rd_cnt    <= 24'd0;
141     end
142     else if(play == 1'b1) begin
143         if(pos_tx && rd_cnt <= time_cnt) begin
144             rd_en   <= 1'b1;
145             rd_cnt <= rd_cnt + 1'b1   ;
146         end
147         else
148             rd_en <= 1'b0;
149     end
150     else begin
151         rd_en   <=  1'b0;
152         rd_cnt <= 24'd0;
153     end
154 end
155
156 //SDRAM FIFO 接口读取音频数据
157 always @(posedge clk or negedge rst_n) begin
158     if(!rst_n) begin
159         dac_data <= 32'd0;
160     end
161     else if(rd_en == 1'b1)
162         dac_data[15:0] <= rd_data;
163     else if(play == 1'b0)
164         dac_data <= 32'd0;
165 end
166
167 endmodule
```

代码的第 100 行的 always 语句块用于回放录音的控制，当采样到回放按键 play_key 的下降沿时，开始回放录音，在回放录音的过程中当检测到录音按键按下时或回放

到录音的时长时结束播放。代码第 113 行的 always 语句块用于控制 SDRAM FIFO 接口写入音频数据，录音按键按下时，若检测到音频接收完成信号 rx_done 的上升沿、SDRAM 初始化完成并且录音时长在设定的参数范围内，就使能录音的音频数据写入 SDRAM FIFO 中，否则不使能；录音按键释放时，停止接收音频数据。代码第 137 行和第 157 行的 always 语句块用于控制 SDRAM FIFO 接口读取音频数据，当按下回放按键时，使能读取操作，否则不使能，回放按键释放时停止读取。

图 21.4.2 是录音控制模块按下录音按键 record_key 时 SignalTap 抓取的波形图，当按下录音按键 record_key 时 wr_cnt 开始计数，接收到的音频数据 adc_data 写入 SDRAM FIFO 的数据接口。

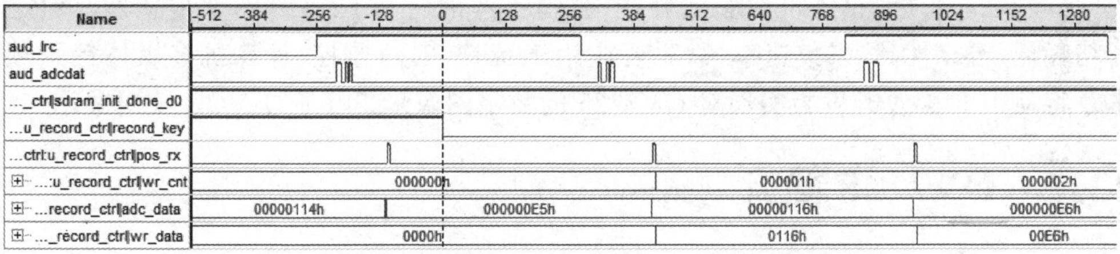

图 21.4.2　按下录音按键 record_key 时 SignalTap 抓取的波形图

21.5　下载验证

将下载器一端连计算机，另一端与开发板上 JTAG 口连接。然后将耳机连接至 WM8978 的 PHONE 接口，最后连接电源线并打开电源开关。

开拓者开发板实物图如图 21.5.1 所示。

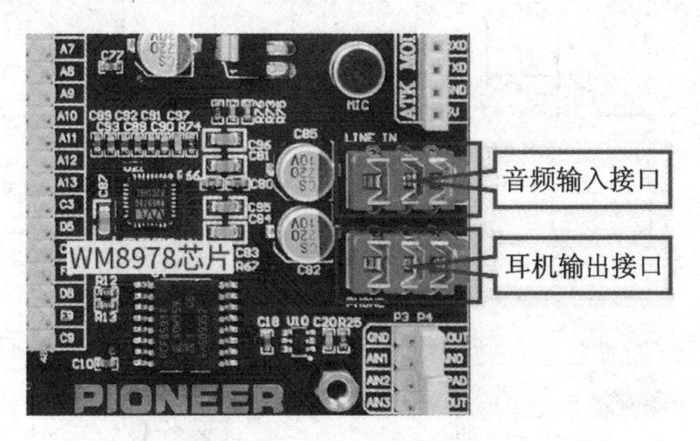

图 21.5.1　开发板实物图

接下来打开本次实验工程，并将.sof 文件下载到开发板中。下载完成后按下开拓者开发板上的 KEY0 按键不放，这时开始录音；当录音结束时，松开 KEY0 按键，按下 KEY1 按键时听到喇叭播放录音，戴上耳机，也能听到播放录音，说明录音机实验下载验证成功。

第 22 章

OV7725 摄像头 VGA 显示实验

OV7725 是 OmniVision(豪威科技)公司生产的一颗 CMOS 图像传感器,该传感器功耗低、可靠性高、采集速率快,主要应用于玩具、安防监控、计算机多媒体等领域。本章将使用 FPGA 开发板实现对 OV7725 的数字图像采集并通过 VGA 实时显示。

22.1 OV7725 简介

OV7725 是一款 1/4 in 单芯片图像传感器,其感光阵列达到 640×480,能实现最快 60 fps VGA 分辨率的图像采集。传感器内部集成了图像处理的功能,包括自动曝光控制(AEC)、自动增益控制(AGC)和自动白平衡(AWB)等。同时传感器具有较高的感光灵敏度,适合低照度的应用,图 22.1.1 为 OV7725 的功能框图。

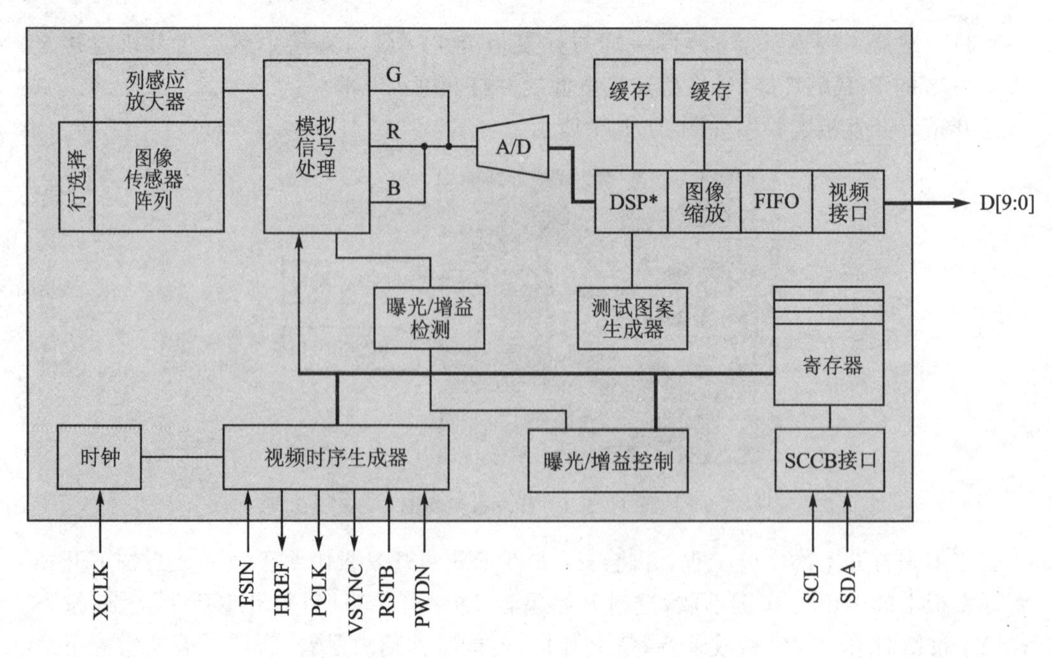

图 22.1.1 OV7725 功能框图

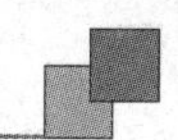

由图22.1.1可知,感光阵列(Image Array)在XCLK时钟的驱动下进行图像采样,输出640×480阵列的模拟数据;接着模拟信号处理器在时序发生器(Video Timing Generator)的控制下对模拟数据进行算法处理(Analog Processing);模拟数据处理完成后分成G(绿色)和R/B(红色/蓝色)两路通道经过A/D转换器后转换成数字信号,并且通过DSP进行相关图像处理,最终输出所配置格式的10位视频数据流。模拟信号处理以及DSP等都可以通过寄存器(Registers)来配置,配置寄存器的接口就是SCCB接口,该接口协议兼容I^2C协议。

SCCB(Serial Camera Control Bus,串行摄像头控制总线)是由OV(OmniVision的简称)公司定义和发展的三线式串行总线,该总线控制着摄像头大部分的功能,包括图像数据格式、分辨率以及图像处理参数等。OV公司为了减少传感器引脚的封装,现在SCCB总线大多采用两线式接口总线。

OV7725使用的是两线式接口总线,该接口总线包括SIO_C串行时钟输入线和SIO_D串行双向数据线,分别相当于I^2C协议的SCL信号线和SDA信号线。我们在前面提到过SCCB协议兼容I^2C协议,是因为SCCB协议和I^2C协议非常相似,有关I^2C协议的详细介绍请大家参考“第18章 EEPROM读/写实验”。

SCCB的写传输协议如图22.1.2所示。

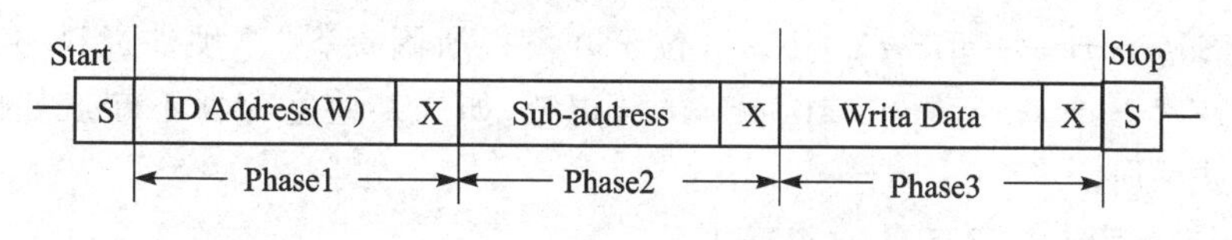

图22.1.2 SCCB写传输协议

图22.1.2中的ID ADDRESS是由7位器件地址和1位读/写控制位构成的(0:写,1:读),OV7725的器件地址为7'h21,所以在写传输协议中,ID Address(W)=8'h42(器件地址左移1位,低位补0);Sub-address为8位寄存器地址,在OV7725的数据手册中定义了0x00～0xAC共173个寄存器,这些寄存器有些是可改写的,有些是只读的,只有可改写的寄存器才能正确写入;Write Data为8位写数据,每一个寄存器地址对应8位的配置数据。图22.1.2中的第9位X表示Don't Care(不必关心位),该位是由从机(此处指OV7725)发出应答信号来响应主机表示当前ID Address、Sub-address和Write Data是否传输完成,但是从机有可能不发出应答信号,因此主机(此处指FPGA)可不用判断此处是否有应答,直接默认当前传输完成即可。

由此可以发现,SCCB和I^2C写传输协议是极为相似的,只是在SCCB写传输协议中,第9位为不必关心位,而I^2C写传输协议为应答位。SCCB的读传输协议和I^2C有些差异,在I^2C读传输协议中,写完寄存器地址后会有restart即重复开始的操作;而SCCB读传输协议中没有重复开始的概念,在写完寄存器地址后,发起总线停止信号,图22.1.3为SCCB的读传输协议。

由图22.1.3可知,SCCB读传输协议分为两个部分:第一部分是写器件地址和寄存器地址,即先进行一次虚写操作,通过这种虚写操作使地址指针指向虚写操作中寄存

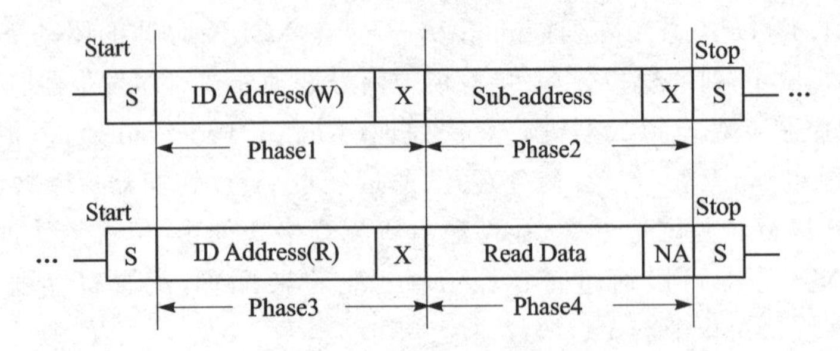

图 22.1.3　SCCB 读传输协议

器地址的位置，当然虚写操作也可以通过前面介绍的写传输协议来完成；第二部分是读器件地址和读数据，此时读取到的数据才是寄存器地址对应的数据，注意，ID Address (R) = 8'h43(器件地址左移 1 位，低位补 1)。图 22.1.3 中的 NA 位由主机(这里指 FPGA)产生，由于 SCCB 总线不支持连续读/写，因此 NA 位必须为高电平。

在 OV7725 正常工作前，必须先对传感器进行初始化，即通过配置寄存器使其工作在预期的工作模式，以及得到较好画质的图像。因为 SCCB 的写传输协议和 I^2C 几乎相同，因此可以直接使用 I^2C 的驱动程序来配置摄像头。当然这么多寄存器也并非都需要配置，很多寄存器可以采用默认的值。OV 公司提供了 OV7725 的软件使用手册(*OV7725 Software Application Note*，位于开发板所附资料"7_硬件资料/6_OV7725 资料/OV7725 Software Application Note.pdf")，如果某些寄存器不知道如何配置则可以参考此手册。

图 22.1.4 为 OV7725 的一些特性。

输入（PWDN，CLK，RESET#）					
f_{CLK}	Input clock frequency	10	24	48	MHz
t_{CLK}	Input clock period	21	42	100	ns
$t_{CLK:DC}$	Clock duty cycle	45	50	55	%
$t_{S:RESET}$	Setting time after software/hardware reset			1	ms
$t_{S:REG}$	Settling time for register change (10 frames required)			300	ms
SCCB时序					
f_{SCL}	Clock frequency			400	kHz

图 22.1.4　OV7725 的特性

从图 22.1.4 可以看出，OV7725 的输入时钟频率的范围是 10～48 MHz；SCCB 总线的 SIO_C 时钟频率最大为 400 kHz；配置寄存器软件复位(寄存器地址 0x12 Bit[7]位)和硬件复位(cam_rst_n 引脚)后需要等待最长 1 ms 才能配置其他寄存器；每次配置完寄存器后，需要最长 300 ms 时间的延迟，也就是 10 帧图像输出的时间才能输出稳定的视频流。

OV7725 支持多种不同分辨率图像的输出，包括 VGA(640×480)、QVGA(320×240)以及 CIF(一种常用的标准化图像格式，分辨率为 352×288)到 40×30 等任意尺

寸，可通过寄存器地址 0x12（COM7）、0x17（HSTART）、0x18（HSIZE）、0x19（VSTRT）、0x1A（VSIZE）、0x32（HREF）、0x29（HoutSize）、0x2C（VOutSize）、0x2A（EXHCH）来配置输出图像的分辨率。

OV7725 支持多种不同的数据像素格式，包括 YUV（亮度参量和色度参量分开表示的像素格式）、RGB（其中 RGB 格式包含 RGB565、RGB555 等）以及 8 位的 RAW（原始图像数据）和 10 位的 RAW，通过寄存器地址 0x12（COM7）配置不同的数据像素格式。

由于摄像头采集的图像最终要通过 VGA 接口在显示器上显示，且开拓者开发板上的 VGA 接口为 RGB565 格式（详情请参考“第 14 章　VGA 彩条显示实验”），因此我们将 OV7725 摄像头输出的图像像素数据配置成 RGB565 格式。本次实验采用 OV7725 支持的最大分辨率为 640×480，图 22.1.5 为摄像头输出的 VGA 帧模式时序图。

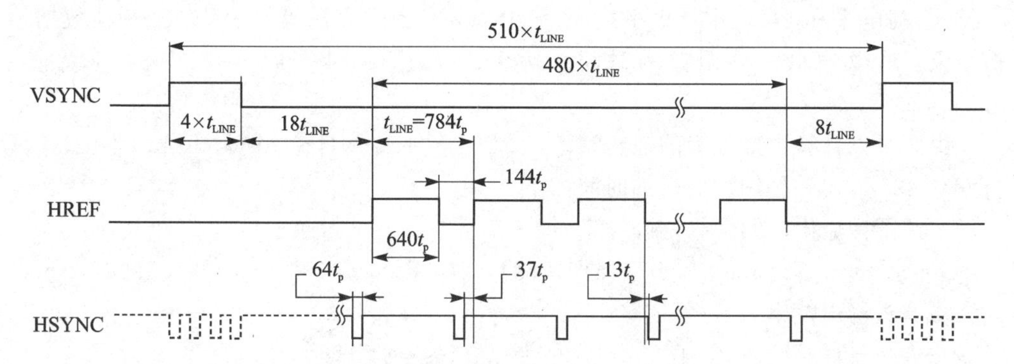

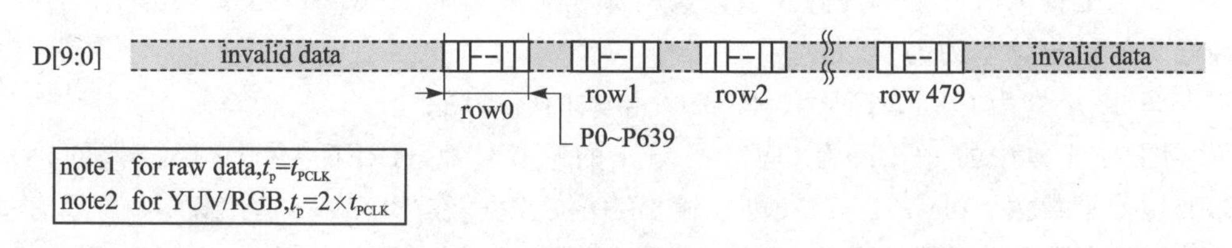

图 22.1.5　VGA 帧模式输出时序图

在介绍时序图之前先了解几个基本的概念。

VSYNC：场同步信号，由摄像头输出，用于标志一帧数据的开始与结束。图 22.1.5 中 VSYNC 的高电平作为一帧的同步信号，在低电平时输出的数据有效。需要注意的是场同步信号是可以通过设置寄存器 0x15 Bit[1]位进行取反的，即低电平同步高电平有效，本次实验使用的是和图 22.1.5 一致的默认设置。

HREF/HSYNC：行同步信号，由摄像头输出，用于标志一行数据的开始与结束。图 22.1.5 中的 HREF 和 HSYNC 是由同一引脚输出的，只是数据的同步方式不一样。本次实验使用的是 HREF 格式输出，当 HREF 为高电平时，图像输出有效，可以通过寄存器 0x15 Bit[6]进行配置。

D[9:0]:数据信号,由摄像头输出,在 RGB 格式输出中,只有高 8 位 D[9:2]是有效的。

t_{PCLK}:一个像素时钟周期。

t_p:单个数据周期,这里需要注意的是图 22.1.5 中左下角方框标注的部分,在 RGB 模式中,t_p 代表两个 t_{PCLK}(像素时钟)。以 RGB565 数据格式为例,RGB565 采用 16 bit 数据表示一个像素点,而 OV7725 在一个像素周期(t_{PCLK})内只能传输 8 bit 数据,因此需要两个时钟周期才能输出一个 RGB565 数据。

t_{LINE}:摄像头输出一行数据的时间,共 784 个 t_p,包含 $640t_p$ 个高电平和 $144t_p$ 个低电平,其中 $640t_p$ 为有效像素数据输出的时间。以 RGB565 数据格式为例,$640t_p$ 实际上是 640×2=1 280 个 t_{PCLK}。

由图 22.1.5 可知,VSYNC 的上升沿作为一帧的开始,高电平同步脉冲的时间为 $4\times t_{LINE}$,紧接着等待 $18\times t_{LINE}$ 时间后,HREF 开始拉高,此时输出有效数据;HREF 由 $640t_p$ 个高电平和 $144t_p$ 个低电平构成;输出 480 行数据之后等待 $8\times t_{LINE}$ 一帧数据传输结束。所以输出一帧图像的时间实际上是 $t_{Frame}=(4+18+480+8)\times t_{LINE}=510\ t_{LINE}$。

由此可以计算出摄像头的输出帧率,以 PCLK=25 MHz(周期为 40 ns)为例,计算出 OV7725 输出一帧图像所需的时间如下:

一帧图像输出时间为

$$t_{Frame}=510\times t_{LINE}=510\times 784t_p=510\times 784 - 2t_{PCLK}=799\ 680\times 40\ \text{ns}=31.987\ 2\ \text{ms}$$

摄像头输出帧率为

$$1\ 000\ \text{ms}/31.987\ 2\ \text{ms}\approx 31\ \text{Hz}$$

如果把像素时钟频率提高到摄像头的最大时钟频率 48 MHz,通过上述计算方法,摄像头的输出帧率约为 60 Hz。

图 22.1.6 为 OV7725 输出 RGB565 格式的时序图。

图 22.1.6 中的 PCLK 为 OV7725 输出的像素时钟,HREF 为行同步信号,D[9:2]为 8 位像素数据。OV7725 最大可以输出 10 位数据,在 RGB565 输出模式中,只有高 8 位是有效的。像素数据在 HREF 为高电平时有效,第一次输出的数据为 RGB565 数据的高 8 位,第二次输出的数据为 RGB565 数据的低 8 位,first byte 和 second byte 组成一个 16 位 RGB565 数据。由图 22.1.6 可知,数据是在像素时钟的下降沿改变的,为了在数据最稳定的时刻采集图像数据,所以需要在像素时钟的上升沿采集数据。

22.2 实验任务

本节实验任务是使用开拓者开发板及 OV7725 摄像头实现图像采集,并通过 VGA 显示器实时显示。

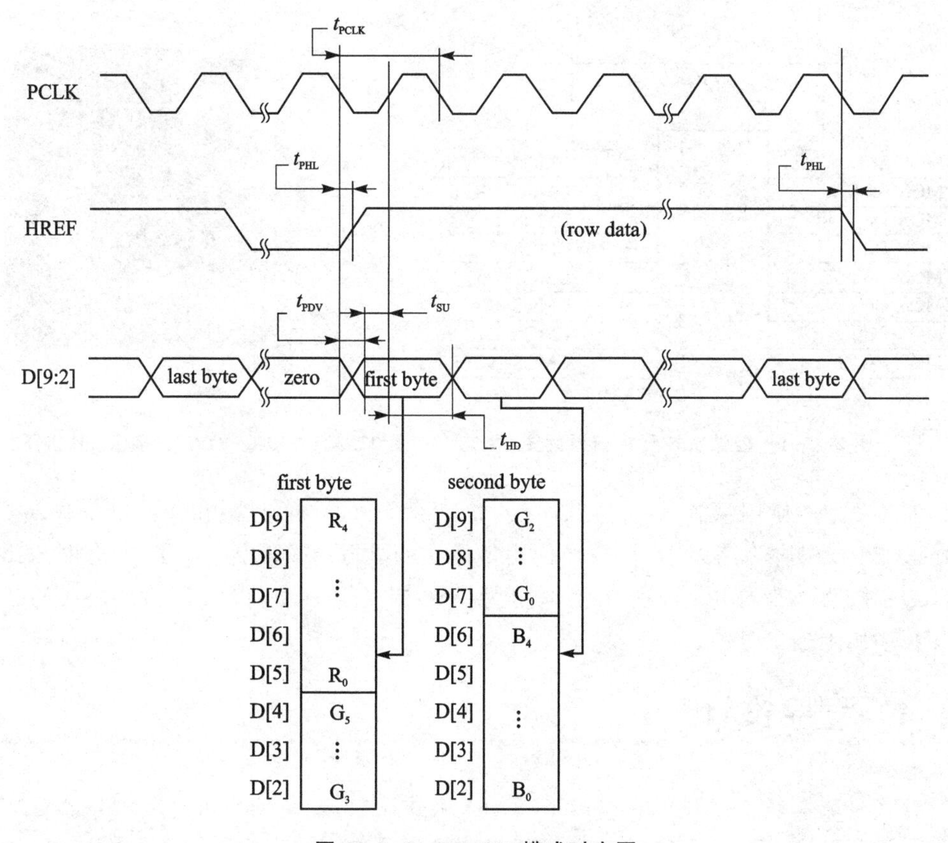

图 22.1.6　RGB565 模式时序图

22.3　硬件设计

开拓者 FPGA 开发板上有一个摄像头扩展接口，该接口可以用来连接 OV7725/OV5640 等摄像头模块，摄像头扩展接口原理图如图 22.3.1 所示。

ATK－OV7725 是正点原子推出的一款高性能 30 万像素高清摄像头模块。该模块通过 2×9 排针(2.54 mm 间距)同外部连接，我们将摄像头的排针直接插在开发板上的摄像头接口即可，如图 22.3.2 所示。

我们在前面说过，OV7725 在 RGB565 模式中只有高 8 位数据是有效的，即 D[9:2]，而我们摄像头排针上数据引脚的个数是 8 位。实际上，摄像头排针上的 8 位数据连接的就是 OV7725 传感器的 D[9:2]，所以直接使用摄像头排针上的 8 位数据引脚即可。

需要注意的是，由图 22.3.1 可知，摄像头扩展口的第 18 引脚定义为 CMOS_PWDN，而 OV7725 摄像头模块的 PWDN 引脚固定为低电平，也就是一直处于正常工作模式。OV7725 摄像头模块的第 18 引脚定义为 SGM_CTRL，这个引脚是摄像头驱动时钟的选择引脚。OV7725 摄像头模块内部是自带晶振的，当 SGM_CTRL 引脚为

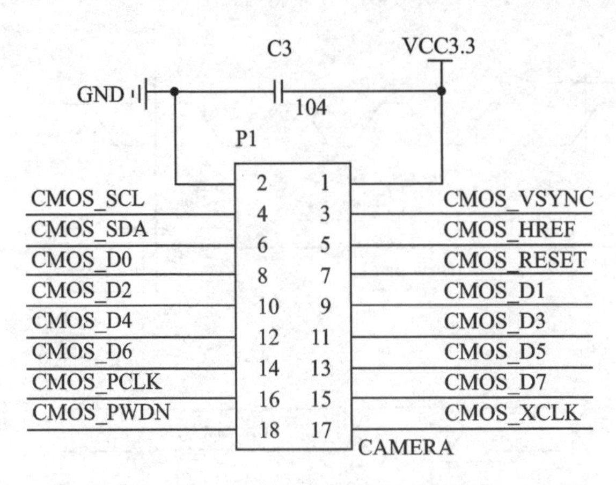

图 22.3.1 摄像头扩展接口原理图

图 22.3.2 ATK－OV7725 摄像头连接开发板图

低电平时，选择使用摄像头的外部时钟，也就是 FPGA 需要输出时钟给摄像头；当 SGM_CTRL 引脚为高电平时，选择使用摄像头的晶振提供时钟。本次实验将 SGM_CTRL 引脚驱动为高电平，这样就不用为摄像头提供驱动时钟，即不用在 CMOS_XCLK 引脚上输出时钟。

22.4 程序设计

OV7725 在 VGA 帧模式下，以 RGB565 格式输出，最高帧率可达 60 Hz，VGA 显示器的刷新频率也可以达到 60 Hz，那么是不是直接将采集到的图像数据连接到 VGA 的输入数据端口就行了呢？答案是不可以。我们在前面说过，OV7725 帧率如果要达到 60 Hz，那么像素时钟频率必须为 48 MHz，而 VGA 操作时钟为 25 MHz，首先是跨时钟域处理问题，当然跨时钟域处理可通过异步 FIFO 解决；最重要的是时序方面不匹配，VGA 驱动对时序有着严格的要求。我们从“第 14 章　VGA 彩条显示实验”中可以获知，VGA 一行或一场分为 4 个部分：低电平同步脉冲、显示后沿、有效数据段以及显示前沿，各个部分的时序参数跟 OV7725 并不是完全一致的。因此必须先把一帧图像缓存下来，然后再把图像数据按照 VGA 的时序发送到 VGA 显示器上显示。OV7725 在 VGA 帧模式输出下，一帧图像的数据量达到 640×480×16 bit ＝ 4 915 200 bit＝4 800 Kbit，开拓者 FPGA 开发板的芯片型号为 EP4CE10F17C8，从 Altera 提供的 Cyclone Ⅳ 器件手册可以发现，EP4CE10 的片内存储资源为 414 Kbit，远不能达到存储要求。因此我们只能使用板载的外部存储器 SDRAM 来缓存图像数据，开拓者板载的 SDRAM 容量为 256 Mbit，足以满足缓存图像数据的需求。

OV7725 在正常工作之前必须通过配置寄存器进行初始化，而配置寄存器的 SCCB 协议和 I²C 协议在写操作时几乎一样，所以我们需要一个 I²C 驱动模块；为了使 OV7725 在期望的模式下运行并且提高图像显示效果，需要配置较多的寄存器，这么多寄存器的地址与参数需要单独放在一个模块，因此还需要一个寄存配置信息的 I²C 配

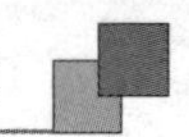

置模块；在摄像头配置完成后，开始输出图像数据，因此需要一个摄像头图像采集模块来采集图像；外接 SDRAM 存储器当然离不开 SDRAM 控制器模块的支持，最后 VGA 驱动模块读取 SDRAM 缓存的数据以达到最终实时显示的效果。

OV7725 摄像头 VGA 显示系统框图如图 22.4.1 所示。

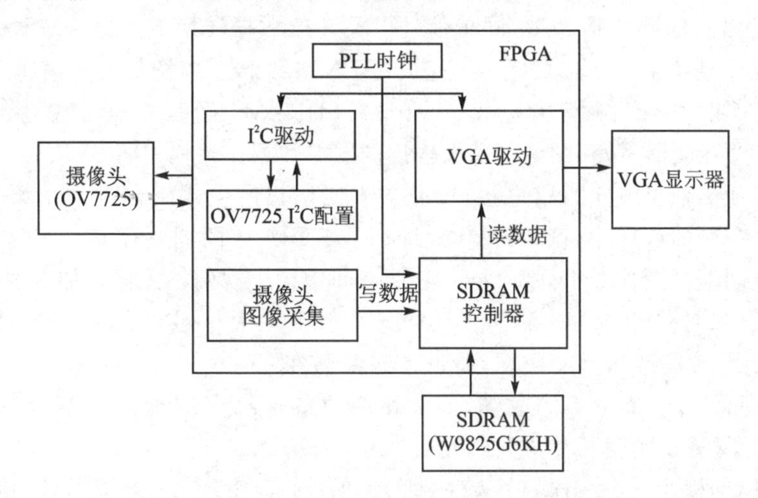

图 22.4.1　OV7725 摄像头 VGA 显示系统框图

由图 22.4.1 可知，PLL 时钟模块(pll_clk)为 VGA 驱动模块、SDRAM 读/写控制模块以及 I^2C 驱动模块提供驱动时钟，I^2C 配置模块和 I^2C 驱动模块控制着传感器初始化的开始与结束，传感器初始化完成后图像采集模块将采集到的数据写入 SDRAM 读/写控制模块，VGA 驱动模块从 SDRAM 控制模块中读出数据，完成了数据的采集、缓存与显示。需要注意的是图像数据采集模块是在 SDRAM 和传感器都初始化完成之后才开始输出数据的，避免了在 SDRAM 初始化过程中向里面写入数据。

FPGA 顶层模块(ov7725_rgb565_640x480_vga)例化了以下 6 个模块：PLL 时钟模块(pll_clk)、I^2C 驱动模块(i2c_dri)、I^2C 配置模块(i2c_ov7725_rgb565_cfg)、摄像头图像采集模块(cmos_capture_data)、SDRAM 读/写控制模块(sdram_top)和 VGA 驱动模块(vga_driver)。

PLL 时钟模块(pll_clk)：PLL 时钟模块通过调用锁相环(PLL)IP 核实现，共输出 3 个时钟，频率分别为 100 MHz、100 MHz(SDRAM 相位偏移时钟)和 25 MHz 时钟。100 MHz 时钟和 100 MHz 相位偏移时钟作为 SDRAM 读/写控制模块的驱动时钟，25 MHz 时钟作为 I^2C 驱动模块和 VGA 驱动模块的驱动时钟。

I^2C 驱动模块(i2c_dri)：I^2C 驱动模块负责驱动 OV7725 SCCB 接口总线，用户可根据该模块提供的用户接口很方便地对 OV7725 的寄存器进行配置，该模块和“第 18 章　EEPROM 读/写测试实验”中用到的 I^2C 驱动模块为同一个模块，有关该模块的详细介绍请大家参考“第 18 章　EEPROM 读/写测试实验”。

I^2C 配置模块(i2c_ov7725_rgb565_cfg)：I^2C 配置模块的驱动时钟是由 I^2C 驱动模块输出的时钟提供的，这样方便了 I^2C 驱动模块和 I^2C 配置模块之间的数据交互。该模块寄存需要配置的寄存器地址、数据以及控制初始化的开始与结束，同时该模块输出 OV7725 的寄存器地址和数据以及控制 I²C 驱动模块开始执行的控制信号，直接连接到 I²C 驱动模块的用户接口，从而完成对 OV7725 传感器的初始化。

摄像头图像采集模块(cmos_capture_data)：摄像头采集模块在像素时钟的驱动下将传感器输出的场同步信号、行同步信号以及 8 位数据转换成 SDRAM 读/写控制模块的写使能信号和 16 位写数据信号，完成对 OV7725 传感器图像的采集。

SDRAM 读/写控制模块(sdram_top)：SDRAM 读/写控制器模块负责驱动 SDRAM 片外存储器，缓存图像传感器输出的图像数据。该模块将 SDRAM 复杂的读/写操作封装成类似 FIFO 的用户接口，非常方便用户的使用。在"第 20 章　SDRAM 读/写测试实验"的程序中，读/写操作地址都是 SDRAM 的同一存储空间，如果只使用一个存储空间缓存图像数据，那么同一存储空间中会出现两帧图像叠加的情况，为了避免这一情况，我们在 SDRAM 的其他 BANK 中开辟一个相同大小的存储空间，使用乒乓操作的方式来写入和读取数据，所以本次实验在"第 20 章　SDRAM 读/写测试实验"的程序里做了一个小小的改动，有关该模块的详细介绍请大家参考"第 20 章　SDRAM 读/写测试实验"，本章只对改动的地方作介绍。

VGA 驱动模块(vga_driver)：VGA 驱动模块负责驱动 VGA 显示器，该模块通过读取 SDRAM 读/写控制模块来输出像素数据。本次实验将模块内部信号 data_req(数据请求信号)输出至端口，方便从 SDRAM 控制器中读取数据，有关 VGA 驱动模块的详细介绍请大家参考"第 14 章　VGA 彩条显示实验"。

顶层模块的代码如下：

```
1    module ov7725_rgb565_640x480_vga(
     ……省略部分代码
30   //parameter define
31   parameter  SLAVE_ADDR =   7'h21          ; //OV7725 的器件地址 7'h21
32   parameter  BIT_CTRL   =   1'b0           ; //OV7725 的字节地址为 8 位:0 为 8 位,1 为 16 位
33   parameter  CLK_FREQ   = 26'd25_000_000  ; //i2c_dri 模块的驱动时钟频率 25 MHz
34   parameter  I2C_FREQ   = 18'd250_000     ; //I²C 的 SCL 时钟频率,不超过 400 kHz
35   parameter  CMOS_H_PIXEL = 24'd640       ; //CMOS 水平方向像素个数,用于设置 SDRAM 缓存大小
36   parameter  CMOS_V_PIXEL = 24'd480       ; //CMOS 垂直方向像素个数,用于设置 SDRAM 缓存大小
37
     ……省略部分代码
114
115 //CMOS 图像数据采集模块
116 cmos_capture_data u_cmos_capture_data(
117     .rst_n              (rst_n & sys_init_done),
                                                    //系统初始化完成之后再开始采集数据
118     .cam_pclk           (cam_pclk),
119     .cam_vsync          (cam_vsync),
120     .cam_href           (cam_href),
121     .cam_data           (cam_data),
122     .cmos_frame_vsync   (),
```

```
123     .cmos_frame_href      (),
124     .cmos_frame_valid     (wr_en),                          //数据有效使能信号
125     .cmos_frame_data      (wr_data)                         //有效数据
126     );
127
128 //SDRAM 控制器顶层模块,封装成 FIFO 接口
129 //SDRAM 控制器地址组成:{bank_addr[1:0],row_addr[12:0],col_addr[8:0]}
130 sdram_top u_sdram_top(
131  .ref_clk          (clk_100m),                            //SDRAM 控制器参考时钟
132  .out_clk          (clk_100m_shift),                      //用于输出的相位偏移时钟
133  .rst_n            (rst_n),                               //系统复位
134
135   //用户写端口
136  .wr_clk           (cam_pclk),                            //写端口 FIFO: 写时钟
137  .wr_en            (wr_en),                               //写端口 FIFO: 写使能
138  .wr_data          (wr_data),                             //写端口 FIFO: 写数据
139  .wr_min_addr      (24'd0),                               //写 SDRAM 的起始地址
140  .wr_max_addr      (CMOS_H_PIXEL * CMOS_V_PIXEL),         //写 SDRAM 的结束地址
141  .wr_len           (10'd512),                             //写 SDRAM 时的数据突发长度
142  .wr_load          (~rst_n),                              //写端口复位: 复位写地址,清空写 FIFO
143
144   //用户读端口
145  .rd_clk           (clk_25m),                             //读端口 FIFO: 读时钟
146  .rd_en            (rd_en),                               //读端口 FIFO: 读使能
147  .rd_data          (rd_data),                             //读端口 FIFO: 读数据
148  .rd_min_addr      (24'd0),                               //读 SDRAM 的起始地址
149  .rd_max_addr      (CMOS_H_PIXEL * CMOS_V_PIXEL),         //读 SDRAM 的结束地址
150  .rd_len           (10'd512),                             //从 SDRAM 中读数据时的突发长度
151  .rd_load          (~rst_n),                              //读端口复位: 复位读地址,清空读 FIFO
152
153  //用户控制端口
154  .sdram_read_valid  (1'b1),                               //SDRAM 读使能
155  .sdram_pingpang_en (1'b1),                               //SDRAM 乒乓操作使能
156  .sdram_init_done (sdram_init_done),                      //SDRAM 初始化完成标志
157
158  //SDRAM 芯片接口
 ……省略部分代码
169     );
170
171 //VGA 驱动模块
172 vga_driver u_vga_driver(
173     .vga_clk          (clk_25m),
174     .sys_rst_n        (rst_n),
175
176     .vga_hs           (vga_hs),
177     .vga_vs           (vga_vs),
178     .vga_rgb          (vga_rgb),
179
180     .pixel_data       (rd_data),
181     .data_req         (rd_en),                              //请求像素点颜色数据输入
182     .pixel_xpos       (),
```

```
183     .pixel_ypos       ()
184     );
185
186 endmodule
```

在程序的第 124～125 行，CMOS 图像数据采集模块输出的 cmos_frame_valid(数据有效使能信号)和 cmos_frame_data(有效数据)连接到 SDRAM 读/写控制模块的写 FIFO 接口，实现了图像数据的缓存；在程序的第 180～181 行，VGA 驱动模块输出 data_req(请求像素点颜色数据输入)连接到 SDRAM 读/写控制模块的读 FIFO 接口，将读出的数据连接到 VGA 驱动模块的输入颜色数据请求信号，从而实现了 VGA 实时显示的功能。需要注意的是顶层模块中第 33～34 行定义了两个变量：CLK_FREQ (i2c_dri 模块的驱动时钟频率)和 I2C_FREQ(I^2C 的 SCL 时钟频率)，I2C_FREQ 的时钟频率不能超过 400 kHz，否则有可能导致摄像头配置不成功。

我们可以发现，在对 SDRAM 进行读/写操作时，并没有使用摄像头的场同步信号和行同步信号。为了保证图像数据在 VGA 显示器上正确显示，我们在 SDRAM 中开辟出一个存储空间(大小为 640×480)用于缓存一帧图像。在摄像头初始化结束后输出的第一个数据对应图像的第一个像素点，将其写入存储空间的首地址中。通过在 SDRAM 读/写控制模块中对输出的图像数据进行计数，从而将它们分别写入相应的地址空间。计数达 640×480 后，完成一帧图像的存储，然后回到存储空间的首地址继续下一帧图像的存储。在显示图像时，VGA 驱动模块从 SDRAM 存储空间的首地址开始读数据，同样对读过程进行计数，并将读取的图像数据分别显示到显示器相应的像素点位置。

上述的操作保证了在没有行场同步信号下数据不会出现错乱的问题，但是会导致当前读取的图像与上一次存入的图像存在交错，如图 22.4.2 所示。

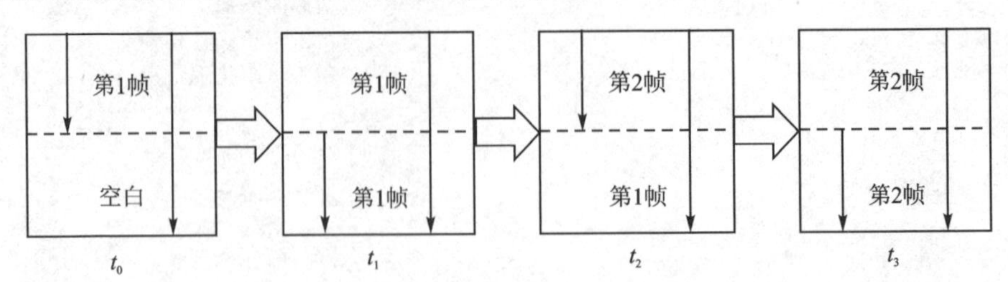

图 22.4.2　SDRAM 单个 BANK 缓存图像机制

由图 22.4.2 的 t_2 时刻可知，SDRAM 存储空间中会出现缓存两帧图像交错的情况。为了解决这一问题，在顶层模块代码的第 155 行，使能了 SDRAM 读/写控制器的乒乓操作(sdram_pingpang_en)。SDRAM 乒乓操作使能之后，内部使用了两个存储空间(大小为 640×480)分别缓存两帧图像。图像数据总是在两个存储空间之间不断切换写入，而读请求信号在读完当前存储空间后判断哪个存储空间没有被写入，然后去读取没有被写入的存储空间。对于本次程序设计来说，数据写入较慢而读出较快，因此会出现同一存储空间被读取多次的情况，但保证了读出的数据一定是一帧完整的图像而

不是两帧数据拼接的图像。当正在读取其中一个缓存空间，另一个缓存空间已经写完，并开始切换写入下一个缓存空间时，由于图像数据读出的速度总是大于写入的速度，因此，读出的数据仍然是一帧完整的图像。

本次实验的SDRAM控制器模块在"第20章 SDRAM读/写测试实验"程序的基础上增加了sdram_pingpang_en信号，用于控制是否增加乒乓存储操作，高电平有效；主要修改了SDRAM控制器的sdram_fifo_ctrl模块，修改后的核心源代码如下：

```
73  reg         sw_bank_en;                 //切换 BANK 使能信号
74  reg         rw_bank_flag;               //读/写 BANK 的标志
   ……省略部分代码
156 //SDRAM 写地址产生模块
157 always @(posedge clk_ref or negedge rst_n) begin
158     if (!rst_n) begin
159         sdram_wr_addr <= 24'd0;
160         sw_bank_en <= 1'b0;
161         rw_bank_flag <= 1'b0;
162     end
163     else if(wr_load_flag) begin             //检测到写端口复位信号时，写地址复位
164         sdram_wr_addr <= wr_min_addr;
165         sw_bank_en <= 1'b0;
166         rw_bank_flag <= 1'b0;
167     end
168     else if(write_done_flag) begin          //若突发写 SDRAM 结束，更改写地址
169                                             //若未到达写 SDRAM 的结束地址，则写地址累加
170         if(sdram_pingpang_en) begin         //SDRAM 读/写乒乓使能
171             if(sdram_wr_addr[22:0] <wr_max_addr - wr_length)
172                 sdram_wr_addr <= sdram_wr_addr + wr_length;
173             else begin                      //切换 BANK
174                 rw_bank_flag <= ~rw_bank_flag;
175                 sw_bank_en <= 1'b1;         //拉高切换 BANK 使能信号
176             end
177         end
178                                             //若突发写 SDRAM 结束，更改写地址
179         else if(sdram_wr_addr <wr_max_addr - wr_length)
180             sdram_wr_addr <= sdram_wr_addr + wr_length;
181         else                                //到达写 SDRAM 的结束地址，回到写起始地址
182             sdram_wr_addr <= wr_min_addr;
183     end
184     else if(sw_bank_en) begin               //到达写 SDRAM 的结束地址，回到写起始地址
185         sw_bank_en <= 1'b0;
186         if(rw_bank_flag == 1'b0)            //切换 BANK
187             sdram_wr_addr <= {1'b0,wr_min_addr[22:0]};
188         else
189             sdram_wr_addr <= {1'b1,wr_min_addr[22:0]};
190     end
191 end
192 
193 //SDRAM 读地址产生模块
194 always @(posedge clk_ref or negedge rst_n) begin
```

```
195         if(!rst_n) begin
196             sdram_rd_addr <= 24'd0;
197         end
198         else if(rd_load_flag)                       //检测到读端口复位信号时，读地址复位
199             sdram_rd_addr <= rd_min_addr;
200         else if(read_done_flag) begin               //突发读 SDRAM 结束，更改读地址
201                                                     //若未到达读 SDRAM 的结束地址，则读地址累加
202             if(sdram_pingpang_en) begin             //SDRAM 读/写乒乓使能
203                 if(sdram_rd_addr[22:0] <rd_max_addr - rd_length)
204                     sdram_rd_addr <= sdram_rd_addr + rd_length;
205                 else begin                          //到达读 SDRAM 的结束地址，回到读起始地址
206                                                     //读取没有在写数据的 BANK 地址
207                     if(rw_bank_flag == 1'b0)  //根据 rw_bank_flag 的值切换读 BANK 地址
208                         sdram_rd_addr <= {1'b1,rd_min_addr[22:0]};
209                     else
210                         sdram_rd_addr <= {1'b0,rd_min_addr[22:0]};
211                 end
212             end
213                                                     //若突发写 SDRAM 结束，更改写地址
214             else if(sdram_rd_addr <rd_max_addr - rd_length)
215                 sdram_rd_addr <= sdram_rd_addr + rd_length;
216             else                                    //到达写 SDRAM 的结束地址，回到写起始地址
217                 sdram_rd_addr <= rd_min_addr;
218         end
219 end
```

程序中定义了两个用于切换 BANK 的寄存器(sw_bank_en 信号和 rw_bank_flag 信号)。sdram_wr_addr 和 sdram_rd_addr 分别代表 SDRAM 的写入地址和读出地址，其最高两位表示 BANK 的地址，切换 BANK 时改变 sdram_wr_addr 和 sdram_rd_addr 的最高位，相当于数据在 BANK0(2'b00)和 BANK2(2'b10)之间切换。当 rw_bank_sw=0 时，数据写入 BANK0，从 BANK2 中读出数据；当 rw_bank_sw=1 时，数据写入 BANK2，从 BANK0 中读出数据。

I²C 配置模块寄存需要配置的寄存器地址、数据以及控制初始化的开始与结束，代码如下所示：

```
1   module i2c_ov7725_rgb565_cfg(
2       input                   clk         ,  //时钟信号
3       input                   rst_n       ,  //复位信号，低电平有效
4
5       input                   i2c_done    ,  //I²C 寄存器配置完成信号
6       output  reg             i2c_exec    ,  //I²C 触发执行信号
7       output  reg   [15:0]    i2c_data    ,  //I²C 要配置的地址与数据(高 8 位地址，低 8 位数据)
8       output  reg             init_done      //初始化完成信号
9       );
10
11  //parameter define
12  parameter  REG_NUM = 7'd70    ;            //总共需要配置的寄存器个数
13
14  //reg define
```

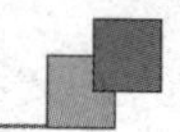

```
15  reg     [9:0]   start_init_cnt;         //等待延时计数器
16  reg     [6:0]   init_reg_cnt   ;        //寄存器配置个数计数器
17
18  //*****************************************************
19  //**                    main code
20  //*****************************************************
21
22  //cam_scl 配置成 250 kHz,输入的 clk 为 1 MHz,周期为 1 μs,1 023×1 μs = 1.023 ms
23  //寄存器延时配置
24  always @(posedge clk or negedge rst_n) begin
25      if(!rst_n)
26          start_init_cnt <= 10'b0;
27      else if((init_reg_cnt == 7'd1) && i2c_done)
28          start_init_cnt <= 10'b0;
29      else if(start_init_cnt <10'd1023) begin
30          start_init_cnt <= start_init_cnt + 1'b1;
31      end
32  end
33
34  //寄存器配置个数计数
35  always @(posedge clk or negedge rst_n) begin
36      if(!rst_n)
37          init_reg_cnt <= 7'd0;
38      else if(i2c_exec)
39          init_reg_cnt <= init_reg_cnt + 7'b1;
40  end
41
42  //I²C 触发执行信号
43  always @(posedge clk or negedge rst_n) begin
44      if(!rst_n)
45          i2c_exec <= 1'b0;
46      else if(start_init_cnt == 10'd1022)
47          i2c_exec <= 1'b1;
48      //只有刚上电和配置第一个寄存器时增加延时
49      else if(i2c_done && (init_reg_cnt != 7'd1) && (init_reg_cnt <REG_NUM))
50          i2c_exec <= 1'b1;
51      else
52          i2c_exec <= 1'b0;
53  end
54
55  //初始化完成信号
56  always @(posedge clk or negedge rst_n) begin
57      if(!rst_n)
58          init_done <= 1'b0;
59      else if((init_reg_cnt == REG_NUM) && i2c_done)
60          init_done <= 1'b1;
61  end
62
63  //配置寄存器地址与数据
64  always @(posedge clk or negedge rst_n) begin
65      if(!rst_n)
```

```
66          i2c_data <= 16'b0;
67      else begin
68          case(init_reg_cnt)
69              //先对寄存器进行软件复位,使寄存器恢复初始值
70              //寄存器软件复位后,需要延时 1 ms 才能配置其他寄存器
71              7'd0  : i2c_data <= {8'h12, 8'h80}; //COM7 BIT[7]:复位所有的寄存器
72              7'd1  : i2c_data <= {8'h3d, 8'h03}; //COM12 模拟过程直流补偿
  ……省略部分代码
149             7'd69 : i2c_data <= {8'h09, 8'h00}; //COM2 Bit[1:0] 输出电流驱动能力
150             //只读存储器,防止在 case 中没有列举的情况,之前的寄存器被重复改写
151             default:i2c_data <= {8'h1C, 8'h7F}; //MIDH 制造商 ID 高 8 位
152         endcase
153     end
154 end
155
156 endmodule
```

图像传感器刚开始上电时电压有可能不够稳定,所以程序中定义了一个延时计数器(start_init_cnt)等待传感器工作在稳定的状态。当计数器计数到预设值之后,开始第一次配置传感器即软件复位,目的是让所有的寄存器复位到默认的状态。从前面介绍的 OV7725 的特性可知,软件复位需要等待 1 ms 的时间才能配置其他的寄存器,因此发送完软件复位命令后,延时计数器清零,并重新开始计数。当计数器计数到预设值之后,紧接着配置剩下的寄存器。只有软件复位命令需要 1 ms 的等待时间,其他寄存器不需要等待时间,直接按照程序中定义的顺序发送即可。在代码的第 12 行定义了总共需要配置的寄存器的个数,如果增加或者删减了寄存器的配置,则需要修改此参数。

摄像头接口输出 8 位像素数据,VGA 显示的数据格式是 16 位的 RGB565 数据,所以需要在图像采集模块实现 8 位数据转 16 位数据的功能。CMOS 图像数据采集模块的代码如下所示:

```
1   module cmos_capture_data(
2       input                   rst_n              ,  //复位信号
3       //摄像头接口
4       input                   cam_pclk           ,  //CMOS 数据像素时钟
5       input                   cam_vsync          ,  //CMOS 场同步信号
6       input                   cam_href           ,  //CMOS 行同步信号
7       input          [7:0]    cam_data           ,  //CMOS 数据
8       //用户接口
9       output                  cmos_frame_vsync   ,  //帧有效信号
10      output                  cmos_frame_href    ,  //行有效信号
11      output                  cmos_frame_valid   ,  //数据有效使能信号
12      output         [15:0]   cmos_frame_data       //有效数据
13      );
14
15  //寄存器全部配置完成后,先等待 10 帧数据
16  //待寄存器配置生效后再开始采集图像
17  parameter  WAIT_FRAME = 4'd10  ;                  //寄存器数据稳定等待的帧个数
18
```

```
19  //reg define
20  reg                cam_vsync_d0    ;
21  reg                cam_vsync_d1    ;
22  reg                cam_href_d0     ;
23  reg                cam_href_d1     ;
24  reg      [3:0]     cmos_ps_cnt     ;            //摄像头帧数计数器
25  reg                frame_val_flag  ;            //帧有效的标志
26
27  reg      [7:0]     cam_data_d0     ;
28  reg      [15:0]    cmos_data_t     ;            //用于8位转16位的临时寄存器
29  reg                byte_flag       ;
30  reg                byte_flag_d0    ;
31
32  //wire define
33  wire               pos_vsync       ;
34
35  //*****************************************************
36  //**                    main code
37  //*****************************************************
38
39  //采用输入场同步信号的上升沿
40  assign pos_vsync = (~cam_vsync_d1) & cam_vsync_d0;
41
42  //输出帧有效信号
43  assign  cmos_frame_vsync = frame_val_flag  ?  cam_vsync_d1  :  1'b0;
44  //输出行有效信号
45  assign  cmos_frame_href  = frame_val_flag  ?  cam_href_d1   :  1'b0;
46  //输出数据使能有效信号
47  assign  cmos_frame_valid = frame_val_flag  ?  byte_flag_d0  :  1'b0;
48  //输出数据
49  assign  cmos_frame_data  = frame_val_flag  ?  cmos_data_t   :  1'b0;
50
51  //采用输入场同步信号的上升沿
52  always @(posedge cam_pclk or negedge rst_n) begin
53      if(!rst_n) begin
54          cam_vsync_d0 <= 1'b0;
55          cam_vsync_d1 <= 1'b0;
56          cam_href_d0  <= 1'b0;
57          cam_href_d1  <= 1'b0;
58      end
59      else begin
60          cam_vsync_d0 <= cam_vsync;
61          cam_vsync_d1 <= cam_vsync_d0;
62          cam_href_d0  <= cam_href;
63          cam_href_d1  <= cam_href_d0;
64      end
65  end
66
67  //对帧数进行计数
68  always @(posedge cam_pclk or negedge rst_n) begin
69      if(!rst_n)
```

```
70            cmos_ps_cnt <= 4'd0;
71        else if(pos_vsync && (cmos_ps_cnt <WAIT_FRAME))
72            cmos_ps_cnt <= cmos_ps_cnt + 4'd1;
73    end
74
75    //帧有效标志
76    always @(posedge cam_pclk or negedge rst_n) begin
77        if(!rst_n)
78            frame_val_flag <= 1'b0;
79        else if((cmos_ps_cnt == WAIT_FRAME) && pos_vsync)
80            frame_val_flag <= 1'b1;
81        else;
82    end
83
84    //8 位数据转 16 位 RGB565 数据
85    always @(posedge cam_pclk or negedge rst_n) begin
86        if(!rst_n) begin
87            cmos_data_t <= 16'd0;
88            cam_data_d0 <= 8'd0;
89            byte_flag <= 1'b0;
90        end
91        else if(cam_href) begin
92            byte_flag <= ~byte_flag;
93            cam_data_d0 <= cam_data;
94            if(byte_flag)
95                cmos_data_t <= {cam_data_d0,cam_data};
96            else;
97        end
98        else begin
99            byte_flag <= 1'b0;
100           cam_data_d0 <= 8'b0;
101       end
102   end
103
104   //产生输出数据有效信号(cmos_frame_valid)
105   always @(posedge cam_pclk or negedge rst_n) begin
106       if(!rst_n)
107           byte_flag_d0 <= 1'b0;
108       else
109           byte_flag_d0 <= byte_flag;
110   end
111
112   endmodule
```

CMOS 图像采集模块第 17 行定义了参数 WAIT_FRAME(寄存器数据稳定等待的帧个数),我们在前面介绍寄存器时提到过配置寄存器生效的时间最长为 300 ms,约为摄像头输出 10 帧图像数据。所以这里采集场同步信号的上升沿来统计帧数,计数器计数超过 10 次之后产生数据有效的标志,开始采集图像;在程序的第 85 行开始的 always 块实现了 8 位数据转 16 位数据的功能。需要注意的是摄像头的图像数据是在像素时钟(cam_pclk)下输出的,因此摄像头的图像数据必须使用像素时钟来采集,否

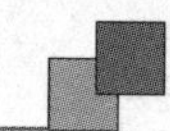

则会造成数据采集错误。

图22.4.3为摄像头图像采集过程中SignalTap抓取的行场同步信号的波形图，cam_vsync(场同步信号)的上升沿标志着一帧数据的开始，cam_href(行同步)信号是在场同步信号拉低等待一段时间之后才开始有效的，和前面分析的OV7725的时序图是一致的。

me
-16384
-8192
0
8192
16384
24576
32768
40960
ta|cam_vsync
_data|cam_href

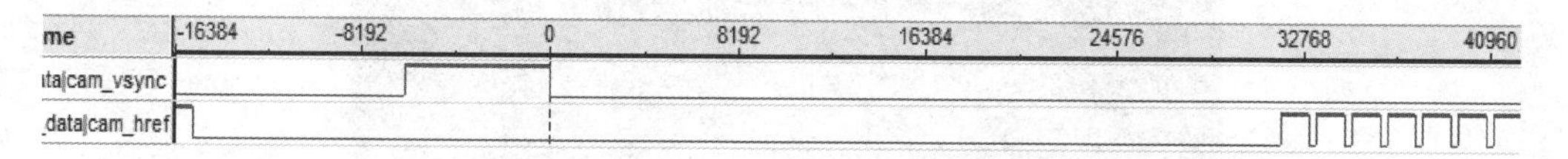

图22.4.3　摄像头采集行场同步信号的SignalTap波形图

图22.4.4为摄像头图像采集过程中SignalTap抓取的行同步信号与数据的波形图，从图中可以看出，cam_data(8位图像数据)在行同步信号为高电平时有效，cmos_frame_data为拼接后的16位RGB565数据，该数据在cmos_frame_clk_en为高电平时有效。

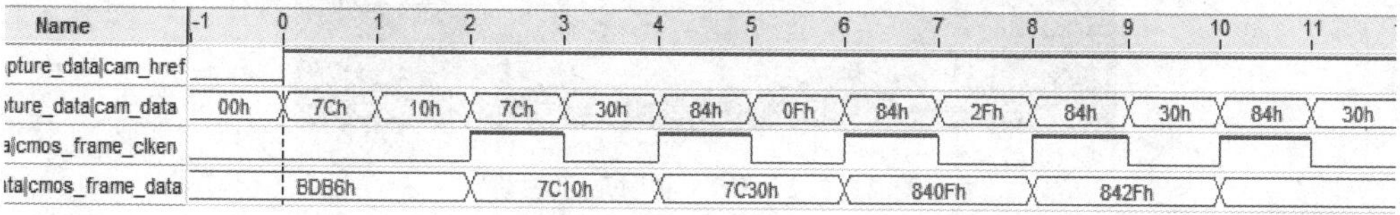

Name
-1
0
1
2
3
4
5
6
7
8
9
10
11
pture_data|cam_href
pture_data|cam_data
00h
7Ch
10h
7Ch
30h
84h
0Fh
84h
2Fh
84h
30h
84h
30h
a|cmos_frame_clken
ta|cmos_frame_data
BDB6h
7C10h
7C30h
840Fh
842Fh

图22.4.4　摄像头采集数据SignalTap波形图

22.5　下载验证

将OV7725摄像头插入开发板上的摄像头扩展接口(注意摄像头镜头朝外)，如图22.5.1所示。然后将VGA连接线一端连接显示器，另一端与开发板上的VGA接

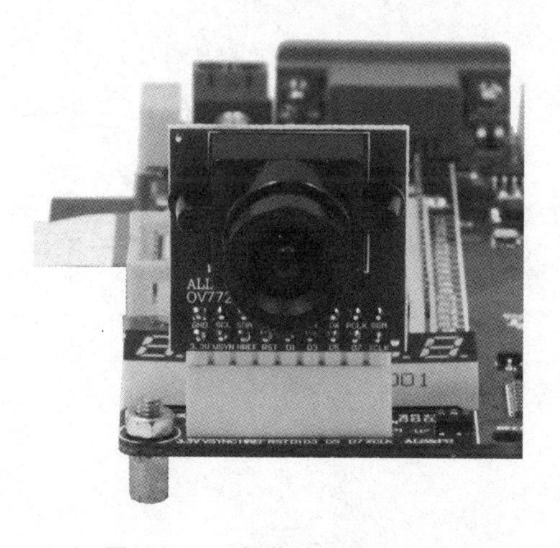

图22.5.1　摄像头连接实物图

口连接。再将下载器一端连计算机，另一端与开发板上对应的端口连接，最后连接电源线并打开电源开关。

接下来打开本次实验工程，并将.sof 文件下载到开发板中。下载完成后观察显示器的显示图像如图 22.5.2 所示，说明 OV7725 摄像头 VGA 显示程序下载验证成功。

图 22.5.2　VGA 实时显示图像

第 23 章

SD 卡图片显示实验(VGA 显示)

SD 存储卡是一种基于半导体快闪记忆器的新一代记忆设备。它具有体积小、传输速度快、支持热插拔等优点,在便携式装置领域得到了广泛的应用,如数码相机、多媒体播放器、笔记本电脑等。本章将使用 FPGA 开发板实现从 SD 卡中读取两张图片,并通过 VGA 接口在显示器上循环切换显示两张图片的功能。

23.1 SD 卡简介

SD 卡的英文全称是 Secure Digital Card,即安全数字卡(又叫安全数码卡),是在 MMC 卡(Multimedia Card,多媒体卡)的基础上发展而来的,主要增加了两个特色:更高的安全性和更快的读/写速度。SD 卡和 MMC 卡的长度和宽度都是 32 mm×24 mm,不同的是,SD 卡的厚度为 2.1 mm,而 MMC 卡的厚度为 1.4 mm,SD 卡比 MMC 卡略厚,以容纳更大容量的存储单元,同时 SD 卡比 MMC 卡触点引脚要多,且在侧面多了一个写保护开关。SD 卡与 MMC 卡保持着向上兼容,也就是说,MMC 卡可以被新的 SD 设备存取,兼容性则取决于应用软件,但 SD 卡却不可以被 MMC 设备存取。SD 卡和 MMC 卡可通过卡片上面的标注进行区分,如图 23.1.1(a)所示图片上面标注为"MultiMediaCard"的为 MMC 卡,图 23.1.1(b)所示图片上面标注为"SD"的为 SD 卡。

(a) MCC卡外观图

(b) SD卡外观图

图 23.1.1 MMC 卡外观图和 SD 卡外观图

图 23.1.1(b)实际上为 SDHC 卡,SD 卡从存储容量上可分为 3 个级别,分别为:SD 卡、SDHC 卡(Secure Digital High Capacity,高容量安全数字卡)和 SDXC 卡(SD eXtended Capacity,容量扩大化的安全存储卡)。SD 卡是在 MMC 卡的基础上发展而来的,使用 FAT12/FAT16 文件系统,SD 卡采用 SD 1.0 协议规范,该协议规定了 SD 卡的最大存储容量为 2 GB;SDHC 卡是大容量存储 SD 卡,使用 FAT 32 文件系统,SDHC 卡采用 SD 2.0 协议规范,该协议规定了 SDHC 卡的存储容量范围为 2~32 GB;SDXC 卡是新提出的标准,不同于 SD 卡和 SDHC 卡使用的 FAT 文件系统,SDXC 卡使用 exFAT 文件系统,即扩展 FAT 文件系统。SDXC 卡采用 SD 3.0 协议规范,该协议规定了 SDXC 卡的存储容量范围为 32 GB~2 TB(2 048 GB),一般用于中高端单反相机和高清摄像机。

表 23.1.1 为不同类型的 SD 卡采用的协议规范、容量等级及支持的文件系统。

表 23.1.1　SD 卡的类型、协议规范、容量等级及支持的文件系统

SD 卡类型	协议规范	容量等级	支持文件系统
SD	SD 1.0	<2 GB	FAT12,FAT16
SDHC	SD 2.0	2~32 GB	FAT32
SDXC	SD 3.0	32 GB~2 TB(2 048 GB)	exFAT

不同协议规范的 SD 卡有着不同速度等级的表示方法。在 SD 1.0 协议规范中(现在用得较少),使用"X"表示不同的速度等级;在 SD 2.0 协议规范中,使用 SpeedClass 表示不同的速度等级;SD 3.0 协议规范使用 UHS(Ultra High Speed)表示不同的速度等级。SD 2.0 规范中对 SD 卡的速度等级划分为普通卡(Class2、Class4、Class6)和高速卡(Class10);SD 3.0 规范对 SD 卡的速度等级划分为 UHS 速度等级 1 和 3。不同等级的读/写速度和应用如图 23.1.2 所示。

	标志	串列数据最低写入速度	SD总线模式	推荐用途
UHS速度等级	U3	30 MB/s	UHS-Ⅱ UHS-Ⅰ	4K2K视频录制
	U1	10 MB/s		全高清视频录制 连续拍摄高清静态影像
Speed Class	CLASS10	10 MB/s	高速(HS)	
	CLASS6	6 MB/s	普通速度(NS)	高清或全高清视频录制
	CLASS4	4 MB/s		
	CLASS2	2 MB/s		一般视频录制

图 23.1.2　SD 卡不同速度等级表示法

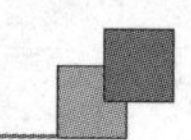

SD 卡共有 9 根引脚线,可工作在 SDIO 模式或者 SPI 模式。在 SDIO 模式下,共用到 CLK、CMD、DAT[3:0]六根信号线;在 SPI 模式下,共用到 CS(SDIO_DAT[3])、CLK(SDIO_CLK)、MISO(SDIO_DAT[0])、MOSI(SDIO_CMD)四根信号线。SD 卡接口定义以及各引脚功能说明如图 23.1.3 所示。

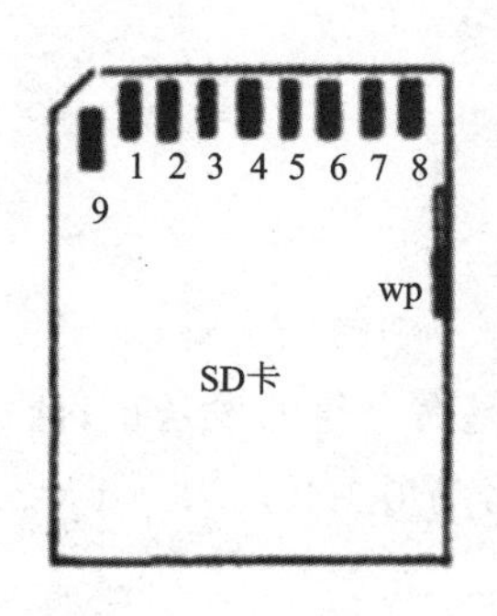

引脚编号	引脚名称	功能(SDIO模式)	功能(SPI模式)
Pin 1	DAT3/CS	数据线3	片选信号
Pin 2	CMD/MODI	命令线	主机输出，从机输入
Pin 3	VSS1	电源地	电源地
Pin 4	VDD	电源	电源
Pin 5	CLK	时钟	时钟
Pin 6	VSS2	电源地	电源地
Pin 7	DAT0/MISO	数据线0	主机输入，从机输出
Pin 8	DAT1	数据线1	保留
Pin 9	DAT2	数据线2	保留

图 23.1.3　SD 卡接口定义以及各引脚功能说明

市面上除标准 SD 卡外,还有 MicroSD 卡(原名 TF 卡),它是一种极细小的快闪存储器卡,是由 SanDisk(闪迪)公司发明的,主要用于移动手机。MicroSD 卡插入适配器(Adapter)可以转换成 SD 卡,其操作时序和 SD 卡是一样的。MicroSD 卡接口定义以及各引脚功能说明如图 23.1.4 所示。

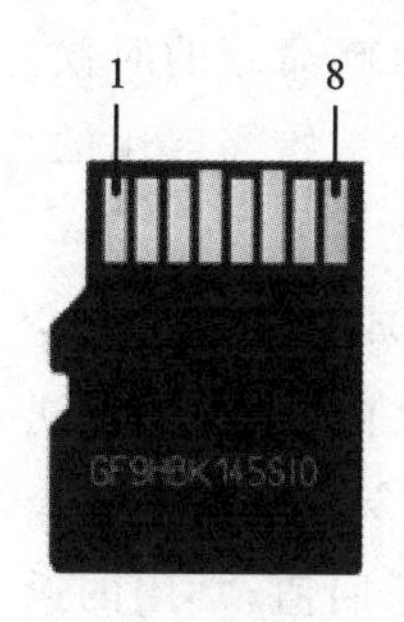

引脚编号	引脚名称	功能(SDIO模式)	功能(SPI模式)
Pin 1	DAT2	数据线2	保留
Pin 2	DAT3/CS	数据线3	片选信号
Pin 3	CMD/MODI	命令线	主机输出，从机输入
Pin 4	VDD	电源	电源
Pin 5	CLK	时钟	时钟
Pin 6	VSS	电源地	电源地
Pin 7	DAT0/MISO	数据线0	主机输入，从机输出
Pin 8	DAT1	数据线1	保留

图 23.1.4　MicroSD 卡接口定义以及各引脚功能说明

在标准 SD 卡 2.0 版本中,工作时钟频率可以达到 50 MHz,在 SDIO 模式下采用 4 位数据位宽,理论上可以达到 200 Mbit/s(50 MHz×4 bit)的传输速率;在 SPI 模式下采用 1 位数据位宽,理论上可以达到 50 Mbit/s 的传输速率。因此 SD 卡在 SDIO 模式下的传输速率更快,同时其操作时序也更复杂。对于使用 SD 卡读取音乐文件和图片来说,SPI 模式下的传输速度已经能够满足需求,因此本章采用 SD 卡的 SPI 模式来对 SD 卡进行读/写测试。

SD 卡在正常读/写操作之前,必须先对 SD 卡进行初始化,SD 卡的初始化过程就是向 SD 中写入命令，使其工作在预期的工作模式。在对 SD 卡进行读/写操作时同样需要先发送写命令和读命令，因此 SD 卡的命令格式是学习 SD 卡的重要内容。SD 卡的命令格式由 6 个字节组成，发送数据时高位在前，SD 卡的写入命令格式如图 23.1.5 所示。

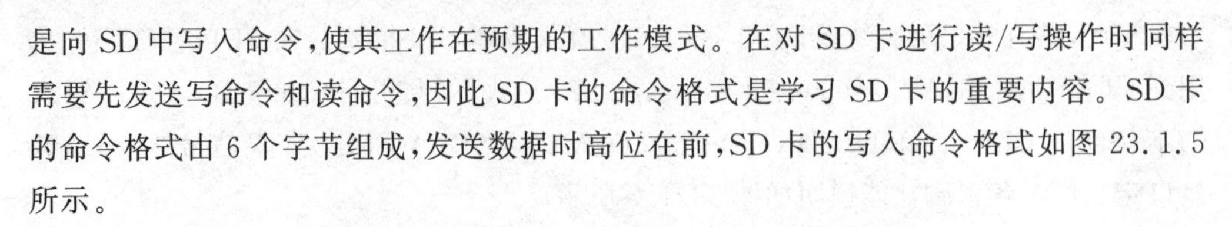

图 23.1.5　SD 卡命令格式

Byte1：命令字的第一个字节为命令号（如 CMD0、CMD1 等），格式为“0 1 x x x x x x”。命令号的最高位始终为 0，是命令号的起始位；次高位始终为 1，是命令号的发送位；低 6 位为具体的命令号（如 CMD55，8’d55 ＝ 8’b0011_0111，命令号为 0 1 1 1 0 1 1 1 ＝ 0x77）。

Byte2～Byte5：命令参数，有些命令参数是保留位，没有定义参数的内容，保留位应设置为 0。

Byte6：前 7 位为 CRC（循环冗余校验）校验位，最后一位为停止位 0。SD 卡在 SPI 模式下默认不开启 CRC 校验，在 SDIO 模式下开启 CRC 校验。也就是说在 SPI 模式下，CRC 校验位必须要发，但是 SD 卡会在读到 CRC 校验位时自动忽略它，所以校验位全部设置为 1 即可。需要注意的是，SD 卡上电默认是 SDIO 模式，在接收 SD 卡返回 CMD0 的响应命令时，拉低片选 CS，进入 SPI 模式。所以在发送 CMD0 命令的时候，SD 卡处于 SDIO 模式，需要开启 CRC 校验。另外 CMD8 的 CRC 校验是始终启用的，也需要启用 CRC 校验。除了这两个命令，其他命令的 CRC 可以不用做校验。

SD 卡的命令分为标准命令（如 CMD0）和应用相关命令（如 ACMD41）。ACMD 命令是特殊命令，发送方法同标准命令一样，但是在发送应用相关命令之前，必须先发送 CMD55 命令，告诉 SD 卡接下来的命令是应用相关命令，而非标准命令。发送完命令后，SD 卡会返回响应命令的信息，不同的 CMD 命令会有不同类型的返回值，常用的返回值有 R1 类型、R3 类型和 R7 类型（R7 类型是 CMD8 命令专用）。SD 卡的常用命令说明如表 23.1.2 所列。

表 23.1.2　SD 卡常用命令说明

命令索引	命令号（HEX）	参　数	返回类型	描　述
CMD0	0x40	保留位	R1	重置 SD 卡进入默认状态，如果返回值为 0x01，则表示 SD 卡复位成功

续表 23.1.2

命令索引	命令号(HEX)	参　数	返回类型	描　述
CMD8	0x48	Bit[31:12]:保留位。 Bit[11:8]:主机电压范围(VHS)。 0:未定义; 1:2.7～3.6 V; 2:低电压; 4:保留位; 8:保留位; 其他:未定义。 Bit[7:0]:校验字节,注意校验字节不是CRC校验位,而是此字节和返回的校验字节相同。如果这个字节写出"0xaa",那么当接收CMD8命令回复的数据时接收到的校验字节也是"0xaa"	R7	发送主机的电压范围以及查询SD卡支持的电压范围,需要注意的是,V1.0版本的卡不支持此命令,只有V2.0版本的卡才支持此命令。如果SD卡返回的值为0x01,则表示此卡为V2.0卡,否则为MMC卡或者V1.0卡
CMD17	0x51	Bit[31:0]:SD卡读扇区地址	R1	SD卡的读命令
CMD24	0x58	Bit[31:0]:SD卡写扇区地址	R1	SD卡的写命令
CMD55	0x77	Bit[31:16]:RCA(SD卡相对地址),在SPI模式下没有用到。 Bit[15:0]:保留位	R1	告诉SD卡接下来的命令是应用相关命令,而非标准命令
ACMD41	0x69	Bit[31]:保留位。 Bit[30]:HCS(OCR[30]),如果主机支持SDHC或SDXC的卡,此位应设置为1。 Bit[29:0]:保留位	R3	要求访问的SD卡发送它的操作条件寄存器(OCR)内容

SD卡返回类型R1数据格式如图23.1.6所示。

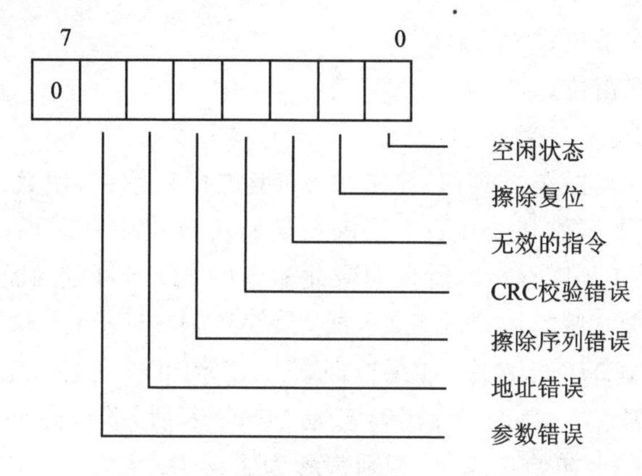

图 23.1.6　SD卡返回类型R1数据格式

由图 23.1.6 可知,SD 卡返回类型 R1 格式共返回 1 个字节,最高位固定为 0,其他位分别表示对应状态的标志,高电平有效。

SD 卡返回类型 R3 数据格式如图 23.1.7 所示。

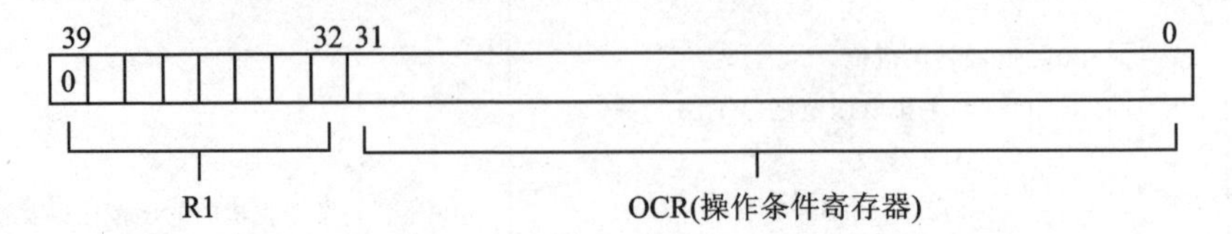

图 23.1.7　SD 卡返回类型 R3 数据格式

由图 23.1.7 可知,SD 卡返回类型 R3 格式共返回 5 个字节,首先返回的第一个字节为前面介绍的 R1 的内容,其余字节为 OCR(Operation Conditions Register,操作条件寄存器)寄存器的内容。

SD 卡返回类型 R7 数据格式如图 23.1.8 所示。

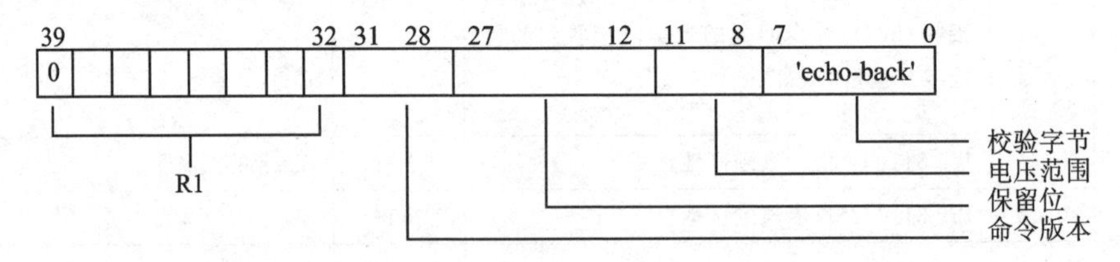

图 23.1.8　SD 卡返回类型 R7 数据格式

由图 23.1.8 可知,SD 卡返回类型 R7 格式共返回 5 个字节,首先返回的第一个字节为前面介绍的 R1 的内容,其余字节包含 SD 卡操作电压信息和校验字节等内容。其中电压范围是一个比较重要的参数,其具体内容如下:

Bit[11:8]:操作电压反馈。

0:未定义;

1:2.7~3.6 V;

2:低电压;

4:保留位;

8:保留位;

其他:未定义。

SD 卡在正常读/写操作之前,必须先对 SD 卡进行初始化,使其工作在预期的工作模式。SD 卡 1.0 版本协议和 2.0 版本协议在初始化过程中有区别,只有 SD 2.0 版本协议的 SD 卡才支持 CMD8 命令,所以响应此命令的 SD 卡可以判断为 SD 2.0 版本协议的卡,否则为 SD 1.0 版本协议的 SD 卡或者 MMC 卡;对于 CMD8 无响应的情况,可以发送 CMD55 + ACMD41 命令,如果返回 0,则表示 SD 1.0 协议版本卡初始化成功,如果返回错误,则确定为 MMC 卡;在确定为 MMC 卡后,继续向卡发送 CMD1 命令,如果返回 0,则 MMC 卡初始化成功,否则判断为错误卡。

由于市面上大多采用 SD 2.0 版本协议的 SD 卡,所以接下来我们仅介绍 SD 2.0

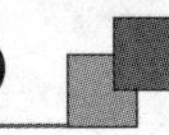

版本协议的初始化流程，以下提到的 SD 卡均代表基于 SD 2.0 版本协议的 SDHC 卡，其详细初始化步骤如下：

① SD 卡完成上电后，主机 FPGA 先对从机 SD 卡发送至少 74 个以上的同步时钟，在上电同步期间，片选 CS 引脚和 MOSI 引脚必须为高电平(MOSI 引脚除发送命令或数据外，其余时刻都为高电平)。

② 拉低片选 CS 引脚，发送命令 CMD0(0x40)复位 SD 卡，命令发送完成后等待 SD 卡返回响应数据。

③ SD 卡返回响应数据后，先等待 8 个时钟周期再拉高片选 CS 信号，此时判断返回的响应数据。如果返回的数据为复位完成信号 0x01，则在接收返回信息期间片选 CS 为低电平，此时 SD 卡进入 SPI 模式，并开始进行下一步；如果返回的值为其他值，则重新执行第②步。

④ 拉低片选 CS 引脚，发送命令 CMD8(0x48)查询 SD 卡的版本号，只有 SD 2.0 版本的卡才支持此命令，命令发送完成后等待 SD 卡返回响应数据。

⑤ SD 卡返回响应数据后，先等待 8 个时钟周期再拉高片选 CS 信号，此时判断返回的响应数据。如果返回的电压范围为 4'b0001 即 2.7～3.6 V，则说明此 SD 卡为2.0 版本，进行下一步；否则重新执行第④步。

⑥ 拉低片选 CS 引脚，发送命令 CMD55(0x77)告诉 SD 卡下一次发送的命令是应用相关命令，命令发送完成后等待 SD 卡返回响应数据。

⑦ SD 卡返回响应数据后，先等待 8 个时钟周期再拉高片选 CS 信号，此时判断返回的响应数据。如果返回的数据为空闲信号 0x01，则开始进行下一步；否则重新执行第⑥步。

⑧ 拉低片选 CS 引脚，发送命令 ACMD41(0x69)查询 SD 卡是否初始化完成，命令发送完成后等待 SD 卡返回响应数据。

⑨ SD 卡返回响应数据后，先等待 8 个时钟周期再拉高片选 CS 信号，此时判断返回的响应数据。如果返回的数据为 0x00，此时初始化完成，否则重新执行第⑥步。

SD 卡上电及复位命令时序如图 23.1.9 所示。

至此，SD 卡完成了复位以及初始化操作，进入到 SPI 模式的读/写操作。需要注意的是：SD 卡在初始化的时候，SPI_CLK 的时钟频率不能超过 400 kHz，在初始化完成之后，再将 SPI_CLK 的时钟频率切换至 SD 卡的最大时钟频率。尽管目前市面上的很多 SD 卡都支持以较快的时钟频率进行初始化，但为了能够兼容更多的 SD 卡，在 SD 卡初始化的时候时钟频率不能超过 400 kHz。

SD 卡读/写一次的数据量必须为 512 字节的整数倍，即对 SD 卡读/写操作的最少数据量为 512 个字节。可以通过命令 CMD16 来配置单次读/写操作的数据长度，以使每次读/写的数据量为($n\times512$)个字节($n\geqslant1$)，本次 SD 卡的读/写操作使用 SD 卡默认配置，即单次读/写操作的数据量为 512 个字节。

SD 卡初始化完成后，即可对 SD 卡进行读/写测试，SD 卡的读/写测试是先向 SD 卡中写入数据，再从 SD 卡中读出数据，并验证数据的正确性。SD 卡的写操作时序图

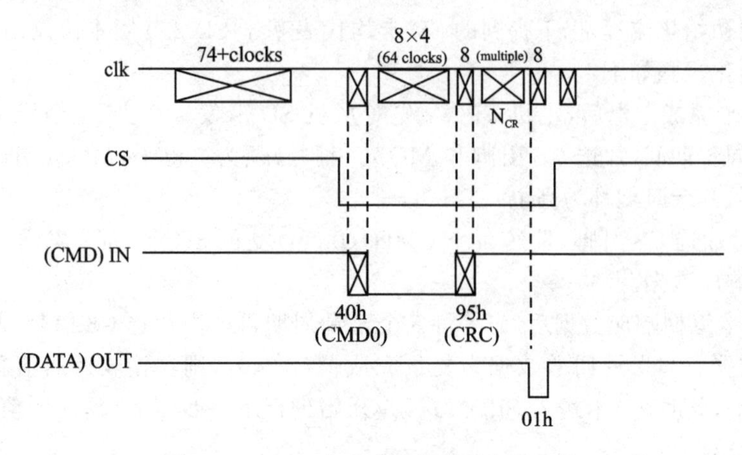

图 23.1.9　SD 卡上电及复位命令时序图

如图 23.1.10 所示。

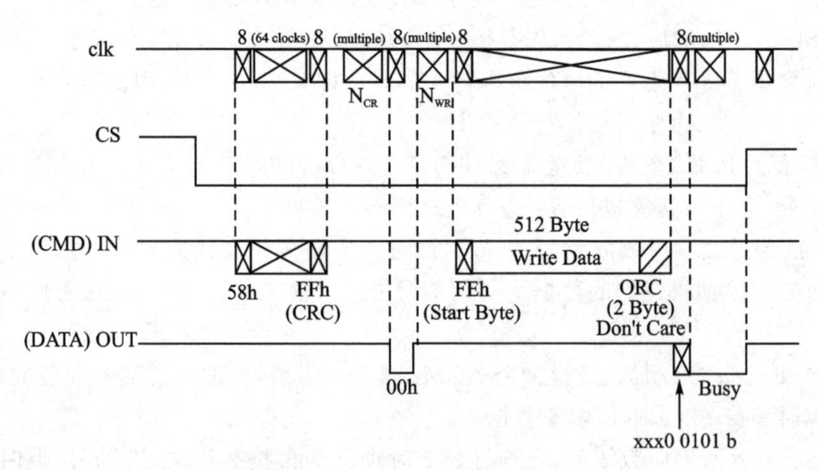

图 23.1.10　SD 卡写操作时序图

SD 卡的写操作流程如下：

① 拉低片选 CS 引脚，发送命令 CMD24(0x58)读取单个数据块，命令发送完成后等待 SD 卡返回响应数据。

② SD 卡返回正确响应数据 0x00 后，等待至少 8 个时钟周期，开始发送数据头 0xfe。

③ 发送完数据头 0xfe 后，接下来开始发送 512 个字节的数据。

④ 数据发送完成后，发送 2 个字节的 CRC 校验数据。由于 SPI 模式下不对数据进行 CRC 校验，直接发送两个字节的 0xff 即可。

⑤ 校验数据发送完成后，等待 SD 卡响应。

⑥ SD 卡返回响应数据后会进入写忙状态(MISO 引脚为低电平)，即此时不允许其他操作。当检测到 MISO 引脚为高电平时，SD 卡此时退出写忙状态。

⑦ 拉高 CS 引脚，等待 8 个时钟周期后允许进行其他操作。

SD 卡的读操作时序图如图 23.1.11 所示。

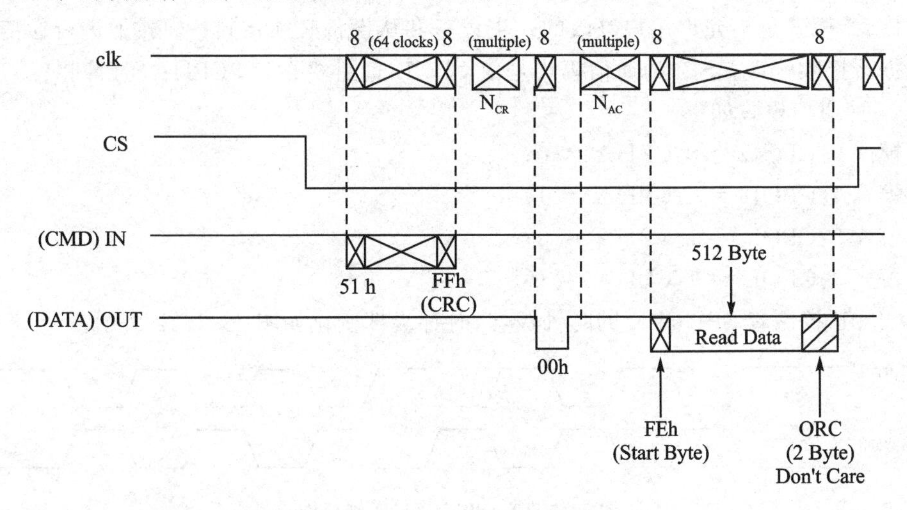

图 23.1.11　SD 卡读操作时序图

SD 卡的读操作流程如下：

① 拉低片选 CS 引脚,发送命令 CMD17(0x51)读取单个数据块,命令发送完成后等待 SD 卡返回响应数据。

② SD 卡返回正确响应数据 0x00 后,准备开始解析 SD 卡返回的数据头 0xfe。

③ 解析到数据头 0xfe 后,接下来接收 SD 卡返回的 512 个字节的数据。

④ 数据解析完成后,接下来接收两个字节的 CRC 校验值。由于 SPI 模式下不对数据进行 CRC 校验,可直接忽略这两个字节。

⑤ 校验数据接收完成后,等待 8 个时钟周期。

⑥ 拉高片选 CS 引脚,等待 8 个时钟周期后允许进行其他操作。

在前面介绍的 SD 卡读/写操作中,使用的是 SD 卡的 SPI 模式,即采用 SPI 协议进行读/写操作。SPI 和 I^2C 都是芯片上常用的通信协议,SPI 相比于 I^2C 具有更高的通信速率,但同时占用更多的引脚线,接下来我们了解一下 SPI 的协议及传输时序。

SPI(Serial Peripheral Interface)是由摩托罗拉公司定义的一种串行外围设备接口,是一种高速、全双工、同步的通信总线,只需要 4 根信号线即可,节约引脚,同时有利于 PCB 的布局。正是出于这种简单易用的特性,现在越来越多的芯片集成了 SPI 通信协议,如 Flash、A/D 转换器等。

SPI 的通信原理比较简单,它以主从方式工作,通常有一个主设备(此处指 FPGA)和一个或多个从设备(此处指 SD 卡)。SPI 通信需要 4 根线,分别为 SPI_CS、SPI_CLK、SPI_MOSI 和 SPI_MISO。其中 SPI_CS、SPI_CLK 和 SPI_MOSI 由主机输出给从机,而 SPI_MISO 由从机输出给主机。SPI_CS 用于控制芯片是否被选中,也就是说只有片选信号有效时(对于 SD 卡来说是低电平有效),对芯片的操作才有效;SPI_CLK 是由主机产生的同步时钟,用于同步数据;SPI_MOSI 和 SPI_MISO 是主机发送和接收的数据引脚。

一般而言,SPI 通信有 4 种不同的模式,不同的从设备在出厂时被厂家配置为其中一种模式,模式是不允许用户修改的。主设备和从设备必须在同一模式下进行通信,否则数据会接收错误。SPI 的通信模式是由 CPOL(时钟极性)和 CPHA(时钟相位)来决定的,4 种通信模式如下:

模式 0:CPOL = 0,CPHA = 0;

模式 1:CPOL = 0,CPHA = 1;

模式 2:CPOL = 1,CPHA = 0;

模式 3:CPOL = 1,CPHA = 1。

CPOL 控制着 SPI_CLK 的时钟极性,时钟极性变化如图 23.1.12 所示。

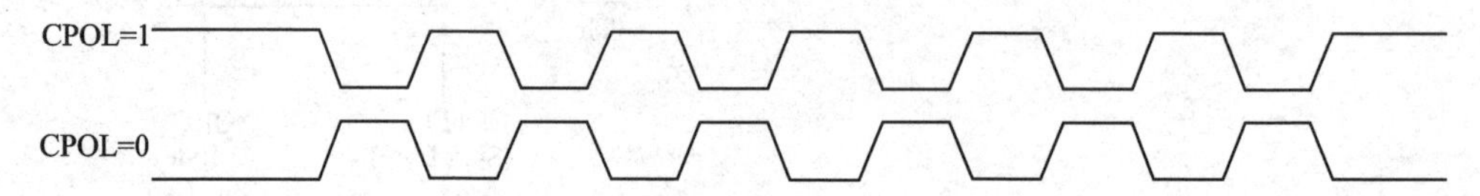

图 23.1.12　SPI_CLK 时钟极性

由图 23.1.12 可知,当 CPOL=1 时,SPI_CLK 在空闲时为高电平,发起通信后的第一个时钟沿为下降沿;CPOL=0 时,SPI 时钟信号 SPI_CLK 空闲时为低电平,发起通信后的第一个时钟沿为上升沿。

CPHA 用于控制数据与时钟的对齐模式,其不同模式下的时序图如图 23.1.13 所示。

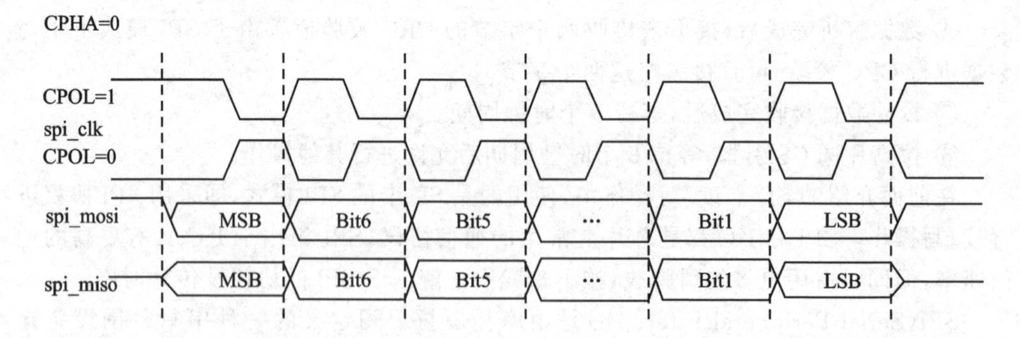

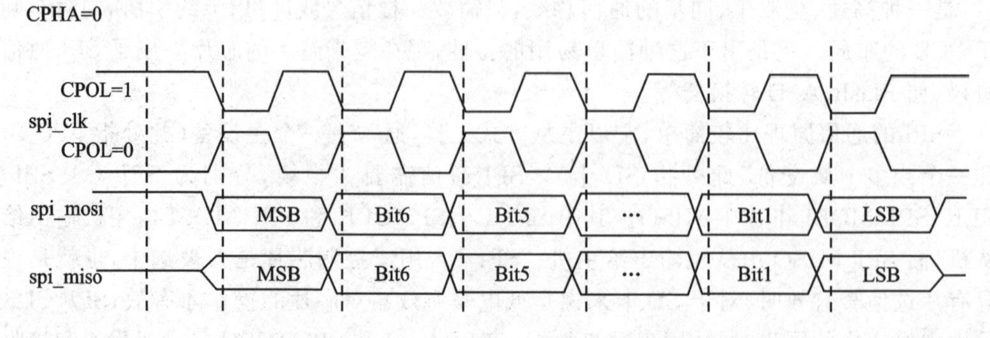

图 23.1.13　不同 CPHA 模式下的时序图

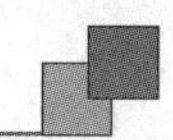

由图 23.1.13 可知，当 CPHA＝1 时，时钟的第一个变化沿（上升沿或者下降沿）数据开始改变，那么也就意味着时钟的第二个变化沿（与第一个变化沿相反）锁存数据；当 CPHA ＝ 0 时，数据在时钟的第一个变化沿之前就已经改变，并且保持稳定，也就意味着在时钟的第一个变化沿锁存数据。

对于 SD 卡的 SPI 模式而言，采用的 SPI 的通信模式为模式 3，即 CPOL＝1，CPHA＝1，在 SD 卡 2.0 版本协议中，SPI_CLK 时钟频率可达 50 MHz。

以上是 SD 卡简介部分的全部内容，在这里还需要补充一下 FAT 文件系统的知识。如果对 SD 卡的读/写测试像 EEPROM 一样仅仅是写数据，读数据并验证数据的正确性，则不需要 FAT 文件系统。而 SD 卡经常被用来在 Windows 操作系统上存取数据，所以必须使用 Windows 操作系统支持的 FAT 文件系统才能在计算机上正常使用。

FAT(File Allocation Table，文件分配表)是 Windows 操作系统所使用的一种文件系统，它的发展过程经历了 FAT12、FAT16、FAT32 三个阶段。FAT 文件系统用“簇”作为数据单元，一个“簇”由一组连续的扇区组成，而一个扇区由 512 个字节组成。簇所包含的扇区数必须是 2 的整数次幂，其扇区个数最大为 64，即 32 KB(512 Byte×64＝32 KB)。所有的簇从 2 开始进行编号，每个簇都有一个自己的地址编号，用户文件和目录都存储在簇中。

FAT 文件系统的基本结构依次为：分区引导记录、文件分配表(FAT 表 1 和 FAT 表 2)、根目录和数据区。

分区引导记录：分区引导记录区通常占用分区的第一个扇区，共 512 个字节。包含 4 部分内容：BIOS 参数记录块 BPB(BIOS Parameter Block)、磁盘标志记录表、分区引导记录代码区和结束标志 0x55AA。

文件分配表(FAT 表 1 和 FAT 表 2)：文件在磁盘上以簇为单位存储，但是同一个文件的数据并不一定完整地存放在磁盘的一个连续的区域内，往往会分成若干簇，FAT 表就是记录文件存储中簇与簇之间连接的信息，这就是文件的链式存储。对于 FAT16 文件系统来说，每个簇用 16 bit 来表示文件分配表，而对于 FAT32 文件系统，使用 32 bit 来表示文件分配表，这是两者之间的最重要区别。

根目录：根目录是文件或者目录的首簇号。在 FAT32 文件系统中，不再对根目录的位置做硬性规定，可以存储在分区内可寻址的任意簇内。不过通常根目录是最早建立的（格式化就生成了）目录表，所以我们看到的情况基本上都是根目录首簇紧邻 FAT2，占簇区顺序上的第 1 个簇（即 2 号簇）。

数据区：数据区紧跟在根目录后面，是文件等数据存放的地方，占用大部分的磁盘空间。

SD 卡在 SD 2.0 版本协议下，SPI 模式的理论最大传输速率为 50 Mbit/s，在 SDIO 模式下理论传输速率为 200 Mbit/s，加上命令号以及等待 SD 卡返回响应信号的时间，实际上的传输速率会比理论传输速率下降不少。对于采用分辨率为 640×480，60 Hz 的显示器来说，一幅图像的数据量达到 640×480×16 bit＝4 915 200 bit＝4 800 Kbit (1 Kbit＝1 024 bit)，每秒钟刷新 60 次，那么每秒钟需要传输的数据量达到 4 800 Kbit×60＝288 000 Kbit＝281.25 Mbit(1 Mbit＝1 024 Kbit)。由此可以看出，SD 卡的读/写

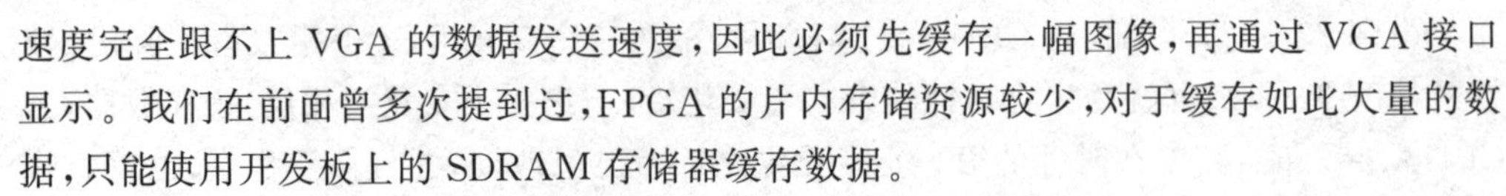

速度完全跟不上 VGA 的数据发送速度，因此必须先缓存一幅图像，再通过 VGA 接口显示。我们在前面曾多次提到过，FPGA 的片内存储资源较少，对于缓存如此大量的数据，只能使用开发板上的 SDRAM 存储器缓存数据。

本次实验使用 SDRAM 存储器来缓存图片数据，图片数据来自 SD 卡，那么就需要事先向 SD 卡中导入两张图片，也就是从计算机中拷贝两张图片放入 SD 卡。如果是 MicroSD 卡（TF 卡），则需要先将 MicroSD 卡插入读卡器中，再将读卡器插入计算机的 USB 接口。如果是 SD 卡，则可以直接将 SD 卡插入计算机的 SD 卡插槽内（有些计算机可能没有此接口），也可以插入支持 SD 卡的读卡器中。

VGA 的显示格式为 16 位 RGB565 格式，为了使 SD 卡读出的数据可以直接在 VGA 上显示，我们需要将图片通过"IMG2LCD"上位机软件转成 16 位的 RGB565 格式的 bin 文件，再将 bin 文件导入 SD 卡中。然后使用 WinHex 软件查看两个 bin 文件的扇区地址，此时查询到的扇区地址就是 bin 文件存放的起始扇区地址，我们只需要按照这个起始扇区地址，按顺序读出 SD 卡中的数据即可，直到读完一张图片中的所有数据。SD 卡中一个扇区存放 512 个字节，也就是 256 个 16 位数据，对于分辨率为 640×480 的图片来说，共需要读出 1 200（640×480/256）个扇区数据。

23.2 实验任务

本节实验任务是使用 FPGA 开发板循环读取 SD 卡中存储的两张图片（bin 格式图片，分辨率为 640×480），然后将图片存储在 SDRAM 中并通过 VGA 接口在显示器上循环切换显示。

23.3 硬件设计

我们的开拓者 FPGA 开发板上有一个 SD 卡插槽，用于插入 SD 卡，其原理图如图 23.3.1 所示。

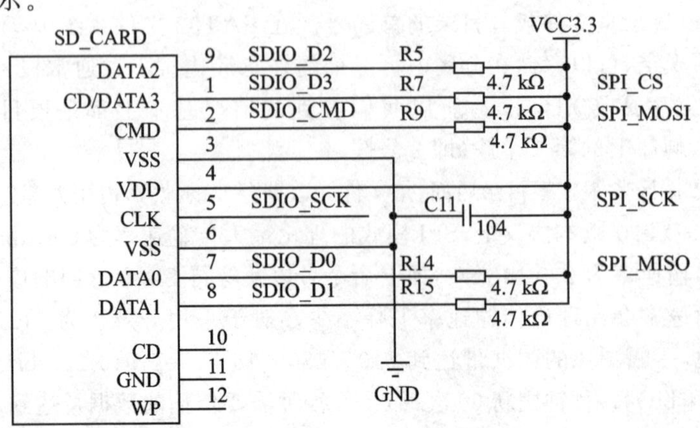

图 23.3.1 SD 卡接口原理图

由图23.3.1可知，在SD卡的SPI模式下，只用到了SDIO_D3(SPI_CS)、SDIO_CMD(SPI_MOSI)、SDIO_SCK(SPI_SCK)和SDIO_D0(SPI_MISO)引脚，而其他两个引脚是在SD卡的SDIO模式下用到的。

23.4　程序设计

图23.4.1是根据本章实验任务画出的系统框图。PLL时钟模块为其他各模块提供驱动时钟；SD卡读取图片控制模块控制SD卡控制器的读接口；SD卡控制器从SD卡中读出图像数据，并将读出的数据写入SDRAM控制器；最后VGA驱动模块通过SDRAM控制器读取SDRAM中存储的图片数据并通过VGA接口显示在显示器上。

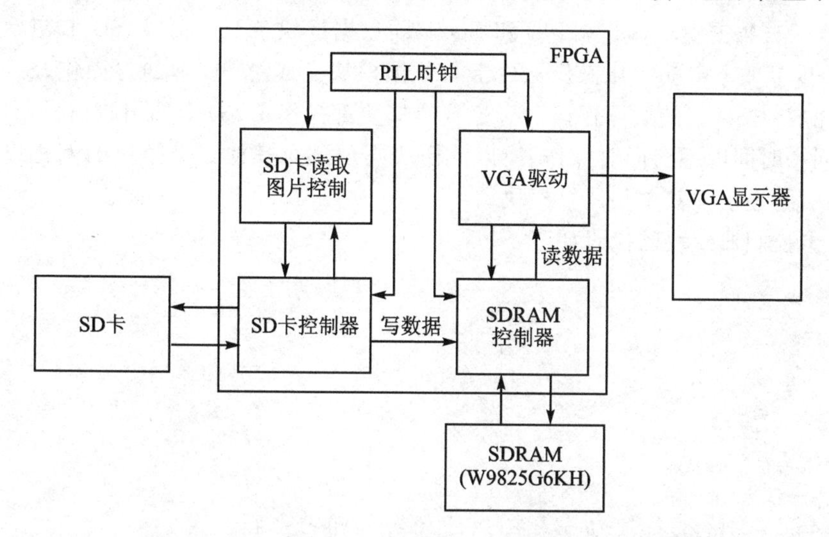

图23.4.1　SD卡图片显示实验(VGA显示)系统框图

FPGA顶层模块(top_sd_photo_vga)例化了以下5个模块：PLL时钟模块(pll_clk)、SD卡读取图片控制模块(sd_read_photo)、SD卡控制器模块(sd_ctrl_top)、SDRAM控制器模块(sdram_top)和VGA驱动模块(vga_driver)。

顶层模块(top_sd_photo_vga)：顶层模块主要完成对其余各模块的例化，实现各模块之间的数据交互。需要注意的是，系统初始化完成是在SD卡以及SDRAM都初始化完成后才开始拉高的，该信号控制着SD卡读取图片控制模块的复位信号，因此SD卡读取图片控制模块是在系统初始化完成后才工作的，防止因SD卡或者SDRAM初始化未完成导致数据错误。

PLL时钟模块(pll_clk)：PLL时钟模块通过调用锁相环(PLL)IP核实现，总共输出5个时钟，频率分别为100 MHz、100 MHz(相位偏移−75°)、50 MHz、50 MHz(相位偏移180°)和25 MHz。两个100 MHz的时钟用于为SDRAM控制器模块提供驱动时钟；两个50 MHz的时钟用于为SD卡控制器模块提供驱动时钟，其中50 MHz为SD卡读取图片控制模块提供驱动时钟；25 MHz用于为VGA驱动模块提供驱动时钟。

SD 卡读取图片控制模块(sd_read_photo):SD 卡读取图片控制模块通过控制 SD 卡控制器的读接口,从 SD 卡中读取图像数据,并在读完一张图片后延时一段时间,再去读取另一张图片数据,实现两张图片的循环切换读取。

SDRAM 读/写控制模块(sdram_top):SDRAM 读/写控制器模块负责驱动 SDRAM 片外存储器,缓存图像传感器输出的图像数据。该模块将 SDRAM 复杂的读/写操作封装成类似 FIFO 的用户接口,非常方便用户的使用。

VGA 驱动模块(vga_driver):VGA 驱动模块根据 VGA 时序参数输出行、场同步信号;同时它还要输出数据请求信号用于读取 SDRAM 中的图片数据,并将图片通过 VGA 接口显示。

SD 卡控制器模块(sd_ctrl_top):SD 卡控制器模块例化了 SD 卡初始化模块(sd_init)、SD 卡写数据模块(sd_write)和 SD 卡读数据模块(sd_read)。SD 卡初始化模块完成对 SD 卡的上电初始化操作;SD 卡写数据模块完成对 SD 卡的写操作;SD 卡读数据模块完成对 SD 卡的读操作。由于这 3 个模块都操作了 SD 卡的引脚信号,且这 3 个模块在同一时间内不会同时操作,所以此模块实现了对其他 3 个模块的例化以及选择 SD 卡的引脚连接至其中某一个模块。

SD 卡控制器模块的代码如下:

```
1   module sd_ctrl_top(
    ……省略部分代码
39  //SD 卡的 SPI_CLK
40  assign  sd_clk = (sd_init_done == 1'b0)  ?  init_sd_clk  :  clk_ref_180deg;
41
42  //SD 卡接口信号选择
43  always @( * ) begin
44      //SD 卡初始化完成之前,端口信号和初始化模块信号相连
45      if(sd_init_done == 1'b0) begin
46          sd_cs = init_sd_cs;
47          sd_mosi = init_sd_mosi;
48      end
49      else if(wr_busy) begin
50          sd_cs = wr_sd_cs;
51          sd_mosi = wr_sd_mosi;
52      end
53      else if(rd_busy) begin
54          sd_cs = rd_sd_cs;
55          sd_mosi = rd_sd_mosi;
56      end
57      else begin
58          sd_cs = 1'b1;
59          sd_mosi = 1'b1;
60      end
61  end
62
63  //SD 卡初始化
64  sd_init u_sd_init(
```

```
65      .clk_ref              (clk_ref),
66      .rst_n                (rst_n),
67
68      .sd_miso              (sd_miso),
69      .sd_clk               (init_sd_clk),
70      .sd_cs                (init_sd_cs),
71      .sd_mosi              (init_sd_mosi),
72
73      .sd_init_done         (sd_init_done)
74      );
75
76  //SD 卡写数据
77  sd_write u_sd_write(
78      .clk_ref              (clk_ref),
79      .clk_ref_180deg       (clk_ref_180deg),
80      .rst_n                (rst_n),
81
82      .sd_miso              (sd_miso),
83      .sd_cs                (wr_sd_cs),
84      .sd_mosi              (wr_sd_mosi),
85      //SD 卡初始化完成之后响应写操作
86      .wr_start_en          (wr_start_en & sd_init_done),
87      .wr_sec_addr          (wr_sec_addr),
88      .wr_data              (wr_data),
89      .wr_busy              (wr_busy),
90      .wr_req               (wr_req)
91      );
92
93  //SD 卡读数据
94  sd_read u_sd_read(
95      .clk_ref              (clk_ref),
96      .clk_ref_180deg       (clk_ref_180deg),
97      .rst_n                (rst_n),
98
99      .sd_miso              (sd_miso),
100     .sd_cs                (rd_sd_cs),
101     .sd_mosi              (rd_sd_mosi),
102     //SD 卡初始化完成之后响应读操作
103     .rd_start_en          (rd_start_en & sd_init_done),
104     .rd_sec_addr          (rd_sec_addr),
105     .rd_busy              (rd_busy),
106     .rd_val_en            (rd_val_en),
107     .rd_val_data          (rd_val_data)
108     );
109
110 endmodule
```

SD 卡控制器模块例化了 SD 卡初始化模块(sd_init)、SD 卡写数据模块(sd_write)和 SD 卡读数据模块(sd_read)。由于这 3 个模块都驱动着 SD 卡的引脚，因此在代码的第 43 行开始的 always 块中，用于选择哪一个模块连接至 SD 卡的引脚。在代码的第

40 行，init_sd_clk 用于初始化 SD 卡时提供较慢的时钟，在 SD 卡初始化完成之后，再将较快的时钟 clk_ref_180deg 赋值给 sd_clk。sd_clk 从上电之后，一直都是有时钟的，而我们在前面说过 SPI_CLK 的时钟在空闲时为高电平或者低电平。事实上，为了简化设计，sd_clk 在空闲时提供时钟也是可以的，其是否有效主要由片选信号来控制。

在这里主要介绍一下 SD 卡控制器模块的使用方法。当外部需要对 SD 卡进行读/写操作时，首先要判断 sd_init_done（SD 卡初始化完成）信号，该信号拉高之后才能对 SD 卡进行读/写操作；在对 SD 卡进行写操作时，只需给出 wr_start_en（开始写 SD 卡数据信号）和 wr_sec_addr（写数据扇区地址），此时 SD 卡控制器模块会拉高 wr_busy 信号，开始对 SD 卡发起写入命令；在命令发起成功后 SD 卡控制器模块会输出 wr_req（写数据请求）信号，此时我们给出 wr_data（写数据）即可将数据写入 SD 卡中；待所有数据写入完成后，wr_busy 信号拉低，即可再次发起读/写操作。SD 卡的读操作是给出 rd_start_en（rd_start_en）和 rd_sec_addr（读数据扇区地址），此时 SD 卡控制器会拉高 rd_busy（读数据忙）信号，开始对 SD 卡发起读出命令；在命令发起成功后 SD 卡控制器模块会输出 rd_val_en（读数据有效）信号和 rd_val_data（读数据），待所有数据读完之后，拉低 rd_busy 信号。需要注意的是，SD 卡单次写入和读出的数据量为 512 个字节，因为接口封装为 16 位数据，所以单次读/写操作会有 256 个 16 位数据。

SD 卡初始化模块完成对 SD 卡的上电初始化操作，我们在 SD 卡的简介部分已经详细地介绍了 SD 卡的初始化流程，只需要按照 SD 卡的初始化步骤即可完成 SD 卡的初始化。由 SD 卡的初始化流程可知，其步骤非常适合状态机编写，其状态跳转图如图 23.4.2 所示。

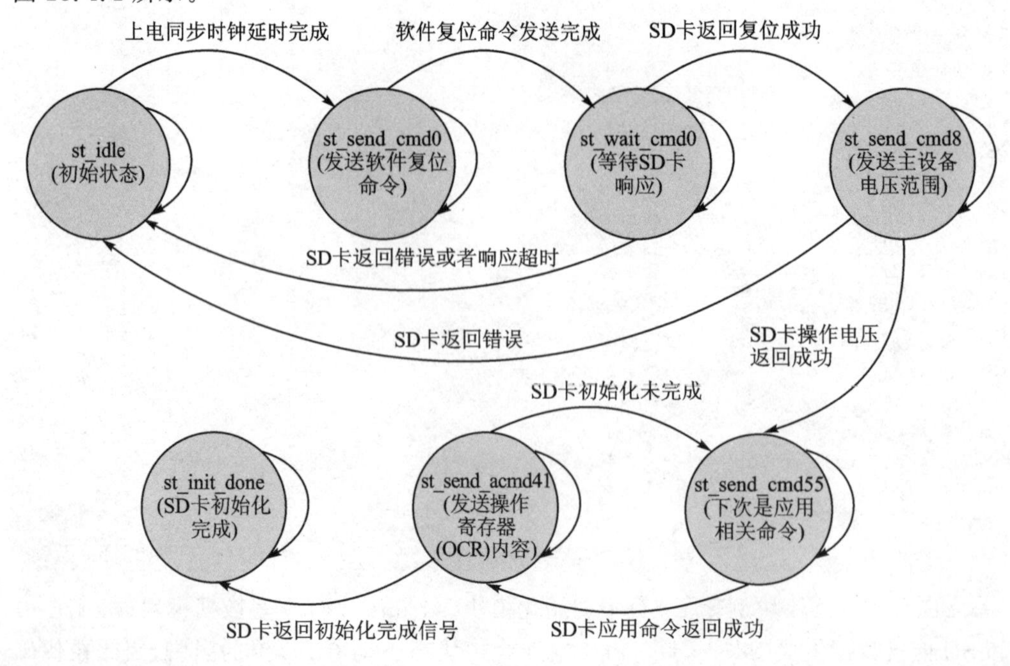

图 23.4.2　SD 卡初始化状态跳转图

由图23.4.2可知，我们把SD卡初始化过程定义为7个状态，分别为st_idle(初始状态)、st_send_cmd0(发送软件复位命令)、st_wait_cmd0(等待SD卡响应)、st_send_cmd8(发送主设备电压范围)、st_send_cmd55(指示下次是应用相关的命令)、st_send_acmd41(发送操作寄存器内容)以及st_init_done(SD卡初始化完成)。因为SD卡的初始化只需要上电后执行一次，所以在初始化完成之后，状态机一直处于st_init_done状态。

SD卡初始化模块的部分代码如下所示：

```
112 //接收SD卡返回的响应数据
113 //在div_clk_180deg(sd_clk)的上升沿锁存数据
114 always @(posedge div_clk_180deg or negedge rst_n) begin
115     if(!rst_n) begin
116         res_en <= 1'b0;
117         res_data <= 48'd0;
118         res_flag <= 1'b0;
119         res_bit_cnt <= 6'd0;
120     end
121     else begin
122         //sd_miso = 0 开始接收响应数据
123         if(sd_miso == 1'b0 && res_flag == 1'b0) begin
124             res_flag <= 1'b1;
125             res_data <= {res_data[46:0],sd_miso};
126             res_bit_cnt <= res_bit_cnt + 6'd1;
127             res_en <= 1'b0;
128         end
129         else if(res_flag) begin
130             //R1返回1个字节,R3、R7返回5个字节
131             //在这里统一按照6个字节来接收,多出的1个字节为NOP(8个时钟周期的延时)
132             res_data <= {res_data[46:0],sd_miso};
133             res_bit_cnt <= res_bit_cnt + 6'd1;
134             if(res_bit_cnt == 6'd47) begin
135                 res_flag <= 1'b0;
136                 res_bit_cnt <= 6'd0;
137                 res_en <= 1'b1;
138             end
139         end
140         else
141             res_en <= 1'b0;
142     end
143 end
```

在上述代码的always语句块中，我们使用div_clk_180deg(同sd_clk)的上升沿采集SD卡返回的信号，而其他语句块使用div_clk时钟(sd_clk相位偏差180°的时钟)来操作，这是因为在SD卡的SPI模式下SD卡的上升沿锁存(采集)数据，在下降沿的时候更新(发送)数据，所以在SD卡的上升沿采集数据是数据保持稳定的时刻，以确保采集的数据不会发送错误。我们知道，SD卡在初始化过程中共返回3种响应类型，分别为R1、R3和R7，其中返回的R3类型和R7类型中包含R1类型，R1类型最高位固定

为 0，而 SD_MISO 在空闲时是为高电平状态，因此我们可以通过判断 SD_MISO 引脚拉低作为开始接收响应信号的条件。

图 23.4.3 和图 23.4.4 为 SD 卡初始化过程中 SignalTap 抓取的波形图，从图中可以清晰地看到在 SD 卡初始化过程中，各个状态的跳转。在初始化完成之后，sd_init_done 信号由低电平变为高电平，说明 SD 卡初始化完成。

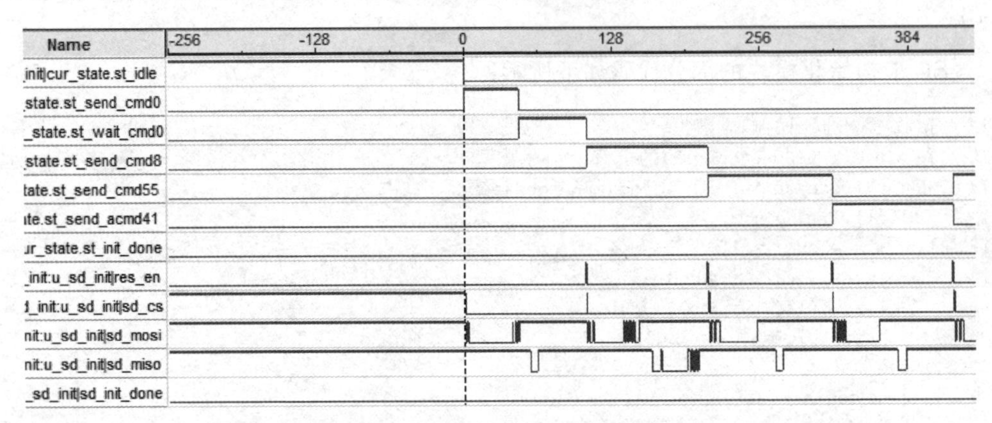

图 23.4.3　SD 卡初始化 SignalTap 波形图

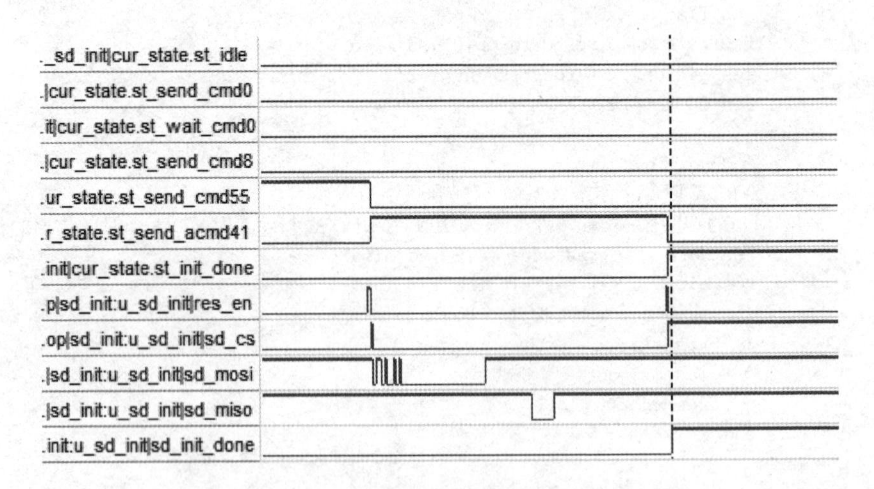

图 23.4.4　SD 卡初始化完成 SignalTap 波形图

SD 卡写操作模块的代码如下：

```
1    module sd_write(
     ……省略部分代码
17   //parameter define
18   parameter   HEAD_BYTE = 8'hfe      ;           //数据头
     ……省略部分代码
58   //接收 SD 卡返回的响应数据
59   //在 clk_ref_180deg(sd_clk)的上升沿锁存数据
```

```
60  always @(posedge clk_ref_180deg or negedge rst_n) begin
61      if(!rst_n) begin
62          res_en <= 1'b0;
63          res_data <= 8'd0;
64          res_flag <= 1'b0;
65          res_bit_cnt <= 6'd0;
66      end
67      else begin
68          //sd_miso = 0 开始接收响应数据
69          if(sd_miso == 1'b0 && res_flag == 1'b0) begin
70              res_flag <= 1'b1;
71              res_data <= {res_data[6:0],sd_miso};
72              res_bit_cnt <= res_bit_cnt + 6'd1;
73              res_en <= 1'b0;
74          end
75          else if(res_flag) begin
76              res_data <= {res_data[6:0],sd_miso};
77              res_bit_cnt <= res_bit_cnt + 6'd1;
78              if(res_bit_cnt == 6'd7) begin
79                  res_flag <= 1'b0;
80                  res_bit_cnt <= 6'd0;
81                  res_en <= 1'b1;
82              end
83          end
84          else
85              res_en <= 1'b0;
86      end
87  end
88
89  //写完数据后检测 SD 卡是否空闲
90  always @(posedge clk_ref or negedge rst_n) begin
91      if(!rst_n)
92          detect_data <= 8'd0;
93      else if(detect_done_flag)
94          detect_data <= {detect_data[6:0],sd_miso};
95      else
96          detect_data <= 8'd0;
97  end
98
99  //SD 卡写入数据
100 always @(posedge clk_ref or negedge rst_n) begin
101     if(!rst_n) begin
102         sd_cs <= 1'b1;
103         sd_mosi <= 1'b1;
104         wr_ctrl_cnt <= 4'd0;
105         wr_busy <= 1'b0;
106         cmd_wr <= 48'd0;
107         cmd_bit_cnt <= 6'd0;
108         bit_cnt <= 4'd0;
109         wr_data_t <= 16'd0;
110         data_cnt <= 9'd0;
```

```
111             wr_req <= 1'b0;
112             detect_done_flag <= 1'b0;
113         end
114         else begin
115             wr_req <= 1'b0;
116             case(wr_ctrl_cnt)
117                 4'd0 : begin
118                     wr_busy <= 1'b0;                              //写空闲
119                     sd_cs <= 1'b1;
120                     sd_mosi <= 1'b1;
121                     if(pos_wr_en) begin
122                         cmd_wr <= {8'h58,wr_sec_addr,8'hff};      //写入单个命令块 CMD24
123                         wr_ctrl_cnt <= wr_ctrl_cnt + 4'd1;        //控制计数器加 1
124                         //开始执行写入数据,拉高写忙信号
125                         wr_busy <= 1'b1;
126                     end
127                 end
128                 4'd1 : begin
129                     if(cmd_bit_cnt <= 6'd47) begin                //开始按位发送写命令
130                         cmd_bit_cnt <= cmd_bit_cnt + 6'd1;
131                         sd_cs <= 1'b0;
132                         sd_mosi <= cmd_wr[6'd47 - cmd_bit_cnt];  //先发送高字节
133                     end
134                     else begin
135                         sd_mosi <= 1'b1;
136                         if(res_en) begin                          //SD 卡响应
137                             wr_ctrl_cnt <= wr_ctrl_cnt + 4'd1;    //控制计数器加 1
138                             cmd_bit_cnt <= 6'd0;
139                             bit_cnt <= 4'd1;
140                         end
141                     end
142                 end
143                 4'd2 : begin
144                     bit_cnt <= bit_cnt + 4'd1;
145                     //bit_cnt = 0~7 等待 8 个时钟周期
146                     //bit_cnt = 8~15,写入命令头 8'hfe
147                     if(bit_cnt >= 4'd8 && bit_cnt <= 4'd15) begin
148                         sd_mosi <= HEAD_BYTE[4'd15 - bit_cnt];    //先发送高字节
149                         if(bit_cnt == 4'd14)
150                             wr_req <= 1'b1;                      //提前拉高写数据请求信号
151                         else if(bit_cnt == 4'd15)
152                             wr_ctrl_cnt <= wr_ctrl_cnt + 4'd1;    //控制计数器加 1
153                     end
154                 end
155                 4'd3 : begin                                      //写入数据
156                     bit_cnt <= bit_cnt + 4'd1;
157                     if(bit_cnt == 4'd0) begin
158                         sd_mosi <= wr_data[4'd15 - bit_cnt];      //先发送数据高位
159                         wr_data_t <= wr_data;                     //寄存数据
160                     end
161                     else
```

```
162                     sd_mosi <= wr_data_t[4'd15 - bit_cnt];    //先发送数据高位
163                 if((bit_cnt == 4'd14) && (data_cnt <= 9'd255))
164                     wr_req <= 1'b1;
165                 if(bit_cnt == 4'd15) begin
166                     data_cnt <= data_cnt + 9'd1;
167                     //写入单个BLOCK共512个字节 = 256 * 16 bit
168                     if(data_cnt == 9'd255) begin
169                         data_cnt <= 9'd0;
170                         //写入数据完成,控制计数器加1
171                         wr_ctrl_cnt <= wr_ctrl_cnt + 4'd1;
172                     end
173                 end
174             end
175             //写入2个字节CRC校验,由于SPI模式下不检测校验值,所以此处写入两个字节的8'hff
176             4'd4 : begin
177                 bit_cnt <= bit_cnt + 4'd1;
178                 sd_mosi <= 1'b1;
179                 //crc写入完成,控制计数器加1
180                 if(bit_cnt == 4'd15)
181                     wr_ctrl_cnt <= wr_ctrl_cnt + 4'd1;
182             end
183             4'd5 : begin
184                 if(res_en)                                        //SD卡响应
185                     wr_ctrl_cnt <= wr_ctrl_cnt + 4'd1;
186             end
187             4'd6 : begin                                          //等待写完成
188                 detect_done_flag <= 1'b1;
189                 //detect_data = 8'hff时,SD卡写入完成,进入空闲状态
190                 if(detect_data == 8'hff) begin
191                     wr_ctrl_cnt <= wr_ctrl_cnt + 4'd1;
192                     detect_done_flag <= 1'b0;
193                 end
194             end
195             default : begin
196                 //进入空闲状态后,拉高片选信号,等待8个时钟周期
197                 sd_cs <= 1'b1;
198                 wr_ctrl_cnt <= wr_ctrl_cnt + 4'd1;
199             end
200         endcase
201     end
202 end
203
204 endmodule
```

SD卡写数据模块主要完成对SD卡的写操作,在程序的第18行定义了一个参数HEAD_BYTE(SD卡写数据头),在开始写入有效数据之前,必须先发送数据头8'hfe。在代码的第60行开始的always语句块中,同样使用clk_ref_180deg(sd_clk)的上升沿采集数据,其原因同SD初始化模块一样,clk_ref_180deg的上升沿是数据保持稳定的时刻,采集的数据不会发生错误。

在代码第 100 行开始的 always 语句块中，使用写计数控制器(wr_ctrl_cnt)控制写入的流程。其流程为首先检测开始写入数据信号(wr_start_en)的上升沿，检测到上升沿之后开始发送写命令(CMD24)；写命令发送完成等待 SD 卡返回响应信号；SD 卡返回响应命令后，等待 8 个时钟周期，随后写入数据头和数据，注意写数据之前写请求信号要提前拉高，以保证写入数据时刻数据是有效的；发送完数据之后，再次发送两个字节的 CRC 校验值，由于 SPI 模式下不对数据做校验，这里发送两个字节的 8'hff，然后等待 SD 卡返回响应数据。在接收完 SD 卡的响应之后给出标志 detect_done_flag，以检测 SD 卡是否进入空闲状态。当 SD 卡进入空闲状态后等待 8 个时钟周期即可重新检测开始写入数据信号(wr_start_en)的上升沿。

图 23.4.5 为 SD 卡写数据过程中 SignalTap 抓取的波形图，从图中可以看出，在检测到 wr_start_en 的上升沿(脉冲信号)后，wr_busy(写忙信号)开始拉高，sd_cs 片选信号拉低，开始对 SD 卡写命令和数据，wr_req 为请求写入的数据，共请求数据 256 次。在数据及 CRC 校验写完后 detect_done_flag 信号拉高，开始等待 SD 卡空闲。

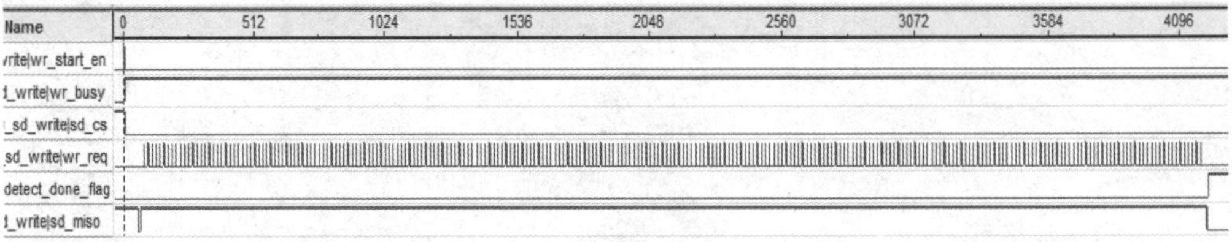

图 23.4.5　SD 卡写数据 SignalTap 波形图

图 23.4.6 为数据写完后抓取到的 SignalTap 波形图，从图中可以看出，SD 卡返回空闲信号(sd_miso 由低电平变为高电平)后，片选信号开始拉高，detect_done_flag 信号拉低，wr_busy(写忙信号)拉低，此时可以进行下一次写操作。

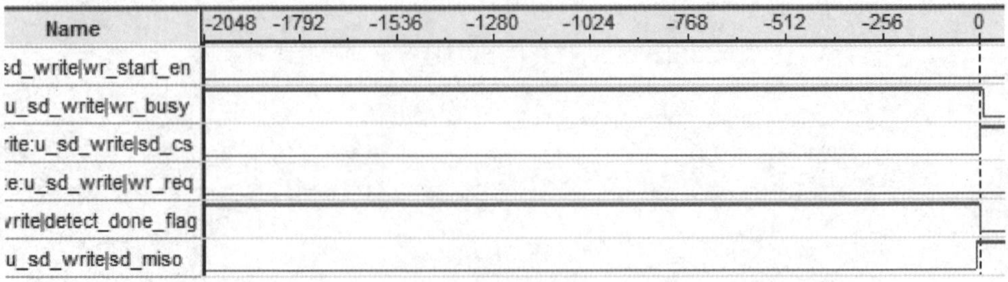

图 23.4.6　SD 卡数据写完 SignalTap 波形图

SD 卡读操作模块的代码如下：

```
1   module sd_read(
    ……省略部分代码
58  //接收 SD 卡返回的响应数据
59  //在 clk_ref_180deg(sd_clk)的上升沿锁存数据
```

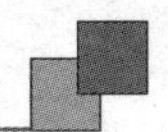

```
60  always @(posedge clk_ref_180deg or negedge rst_n) begin
61      if(!rst_n) begin
62          res_en <= 1'b0;
63          res_data <= 8'd0;
64          res_flag <= 1'b0;
65          res_bit_cnt <= 6'd0;
66      end
67      else begin
68          //sd_miso = 0 开始接收响应数据
69          if(sd_miso == 1'b0 && res_flag == 1'b0) begin
70              res_flag <= 1'b1;
71              res_data <= {res_data[6:0],sd_miso};
72              res_bit_cnt <= res_bit_cnt + 6'd1;
73              res_en <= 1'b0;
74          end
75          else if(res_flag) begin
76              res_data <= {res_data[6:0],sd_miso};
77              res_bit_cnt <= res_bit_cnt + 6'd1;
78              if(res_bit_cnt == 6'd7) begin
79                  res_flag <= 1'b0;
80                  res_bit_cnt <= 6'd0;
81                  res_en <= 1'b1;
82              end
83          end
84          else
85              res_en <= 1'b0;
86      end
87  end
88
89  //接收 SD 卡有效数据
90  //在 clk_ref_180deg(sd_clk)的上升沿锁存数据
91  always @(posedge clk_ref_180deg or negedge rst_n) begin
92      if(!rst_n) begin
93          rx_en_t <= 1'b0;
94          rx_data_t <= 16'd0;
95          rx_flag <= 1'b0;
96          rx_bit_cnt <= 4'd0;
97          rx_data_cnt <= 9'd0;
98          rx_finish_en <= 1'b0;
99      end
100     else begin
101         rx_en_t <= 1'b0;
102         rx_finish_en <= 1'b0;
103         //数据头 0xfe 8'b1111_1110,所以检测 0 为起始位
104         if(rd_data_flag && sd_miso == 1'b0 && rx_flag == 1'b0)
105             rx_flag <= 1'b1;
106         else if(rx_flag) begin
107             rx_bit_cnt <= rx_bit_cnt + 4'd1;
108             rx_data_t <= {rx_data_t[14:0],sd_miso};
109             if(rx_bit_cnt == 4'd15) begin
110                 rx_data_cnt <= rx_data_cnt + 9'd1;
```

```
111                 //接收单个 BLOCK 共 512 个字节 = 256 * 16 bit
112                 if(rx_data_cnt <= 9'd255)
113                     rx_en_t <= 1'b1;
114                 else if(rx_data_cnt == 9'd257) begin    //接收两个字节的 CRC 校验值
115                     rx_flag <= 1'b0;
116                     rx_finish_en <= 1'b1;                //数据接收完成
117                     rx_data_cnt <= 9'd0;
118                     rx_bit_cnt <= 4'd0;
119                 end
120             end
121         end
122         else
123             rx_data_t <= 16'd0;
124     end
125 end
126
127 //寄存输出数据有效信号和数据
128 always @(posedge clk_ref or negedge rst_n) begin
129     if(!rst_n) begin
130         rd_val_en <= 1'b0;
131         rd_val_data <= 16'd0;
132     end
133     else begin
134         if(rx_en_t) begin
135             rd_val_en <= 1'b1;
136             rd_val_data <= rx_data_t;
137         end
138         else
139             rd_val_en <= 1'b0;
140     end
141 end
142
143 //读命令
144 always @(posedge clk_ref or negedge rst_n) begin
145     if(!rst_n) begin
146         sd_cs <= 1'b1;
147         sd_mosi <= 1'b1;
148         rd_ctrl_cnt <= 4'd0;
149         cmd_rd <= 48'd0;
150         cmd_bit_cnt <= 6'd0;
151         rd_busy <= 1'b0;
152         rd_data_flag <= 1'b0;
153     end
154     else begin
155         case(rd_ctrl_cnt)
156             4'd0 : begin
157                 rd_busy <= 1'b0;
158                 sd_cs <= 1'b1;
159                 sd_mosi <= 1'b1;
160                 if(pos_rd_en) begin
161                     cmd_rd <= {8'h51,rd_sec_addr,8'hff};    //写入单个命令块 CMD17
```

```
162                 rd_ctrl_cnt <= rd_ctrl_cnt + 4'd1;       //控制计数器加 1
163                 //开始执行读取数据,拉高读忙信号
164                 rd_busy <= 1'b1;
165             end
166         end
167         4'd1 : begin
168             if(cmd_bit_cnt <= 6'd47) begin                //开始按位发送读命令
169                 cmd_bit_cnt <= cmd_bit_cnt + 6'd1;
170                 sd_cs <= 1'b0;
171                 sd_mosi <= cmd_rd[6'd47 - cmd_bit_cnt]; //先发送高字节
172             end
173             else begin
174                 sd_mosi <= 1'b1;
175                 if(res_en) begin                          //SD 卡响应
176                     rd_ctrl_cnt <= rd_ctrl_cnt + 4'd1; //控制计数器加 1
177                     cmd_bit_cnt <= 6'd0;
178                 end
179             end
180         end
181         4'd2 : begin
182             //拉高 rd_data_flag 信号,准备接收数据
183             rd_data_flag <= 1'b1;
184             if(rx_finish_en) begin                        //数据接收完成
185                 rd_ctrl_cnt <= rd_ctrl_cnt + 4'd1;
186                 rd_data_flag <= 1'b0;
187                 sd_cs <= 1'b1;
188             end
189         end
190         default : begin
191             //进入空闲状态后,拉高片选信号,等待 8 个时钟周期
192             sd_cs <= 1'b1;
193             rd_ctrl_cnt <= rd_ctrl_cnt + 4'd1;
194         end
195     endcase
196   end
197 end
198
199 endmodule
```

SD 卡读数据模块主要完成对 SD 卡的读操作。在代码的第 60 行开始的 always 语句块和第 91 行开始的 always 语句块中,同样采用 clk_ref_180deg 的上升沿采集数据,其原因同 SD 初始化模块一样,clk_ref_180deg 的上升沿是数据保持稳定的时刻,采集的数据不会发生错误。

在代码的第 144 行开始的 always 语句块中,使用读计数控制器(rd_ctrl_cnt)控制读取数据的流程。其流程为检测开始读取数据信号(rd_start_en)的上升沿,检测到上升沿之后开始发送读命令(CMD17);读命令发送完成之后等待 SD 卡返回响应信号;SD 卡返回响应命令后,准备接收 SD 卡的数据头,因为 SD 卡的数据头为 8'hfe=8'b1111_1110,所以我们只需要检测 SD_MISO 输入引脚的第一个低电平即可检测到数据头；检测到数据头之后，紧跟后面的就是 256 个 16 位数据和两个字节的 CRC 校验值，我们只需接收有效数据，CRC 的校验值可不用关心；CRC 校验接收完成后等待 8 个时钟周期即可检测开始读取数据信号(rd_start_en)的上升沿，再次对 SD 卡进行读操作。

SD 卡读取图片控制模块的代码如下：

```
1  module sd_read_photo(
2      input                   clk             ,    //时钟信号
3      input                   rst_n           ,    //复位信号,低电平有效
4
5      input                   rd_busy         ,    //SD 卡读忙信号
6      output  reg             rd_start_en     ,    //开始写 SD 卡数据信号
7      output  reg  [31:0]     rd_sec_addr          //读数据扇区地址
8      );
9
10 //parameter define
11 parameter PHOTO_SECCTION_ADDR0 = 32'd8256 ;    //第一张图片扇区起始地址
12 parameter PHOTO_SECTION_ADDR1 = 32'd9472  ;    //第二张图片扇区起始地址
13 //640 * 480/256 = 1200
14 parameter  RD_SECTION_NUM   = 11'd1200    ;    //单张图片总共读出的次数
15
16 //reg define
17 reg     [1:0]          rd_flow_cnt        ;    //读数据流程控制计数器
18 reg     [10:0]         rd_sec_cnt         ;    //读扇区次数计数器
19 reg                    rd_addr_sw         ;    //用于切换所读取图片的地址
20 reg     [25:0]         delay_cnt          ;    //延时切换图片计数器
21
22 reg                    rd_busy_d0         ;    //rd_busy 信号寄存器,用于捕获下降沿
23 reg                    rd_busy_d1         ;
24
25 //wire define
26 wire                   neg_rd_busy        ;    //SD 卡读忙信号下降沿
27
28 //*****************************************************
29 //**                    main code
30 //*****************************************************
31
32 assign  neg_rd_busy = rd_busy_d1 & (~rd_busy_d0);
33
34 //对 rd_busy 信号进行延时打拍,用于捕获 rd_busy 信号的下降沿
35 always @(posedge clk or negedge rst_n) begin
36     if(rst_n == 1'b0) begin
37         rd_busy_d0 <= 1'b0;
38         rd_busy_d1 <= 1'b0;
39     end
40     else begin
41         rd_busy_d0 <= rd_busy;
42         rd_busy_d1 <= rd_busy_d0;
43     end
44 end
45
```

```
46 //循环读取 SD 卡中的两张图片(读完之后延时 1 s 再读下一个)
47 always @(posedge clk or negedge rst_n) begin
48     if(!rst_n) begin
49         rd_flow_cnt <= 2'd0;
50         rd_addr_sw <= 1'b0;
51         rd_sec_cnt <= 11'd0;
52         rd_start_en <= 1'b0;
53         rd_sec_addr <= 32'd0;
54     end
55     else begin
56         rd_start_en <= 1'b0;
57         case(rd_flow_cnt)
58             2'd0 : begin
59                 //开始读取 SD 卡数据
60                 rd_flow_cnt <= rd_flow_cnt + 2'd1;
61                 rd_start_en <= 1'b1;
62                 rd_addr_sw <= ~rd_addr_sw;                    //读数据地址切换
63                 if(rd_addr_sw == 1'b0)
64                     rd_sec_addr <= PHOTO_SECCTION_ADDR0;
65                 else
66                     rd_sec_addr <= PHOTO_SECTION_ADDR1;
67             end
68             2'd1 : begin
69                 //读忙信号的下降沿代表读完一个扇区,开始读取下一扇区地址数据
70                 if(neg_rd_busy) begin
71                     rd_sec_cnt <= rd_sec_cnt + 11'd1;
72                     rd_sec_addr <= rd_sec_addr + 32'd1;
73                     //单张图片读完
74                     if(rd_sec_cnt == RD_SECTION_NUM - 11'b1) begin
75                         rd_sec_cnt <= 11'd0;
76                         rd_flow_cnt <= rd_flow_cnt + 2'd1;
77                     end
78                     else
79                         rd_start_en <= 1'b1;
80                 end
81             end
82             2'd2 : begin
83                 delay_cnt <= delay_cnt + 26'd1;                //读取完成后延时 1 s
84                 if(delay_cnt == 26'd50_000_000 - 26'd1) begin  //50_000_000 * 20 ns = 1 s
85                     delay_cnt <= 26'd0;
86                     rd_flow_cnt <= 2'd0;
87                 end
88             end
89             default : ;
90         endcase
91     end
92 end
93
94 endmodule
```

在代码的第 11 行至第 14 行定义了 3 个参数,PHOTO_SECTION_ADDR0(第一

张图片的扇区起始地址)、PHOTO_SECTION_ADDR1(第二张图片的扇区起始地址)和 RD_SECTION_NUM(单张图片总共读出的次数)。其中 PHOTO_SECTION_ADDR0 和 PHOTO_SECTION_ADDR1 是由 WinHex 软件查看得到的两张图片的扇区起始地址,具体查看的方法将在下载验证部分再详细讲解。RD_SECTION_NUM 是读取单张图片总共需要读取的次数,即扇区数。单张图片的分辨率为 640×480,位宽为 16 位,读取一个扇区的字节数为 512 个字节,共 256 个 16 bit,所以单张图片需要读取的扇区数为 640×480/256=1 200。

在代码的第 47 行开始的 always 语句块中,实现的功能是根据第一张图片的扇区地址向 SD 卡控制器模块发送读命令,读完后延时 1 s,并根据第二张图片的扇区地址向 SD 卡控制器模块发送读命令,读完后再次延时 1 s,并根据第一张图片的扇区地址向 SD 卡控制器模块再次发送读命令,就这样循环往复读取 SD 卡中的两张图片。这个功能是由代码中定义的读流程控制计数器(rd_flow_cnt)来实现的,读忙信号的下降沿(neg_rd_busy)表示当前扇区读取完成,可以进行其他操作。

图 23.4.7 为控制 SD 卡读取图片过程中 SignalTap 抓取的波形图,由图可知,在 rd_sec_cnt(读扇区个数计数器)的值为 1 199(1 200-1)时表示当前读取的是图片的最后一个扇区的数据,rd_busy(读忙信号)拉低后,单张图片的最后一个扇区地址读完,此时 rd_flow_cnt 加 1,延时计数器(delay_cnt)开始计数,等待延时完成后读取下一张图片。

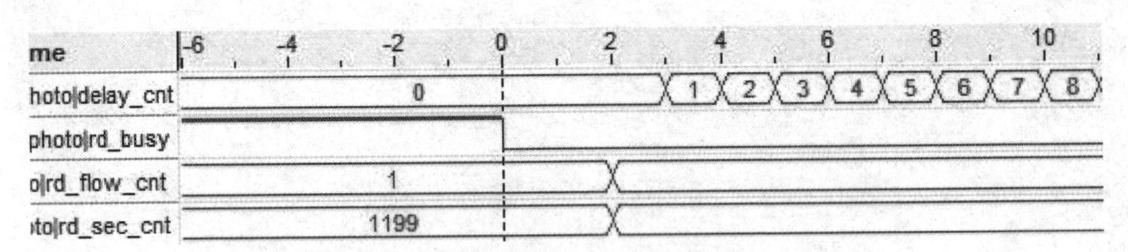

图 23.4.7 控制 SD 卡读取图片 SignalTap 波形图

23.5 下载验证

下载之前,我们还需要先做一些准备工作,也就是向 SD 卡中导入 bin 格式的图片。首先来介绍一下如何利用工具"Img2Lcd"将图片转成 bin 文件,该工具位于开发板所随附的资料"6_软件资料/1_软件/Img2Lcd"目录下,找到 Img2Lcd. exe 文件并双击打开,软件打开后的界面如图 23.5.1 所示。

在菜单栏中单击"打开",然后在弹出的界面中选择一幅分辨率为 640×480 的 jpg 格式图片。图片加载进来之后,在工具界面左侧设置输出数据类型为"二进制(*.bin)",输出灰度为"16 位真彩色",最大宽度和高度分别为"640"和"480",选中高位在前(MSB First)。设置完成后在菜单栏中单击"保存"按钮,并在弹出的界面中选择 bin 文件的保存路径并输入文件名。

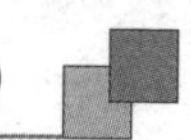

图 23.5.1　Img2Lcd 工具界面

到这里我们已经成功地将第一张图片转成了 bin 文件,因为我们实现的功能是两张图片循环切换显示,因此需要通过上面的方法再生成一个 bin 文件。此时,两张 bin 格式的图片文件就制作完成了。

SD 卡在经过多次存放数据与删除数据之后,存入的文件有可能不是按照连续的扇区地址存储的,为了避免图片显示错误,我们将 bin 文件导入 SD 卡之前,先把 SD 卡格式化,格式化的设置如图 23.5.2 所示,然后单击"开始"按钮完成格式化。

接下来我们将生成的两个 bin 文件复制到 SD 卡中,复制完成后如图 23.5.3 所示。

文件复制完成后,接下来我们使用 WinHex 工具软件查看这两个文件的扇区起始地址,该工具位于开发板所随附的资料"6_软件资料/1_软件/WinHex"目录下,双击 WinHex.exe 或者 WinHex64.exe 文件打开软件。软件打开后,在菜单栏中选择"工具"→"打开磁盘",如图 23.5.4 所示。

WinHex 磁盘打开界面如图 23.5.5 所示,在"物理驱动器"下,我们看到箭头 2 所指的地方有 RM2、SD/MMC(7.5 GB,USB)的字样,可知该物理驱动器对应的是 SD 卡,标号为 RM2,找到标号 RM2 在逻辑驱动器中的位置,即箭头 1 所指的地方,选中后单击"确定"按钮即可查看文件的起始扇区地址,打开后的界面如图 23.5.6 所示。

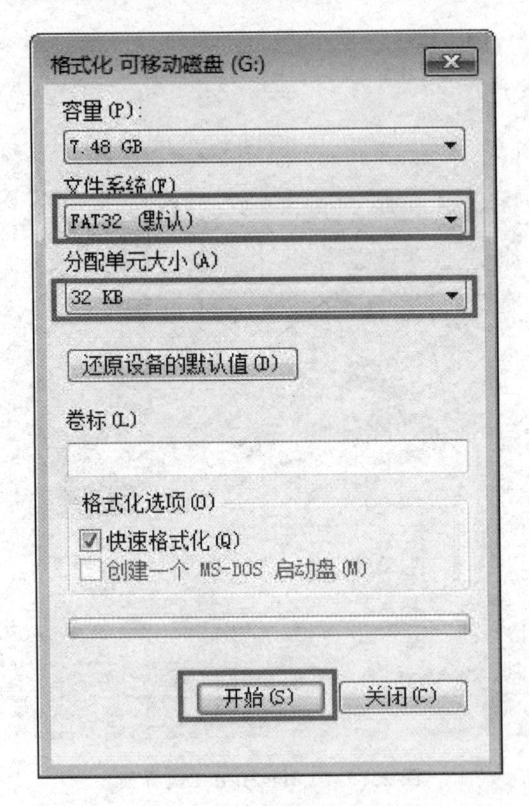

图 23.5.2 SD 卡格式化界面

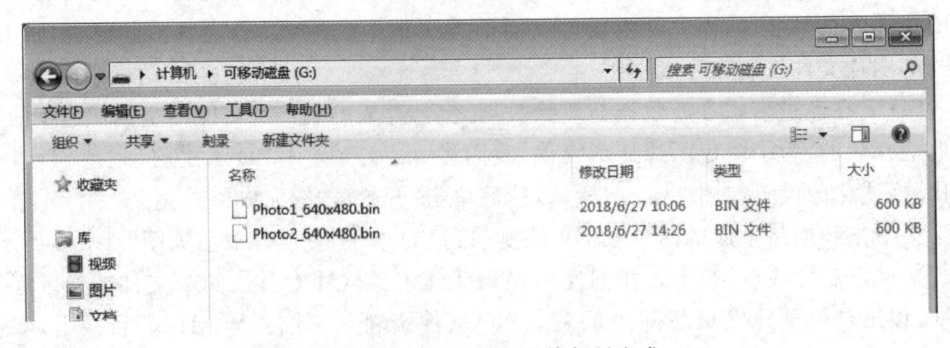

图 23.5.3 SD 卡 bin 文件复制完成

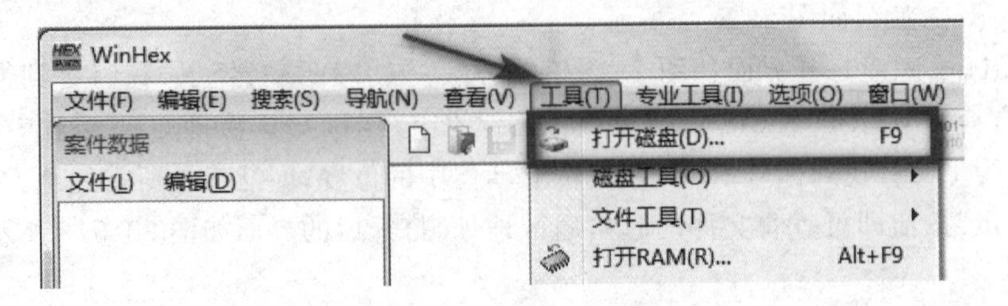

图 23.5.4 WinHex 打开界面

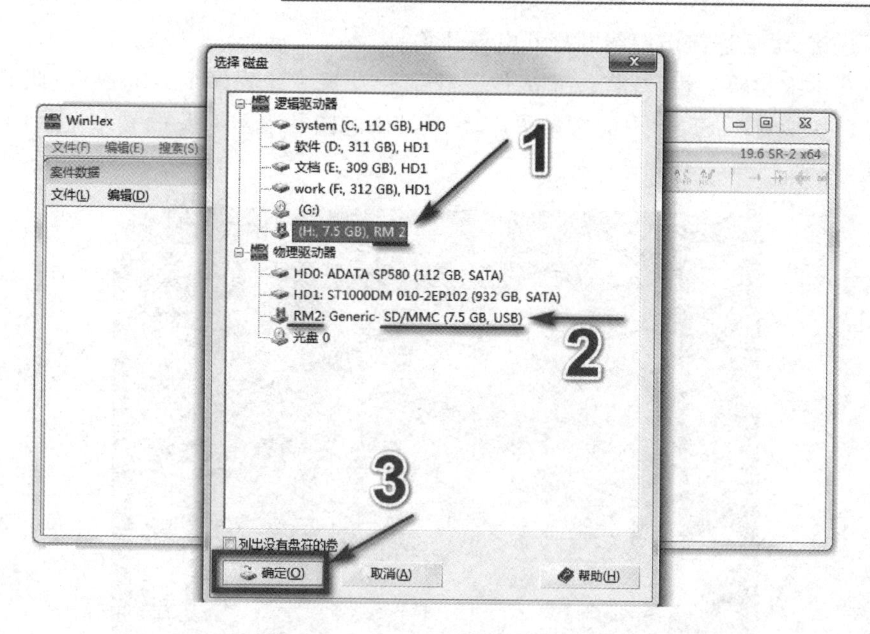

图 23.5.5　WinHex 磁盘打开界面

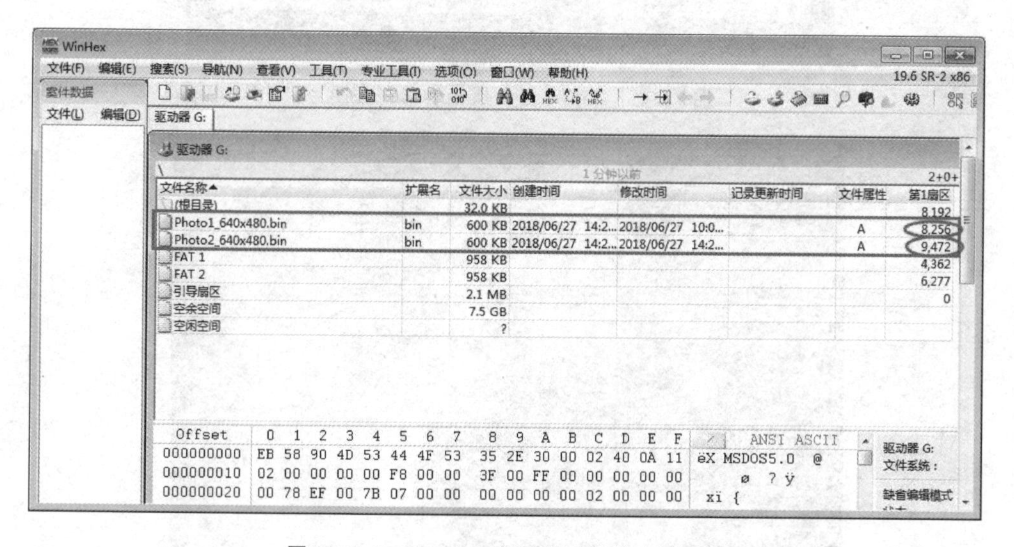

图 23.5.6　WinHex 查看扇区起始地址界面

由图 23.5.6 可知，两张 bin 格式图片的起始扇区地址分别为 8 256 和 9 472，这和我们在 sd_read_photo 模块定义的 PHOTO_SECTION_ADDR0 = 32'd8256，PHOTO_SECTION_ADDR1 = 32'd9472 是一致的。如果查看的值不是图 23.5.6 中的值，需要将代码中定义的这两个参数值改成 WinHex 查看的扇区地址，然后重新编译工程。

接下来我们将 SD 卡适配器(用于插入 MicroSD 卡)或者 SD 卡插入开发板的 SD 卡插槽，注意带有金属引脚的一面朝上；然后将 VGA 连接线一端连接显示器，另一端与开发板上的 VGA 接口连接；接下来将下载器一端连接计算机，另一端与开发板上对应端口连接，最后连接电源线并打开电源开关。

打开本次实验工程，并将.sof 文件下载到开发板中。程序下载完成后，此时显示器上循环切换显示 SD 卡中的两张图片，说明 SD 卡图片显示实验(VGA 显示)下载验证成功，如图 23.5.7 和图 23.5.8 所示。

图 23.5.7　VGA 显示器显示第一张图片

图 23.5.8　VGA 显示器显示第二张图片

第24章 音乐播放器实验

在“第21章　录音机实验”中，我们成功地用WM8978实现了音频采集、存储和播放，将WM8978输入的音频数据通过WM8978输出。本章我们将使用FPGA实现从SD卡读取音乐并使用WM8978播放音乐的音乐播放器功能。

24.1 音乐播放器简介

WM8978作为带扬声器驱动的立体声多媒体数字信号编译码器，可以结合FPGA实现音乐播放器的功能。本次实验，我们结合SD卡，把音乐文件存入SD卡中，FPGA从SD卡中读取音乐文件的数据传送给WM8978进行播放，就可实现音乐播放器的功能。

我们在“第21章　录音机实验”中对WM8978的控制接口和音频接口等内容作了详细的介绍。如果大家对这部分内容不是很熟悉的话，请参考“第21章　录音机实验”中的WM8978简介部分。这里我们简单介绍一下音频方面的知识。

人的说话频率基本上为300～3 400 Hz，但是人耳听觉频率基本上为20～20 000 Hz。由于人发出的声音信号为连续的模拟信号，电子设备中处理的为数字信号，所以需要对声音进行采样、量化、编码的数字化处理。处理的第一步为采样，即模/数转换，将连续信号转换为离散信号。根据奈奎斯特(Nyquist)采样定理，用不低于两倍信号的频率进行采样就能还原该信号。所以，对于声音信号而言，要想对离散信号进行还原，必须将采样频率设定为40 kHz以上。在实际应用中，一般定为44.1 kHz。可以理解为在1 s之内对声音波形采样44 100次。原则上采样率越高，声音的质量越好，采样频率一般分为22.05 kHz、44.1 kHz、48 kHz三个等级。22.05 kHz只能达到FM广播的声音品质，44.1 kHz则是理论上的CD音质界限，48 kHz则已达到DVD音质了。WM8978支持的采样率有48 kHz、32 kHz、24 kHz、16 kHz、12 kHz、8 kHz，我们采用的是48 kHz。

信号经采样后，进行量化、编码。量化位数代表用多少位表示采样点的值，常用的有8位(低品质)、12位、16位(高品质)等，16位是最常见的采样精度。WM8978支持的位数有16位、20位、24位、32位，我们采用的是16位。编码在这里指信源编码，即数据压缩。对于音乐而言，有无压缩的音乐格式如WAV和有压缩的音乐格式如 MP3。

无压缩的音乐格式 WAV 文件是波形文件，是微软公司推出的一种音频储存格式，主要用于保存 Windows 平台下的音频源。WAV 文件储存的是声音波形的二进制数据，由于没有经过压缩，使得 WAV 波形声音文件的体积很大。WAV 文件占用的空间大小计算公式为[(采样频率×量化位数×声道数)÷8]×时间(秒)，单位是字节(Byte)。理论上，采样频率和量化位数越高越好，但是所需的磁盘空间就更大。通用的 WAV 格式(即 CD 音质的 WAV)是 44 100 Hz 的采样频率，16 位的量化位数，双声道，这样的 WAV 声音文件储存 1 min 的音乐需要 10.34 MB，占用空间大，但无需解码就可直接播放。

作为数字音乐文件格式的标准，WAV 格式容量过大，因而使用起来不方便。因此，一般情况下我们把它压缩为 MP3 或 WMA 格式。压缩方法有无损压缩与有损压缩。MP3、OGG 就属于有损压缩，如果把压缩的音频还原回去，音频其实是不一样的。当然，人耳很难分辨出这种细微的差别。因此，如果把 MP3、OGG 格式从压缩的状态还原回去，就会产生损失。而像 APE 和 FLAC 这类音频格式即使还原，也能毫无损失地保留原有音质。所以，APE 和 FLAC 可以无损失高音质地压缩和还原。这些压缩的音频格式由于都采用了各自的压缩算法，若要播放音乐则需要先用相应的算法进行解压缩。

本次实验我们只是把存放在 SD 卡里的音乐通过 FPGA 读出来并输出给 WM8978 进行播放。如果采用压缩的音乐格式而不通过相应的解压缩算法处理，听到的就是噪声，所以本次实验我们使用无压缩的 WAV 格式。由于一般 WAV 格式的音乐采样率为 44.1 kHz，而 WM8978 支持的采用率中没有 44.1 kHz，所以我们需要把存放在 SD 卡里的音乐采样率转换成 WM8978 支持的 48 kHz，如果不转换成 48 kHz，直接使用原始的 44.1 kHz 进行播放，则播放的速度会快一些，相当于 1.088 倍的速度播放，转换可以用音乐格式转换类的软件。本次实验使用的 WAV 格式音乐的采样率为 48 kHz，量化位数为 16 位。

24.2 实验任务

本节实验任务是使用 FPGA 开发板实现从 SD 卡中读取存放的音乐，并输出给 WM8978 实现音乐播放器的功能。

24.3 硬件设计

音频 WM8978 接口部分的硬件设计请参考“第 21 章　录音机实验”中的硬件设计部分。

24.4 程序设计

根据实验任务，我们可以大致规划出系统的控制流程：FPGA首先通过控制接口配置WM8978相关的寄存器，然后从SD卡中读取存放的音乐文件；由于SD卡的操作时钟(50 MHz)和WM8978的音频时钟(12 MHz)为非同步时钟，所以需要使用FIFO对数据进行缓存。由此画出系统的功能框图如图24.4.1所示。

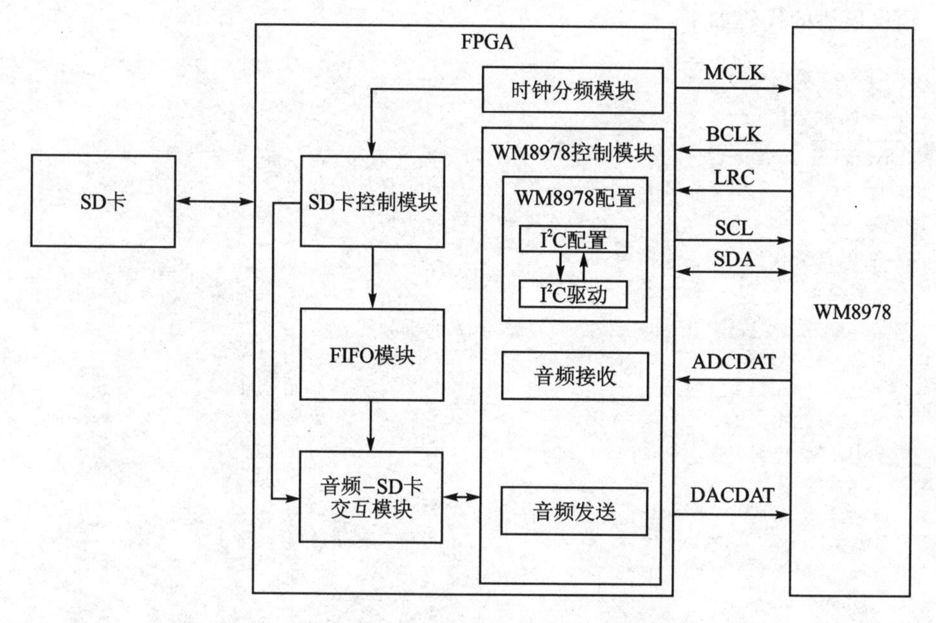

图24.4.1 音乐播放器实验系统框图

由系统框图可知，FPGA部分包括6个模块，顶层模块(top_audio_sd)、时钟分频模块(pll_clk)、SD卡控制模块(sd_ctrl_top)、FIFO模块(fifo)、音频-SD交互模块(audio_sd_ctrl)、WM8978控制模块(wm8978_ctrl)，各模块功能如下：

顶层模块(top_audio_sd)：完成对另外5个模块的例化，并实现各模块控制及数据信号的交互。其中时钟分频模块为WM8978音频芯片提供主时钟以及为SD卡控制模块提供驱动时钟；从SD中读取的音频数据送入FIFO模块；音频-SD交互模块实现WM8978与SD交互信号的处理。

时钟分频模块(pll_clk)：时钟分频模块通过调用锁相环(PLL)IP核来实现，总共输出3个时钟，频率分别为50 MHz、50 MHz(相位偏移180°)和12 MHz时钟。50 MHz时钟和50 MHz(相位偏移180°)时钟作为SD卡的驱动时钟，12 MHz时钟作为WM8978传感器的主时钟。

SD卡控制模块(sd_ctrl_top)：SD卡控制模块负责驱动SD卡，输出音乐音频数据。有关该模块的详细介绍请大家参考“第23章 SD卡图片显示实验”。

FIFO模块(fifo)：SD输出音频数据时钟(50 MHz)和WM8978接收音频数据时钟

(12 MHz)不是同步时钟，所以用 FIFO 实现跨时钟数据交互。FIFO 的宽度为 16 bit，深度为 1 024。

WM8978 控制模块(wm8978_ctrl)：用于 WM8978 的寄存器配置和 WM8978 输出的音频数据的接收处理以及 FPGA 发送的音频数据的发送处理。

音频-SD 交互模块(audio_sd_ctrl)：音频-SD 交互模块用于控制从 SD 卡读取音频数据给 FIFO，防止 FIFO 写满或读空，并对从 FIFO 读出的音频数据进行处理以送给 WM8978 进行播放。

顶层模块的代码如下：

```
1    module top_audio_sd(
     ……省略部分代码
25   //parameter define
26   parameter        START_ADDR = 17'd8256 ;  //音乐存放的起始地址
27   parameter        AUDIO_SEC   = 17'd79076; //音乐占用的扇区数
     ……省略部分代码
117
118 //例化 audio_sd_ctrl,用于实现 SD 卡和 WM8978 的音频交互
119 audio_sd_ctrl #(
120      .START_ADDR (START_ADDR),              //音乐存放的起始地址
121      .AUDIO_SEC   (AUDIO_SEC )              //音乐占用的扇区数
122 ) u_audio_sd_ctrl(
123      //system clock
124      .sd_clk        (sd_clk        ),       //SD 卡时钟信号
125      .aud_bclk      (aud_bclk      ),       //WM8978 位时钟信号
126      .rst_n         (rst_n         ),       //复位信号
127      //user interface
128      .sd_init_done  (sd_init_done ),        //SD 卡初始化完成
129      .rd_busy       (rd_busy       ),       //读忙信号
130      .tx_done       (tx_done       ),
131      .music_data    (music_data    ),       //音乐数据
132      .wrusedw_cnt   (wrusedw_cnt   ),       //FIFO 内剩余写入的字数
133      .rd_start_en   (rd_start_en   ),       //开始读出使能
134      .rd_sec_addr   (rd_sec_addr   ),       //读 SD 卡扇区地址
135      .dac_data      (dac_data      )        //音频数据
136 );
137
138 endmodule
```

顶层模块中主要完成对其余模块的例化。在代码的第 26 行和第 27 行分别定义了音乐存放的起始地址参数 START_ADDR 和音乐占用的扇区数 AUDIO_SEC。音乐存放的起始地址参数 START_ADDR 可以使用 WinHex 软件工具获得，该工具位于开发板所随附的资料“6_软件资料/1_软件/WinHex”目录下，双击 WinHex.exe 或者 WinHex64.exe 文件打开软件。软件打开后，选择“工具”→“打开磁盘(D)”，如图 24.4.2 所示。

如图 24.4.3 所示，在“物理驱动器”下，我们看到箭头 2 所指的地方有 RM2、SD/MMC(7.5 GB,USB)的字样，可知该物理驱动器对应的是 SD 卡，标号为 RM2，我们找

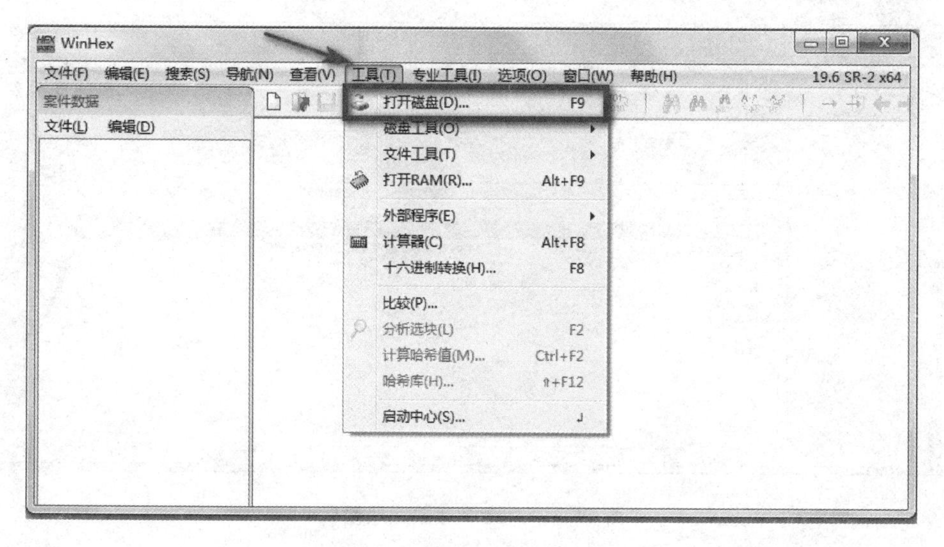

图 24.4.2　打开 WinHex 步骤 1

到标号 RM2 在逻辑驱动器中的位置，即箭头 1 所指的地方，单击“确定”按钮进入如图 24.4.4 所示界面。在该界面我们找到想要播放的音乐，对应第一扇区所在列也就是箭头所指的数据 8 256 为该音乐存放在 SD 中的地址，故 START_ADDR 为 8 256。知道了音乐存放在 SD 中的起始地址，我们还需要知道音乐占用 SD 卡的扇区数 AUDIO_SEC。首先我们通过查看该音乐文件的属性找到该音乐文件的大小(以字节计)，如图 24.4.5 所示，大小为 40 486 446 字节，而 SD 每扇区的字节数为 512 字节，所以共占用 40 486 446/512≈79 076 个扇区，所以 AUDIO_SEC 为 79 076。

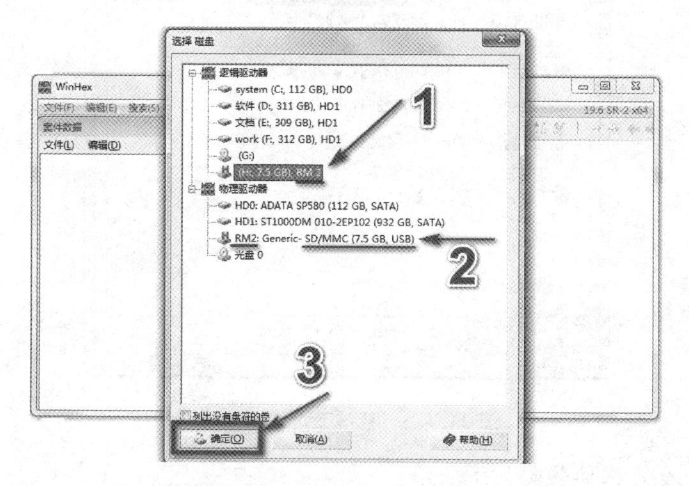

图 24.4.3　打开 WinHex 步骤 2

SD 卡控制模块 sd_ctrl 在“第 23 章　SD 卡图片显示实验”已经作了详细的介绍，对这个模块有什么不清楚的，请参考对应的实验章节。

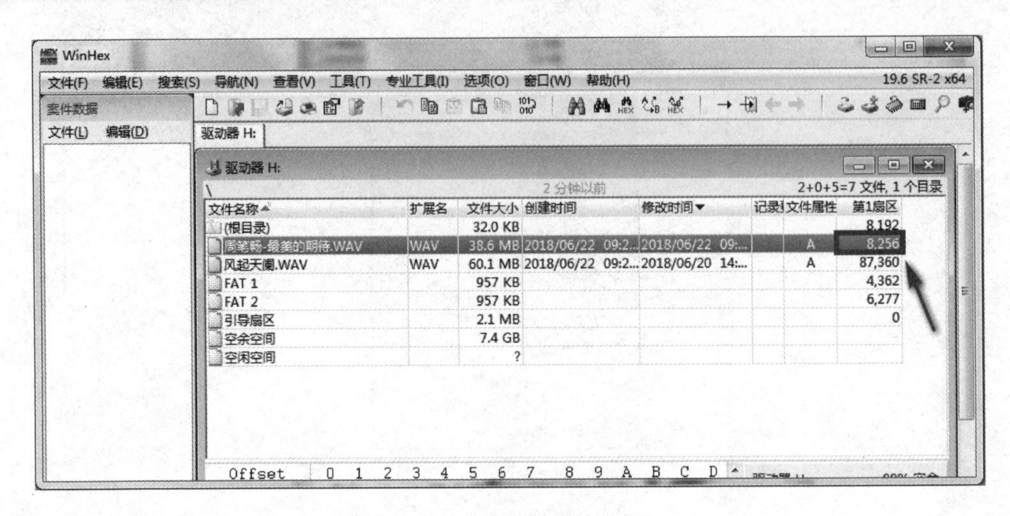

图 24.4.4 查看存放起始扇区

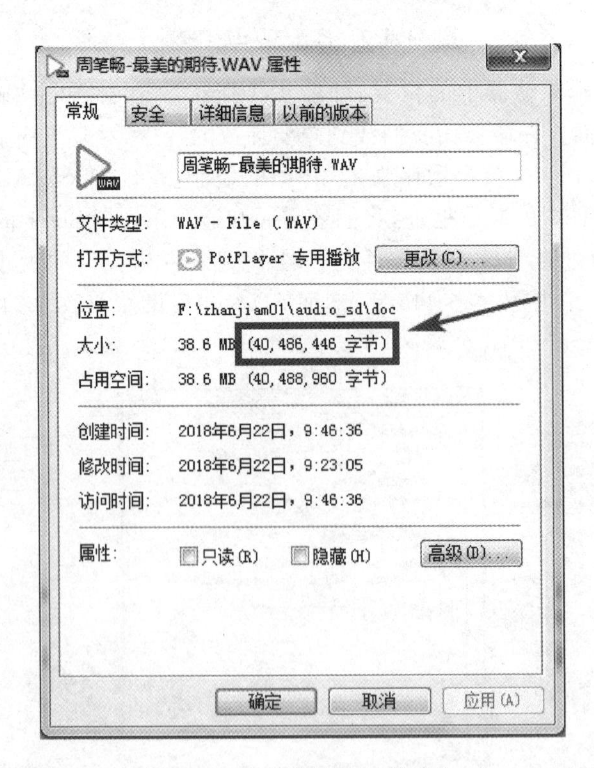

图 24.4.5 查看音乐文件大小

音频-SD 交互模块代码如下所示：

```
1   module audio_sd_ctrl(
2       //system clock
3       input                   sd_clk      ,       //SD 卡时钟信号
4       input                   aud_bclk    ,       //WM8978 位时钟信号
5       input                   rst_n       ,       //复位信号
```

```
6        //user interface
7        input                    sd_init_done      ,       //SD 卡初始化完成
8        input                    rd_busy           ,       //读忙信号
9        input                    tx_done           ,
10       input           [15:0]   music_data        ,       //音乐数据
11       input           [ 9:0]   wrusedw_cnt       ,       //FIFO 内剩余写入的字数
12       output    reg            rd_start_en       ,       //开始读出使能
13       output    reg   [31:0]   rd_sec_addr       ,       //读 SD 卡扇区地址
14       output    reg   [31:0]   dac_data                  //音频数据
15   );
16
17   //parameter define
18   parameter        START_ADDR = 15'd8448    ;            //音乐存放的起始地址
19   parameter        AUDIO_SEC   = 17'd104422;             //音乐占用的扇区数
20
21   //reg define
22   reg     [ 1:0]   flow_cnt         ;                    //状态流计数
23   reg     [16:0]   rd_sec_cnt       ;                    //读扇区次数计数器
24   reg              rd_busy_d0       ;                    //读忙信号打拍 d0
25   reg              rd_busy_d1       ;                    //读忙信号打拍 d1
26
27   //wire define
28   wire             neg_rd_busy      ;                    //读忙信号的下降沿
29
30   //*****************************************************
31   //**                    main code
32   //*****************************************************
33
34   assign  neg_rd_busy = rd_busy_d1 & (~rd_busy_d0); //SD 卡读忙信号(rd_busy)的下降沿
35
36   //音频处理
37   always @(posedge aud_bclk or negedge rst_n) begin
38       if(!rst_n) begin
39           dac_data <= 31'd0;
40       end
41       else if(tx_done)
42           dac_data[15:0] <= {music_data[7:0],music_data[15:8]};
43   end
44
45   //对 rd_busy 信号连续寄存两次,用于捕获上升沿
46   always @(posedge sd_clk or negedge rst_n) begin
47       if(!rst_n) begin
48           rd_busy_d0 <= 1'b0;
49           rd_busy_d1 <= 1'b0;
50       end
51       else begin
52           rd_busy_d0 <= rd_busy;
53           rd_busy_d1 <= rd_busy_d0;
54       end
55   end
56
```

```
57  //SD扇区地址变更
58  always @(posedge sd_clk or negedge rst_n) begin
59      if(!rst_n) begin
60          rd_sec_addr <= 32'd0;
61      end
62      else if(rd_sec_addr <= START_ADDR + AUDIO_SEC)
63          rd_sec_addr <= rd_sec_cnt + START_ADDR;
64  end
65
66  //读取音频数据
67  always @(posedge sd_clk or negedge rst_n) begin
68      if(!rst_n) begin
69          flow_cnt    <=  2'b0;
70          rd_sec_cnt <= 17'd0;
71      end
72      else begin
73          rd_start_en <= 1'b0;
74          case(flow_cnt)
75          2'd0: begin
76              if(sd_init_done == 1'b1) begin
77                 flow_cnt       <= flow_cnt + 1'd1;
78                 rd_start_en    <= 1'b1;
79              end
80          end
81          2'd1: begin
82          //读忙信号下降沿说明单次读出结束,开始读取下一扇区地址数据
83              if(rd_sec_cnt <AUDIO_SEC) begin
84                  if(neg_rd_busy) begin
85                      rd_sec_cnt <= rd_sec_cnt + 17'd1;
86                      flow_cnt    <= flow_cnt + 1'd1;
87                  end
88              end
89              else begin
90                  rd_sec_cnt <= 17'd0;
91                  flow_cnt    <=  2'd0;
92              end
93          end
94          2'd2: begin
95              if(wrusedw_cnt <= 10'd255) begin
96                  rd_start_en <= 1'b1;
97                  flow_cnt <= 2'd1;
98              end
99          end
100         default: flow_cnt <= 2'd0;
101         endcase
102     end
103 end
104
105 endmodule
```

代码第 37 行的 always 语句块对音乐数据进行了处理,交换了 SD 输出的 16 位音频

的高低字节的顺序。这是因为 WAV 音频格式存放音频数据是以低字节在前，高字节在后的方式存放的，而 I²S 是先输出音频的高字节。代码第 95 行当 FIFO 内部的字节数少于 256 时就从 SD 中读取音频数据，写入 FIFO。这样就避免了 FIFO 写满和读空。

图 24.4.6 是音频-SD 交互模块运行过程中 SignalTap 抓取的波形图，从图中可以看到当 FIFO 中的数据等于 255 时，就使能开始读 SD 信号 rd_start_en，过一个时钟后 SD 卡读忙信号 rd_busy 拉高。对比 music_data 信号和 dac_data 信号，可以看到其低 16 位的高低字节进行了交换。

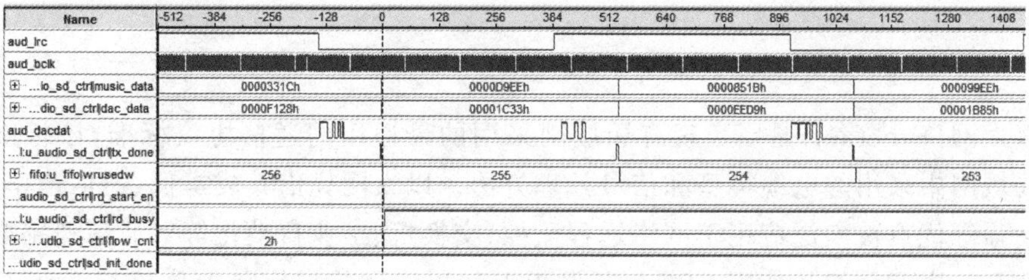

图 24.4.6　SignalTap 波形图

24.5　下载验证

将 SD 卡适配器(用于插入 MicroSD 卡)或者 SD 卡插入开发板的 SD 卡插槽，注意带有金属引脚的一面朝上；然后将下载器一端连计算机，另一端与开发板上对应端口连接，并将耳机连接至 WM8978 的 PHONE 接口，最后连接电源线并打开电源开关。

开拓者开发板实物图如图 24.5.1 所示。

图 24.5.1　开发板实物图

接下来打开本次实验工程，并将. sof 文件下载到开发板中。下载完成后可以听到喇叭播放音乐，戴上耳机，也能听到音乐，说明音乐播放器实验程序下载验证成功。

第25章

以太网通信实验

以太网(Ethernet)是当今现有局域网采用的最通用的通信协议标准,该标准定义了在局域网中采用的电缆类型和信号处理方法。以太网凭借其成本低、通信速率高、抗干扰性强等优点被广泛应用于网络远程监控、交换机、工业自动化等对通信速率要求较高的场合。本章我们将使用 FPGA 开发板上的以太网接口完成上位机与 FPGA 通信的功能。

25.1 以太网简介

以太网是一种产生较早,使用相当广泛的局域网。其最初是由 Xerox(施乐)公司创建并由 Xerox、Intel 和 DEC 公司联合开发的基带局域网规范,后来被电气与电子工程师协会(IEEE)所采纳作为 802.3 的标准。

以太网的分类有标准以太网(10 Mbit/s),快速以太网(100 Mbit/s)和千兆以太网(1 000 Mbit/s)。随着以太网技术的飞速发展,市场上也出现了万兆以太网(10 Gbit/s),它扩展了 IEEE 802.3 协议和 MAC 规范,使其技术支持 10 Gbit/s 的传输速率。然而在实际应用中,标准以太网和快速以太网已经能够满足我们的日常需求,只有对通信速率要求较高的场合,才会用到千兆以太网。

以太网通信离不开连接端口的支持,网络数据连接的端口就是以太网接口。以太网接口类型有 RJ45 接口,RJ11 接口(电话线接口),SC 光纤接口等。其中 RJ45 接口是我们现在最常见的网络设备接口(如:计算机网口),我们开发板使用的就是这种接口。

RJ45 接口俗称"水晶头",专业术语为 RJ45 连接器,由插头(接头、水晶头)和插座(母座)组成,属于双绞线以太网接口类型。RJ45 插头只能沿固定方向插入,设有一个塑料弹片与 RJ45 插槽卡住以防止脱落。

RJ45 接口样式如图 25.1.1 所示。

RJ45 接口定义以及各引脚功能说明如图 25.1.2 所示,在以太网中只使用了 1、2、3、6 这 4 根线,其中 1、2 这组负责传输数据(TX+、TX-),而 3、6 这组负责接收数据(RX+、RX-),另外还有 4 根线是备用的。

以太网是目前应用最广泛的局域网通信方式,同时也是一种协议。以太网协议定义了一系列软件和硬件标准,从而将不同的计算机设备连接在一起。我们知道串口通

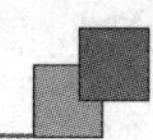

(a) 插　头

(b) 插　座

图 25.1.1　RJ45 插头和插座

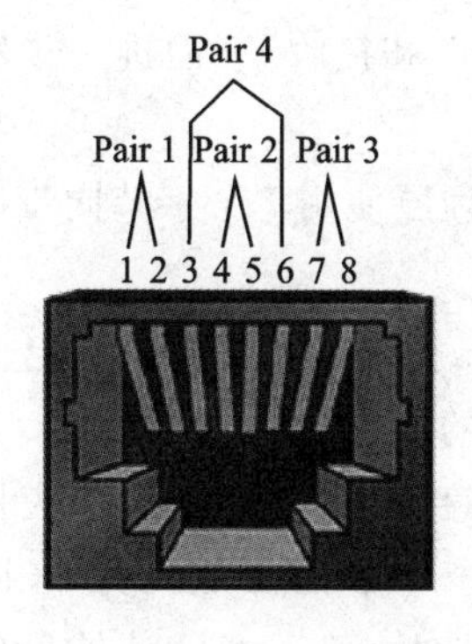

引脚编号	引脚名称	功能说明
Pin 1	TX+	Tranceive Data+(发送数据+)
Pin 2	TX−	Tranceive Data−(发送数据−)
Pin 3	RX+	Receive Data+(接收数据+)
Pin 4	NC	Not connected(未使用)
Pin 5	NC	Not connected(未使用)
Pin 6	RX−	Receive Data−(接收数据−)
Pin 7	NC	Not connected(未使用)
Pin 8	NC	Not connected(未使用)

图 25.1.2　RJ45 插座接口定义

信单次只传输一个字节，而以太网通信是以数据包的形式传输，其单包数据量达到几十，甚至成百上千个字节。图 25.1.3 为以太网通过 UDP(User Datagram Protocol，用户数据报协议)传输单包数据的格式，从图中可以看出，以太网的数据包就是通过对各层协议的逐层封装来实现数据传输的。这里只是让大家了解一下以太网数据包的格式，后面会逐个展开来讲。

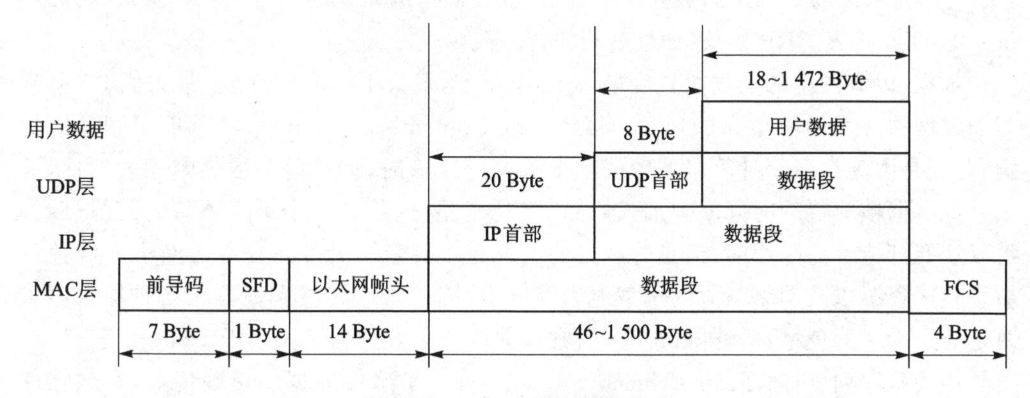

图 25.1.3　以太网包数据格式

1. 以太网 MAC 帧格式

以太网技术的正式标准是 IEEE 802.3，它规定了以太网传输数据的帧结构，我们可以把以太网 MAC 层理解成高速公路，我们必须遵循它的规则才能在上面通行，以太网 MAC 层帧格式如图 25.1.4 所示。

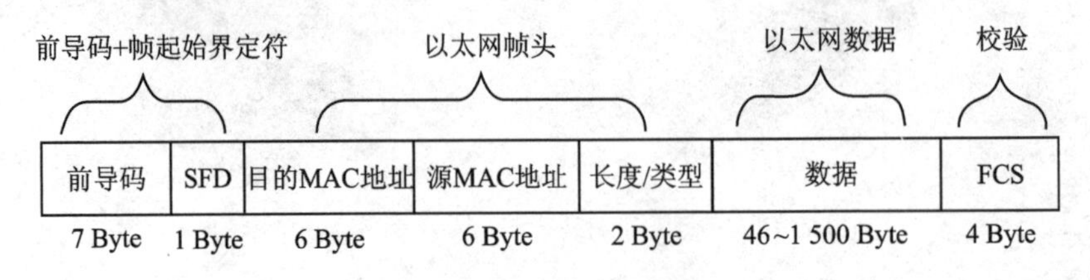

图 25.1.4　以太网帧格式

以太网传输数据时按照上面的顺序从头到尾依次被发送和接收，下面进一步解释各个区域。

前导码(Preamble)：为了实现底层数据的正确阐述，物理层使用 7 个字节同步码(0 和 1 交替(55－55－55－55－55－55－55))实现数据的同步。

帧起始界定符(SFD，Start Frame Delimiter)：使用 1 个字节的 SFD(固定值为 0xd5)来表示一帧的开始，即后面紧跟着传输的就是以太网的帧头。

目的 MAC 地址：即接收端物理 MAC 地址，占用 6 个字节。MAC 地址从应用上可分为单播地址、组播地址和广播地址。单播地址：第一个字节的最低位为 0，比如 00－00－00－11－11－11，一般用于标志唯一的设备；组播地址：第一个字节的最低位为 1，比如 01－00－00－11－11－11，一般用于标志同属一组的多个设备；广播地址：所有48 bit 全为 1，即 FF－FF－FF－FF－FF－FF，它用于标志同一网段中的所有设备。

源 MAC 地址：即发送端物理 MAC 地址，占用 6 个字节。

长度/类型：图 25.1.4 中的长度/类型具有两个意义，当这两个字节的值小于 1 536(十六进制为 0x0600)时，代表该以太网中数据段的长度；如果这两个字节的值大于 1 536，则表示该以太网中的数据属于哪个上层协议，例如 0x0800 代表 IP 协议(网际协议)、0x0806 代表 ARP 协议(地址解析协议)等。

数据：以太网中的数据段长度最小 46 个字节，最大 1 500 个字节。最大值 1 500 称为以太网的最大传输单元(MTU，Maximum Transmission Unit)，之所以限制最大传输单元，是因为在多个计算机的数据帧排队等待传输时，如果某个数据帧太大的话，那么其他数据帧等待的时间就会加长，导致体验变差，这就像一个十字路口的红绿灯，你可以让绿灯持续亮一小时，但是等红灯的人一定不愿意。另外还要考虑网络 I/O 控制器缓存区资源以及网络最大的承载能力等因素，因此最大传输单元是由各种综合因素决定的。为了避免增加额外的配置，通常以太网的有效数据字段小于 1 500 个字节。

帧检验序列(FCS，Frame Check Sequence)：为了确保数据的正确传输，在数据的尾部加入了 4 个字节的循环冗余校验码(CRC 校验)来检测数据是否传输错误。CRC 数据校验从以太网帧头开始即不包含前导码和帧起始界定符。通用的 CRC 标准有 CRC－8、CRC－16、CRC－32、CRC－CCIT，其中在网络通信系统中应用最广泛的是 CRC－32 标准。

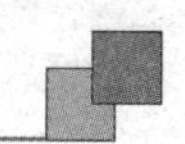

在这里还有一个要注意的地方就是以太网相邻两帧之间的时间间隔，即帧间隙(IFG，Interpacket Gap)。帧间隙的时间就是网络设备和组件在接收一帧之后，需要短暂的时间来恢复并为接收下一帧做准备的时间，IFG 的最小值是 96 bit time，即在媒介中发送 96 位原始数据所需要的时间，在不同媒介中 IFG 的最小值是不一样的。不管 10 Mbit/s/100 Mbit/s/1 000 Mbit/s 的以太网，两帧之间最少要有 96 bit time，IFG 的最少间隔时间计算方法如下：

10 Mbit/s 最小时间为 96×100 ns=9 600 ns；

100 Mbit/s 最小时间为 96×10 ns=960 ns；

1 000 Mbit/s 最小时间为 96×1 ns=96 ns。

接下来介绍 IP 协议以及它和以太网 MAC 层的关系。在介绍 IP 协议之前，先了解一下 TCP(传输控制协议)/IP(网际协议)协议簇。TCP/IP 是网络使用中最基本的通信协议，虽然从名字上看 TCP/IP 包括两个协议，TCP 和 IP，但 TCP/IP 实际上是一组协议，它包括上百个各种功能的协议，如：TCP、IP、UDP、ICMP(网际控制报文协议)等。而 TCP 协议和 IP 协议是保证数据完整传输的两个重要的协议，因此 TCP/IP 协议用来表示 Internet 协议簇。

TCP/IP 协议不仅可以运行在以太网上，还可以运行在 FDDI(光纤分布式数据接口)和 WLAN(无线局域网)上。反过来，以太网的高层协议不仅可以是 TCP/IP 协议，也可以是 IPX 协议(互联网分组交换协议)等，只不过以太网+TCP/IP 成为 IT 行业中应用最普遍的技术。下面来熟悉一下 IP 协议。

2. IP 协议

IP 协议是 TCP/IP 协议簇中的核心协议，也是 TCP/IP 协议的载体，IP 协议规定了数据传输时的基本单元和格式。从前面介绍的图 25.1.3 中可以看出，IP 协议位于以太网 MAC 帧格式的数据段，IP 协议内容由 IP 首部和数据字段组成。所有的 TCP、UDP 及 ICMP 数据都以 IP 数据报格式传输，IP 数据包格式如图 25.1.5 所示。

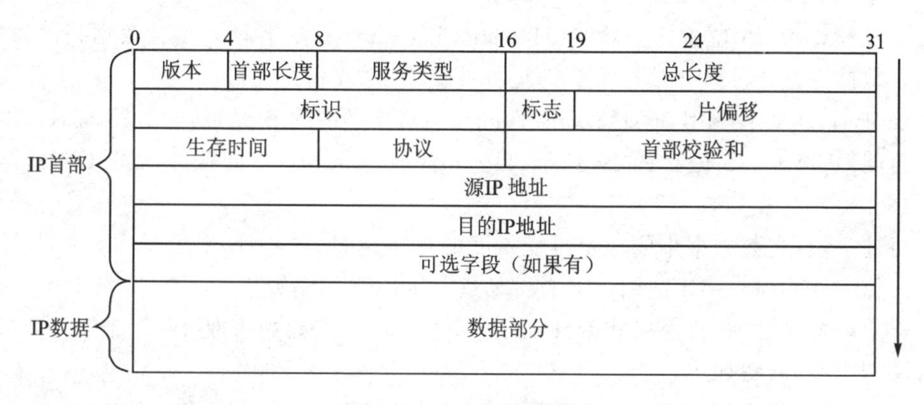

图 25.1.5　IP 数据报格式

前 20 个字节和紧跟其后的可选字段是 IP 数据报的首部，前 20 个字节是固定的，后面可选字段是可有可无的，首部的每一行以 32 位(4 个字节)为单位。

版本：4 位 IP 版本号(Version)，这个值设置为二进制的 0100 时表示 IPv4，设置为 0110 时表示 IPv6，目前使用比较多的 IP 协议版本号是 4。

首部长度：4 位首部长度(IHL，Internet Header Length)，表示 IP 首部一共有多少个 32 位(4 个字节)。在没有可选字段时，IP 首部长度为 20 个字节，因此首部长度的值为 5。

服务类型：8 位服务类型(TOS，Type of Service)，该字段被划分成两个子字段，3 位优先级字段(现在已经基本忽略掉了)和 4 位 TOS 字段，最后一位固定为 0。服务类型为 0 时表示一般服务。

总长度：16 位 IP 数据报总长度(Total Length)，包括 IP 首部和 IP 数据部分，以字节为单位。我们利用 IP 首部长度和 IP 数据报总长度，就可以知道 IP 数据报中数据内容的起始位置和长度。由于该字段长 16 bit，所以 IP 数据报最长可达 65 535 字节。尽管理论上可以传输长达 65 535 字节的 IP 数据报，但实际上还要考虑网络的最大承载能力等因素。

标识字段：16 位标识(Identification)字段，用来标识主机发送的每一份数据报。通常每发送一份报文它的值就会加 1。

标志字段：3 位标志(Flags)字段，第 1 位为保留位；第 2 位表示禁止分片(1 表示不分片，0：允许分片)；第 3 位标识更多分片(除了数据报的最后一个分片外，其他分片都为 1)。

片偏移：13 位片偏移(Fragment Offset)，在接收方进行数据报重组时用来标识分片的顺序。

生存时间：8 位生存时间字段，TTL(Time to Live)域防止丢失的数据包在无休止地传播，一般被设置为 64 或者 128。

协议：8 位协议(Protocol)类型，表示此数据报所携带上层数据使用的协议类型，ICMP 为 1，TCP 为 6，UDP 为 17。

首部校验和：16 位首部校验和(Header Checksum)，该字段只校验数据报的首部，不包含数据部分；校验 IP 数据报头部是否被破坏、篡改和丢失等。

源 IP 地址：32 位源 IP 地址(Source Address)，即发送端的 IP 地址，如 192.168.1.123。

目的 IP 地址：32 位目的 IP 地址(Destination Address)，即接收端的 IP 地址，如 192.168.1.102。

可选字段：是数据报中的一个可变长度的可选信息，选项字段以 32 bit 为界，不足时插入值为 0 的填充字节，保证 IP 首部始终是 32 bit 的整数倍。

以上内容是对 IP 首部格式的详细阐述，还需要补充的内容是 IP 首部校验和的计算方法，其计算步骤如下：

① 将 16 位检验和字段置为 0，然后将 IP 首部按照 16 位分成多个单元。

② 对各个单元采用反码加法运算(即高位溢出位会加到低位，通常的补码运算是直接丢掉溢出的高位)。

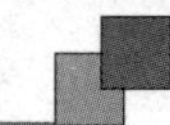

③ 此时仍然可能出现进位的情况，将得到的和再次分成高 16 位和低 16 位进行累加。

④ 最后将得到的和的反码填入校验和字段。

例如，我们使用 IP 协议发送一个 IP 数据报总长度为 50 个字节（有效数据为 30 个字节）的数据包，发送端 IP 地址为 192.168.1.123，接收端 IP 地址为 192.168.102，则 IP 首部数据如图 25.1.6 所示。

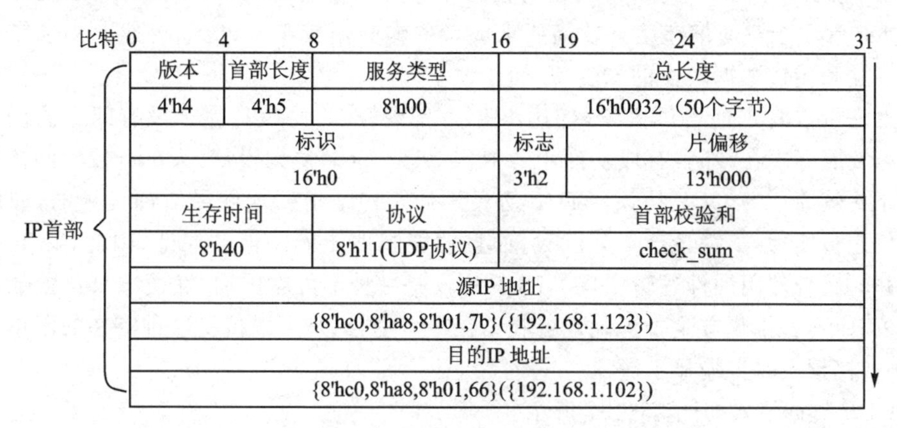

图 25.1.6　IP 首部数据

按照上述提到的 IP 首部校验和的方法计算 IP 首部校验和，即

① 0x4500＋0x0032＋0x0000＋0x4000＋0x4011＋0x0000（计算时强制置 0）＋0xc0a8＋0x017b＋0xc0a8＋0x0166＝0x24974。

② 0x0002 ＋ 0x4974 ＝ 0x4976。

③ 0x0000 ＋ 0x4976 ＝ 0x4976（此种情况并未出现进位）。

④ check_sum ＝ ～0x4976（按位取反）＝ 0xb689。

到此为止 IP 协议内容已经介绍完了，我们从前面介绍的图 25.1.3 可以知道，UDP 的首部和数据位于 IP 协议的数据段。既然已经有 IP 协议了，为什么还需要 UDP 协议呢？为什么我们选择的是 UDP 而不是传输更可靠的 TCP 呢？带着这些疑问我们继续往下看。

3. UDP 协议

首先回答为什么还需要 UDP 协议？事实上数据是可以直接封装在 IP 协议里而不使用 TCP、UDP 或者其他上层协议的。然而在网络传输中同一 IP 服务器需要提供各种不同的服务，各种不同的服务类型是使用端口号来区分的，例如用于浏览网页服务的 80 端口，用于 FTP（文件传输协议）服务的 21 端口等。TCP 和 UDP 都使用两个字节的端口号，理论上可以表示的范围为 0～65 535，足够满足各种不同的服务类型。

然后是为什么不选择传输更可靠的 TCP 协议，而是 UDP 协议呢？TCP 协议与 UDP 协议作为传输层最常用的两种传输协议，都是使用 IP 作为网络层协议进行传输的。下面是 TCP 协议与 UDP 协议的区别：

① TCP 协议面向连接，是流传输协议，通过连接发送数据；而 UDP 协议传输不需要连接，是数据报协议。

② TCP 为可靠传输协议，而 UDP 为不可靠传输协议，即 TCP 协议可以保证数据的完整和有序，而 UDP 不能保证。

③ UDP 由于不需要连接，故传输速度比 TCP 快，且占用资源比 TCP 少。

④ 应用场合：TCP 协议常用在对数据文件完整性较高的一些场景中，如文件传输等；UDP 常用于对通信速度有较高要求或者传输数据较少时，比如对速度要求较高的视频直播和传输数据较少的 QQ 等。

首先可以肯定地告诉大家，使用 FPGA 实现 TCP 协议是完全没有问题的，但是，FPGA 发展到现在，却鲜有成功商用的 RTL 级的 TCP 协议设计，大部分以太网传输都是基于比较简单的 UDP 协议。TCP 协议设计之初是根据软件灵活性设计的，如果使用硬件逻辑实现，工程量会十分巨大，而且功能和性能无法得到保证，因此，TCP 协议设计并不适合使用硬件逻辑实现。UDP 协议是一种不可靠传输，发送方只负责数据发送出去，而不管接收方是否正确地接收。在很多场合，是可以接受这种潜在的不可靠性的，例如视频实时传输显示等。

UDP 数据格式如图 25.1.7 所示。

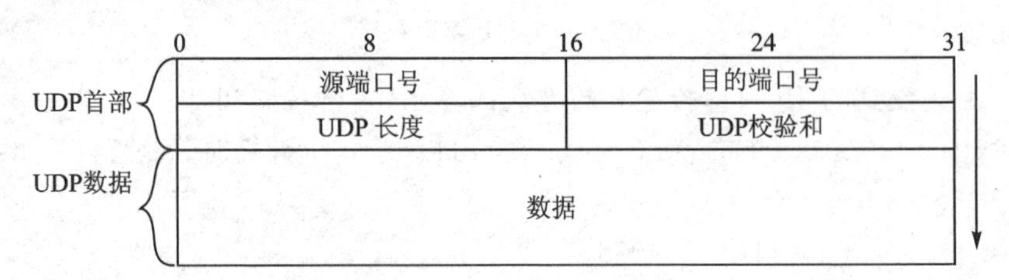

图 25.1.7　UDP 数据格式

UDP 首部共 8 个字节，同 IP 首部一样，也是一行以 32 位(4 个字节)为单位。

源端口号：16 位发送端端口号，用于区分不同服务的端口，端口号的范围为 0～65 535。

目的端口号：16 位接收端端口号。

UDP 长度：16 位 UDP 长度，包含 UDP 首部长度＋数据长度，单位是字节(byte)。

UDP 校验和：16 位 UDP 校验和。UDP 计算校验和的方法与计算 IP 数据报首部校验和的方法相似，但不同的是 IP 数据报的校验和只检验 IP 数据报的首部，而 UDP 校验和包含三个部分：UDP 伪首部，UDP 首部和 UDP 的数据部分。伪首部的数据是从 IP 数据报头和 UDP 数据报头获取的，包括源 IP 地址、目的 IP 地址、协议类型和 UDP 长度，其目的是让 UDP 两次检查数据是否已经正确到达目的地，只是单纯为了做校验用的。在大多数使用场景中接收端并不检测 UDP 校验和，因此这里不做过多介绍。

以太网的帧格式、IP 数据报协议以及 UDP 协议到这里已经全部介绍完了，关于用户数据、UDP、IP、MAC 四个报文的关系如图 25.1.8 所示。

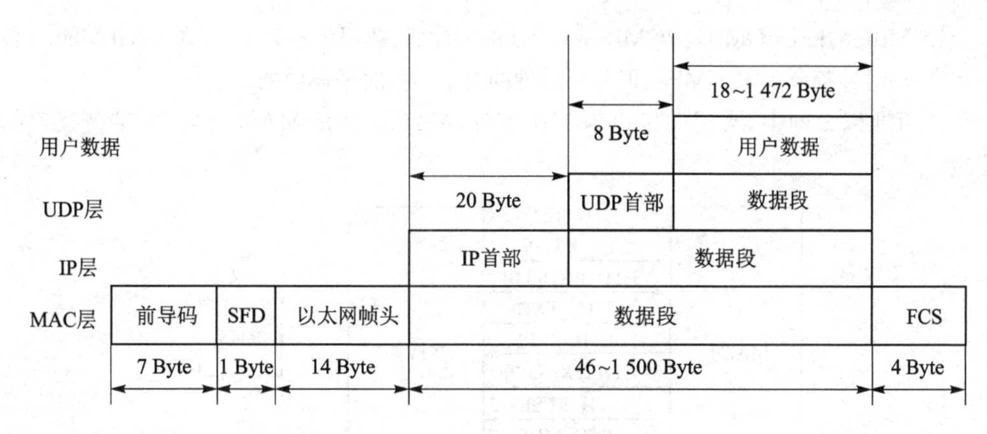

图 25.1.8 以太网包数据格式

用户数据打包在 UDP 协议中，UDP 协议又是基于 IP 协议之上的，IP 协议又是从 MAC 层发送的，即从包含关系来说：MAC 帧中的数据段为 IP 数据报，IP 报文中的数据段为 UDP 报文，UDP 报文中的数据段为用户希望传输的数据内容。现在再回过头看图 25.1.8 的内容是不是很好理解了呢？

前面介绍的内容全部都是与协议相关的，以太网通信如果只有协议，没有硬件芯片的支持是不行的，这个硬件芯片就是以太网 PHY 芯片。PHY 是物理接口收发器，它实现物理层 IEEE 802.3 标准定义的以太网 PHY，包括 MII（媒体独立接口）/GMII（千兆媒体独立接口）等。

4. 以太网 PHY 芯片

PHY 在发送数据的时候，接收 MAC 发过来的数据（对 PHY 来说，没有帧的概念，都是数据而不管什么地址，数据还是 CRC），把并行数据转化为串行流数据，按照物理层的编码规则把数据编码转换为模拟信号发送出去，接收数据时的流程反之。PHY 还提供了和对端设备连接的重要功能，并通过 LED 灯显示出自己目前的连接状态和工作状态。当我们给网卡接入网线的时候，PHY 芯片不断发出脉冲信号来检测对端是否有设备，它们通过标准的“语言”交流，互相协商并确定连接速度、双工模式、是否采用流控等。通常情况下，协商的结果是两个设备中能同时支持的最大速度和最好的双工模式。这个技术被称为 Auto Negotiation，即自动协商。以太网 MAC 和 PHY 之间有一个接口，常用的接口有 MII、RMII、GMII、RGMII 等。

MII（Medium Independent Interface）：MII 支持 10 Mbit/s 和 100 Mbit/s 的操作，数据位宽为 4 位，在 100 Mbit/s 传输速率下，时钟频率为 25 MHz。

RMII（Reduced MII）：RMII 是 MII 的简化版，数据位宽为 2 位，在 100 Mbit/s 传输速率下，时钟频率为 50 MHz。

GMII（Gigabit MII）：GMII 接口向下兼容 MII 接口，支持 10 Mbit/s、100 Mbit/s 和 1 000 Mbit/s 的操作，数据位宽为 8 位，在 1 000 Mbit/s 传输速率下，时钟频率为 125 MHz。

RGMII(Reduced GMII):RGMII 是 GMII 的简化版,数据位宽为 4 位,在 1 000 Mbit/s 传输速率下,时钟频率为 125 MHz,但是在时钟的上下沿同时采样数据。

在百兆以太网中,常用的接口为 MII 接口,图 25.1.9 是 MAC 侧与 PHY 侧接口的连接。

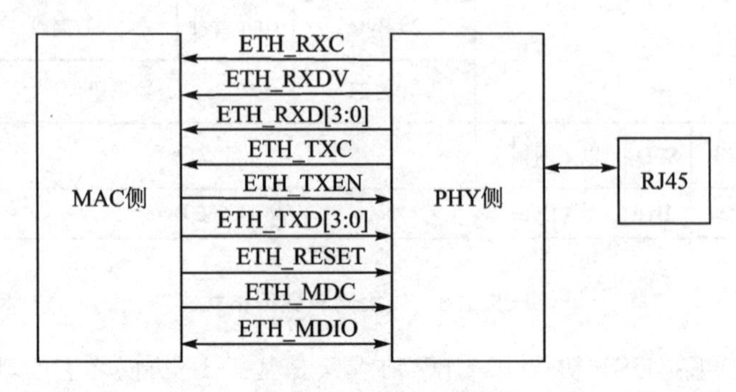

图 25.1.9 MAC 侧与 PHY 侧接口连接

ETH_RXC:接收数据参考时钟,100 Mbit/s 速率下,时钟频率为 25 MHz;10 Mbit/s 速率下,时钟频率为 2.5 MHz,RX_CLK 由 PHY 侧提供。

ETH_RXDV:接收数据有效信号,只有在 ETH_RXDV 为高电平时接收到的数据才有效。

ETH_RXD:四位并行的接收数据线。

ETH_TXC:发送参考时钟,100 Mbit/s 速率下,时钟频率为 25 MHz;10 Mbit/s 速率下,时钟频率为 2.5 MHz,TX_CLK 由 PHY 侧提供。

ETH_TXEN:发送数据有效信号,只有在 ETH_TXEN 为高电平时发送的数据才有效。

ETH_RESET:芯片复位信号,低电平有效

ETH_MDC:数据管理时钟(Management Data Clock),该引脚对 ETH_MDIO 信号提供了一个同步的时钟。

ETH_MDIO:数据输入/输出管理(Management Data Input/Output),该引脚提供了一个双向信号用于传递管理信息。

MII 发送和接收时序图如图 25.1.10 和图 25.1.11 所示,数据传输时先发送字节的低 4 位,再发送字节的高 4 位。

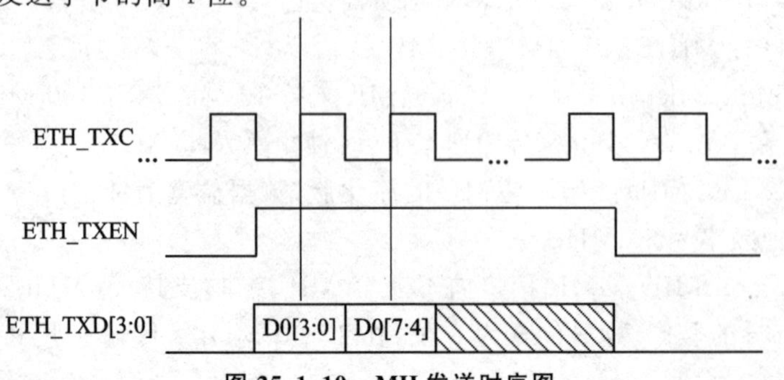

图 25.1.10 MII 发送时序图

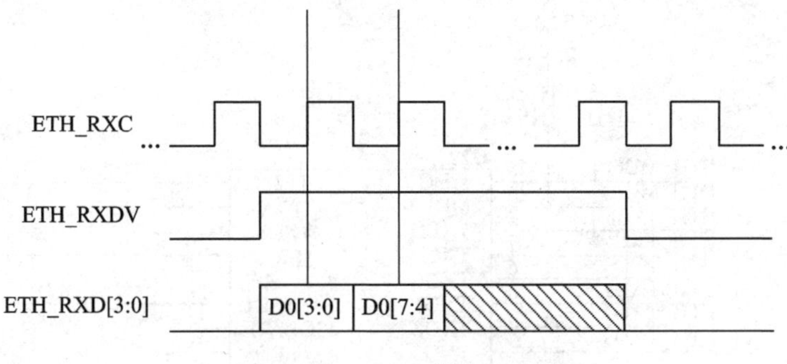

图 25.1.11　MII 接收时序图

25.2　实验任务

本节实验任务是上位机通过网口调试助手发送数据给 FPGA，FPGA 通过以太网接口接收数据并将接收到的数据发送给上位机，完成以太网数据的环回。

25.3　硬件设计

我们的开拓者 FPGA 开发板上有一个 RJ45 以太网接口，用于连接网线，其原理图如图 25.3.1 所示。

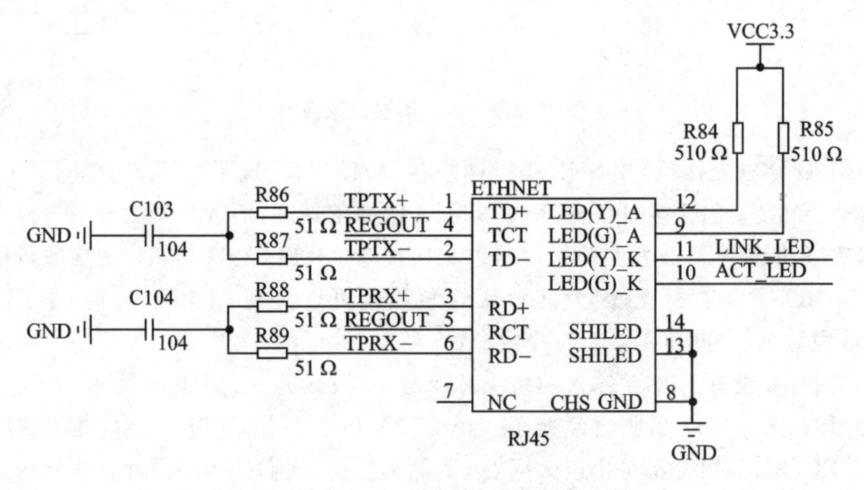

图 25.3.1　RJ45 接口原理图

以太网的数据传输离不开以太网 PHY(物理层)芯片的支持，物理层定义了数据发送与接收所需要的电信号、线路状态、时钟基准、数据编码和电路等，并向数据链路层设备提供标准接口。我们的开拓者 FPGA 开发板上使用的 PHY 芯片为 Realtek 公司的 RTL8201CP，其原理图如图 25.3.2 所示。

Realtek RTL8201CP 是一个快速以太网物理层收发器，它为 MAC 层提供了可选

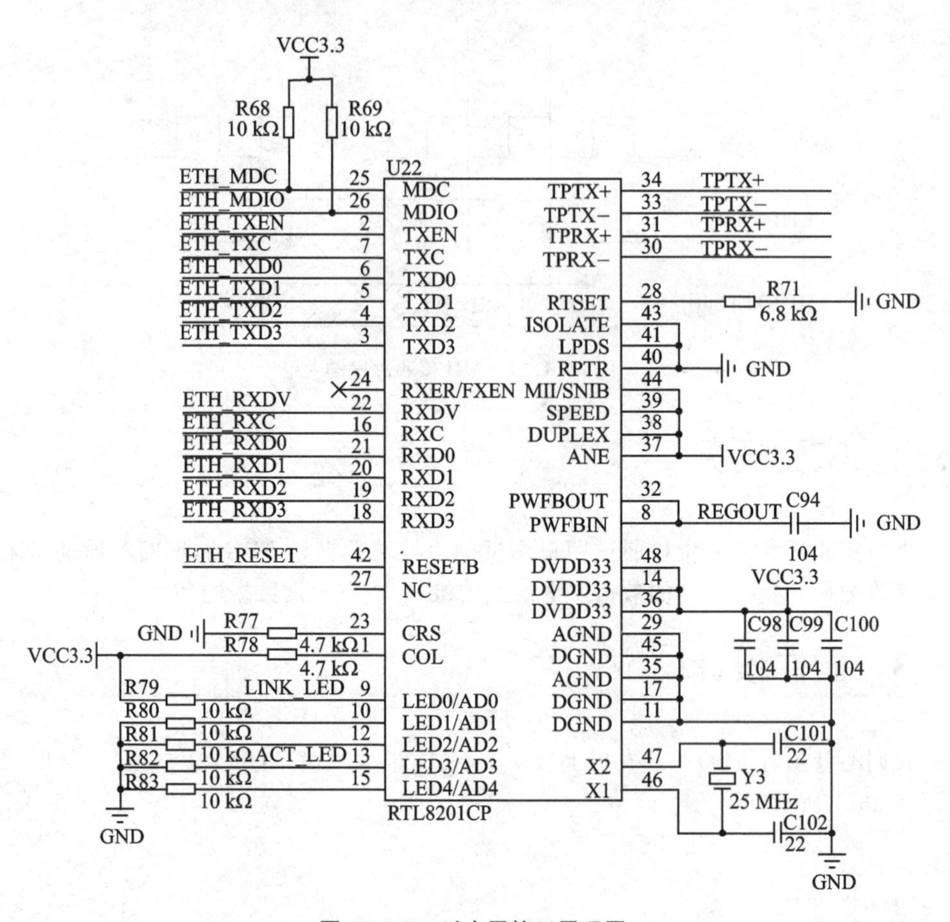

图 25.3.2　以太网接口原理图

择的 MII(媒体独立接口)或 SNI(串行网络接口)接口,实现了全部的 10 M/100 M 以太网物理层功能。SNI 接口仅支持 10 Mbit/s 的通信速率,而 MII 最大支持 100 Mbit/s 的通信速率,所以本次收发实验采用的是 MII 接口。RTL8201CP 芯片的参数可以通过 MDC/MDIO 接口来配置,因为其默认的参数就可以实现 MII 接口的自适应 10M/100M 收发数据,因此可不必对芯片做配置。

本实验中,没有 FPGA 输入的系统时钟信号(板载的 50 MHz),从图 25.3.2 中的原理图可知,第 46、47 引脚已经接了一个 25 MHz 的晶振,ETH_RXC(接收时钟)和 ETH_TXC(发送时钟)都是由以太网 PHY 侧提供的,我们的程序设计直接使用这两个时钟就可以。

25.4　程序设计

通过前面介绍的以太网相关协议和 MII 接口可知,我们只需要把数据封装成以太网包的格式通过 MII 接口传输数据即可。根据实验任务,以太网环回实验应该有一个以太网接收模块和以太网发送模块，因为发送模块需要CRC校验，因此还需要一个以太网发送CRC校验模块；为了在其他工程中比较方便地调用以太网的程序以提高项目的开发效率，我们把上面三个模块封装成一个UDP模块。以太网单次会接收到大量数据，因此还需要一个FIFO模块用来缓存数据，尽管ETH_RXC和ETH_TXC时钟频率相同，但是相位的偏差是不确定的，所以ETH_RXC和ETH_TXC为异步时钟，因此我们需要使用异步FIFO来缓存数据。对于异步时钟域下需要传递的数据量较多的情况，一般使用异步FIFO来同步数据；而对于数据量较少或者数据长时间才会改变一次的情况，一般使用脉冲信号同步处理的方法来采集数据；以太网发送模块和接收模块会有除有效数据外的其他少量数据的交互，因此我们还需要一个脉冲信号同步处理模块。由此画出系统总体框架如图25.4.1所示。以太网收到的数据缓存到FIFO中，单包数据接收完成后发送FIFO中的数据，实现以太网通信的环回实验。

以太网通信实验的系统框图如图25.4.1所示。

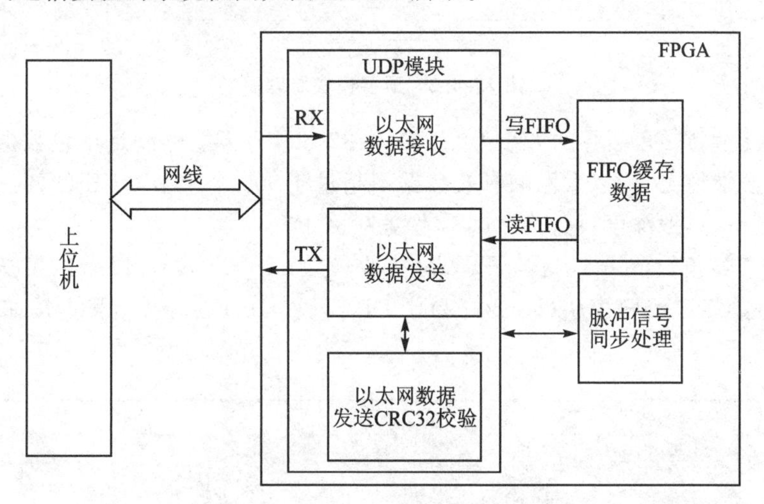

图25.4.1 以太网通信系统框图

顶层模块的原理图如图25.4.2所示。

FPGA顶层模块(eth_pc_loop)例化了以下三个模块：UDP模块(udp)、脉冲信号同步处理模块(pulse_sync_pro)和FIFO缓存数据模块(async_fifo_2048x32b)。

顶层模块(eth_pc_loop)：顶层模块完成了对其他三个模块的例化，将UDP的收发数据用户接口连接到FIFO的读/写端口，UDP两个时钟域需要交互数据的接口连接到了脉冲同步处理模块，从而实现了数据的接收、缓存、发送以及数据的脉冲同步处理。

UDP模块(udp)：UDP模块是本实验以太网传输数据的核心代码，其输入/输出端口被封装成用户方便调用的接口，其他工程如果用到了UDP通信，则可直接例化此模块。

脉冲信号同步处理模块(pulse_sync_pro)：脉冲信号同步处理模块负责将一个时钟域下的脉冲信号同步到另一个时钟域下的脉冲信号。

FIFO缓存数据模块(async_fifo_2048x32b)：缓存数据模块是由Quartus软件自带

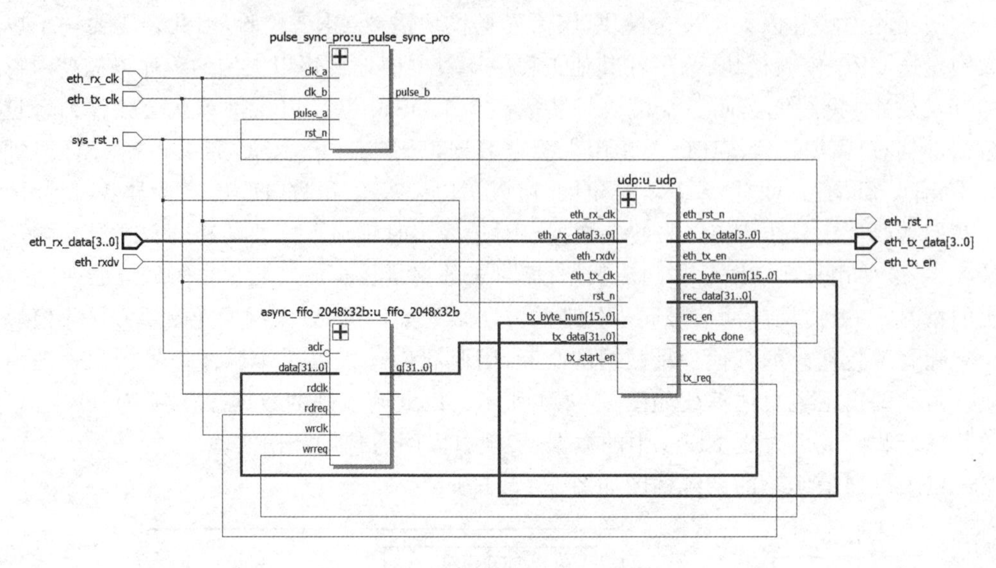

图 25.4.2　顶层模块原理图

的 FIFO 软核生成的，缓存的大小为 2 048 个 32 bit，为了能够满足单包数据量较大的情况（尽管通常情况下，以太网帧有效数据不超过 1 500 个字节），FIFO 的深度最好设置得大一点，这里把深度设置为 2 048，宽度为 32 位。

其中 UDP 模块（udp）例化了以太网接收模块（ip_receive）、以太网发送模块（ip_send）和发送 CRC 校验模块（crc32_d4），UDP 模块（udp）端口及信号连接如图 25.4.3 所示。

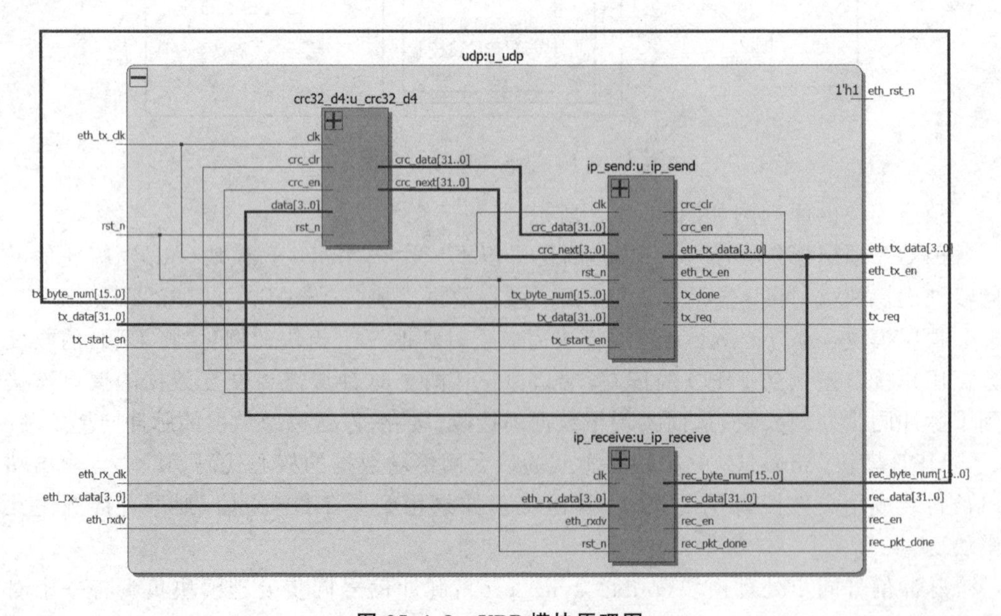

图 25.4.3　UDP 模块原理图

由图25.4.3可知，以太网发送模块(ip_send)和以太网接收模块(ip_receive)在UDP模块内数据端口没有信号连接，数据的交互放在了eth_pc_loop模块里面，主要是以太网发送模块和CRC32校验模块(crc32_d4)数据信号的连接，发送模块端口的eth_tx_data(MII输出数据)连接到CRC32的输入数据端口，CRC32校验模块将校验结果连接到发送模块。

以太网接收模块(ip_receive)：以太网的接收模块较为简单，因为我们不需要对数据做IP首部校验也不需要做CRC循环冗余校验，只需要判断目的MAC地址与开发板MAC地址、目的IP地址与开发板IP地址是否一致即可。接收模块的解析顺序是：前导码+帧起始界定符→以太网帧头→IP首部→UDP首部→UDP数据(有效数据)→接收结束。MII接口数据为4位数据，先把4位数据转成8位数据会方便解析数据，IP数据报一般以32位为单位，为了和IP数据报格式保持一致，所以要把8位数据转成32位数据，因此接收模块实际上是完成了4位数据转32位数据的功能。

以太网发送模块(ip_send)：以太网发送模块和接收模块比较类似，但是多了IP首部校验和和CRC循环冗余校验的计算。CRC的校验并不是在发送模块完成，而是在CRC校验模块(crc32_d4)里完成的。发送模块的发送顺序是前导码+帧起始界定符→以太网帧头→IP首部→UDP首部→UDP数据(有效数据)→CRC校验。输入的有效数据为32位数据，MII接口为4位数据接口，因此发送模块实际上完成的是32位数据转4位数据的功能。

CRC校验模块(crc32_d4)：CRC校验模块是对以太网发送模块的数据(不包括前导码和帧起始界定符)做校验，把校验结果值拼在以太网帧格式的FCS字段，如果CRC校验值计算错误或者没有，那么计算机网卡会直接丢弃该帧导致收不到数据(有些网卡是可以设置不做校验的)。CRC32校验在FPGA实现的原理是LFSR(Linear Feedback Shift Register，线性反馈移位寄存器)，其思想是各个寄存器存储着上一次CRC32运算的结果，寄存器的输出即为CRC32的值。

以上是对各个模块的划分、信号的连接以及模块的设计思路，下面是具体的源代码。

顶层模块的代码如下：

```
1  module eth_pc_loop(
2      input                  sys_rst_n    ,     //系统复位信号，低电平有效
3      //以太网接口
4      input                  eth_rx_clk   ,     //MII 接收数据时钟
5      input                  eth_rxdv     ,     //MII 输入数据有效信号
6      input                  eth_rx_data  ,     //MII 输入数据
7      input          [3:0]   eth_tx_clk   ,     //MII 发送数据时钟
8      output                 eth_tx_en    ,     //MII 输出数据有效信号
9      output         [3:0]   eth_tx_data  ,     //MII 输出数据
10     output                 eth_rst_n          //以太网芯片复位信号，低电平有效
11     );
12
13 //parameter define
14 //开发板 MAC 地址 00-11-22-33-44-55
```

```
15 parameter  BOARD_MAC = 48'h00_11_22_33_44_55;
16 //开发板 IP 地址 192.168.1.123
17 parameter  BOARD_IP   = {8'd192,8'd168,8'd1,8'd123};
18 //目的 MAC 地址 ff_ff_ff_ff_ff_ff
19 parameter  DES_MAC    = 48'hff_ff_ff_ff_ff_ff;
20 //目的 IP 地址 192.168.1.102
21 parameter  DES_IP     = {8'd192,8'd168,8'd1,8'd102};
22
23 //wire define
24 wire              rec_pkt_done ;              //以太网单包数据接收完成信号
25 wire              rec_en       ;              //以太网接收的数据使能信号
26 wire    [31:0]    rec_data     ;              //以太网接收的数据
27 wire    [15:0]    rec_byte_num ;              //以太网接收的有效字节数,单位:byte
28 wire              tx_done      ;              //以太网发送完成信号
29 wire              tx_req       ;              //读数据请求信号
30
31 wire              tx_start_en  ;              //以太网开始发送信号
32 wire    [31:0]    tx_data      ;              //以太网待发送数据
33
34 //*****************************************************
35 //**                    main code
36 //*****************************************************
37
38 //UDP 模块
39 udp                //参数例化
40    #(
41     .BOARD_MAC       (BOARD_MAC),
42     .BOARD_IP        (BOARD_IP ),
43     .DES_MAC         (DES_MAC   ),
44     .DES_IP          (DES_IP    )
45     )
46    u_udp(
47     .eth_rx_clk      (eth_rx_clk   ),
48     .rst_n           (sys_rst_n    ),
49     .eth_rxdv        (eth_rxdv     ),
50     .eth_rx_data     (eth_rx_data ),
51     .eth_tx_clk      (eth_tx_clk   ),
52     .tx_start_en     (tx_start_en ),
53     .tx_data         (tx_data       ),
54     .tx_byte_num     (rec_byte_num),
55     .tx_done         (tx_done       ),
56     .tx_req          (tx_req        ),
57     .rec_pkt_done    (rec_pkt_done),
58     .rec_en          (rec_en        ),
59     .rec_data        (rec_data      ),
60     .rec_byte_num    (rec_byte_num),
61     .eth_tx_en       (eth_tx_en    ),
62     .eth_tx_data     (eth_tx_data ),
63     .eth_rst_n       (eth_rst_n    )
64     );
65
```

```
66 //脉冲信号同步处理模块
67 pulse_sync_pro u_pulse_sync_pro(
68     .clk_a          (eth_rx_clk),
69     .rst_n          (sys_rst_n),
70     .pulse_a        (rec_pkt_done),
71     .clk_b          (eth_tx_clk),
72     .pulse_b        (tx_start_en)
73     );
74
75 //FIFO 模块,用于缓存单包数据
76 async_fifo_2048x32b u_fifo_2048x32b(
77     .aclr         (~sys_rst_n),
78     .data         (rec_data   ),          //FIFO 写数据
79     .rdclk        (eth_tx_clk),
80     .rdreq        (tx_req     ),          //FIFO 读使能
81     .wrclk        (eth_rx_clk),
82     .wrreq        (rec_en     ),          //FIFO 写使能
83     .q            (tx_data    ),          //FIFO 读数据
84     .rdempty      (),
85     .wrfull       ()
86     );
87
88 endmodule
```

在代码的第 58～59 行中，UDP 模块输出的 rec_en(数据有效信号)和 rec_data(有效数据)连接到 FIFO 缓存数据模块的写入端口，从而将以太网接收到的数据缓存至 FIFO。在代码的第 56 行和第 53 行中，UDP 模块输出的 tx_req(读数据请求信号)和输入的 tx_data(发送的数据)连接到 FIFO 缓存模块的读出端口，从而将 FIFO 中的数据发送出去。

以太网通信的环回功能是在单包数据接收完成之后才开始发送数据的，所以可以将以太网接收模块输出的接收完成信号(rec_pkt_done)作为以太网发送模块的开始发送信号(tx_start_en)。我们知道，eth_rx_clk 和 eth_tx_clk 为两个异步时钟，如果接收完成信号直接作为以太网发送模块的开始发送信号，则会出现亚稳态，即信号有可能没有被正确采集到。所以我们添加一个脉冲信号同步处理模块，将接收完成信号连接至脉冲信号同步处理模块的 pulse_a(输入脉冲同步信号)，脉冲信号同步处理模块输出的 pulse_b(输出脉冲同步信号)连接至开始发送信号(如代码的第 52 行、第 57 行、第 70 行和第 72 行所示)，有关脉冲信号同步处理模块是如何完成两个时钟域下的数据同步的，会在后面有详细的介绍。

代码的第 60 行 rec_byte_num(以太网接收的有效字节数)直接连接到了第 54 行 tx_byte_num(以太网发送的有效字节数)，开发板将接收到的有效字节数直接返回给 PC，因此收发数据的有效字节数是一致的。需要注意的是 rec_byte_num 和 tx_byte_num 分别是 eth_rx_clk 和 eth_tx_clk 两个异步时钟下的数据，处理这种异步时钟下的数据要格外小心，必须在数据保持稳定之后采集，否则很容易出现亚稳态，即数据采集错误的情况。以太网发送模块是在 rec_pkt_done 信号的上升沿锁存发送字节个数的，

接收字节个数在此时一段时间内是保持不变的，不会出现数据采集错误的情况，因此 rec_byte_num 和 tx_byte_num 这两个信号可以直接连在一起。

需要注意的是，顶层模块中第 15～21 行定义了 4 个参数：开发板 MAC 地址 BOARD_MAC、开发板 IP 地址 BOARD_IP、目的 MAC 地址 DES_MAC（和 PC 做环回实验，这里指 PC MAC 地址）、目的 IP 地址 DES_IP（PC IP 地址）。开发板的 MAC 地址和 IP 地址是我们随意定义的，只要不和目的 MAC 地址和目的 IP 地址一样就可以，否则会产生地址冲突。目的 MAC 地址这里写的是公共 MAC 地址（48'hff_ff_ff_ff_ff_ff），也可以修改成计算机网口的 MAC 地址，DES_IP 是对应计算机以太网的 IP 地址，这里定义的 4 个参数是向下传递的，需要修改 MAC 地址或者 IP 地址时直接在这里修改即可，而不用在 UDP 模块里面修改。

脉冲信号同步处理模块的代码如下所示：

```
1  module pulse_sync_pro(
2      input       clk_a    ,    //输入时钟 A
3      input       rst_n    ,    //复位信号
4      input       pulse_a  ,    //输入脉冲 A
5      input       clk_b    ,    //输入时钟 B
6      output      pulse_b       //输出脉冲 B
7  );
8
9  //reg define
10 reg       pulse_inv      ;    //脉冲信号转换成电平信号
11 reg       pulse_inv_d0   ;    //时钟 B 下打拍
12 reg       pulse_inv_d1   ;
13 reg       pulse_inv_d2   ;
14
15 //*****************************************************
16 //**                    main code
17 //*****************************************************
18
19 assign pulse_b = pulse_inv_d1 ^ pulse_inv_d2 ;
20
21 //输入脉冲转成电平信号，确保时钟 B 可以采到
22 always @(posedge clk_a or negedge rst_n) begin
23     if(rst_n == 1'b0)
24         pulse_inv <= 1'b0 ;
25     else if(pulse_a)
26         pulse_inv <= ~pulse_inv;
27 end
28
29 //A 时钟下电平信号转成时钟 B 下的脉冲信号
30 always @(posedge clk_b or negedge rst_n) begin
31     if(rst_n == 1'b0) begin
32         pulse_inv_d0 <= 1'b0;
33         pulse_inv_d1 <= 1'b0;
34         pulse_inv_d2 <= 1'b0;
35     end
```

```
36      else begin
37          pulse_inv_d0  <=  pulse_inv    ;
38          pulse_inv_d1  <=  pulse_inv_d0;
39          pulse_inv_d2  <=  pulse_inv_d1;
40      end
41 end
42
43 endmodule
```

代码中的 pulse_a 信号是 clk_a 时钟域下的脉冲信号(之所以称为脉冲信号,是因为 pulse_a 高电平持续一个时钟周期),pulse_b 信号是 clk_b 时钟域下的脉冲信号,脉冲信号同步处理模块完成一个时钟域下的脉冲信号同步到另一个时钟域下的脉冲信号。在代码的第 22 行开始的 always 块中,将输入的脉冲信号(pulse_a)转换成电平信号(pulse_inv),转换后的电平信号在 clk_b 时钟域下打拍,打拍后的信号进行异或处理后,输出一个 clk_b 时钟域下的脉冲信号。

图 25.4.4 为脉冲同步过程中 SignalTap 抓取的波形图,pulse_a 信号拉高后,pulse_inv 信号取反由低电平变成高电平。clk_b 时钟对取反后的信号进行打拍,打拍后的信号进行异或运算得到持续一个时钟周期的 pulse_b 信号。

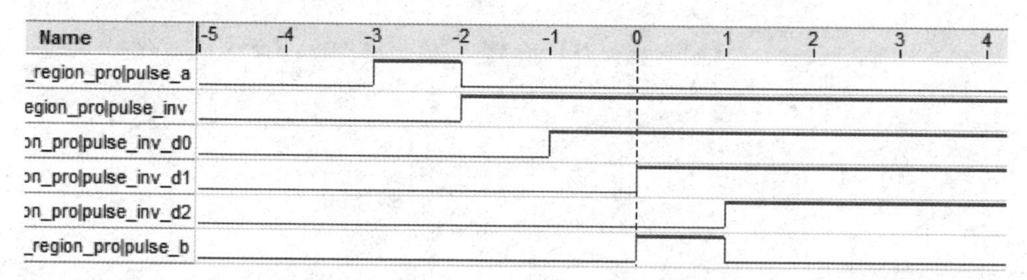

图 25.4.4 脉冲同步 SignalTap 波形图

UDP 模块的代码如下所示:

```
1  module udp
2    #(
3     //开发板 MAC 地址 00-11-22-33-44-55
4     parameter BOARD_MAC = 48'h00_11_22_33_44_55,
5     //开发板 IP 地址 192.168.1.123
6     parameter BOARD_IP    = {8'd192,8'd168,8'd1,8'd123},
7     //目的 MAC 地址 ff_ff_ff_ff_ff_ff
8     parameter  DES_MAC     = 48'hff_ff_ff_ff_ff_ff,
9     //目的 IP 地址 192.168.1.102
10    parameter  DES_IP      = {8'd192,8'd168,8'd1,8'd102}
11    )
12   (
13    input                      eth_rx_clk   ,  //MII 接收数据时钟
14    input                      rst_n        ,  //复位信号,低电平有效
15    input                      eth_rxdv     ,  //MII 输入数据有效信号
16    input           [3:0]      eth_rx_data  ,  //MII 输入数据
17    input                      eth_tx_clk   ,  //MII 发送数据时钟
```

```
18     input                   tx_start_en  ,  //以太网开始发送信号
19     input          [31:0]   tx_data      ,  //以太网待发送数据
20     input          [15:0]   tx_byte_num  ,  //以太网发送的有效字节数,单位:byte
21     output                  tx_done      ,  //以太网发送完成信号
22     output                  tx_req       ,  //读数据请求信号
23     output                  rec_pkt_done ,  //以太网单包数据接收完成信号
24     output                  rec_en       ,  //以太网接收的数据使能信号
25     output         [31:0]   rec_data     ,  //以太网接收的数据
26     output         [15:0]   rec_byte_num ,  //以太网接收的有效字节数,单位:byte
27     output                  eth_tx_en    ,  //MII 输出数据有效信号
28     output         [3:0]    eth_tx_data  ,  //MII 输出数据
29     output                  eth_rst_n       //以太网芯片复位信号,低电平有效
30     );
31
32 //wire define
33 wire            crc_en     ;               //CRC 开始校验使能
34 wire            crc_clr    ;               //CRC 数据复位信号
35 wire     [3:0]  crc_d4     ;               //输入待校验的 4 位数据
36
37 wire    [31:0]  crc_data   ;               //CRC 校验数据
38 wire    [31:0]  crc_next   ;               //CRC 下次校验完成数据
39
40 //*****************************************************
41 //**                    main code
42 //*****************************************************
43
44 assign  crc_d4 = eth_tx_data;
45 assign  eth_rst_n = 1'b1;                   //复位信号一直拉高
46
47 //以太网接收模块
48 ip_receive
49     #(
50      .BOARD_MAC       (BOARD_MAC),          //参数例化
51      .BOARD_IP        (BOARD_IP)
52      )
53    u_ip_receive(
54      .clk             (eth_rx_clk),
55      .rst_n           (rst_n),
56      .eth_rxdv        (eth_rxdv),
57      .eth_rx_data     (eth_rx_data),
58      .rec_pkt_done    (rec_pkt_done),
59      .rec_en          (rec_en),
60      .rec_data        (rec_data),
61      .rec_byte_num    (rec_byte_num)
62      );
63
64 //以太网发送模块
65 ip_send
66     #(
67      .BOARD_MAC       (BOARD_MAC),          //参数例化
68      .BOARD_IP        (BOARD_IP),
```

```
69      .DES_MAC            (DES_MAC),
70      .DES_IP             (DES_IP)
71      )
72    u_ip_send(
73      .clk                (eth_tx_clk),
74      .rst_n              (rst_n),
75      .tx_start_en        (tx_start_en),
76      .tx_data            (tx_data),
77      .tx_byte_num        (tx_byte_num),
78      .crc_data           (crc_data),
79      .crc_next           (crc_next[31:28]),
80      .tx_done            (tx_done),
81      .tx_req             (tx_req),
82      .eth_tx_en          (eth_tx_en),
83      .eth_tx_data        (eth_tx_data),
84      .crc_en             (crc_en),
85      .crc_clr            (crc_clr)
86      );
87
88 //以太网发送 CRC 校验模块
89 crc32_d4    u_crc32_d4(
90      .clk                (eth_tx_clk),
91      .rst_n              (rst_n ),
92      .data               (crc_d4),
93      .crc_en             (crc_en),
94      .crc_clr            (crc_clr),
95      .crc_data           (crc_data),
96      .crc_next           (crc_next)
97      );
98
99 endmodule
```

UDP(udp)模块是对以太网接收模块(ip_receive)、以太网发送模块(ip_send)、CRC 校验模块(crc32_d4)的例化，其中 crc32_d4 模块是对发送模块做 CRC 校验。下面着重介绍各个子模块代码的实现。

我们在前面介绍过，以太网接收模块实现的是 4 位转 32 位的功能以及解析数据的顺序，可以发现，解析数据的顺序很适合使用状态机来实现，图 25.4.5 为以太网接收模块的状态跳转图。

接收模块使用三段式状态机来解析以太网包，从图 25.4.5 可以比较直观地看到每个状态实现的功能以及跳转到下一个状态的条件。这里需要注意的一点是，在中间状态如前导码错误、MAC 地址错误以及 IP 地址错误时跳转到 st_rx_end 状态而不是跳转到 st_idle 状态。因为中间状态在解析到数据错误时，单包数据的接收还没有结束，如果此时跳转到 st_idle 状态会误把有效数据当成前导码来解析，所以状态跳转到 st_rx_end。而 eth_rxdv 信号为 0 时，单包数据才算接收结束，所以 st_rx_end 跳转到 st_idle 的条件是 eth_rxdv=0，准备接收下一包数据。因为代码较长，只粘贴了第三段状态机的接收数据状态和接收结束状态源代码，代码如下：

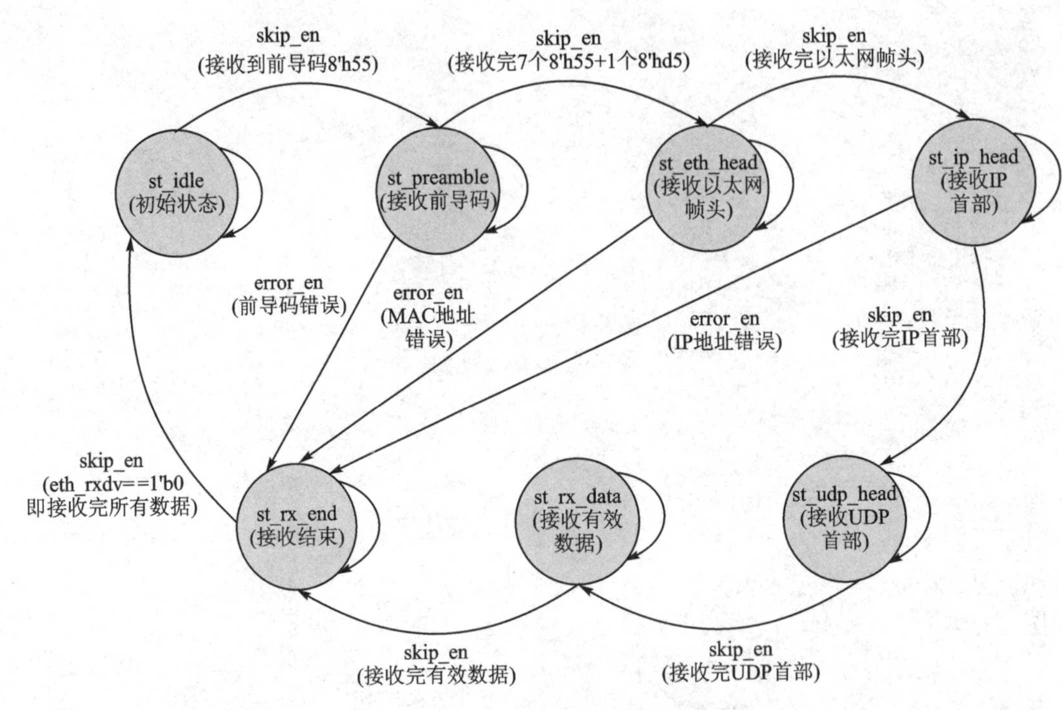

图 25.4.5　ip_receive 模块的状态跳转图

```
265 st_rx_data : begin
266     //接收数据,转换成 32 bit
267     if(rx_byte_val) begin
268         data_cnt <= data_cnt + 16'd1;
269         rec_en_cnt <= rec_en_cnt + 2'd1;
270         if(data_cnt == data_byte_num - 16'd1) begin
271             skip_en <= 1'b1;                        //有效数据接收完成
272             data_cnt <= 16'd0;
273             rec_en_cnt <= 2'd0;
274             rec_pkt_done <= 1'b1;
275             rec_en <= 1'b1;
276             rec_byte_num <= data_byte_num;
277         end
278         //先收到的数据放在了 rec_data 的高位,所以当数据不是 4 的倍数时,
279         //低位数据为无效数据,可根据有效字节数来判断(rec_byte_num)
280         if(rec_en_cnt == 2'd0)
281             rec_data[31:24] <= rx_data;
282         else if(rec_en_cnt == 2'd1)
283             rec_data[23:16] <= rx_data;
284         else if(rec_en_cnt == 2'd2)
285             rec_data[15:8] <= rx_data;
286         else if(rec_en_cnt == 2'd3) begin
287             rec_en <= 1'b1;
288             rec_data[7:0] <= rx_data;
289         end
290     end
```

```
291 end
292 st_rx_end : begin                                        //单包数据接收完成
293     if(eth_rxdv == 1'b0 && skip_en == 1'b0)
294         skip_en <= 1'b1;
295 end
```

图 25.4.6 为接收过程中 SignalTap 抓取的波形图，上位机通过网口调试助手发送 http://www.alientek.com/（十六进制为：68 74 74 70 3A 2F 2F 77 77 77 2E 61 6C 69 65 6E 74 65 6B 2E 63 6F 6D 2F），图中 eth_rxdv 和 eth_rx_data 为 MII 接口的接收信号，skip_en 为状态机的跳转信号。每次单包数据接收完成都会产生 rec_pkt_done 信号，rec_en 和 rec_data 为收到的数据有效信号和数据。

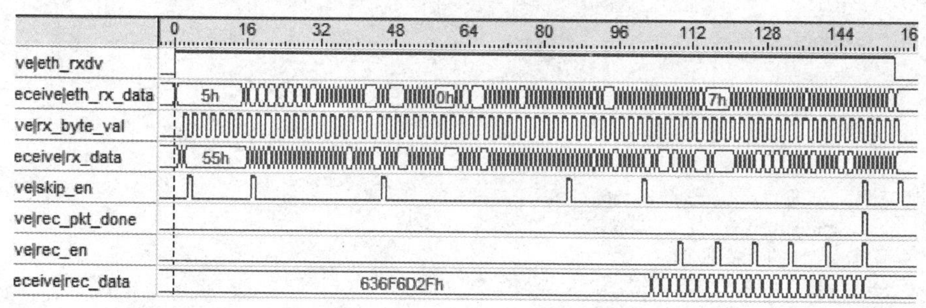

图 25.4.6 接收过程 SignalTap 波形图

以太网发送模块实际上完成的是 32 位数据转 4 位数据的功能，也就是接收模块的逆过程，同样也非常适合使用状态机来完成发送数据的功能，状态跳转图如图 25.4.7 所示。

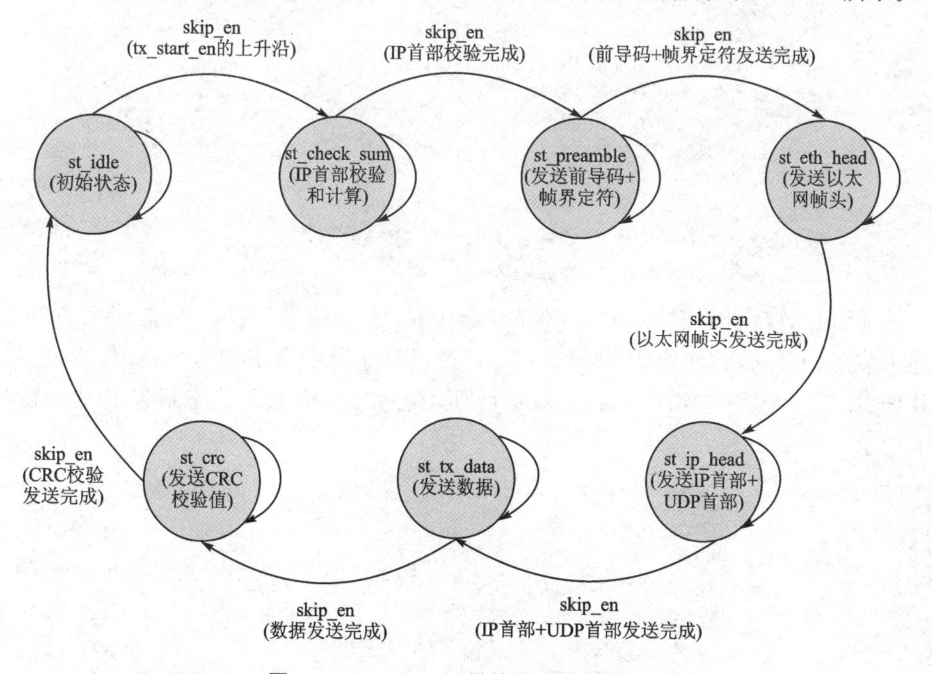

图 25.4.7 ip_send 模块的状态跳转图

发送模块和接收模块有很多相似之处，同样使用三段式状态机来发送以太网包，从图 25.4.7 可以比较直观地看到每个状态实现的功能以及跳转到下一个状态的条件。

在发送模块的代码中定义了数组来存储以太网的帧头、IP 首部以及 UDP 的首部，在复位时初始化数组的值，其部分源代码如下。

```
68  reg    [7:0]       preamble[7:0]     ;        //前导码
69  reg    [7:0]       eth_head[13:0]    ;        //以太网首部
70  reg    [31:0]      ip_head[6:0]      ;        //IP 首部 + UDP 首部
……省略部分代码
198         //初始化数组
199         //前导码 7 个 8'h55 + 1 个 8'hd5
200         preamble[0] <= 8'h55;
201         preamble[1] <= 8'h55;
202         preamble[2] <= 8'h55;
203         preamble[3] <= 8'h55;
204         preamble[4] <= 8'h55;
205         preamble[5] <= 8'h55;
206         preamble[6] <= 8'h55;
207         preamble[7] <= 8'hd5;
208         //目的 MAC 地址
209         eth_head[0] <= DES_MAC[47:40];
210         eth_head[1] <= DES_MAC[39:32];
211         eth_head[2] <= DES_MAC[31:24];
212         eth_head[3] <= DES_MAC[23:16];
213         eth_head[4] <= DES_MAC[15:8];
214         eth_head[5] <= DES_MAC[7:0];
215         //源 MAC 地址
216         eth_head[6] <= BOARD_MAC[47:40];
217         eth_head[7] <= BOARD_MAC[39:32];
218         eth_head[8] <= BOARD_MAC[31:24];
219         eth_head[9] <= BOARD_MAC[23:16];
220         eth_head[10] <= BOARD_MAC[15:8];
221         eth_head[11] <= BOARD_MAC[7:0];
222         //以太网类型
223         eth_head[12] <= ETH_TYPE[15:8];
224         eth_head[13] <= ETH_TYPE[7:0];
```

前面讲过，以太网帧格式的数据部分最少是 46 个字节，去掉 IP 首部字节和 UDP 首部字节后，有效数据至少为 18 个字节，程序设计中已经考虑到这种情况，当发送的有效数据少于 18 个字节时，会在有效数据后面填补充位，第三段状态机发送状态源代码如下所示：

```
344             st_tx_data   : begin                                        //发送数据
345                 crc_en <= 1'b1;
346                 eth_tx_en <= 1'b1;
347                 tx_bit_sel <= tx_bit_sel + 3'd1;
348                 if(tx_bit_sel[0] == 1'b0) begin
349                     if(data_cnt <tx_data_num - 16'd1)
350                         data_cnt <= data_cnt + 16'd1;
351                     else if(data_cnt == tx_data_num - 16'd1)begin
```

```
352                     //如果发送的有效数据少于 18 个字节,则在后面填补充位
353                     //补充的值为最后一次发送的有效数据
354                     if(data_cnt + real_add_cnt <real_tx_data_num - 16'd1)
355                         real_add_cnt <= real_add_cnt + 5'd1;
356                     else
357                         skip_en <= 1'b1;
358                 end
359             end
360             if(tx_bit_sel == 3'd0) begin
361                 eth_tx_data <= tx_data[27:24];
362             end
363             else if(tx_bit_sel == 3'd1)
364                 eth_tx_data <= tx_data[31:28];
365             else if(tx_bit_sel == 3'd2)
366                 eth_tx_data <= tx_data[19:16];
367             else if(tx_bit_sel == 3'd3)
368                 eth_tx_data <= tx_data[23:20];
369             else if(tx_bit_sel == 3'd4)
370                 eth_tx_data <= tx_data[11:8];
371             else if(tx_bit_sel == 3'd5)
372                 eth_tx_data <= tx_data[15:12];
373             else if(tx_bit_sel == 3'd6) begin
374                 eth_tx_data <= tx_data[3:0];
375                 if(data_cnt != tx_data_num - 16'd1)
376                     tx_req <= 1'b1;
377             end
378             else if(tx_bit_sel == 3'd7)
379                 eth_tx_data <= tx_data[7:4];
380             if(skip_en) begin
381                 data_cnt <= 16'd0;
382                 real_add_cnt <= 5'd0;
383                 tx_bit_sel <= 3'd0;
384             end
385         end
```

发送模块的 CRC 校验是由 crc32_d4 模块完成的,发送模块将输入的 CRC 的计算结果每 4 位高低位互换,按位取反发送出去,CRC 计算部分在后面阐述,第三段状态机发送 CRC 校验源代码如下所示:

```
386         st_crc      : begin                                     //发送 CRC 校验值
387             eth_tx_en <= 1'b1;
388             tx_bit_sel <= tx_bit_sel + 3'd1;
389             if(tx_bit_sel == 3'd0)
390                                                                 //注意是 crc_next
391                 eth_tx_data <= {~crc_next[0], ~crc_next[1], ~crc_next[2],
392                                 ~crc_next[3]};
393             else if(tx_bit_sel == 3'd1)
394                 eth_tx_data <= {~crc_data[24],~crc_data[25],~crc_data[26],
395                                 ~crc_data[27]};
396             else if(tx_bit_sel == 3'd2)
397                 eth_tx_data <= {~crc_data[20],~crc_data[21],~crc_data[22],
```

```
398                                    ~crc_data[23]};
399                 else if(tx_bit_sel == 3'd3)
400                     eth_tx_data <= {~crc_data[16],~crc_data[17],~crc_data[18],
401                                    ~crc_data[19]};
402                 else if(tx_bit_sel == 3'd4)
403                     eth_tx_data <= {~crc_data[12],~crc_data[13],~crc_data[14],
404                                    ~crc_data[15]};
405                 else if(tx_bit_sel == 3'd5)
406                     eth_tx_data <= {~crc_data[8],~crc_data[9],~crc_data[10],
407                                    ~crc_data[11]};
408                 else if(tx_bit_sel == 3'd6) begin
409                     eth_tx_data <= {~crc_data[4],~crc_data[5],~crc_data[6],
410                                    ~crc_data[7]};
411                     skip_en <= 1'b1;
412                 end
413                 else if(tx_bit_sel == 3'd7) begin
414                     eth_tx_data <= {~crc_data[0],~crc_data[1],~crc_data[2],
415                                    ~crc_data[3]};
416                     tx_done_t <= 1'b1;
417                 end
418             end
```

图 25.4.8 为发送过程中 SignalTap 抓取的波形图，图中 tx_start_en 作为开始发送的启动信号，eth_tx_en 和 eth_tx_data 即为 MII 接口的发送接口。在开始发送以太网帧头时 crc_en 拉高开始 CRC 校验的计算，在将要发送有效数据时拉高 tx_req（发送数据请求）信号，tx_data 即为待发送的有效数据，在所有数据发送完成后输出 tx_done（发送完成）信号和 crc_clr（CRC 校验值复位）信号。

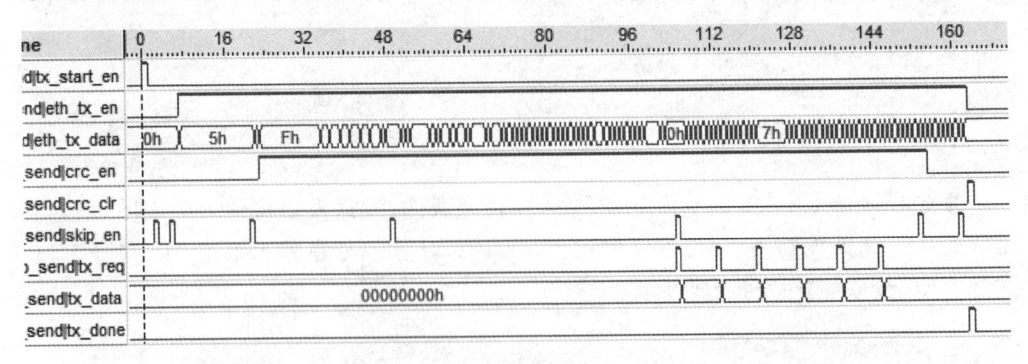

图 25.4.8　发送过程 SignalTap 波形图

CRC32 校验在 FPGA 实现的原理是线性反馈移位寄存器，其思想是各个寄存器储存着上一次 CRC32 运算的结果，寄存器的输出即为 CRC32 的值。CRC32 的原理与公式推导较复杂，在此可不必深究，CRC 校验的源代码可直接通过网页生成工具直接下载，网址为 http://www.easics.com/webtools/crctool，CRC32 的生成多项式为

$$G(x)=x^{32}+x^{26}+x^{23}+x^{22}+x^{16}+x^{12}+x^{11}+x^{10}+ x^{8}+x^{7}+x^{5}+x^{4}+x^{2}+x^{1}+1$$

生成的 CRC 代码设置界面如图 25.4.9 所示。

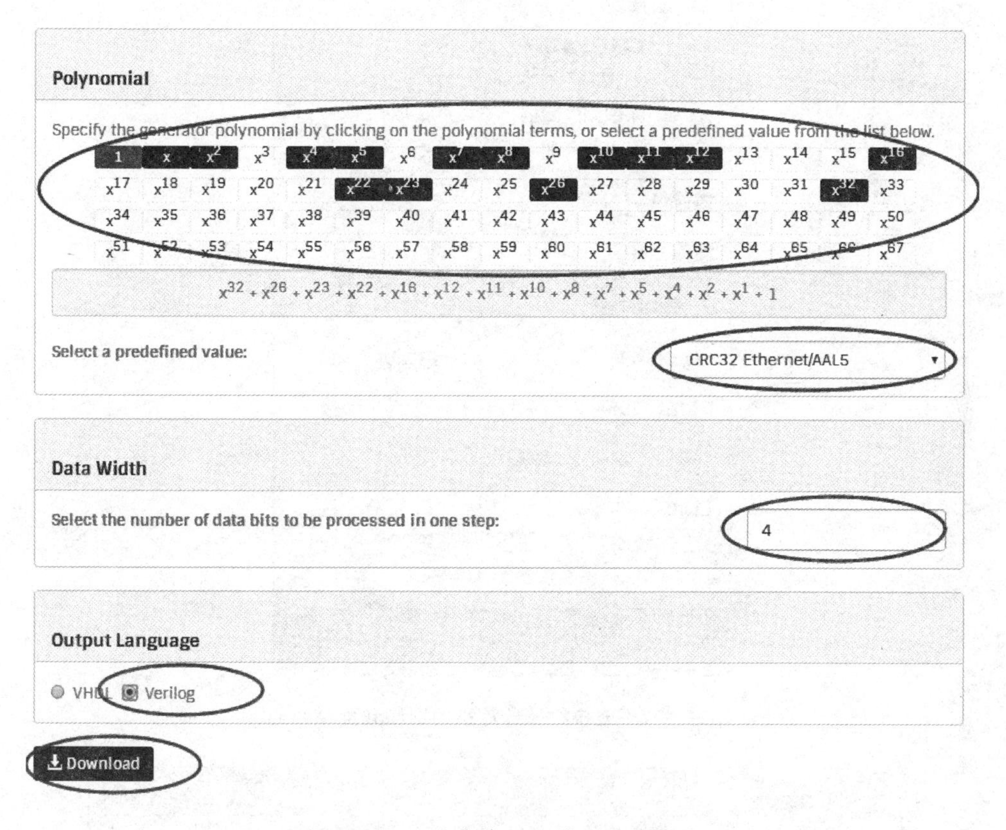

图 25.4.9　生成的 CRC 代码设置界面

下载之后的代码只需稍作修改就可以直接使用。

25.5　下载验证

将网线一端连接计算机网口，另一端与开发板上的网口连接。再将下载器一端连接计算机，另一端与开发板上对应端口连接，最后连接电源线并打开电源开关。

开拓者开发板实物图如图 25.5.1 所示。

图 25.5.1　开拓者开发板网口

接下来打开本次实验工程，并将.sof 文件下载到开发板中。程序下载完成后，PHY 芯片就会和计算机网卡进行通信（自协商），如果程序下载正确并且硬件连接无误，可打开计算机右下角的网络和共享中心，单击“更改适配器设置”，就会看到本地连接刚开始显示的是正在识别，一段时间之后显示未识别的网络，如图 25.5.2 和图 25.5.3 所示。

图 25.5.2 准备打开计算机的网络和共享中心

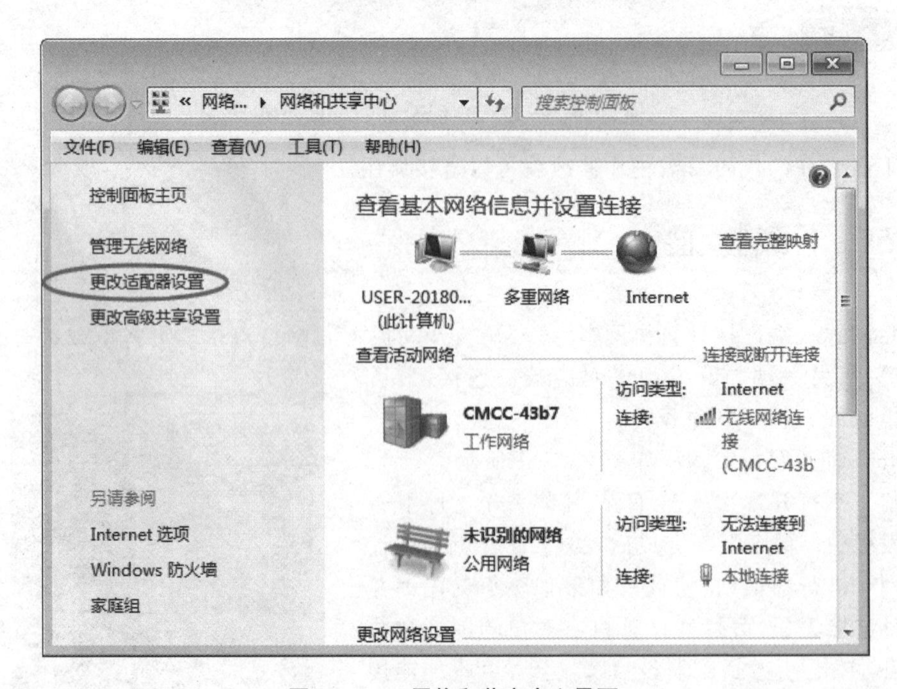

图 25.5.3 网络和共享中心界面

如果看到图 25.5.4“本地连接”显示“未识别的网络”，说明硬件连接和程序都是没有问题的，在开始使用网口调试助手之前，先把程序的目的 IP 地址与计算机网口的 IP 地址保持一致。查询计算机的 IP 地址的方法是先打开计算机的 DOS 命令窗口(单击计算机左下角的“开始”菜单，然后在“搜索程序和文件”一栏中输入 cmd，或者直接通过快捷键 Win+R 打开“运行”窗口，然后输入 cmd)为了避免操作失败，应以管理员的身份运行，如图 25.5.5 和图 25.5.6 所示。

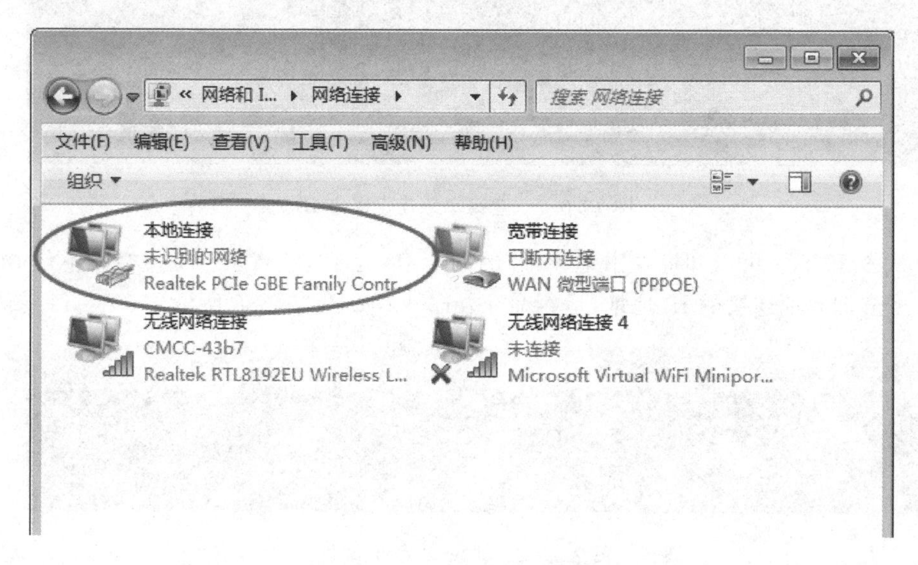

图 25.5.4　更改适配器界面

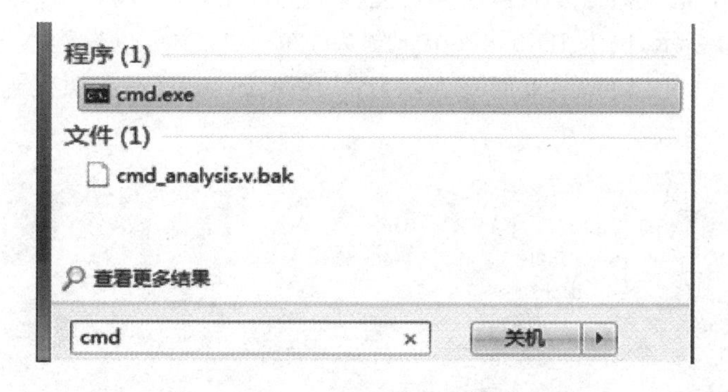

图 25.5.5　搜索 cmd 界面

图 25.5.6　打开 DOS 命令窗口界面

首先查询本地连接的网卡 ID 号，运行命令："netsh i i show in"，如图 25.5.7 所示。

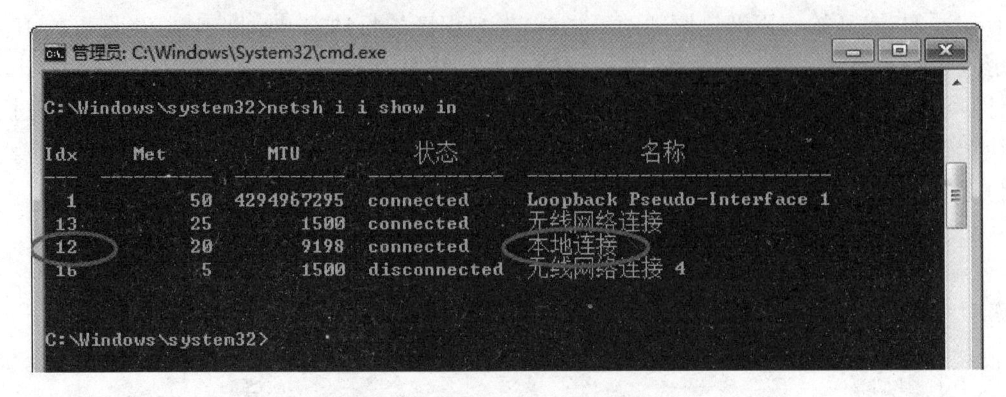

图 25.5.7 查询本地连接网卡 ID

从图 25.5.7 可以知道，"本地连接"的网卡 ID 为 12，注意是 Idx 一栏而不是 Met。接下来查询本地连接的 IP 地址，运行命令：arp - a，如图 25.5.8 所示。

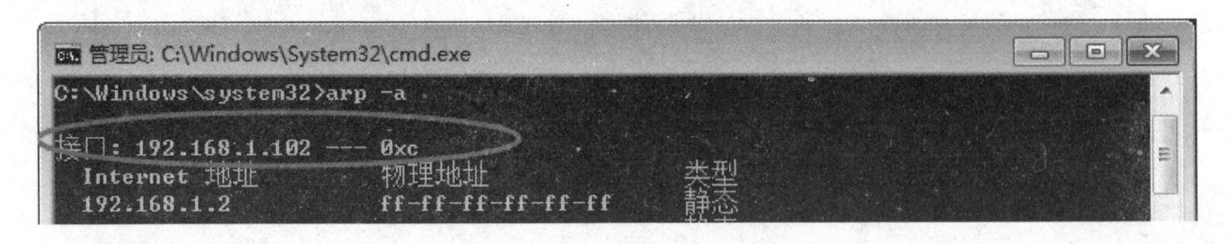

图 25.5.8 查询本地 IP 地址

运行查询 IP 地址命令之后可能会出现多个接口，选择与网卡 ID 号一致的那个接口，如图 25.5.8 所示，网卡 ID 0x0c(十进制为 12)，从图中可以看到本地连接的 IP 地址为 192.168.1.102，和程序里面写入的目的 IP 地址是一致的，源代码如下(eth_pc_loop 模块)：

```
1  //parameter define
2  //开发板 MAC 地址 00-11-22-33-44-55
3  parameter   BOARD_MAC = 48'h00_11_22_33_44_55;
4  //开发板 IP 地址 192.168.1.123
5  parameter   BOARD_IP    = {8'd192,8'd168,8'd1,8'd123};
6  //目的 MAC 地址 ff_ff_ff_ff_ff_ff
7  parameter   DES_MAC     = 48'hff_ff_ff_ff_ff_ff;
8  //目的 IP 地址 192.168.1.102
9  parameter   DES_IP      = {8'd192,8'd168,8'd1,8'd102};
```

可以看到程序里面的 DES_IP 和计算机的本地 IP 一致，可以通过修改代码 DES_IP 值改成计算机的 IP 地址，或者将计算机的本地 IP 地址改成和程序一样的地址。修改计算机 IP 地址的方法是打开更改适配器的界面，右击本地连接，选择属性，打开后双击"Internet 协议版本 4(TCP/IPv4)"打开界面如图 25.5.9 和图 25.5.10 所示。

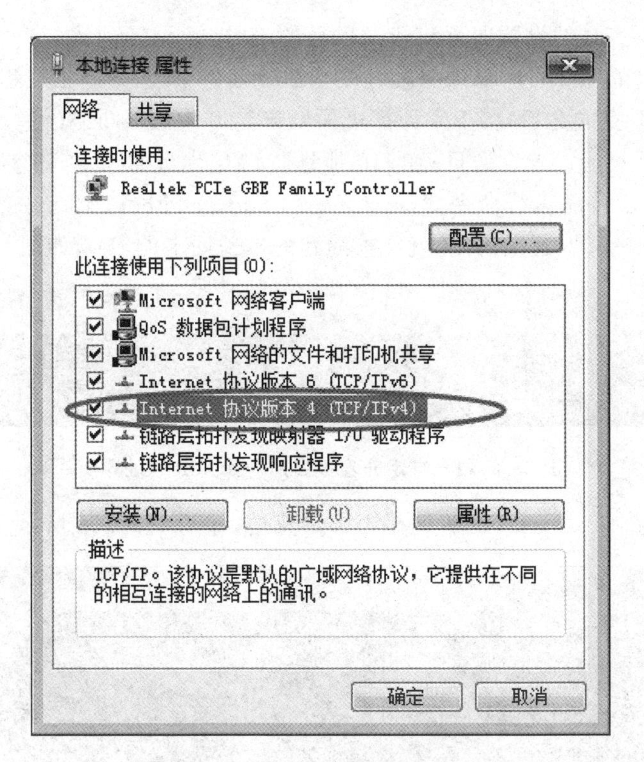

图 25.5.9　“本地连接属性”界面

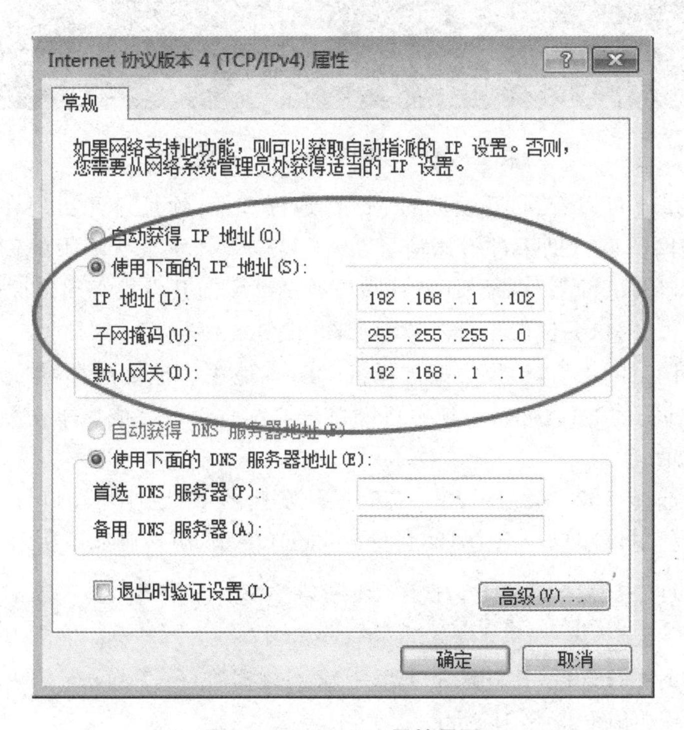

图 25.5.10　IPv4 属性界面

按照图 25.5.10 的设置即可和开发板目的 IP 地址设置一致。当然也可以直接修改程序里面的目的 IP 地址，如果修改程序则需要编译工程，重新下载程序。

IP 地址设置完成之后，接下来计算机需要绑定开发板的 MAC 地址和 IP 地址，因为网口调试助手只能设置发送目标的 IP 地址，MAC 地址是从 DOS 界面绑定的，绑定的方法是在 DOS 界面运行命令："netsh - c i i add neighbors 12 192.168.1.123 00 - 11 - 22 - 33 - 44 - 55"（这里的 12 就是查询到的本地网卡的 ID），如图 25.5.11 所示。

```
管理员: C:\Windows\System32\cmd.exe

C:\Windows\system32>netsh -c i i add neighbors 12 192.168.1.123 00-11-22-33-44-5
5
```

图 25.5.11　绑定开发板目的 MAC、IP 地址界面

此时可运行命令："arp - a"查询是否绑定成功，如图 25.5.12 所示。

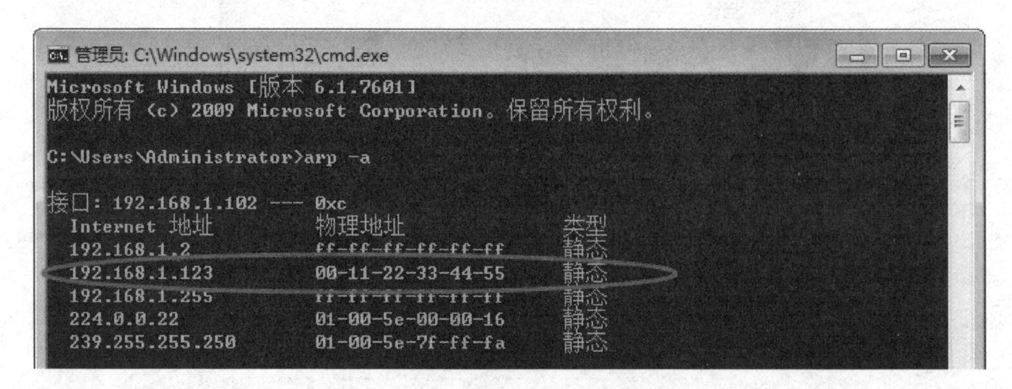

图 25.5.12　查询绑定的地址界面

从图 25.5.12 可以看到，开发板的 MAC 地址和 IP 地址已经出现在列表里，接下来就可以使用网口调试助手进行通信了，该工具位于开发板所随附的资料"6_软件资料/1_软件/网口调试助手"目录下（打开网口调试助手前开发板必须硬件连接正确并且程序下载完成）。网口调试助手打开界面如图 25.5.13 所示。

打开网口调试助手后，协议类型选择：UDP；本地主机地址选择：本地连接的 IP 地址（在这里是 192.168.1.102）；本地主机端口号：1234；设置完成后单击"打开"按钮，如图 25.5.14 所示。

远程主机选择：192.168.1.123 ：1234（开发板的 IP 地址和端口号），在这里本机主端口号和远程主机端口号都为 1234，见 ip_send 模块，源代码如下所示：

```
252 //16 位源端口号:1234,16 位目的端口号:1234
253 ip_head[5] <= {16'd1234,16'd1234};
```

网口调试助手打开后，在发送文本框中输入数据"http://www.alientek.com/"并单击"发送"按钮，如图 25.5.15 所示。

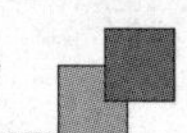

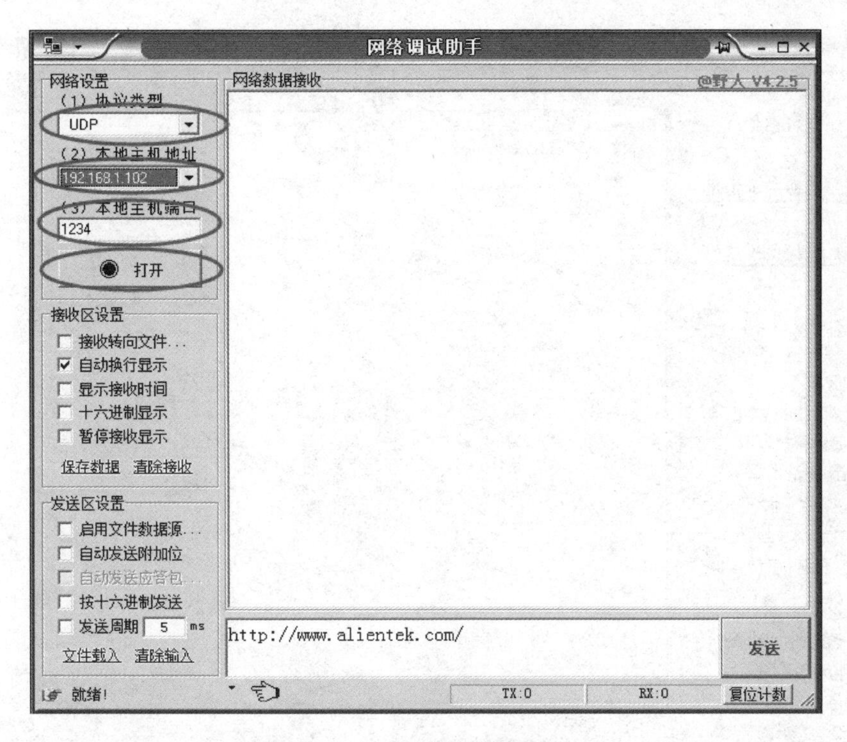

图 25.5.13　网口调试助手界面

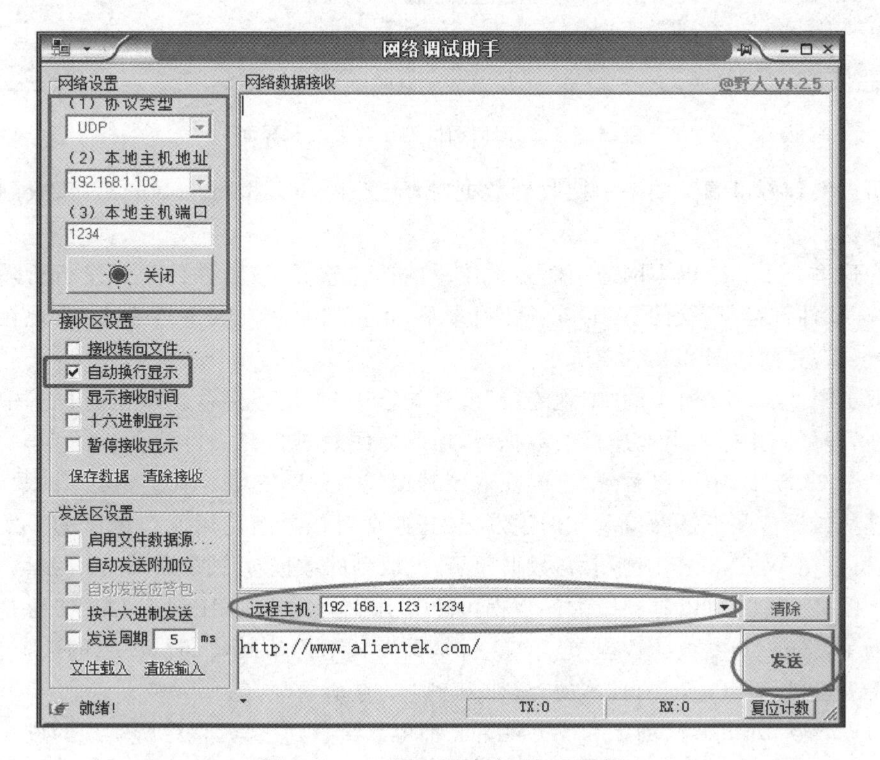

图 25.5.14　网口调试助手打开界面

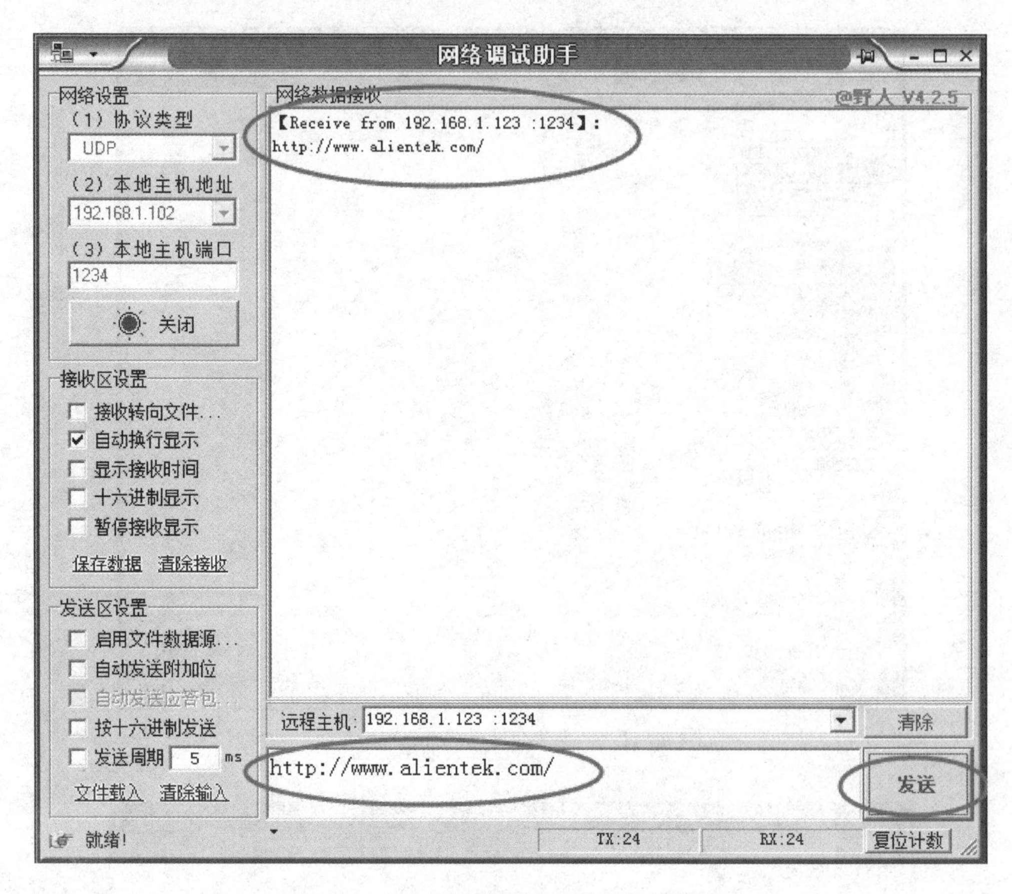

图 25.5.15　网口调试助手收发数据界面

可以看到网口调试助手中接收到数据“http://www.alientek.com/”,接收到的数据与发送的数据一致。

在这里介绍一个以太网通信时经常使用的抓包软件,该软件位于开发板所随附的资料“6_软件资料/1_软件/Wireshark”目录下,也可以直接在网上搜索下载,现在打开 Wireshark,界面如图 25.5.16 所示。

双击图 25.5.16 所示的“本地连接”或者先选中“本地连接”,再单击方框选中的蓝色按钮,即可开始抓取本地连接的数据包,抓取界面如图 25.5.17 所示。

从图 25.5.17 中可以看到,已经抓取到其他应用程序使用本地连接发送的数据包,但是这些数据包并不是网口调试助手发送的,这个时候重新使用网口调试助手发送数据,就可以在 Wireshark 中抓取到数据包了,抓取到的数据包如图 25.5.18 所示。

从图 25.5.18 可以看到以太网数据包的源 IP 地址和目的 IP 地址,第 71 行是网口调试助手发送给开发板的数据包,第 72 行是开发板返回给网口调试助手的数据包,双击第 72 行可以看到返回的具体内容,如图 25.5.19 所示。

可以看到,网口调试助手和 Wireshark 都可以接收到数据,程序所实现的以太网数据环回功能验证成功。

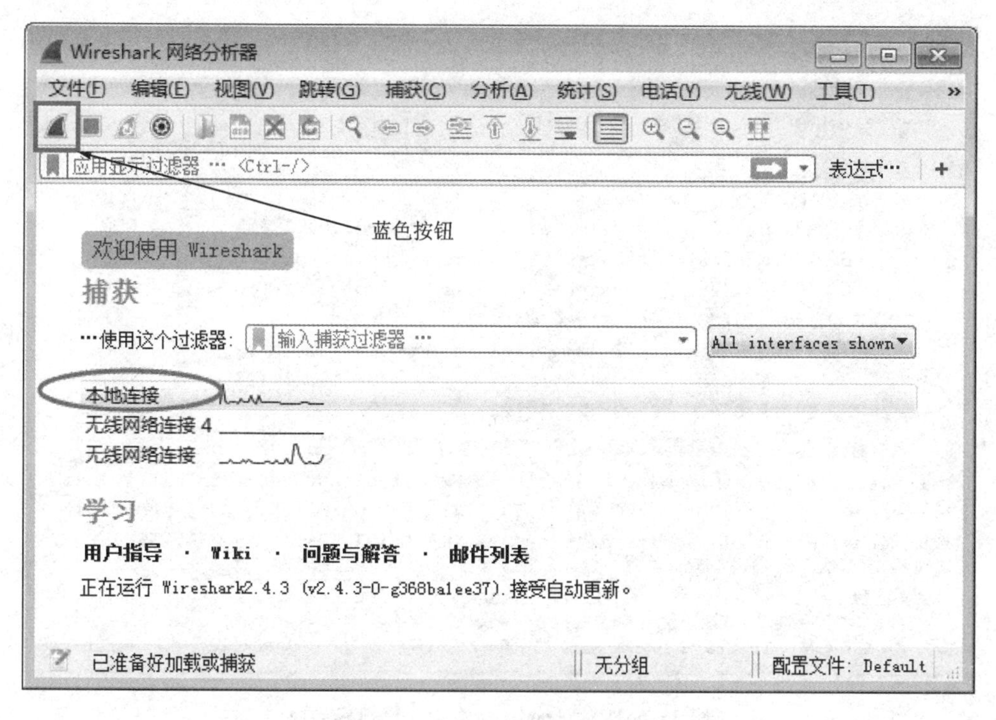

图 25.5.16 Wireshark 打开界面

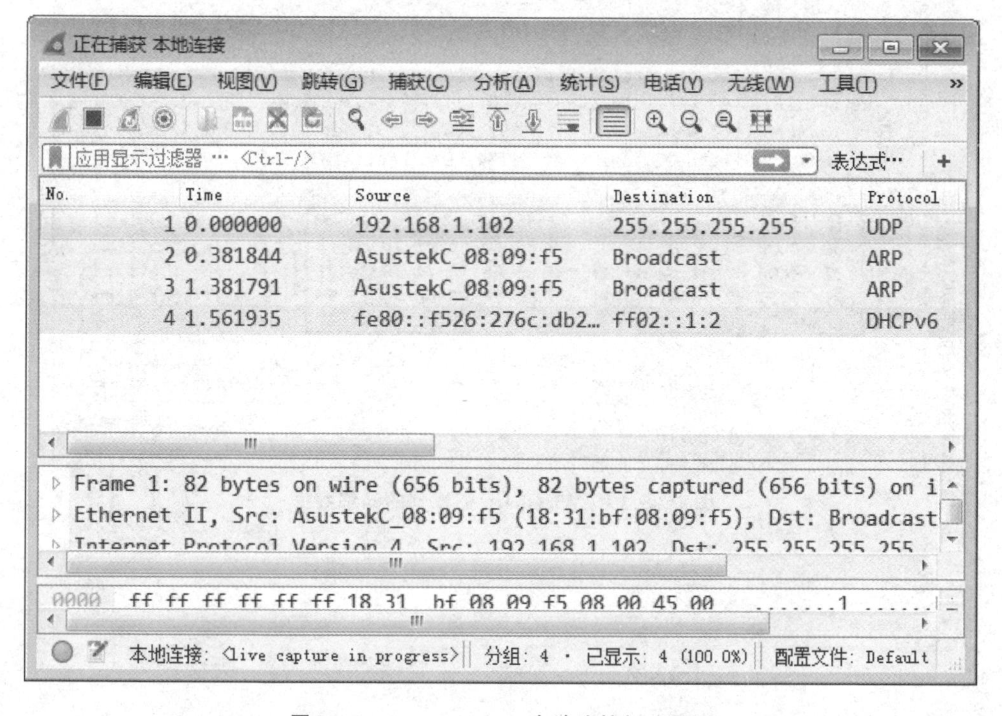

图 25.5.17 Wireshark 本地连接打开界面

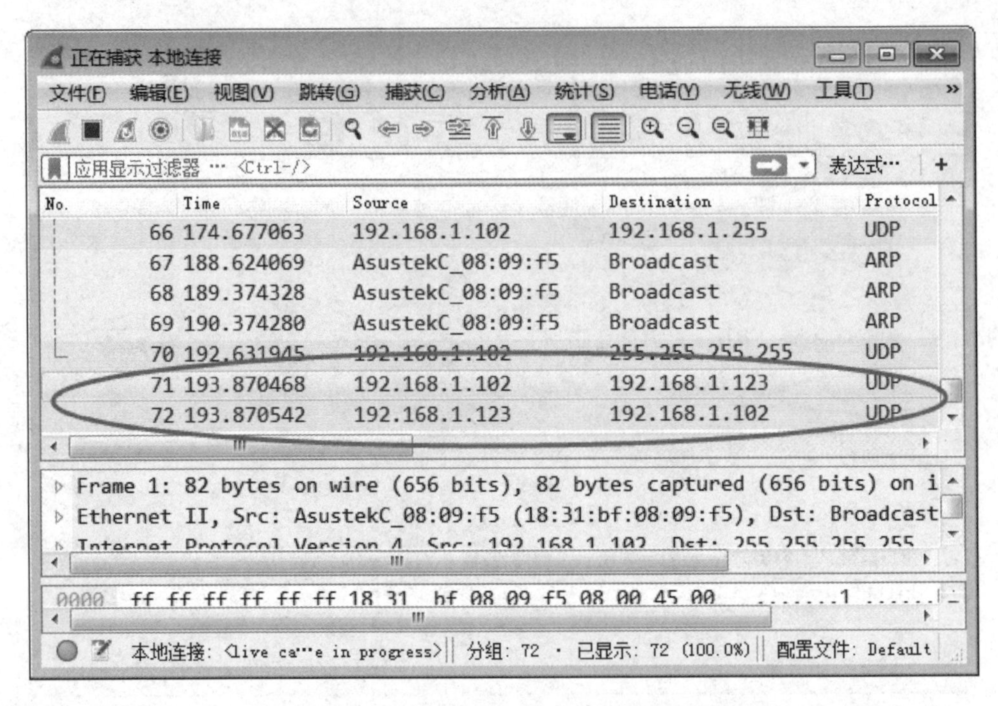

图 25.5.18 Wireshark 本地连接抓包界面

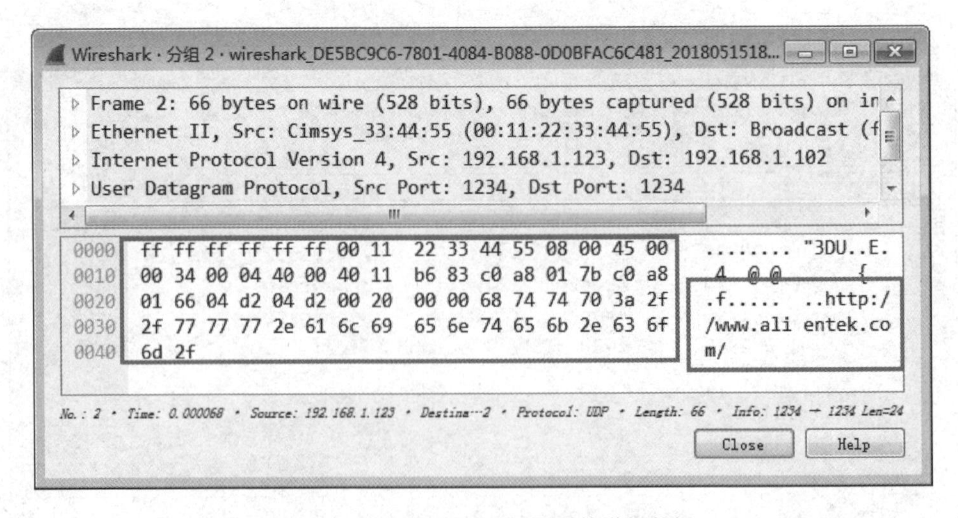

图 25.5.19 Wireshark 抓取到的详细数据

第26章

基于OV7725的以太网传输视频实验

在“第22章　OV7725摄像头VGA显示实验”中，我们成功地在VGA显示器上实时显示出了摄像头采集的图像；在“第25章　以太网通信实验”中，我们通过网口调试助手成功地和开发板完成了以太网通信的功能。本章我们将使用FPGA开发板实现对OV7725的数字图像采集，并通过开发板上的以太网接口发送给上位机实时显示。

26.1　以太网视频传输简介

随着图像技术、监控技术的发展，通信的数据量越来越大，这无疑对数据传输系统的实时性、稳定性和高效性都提出了苛刻的要求。对于大量数据的高速传输，一般使用以太网或者USB传输方案，而以太网相比于USB，有着传输距离更远的优势。传统的以太网视频传输方案采用百兆以太网进行传输，对于高帧率、高分辨率的视频才会用到千兆以太网，本章将使用开发板上的百兆以太网PHY芯片学习如何使用以太网传输视频并通过上位机实时显示。

以太网实时视频传输采用的传输层方案一般有TCP和UDP两种。TCP协议能为两个端点间的数据传输提供相对可靠的保障，这种保障是通过一个握手机制实现的。当数据发送给接收者时，接收者要检查数据的正确性，当接收者接收到正确数据后给发送者一个确认报文信号，发送者只有接收到接收者的确认报文信号后才能发送下一个数据块。如果没有接收到确认报文，这个数据块就必须要重新发送。尽管这种机制对传输数据来说是非常合理的，但当它用在以太网视频实时传输时就会引发很多问题。首先就是延迟问题，在传输信道丢包率较高时，TCP的传输质量下滑严重，重传拥塞导致视频延时非常大，失去实时互通的意义。UDP同TCP相比能提供更高的吞吐量和较低的延迟，非常适合低延时的视频传输场合。

UDP性能的提高是以不能保障数据完整性为代价的，它不能对所传数据提供担保，有时会出现数据丢包的现象。为了降低丢包对视频显示带来的影响，我们为每帧图像添加一个帧头，用于标志一帧图像的开始。在紧跟图像帧头之后，传输的是图像的分辨率，以便上位机对图像进行解析。上位机解析到图像帧头和分辨率之后，接下来将接收到的像素数据重新放到图像显示区域的起始位置，保证了在视频传输过程中，即使出现丢包的现象，视频也能恢复到正常显示的画面。

26.2 实验任务

本节实验任务是使用 FPGA 开发板及 OV7725 摄像头实现图像采集，并通过开发板上的以太网接口发送给上位机实时显示。

26.3 硬件设计

摄像头扩展接口原理图及 OV7725 模块说明与“第 22 章　OV7725 摄像头 VGA 显示实验”完全相同，请大家参考其硬件设计部分。以太网接口部分的硬件设计请参考“第 25 章　以太网通信实验”中的硬件设计部分。

由于 OV7725、以太网接口和 SDRAM 引脚数目较多且在前面相应的章节中已经给出它们的引脚列表，这里不再列出引脚分配。

26.4 程序设计

OV7725 在 VGA(分辨率为 640×480)帧模式下，以 RGB565 格式输出最高帧率，可达 60 Hz，每秒钟输出的数据量达到 60×640×480×16 bit=294 912 000 bit=281.25 Mbit。FPGA 开发板上的 PHY 芯片类型为百兆以太网，理论上最大传输速率为 100 Mbit/s，加上帧头、CRC 校验以及帧间隙带来的额外开销，实际上能达到的最大传输速率比理论上最大传输速率低。如果直接通过以太网发送图像数据，由于数据传输速度不够而无法实时发送摄像头采集的一帧完整图像，因此必须先缓存一帧图像之后再通过以太网发送出去。本书 FPGA 开发板的芯片型号为 EP4CE10F17C8，从 Altera 提供的 Cyclone Ⅳ器件手册可以发现，EP4CE10 的片内存储资源为 414 Kbit，远不能达到存储要求。因此只能使用板载的外部存储器——SDRAM。本书 FPGA 开发板上的 SDRAM 容量为 256 Mbit，足以满足缓存图像数据的需求。

图 26.4.1 是根据本章实验任务画出的系统框图。PLL 时钟模块为 I^2C 驱动模块、SDRAM 控制模块提供驱动时钟，而 UDP 模块的驱动时钟是由开发板上的 PHY 芯片提供的。I^2C 驱动模块和 I^2C 配置模块用于初始化 OV7725 图像传感器；摄像头采集模块负责采集摄像头图像数据，并且把图像数据写入 SDRAM 读/写控制模块中；SDRAM 读/写控制模块负责将用户数据写入和读出片外 SDRAM 存储器；图像数据封装模块从 SDRAM 读/写控制模块中读出数据，封装成以太网发送模块的数据格式，包括添加图像的帧头和分辨率；以太网发送模块发送封装后的图像数据，其发送的 CRC 校验值由 CRC32 校验模块负责计算。

基于 OV7725 的以太网视频传输系统框图如图 26.4.1 所示。

FPGA 顶层模块(ov7725_rgb565_640x480_udp_pc)例化了以下 7 个模块：PLL 时钟模块(pll_clk)、I^2C 驱动模块(i2c_dri)、I^2C 配置模块(i2c_ov7725_rgb565_cfg)、摄像

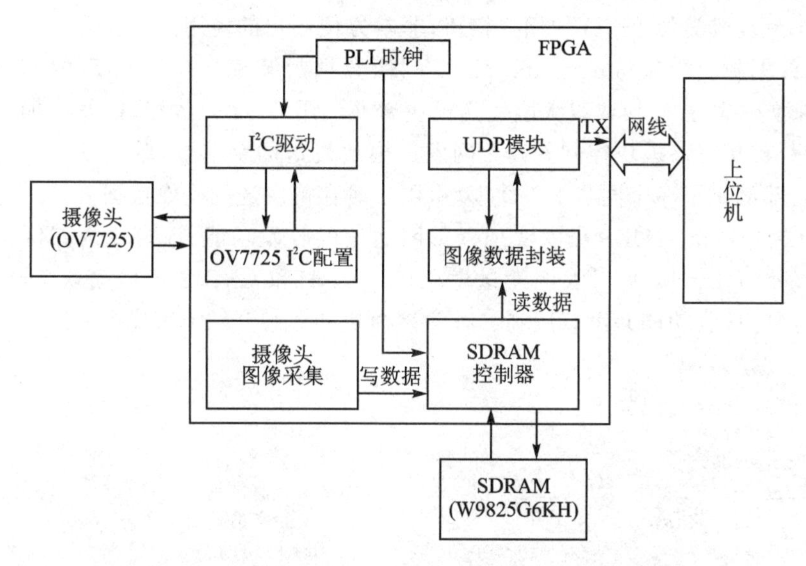

图 26.4.1 基于 OV7725 的以太网视频传输系统框图

头图像采集模块(cmos_capture_data)、SDRAM 读/写控制模块(sdram_top)、图像数据封装模块(img_data_pkt)和 UDP 模块(udp)。

PLL 时钟模块(pll_clk):PLL 时钟模块通过调用锁相环(PLL)IP 核来实现,总共输出 3 个时钟,频率分别为 100 MHz、100 MHz(SDRAM 相位偏移时钟)和 25 MHz 时钟。100 MHz 时钟和 100 MHz 相位偏移时钟作为 SDRAM 读/写控制模块的驱动时钟,25 MHz 时钟作为 I²C 驱动模块的驱动时钟。

I²C 驱动模块(i2c_dri):I²C 驱动模块负责驱动 OV7725 SCCB 接口总线,用户根据该模块提供的用户接口可以很方便地对 OV7725 的寄存器进行配置,该模块和"第 18 章 EEPROM 读/写测试实验"用到的 I²C 驱动模块为同一个模块,有关该模块的详细介绍请大家参考"第 18 章 EEPROM 读/写测试实验"。

I²C 配置模块(i2c_ov7725_rgb565_cfg):I²C 配置模块的驱动时钟是由 I²C 驱动模块输出的时钟提供的,这样方便了 I²C 驱动模块和 I²C 配置模块之间的数据交互。该模块寄存需要配置寄存器地址、数据以及控制初始化的开始与结束,同时该模块输出 OV7725 的寄存器地址和数据以及控制 I²C 驱动模块开始执行的控制信号,直接连接到 I²C 驱动模块的用户接口,从而完成对 OV7725 传感器的初始化。有关该模块的详细介绍请大家参考"第 22 章 OV7725 摄像头 VGA 显示实验"。

摄像头图像采集模块(cmos_capture_data):摄像头采集模块在像素时钟的驱动下将传感器输出的场同步信号、行同步信号以及 8 位数据转换成 SDRAM 读/写控制模块的写使能信号和 16 位写数据信号,完成对 OV7725 传感器图像的采集。有关该模块的详细介绍请大家参考"第 22 章 OV7725 摄像头 VGA 显示实验"。

SDRAM 读/写控制模块(sdram_top):SDRAM 读/写控制器模块负责驱动 SDRAM 片外存储器、缓存图像传感器输出的图像数据。该模块将 SDRAM 复杂的读/写操作封装成类似 FIFO 的用户接口，非常方便用户的使用。

图像数据封装模块(img_data_pkt)：图像数据封装模块负责从 SDRAM 中读取 16 位的图像数据，并转换成以太网发送模块方便调用的 32 位数据，以及添加图像数据的帧头和分辨率。该模块控制着以太网发送模块发送的字节数，单次发送一行图像数据，模块内部例化了一个同步 FIFO 模块，用于缓存待发送的图像数据。

UDP 模块(udp)：UDP 模块实现以太网通信的收发功能，该模块内部例化了以太网接收模块(ip_receive)、以太网发送模块(ip_send)和 CRC32 校验模块(crc32_d4)。其中以太网的接收功能并没有用到。有关该模块的详细介绍请大家参考“第 25 章 以太网通信实验”。

顶层模块部分代码如下：

```
55  //parameter define
56  parameter  SLAVE_ADDR =  7'h21         ; //OV7725 的器件地址为 7'h21
57  parameter  BIT_CTRL    =  1'b0         ; //OV7725 的字节地址为 8 位,0:8 位,1:16 位
58  parameter  CLK_FREQ    = 26'd25_000_000 ; //i2c_dri 模块的驱动时钟频率为 25 MHz
59  parameter  I2C_FREQ    = 18'd250_000    ; //I²C 的 SCL 时钟频率,不超过 400 kHz
60  parameter  CMOS_H_PIXEL = 24'd640       ; //CMOS 水平方向像素个数,用于设置 SDRAM 缓存大小
61  parameter  CMOS_V_PIXEL = 24'd480       ; //CMOS 垂直方向像素个数,用于设置 SDRAM 缓存大小
62
63 //开发板 MAC 地址 00-11-22-33-44-55
64  parameter  BOARD_MAC = 48'h00_11_22_33_44_55;
65  //开发板 IP 地址 192.168.1.123
66  parameter  BOARD_IP   = {8'd192,8'd168,8'd1,8'd123};
67  //目的 MAC 地址 ff_ff_ff_ff_ff_ff
68  parameter  DES_MAC    = 48'hff_ff_ff_ff_ff_ff;
69  //目的 IP 地址 192.168.1.102
70  parameter  DES_IP     = {8'd192,8'd168,8'd1,8'd102};
    ……省略部分代码
211 //图像数据封装模块
212 img_data_pkt
213    #(
214     .CMOS_H_PIXEL          (CMOS_H_PIXEL),
215     .CMOS_V_PIXEL          (CMOS_V_PIXEL)
216     )
217     u_img_data_pkt(
218     .clk                    (eth_tx_clk),
219     .rst_n                  (rst_n & sys_init_done),
220     .img_data               (rd_data),
221     .udp_tx_req             (udp_tx_req),
222     .udp_tx_done            (udp_tx_done),
223     .img_req                (rd_en),
224     .udp_tx_start_en        (tx_start_en),
225     .udp_tx_data            (tx_data),
226     .udp_tx_byte_num        (tx_byte_num)
227     );
228
229 //UDP 模块
```

```
230 udp
231     #(
232     .BOARD_MAC          (BOARD_MAC),                    //参数例化
233     .BOARD_IP           (BOARD_IP ),
234     .DES_MAC            (DES_MAC   ),
235     .DES_IP             (DES_IP    )
236     )
237    u_udp(
238     .eth_rx_clk         (eth_rx_clk   ),
239     .rst_n              (rst_n        ),
240     .eth_rxdv           (eth_rxdv     ),
241     .eth_rx_data        (eth_rx_data  ),
242     .eth_tx_clk         (eth_tx_clk   ),
243     .tx_start_en        (tx_start_en  ),
244     .tx_data            (tx_data      ),
245     .tx_byte_num        (tx_byte_num  ),
246     .tx_done            (udp_tx_done  ),
247     .tx_req             (udp_tx_req   ),
248     .rec_pkt_done       (),
249     .rec_en             (),
250     .rec_data           (),
251     .rec_byte_num       (),
252     .eth_tx_en          (eth_tx_en    ),
253     .eth_tx_data        (eth_tx_data  ),
254     .eth_rst_n          (eth_rst_n    )
255     );
256
257 endmodule
```

在代码的第 56 行定义了 OV7725 的器件地址，其器件地址为 7'h21；第 57 行定义了寄存器地址的位宽，BIT_CTRL＝0 表示地址位宽为 8 位，BIT_CTRL＝1 表示地址位宽为 16 位。因为 OV7725 的地址位宽为 8 位，所以 BIT_CTRL 设置为 0。第 60 行和第 61 行分别定义了 CMOS 输出的水平像素个数和垂直像素个数，在这里这两个参数用于设置在 SDRAM 中开辟的缓存大小和控制图像数据封装模块内部的参数。由于上位机按照固定分辨率 640×480 来解析图像数据，因此 CMOS_H_PIXEL＝640，CMOS_H_PIXEL＝480。

代码的第 63～70 行定义了 4 个参数：开发板 MAC 地址 BOARD_MAC、开发板 IP 地址 BOARD_IP、目的 MAC 地址 DES_MAC（这里指 PC MAC 地址）、目的 IP 地址 DES_IP(PC IP 地址)。开发板的 MAC 地址和 IP 地址是我们随意定义的，只要不和目的 MAC 地址和目的 IP 地址一样就可以，否则会产生地址冲突。目的 MAC 地址这里写的是公共 MAC 地址(48'hff_ff_ff_ff_ff_ff)，也可以修改成计算机网口的 MAC 地址，DES_IP 是对应计算机以太网的 IP 地址，这里定义的 4 个参数是向下传递的，需要修改 MAC 地址或者 IP 地址时直接在这里修改即可，而不用在 UDP 模块里面修改。

在代码的第 224～226 行中，img_data 模块输出的 tx_start_en、tx_data 和 tx_byte_num 信号连接至 UDP 模块的以太网发送端口，从而控制以太网发送模块的开始发送信号、发送字节数以及发送的数据。

图像数据封装模块负责从 SDRAM 中读取 16 位的图像数据，并转换成以太网发送模块方便调用的 32 位数据，以及添加图像数据的帧头。图像数据封装模块代码如下所示：

```
1   module img_data_pkt
2     #(
3       parameter  CMOS_H_PIXEL = 16'd640,        //CMOS 水平方向像素个数
4       parameter  CMOS_V_PIXEL = 16'd480         //CMOS 垂直方向像素个数
5       )
6       (
7       input                    clk             ,  //时钟信号
8       input                    rst_n           ,  //复位信号,低电平有效
9       input          [15:0]    img_data        ,  //从 SDRAM 中读取的 16 位 RGB565 数据
10      input                    udp_tx_req      ,  //UDP 发送数据请求信号
11      input                    udp_tx_done     ,  //UDP 发送数据完成信号
12      output  reg              img_req         ,  //图像数据请求信号
13      output  reg              udp_tx_start_en ,  //UDP 开始发送信号
14      output         [31:0]    udp_tx_data     ,  //UDP 发送的数据
15      output  reg    [15:0]    udp_tx_byte_num    //UDP 单包发送的有效字节数
16      );
17
18  //parameter define
19  //图像帧头,用于标志一帧数据的开始
20  localparam  IMG_FRAME_HEAD = {32'hf0_5a_a5_0f};
21  //以太网帧间隙,单位:时钟周期 40 ns,在百兆以太网中要求帧间隙至少为 960 ns
22  localparam  ETH_IFG = 8'd25;
23  //图像数据帧间隙,时钟周期 40 ns, 22'hf_ff_ff = 1048575;1048575 * 40 ns = 41.943 ms
24  //在此处用于降低图像的发送帧率,因为上位机解析图像较慢,如果数据发送太快图像容易卡顿
25  localparam  IMG_IFG = 22'hf_ff_ff;
26
27  //reg define
28  reg              img_ifg_done    ;  //图像帧间隙延时完成信号
29  reg     [21:0]   img_ifg_cnt     ;  //图像帧间隙延时计数器
30  reg     [7:0]    eth_ifg_cnt     ;  //以太网数据帧间隙延时计数器
31
32  reg     [10:0]   img_h_cnt       ;  //图像水平像素计数器,用于控制 img_req 信号
33  reg     [10:0]   img_v_cnt       ;  //图像垂直像素计数器,用于添加帧头
34  reg              img_val_en      ;  //图像数据有效使能信号
35  reg              wr_sw           ;  //用于位拼接的标志
36  reg              wr_fifo_en      ;  //写 FIFO 使能
37  reg     [31:0]   wr_fifo_data    ;  //写 FIFO 数据
38  reg     [1:0]    head_cnt        ;  //标志当前数据包是否需要添加帧头和分辨率
39  reg     [15:0]   img_data_t      ;  //寄存 16 位图像数据,用于拼接成 32 位数据
40  reg              fifo_empty_d0   ;  //对 FIFO 空信号进行打拍
41
42  //wire define
43  wire             fifo_empty      ;  //FIFO空信号
44  wire             neg_fifo_empty  ;  //FIFO空信号的下降沿
45
```

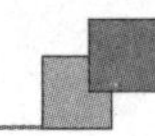

```
46  //*****************************************************
47  //**                    main code
48  //*****************************************************
49
50  //fifo_empty的下降沿,当fifo_empty信号由高电平变为低电平时,说明FIFO中已经有数据
51  assign  neg_fifo_empty = fifo_empty_d0 & (~fifo_empty);
52
53  //控制图像帧间隙延时计数
54  always @(posedge clk or negedge rst_n) begin
55      if(!rst_n) begin
56          img_ifg_done <= 1'b0;
57          img_ifg_cnt <= 22'd0;
58      end
59      else begin
60          img_ifg_done <= 1'b0;
61          if(udp_tx_done) begin
62              if(img_v_cnt == CMOS_V_PIXEL - 1'b1)
63                  //最后一行图像数据发送完成,延时计数器赋值
64                  img_ifg_cnt <= IMG_IFG;
65              else
66                  //非最后一行图像数据发送完成
67                  img_ifg_done <= 1'b1;
68          end
69          else if(img_ifg_cnt != 22'd0 ) begin
70              img_ifg_cnt <= img_ifg_cnt - 22'd1;
71              if(img_ifg_cnt == 22'd1)
72                  img_ifg_done <= 1'b1;
73          end
74      end
75  end
76
77  //控制以太网帧间隙
78  always @(posedge clk or negedge rst_n) begin
79      if(!rst_n)
80          eth_ifg_cnt <= 8'd0;
81      else if(img_ifg_done)
82          eth_ifg_cnt <= 8'd0;
83      else if(eth_ifg_cnt <= ETH_IFG - 8'b1)
84          eth_ifg_cnt <= eth_ifg_cnt + 8'd1;
85  end
86
87  //图像水平像素计数器,用于控制img_req信号,一次请求一行数据
88  always @(posedge clk or negedge rst_n) begin
89      if(!rst_n)
90          img_h_cnt <= 11'b0;
91      else if(img_h_cnt == 11'd0) begin
92          if(eth_ifg_cnt == ETH_IFG - 8'd1)
93              img_h_cnt <= CMOS_H_PIXEL;
94      end
95      else
96          img_h_cnt <= img_h_cnt - 11'b1;
```

```
97  end
98
99  //图像垂直像素计数器,用于添加帧头
100 always @(posedge clk or negedge rst_n) begin
101     if(!rst_n)
102         img_v_cnt <= 11'b0;
103     else if(udp_tx_done) begin
104         img_v_cnt <= img_v_cnt + 11'd1;
105         if(img_v_cnt == CMOS_V_PIXEL - 1'b1)
106             img_v_cnt <= 11'd0;
107     end
108 end
109
110 //图像请求信号,用于读取 SDRAM 控制模块的读使能信号
111 always @(posedge clk or negedge rst_n) begin
112     if(!rst_n)
113         img_req <= 1'b0;
114     else if(img_h_cnt! = 11'd0)
115         img_req <= 1'b1;
116     else
117         img_req <= 1'b0;
118 end
119
120 //SDRAM 数据有效标志
121 always @(posedge clk or negedge rst_n) begin
122     if(!rst_n)
123         img_val_en <= 1'b0;
124     else
125         img_val_en <= img_req;
126 end
127
128 //图像数据有效之后,向 FIFO 中写入数据
129 always @(posedge clk or negedge rst_n) begin
130     if(!rst_n) begin
131         wr_fifo_en <= 1'b0;
132         wr_fifo_data <= 32'b0;
133         img_data_t <= 16'd0;
134         wr_sw <= 1'b0;
135         head_cnt <= 1'b0;
136     end
137     else begin
138         wr_fifo_en <= 1'b0;
139         if(img_v_cnt == 11'd0 && img_h_cnt == CMOS_H_PIXEL - 2'd1) begin
140             wr_fifo_en <= 1'b1;
141             wr_fifo_data <= IMG_FRAME_HEAD;                              //写图像帧头
142             head_cnt <= head_cnt + 1'b1;
143         end
144         else if(img_v_cnt == 11'd0 && img_h_cnt == CMOS_H_PIXEL - 2'd2) begin
145             wr_fifo_en <= 1'b1;
146             wr_fifo_data <= {CMOS_H_PIXEL[15:0],CMOS_V_PIXEL[15:0]}; //写图像分辨率
147             head_cnt <= head_cnt + 1'b1;
```

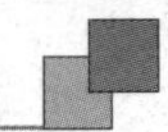

```
148             end
149             else if(img_val_en) begin
150                 wr_sw <=  ~wr_sw;
151                 if(wr_sw == 1'b0)
152                     img_data_t <= img_data;
153                 else begin
154                     //16 位数据转 32 位数据,将 32 位数据写入 FIFO
155                     wr_fifo_en <= 1'b1;
156                     wr_fifo_data <= {img_data_t,img_data};
157                 end
158             end
159             else begin
160                 wr_fifo_data <= 32'b0;
161                 wr_sw <= 1'b0;
162                 head_cnt <= 1'b0;
163             end
164         end
165 end
166
167 //FIFO 空信号打拍,用于捕获 fifo_empty 信号的下降沿
168 always @(posedge clk or negedge rst_n) begin
169     if(rst_n == 1'b0)
170         fifo_empty_d0 <= 1'b1;
171     else
172         fifo_empty_d0 <= fifo_empty;
173 end
174
175 //采到 FIFO 信号的下降沿之后,说明 FIFO 中已经有数据,此时开始通知 UDP 模块发送数据
176 //因为写入速度大于读出速度,在一行数据写完之前,不会出现 FIFO 读空的情况
177 always @(posedge clk or negedge rst_n) begin
178     if(rst_n == 1'b0) begin
179         udp_tx_start_en <= 1'b0;
180         udp_tx_byte_num <= 16'd0;
181     end
182     else begin
183         if(neg_fifo_empty) begin
184             udp_tx_start_en <= 1'b1;
185             if(head_cnt == 1'b0)
186                 //发送的字节数 = 行像素数(rgb565) * 2
187                 udp_tx_byte_num <= {CMOS_H_PIXEL,1'b0};
188             else
189                 //发送的字节数 = 行像素数(rgb565) * 2 + 4(帧头) + 4(分辨率)
190                 udp_tx_byte_num <= {CMOS_H_PIXEL,1'b0} + 16'd8;
191         end
192         else
193             udp_tx_start_en <= 1'b0;
194     end
195 end
196
197 //同步 FIFO
198 sync_fifo_1024x32b u_sync_fifo_1024x32b(
```

```
199     .aclr           (~rst_n),
200     .clock          (clk),
201     .data           (wr_fifo_data),
202     .rdreq          (udp_tx_req),
203     .wrreq          (wr_fifo_en),
204     .empty          (fifo_empty),
205     .full           (),
206     .q              (udp_tx_data)
207     );
208
209 endmodule
```

在代码的第 19～25 行定义了 3 个参数，分别是 IMG_FRAME_HEAD（图像帧头）、ETH_IFG（以太网帧间隙）和 IMG_IFG（图像帧间隙）。需要注意的是 UDP 是一种不可靠、无连接的传输协议，在使用 UDP 传输数据时，有时会出现数据丢包的现象。这里说的丢包现象并不是开发板没有把数据发送出去，而是计算机接收端系统繁忙或者其他的原因没有接收到数据。为了降低丢包对视频显示带来的影响，我们为每帧图像添加一个帧头，上位机解析到帧头之后，接下来将接收到的数据重新放到图像显示区域的起始位置，保证了在视频传输过程中，即使出现丢包的现象，视频也能恢复到正常显示的画面。

图像帧头的值要尽量选择图像数据不容易出现的值，否则很容易把图像数据当成帧头，程序中把图像帧头设置为{32'hf0_5a_a5_0f}，图像中出现的像素数据和帧头相同的概率极低，因为上位机软件按照帧头为{32'hf0_5a_a5_0f}来解析数据，所以帧头的值不可以随意修改。在紧跟图像帧头之后，传输的是图像的分辨率，分辨率为 640×480。以太网的帧间隙是网络设备和组件在接收一帧之后，需要短暂的时间来恢复并为接收下一帧做准备的时间，在百兆以太网中，帧间隙的时间为 960 ns。图像帧间隙用于降低图像的发送帧率，因为上位机解析图像较慢（跟计算机性能有关，计算机性能越强，上位机图像解析速度越快），如果数据发送太快则图像容易卡顿。

代码第 32、33 行中定义了 img_h_cnt（图像水平像素计数器）和 img_v_cnt（图像垂直像素计数器）。img_h_cnt 计数器用于控制 img_req（图像请求）信号，计数的最大值为 CMOS 输出的水平像素分辨率，因此每次 img_h_cnt 计数达最大值时完成一行图像数据的读取；img_v_cnt 对已发送图像的行数进行计数，计数最大值为 CMOS 输出的垂直像素分辨率。因此可以用 img_v_cnt 来表示当前请求图像数据的行数，在每帧图像的第一行添加图像帧头和分辨率。

图 26.4.2 为图像数据封装模块采集过程中 SignalTap 抓取的波形图，img_req 拉高之后开始读取 SDRAM 控制模块中的图像数据，有效数据返回之后如果是返回第一行的数据，先把图像帧头写入 FIFO（见图 26.4.2 中的 wr_fifo_en 和 wr_fifo_data）。FIFO 非空之后空信号由高电平变为低电平，此时输出一个开始发送脉冲信号（udp_tx_start_en），并且输出的有效字节数由 1 280 变成 1 288。

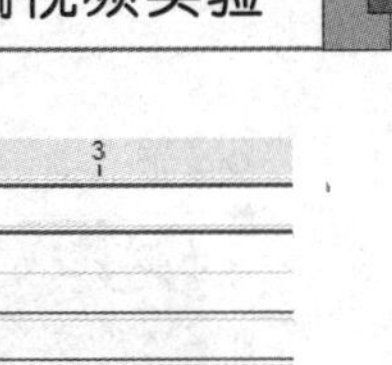

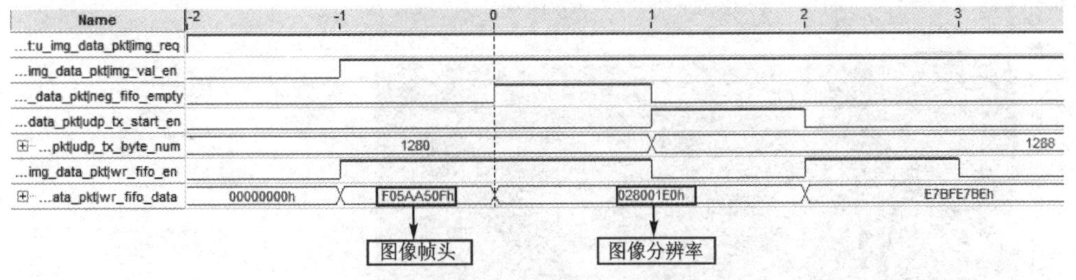

图 26.4.2　摄像头采集行场同步信号的 SignalTap 波形图

26.5　下载验证

将 OV7725 摄像头插入开发板上的摄像头扩展接口(注意摄像头镜头朝外),然后将网线一端连接计算机网口,另一端与开发板上的网口连接。再将下载器一端连计算机,另一端与开发板上对应端口连接,最后连接电源线并打开电源开关。

开发板连接实物图如图 26.5.1 所示。

图 26.5.1　OV7725 摄像头

接下来打开本次实验工程,并将.sof 文件下载到开发板中。程序下载完成后并且硬件连接无误,就可以看到开发板上的以太网接口上的灯会不停地闪烁,说明此时开发板正在向 PC 传输图像。计算机需要绑定开发板的 MAC 地址和 IP 地址才能和开发板进行通信,有关 MAC 地址和 IP 地址的绑定方法请大家参考“第 25 章　以太网通信实验”的下载验证部分。

开发板的 MAC 地址和 IP 地址绑定成功后,打开视频传输上位机显示软件,该软件位于开发板所随附的资料“6_软件资料/1_软件/ATK－XCAM”目录下,找到 ATK－XCAM.exe 文件并双击打开,打开后的界面如图 26.5.2 所示。

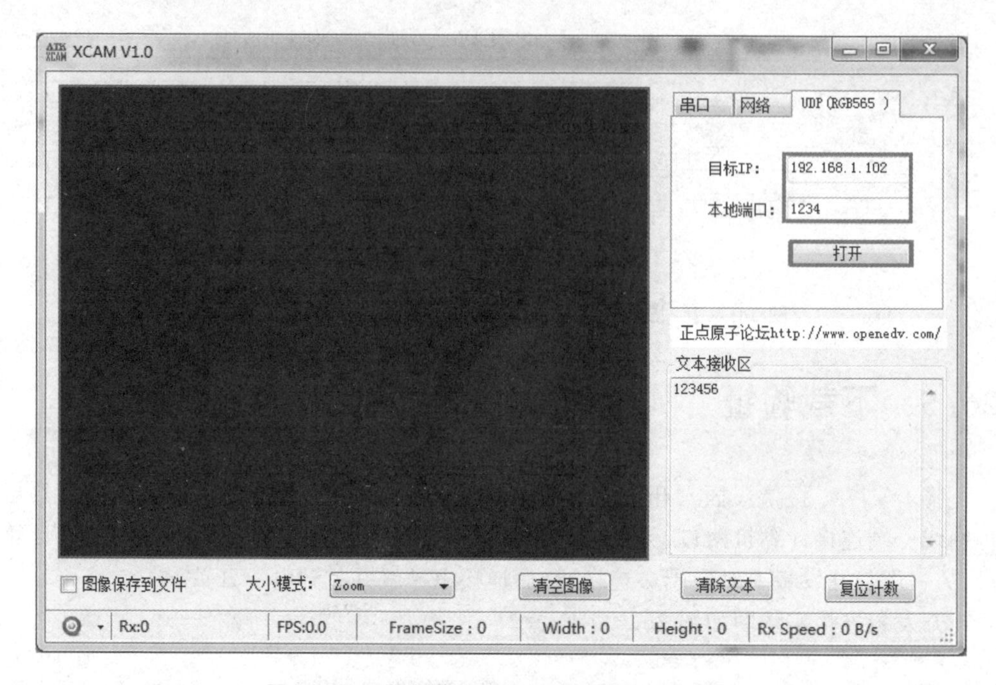

图 26.5.2　视频传输上位机显示软件打开界面

在这里端口号设置为 1234,代码如下:

```
252 //16 位源端口号:1234,16 位目的端口号:1234
253 ip_head[5] <= {16'd1234,16'd1234};
```

端口号设置完成之后,单击“开始”按钮,此时可以看到上位机显示的图像画面,视频实时显示界面如图 26.5.3 所示。

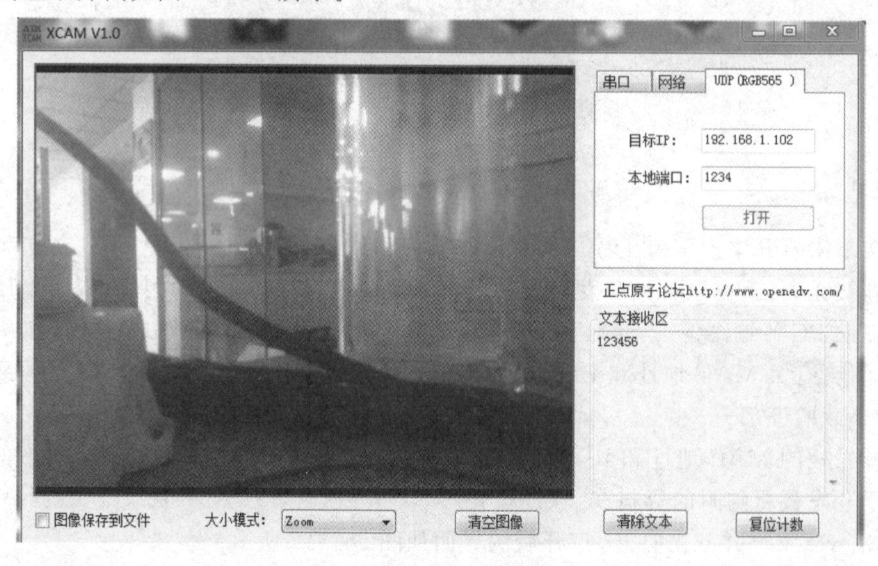

图 26.5.3　视频显示实时画面

从图 26.5.3 中可以看到，上位机实时显示出了摄像头拍摄的画面，说明以太网视频传输上位机显示实验验证成功。需要注意的是，我们在每幅图像中间增加了时间间隔（图像帧间隙），再加上传输图像所消耗的时间，1 s 传输 9～10 帧图像，在拍摄运动的画面中可能会有点卡顿的现象，但整体看上去图像画面还是比较流畅的。

现在打开 Wireshark，界面如图 26.5.4 所示。

Wireshark 网络分析器
文件(F) 编辑(E) 视图(V) 跳转(G) 捕获(C) 分析(A) 统计(S) 电话(Y) 无线(W) 工具(T)
应用显示过滤器 … <Ctrl-/>
表达式…
蓝色按钮
欢迎使用 Wireshark
捕获
…使用这个过滤器：
输入捕获过滤器 …
All interfaces shown
本地连接
无线网络连接 4
无线网络连接
学习
用户指导 · Wiki · 问题与解答 · 邮件列表
正在运行 Wireshark2.4.3 (v2.4.3-0-g368ba1ee37). 接受自动更新。
已准备好加载或捕获
无分组
配置文件: Default

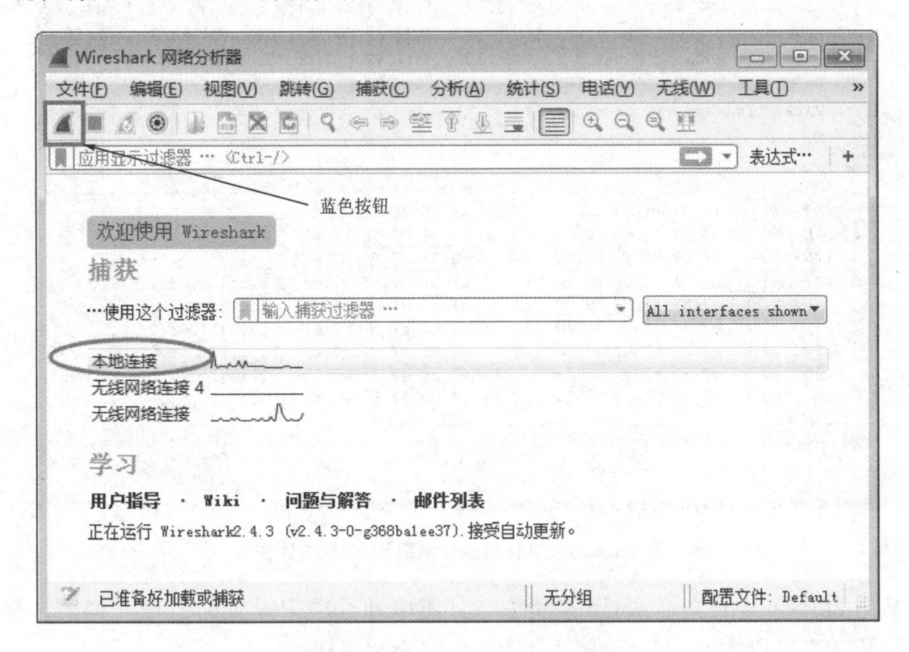

图 26.5.4　Wireshark 打开界面

双击图 26.5.4 所示的“本地连接”或者先选中“本地连接”，再单击方框选中的蓝色按钮，即可开始抓取本地连接的数据包，抓取界面如图 26.5.5 所示。

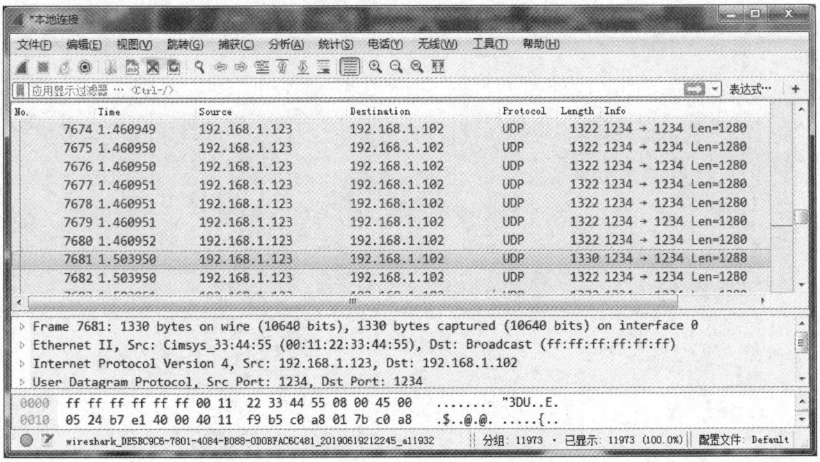

*本地连接
文件(F) 编辑(E) 视图(V) 跳转(G) 捕获(C) 分析(A) 统计(S) 电话(Y) 无线(W) 工具(T) 帮助(H)
应用显示过滤器 … <Ctrl-/>
表达式…
No. Time Source Destination Protocol Length Info
7674 1.460949 192.168.1.123 192.168.1.102 UDP 1322 1234 → 1234 Len=1280
7675 1.460950 192.168.1.123 192.168.1.102 UDP 1322 1234 → 1234 Len=1280
7676 1.460950 192.168.1.123 192.168.1.102 UDP 1322 1234 → 1234 Len=1280
7677 1.460951 192.168.1.123 192.168.1.102 UDP 1322 1234 → 1234 Len=1280
7678 1.460951 192.168.1.123 192.168.1.102 UDP 1322 1234 → 1234 Len=1280
7679 1.460951 192.168.1.123 192.168.1.102 UDP 1322 1234 → 1234 Len=1280
7680 1.460952 192.168.1.123 192.168.1.102 UDP 1322 1234 → 1234 Len=1280
7681 1.503950 192.168.1.123 192.168.1.102 UDP 1330 1234 → 1234 Len=1288
7682 1.503950 192.168.1.123 192.168.1.102 UDP 1322 1234 → 1234 Len=1280
Frame 7681: 1330 bytes on wire (10640 bits), 1330 bytes captured (10640 bits) on interface 0
Ethernet II, Src: Cimsys_33:44:55 (00:11:22:33:44:55), Dst: Broadcast (ff:ff:ff:ff:ff:ff)
Internet Protocol Version 4, Src: 192.168.1.123, Dst: 192.168.1.102
User Datagram Protocol, Src Port: 1234, Dst Port: 1234
0000 ff ff ff ff ff ff 00 11 22 33 44 55 08 00 45 00 .... "3DU..E.
0010 05 24 b7 e1 40 00 40 11 f9 b5 c0 a8 01 7b c0 a8 .$..@.@. .....{..
wireshark_DE5BC9C6-7801-4084-B088-ODOBFAC6C481_20190619212245_a11932
分组: 11973 · 已显示: 11973 (100.0%)
配置文件: Default

图 26.5.5　Wireshark 本地连接打开界面

图 26.5.5 中抓取的数据包为开发板发送的图像数据，单包发送一行数据为 1 280 个字节，第一行图像数据加帧头和分辨率为 1 288 个字节。双击其中一包数据可以查看数据包的详细数据，双击一个字节数为 1 288 的数据包，界面如图 26.5.6 所示。

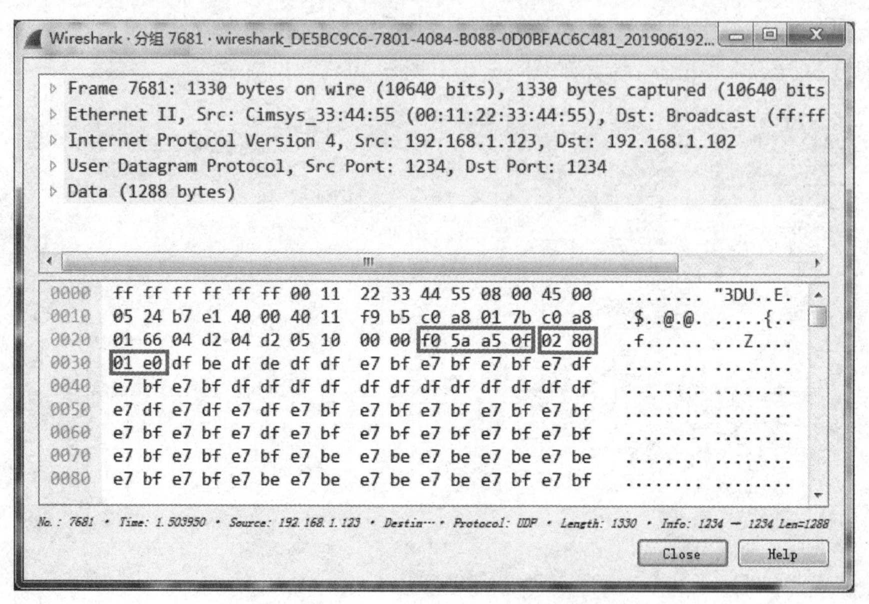

图 26.5.6 Wireshark 抓取到的详细数据

从图 26.5.6 中可以看到，图像帧头与分辨率和程序中设置的值是一样的。至此，基于 OV7725 的以太网视频传输实验已经全部介绍完毕。

第27章 高速A/D及D/A实验

本章将使用高速D/A芯片实现数/模转换，产生正弦波模拟电压信号，并通过高速A/D芯片将模拟信号转换成数字信号。

27.1 高速A/D及D/A简介

本章使用的A/D及D/A模块是正点原子推出的一款高速模/数及数/模转换模块(ATK-HS-ADDA)，高速A/D转换芯片和高速D/A转换芯片都是由ADI公司生产的，分别是AD9280和AD9708。

ATK-HS-ADDA模块的硬件结构图如图27.1.1所示。

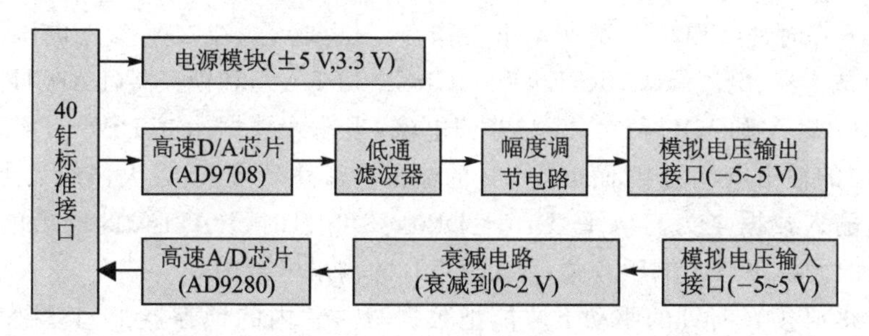

图27.1.1 ATK-HS-ADDA模块硬件结构图

由图27.1.1可知，AD9708芯片输出的是一对差分电流信号，为了防止受到噪声干扰，电路中接入了低通滤波器，然后通过高性能和高带宽的运放电路，实现差分变单端以及幅度调节等功能，使整个电路性能得到了最大限度的提升，最终输出的模拟电压范围是−5～5 V。

AD9280芯片的输入模拟电压转换范围是0～2 V，所以电压输入端需要先经过电压衰减电路，使输入的−5～5 V的电压衰减到0～2 V，然后经过AD9280芯片将模拟电压信号转换成数字信号。

下面我们分别介绍一下这两款芯片。

1. AD9708芯片

AD9708是ADI公司(Analog Devices，Inc.，亚德诺半导体技术有限公司)生产的

TxDAC 系列数/模转换器，具有高性能、低功耗的特点。AD9708 的数/模转换位数为 8 位，最大转换速度为 125 MSPS(Million Samples Per Second，每秒采样百万次)。

AD9708 的内部功能框图如图 27.1.2 所示。

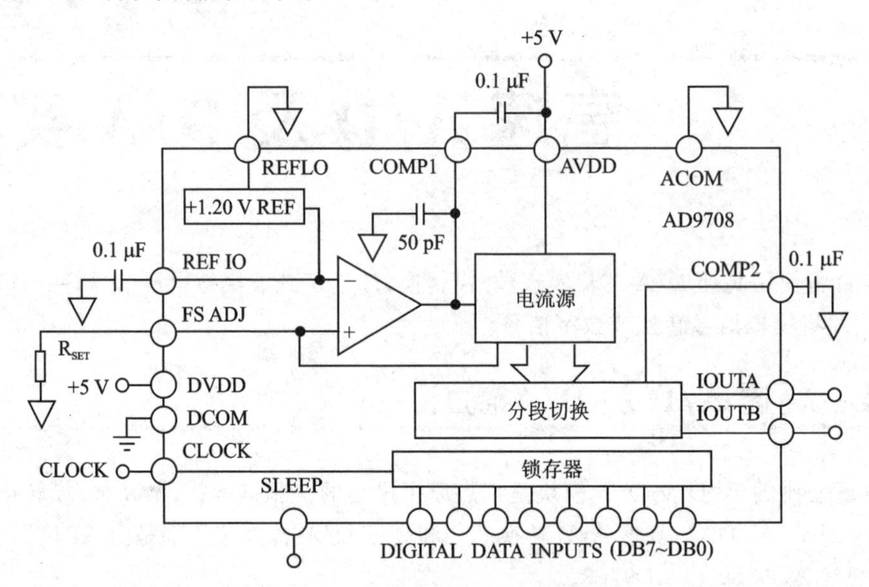

图 27.1.2　AD9708 内部功能框图

AD9708 在时钟(CLOCK)的驱动下工作，内部集成了＋1.2 V 参考电压(＋1.20 V REF)、运算放大器、电流源(CURRENT SOURCE ARRAY)和锁存器(LATCH)。两个电流输出端 IOUTA 和 IOUTB 为一对差分电流，当输入数据为 0(DB7～DB0＝8'h00)时，IOUTA 的输出电流为 0，而 IOUTB 的输出电流达到最大，最大值的大小跟参考电压有关；当输入数据全为高电平(DB7～DB0＝8'hff)时，IOUTA 的输出电流达到最大，最大值的大小跟参考电压有关，而 IOUTB 的输出电流为 0。

AD9708 必须在时钟的驱动下才能把数据写入片内的锁存器中，其触发方式为上升沿触发，AD9708 的时序图如图 27.1.3 所示。

图 27.1.3 中的 DB0～DB7 和 CLOCK 是 AD9708 的 8 位输入数据和输入时钟，IOUTA 和 IOUTB 为 AD9708 输出的电流信号。由图 27.1.3 可知，数据在时钟的上升沿锁存，因此可以在时钟的下降沿发送数据。需要注意的是，CLOCK 的时钟频率越快，AD9708 的数/模转换速度越快，AD9708 的时钟频率最快为 125 MHz。

IOUTA 和 IOUTB 为 AD9708 输出的一对差分电流信号，通过外部电路低通滤波器与运放电路输出模拟电压信号，电压范围是－5～＋5 V。当输入数据等于 0 时，AD9708 输出的电压值为 5 V；当输入数据等于 255(8'hff)时，AD9708 输出的电压值为－5 V。

AD9708 是一款数字信号转模拟信号的器件，内部没有集成 DDS(Direct Digital Synthesizer，直接数字式频率合成器)的功能，但是可以通过控制 AD9708 的输入数据，使其模拟 DDS 的功能。例如，使用 AD9708 输出一个正弦波模拟电压信号，那么只需

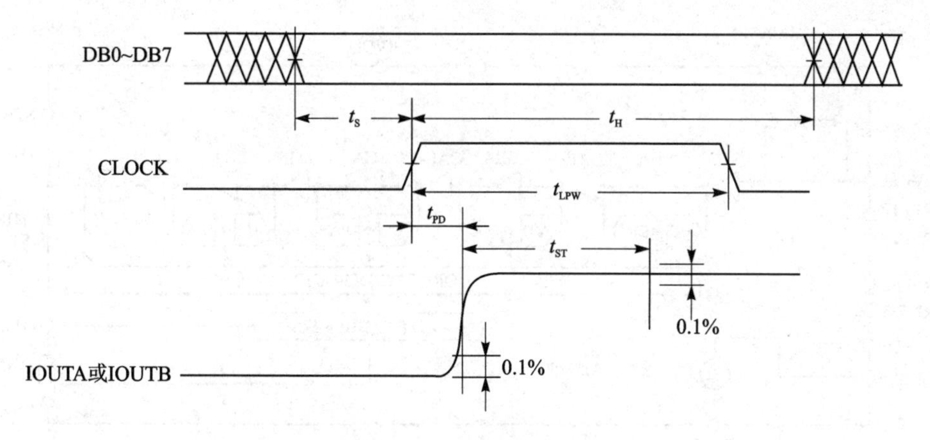

图 27.1.3　AD9708 时序图

要将 AD9708 的输入数据按照正弦波的波形变化即可，图 27.1.4 为 AD9708 的输入数据和输出电压值按照正弦波变化的波形图。

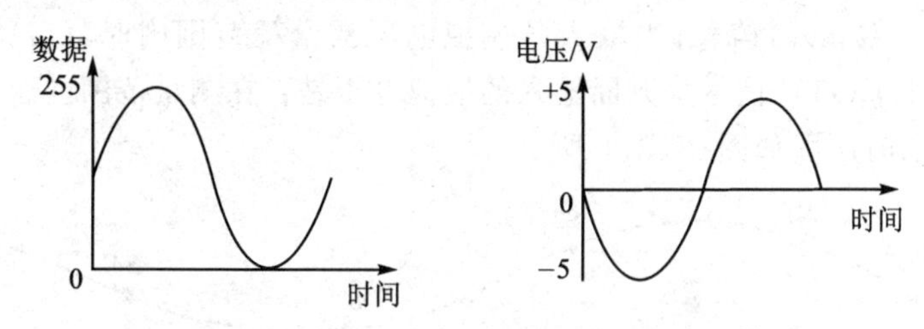

图 27.1.4　AD9708 正弦波数据(左)、电压值(右)

由图 27.1.4 可知，数据在 0～255 之间按照正弦波的波形变化，最终得到的电压也会按照正弦波的波形变化，当输入数据重复按照正弦波的波形数据变化时，AD9708 就可以持续不断地输出正弦波的模拟电压波形。需要注意的是，最终得到的 AD9708 的输出电压变化范围是由其外部电路决定的，当输入数据为 0 时，AD9708 输出＋5 V 的电压；当输入数据为 255 时，AD9708 输出－5 V 的电压。

由此可以看出，只要输入的数据控制得当，AD9708 就可以输出任意波形的模拟电压信号，包括正弦波、方波、锯齿波、三角波等波形。

在了解完高速 D/A 转换芯片后，接下来介绍高速 A/D 转换芯片 AD9280。

2. AD9280 芯片

AD9280 是 ADI 公司生产的一款单芯片、8 位、32 MSPS(Million Samples Per Second，每秒采样百万次)模/数转换器，具有高性能、低功耗的特点。

AD9280 的内部功能框图如图 27.1.5 所示。

AD9280 在时钟(CLK)的驱动下工作，用于控制所有内部转换的周期；AD9280 内置片内采样保持放大器(SHA)，同时采用多级差分流水线架构，保证了 32 MSPS 的数据转换速率下全温度范围内无失码；AD9280 内部集成了可编程的基准源，根据系统需要也可以选择外部高精度基准满足系统的要求。

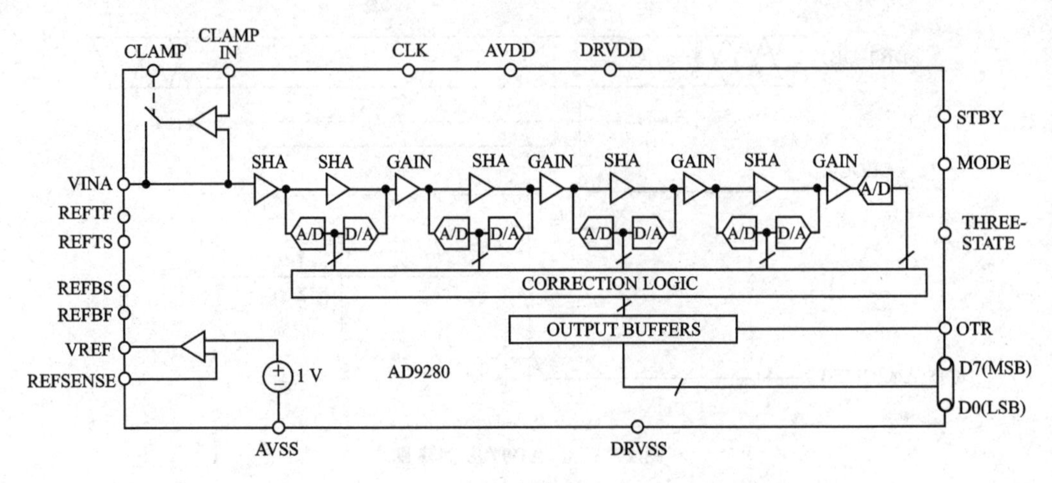

图 27.1.5　AD9280 内部功能框图

AD9280 输出的数据以二进制格式表示，当输入的模拟电压超出量程时，会拉高 OTR(Out - of - Range)信号；当输入的模拟电压在量程范围内时，OTR 信号为低电平，因此可以通过 OTR 信号来判断输入的模拟电压是否在测量范围内。

AD9280 的时序图如图 27.1.6 所示。

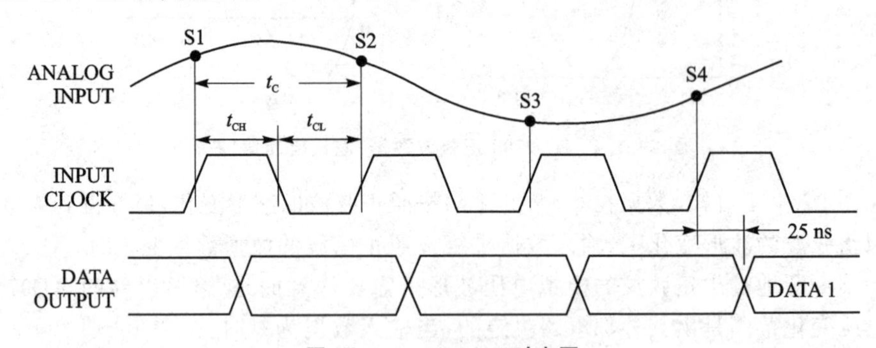

图 27.1.6　AD9280 时序图

模拟信号转换成数字信号并不是当前周期就能转换完成的，从采集模拟信号开始到输出数据需要经过 3 个时钟周期。比如图 27.1.6 中在时钟 CLK 的上升沿采集的模拟电压信号 S1，经过 3 个时钟周期(实际上再加上 25 ns 的时间延时)，输出转换后的数据为 DATA1。需要注意的是，AD9280 芯片的最大转换速率是 32 MSPS，即输入的时钟最大频率为 32 MHz。

AD9280 支持输入的模拟电压范围是 0～2 V，0 V 对应输出的数字信号为 0，2 V 对应输出的数字信号为 255。而 AD9708 经外部电路后，输出的电压范围是－5～5 V，因此在 AD9280 的模拟输入端增加电压衰减电路，使－5～5 V 之间的电压转换成 0～2 V。那么实际上对用户使用来说，当 AD9280 的模拟输入接口连接－5 V 电压时，A/D 输出的数据为 0；当 AD9280 的模拟输入接口连接 5 V 电压时，A/D 输出的数据为 255。

当 AD9280 模拟输入端接−5～5 V 变化的正弦波电压信号时，其转换后的数据也是成正弦波波形变化，转换波形如图 27.1.7 所示。

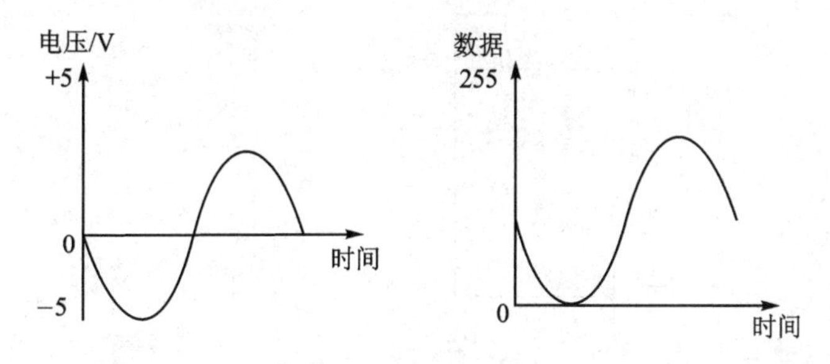

图 27.1.7 AD9280 正弦波模拟电压值(左)、数据(右)

由图 27.1.7 可知，输入的模拟电压范围在−5～5 V 之间，按照正弦波波形变化，最终得到的数据也是按照正弦波波形变化的。

27.2 实验任务

本节实验任务是使用 FPGA 开发板及高速 A/D 及 D/A 扩展模块(ATK－HS－ADDA 模块)实现数/模及模/数的转换。首先 FPGA 产生正弦波变化的数字信号，经过 D/A 芯片后转换成模拟信号，将 D/A 的模拟电压输出端连接至 A/D 的模拟电压输入端，A/D 芯片将模拟信号转换成数字信号，然后在 SignalTap 中观察数字信号的波形是否按照正弦波波形变化。

27.3 硬件设计

ATK－HS－ADDA 模块由 D/A 转换芯片(AD9708)和 A/D 转换芯片(AD9280)组成。AD9708 的原理图如图 27.3.1 所示。

由图 27.3.1 可知，AD9708 输出的一对差分电流信号先经过滤波器，再经过运放电路得到一个单端的模拟电压信号，图中右侧的 W1 为滑动变阻器，可以调节输出的电压范围，推荐通过调节滑动变阻器，使输出的电压范围在−5～5 V 之间，从而达到 A/D 转换芯片的最大转换范围。

AD9280 的原理图如图 27.3.2 所示。

图 27.3.2 中输入的模拟信号 SMA_IN(V_I)经过衰减电路后得到 AD_IN2(V_O)信号，两个模拟电压信号之间的关系是 $V_O = V_I/5 + 1$，即当 $V_I = 5$ V 时，$V_O = 2$ V；$V_I = -5$ V 时，$V_O = 0$ V。

ATK－HS－ADDA 模块的实物图如图 27.3.3 所示。

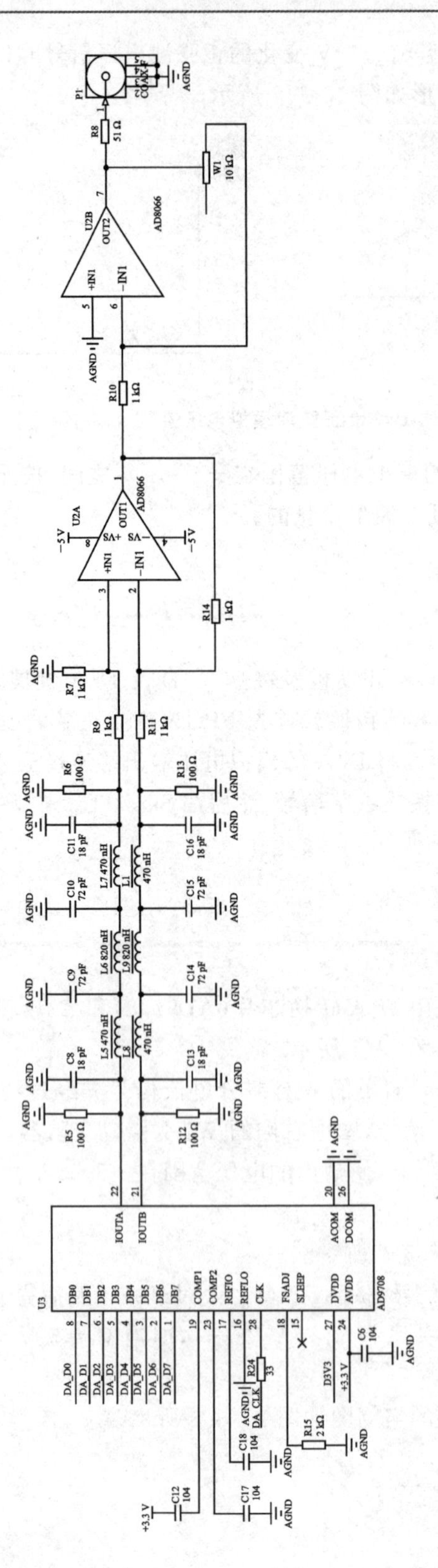

图27.3.1 AD9708原理图

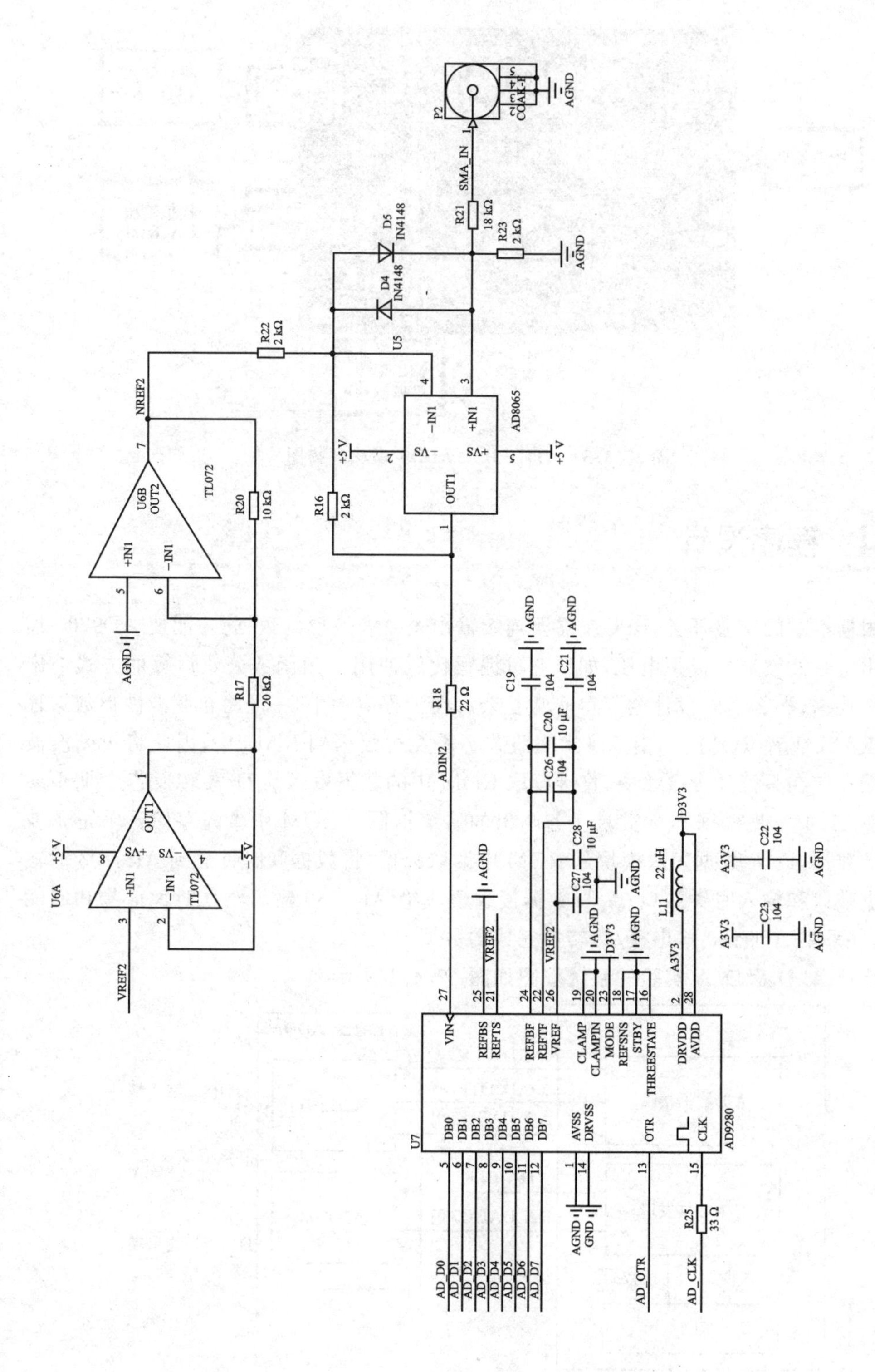

图27.3.2　AD9280原理图

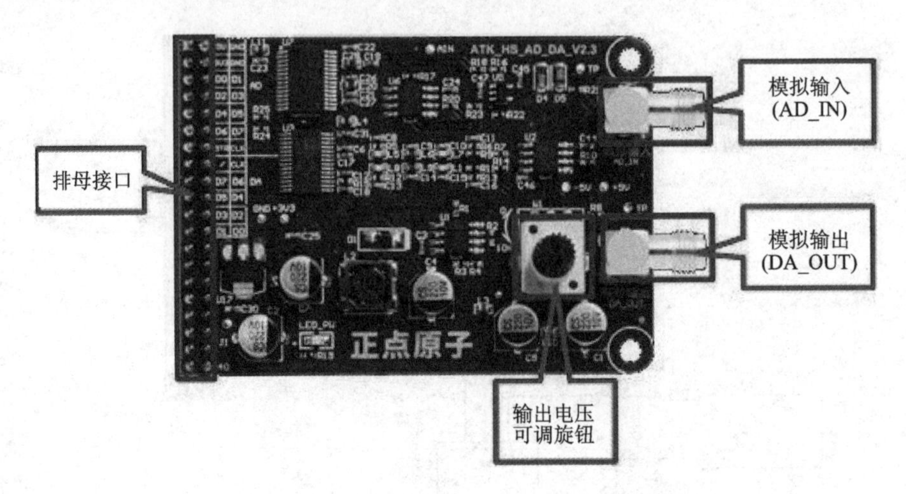

图 27.3.3　ATK－HS－ADDA 模块实物图

27.4　程序设计

根据本章的实验任务，FPGA 需要连续输出正弦波波形的数据，才能使 AD9708 连续输出正弦波波形的模拟电压，如果通过编写代码使用三角函数公式运算的方式输出正弦波数据，那么程序设计会变得非常复杂。在工程应用中，一般将正弦波波形数据存储在 RAM 或者 ROM 中，由于本次实验并不需要写数据到 RAM 中，因此将正弦波波形数据存储在只读的 ROM 中，直接读取 ROM 中的数据发送给 D/A 转换芯片即可。

图 27.4.1 是根据本章实验任务画出的系统框图。ROM 中事先存储好了正弦波波形的数据，D/A 数据发送模块从 ROM 中读取数据，将数据和时钟送到 AD9708 的输入数据端口和输入时钟端口；A/D 数据接收模块给 AD9280 输出驱动时钟信号和使能信号，并采集 AD9280 输出模/数转换完成的数据。

高速 A/D 及 D/A 实验的系统框图如图 27.4.1 所示。

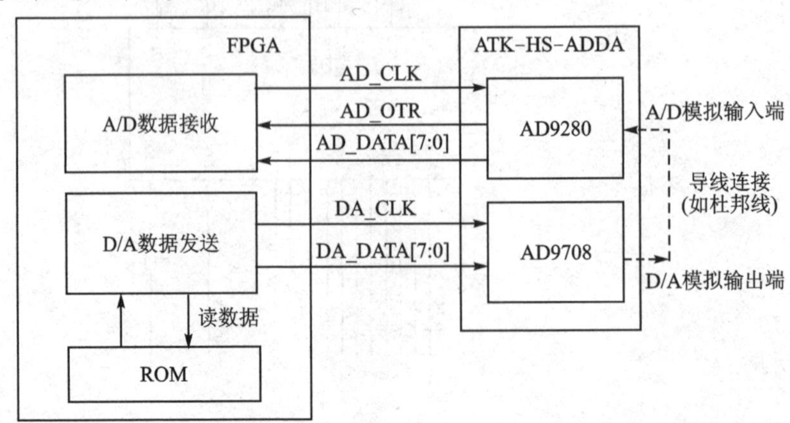

图 27.4.1　高速 A/D 及 D/A 系统框图

顶层模块的原理图如图 27.4.2 所示。

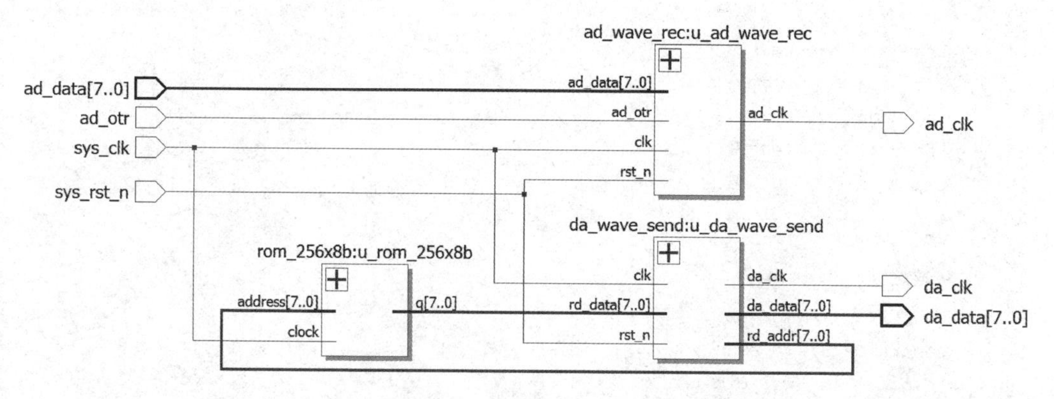

图 27.4.2　顶层模块原理图

FPGA 顶层模块(hs_ad_da)例化了以下 3 个模块:D/A 数据发送模块(da_wave_send)、ROM 波形存储模块(rom_256x8b)和 A/D 数据接收模块(ad_wave_rec)。

D/A 数据发送模块(da_wave_send):D/A 数据发送模块输出读 ROM 地址,将输入的 ROM 数据发送至 D/A 转换芯片的数据端口。

ROM 波形存储模块(rom_256x8b):ROM 波形存储模块由 Quartus 软件自带的 ROM IP 核实现,其存储的波形数据可以使用上位机波形转 MIF 软件或者 Matlab 软件生成。

A/D 数据接收模块(ad_wave_rec):A/D 数据接收模块输出 A/D 转换芯片的驱动时钟和使能信号,随后接收 A/D 转换完成的数据。

顶层模块的代码如下:

```
1  module hs_ad_da(
2      input                   sys_clk      ,  //系统时钟
3      input                   sys_rst_n    ,  //系统复位,低电平有效
4      //D/A 芯片接口
5      output                  da_clk       ,  //D/A(AD9708)驱动时钟,最大支持 125 MHz 时钟
6      output       [7:0]      da_data      ,  //输出给 D/A 的数据
7      //A/D 芯片接口
8      input        [7:0]      ad_data      ,  //A/D 输入数据
9      //模拟输入电压超出量程标志(本次试验未用到)
10     input                   ad_otr       ,  //0:在量程范围,1:超出量程
11     output                  ad_clk          //A/D(AD9280)驱动时钟,最大支持 32 MHz 时钟
12 );
13
14 //wire define
15 wire       [7:0]      rd_addr;                  //ROM 读地址
16 wire       [7:0]      rd_data;                  //ROM 读出的数据
17 //*****************************************************
18 //**                    main code
19 //*****************************************************
20
21 //D/A 数据发送
```

```
22 da_wave_send u_da_wave_send(
23     .clk          (sys_clk),
24     .rst_n        (sys_rst_n),
25     .rd_data      (rd_data),
26     .rd_addr      (rd_addr),
27     .da_clk       (da_clk),
28     .da_data      (da_data)
29     );
30
31 //ROM 存储波形
32 rom_256x8b  u_rom_256x8b(
33     .address    (rd_addr),
34     .clock      (sys_clk),
35     .q          (rd_data)
36     );
37
38 //A/D 数据接收
39 ad_wave_rec u_ad_wave_rec(
40     .clk          (sys_clk),
41     .rst_n        (sys_rst_n),
42     .ad_data      (ad_data),
43     .ad_otr       (ad_otr),
44     .ad_clk       (ad_clk)
45     );
46
47 endmodule
```

D/A 数据发送模块输出的读 ROM 地址(rd_addr)连接至 ROM 模块的地址输入端，ROM 模块输出的数据(rd_data)连接至 D/A 数据发送模块的数据输入端，从而完成了从 ROM 中读取数据的功能。

在代码的第 32 行至第 36 行例化了 ROM IP 核，我们在前面说过，ROM 中存储的波形数据可以使用上位机波形转 MIF 软件或者 Matlab 软件生成，在这里介绍一个简单易用的波形转 MIF 工具的使用方法，该工具位于开发板所随附的资料“6_软件资料/1_软件/WaveToMif”目录下，双击“WaveToMif_V1.0.exe”运行软件。

接下来对 MIF 文件进行设置，直接使用默认的设置即可，单击“一键生成”按钮，在弹出的界面中选择 MIF 文件的存放路径并输入文件名。WaveToMif 转换过程中的软件界面如图 27.4.3 所示。

生成的 MIF 文件打开界面如图 27.4.4 所示。

工程中创建了一个单端口 ROM，在调用 ROM IP 核时，需要设置 ROM 位宽为 8 bit，深度为 256，如图 27.4.5 所示。

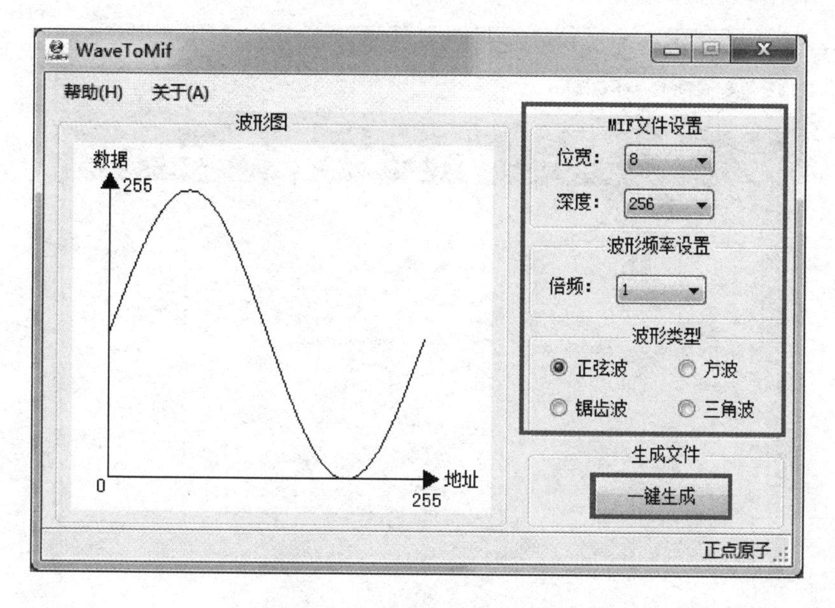

图 27.4.3　WaveToMif 软件界面

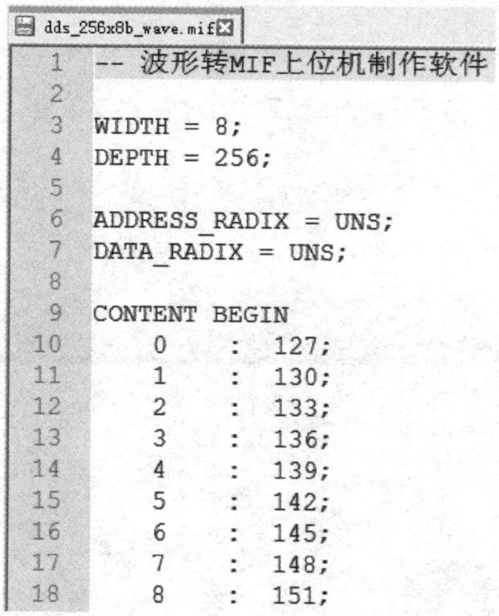

```
dds_256x8b_wave.mif
 1  -- 波形转MIF上位机制作软件
 2
 3  WIDTH = 8;
 4  DEPTH = 256;
 5
 6  ADDRESS_RADIX = UNS;
 7  DATA_RADIX = UNS;
 8
 9  CONTENT BEGIN
10      0     :  127;
11      1     :  130;
12      2     :  133;
13      3     :  136;
14      4     :  139;
15      5     :  142;
16      6     :  145;
17      7     :  148;
18      8     :  151;
```

图 27.4.4　MIF 文件打开界面

此外,为了保证 ROM 的读使能信号拉高到有效数据输出之间仅存在一个时钟周期的延时,需要取消寄存端口输出,如图 27.4.6 方框所示。

最后,在 Mem Init 选项卡单击 Browse 按钮,选择前面生成的初始化文件“dds_256x8b_wave.mif”,如图 27.4.7 所示。注意需要将该 MIF 文件置于工程目录下,本工程中的 MIF 文件位于 hs_ad_da/doc/文件夹下。

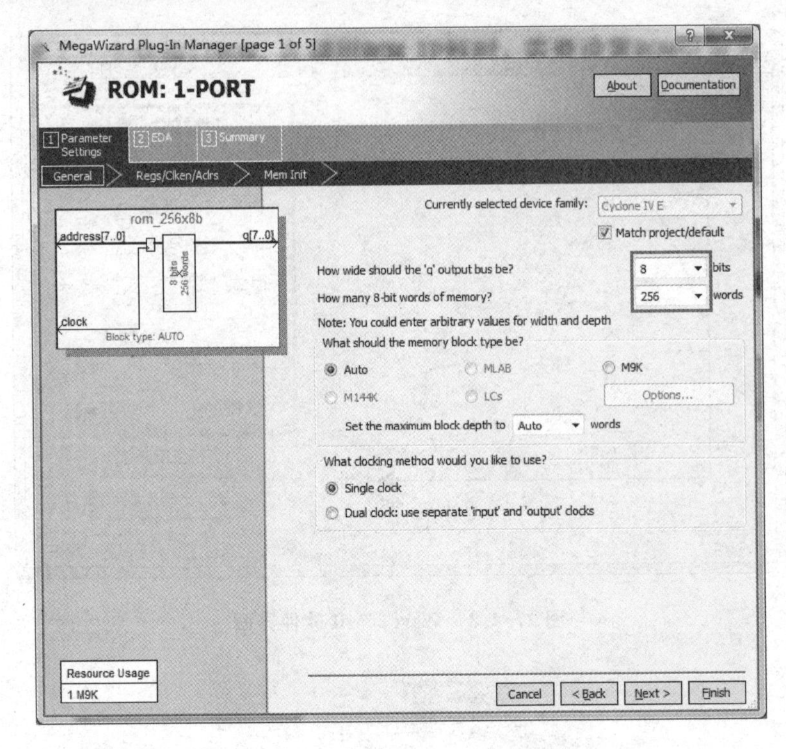

图 27.4.5　配置 ROM 位宽及深度

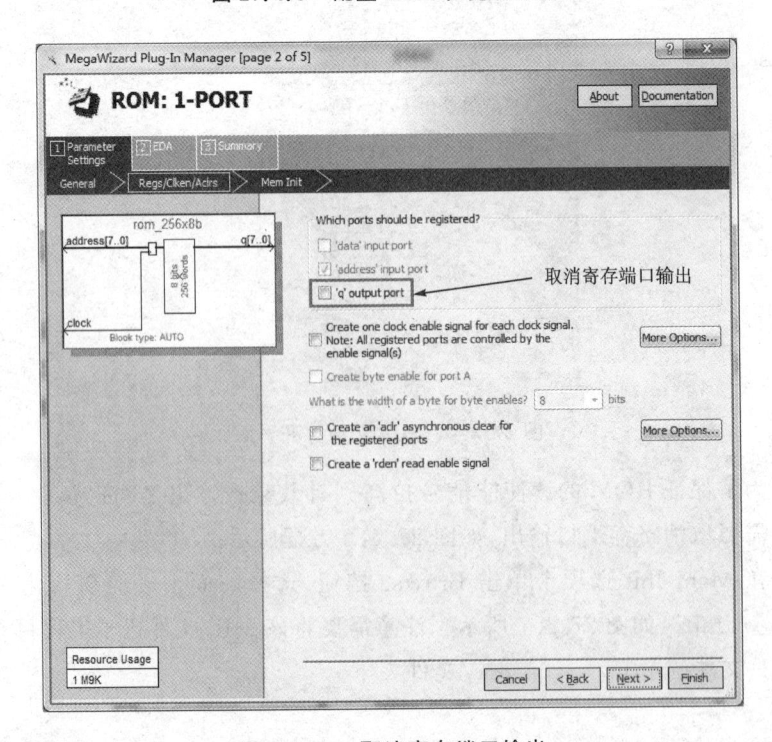

图 27.4.6　取消寄存端口输出

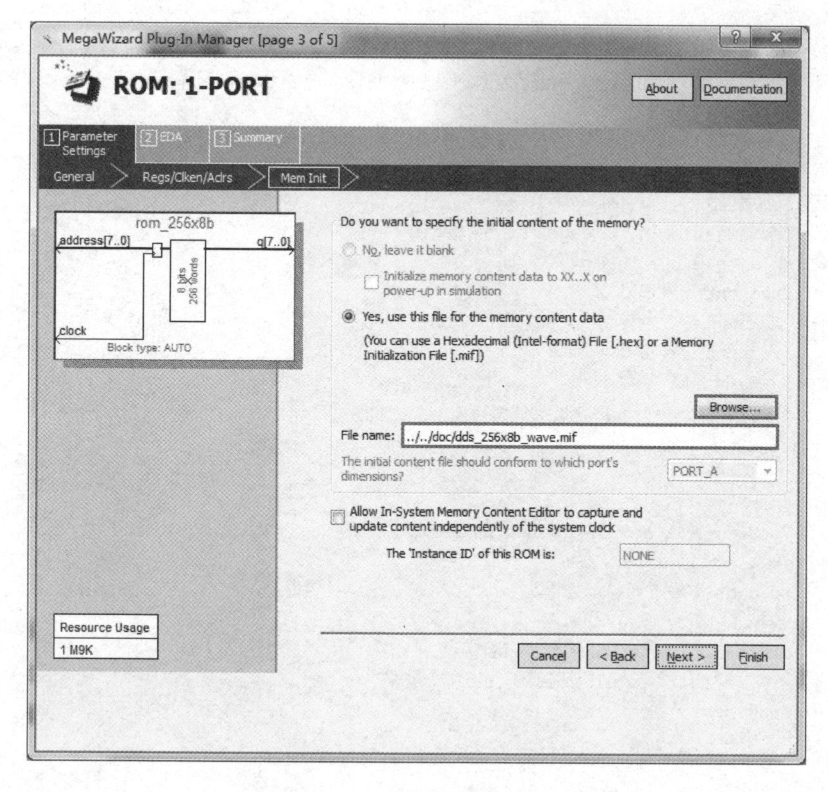

图 27.4.7 选择存储器初始化文件

D/A 数据发送模块的代码如下：

```
1  module da_wave_send(
2      input                  clk      ,  //时钟
3      input                  rst_n    ,  //复位信号,低电平有效
4
5      input         [7:0]    rd_data  ,  //ROM 读出的数据
6      output  reg   [7:0]    rd_addr  ,  //读 ROM 地址
7      //D/A 芯片接口
8      output                 da_clk   ,  //D/A(AD9708)驱动时钟,最大支持 125 MHz 时钟
9      output        [7:0]    da_data     //输出给 D/A 的数据
10     );
11
12 //parameter
13 //频率调节控制
14 parameter  FREQ_ADJ = 8'd0;  //频率调节,FREQ_ADJ 越大,最终输出的频率越低,范围 0～255
15
16 //reg define
17 reg     [7:0]    freq_cnt   ;          //频率调节计数器
18
19 //*****************************************************
20 //**                    main code
21 //*****************************************************
```

```
22
23 //数据 rd_data 是在 CLK 的上升沿更新的,所以 D/A 芯片在 CLK 的下降沿锁存数据是稳定的时刻
24 //而 D/A 实际上在 da_clk 的上升沿锁存数据,所以时钟取反,这样 CLK 的下降沿相当于 da_clk 的上升沿
25 assign  da_clk = ~clk;
26 assign  da_data = rd_data;    //将读到的 ROM 数据赋值给 D/A 数据端口
27
28 //频率调节计数器
29 always @(posedge clk or negedge rst_n) begin
30     if(rst_n == 1'b0)
31         freq_cnt <= 8'd0;
32     else if(freq_cnt == FREQ_ADJ)
33         freq_cnt <= 8'd0;
34     else
35         freq_cnt <= freq_cnt + 8'd1;
36 end
37
38 //读 ROM 地址
39 always @(posedge clk or negedge rst_n) begin
40     if(rst_n == 1'b0)
41         rd_addr <= 8'd0;
42     else begin
43         if(freq_cnt == FREQ_ADJ) begin
44             rd_addr <= rd_addr + 8'd1;
45         end
46     end
47 end
48
49 endmodule
```

在代码的第 14 行定义了一个参数 FREQ_ADJ(频率调节),可以通过控制频率调节参数的大小来控制最终输出正弦波的频率大小,频率调节参数的值越小,正弦波频率越大。频率调节参数调节正弦波频率的方法是通过控制读 ROM 的速度实现的,频率调节参数越小,freq_cnt 计数到频率调节参数值的时间越短,读 ROM 数据的速度越快,那么正弦波输出频率也就越高;反过来,频率调节参数越大,freq_cnt 计数到频率调节参数值的时间越长,读 ROM 数据的速度越慢,那么正弦波输出频率也就越低。由于 freq_cnt 计数器的位宽为 8 位,计数范围为 0~255,所以频率调节参数 FREQ_ADJ 支持的调节范围为 0~255,可通过修改 freq_cnt 计数器的位宽来修改 FREQ_ADJ 支持的调节范围。

WaveToMif 软件设置 ROM 深度为 256,倍频系数为 1,而输入时钟为 50 MHz,那么一个完整的正弦波周期长度为 256×20 ns=5 120 ns,当 FREQ_ADJ 的值为 0 时,即正弦波的最快输出频率为 1 s/5 120 ns(1 s=1 000 000 000 ns)≈195.3 kHz。如果把 FREQ_ADJ 的值设置为 5,则一个完整的正弦波周期长度为 5 120 ns×(5+1)=30 720 ns,频率约为 32.55 kHz。也可以在 WaveToMif 软件设置中增加倍频系数或者增加 A/D 的驱动时钟来提高正弦波输出频率。

A/D 数据接收模块的代码如下:

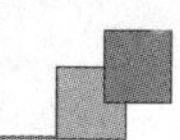

```
1  module ad_wave_rec(
2      input                    clk          ,  //时钟
3      input                    rst_n        ,  //复位信号,低电平有效
4
5      input          [7:0]     ad_data      ,  //A/D输入数据
6      //模拟输入电压超出量程标志(本次试验未用到)
7      input                    ad_otr       ,  //0:在量程范围,1:超出量程
8      output   reg             ad_clk          //A/D(TLC5510)驱动时钟,最大支持 20 MHz 时钟
9      );
10
11 //*****************************************************
12 //**                    main code
13 //*****************************************************
14
15 //时钟分频(2 分频,时钟频率为 25 MHz),产生 A/D 时钟
16 always @(posedge clk or negedge rst_n) begin
17     if(rst_n == 1'b0)
18         ad_clk <= 1'b0;
19     else
20         ad_clk <= ~ad_clk;
21 end
22
23 endmodule
```

由于A/D转换芯片支持的最大时钟频率为32 MHz,而FPGA的系统时钟频率为50 MHz,所以需要先对时钟进行分频,将分频后的时钟作为A/D转换芯片的驱动时钟(分频计数见代码的第16～21行)。

图27.4.8为A/D数据接收模块采集到的SignalTap波形图,从图中可以看出,ad_otr信号固定为低电平,ad_data(输入的ad数据)为正弦波变化的波形,说明数据采集正确。

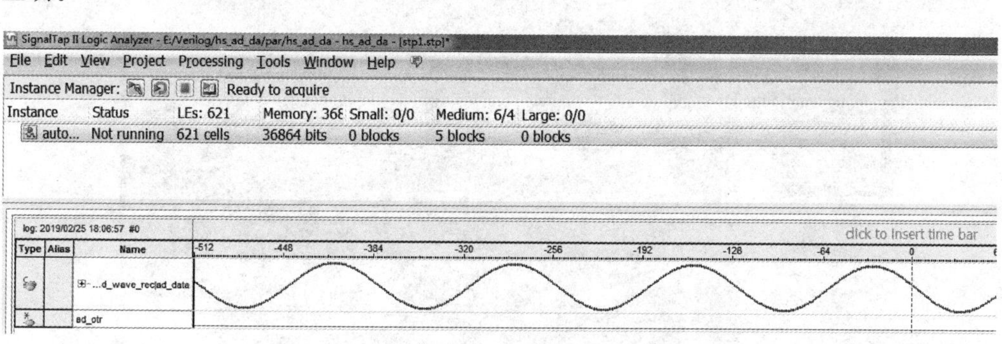

图27.4.8　A/D数据接收模块采集到的SignalTap波形图

在这里介绍一下如何将数据设置成波形图显示,首先选中SignalTap波形图中的ad_data,右击选择Bus Display Format,然后选择Unsigned Line Chart即可。如果要切换成数据显示,则同样选中ad_data,右击选择Bus Display Format,然后选择Unsigned Decimal就可以了,如图27.4.9所示。

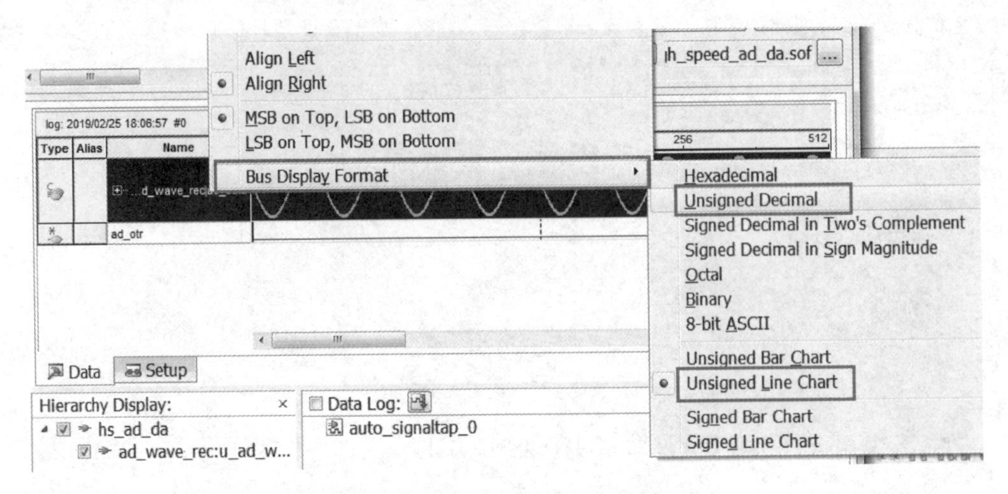

图 27.4.9 SignalTap 波形显示设置界面

27.5 下载验证

将 ATK－HS－ADDA 模块插入开发板的 P7 扩展口位置，插入的时候注意扩展口电源引脚方向和开发板电源引脚方向一致，然后将下载器一端连接计算机，另一端与开发板上对应端口连接，最后连接电源线并打开电源开关。

开发板硬件连接实物图如图 27.5.1 所示。

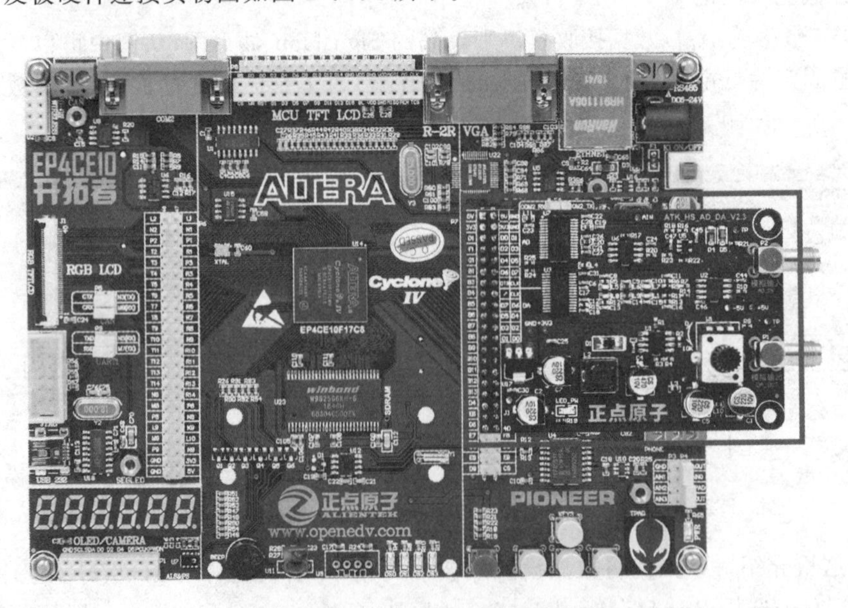

图 27.5.1 开发板硬件连接实物图

接下来打开本次实验工程，并将.sof 文件下载到开发板中。程序下载完成后，使用示波器测量 D/A 输出通道的波形。首先将示波器带夹子的一端连接到开发板的

GND 位置(可使用杜邦线连接至开发板扩展 I/O 的 GND 引脚),然后将另一端探针插入高速 A/D－D/A 模块 D/A 通道中间的金属圆圈内,如图 27.5.2 所示;或者直接测试高速 A/D－D/A 模块的 TP 引脚也可以,如图 27.5.3 所示。

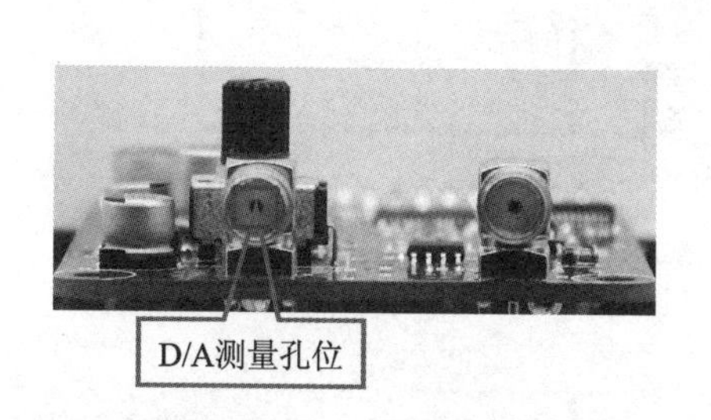

图 27.5.2　D/A 测量孔位

图 27.5.3　D/A 模拟电压测试点(TP)

此时观察示波器可以看到正弦波的波形,如果观察不到波形,可以旋转 ATK－HS－ADDA 模块上的旋钮来调节输出的模拟电压幅值,也可以尝试按一下示波器的"AUTO",再次观察示波器波形,示波器的显示界面如图 27.5.4 所示。

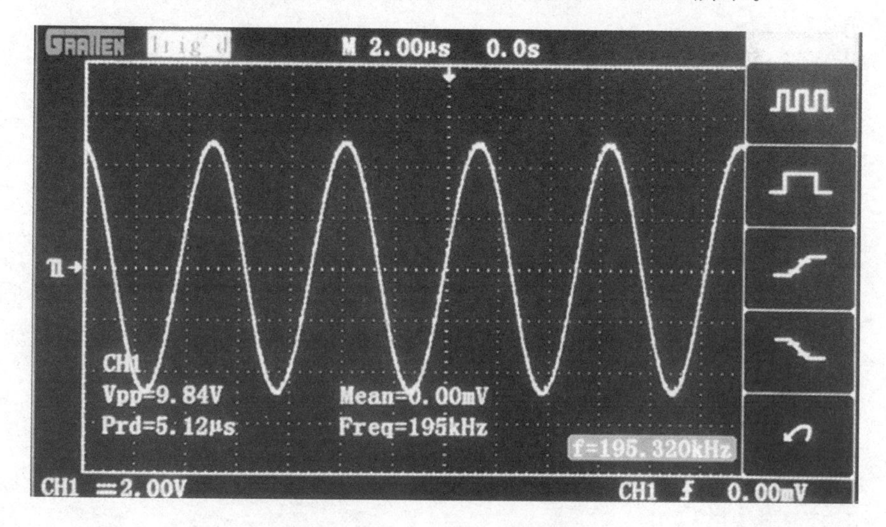

图 27.5.4　示波器显示界面

观察到正弦波波形后,说明 D/A 已经正确输出模拟电压波形了,接下来来验证 A/D 的功能。首先使用两头都是公头的杜邦线,将 D/A 输出通道和 A/D 输入通道连接起来,杜邦线连接图如图 27.5.5 所示。

然后使用 SignalTap 观察 ad_data 数据的变化。这里需要注意的是,采样时钟使用 A/D 数据接收模块的 sample_clk 时钟,使用其他时钟可能会造成数据采集错误,观察到的 SignalTap 波形如图 27.5.6 所示。

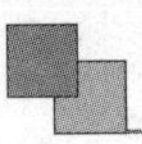

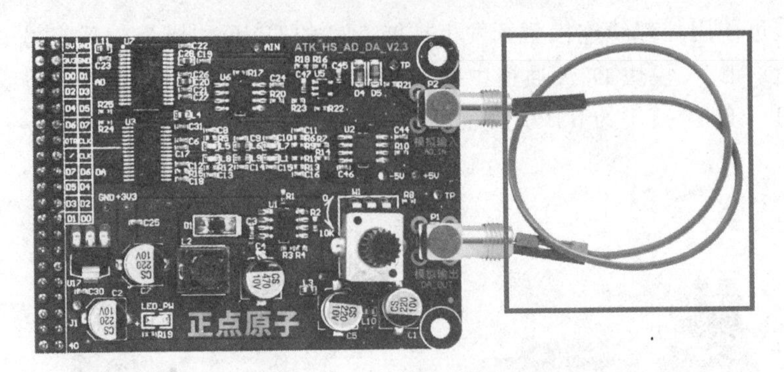

图 27.5.5　A/D－D/A 通道杜邦线连接图

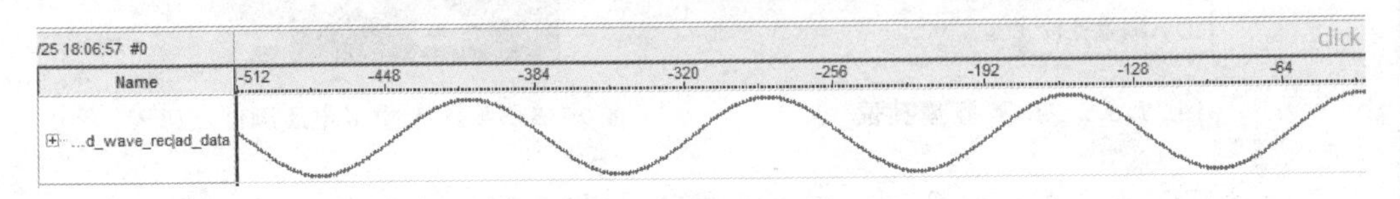

图 27.5.6　A/D 数据 SignalTap 波形图

由图 27.5.6 可知，输入的 ad_data 数据为正弦波变化的波形，说明 A/D－D/A 实验验证成功。

第28章

基于 FFT IP 核的音频频谱仪实验

FFT 的英文全称是 Fast Fourier Transformation，即快速傅里叶变换，它是根据离散傅里叶变换(DFT)的奇、偶、虚、实等特性，在离散傅里叶变换的基础上改进得到的。FFT 主要用于频谱分析，可以将时域信号转化为频域信号，在滤波、图像处理和数据压缩等领域具有普遍应用。本章将使用 Quartus Ⅱ 软件自带的 FFT IP 核来分析音频信号的频谱，并将其作为一个简单的例程，向大家介绍 Altera FFT IP 核的使用方法。

28.1 FFT IP 核简介

首先，简单介绍一下 FFT。FFT 即快速傅里叶变换，是 1965 年由 J·W·库利和 T·W·图基提出的。采用这种算法能使计算机计算离散傅里叶变换(DFT)所需要的乘法次数大为减少，被变换的抽样点数 N 越多，FFT 算法计算量的节省就越显著。

FFT 可以将一个时域信号变换到频域。因为有些信号在时域上是很难看出有什么特征的，但是如果变换到频域之后，就很容易看出特征了，这就是很多信号分析采用 FFT 的原因。另外，FFT 可以将一个信号的频谱提取出来，这在频谱分析方面也是经常用的。简而言之，FFT 就是将一个信号从时域变换到频域，方便我们分析处理。在实际应用中，一般的处理过程是先对一个信号在时域进行采集，比如通过 ADC，按照一定大小采样频率 F 去采集信号，采集 N 个点，那么通过对这 N 个点进行 FFT 运算，就可以得到这个信号的频谱特性。

这里还涉及到一个采样定理的概念：在进行模拟/数字信号的转换过程中，当采样频率 F 大于信号中最高频率 f_{max} 的 2 倍时($F>2f_{max}$)，采样之后的数字信号完整地保留了原始信号中的信息，采样定理又称奈奎斯特定理。举个简单的例子：比如我们正常人发声，频率范围一般在 8 kHz 以内，那么要通过采样之后的数据来恢复声音，采样频率必须为 8 kHz 的 2 倍以上，也就是必须大于 16 kHz 才行。

模拟信号经过 ADC 采样之后，就变成了数字信号，采样得到的数字信号，就可以做 FFT 变换了。N 个采样点数据，在经过 FFT 之后，就可以得到 N 个点的 FFT 结果。为了方便进行 FFT 运算，通常 N 取 2 的整数次方。

假设采样频率为 F，对一个信号采样，采样点数为 N，那么 FFT 之后结果就是一个 N 点的复数，每一个点就对应着一个频率点(以基波频率为单位递增)，这个点的模值

(sqrt(实部^2+虚部^2))就是该频点频率值下的幅度特性。那么具体跟原始信号的幅度有什么关系呢？假设原始信号的峰值为 A，那么 FFT 的结果的每个点(除了第一个点直流分量之外)的模值就是 A 的 $N/2$ 倍，而第一个点就是直流分量，它的模值就是直流分量的 N 倍。

这里还有个基波频率，也叫频率分辨率，就是如果我们按照 F 的采样频率去采集一个信号，一共采集 N 个点，那么基波频率(频率分辨率)就是 $f_k=F/N$。这样，第 n 个点对应的信号频率为：$F\times(n-1)/N$；其中 $n\geqslant1$，当 $n=1$ 时为直流分量。关于 FFT 就介绍到这。如果要自己实现 FFT 算法，那么对于不懂数字信号处理的朋友来说，还是比较难的。不过，Quartus Ⅱ 提供的 IP 核中就有 FFT IP 核可以给我们使用，因此我们只需要知道如何使用这个 IP 核，就可以迅速地完成 FFT 计算，而不需要自己学习数字信号处理，去编写代码了，大大方便了我们的开发。

28.2 实验任务

本节实验任务是先将计算机或手机的音乐通过开拓者开发板上的 WM8978 器件传输给 FPGA，然后使用 Altera FFT IP 核分析 WM8978 输出的音频信号的频谱，并将采样点的幅度特性显示到 4.3 寸 RGB TFT - LCD 上。

28.3 硬件设计

音频 WM8978 接口部分的硬件设计与“第 21 章　录音机实验”完全相同，请大家参考“第 21 章　录音机实验”中的硬件设计部分。RGB TFT - LCD 接口部分的硬件设计请大家参考“第 17 章　RGB TFT - LCD 彩条显示实验”中的硬件设计部分。

28.4 程序设计

图 28.4.1 是根据本章实验任务画出的系统框图。首先，WM8978 模块通过控制接口配置 WM8978 相关的寄存器。WM8978 在接收计算机传来的音频数据后，将一路音频数据送给扬声器播放，将另一路经 ADC 采集过的数据送给 WM8978 模块。WM8978 模块紧接着将音频数据送给 FFT 模块做频谱分析，得到频谱幅度数据。LCD 模块则负责读取频谱幅度数据，并在 RGB TFT - LCD 上显示频谱。

程序中各模块端口及信号连接如图 28.4.2 所示。

FPGA 顶层(FFT_audio_lcd)例化了以下 4 个模块：PLL 时钟模块(pll)、WM8978 模块(wm8978_ctrl)、FFT 模块(FFT_top)、LCD 模块(LCD_top)。

PLL 时钟模块(pll)：本实验中 WM8978 模块所需要的时钟为 12 MHz，FFT 模块的驱动时钟为 50 MHz，另外 LCD 模块需要 50 MHz 的时钟来处理、缓存 FFT 模块输出的数据，并在 10 MHz 的驱动时钟下驱动 RGB TFT - LCD 显示。因此需要一个

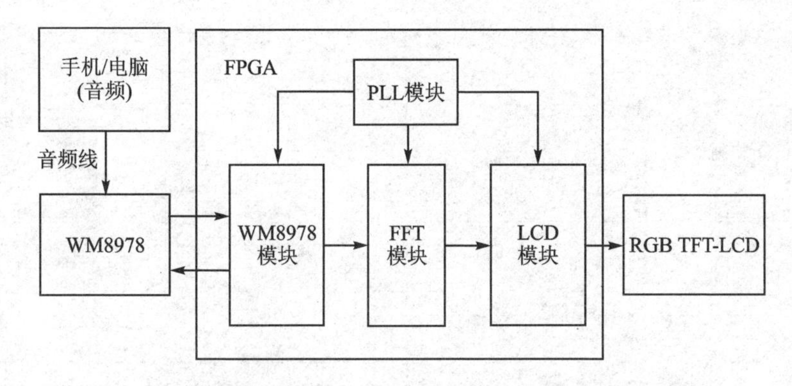

图 28.4.1　基于 IP 核的 FFT 实验系统框图

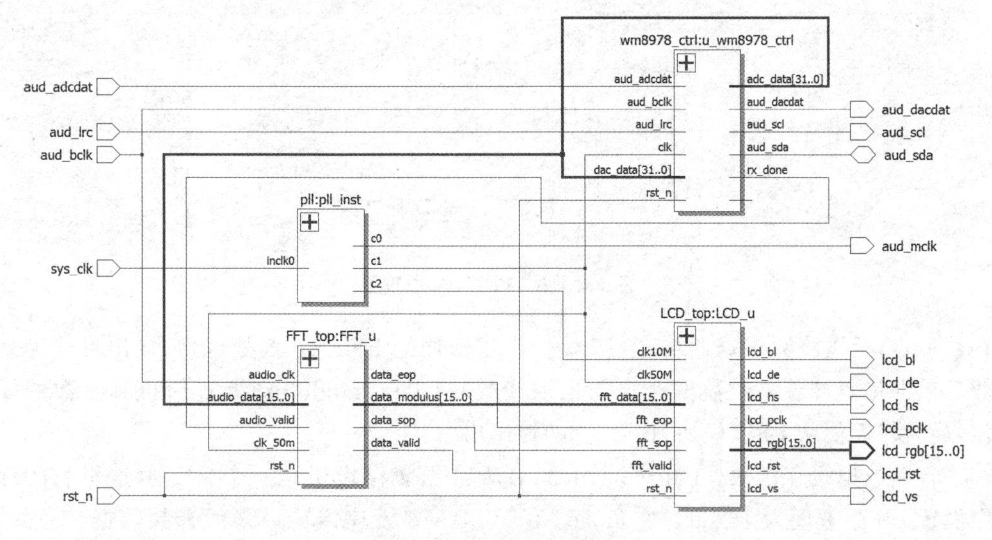

图 28.4.2　模块连接图

PLL 模块用于产生系统各个模块所需的时钟频率。

WM8978 模块(wm8978_ctrl)：WM8978 控制模块主要完成 WM8978 的配置和 WM8978 接收的录音音频数据的接收处理，以及 FPGA 发送的音频数据的发送处理。

FFT 模块(FFT_top)：FFT 模块将 WM8978 模块传输过来的音频信号进行缓存，然后将其送给 FFT IP 核进行频谱分析。接着计算 FFT IP 核输出复数的平方根，即频谱的幅度值，然后将其输出给 LCD 模块显示。

LCD 模块(LCD_top)：LCD 模块取 FFT 模块传输过来的一帧数据的一半(也就是 64 个数据)进行缓存，并驱动 RGB TFT－LCD 液晶屏显示频谱。

接下来我们介绍 FFT 模块(FFT_top)的相关内容。FFT 模块(FFT_top)内部例化了 4 个模块：音频数据缓存模块(audio_in_fifo)、FFT 控制模块(fft_ctrl)、FFT IP 核(FFT)、数据取模模块(data_modulus)，模块结构如图 28.4.3 所示。

音频数据进入 FFT 模块(FFT_top)后，先经音频数据缓存模块(audio_in_fifo)缓

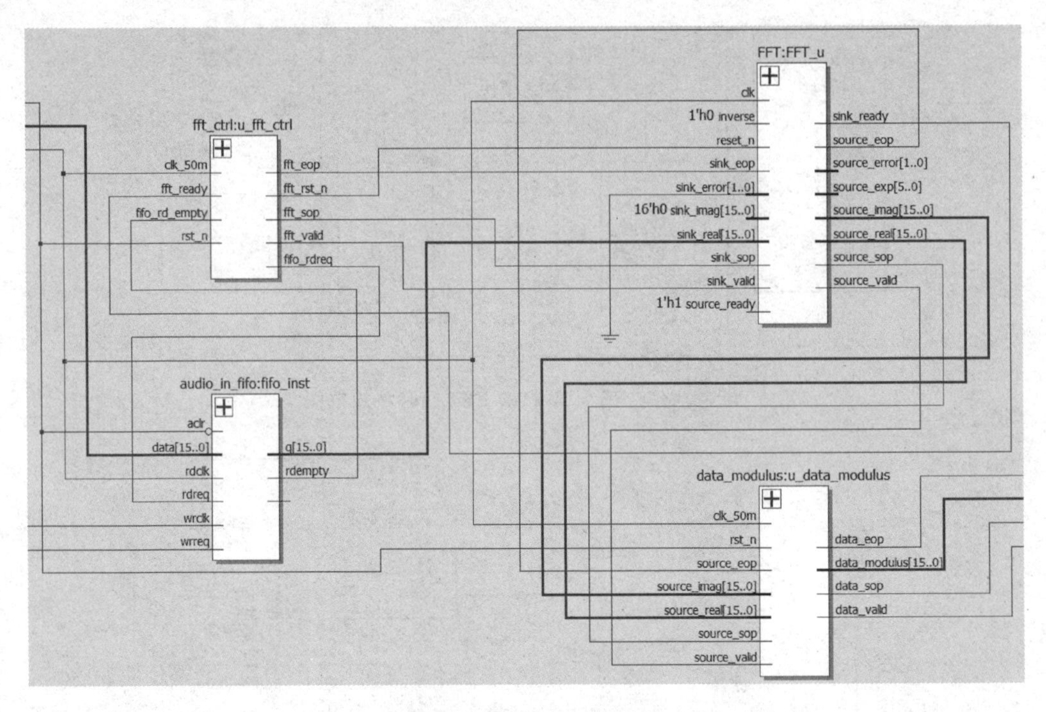

图 28.4.3 FFT_top 原理图

存数据,然后再将数据送给 FFT IP 核。音频数据经 FFT IP 核处理后,输出形式为复数的数据。紧接着复数数据经过数据取模模块(data_modulus)处理后得到复数的模值,最后将模值从 FFT 模块(FFT_top)输出出去。

音频数据缓存模块(audio_in_fifo):音频数据缓存模块是一个 FIFO,这里它的深度设置为 64,宽度为 16 bit。它负责缓存 WM8978 模块传输过来的音频数据。另外,当 FFT 控制模块(fft_ctrl)输出的读请求信号拉高时,音频数据缓存模块会将缓存的数据输出给 FFT IP 核做频谱分析。

FFT 控制模块(fft_ctrl):FFT 控制模块依据 FFT IP 核的数据输入时序原理,产生数据传输的控制信号,来驱动 FFT IP 核不断地进行 FFT 分析。

FFT IP 核(FFT):这里直接例化 Quartus Ⅱ 软件提供的 FFT IP 核,只需按照 IP 核的数据传输时序,将音频数据送给 FFT IP 核,它会自动输出经过 FFT 分析后的复数数据。

数据取模模块(data_modulus):数据取模模块负责计算 FFT IP 核输出的复数的模值,也就是这个频率点的幅度模值。

FFT 控制模块负责产生驱动 FFT IP 核输入端口的控制信号,代码如下所示:

```
1  module fft_ctrl(
2      input       clk_50m,
3      input       rst_n,
4
```

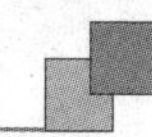

```
5       input       fifo_rd_empty,
6       output      fifo_rdreq,
7
8       input       fft_ready,
9       output reg  fft_rst_n,
10      output reg  fft_valid,
11      output      fft_sop,
12      output      fft_eop
13 );
14
15 //reg define
16 reg             state;
17 reg    [4:0]    delay_cnt;
18 reg    [9:0]    fft_cnt;
19 reg             rd_en;
20
21 //*****************************************************
22 //**                    main code
23 //*****************************************************
24
25 assign fifo_rdreq = rd_en && (~fifo_rd_empty);                //FIFO 读请求信号
26 assign fft_sop     = (fft_cnt == 10'd1)    ? fft_valid : 1'b0; //生成 sop 信号
27 assign fft_eop     = (fft_cnt == 10'd128) ? fft_valid : 1'b0; //生成 eop 信号
28
29 //产生驱动 FFT IP 核的控制信号
30 always @ (posedge clk_50m or negedge rst_n) begin
31     if(!rst_n) begin
32         state      <= 1'b0;
33         rd_en      <= 1'b0;
34         fft_valid  <= 1'b0;
35         fft_rst_n  <= 1'b0;
36         fft_cnt    <= 10'd0;
37         delay_cnt  <= 5'd0;
38     end
39     else begin
40         case(state)
41             1'b0: begin
42                 fft_valid  <= 1'b0;
43                 fft_cnt    <= 10'd0;
44
45                 if(delay_cnt <5'd31) begin //延时 32 个时钟周期,用于 FFT 复位
46                     delay_cnt <= delay_cnt + 1'b1;
47                     fft_rst_n <= 1'b0;
48                 end
49                 else begin
50                     delay_cnt <= delay_cnt;
51                     fft_rst_n <= 1'b1;
52                 end
53
54                 if((delay_cnt == 5'd31)&&(fft_ready))
55                     state <= 1'b1;
```

```
56                  else
57                      state <= 1'b0;
58              end
59              1'b1: begin
60                  if(!fifo_rd_empty)
61                      rd_en <= 1'b1;
62                  else
63                      rd_en <= 1'b0;
64
65                  if(fifo_rdreq) begin
66                      fft_valid <= 1'b1;
67                      if(fft_cnt <10'd128)
68                          fft_cnt <= fft_cnt + 1'b1;
69                      else
70                          fft_cnt <= 10'd1;
71                  end
72                  else begin
73                      fft_valid <= 1'b0;
74                      fft_cnt <= fft_cnt;
75                  end
76              end
77              default: state <= 1'b0;
78          endcase
79      end
80 end
81
82 endmodule
```

接下来我们会在介绍 FFT IP 核的数据输入时序的同时，对代码进行讲解，如图 28.4.4 所示为 IP 核的数据输入时序。在让 FFT IP 核工作之前，需要先让 IP 核复位一段时间，这里让 IP 核复位了 32 个时钟周期，对应于代码的第 45～52 行。在复位操作完成后，需要先等 FFT IP 核拉高 sink_ready 信号(表示 IP 核可以接收数据了)，才能进行下一步操作，这步操作对应于代码的第 54～58 行。

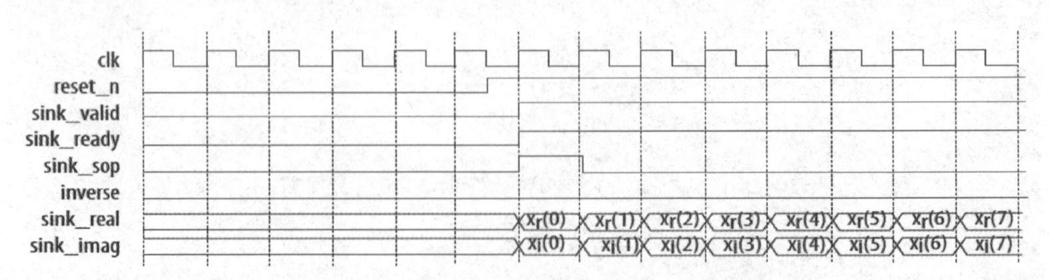

图 28.4.4 streaming 数据流输入时序

sink_ready 信号拉高后在给 FFT IP 核发送数据的时候，需要同时拉高 sink_valid 信号。大家可以看到图 28.4.4 中，在发送第一个数据的时候，sink_sop 信号(startofpacket，数据包的开始信号)需要拉高一个时钟周期。相应的，在发送最后一个数据的时候，需要拉高 fft_eop 信号(endofpacket，数据包的结束信号)一个时钟周期(图中未

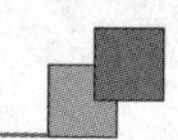

展示)。如代码的第 60～63 行所示,在 FFT IP 核拉高 sink_ready 信号后,先判断音频数据缓存模块(audio_in_fifo)内是否有数据,若模块内无数据则保持等待。当模块内有数据的时候,会拉高 rd_en 信号。此时大家可以看到代码第 25 行,由于 FIFO 不为空且 rd_en 信号拉高了,fifo_rdreq 信号(FIFO 的读使能信号)也会跟着一起拉高。代码的第 65～75 行,fifo_rdreq 信号拉高后,fft_cnt 计数器开始计数,计数满 128 的时候(发送了 128 个数据),一帧数据(一次数据传输的总量)传输完毕,接着判断 sink_valid 信号是否为高电平,这样周而复始下去。需要注意的是,在代码的第 26 行和第 27 行,我们依据 fft_cnt 计数器的值产生了 fft_sop 和 fft_eop 信号。

在讲解完 FFT 控制模块(fft_ctrl)后,接下来说明一下怎么配置 FFT IP 核。

FFT IP 核的参数配置界面如图 28.4.5 所示。

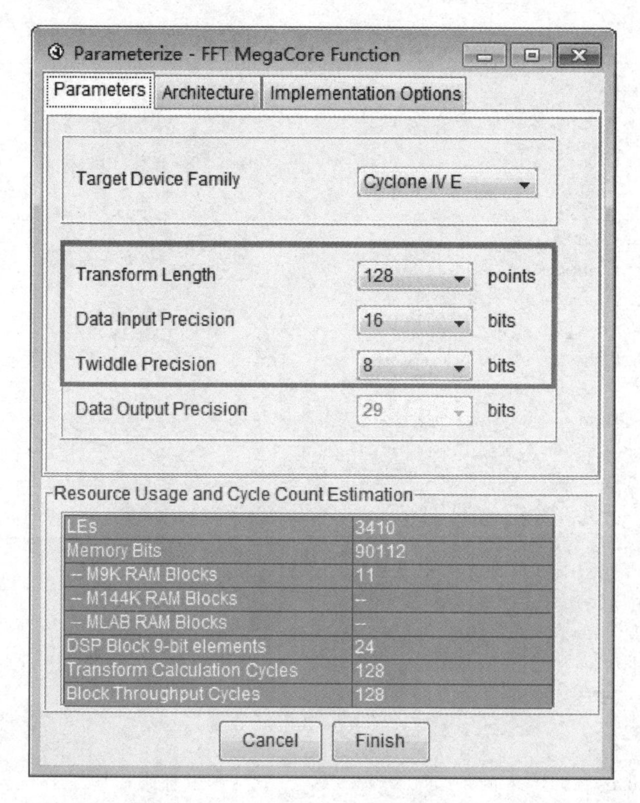

图 28.4.5　FFT IP 核参数配置界面

由于我们这次实验的采样点数是 128 个,所以,这里 Transform Length 设置为 128。传输给 FFT IP 核的音频数据位宽为 16 bit,所以这里 Data Input Precision(输入数据位宽)设置为 16 bit。Twiddle Precision 是旋转因子的数据位宽,只要比输入数据的位宽低就可以了,这里将其设置成 8 bit。其他选项保持默认设置即可。

我们在 FFT 模块(FFT_top)中例化了 data_modulus 模块,data_modulus 模块的代码如下所示:

```
1  module  data_modulus(
2      input                 clk_50m,
3      input                 rst_n,
4
5      input    [15:0]       source_real,
6      input    [15:0]       source_imag,
7      input                 source_sop,
8      input                 source_eop,
9      input                 source_valid,
10
11     output  [15:0]        data_modulus,
12     output  reg           data_sop,
13     output  reg           data_eop,
14     output  reg           data_valid
15 );
16
17 //reg define
18 reg   [31:0] source_data;
19 reg   [15:0] data_real;
20 reg   [15:0] data_imag;
21 reg          data_sop1;
22 reg          data_sop2;
23 reg          data_eop1;
24 reg          data_eop2;
25 reg          data_valid1;
26 reg          data_valid2;
27
28 //*****************************************************
29 //**                   main code
30 //*****************************************************
31
32 //取实部和虚部的平方和
33 always @ (posedge clk_50m or negedge rst_n) begin
34     if(!rst_n) begin
35         source_data <= 32'd0;
36         data_real   <= 16'd0;
37         data_imag   <= 16'd0;
38     end
39     else begin
40         if(source_real[15] == 1'b0)                    //由补码计算原码
41             data_real <= source_real;
42         else
43             data_real <= ~source_real + 1'b1;
44
45         if(source_imag[15] == 1'b0)                    //由补码计算原码
46             data_imag <= source_imag;
47         else
48             data_imag <= ~source_imag + 1'b1;
49                                                        //计算原码平方和
50         source_data <= (data_real * data_real) + (data_imag * data_imag);
51     end
```

```
52 end
53
54 //例化 sqrt 模块,开根号运算
55 sqrt sqrt_inst (
56      .clk               (clk_50m),
57      .radical           (source_data),
58
59      .q                 (data_modulus),
60      .remainder         ()
61      );
62
63 //数据取模运算共花费了 3 个时钟周期,此处延时 3 个时钟周期
64 always @ (posedge clk_50m or negedge rst_n) begin
65      if(!rst_n) begin
66          data_sop       <= 1'b0;
67          data_sop1      <= 1'b0;
68          data_sop2      <= 1'b0;
69          data_eop       <= 1'b0;
70          data_eop1      <= 1'b0;
71          data_eop2      <= 1'b0;
72          data_valid     <= 1'b0;
73          data_valid1    <= 1'b0;
74          data_valid2    <= 1'b0;
75      end
76      else begin
77          data_valid1    <= source_valid;
78          data_valid2    <= data_valid1;
79          data_valid     <= data_valid2;
80          data_sop1      <= source_sop;
81          data_sop2      <= data_sop1;
82          data_sop       <= data_sop2;
83          data_eop1      <= source_eop;
84          data_eop2      <= data_eop1;
85          data_eop       <= data_eop2;
86      end
87 end
88
89 endmodule
```

我们在代码的第 40～48 行将 FFT IP 核输出的复数的实部与虚部进行了处理,求得了它们的原码,并在第 50 行计算了原码的平方和。在代码的第 55～61 行,例化了 sqrt IP 核(求平方根),我们将前面计算得到的平方和输送给 sqrt IP 核,进行平方根运算,得到的结果将在后面用于在 LCD 上显示频谱。

在代码的第 77～85 行,为了将 sqrt IP 核输出的数据与 source_valid、source_sop、source_eop 信号对齐,对这 3 个信号进行了打拍处理。

我们在顶层例化了 LCD 模块(LCD_top),其内部结构如图 28.4.6 所示。

如图 28.4.6 所示 LCD 模块(LCD_top)内部例化了 3 个模块:FIFO 控制模块(fifo_ctrl)、FIFO 缓存模块(FFT_LCD_FIFO)、LCD 显示模块(lcd_rgb_top)。FFT 模块

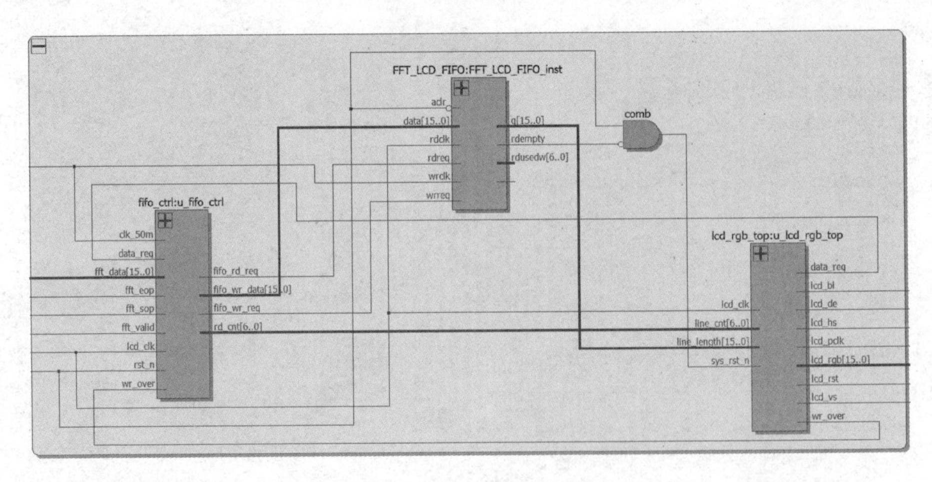

图 28.4.6 LCD 模块的内部结构图

(FFT_top)传输过来的幅度数据经过 FIFO 控制模块(fifo_ctrl)处理，送到 FIFO 缓存模块(FFT_LCD_FIFO)进行缓存，然后送给 LCD 用于频谱显示。

FIFO 控制模块(fifo_ctrl)：FIFO 控制模块负责 FIFO 缓存模块(FFT_LCD_FIFO)的读/写控制。由于经过 FFT 得到的频谱是对称的，所以只需要显示频谱的一半即可，因此这里缓存的一帧数据的长度为 64，也就是采样长度 128 的一半。此外，由于 LCD 读取数据的速度较慢，为了防止 FIFO 缓存模块(FFT_LCD_FIFO)写满，这里对 FIFO 缓存模块(FFT_LCD_FIFO)的写数据使能做了一些处理。此外，当 LCD 显示模块(lcd_rgb_top)请求数据的时候，FIFO 控制模块(fifo_ctrl)负责拉高 FIFO 缓存模块(FFT_LCD_FIFO)的读数据使能。

FIFO 缓存模块(FFT_LCD_FIFO)：FIFO 缓存模块负责缓存频谱幅度数据，当读数据使能拉高的时候，输出数据给 LCD 显示顶层模块(lcd_rgb_top)。

LCD 显示顶层模块(lcd_rgb_top)：LCD 显示模块负责依据读取到的幅度数据，在 RGB TFT-LCD 上显示频谱。该模块内部还例化了两个模块：LCD 驱动模块(lcd_driver 模块)以及 LCD 显示模块(lcd_display 模块)。LCD 显示顶层模块(lcd_rgb_top)的内部结构图如图 28.4.7 所示。

LCD 驱动模块(lcd_driver 模块)：在像素时钟的驱动下输出数据使能信号用于数据同步，同时还需要输出像素点的纵横坐标，供 LCD 显示模块(lcd_display)调用，以绘制图案。有关 LCD 驱动模块的详细介绍请大家参考“第 17 章 RGB TFT-LCD 彩条显示实验”。

接下来我们了解一下 LCD 显示模块(lcd_display 模块)，它的代码如下：

```
1  module lcd_display(
2      input                lcd_clk,            //LCD 驱动时钟
3      input                sys_rst_n,          //复位信号
4
5      input        [10:0] pixel_xpos,          //像素点横坐标
6      input        [10:0] pixel_ypos,          //像素点纵坐标
7
```

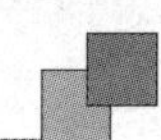

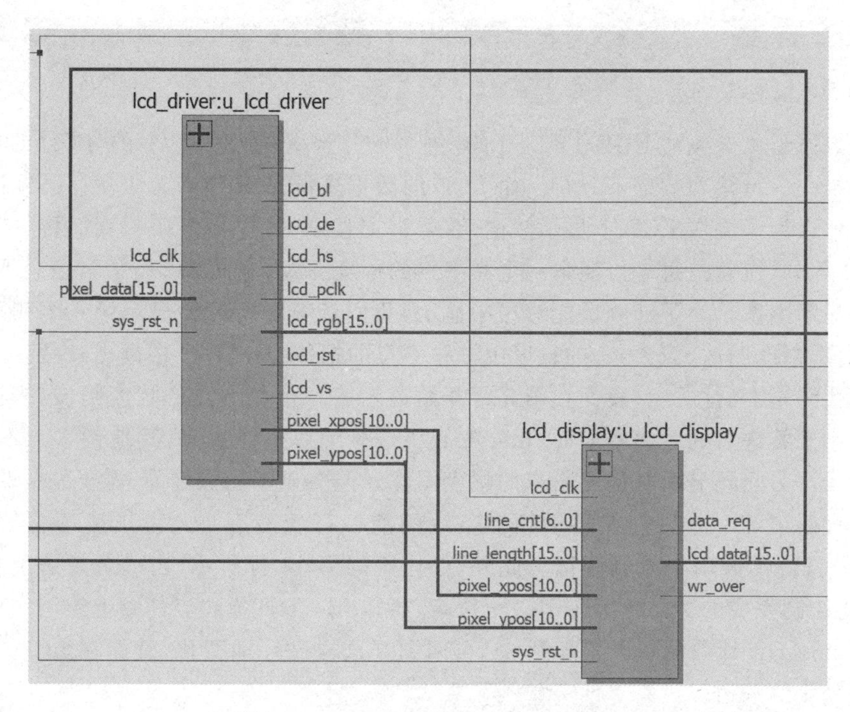

图 28.4.7　LCD 显示模块内部结构图

```
8       input       [6:0]   line_cnt,                        //频点
9       input       [15:0]  line_length,                     //频谱数据
10      output              data_req,                        //请求频谱数据
11      output              wr_over,                         //绘制频谱完成
12      output      [15:0]  lcd_data                         //LCD 像素点数据
13      );
14
15 //parameter define
16 parameter  H_LCD_DISP = 11'd480;                          //LCD 分辨率(行)
17 localparam BLACK    = 16'b00000_000000_00000;             //RGB565 黑色
18 localparam WHITE    = 16'b11111_111111_11111;             //RGB565 白色
19
20 //*****************************************************
21 //**                     main code
22 //*****************************************************
23
24 //请求像素数据信号(这里加 8 是为了图像居中显示)
25 assign data_req = ((pixel_ypos == line_cnt * 4'd4 + 4'd8 - 4'd1)
26                   && (pixel_xpos == H_LCD_DISP - 1)) ? 1'b1 : 1'b0;
27
28 //在要显示图像的列,显示 line_length 长度的白色条纹
29 assign lcd_data = ((pixel_ypos == line_cnt * 4'd4 + 4'd8)
30                   && (pixel_xpos <= line_length)) ? WHITE : BLACK;
31
32 //wr_over 标志着一个频点上的频谱绘制完成,该信号会触发 line_cnt 加 1
33 assign wr_over    = ((pixel_ypos == line_cnt * 4'd4 + 4'd8)
```

```
34                    && (pixel_xpos == H_LCD_DISP - 1)) ? 1'b1 : 1'b0;
35
36 endmodule
```

正点原子 4.3 英寸 RGB TFT-LCD 屏幕的分辨率是 480×272 的，LCD 的扫描原理是扫描完一行接着扫描下一行。而 LCD 的数据来源是 FIFO，无法保存已经读过的数据。那么为了能在 LCD 上显示频谱（在屏幕上显示 64 个像素条），我们将 272 行像素点 64 等分，也就是每 4 行显示一个频率点的幅度图像，这样 272 行像素还余下 16 行像素不显示图像。为了让频谱能够居中显示，我们从第 8 行开始显示第一个频率点的幅度图像，幅度图像（像素条）的长度由该频率点的幅值（从 FIFO 中读出）决定。

如代码第 29 行所示，我们在第 8 行开始显示第一个频率点的幅度图像，当列像素点的值小于处理后的频谱幅值时（line_length），显示白色像素点，其他像素点不显示。然后以 4 行为间隔显示其他频率点的幅度图像。但在显示图像之前，需要先获取幅值。所以在代码第 25 行，我们在显示频谱条纹的前一行的最后一列发出读请求信号，从 FIFO 中获得幅值用于绘制频谱。此外，如代码的第 32 行所示，当一条频谱绘制完成后，会将绘制完成的标志信号 wr_over 拉高，通知 fifo_ctrl 模块当前频谱绘制完成。然后随着 line_cnt 计数器从 0 累加到 63，再回到 0 这样循环地变化，就能在 LCD 上观察到不断变化的频谱。

28.5 下载验证

将下载器一端连接计算机，另一端与开发板上对应端口连接，然后用音频线连接计算机和开发板，最后连接电源线并打开电源开关。

接下来打开本次实验工程，并将.sof 文件下载到开发板中。需要注意的是，使用 FFT IP 核需要 LICENSE！如果我们的 LICENSE 文件不包含该 IP 核的使用许可，那么工程编译结束之后，将会生成一个带“_time_limited”后缀的.sof 文件。该.sof 文件只能运行一个小时，然后自动停止运行，不过这并不影响我们本次实验的下载验证。

单击工具栏中的 Programmer 图标打开下载界面，通过单击 Add File 按钮选择 FFT_audio_lcd/par/output_files 目录下的 FFT_audio_lcd_time_limited.sof 或者 FFT_audio_lcd.sof 文件。

开发板电源打开后，在程序下载界面单击 Hardware Setup 按钮，在弹出的对话框中选择当前的硬件连接为“USB-Blaster[USB-0]”。然后单击 Start 按钮将工程编译完成后得到的.sof 文件下载到开发板中，如图 28.5.1 所示。

下载完成后，打开工程目录下的“音频文件”文件夹，里面有个名为 SHT_noise_96k.wav 的音频文件。该音频是掺杂了噪声的一小段“上海滩”音乐，噪声频率为 9.6 kHz。在计算机上使用播放器播放这段音频，我们可以听到开发板背面的喇叭在播放上海滩的音乐，音乐中混杂了一个尖锐的类似蜂鸣器的声音，同时我们可以在 LCD 上看到如图 28.5.2 所示的音频频谱图。

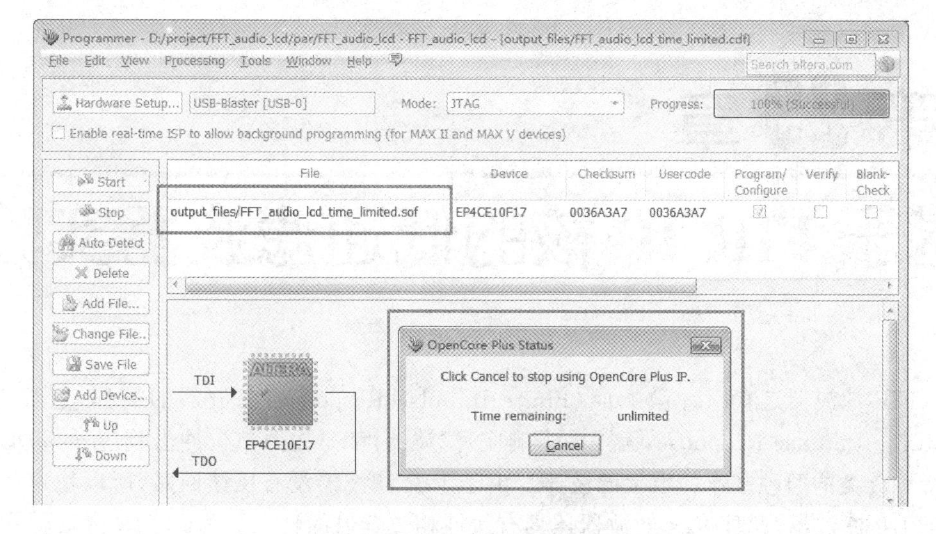

图 28.5.1　下载界面

图 28.5.2　频谱图

由本章简介部分的内容可知，频谱第 n 个点对应信号频率为：$F\times(n-1)/N$。我们的采样频率 F 是 WM8978 内部 ADC 的采样频率，即 48 kHz；N 是 FFT IP 核的一次频谱分析长度，即 128；n 是频谱中白色条纹的序号。

图 28.5.2 中，幅度最高的频谱的序号为 27（从左往右数第 27 个白色条纹最高），经过计算得出该频谱对应的频率为 48×(27－1)/128＝9.75 kHz，它就是我们在音乐播放过程中所听到的 9.6 kHz 的高频噪声。从频谱中计算出来的频率值误差为 0.15 kHz，在频率精度(48/128＝0.375 kHz)范围内，说明本次实验在开拓者 FPGA 开发板上下载验证成功。

第 29 章

基于 FIR IP 核的低通滤波器实验

FIR 滤波器是有限冲激响应(Finite Impulse Response)滤波器的简称,它与 IIR(Infinite Impulse Response,无限冲击响应)滤波器,都是按照单位冲击响应 $h(n)$的时间特性分类的两种基本的数字滤波器。由于 FIR 滤波器没有反馈回路,所以稳定性要好于 IIR 滤波器,此外 FIR 滤波器还具有线性相位延迟的特点。因此 FIR 滤波器在通信、图像处理、模式识别等领域都有着广泛的应用。本章将使用 Quartus Ⅱ 软件中的 FIR Compiler IP 核,对音频信号进行滤波,并将其作为一个简单的例程,向大家介绍 Altera FIR Compiler IP 核的使用方法。

29.1 FIR Compiler 核简介

我们日常生活中经常用到的音乐播放器、手机、数码相机等电子设备中,都可以看到数字信号处理(DSP)的使用。而 FIR 滤波器因为具有系统稳定、易实现线性相位和允许多通道滤波等特点,在数字信号处理领域受到广泛运用。

由于 FIR 滤波器处理的是数字信号,所以模拟信号在进入 FIR 滤波器前,需要先经过 A/D 器件进行模/数转换,将模拟信号转化为数字信号。而为了让信号处理不发生失真,信号的采样速度必须满足奈奎斯特定理,一般取信号最高频率的 4～5 倍作为采样频率。

FIR 滤波器信号处理公式如下:

$$y(n) = \sum_{k=0}^{N-1} h(k) \cdot x(n-k)$$

式中:$x(n)$是输入的信号,$h(n)$为 FIR 滤波系数,$y(n)$为滤波后的信号。N 为 FIR 滤波器的抽头数,滤波器阶数为 $N-1$。

由上面公式得到的一种 FIR 滤波器实现结构如图 29.1.1 所示,主要由延迟单位 Z^{-1}、乘法器、累加器组成。这种滤波器被称为直接型 FIR 滤波器。

接下来我们举个简单的例子,图 29.1.2 所示为一个低通滤波器的频率响应图,通带(滤波器允许通过信号的频率范围)边缘频率为 3 Hz,阻带(信号幅度衰减到极低水平的频率范围)边缘频率为 5 Hz,3～5 Hz 为过渡带。信号衰减 3 dB 所对应的信号频率即为截止频率。

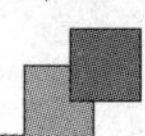

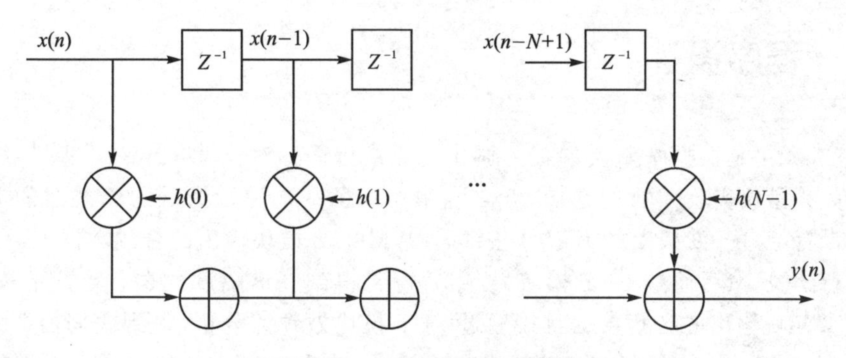

图 29.1.1　直接型 FIR 滤波器

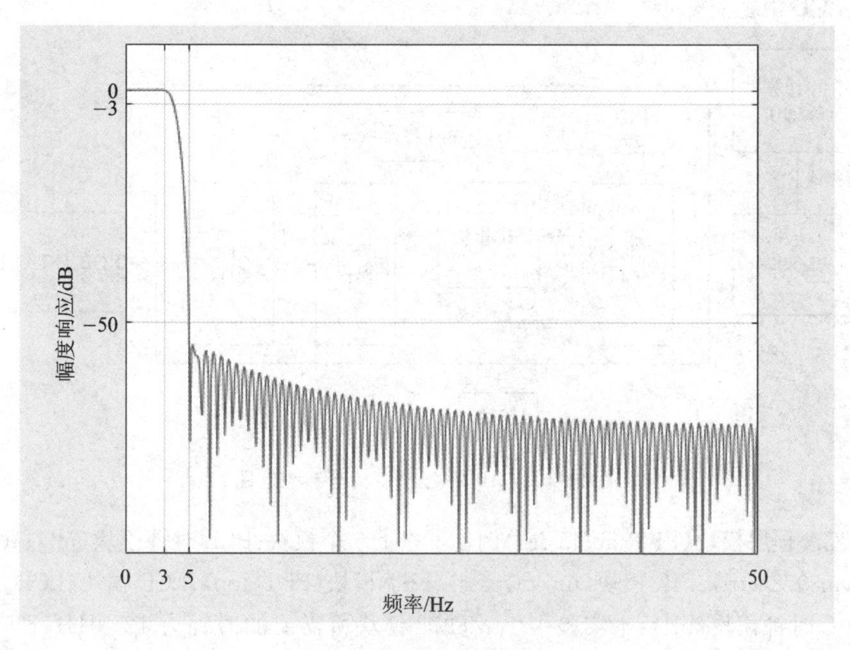

图 29.1.2　一个低通滤波器频率响应曲线

29.2　实验任务

本节实验任务是在"第 28 章　基于 FFT IP 核的音频频谱仪实验"的基础上，添加一个 FIR 低通滤波器，对输入的音频信号进行低通滤波。

29.3　硬件设计

本实验的硬件设计原理与"第 28 章　基于 FFT IP 核的音频频谱仪实验"完全相同，请大家参考"第 28 章　基于 FFT IP 核的音频频谱仪实验"中的硬件设计部分。

29.4 程序设计

图 29.4.1 是根据本章实验任务画出的系统框图。对比“第 28 章　基于 FFT IP 核的音频频谱仪实验”，我们在图 28.4.1 中添加了一个配置为低通滤波器的 FIR 模块。当没有触碰开发板上的 KEY0 按键时，WM8978 模块输出的音频数据先经过 FIR 模块进行滤波，然后通过 FFT 模块做频谱分析，得到频谱幅度数据。当按下按键时，WM8978 模块输出的音频数据直接通过 FFT 模块做频谱分析，得到我们需要的频谱幅度数据。得到的数据经过 LCD 模块处理后，转变成频谱幅度图像，显示在 RGB TFT－LCD 上。

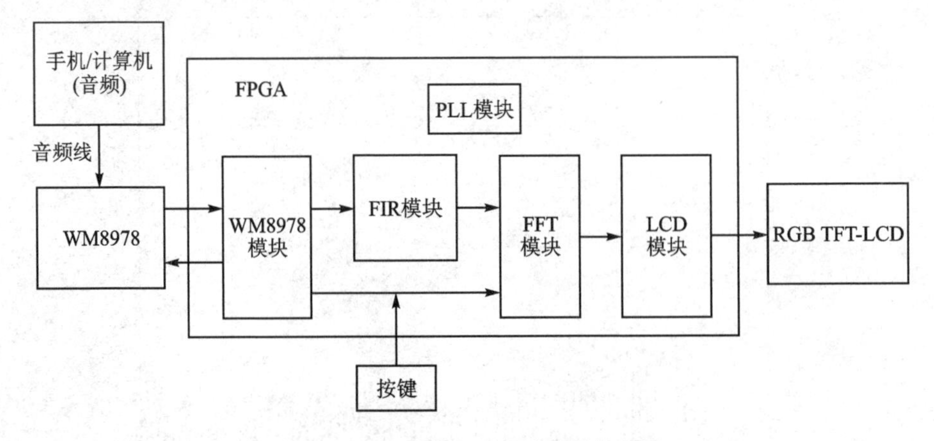

图 29.4.1　IP 核之 FFT 实验系统框图

FPGA 顶层模块(FFT_audio_lcd)例化了以下 5 个模块：PLL 时钟模块(pll)、WM8978 模块(wm8978_ctrl)、FIR 模块(fir_lowpass)、FFT 模块(FFT_top)、LCD 模块(LCD_top)。

PLL 时钟模块(pll)：本实验中 WM8978 模块所需要的时钟为 12 MHz，FFT 模块的驱动时钟为 50 MHz，另外 LCD 模块需要 50 MHz 的时钟来处理、缓存 FFT 模块输出的数据，并在 10 MHz 的驱动时钟下驱动 RGB TFT－LCD 显示。因此需要一个 PLL 模块用于产生系统各个模块所需的时钟频率。

WM8978 模块(wm8978_ctrl)：WM8978 控制模块主要完成 WM8978 的配置和 WM8978 接收的录音音频数据的接收处理，以及 FPGA 发送的音频数据的发送处理。有关该模块的详细介绍请大家参考“第 28 章　基于 FFT IP 核的音频频谱仪实验”。

FIR 模块(fir_lowpass)：FIR 模块负责对输入的音频数据进行低通滤波。

FFT 模块(FFT_top)：FFT 模块将 WM8978 模块传输过来的音频信号进行缓存，然后将其送给 FFT IP 核进行频谱分析。接着计算 FFT IP 核输出复数的平方根，即频谱的幅度值，然后将其输出给 LCD 模块显示。有关该模块的详细介绍请大家参考“第 28 章　基于 FFT IP 核的音频频谱仪实验”。

LCD 模块(LCD_top)：LCD 模块取 FFT 模块传输过来的一帧数据的一半(也就是

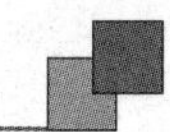

64 个数据)进行缓存,并驱动 RGB TFT－LCD 液晶屏显示频谱。有关该模块的详细介绍请大家参考“第 28 章　基于 FFT IP 核的音频频谱仪实验”。

顶层模块的代码如下:

```
1    module FIR_audio_lcd(
     ……省略部分代码
48
49   //例化 WM8978 控制模块
50   wm8978_ctrl u_wm8978_ctrl(
51       //system clock
52       .clk                    (clk50M     ),          //时钟信号
53       .rst_n                  (rst_n   ),             //复位信号
54       //wm8978 interface
55       //audio interface(master mode)
56       .aud_bclk               (aud_bclk    ),         //WM8978 位时钟
57       .aud_lrc                (aud_lrc     ),         //对齐信号
58       .aud_adcdat             (aud_adcdat ),          //音频输入
59       .aud_dacdat             (aud_dacdat ),          //音频输出
60       //control interface
61       .aud_scl                (aud_scl     ),         //WM8978 的 SCL 信号
62       .aud_sda                (aud_sda     ),         //WM8978 的 SDA 信号
63       //user interface
64       .dac_data               (audio_data_out    ),  //输出的音频数据
65       .adc_data               (audio_data    ),       //输入的音频数据
66       .rx_done                (audio_valid),          //一次接收完成
67       .tx_done                ()                      //一次发送完成
68       );
69
70   assign audio_data_out = key0 ? fir_odata_w[33:18]:audio_data;
71
72   fir_lowpass u_fir_lowpass (
73       .clk                    (aud_bclk),
74       .reset_n                (rst_n),
75
76       .ast_sink_data          (audio_data),
77       .ast_sink_valid         (audio_valid),
78       .ast_sink_error         (),
79       .ast_sink_ready         (),
80
81       .ast_source_ready       (1'b1),
82       .ast_source_data        (fir_odata_w),
83       .ast_source_valid       (fir_dvalid_w),
84       .ast_source_error       (),
85       );
86
     ……省略部分代码
122 endmodule
```

相比“第 28 章　基于 FFT IP 核的音频频谱仪实验”,基于 FIR IP 核的低通滤波器

实验只是在顶层模块增加了一个 FIR 低通滤波器的 IP 核，如代码中第 72～85 行所示。另外为了方便对比低通滤波器的效果，在程序第 70 行加了一条选择语句，根据按键的状态，选择将低通滤波前后的音频输出至频谱仪，并通过喇叭播放。

接下来我们来讲解 FIR 低通滤波器的配置，该 IP 核的配置界面如图 29.4.2 所示。

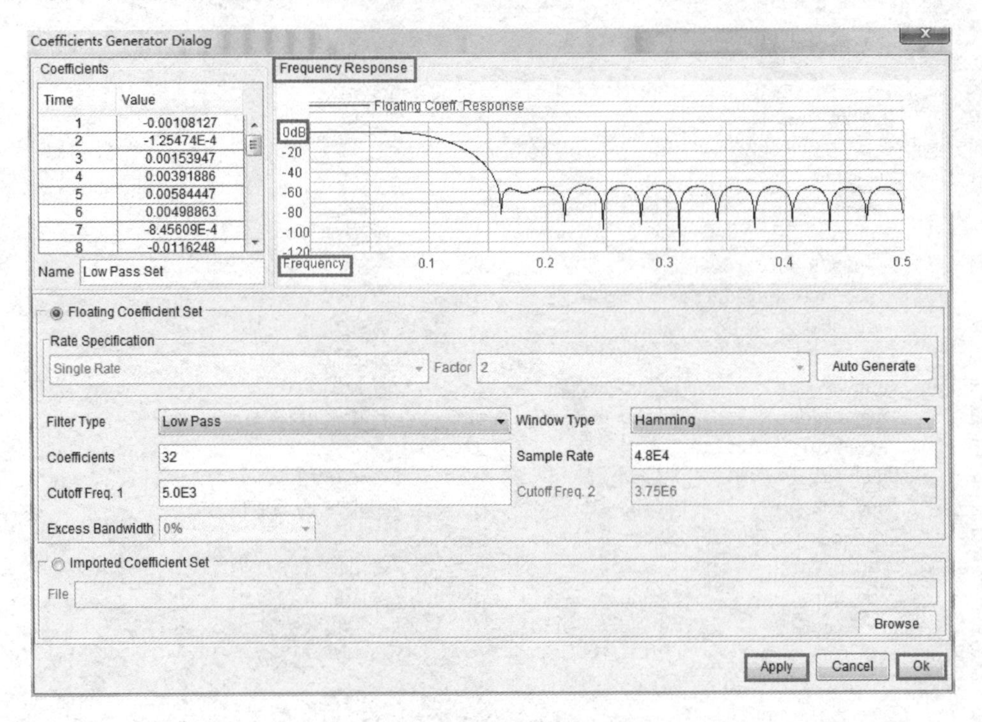

图 29.4.2 设置完成后的界面

本次实验中，我们需要设置的是低通滤波器，所以 Filter Type（滤波器类型）保持 Low Pass 不变。由于 WM8978 的采样速率为 48 kHz，所以 Sample Rate 设置为 4.8E4。Coefficients（抽头系数）越大，滤波的效果越好，但是耗用的资源越多，这里设置为 32。本次实验将使用到低通滤波器，所以设置截止频率为 5 kHz，在 Cutoff Freq. 1 文本框中输入 5.0E3。接下来就要选择要用到的窗函数了，窗函数选项栏里默认的是矩形窗（Rectangular）。Window Type（窗函数类型）下拉列表框中共有 4 个选项，选择一种窗函数后，单击 Apply 按键，就会在 Frequency Response（频率响应）中显示对应窗函数的滤波器频率响应曲线。然后根据 4 种频率响应曲线选择最符合需求的窗函数。因为 Hamming（哈明窗）的频率响应曲线到达截止频率时，衰减了 60 dB 左右，且频率响应曲线下降得更快，所以在 Window Type 下拉列表框中选择 Hamming 窗函数。

现在讲解一下频率响应图中横纵坐标代表的物理意义，其中的横坐标 Frequency 表示的是归一化频率，纵坐标 dB 代表的是衰减指标。我们知道采样频率的一半为奈奎斯特频率，而归一化频率$=\dfrac{\text{真实频率}}{\text{奈奎斯特频率}}$。所以图中横坐标 0.1 所对应的真实频率为 0.1×(48 kHz/2)＝2.4 kHz。衰减指标定义为 $20\log(V_{out}/V_{in})$，图 29.4.2 中

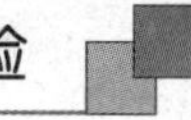

−20 dB 对应的是：$20\log(V_{out}/V_{in})=-20$，因此 $V_{out}=0.1V_{in}$，所以信号幅值衰减到原来幅度的 0.1。

FIR IP 核的接口信号定义如表 29.4.1 所列，与 FFT IP 核一样，都是 Avalon－ST 数据接口。

表 29.4.1　滤波器信号描述

信　号	方　向	描　述
clk	输入	给 FIR 滤波器内部寄存器提供时钟信号
enable	输入	高电平使能信号。在配置界面勾选 Add global clock enable pin 选项后，这个引脚才会出现
reset_n	输入	低有效复位信号。在时钟上升沿复位 FIR 滤波器，信号至少持续一个时钟周期
ast_sink_ready	输出	当滤波器准备好接收数据的时候，FIR 滤波器会拉高这个信号
ast_sink_valid	输入	要输入数据的时候，同时拉高这个信号。当这个信号为低电平时，Avalon－ST 输入 FIFO 内也没有剩余数据，数据处理会停止
ast_sink_data	输入	输入采样数据
ast_sink_error	输入	可以忽略
ast_source_ready	输入	流水处理模式下，滤波器准备好接收数据时，拉高这个信号
ast_source_valid	输出	当要输出数据时，FIR 滤波器拉高这个信号
ast_source_data	输出	滤波器输出。数据位宽由参数设置决定
ast_source_error	输出	可以忽略

滤波器工作时序图如图 29.4.3 所示，一直保持 ast_source_ready 信号为高电平。在复位信号 reset_n 信号、ast_sink_ready 为高电平时，拉高 ast_sink_valid 信号，并给 FIR 滤波器输入数据，滤波器就开始处理数据了。当滤波器拉高 ast_source_valid 信号时，FIR 滤波器就开始输出滤波处理后的数据。

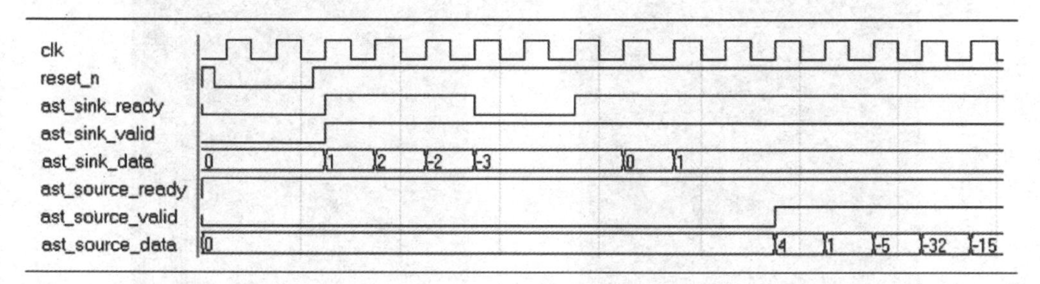

图 29.4.3　滤波器工作时序图

29.5 下载验证

将下载器一端连接计算机,另一端与开发板上对应端口连接,然后用音频线连接计算机和开发板,最后连接电源线并打开电源开关。

接下来打开本次实验工程,并将.sof 文件下载到开发板中。然后打开工程目录下的"音频文件"文件夹,找到"SHT_noise_96k.wav"文件。该音频文件是掺杂了噪声的一小段"上海滩"音乐,噪声频率为 9.6 kHz。

在计算机上使用播放器播放这段音频,我们可以听到开发板背面的喇叭在播放上海滩的音乐。需要注意的是,此时低通滤波器在工作,我们所听到的音乐中并没有高频噪声存在。

我们可以在 LCD 上看到经过 FIR 低通滤波器滤波后的频谱图,如图 29.5.1 所示,图中左侧为音频中低频信号的频谱,对应我们听到的音乐;而右侧高频区域的信号(包含噪声)被抑制。

按下按键 KEY0 不放,使低通滤波器停止工作。此时我们可以听到音乐中出现了一个非常尖锐的类似蜂鸣器的噪声,它就是音乐文件中所包含的 9.6 kHz 的高频噪声。此时 LCD 上显示的频谱如图 29.5.2 所示,可以看到图中右侧出现了该高频噪声所对应的信号频谱。

图 29.5.1 低通滤波后的音频频谱图

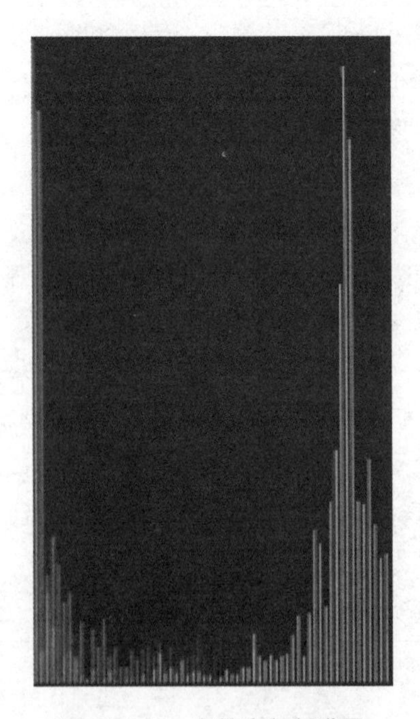

图 29.5.2 原始音频频谱图

通过比较上面两幅频谱图,以及滤波前后所听到的音乐的对比,说明我们设计的 FIR 低通滤波器成功过滤掉了音频中的高频噪声,本次实验下载验证成功。

参考文献

[1] 夏宇闻. Verilog 数字系统设计教程[M]. 北京:北京航空航天大学出版社,2008.
[2] 刘军. 原子教你玩 STM32(寄存器版)[M]. 北京:北京航空航天大学出版社,2015.
[3] 阿东. 手把手教你学 FPGA[M]. 北京:北京航空航天大学出版社,2017.
[4] ALTERA. Cyclone Ⅳ Device Handbook. Vesion 14. 1. (2014 - 12). http://www.altera.com.